FRANZÖSISCHE
ANNALEN

FÜR DIE ALLGEMEINE

NATURGESCHICHTE, PHYSIK, CHEMIE, PHYSIOLOGIE

UND IHRE

GEMEINNÜTZIGEN ANWENDUNGEN.

HERAUSGEGEBEN

VON

Dr. C. H. PFAFF IN KIEL

UND

Dr. FRIEDLÄNDER IN PARIS.

JAHRGANG 1803. DRITTER BAND

WELCHER ENTHÄLT

NEUNTES BIS ZWÖLFTES STÜCK.

LEIPZIG

BEY GEORG JOACHIM GÖSCHEN.

DIE NEUESTEN ENTDECKUNGEN FRANZÖSISCHER GELEHRTEN IN DEN GEMEINNÜTZIGEN WISSENSCHAFTEN UND KÜNSTEN.

EIN JOURNAL
FÜR
ÄRZTE, PHYSIKER, TECHNOLOGEN
UND
ÖCONOMEN.

HERAUSGEGEBEN
VON
Dr. C. H. PFAFF IN KIEL
UND
Dr. FRIEDLÄNDER IN PARIS.

DRITTER BAND
WELCHER ENTHÄLT
NEUNTES BIS ZWÖLFTES STÜCK. 1803.

LEIPZIG, BEY G. J. GÖSCHEN.

Inhalts-Verzeichniſs des neunten Stücks.

A. Abhandlungen.

B. Literatur.

C. Correspondenz, literarische und technische Nachrichten und Neuigkeiten, gelehrte und andere Gesellschaften und Unterrichtsanstalten etc. etc.

A. Abhandlungen.

I.

Neueste Arbeiten französischer Gelehrten, den Galvanismus betreffend.

Seit unserem letzten ausführlichen Artikel im fünften Stücke über die neuesten Arbeiten französischer Gelehrten in der Lehre vom Galvanismus haben wir von daher keine wichtigen Beyträge weiter mehr erhalten. Wenigstens hat weder die Theorie durch die seitherigen Bemühungen einen wichtigen Fortschritt gemacht, noch ist die Summe der interessanten Thatsachen wesentlich bereichert worden. Um indessen diesem Artikel, der ein stehender in unserm Journale werden soll, die gröfste Vollständigkeit zu geben, wollen wir das, was seitdem theils besonders herausgekommen, theils in französische Journale eingerückt worden, in einem gedrängten Auszuge liefern.

Von Aldini, von dessen Arbeiten wir schon Erwähnung zu thun Gelegenheit gehabt haben (S. 1stes St. der N. Entd. S. 94. fg.), ist eine kleine

Schrift im Drucke erschienen unter dem Titel: **Précis des Experiences galvaniques faites récemment à Londres et à Calais par Jean Aldini**, Professeur de l'Université de Bologne etc. suivi d'un Extrait d'autres Expériences détaillées dans un Ouvrage sous presse du même auteur. A Paris. An XI. (1803.) Sie enthält I. von S. 1 — 27 eine Nachricht von den Versuchen, welche dieser hartnäckige Vertheidiger des Galvanismus in dem Sinne, wie ihn Galvani nahm, an einem Gehenkten in London anstellte, und welche selbst dem größern Publicum aus öffentlichen Blättern, z. B. der allgemeinen Zeitung, bekannt sind. Sie bestätigen, was aus vielen andern Versuchen schon längst zur Genüge bekannt ist, und dieser Bestätigung kaum mehr bedarf, daſs die Muskeln auch mehrere Stunden nach dem Tode durch den verstärkten galvanischen Reiz noch in Zusammenziehungen versetzt werden, und daſs dieser Reiz in dieser Hinsicht alle übrigen übertrifft. Ohngeachtet der Leichnam des Gehenkten eine volle Stunde bey einem Thermometerstande unter o nach Reaumur auf dem Platze von Newgate ausgesetzt geblieben war, ehe er dem Collegium der Chirurgen zu London übergeben und der Gegenstand der Versuche **Aldinis** wurde, so konnten doch durch einen galvanischen Apparat, der an Stärke einer Voltaischen Säule von 120 Paar Platten von Zink und Kupfer ohngefähr gleich kam, noch die heftigsten Verzerrungen im Gesichte und gewaltsame Bewegungen in den Armen hervorgebracht werden. Überhaupt waren die willkührlichen Muskeln 7 und eine halbe Stunde nach der Execution durch den galvanischen Reiz noch erregbar, die Kammern des Herzens aber waren schon beym ersten Versuche, der damit, zwar nicht gleich im Anfange, angestellt wurde, unerregbar durch den Reiz, der jedoch in den Herzohren, besonders im rechten Herzohre, beträchtliche Zusammenziehungen erregte. Mechanische Reize, Ammoniak, Schwefelsäure waren ohne alle Wirkung auf die willkührlichen Muskeln, während der galvanische Reiz sie heftig erschütterte. Eine merkwürdige Erscheinung in diesen Versuchen war, dafs, da die beyden Pole des galvanischen Apparats mit dem Rückenmarke und dem zwischen dem grofsen Trochanter des Schenkelbeines und der Tuberosität des Ischiums blofs gelegten und von seiner Scheide befreyten Nervus ischiaticus in Verbindung gebracht wurden, sich keine Zusammenziehungen in den Muskeln einstellten, die sich augenblicklich in einem sehr auffallenden Grade zeigten, da einer der Conductoren des galvanischen Apparates mit der Scheide des Nervus ischiaticus in Berührung gebracht wurde. Dieser Versuch wurde mit demselben Erfolge auch an Hunden angestellt. Sollte der Einflufs, welchen die Nerven auf die Bewegung der willkührlichen Muskeln ausüben, in der That durch ihre Scheiden fortgepflanzt werden, wie manche Physiologen bereits vermuthet haben? Noch verdienet bemerkt zu werden, dafs das Ammoniak in diesen Versuchen für sich allein nichts that, aber durch Befeuchtung der Theile, welche mit den Polen des Apparats in Verbindung gebracht wurden, die Wirksamkeit desselben (wahrscheinlich durch seine gute Leitungskraft für das elektrische Fluidum) sehr erhöhete. Die Betrachtungen über die Anwendbarkeit des Galvanismus zur Wiederbelebung der Asphyxirten, welche auf die Erzählung der Versuche folgen, enthalten nichts des Aushebens werthes.

II. Eine zweyte Rubrik von S. 28—39. enthält die Versuche, welche den Durchgang des Galvanismus durch einen Theil des Oceans betreffen. Die Entladung einer Voltaischen Säule von 80 Zink- und Silberplatten geschah durch einen Zwischenraum des Meers von ohngefähr 50 Meters. Ein Messingdrath ging von der Basis der Säule isolirt in das Meerwasser, ein zweyter ging queer über dasselbe in einer Höhe von drey Meters nach der Plattform des Fort Rouge, wo der Versuch angestellt wurde, und von dieser ging ein dritter Messingdrath auf ähnliche Art, wie der erste, gleichfalls isolirt ins Meer. Im Augenblicke, da die Communication zwischen dem zweyten und dritten gemacht wurde, erfolgte die Erschütterung. Berührte man blofs den einen Messingdrath, der über die Oberfläche des Meers hin bis zur Plattform ging, so erhielt man zwar auch eine Erschütterung, nicht so aber, wenn man den zweyten Messingdrath berührte, der von der Plattform ins Meer hinabging und durch das Meer vermittelst des ersten Messingdrathes mit der Basis der Säule in Verbindung stand. Die Erschütterung stellte sich aber wieder ein, wenn man, nachdem man den zweyten Messingdrath in die Hand genommen, und nach erhaltener Erschütterung sich mit der Spitze der Säule ins Gleichgewicht gesetzt hatte, nun erst jenen dritten Drath berührte, zum Beweise, dafs der elektrische Strohm der Säule wirklich durchs Meer fortgeleitet wurde. Indessen wurde die Wirkung der Säule durch diese Fortleitung etwas geschwächt, denn die Erschütterungen, welche die Säule bey der unmittelbaren Berührung gab, waren merklich stärker.

Den Beschlufs dieser kleinen Schrift macht von S. 40—48 ein ins Französische übersetzter Artikel aus Nicholsons Journale, welcher eine kurze Notiz von Aldinis verschiedenen galvanischen Versuchen gibt.

Von einem gewissen Lagrave, Mitglied der galvanischen Societät, finden sich einige kleine Aufsätze im Journal de Physique, die zum Theil dahin gehen, die Verschiedenheit des galvanischen vom elektrischen Fluidum zu beweisen. In dem einen dieser Aufsätze, betitelt: Versuche, deren Tendenz ist, zu beweisen, daſs die Gesetze des Galvanismus von denen der Elektrizität abzuweichen scheinen (Journ. de Physique, Ventose. Jahr XI. S. 233—235) erzählt der Verf. folgenden Versuch. Er umwickelte seinen linken Arm, seinen Körper über den Kleidern, seinen linken Ober- und Unterschenkel mit einem 6 Ellen langen Leiter, der mit dem Zinkpole einer Säule von 70 Platten Kupfer und Zink in Verbindung stand, und befestigte das untere Ende dieses Leiters an dem linken Fuſse in einer Wanne, in welcher sich warmes Wasser befand, berührte mit dem benetzten Zeigefinger der rechten Hand den Kupferpol, und erhielt so eine heftige Erschütterung in dieser Hand und dem entsprechenden Arme, während er auf der Seite des Zinkleiters nichts empfand. Berührte er dagegen mit einem zwey Fuſs langen Kupferdrath, den er mit der rechten Hand faſste, den Kupferpol, so empfand er die Erschütterung am Fuſse, welcher in die Wanne mit Wasser getaucht war. Er glaubte bald wahrzunehmen, daſs diese Erschütterung, welche er am Fuſse vorzugsweise vor den andern Punkten, in denen der Drath, den er um sich gewickelt, ihn berührte, erhielt, bloſs von der Verwandtschaft (!!) des galvanischen Fluidums zum Wasser herrühre, denn da er wechselsweise mehrere Tropfen Wasser an die Umwicklungen des Drathes anbrachte, und nach wie vor mit dem Kupferdrathe den Kupferpol berührte, so empfand er augenblicklich die Erschütterung an dem

Orte, wo er die Tropfen Wasser angebracht hatte, aber nun nicht weiter mehr am Fuſse. So wie die Tropfen an dem Drathe näher und näher dem Zinkpole angebracht wurden, so empfand er unterhalb denselben nichts weiter mehr, ohngeachtet die Stellen noch feucht waren, sondern nur an der Stelle der Tropfen. Es erhelle daraus, daſs zwar das galvanische Fluidum demselben Gesetze, wie die Elektrizität, folge, nehmlich daſs es den kürzesten Weg suche, daſs es aber auf der andern Seite auch eine Verwandtschaft aufzusuchen strebe (eigene Worte des Verf.), welcher das elektrische Fluidum nicht zu folgen scheine, indem in dem ersten Versuche das galvanische Fluidum einen beträchtlichen Weg an den genauesten Berührungspunkten zwischen dem Drathe und dem menschlichen Körper zurückgelegt habe, ohne etwas zu verliehren, und nur dann erst die Empfindung errege, nachdem es eine seiner Entbindung günstige Verwandtschaft angetroffen. (In diesen Versuchen ist durchaus nichts von den bekannten Gesetzen der gewöhnlichen Elektrizität abweichendes. Der Strohm der Säule geht da in den langen Drath über, wo er am wenigsten Widerstand findet. Dieſs ist an der Stelle des in warmes Wasser (das bekanntlich noch besser leitet, als kaltes Wasser) getauchten Fuſses. So innig auch die Berührung zwischen den Armen und Füſsen, von denen der Verf. anzuführen vergessen hat, ob sie entblöſst gewesen oder nicht, und dem Drathe gewesen seyn mochte, so leistet doch die Oberhaut dem mit einer so schwachen Tension versehenen elektrischen Fluidum zu vielen Widerstand, als daſs hier ein Übergang statt finden konnte. Durch die Benetzung mit Tropfen Wasser hörte dieser Widerstand groſsentheils auf, und die Elektrizität folgte nun um so leichter ihrem bekannten Gesetze des kürzesten

Weges, und brach hier durch. Überall ist hier kein Grund, eine besondere Verwandtschaft zum Wasser anzunehmen. Alles folgt natürlich und nothwendig aus den bekannten Gesetzen der Fortleitung.)

Eben dieser Lagrave gibt in einem zweyten Artikel in demselben Ventosestücke des Journal de Physique S. 235. 236 unter dem Titel: Galvanische Versuche, durch welche bewiesen werden soll, dafs wir zwey Fluida in der thierischen Ökonomie, ein positives und ein negatives haben, welche in ihrer Vereinigung das Agens der Vitalität hervorzubringen scheinen, eine Nachricht von einer Säule, welche er aus Scheibchen von Muskelfleisch, Gehirnmark und von befeuchtetem Hutfilze errichtete, und welche, da er sie mit vieler Mühe bis zum 60sten Paare gebracht hatte, eine sehr merkliche Geschmacksempfindung gab. (Dieser Effekt war vorauszusehen, steht aber mit der wohl verstandenen Theorie Voltas, die die elektrizitätserregende Kraft gleich in ihrem ersten Beginne allen Körpern in der Natur zuschrieb, auf keine Weise im Widerspruche. Mit welcher Logik sich aber die Folgerung, welche die Überschrift des Artikels ankündiget, aus diesem Versuche ziehen lasse, ist schwer abzusehen.)

Von eben diesem Lagrave findet sich ein Artikel, betitelt: Galvanische Versuche an Blinden, im Pluviosestücke des Jahres XI. S. 159, 160., der nichts weniger, als dergleichen Versuche beschreibt, sondern eigene Versuche an dem Verf. selbst, der sich durch Verbinden der Augen blind gemacht zu haben glaubt (!); über die Blitze in den Augen, von denen wir auf zwey Seiten nichts weiter erfahren, als dafs es Blitze sind!

In eben diesem Hefte S. 161 findet sich die Fortsetzung der galvanischen Versuche über die Reizbarkeit des Faserstoffes des Blutes, und über die Entfärbung dieses letzteren. Von J. C. Delametherie. Circaud, Richard, Cortambert und Delametherie setzen ihre Versuche über die Reizbarkeit des Faserstoffes, von denen bereits im Maistücke der N. Entd. S. 13. unsern Lesern Nachricht gegeben worden ist, fort. Nimmt die Contractilität des Faserstoffes durch das Erkalten ab, so reicht eine Befeuchtung desselben mit warmem Blute hin, um ihm seine erste Reizbarkeit wieder zu verschaffen. Das Blut scheint in diesem Falle nicht durch seine blofse Wärme zu wirken, denn derselbe Faserstoff im warmen Wasser von der nehmlichen Temperatur, wie das Blut, gewaschen verliehrt seine Reizbarkeit, und zieht sich nicht weiter zusammen. Sie wollen die Farbenveränderung des Blutes nur auf der Seite des positiven oder Oxygen - Draths beobachtet haben, und zwar nicht blofs eine Veränderung bis zur hellen Röthe, sondern sogar beynahe bis zur weifsen Farbe. (Ich habe doch constant auf Seiten des negativen oder Hydrogen - Drathes eine entgegengesetzte Veränderung, nehmlich ein Schwarzwerden des Blutes bis zur dunkelschwarzen Farbe der Kohle, wahrgenommen.)

Im Germinalhefte des Jahres XI. S. 292, 293. findet sich eine Notiz von galvanischen Versuchen des oben erwähnten Lagrave, welche beweisen sollen, dafs das Oxyd, welches sich auf der Oberfläche der Metallplatten der Säule bildet, keineswegs ihre Wirksamkeit, wie einige Gelehrte behauptet haben, vernichte. Der Verf. fand allerdings auch, wie andere Naturforscher, dafs die Säule um so besser wirke, je reiner und metallischglänzender die Oberfläche der Metallplatten sey. Indessen erhielt er doch auch von Säulen, deren Metallplatten in einem Grade oxydirt waren, daſs das reine Metall gar nicht mehr zu sehen war, merkliche Wirkung, nur muſste er zu seiner Säule verhältniſsmäſsig mehr Plattenpaare nehmen. (Dieſs wissen wohl alle, die mit Säulen experimentirt haben, und haben nicht nöthig, erst im Jahre 1803 vom Verf. zu erfahren, was sie schon im Jahre 1800 wuſsten.) Eine Art von Gegensatz zwischen den Säulen mit metallischglänzender und mit oxydirter Oberfläche der Metallplatten sey es, daſs jene gleich im Anfange am stärksten wirken, und nach 2, 3, 4 Stunden fast ganz unwirksam werden, während diese erst nach 5, 6 Stunden anfangen, eine Wirkung zu äussern, und dann 15, 20 bis 25 Tage fortfahren. (Daſs Säulen, deren Metallplatten stark oxydirt sind, erst nach einigen Stunden wirksam werden, rührt davon her, daſs die Salzauflösung Zeit braucht, theils zwischen die Oxydtheilchen der Oberfläche einzudringen, theils als Folge ihrer eigenen Zersetzung in der frey gewordenen Salzsäure sie aufzulösen, und das Metall wieder zu Tage zu bringen, wodurch dann nach 4 bis 5 Stunden der Effekt sich so verstärkt, daſs er auffallend wird. Übrigens weiſs jeder, der mit Voltaischen Säulen experimentirt hat, daſs auch solche, deren Platten vom Anfange an frische Metalloberflächen hatten, 10, 15, ja 20 Tage hindurch fortwirken.) Endlich will Lagrave auch Wirkung von Säulen erhalten haben, die bloſs aus oxydirten Metallplatten ohne naſs gemachte Tuchscheiben oder andere Zwischenleiter aufgebaut waren. (Der Versuch verdiente umständlicher erzählt zu werden, als es hier geschehen ist. Besonders vermisse ich in den Bestimmungen der Wirksamkeit der Säulen das genaue elektrometrische Maas, in welchem nichts Subjectives mit unterläuft, wie bey der Bestimmung durch Stärke der Sensationen. Übrigens ist es wohl möglich, dafs das Oxyd selbst als ein Leiter der zweyten Klasse die Stelle der nafsgemachten Tuchscheiben vertritt.)

In eben diesem Hefte findet sich von S. 305—311 ein interessanter Bericht von Antoine-Marie Vassalli-Eandi: über die Wirkung des Galvanismus und über die Anwendung desselben und der Elektrizität auf die Heilkunst, welcher der Klasse der genauen Wissenschaften der Academie von Turin in ihrer Sitzung am 2ten Nivose des Jahres XI. (23. December 1802) abgestattet wurde.

Vassalli sieht den Galvanismus für eine blofse Modification der Elektrizität an, wodurch dieses Fluidum wirksamer werde, gleichsam so wie die kleine durch das Löthrohr abgesonderte Flamme (die Flammenspitze) viel wirksamer sey, als die grofse Flamme, aus der sie gezogen ist. Er führt noch mehrere andere bekannte Erscheinungen, welche die gröfsere Wirksamkeit des Galvanismus beweisen, an. Da er den galvanischen Strohm durch den Körper eines Frosches gehen liefs, beobachtete er eine wahre Zersetzung seiner Feuchtigkeiten, und eine so beträchtliche Anschwellung seines Körpers, dafs er nicht mehr ins Wasser untertauchen konnte, ohngeachtet er noch voll Vitalität war, eine Erscheinung, die er mit den stärksten blitzähnlichen elektrischen Funken nie hatte hervorbringen können.

Nun erzählt der Verf. einige merkwürdige Heilungsversuche mit dem Galvanismus. Eine Dame von 30 Jahren, die nach heftigen Kopfschmerzen das Gesicht am rechten Auge verlohr, so dafs vor demselben beständig ein dicker Nebel zu schweben schien, und bey welcher alle Umstände auf einen schwarzen Staar hindeuteten, wurde durch 4 Tage hindurch 2mal täglich wiederholtes Voltaisiren beynahe vollkommen hergestellt. Man bediente sich einer Säule von 30 Zink- und Silberplatten, und liefs durch Goldschnüre den galvanischen Strohm ganz dicht am äufseren Augenwinkel eingehen, und bald durch die Augenbraunen, bald genau durch den ramus ophthalmicus, der durch das Foramen orbitale hervorkömmt, bald endlich durch den innern Augenwinkel ausströhmen. Die Operation war ziemlich schmerzhaft, es flossen häufige Thränen, aber schon nach einer halben Stunde auf einander folgender galvanischer Erschütterungen gewann das Auge etwas an Gesicht. Bey einem Frauenzimmer von 27 Jahren blieb in Folge einer Hemiplegie das Auge beständig unbeweglich mit Schmerzen in seinen Muskeln. Zweymaliges Galvanisiren stellte die Beweglichkeit des Auges wieder her, und befreyte dasselbe von allen schmerzhaften Empfindungen.

Die auffallendste Kur, die durch den Galvanismus bewirkt wurde, war die einer Wasserscheu (s. unter den kürzern Nachrichten), welche dem Dr. Rossi gelang, und von welcher Vassalli hier eine kurze Nachricht gibt.

Der Aufsatz schliefst mit einigen guten Bemerkungen über die ungleiche, bald nützliche, bald schädliche Wirkungsart der Elektrizität in Krankheiten, die dem äufseren Anscheine nach einander ähnlich, in ihrer Ursache aber wesentlich von einander verschieden sind, und über den Grund dieser Verschiedenheit.

Diese kurze Übersicht der neuesten Arbeiten französischer Naturforscher über den Galvanismus zeiget, dafs die Ausbeute nicht sehr reichlich ist. Mehr dürfen wir uns von einem Aufsatze, den kürzlich Biot im Nationalinstitute vorlas, versprechen, von welchem wir unsern Lesern baldmöglichst einen Auszug mittheilen werden.

Pfaff.

II.

Überblick über den Zustand der Landwirthschaft in Frankreich seit der Revolution und über ihre neueste Literatur. Von Bruun-Neergaard.

Der praktische Theil der Landwirthschaft hat ohne Zweifel durch die Revolution gewonnen, die grofsen Ländereyen sind getheilt, das Schicksal der Bauern viel glücklicher, die Güter in sehr hohem Preifse. Der Weinbau hat besonders im südlichen Frankreich zugenommen, die Weinpreise sind höher, die gröfsere Quantität Branntwein, die man seit einigen Jahren macht, und nach Norden verführt, trägt wohl auch nicht wenig dazu bey. Die Kartoffeln werden erst seit der Revolution häufig gebaut. Viel ist indessen noch zu thun, sowohl von Seiten der Regierung, als von den Eigenthümern. Die Triftsgerechtigkeit, dieses Ungeheuer, wovon ich auch einmal Deutschland befreyt wünsche, findet noch an mehrern Örtern statt. Die Grundstücke eines jeden Besiters sind, besonders im nördlichen Frankreich, in kleinen Stücken herum zerstreut. An vielen Örtern findet noch die dreyjährige Brache statt. Ich fand sie noch neulich in dem schönen Touraine, Frankreichs Garten, Die Anzahl der künstlichen Wiesen ist zu klein, besonders an mehreren Örtern, wo es nur wenige natürliche gibt. Dieses letztere trägt besonders viel dazu bey, dafs ihr Viehstand nicht so grofs, auch nicht so gut ist, wie er seyn sollte.

Spanische Schafzucht war kurz vor der Revolution auf die Bahn gebracht worden. Gilbert vertheidigte in den gröfsten Stürmen der Revolution mit väterlichem Eifer die schöne Anlage zur Veredlung der Schafraçen in Rambouillet. Huzard und Tessier haben seitdem zur Vervollkommnung dieser Anlage thätig und mit Erfolge gewirkt. Die Wolle der Schafe in Rambouillet ist immer noch eben so schön, als da sie ankamen, und wohl noch schöner, ihre Taille ist gröfser, denn man hat die Böcke mit viel mehr Sorgfalt ausgewählt, als in Spanien selbst. Mehrere grofse Heerden von spanischen Schafen sind entstanden, worunter die in Croissy sich auszeichnet. Durch den jährlichen Verkauf in Rambouillet wurde diese treffliche Raçe in Frankreich verbreitet, man schenkte sie im Anfange weg, aber da trug man keine Sorge dafür, man behandelte die Thiere schlecht, wie alles, was man ohne Mühe und für wenig Geld bekommen hat. Jetzt werden insbesondere die Widder theuer bezahlt, einige über hundert Thaler, und die Käufer waren bemittelte Bauern. Dieses verspricht der Fortpflanzung von spanischen Schafen viel Glück, und man wird einst Huzard und Tessier für ihre väterliche und unpartheyische Administration von Rambouillet nicht genug zu danken wissen.

Mit dem theoretischen Theile der Agricultur sah es in den ersten Jahren der Revolution nicht all zu gut aus. Man wollte nur von Politik lesen und sprechen. Die alte Ackerbaugesellschaft in Paris, von der man mehrere Bände vortrefflicher Abhandlungen hat, war durch die Revolution aufgehoben. Erst im Monate Prairial des Jahres VI (Junius 1798) dachten einige Mitglieder daran, sie wieder zu vereinigen. Ihre Anzahl wurde zu 60 ordentlichen Mitgliedern und 100 Correspondenten in den Departementern bestimmt. Nachher beschlofs sie auch, eine gewisse Anzahl auswärtiger Mitglieder aufzunehmen. Sie hielt den ersten Prairial des Jahres VII ihre erste öffentliche Versammlung, und nahm den Titel: Societé d'Agriculture du Departement de la Seine an. Es sollte auch eine solche Gesellschaft in jedem Departement errichtet werden. Auf meinen Reisen im Lande herum habe ich indessen gefunden, dafs sie entweder gar nicht existiren, oder so schlecht organisirt sind, dafs sie gar keinen, oder zum wenigsten nur sehr geringen Nutzen stiften.

Die Societé d'Agriculture du Departement de la Seine hat im Jahre IX (1801) den ersten Band von ihren Schriften unter dem Titel: Memoires d'Agriculture, d'Economie rurale et domestique publiés par la Societé d'Agriculture du Departement de la Seine 440 S. in 8vo herausgegeben, und seitdem sind noch 3 neue Bände von der nehmlichen Gesellschaft im Druck erschienen, in welchen sehr viele vortreffliche Abhandlungen enthalten sind. Im dritten Bande findet sich der meisterhafte Rapport sur la Charrue von dem menschenfreundlichen François de Neufchateau, dessen beständige Bemühung auf Beförderung alles dessen, was seinem Vaterlande und dem Ackerbau nützlich seyn kann, hingerichtet ist. Von François findet sich auch im IVten Bande eine Abhandlung unter dem Titel: Versuch über die Nothwendigkeit und die Mittel, die Unterweisung in der Agricultur in den öffentlichen Unterricht aufzunehmen, welche im Nahmen einer

Commission von François als Berichtserstatter der Gesellschaft vorgelesen wurde. Diese Abhandlung enthält viele literarische Details über das, was in andern Ländern, besonders auch in Deutschland, zum Behufe der Unterweisung in der Landwirthschaft geschehen ist, und beweist die grofse Belesenheit und literarischen Kenntnisse des Verfassers, so wie der ganze Aufsatz seinen warmen Eifer für die Sache der Agricultur. Sie wurde in dem Augenblicke bekannt gemacht, wo die letzten Veränderungen in dem öffentlichen Unterrichte Statt gehabt haben. Chassiron sprach sehr warm für die Einführung eigener Unterweisungsanstalten für die Agricultur im Tribunate, aber viele sprachen dagegen, nur wenige dafür, und das Resultat war der Beschlufs, dafs kein öffentlicher Unterricht im Ackerbau gegeben werden sollte.

In demselben Bande findet sich eine interessante biographische Notiz über Gilbert, Mitglied des gesetzgebenden Corps, Directeur-adjoint bey der Veterinärschule zu Alfort, von A. F. Silvestre. Gilbert hatte grofse Verdienste um die Landwirthschaft in ihrem weitesten Umfange in Frankreich. Seinen Ruhm gründete vorzüglich eine Abhandlung über die Arten von künstlichen Wiesen, welche man mit dem gröfsten Vortheile in der Generalität von Paris kultiviren kann, welche den von der königlichen Gesellschaft des Ackerbaues zu Paris aufgegebenen Preis davon trug, und welche man als eine klassische Schrift über künstliche Wiesen ansehen kann. In den Zeiten des revolutionären Vandalismus, der alles zerstöhrte, was nicht unmittelbar Brod oder Eisen gab, rettete er durch seine muthige Vertheidigung die Nationalschäferey zu Rambouillet vor dem Untergange, womit dieselbe bedroht war. Ausser der obigen Abhandlung schrieb Gilbert noch verschiedene kleinere Abhandlungen, wovon mehrere Preise davon trugen, und besonders auch eine Instruction, die im Jahre 1797 im Druck erschien, über die tauglichsten Mittel, die Fortpflanzung der spanischen Schafe und die Erhaltung dieser kostbaren Raçe in ihrer ganzen Reinheit zu versichern, die als ein wahres Handbuch für die Eigenthümer von Schafen angesehen werden kann. Gilbert zeichnete sich durch einen sehr edlen Karakter aus. Ein paar Züge verdienen aus Silvestres Lobrede ausgehoben zu werden. Sechs Monate vor dem 9ten Thermidor wurde einer seiner liebsten Freunde, welchen seine alte Verbindung mit Malesherbes verdächtig gemacht hatte, ins Gefängniſs geworfen, und hinterlieſs seine Frau in Furcht und Unglück. Gilbert, der keine andern Hülfsquellen als eine geringe Besoldung hatte, brachte sie dieser unglücklichen Gattin, wie wenn er die Besoldung ihres Mannes eingenommen hätte, damit sie einerseits keinen Mangel leiden, und andererseits daraus, daſs die Besoldung ihres Mannes nicht eingezogen worden, die Hoffnung schöpfen möchte, daſs seine Verhaftung weder lang noch beunruhigend sey. Während der Hungersnoth sah man ihn das Brodt, das ihm seine Familie schickte, an Personen vertheilen, deren Magen die von den Sectionen vertheilte Nahrung nicht vertragen konnte. Im Jahre VII (1799) reiste er im Auftrage der Regierung nach Spanien, um die 5500 spanischen Schafe von reiner Raçe, deren Ausfuhr in einem geheimen Artikel des Basler Friedens bewilliget worden war, aufzukaufen, und ihren Transport nach Frankreich zu besorgen. Hier wurde er das Opfer seines brennenden Eifers, der keine Mühseligkeiten scheute, die er durch Schuld des damaligen elenden französischen Directoriums, das ihn nicht gehörig unterstützte, in Menge übernehmen muſste. Er starb an einem heftigen Fieber,

in

in welches ein dreytägiges Fieber, das er auf den unwirthbarsten Gebirgen Spaniens mit sich herumgeschleppt hatte, zuletzt übergegangen war, den 21sten Fructidor des Jahres VIII.

Noch enthält dieser 4te Band eine treffliche Abhandlung über den Nutzen, welchen man aus ausgetrockneten Sümpfen im allgemeinen, und insbesondere aus denen von Laonois ziehen kann, welche den Preis der Ackerbaugesellschaft von Laon im Jahre 1787 davon getragen hat, von Cretté Palluel, von neuem abgedruckt nach einem Beschlufs der Societé d'Agriculture des Departement de la Seine, mit einem Berichte, Noten und Zusätzen von Chassiron; ferner eine Correspondenz Voltaires mit dem verstorbenen Moreau de la Rochette, Generalinspector der Pflanzschulen von Frankreich, nebst einer kurzen Notiz von der Pflanzschule Larochette bey Melun, von François de Neufchateau. — Untersuchungen über die Agricultur und Landwirthschaft der Alten, vom B. Ameilhon. Zweyte Abhandlung. — Betrachtungen über das Landleben und über ein Mittel, Wälder von hochstämmigen Bäumen anzulegen, von Creuzé - Latouche. — Bemerkungen über die Lagerstätte der hauptsächlichen Mineralsubstanzen, welche sich im Departement der Seine finden, und über ihren Nutzen in der Agricultur und den Künsten, von Gillet - Laumont, welcher eine sehr lehrreiche Tafel beygefügt ist, die einen guten Überblick über den Mineralreichthum des Seine - Departements, über die Lagerstätte der einzelnen Mineralien, die besondern Örter, wo sie sich finden, gewährt, und bey jeder einzelnen Mineralsubstanz kurze, für den Oryktognosten und Geognosten interessante Bemerkungen beygefügt enthält. Den Beschlufs dieses IVten Bandes macht eine biographische Notiz von

Creuzé-Latouche, und ein sehr brauchbares und ausführliches Register über die IV. ersten Bände der Memoires der Agriculturgesellschaft.

Tessier hatte vor der Revolution seine Annales de l'Agriculture française angefangen. Damals war schon ein Jahrgang herausgekommen. Während der Revolution hatten sie aufgehört. Seit beynahe drey Jahren sind sie nun wieder von neuem erschienen. Jeden Monat kömmt ein Heft von 9 Bogen heraus. Man findet viel gute Abhandlungen in diesen Annales, und man erhält eine vollsändige Kenntnifs von allen Anordnungen, welche die französische Landwirthschaft betreffen.

Von dem Theatre d'Agriculture d'Olivier de Serres, jenem klassischen Werke, wovon es jetzt so schwer ist, Exemplare zu bekommen, obschon 19 Editionen nach einander davon erschienen sind, wird nächstens bey Madame Huzard eine neue Ausgabe erscheinen, und zwar in gutem Französischen, und mit Anmerkungen von den besten Agronomen begleitet, in welchen die neuern Erfahrungen nachgetragen werden. Ich kann nicht genug für einer neulich erschienenen Ausgabe warnen, die voll von Fehlern ist.

III.

Beyträge zur technischen Chemie.

Die Annales des Arts et Manufactures sind ein reichhaltiges Repertorium von neuen Erfindungen in allen Theilen der Technologie und technischen Chemie. Sie enthalten zwar mehr Nachrichten von Erfindungen der Ausländer, insbesondere der Engländer, doch enthalten sie auch von Zeit zu Zeit einheimische Artikel. Die Artikel selbst sind von sehr ungleichem Werth. Eine Menge von Maschinen, deren Beschreibungen und Abbildungen in diesem Journale vorkommen, sind oft nichts als bloſse unbedeutende Modificationen schon längst gebräuchlicher Maschinen, die nicht einmal Verbesserungen genannt werden können, manche sind auch bloſse Versuche im Kleinen, für welche die Erfahrung im Groſsen noch nicht gesprochen hat, und gehören zu den unzähligen Combinationen, die man in der Maschinenlehre machen kann. Die wenigsten gehören in den Plan unsers Journals. Wichtiger sind die Beyträge zur technischen Chemie, besonders zur Farbe - Chemie, und von ihnen werden wir stets Notiz nehmen, so wie wir es bisher schon gethan haben. Wir wollen einige der neuesten Artikel hier ausheben.

A. *Über die Bereitung des essigsauren Eisens (Eisenflüssigkeit, Liqueur de Fer), das in der Färberey und in den Kattunfabriken als Beitzungsmittel gebraucht wird.* *)

Das Eisen ist bekanntlich zweyer Grade der Oxydation fähig. Das grüne Oxyd **) saugt den Sauerstoff der Atmosphäre so begierig ein, daſs es

*) Annales des Arts Nro. 33 Frimaire, Jahr XI. S. 237. fg.

**) Ein für sich bestehendes grünes Eisenoxyd gibt es eigentlich nicht. Das Eisen hat bloſs die Eigenschaft, im Zustande des Minimum seiner Oxydation grüne Salze und grüne Auflösungen mit den Säuren zu geben.

sehr bald seine Farbe verändert, und schnell ins Gelbe oder Rothe übergeht. Diefs letztere Oxyd wendet man vorzugsweise in der Färberey an. Zwar bedienet man sich auch in einigen Fällen des grünen Oxyds, die Farbe ist aber durch die eben angegebene Eigenschaft der Veränderung unterworfen. Das Eisen, welches auch das Auflösungsmittel desselben sey, hat eine solche Verwandtschaft zum Linnen und zur Baumwolle, dafs seine Säure in ihre Fasern eindringt und sie oft zersetzet, seine Verwandtschaft zum Sauerstoff ist so grofs, dafs es denselben beständig aus der Atmosphäre anziehet, daher jene Rauhigkeit, die durch Rostflecken veranlafst wird, welche zuletzt die Fasern der Leinwand und der Baumwolle zerfressen.

Wird das Eisen blofs als Basis einer färbenden Materie angewandt, so zerstöhrt oder vermindert diese letztere Substanz durch ihre Verbindung mit dem Oxyd einigermafsen sein Bestreben, den Sauerstoff einzusaugen, indem sie die Theilchen des Oxyds trennet, sie hindert jene Concretion, welche die Leinwand zerfrifst, und welche man unter dem Nahmen Rostflecken kennet. Indessen ist es darum nicht weniger wahr, dafs diese Anziehung zum Sauerstoffe die Ursache ist, dafs alle Stoffe, bey denen man sich dieses Beitzmittels bedient, weniger Dauerhaftigkeit haben, als diejenigen, wo die Natur der angewandten Farben von seinem Gebrauche dispensiret hat.

Das Eisen wird als Beitzmittel mit irgend einer Säure verbunden angewandt. Im allgemeinen wendet man nur das schwefelsaure oder essigsaure Eisen an, die Bereitung des schwefelsauren Eisens ist sehr bekannt, diejenige des essigsauren Eisens, welches bey den Engländern Eisenliquor heifst, ist es weniger. Man ziehet im Ganzen seinen Gebrauch dem des schwefelsauren Eisens vor, welches den Färbern überlassen bleibet, und selten in den Kattunfabriken angewandt wird. Man bereitet es durch Auflösung des Eisens oder seines Oxyds in Essig, saurem Biere u. s. w. Je länger die Operation gedauert hat, desto gesuchter ist die Flüssigkeit, die davon herrühret, und diefs beruhet auf dem Umstande, dafs das Metall Zeit gehabt hat, sich mit Sauerstoff zu sättigen, und in den Zustand eines rothen Oxyds überzugehen. Es sind 7 Wochen nöthig, um die Flüssigkeit zuzubereiten, vorausgesetzt, dafs das angewandte Eisen schon vorher sehr rostig gewesen sey. In dieser Absicht hebt man das alte Eisenwerk auf einem feuchten Fufsboden auf, und benetzt es von Zeit zu Zeit, um die Oxydation zu vermehren. Das alte Eisenwerk wird dann in Wannen von weifsem Holze geworfen, und mit Essig oder saurem Biere überdeckt, man rührt das Eisenwerk sehr oft auf dem Boden der Wanne hin und her, und so wie man nach 7 Wochen die gesättigte Flüssigkeit abgelassen hat, giefst man auf den Rückstand neue Säure, um denselben noch ferner zu benutzen.

Die beste Methode (und diefs ist das in Lancashire gebräuchliche Verfahren) ist, einen rothen Eisenocker in Essigsäure in der Hitze des siedenden Wassers aufzulösen, bis die Säure vollkommen davon gesättiget ist, die Auflösung alsdann auf Eisen mit metallischer Oberfläche zu giefsen, das Eisen zwey Tage hindurch darüber stehen zu lassen, diese Flüssigkeit dann mit neuem alten Eisen aufsieden zu lassen, und sie abzuziehen. So erhält man ein in dem Grade, als es für die Fabriken nöthig ist, gesättigtes Eisen. Ein Färber der kleinen Stadt Bury, die durch ihre grofsen Kattunfabriken berühmt ist, hat ein anderes Verfahren befolgt, um den Eisenliquor zuzubereiten. Herr Ashworth gründet sich auf das Princip der Wahlverwandtschaften. Er läſst ein metallisches Oxyd, dessen Auflösung im Essig leicht von Statten geht, in demselben auflösen, doch muſs zwischen dem Oxyde und dem Essig eine geringere Verwandtschaft, als zwischen dem Eisen und Essig statt finden. Durch den Zusatz des Eisens schlägt sich dann das vorher aufgelöste Oxyd nieder, und das essigsaure Eisen ist gebildet. Man nimmt Mennige, Silberglätte, Massikot oder irgend ein Bleyoxyd, man löst sie im Essige in der Temperatur des kochenden Wassers, und zwar in dem Verhältniſse von einem Theile des Oxyds auf 16 Theile Essig dem Gewichte nach auf, bisweilen vermindert man diese Quantität des Bleys nach Maaſsgabe der angewandten Art von Kalk bis auf einen halben Theil, man gieſst hierauf diese Auflösung in ein Gefäſs, das hinlänglich groſse Stücke Eisen enthält, um so viel Oberfläche als möglich der Action der Flüssigkeit auszusetzen, man läſst alles ohngefähr zwey Tage in Ruhe, dann läſst man die Flüssigkeit ab, und kocht sie von neuem über anderem alten Eisen, um sie vollständig zu sättigen.

Die in dieser Operation nöthige Menge von Eisen hängt groſsen Theils von der Stärke und Beschaffenheit der angewandten Säure ab, was sehr viel von der Localität abhängt. In den englischen Fabrikstädten kann man sich selten andere Säuren verschaffen, als den Bieressig.

Seit einiger Zeit haben die Engländer die empyrevmatische Holzsäure, welche ein Produkt der Destillation des Theerwassers ist, statt des Essigs zur Bereitung des Eisenliquors angewandt; diese Säure paſst aber nur in gewissen Fällen, wo man dunkelbraunere Nuancen nöthig hat. Eben so erhält man sehr schöne Nuancen durch die Verbindung des Arseniks mit Eisen.

B. *Methode, den Kopal gerade zu im Weingeiste und Terpenthinöle aufzulösen.*

Die Bekanntmachung, einen Kopalfirniſs unmittelbar mit Weingeist ohne Zwischenmittel von Laugensalz etc. zu bereiten, rührt von Van Mons her.

Demmenil, ein holländischer Glasarbeiter, (dessen schöne Glasarbeiten eben so sehr durch ihre Feinheit und Vollendung, als durch die Geschicklichkeit und Schnelligkeit, womit der Künstler sie zu Stande bringt, die allgemeine Bewunderung erregen) hat Van Mons dieses Verfahren angegeben. Es besteht ganz einfach darin, die Dämpfe des Weingeistes auf den Kopal wirken zu lassen. In dieser Absicht füllt man einen Kolben mit langem Halse zum 4ten Theile mit sehr rectificirtem Weingeiste an, man hängt mittelst eines Bindfadens in dem leeren Theil ein Stück Kopal von verhältniſsmäſsiger Gröſse auf, man befestigt auf den Kolben eine Art von Helm (ampoule condensatoire) und erwärmt nun den Weingeist hinlänglich, um ihn in Dämpfe zu verwandeln. Bald wird man den Kopal sich durch die Dämpfe des Alcohols erweichen, unter Form eines Öls herabflieſsen, und sich im flüſsigen Alcohol auflösen sehen. Bemerkt man, daſs die herabflieſsenden Tropfen sich nicht weiter mehr auflösen, so läſst man die Auflösung erkalten, man läſst sie sich setzen, und gieſst sie von dem Kopale ab, der durch das Erkalten sich niedergeschlagen hat, und der nach geschehener Sättigung sich nicht weiter aufgelöst hatte.

Auf dieselbe Weise bereitet man den Kopalfirnifs mit dem Terpenthinöle, indem man dieses Öl statt des Alcohols anwendet.

Der auf diese Art mit Weingeist bereitete Kopalfirnifs ist ganz ungefärbt, und hat blofs die Farbe des Kopals, mit dem er vollkommen gesättiget ist.

C. *Methode, das Gelb des Waus (Reseda luteola) für die Papiertapeten zu bereiten.*

Der Wau (Reseda luteola Linn.) ist eine derjenigen vegetabilischen Substanzen, welche die schönste gelbe Farbe geben. Die färbende Materie dieser Pflanze hat ihren eigentlichen Sitz in den Saamenkörnern.

Die Papiertapetenfabrikanten wenden das Waugelb als Wasserfarbe für die feinen Arbeiten an. Man ist noch nicht dahin gelanget, aus diesen Körnern eine Farbe auszuziehen, welche mit Öl angewandt werden könnte. Eine dergleichen Farbe würde eine kostbare Erwerbung für die schönen Künste seyn, denn das Mineralgelb, das in der Ölmahlerey angewandt wird, (das man durch Schmelzung des Bleyoxyds mit etwas weniger als $\frac{1}{5}$ seines Gewichts an Salmiak erhält) kann durchaus die Vergleichung mit der gelben Farbe des Waus nicht aushalten. Letztere Farbe wird in London angewandt, und wird in harten Massen verkauft, die man stöfst, um sich derselben bedienen zu können. Bekanntlich leiden aber die Farben bey dieser Operation mehr oder weniger.

Die Herren Colard und Ferser haben folgendes Verfahren erfunden, vermittelst dessen man ein Waugelb von der gröfsten Schönheit erhält, und das man mit Leichtigkeit pulverisiren kann, ohne genöthiget zu seyn, es in einem Mörser mit Mühe zu zerstofsen.

Man nimmt eine gegebene Quantität von reinem kohlensaurem Kalke (gewaschene und geschlemmte Kreide), z. B 4 Pfunde. Man bringt sie in einen kupfernen Kessel, und setzt dieselbe Quantität Wasser hinzu. Man erhitzt dann die Materie bis zum Kochen, und rührt sie mit einer hölzernen Spatel um, um die Kreide recht zu verdünnen. Auf jedes Pfund Kreide nimmt man drey Unzen pulverisirten Alaun. Man mufs dieses Salz nach und nach und unter beständigem Umrühren hinzutragen, um zu verhindern, dafs es nicht auf einmal ein zu starkes Aufbrausen durch die Kohlensäure, welche sich entbindet, hervorbringe. Nachdem aller Alaun mit der Kreide gemischt ist, und das Aufbrausen aufgehört hat, so ist die eigentliche Basis der Farbe bereitet. Man nimmt alsdann die Materie vom Feuer weg.

Hierauf bringt man in einen andern kupfernen Kessel Büschel von Wau mit den Wurzeln nach oben, man setzt dann hinlängliches Wasser hinzu, um die Spitzen des Waus zu bedecken, und läfst höchstens ohngefähr 15 Minuten hindurch kochen. Man nimmt nun den Wau heraus, bringt ihn mit den Spitzen nach unten in eine Wanne, um den Rest der Feuchtigkeit ablecken zu lassen, und seiht diese zusammt der Abkochung durch Flanell. So ist dann die färbende Materie zubereitet. Es ist unmöglich, die Quantität von Wau genau zu bestimmen, welche man für eine gegebene Quantität der weifsen Basis anwenden soll, da einige Büschel dieser Pflanze dreymal mehr Saamen als andere haben. Man riskirt überdieſs nichts, zu viel färbende Materie zu nehmen, da die Abkochung des Waus sich mehrere Wochen hindurch, ohne eine Änderung zu erleiden, erhalten kann, wenn sie in irdenen oder hölzernen Gefäſsen aufbewahrt wird.

Man erwärmt nun von neuem die weiſse Basis, und setzt von der filtrirten Abkochung des Waus so lange hinzu, bis man die angemessene Nuance getroffen hat, oder bis die Basis gesättiget ist. Nachmals läſst man die Materie ein paarmal aufwallen, und die Farbe ist zubereitet.

Um sich zu vergewissern, ob die Basis das Maximum ihrer Intensität angenommen hat, bringt man ein wenig davon auf Kreide, welche im Augenblicke alle Feuchtigkeit verschlucken wird. Bringt man dann ein wenig von der Farbe auf Papier, wo sie in wenigen Minuten trocken seyn wird, so wird man urtheilen können, ob man die Sättigung getroffen hat. Man gieſst alsdann die Materie in eine irdene oder hölzerne Schüssel, und läſst sie sich setzen. Den folgenden Tag gieſst man die Flüssigkeit ab, und rollt die Farbe auf groſsen Stücken Kreide hin und her, auf welchen sie in wenigen Stunden trocken seyn wird.

Die von der Farbe abgegossene Flüssigkeit kann zum Wasser einer neuen Abkochung hinzugesetzt werden, und man kann auch den Wau ein zweytes Mal ausziehen, um die dadurch erhaltene Flüssigkeit zur Abkochung von neuem Wau hinzuzusetzen. So verliehrt man nichts von der färbenden Materie.

Man muſs bey der Zubereitung des Waugelbs sich in Acht nehmen, daſs die Farbe nicht in Berührung mit dem Eisen komme, weil die Gallussäure, oder das adstringirende Princip, womit der Wau sehr versehen ist, im Augenblicke dieses Metall auflösen, und die kleinste Portion des Eisens die Reinheit und Feinheit der Farbe gänzlich verderben würde.

IV.

Neues Pyrometer von Platina. Von Guyton-Morveau.

(Aus einer von dem Erfinder gefälligst mitgetheilten Nachricht.)

Das Instrument, das dem Nationalinstitute den 26sten Floreal (16. Mai 1803) mitgetheilt wurde, ist bestimmet, die gröſste Hitze unserer Öfen zu messen.

Es besteht aus einer Platinastange (d. Fig. 1.), die auf der Kante in einer Falze einer Platte (A) von unschmelzbarem Thone (Argile refractaire) liegt. An einem Ende strammt sich die Stange an dem verschlossenen Ende der Falze. Das andere Ende derselben stöſst auf einen Hebel, gleichfalls von Platina (b a), der ellbogenförmig gebogen ist, und dessen längerer Arm sich in eine Nadel endigt, die sich auf einem graduirten Zirkelbogen (f) bewegt, dergestalt, daſs das Verrücken dieser Nadel die Verlängerung anzeigt, die die Stange von der Hitze erlitten hat.

Die Thonplatte wird bis zum höchsten Grade gebrannt, daher nicht zu fürchten ist, daſs sie einschrumpfe.

Da alle Stücke dieses Instruments von Platina sind, so ist weder Oxydation noch Schmelzung zu befürchten.

Was die Gröſse betrifft, so glaubte man sie nicht zu geringe annehmen zu müssen, damit die Variationen des Instruments merklich seyen, und andererseits auch nicht zu stark, um es leicht und bequem unter eine Muffel, einen umgestilpten Tiegel u. s. w. bringen zu können, und es so wenig als möglich den Verminderungen und Ungleichheiten der Hitze zu unterwerfen, die in einer grofsen Feuermasse bey einer gewissen Gröfse zu vermeiden unmöglich sind.

Die Abweichungen werden hinlänglich merklich seyn, wenn man die Verlängerungen von einem Zweyhunderttheil eines Millimeters (ohngefähr $\frac{1}{451}$ einer Linie) nicht nur ohngefähr schätzen, sondern genau wird bestimmen können. Diefs ist durch folgende angenommene Verhältnisse bewirkt worden.

Die verlängerte Platinastange hat 45 Millimeters (1 Zoll 7,948 Linien) Länge, 5 Millimeters (2,216 Linien) Breite, und zwey Millimeters (0,887 Linien) Dicke.

Der Arm des gebogenen Hebels, der sich am Ende der Stange befindet, hat 25 Decimillimeters Länge, und das in Winkelmaalsform gebogene Ende, welches die Function einer Nadel auf dem graduirten Zirkelbogen verrichtet, 50 Millimeters (1 Zoll 10,165 Linien) Länge, oder 20mal so viel, als das erste Ende. Der durchs Deplaciren des einen Endes beschriebene Raum des nadelförmigen Endes wird demnach in dem Verhältnisse von 1 : 20 gröfser seyn. Der grofse Arm wird einen Nonius haben, der auf dem Zirkelbogen den 10ten Theil eines Grades anzeigt, daher man den 200sten Theil eines solchen Grades wird messen können.

Die Decimaltheilung eines Zirkelbogens von 50 Millimeters im Durchmesser gibt 7,8538 Decimillimeters für einen solchen Grad. Man wird daher augenscheinlich eine Verlängerung von 0,078538 Decimillimeters oder von $\frac{1}{5730}$ der Platinastange des Instruments messen können.

Da das Instrument beym Herausziehen aus dem Ofen durch Bewegung die Lage, die die Ausdehnung der Nadel gegeben hat, verändern könnte, so hat man an einem Ende ein Platinaplättchen (s), welches als Springfeder dient, angebracht.

Der Verfasser hat eine Reihe von Versuchen angefangen, um den Gang dieses Pyrometers zu bestimmen, und dasselbe mit dem Wedgwoodischen zu vergleichen. Hiernach wird er den Grad des Zutrauens ausmachen, den diese Instrumente verdienen, so wie auch den Gebrauch und die Fälle anzeigen, wo man sich deren mit Nutzen bey den Versuchen und in den verschiedenen Künsten bedienen kann.

Fig. I.

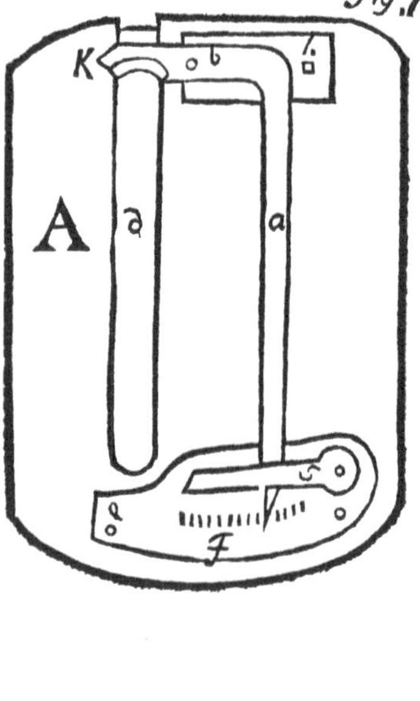

Erklärung der Abbildung.

Pyrometer durch Ausdehnung der Platina auf die höchsten Grade der Ofenhitze anwendbar.

A. Platte unschmelzbaren Thons bis auf 160° des Wedgwoodischen Pyrometers gebrannt.

a. Nadel von Platina, wie ein Ellbogen gestaltet (en equerre), deren Mittelpunkt in b ist, und welche einen Radius von 50 Millimeters vorstellt.

d. Platinastange von 45 Millimeters Länge, 5 Millimeters Breite, und 2 Millimeters Dicke.

s. Platina, welche zur Feder dient, um die Nadel fest zu halten.

e. Platinaplatte auf der Oberfläche des Thons befestigt, die in f ein Segment eines getheilten Zirkelbogens hat.

h. Platinaplatte auf der Oberfläche des Thons befestigt, auf welcher die Nadel a in b ihren Mittelpunkt hat.

V.

Statische Lampe, welche das Öl zu jeder beliebigen und sich gleich bleibenden Höhe hebt.

Weil bey der Argandischen Lampe mit doppeltem Luftzuge das Behältnifs für das Öl ziemlich tief unter der Flamme angebracht ist, so mufste man auf Mittel sinnen, das Öl aus dem Gefäfs in die Röhre, aus welcher die Flamme brennt, zu heben. Reiers und Carcels Vorrichtungen hierzu sind bekannt, einfacher als diese ist die gegenwärtige vom Herrn von Edelkranz aus Stockholm *).

Der Körper der Lampe besteht nehmlich aus drey Gefäfsen von Eisenblech, von etwas verschiedener Höhe und Weite, letztere beträgt für jedes Gefäfs 1 Linie Differenz auf den ganzen Diameter. Ihre Figur ist willkührlich. Die beyden Gefäfse aaee, und ccff sind unten auf einem Boden befestiget, ccff aber ist mit einem Boden oberhalb versehen, sie bilden folglich in ihrem Innern einen leeren Raum, und zwischen ihren Seiten eine Vertiefung, deren Weite der Differenz ihres Diameters gleich ist. In diese Vertiefung steigt das dritte Gefäfs bbdd frey hinab, und der Boden desselben bb, über welchen der obere Rand, indem er sich neigt, etwas höher hinaufgeht, hat eine Röhre kkii, an deren Ende in u die gewöhnliche Mündung (bec) für den Tocht der Argandischen Lampe sst angeschraubt wird. In der Mitte dieser Röhre befindet sich ein kleineres Rohr llo, und in diesem ein Stab von Eisendrath

*) Man s. die vorläufige Nachricht im Maystücke der N. Entd. S. 76.

sendrath g h, der senkrecht auf dem Boden in g befestigt, oben aber mit einer Schraube nebst Mutter o versehen ist. Er dient, die auf- und niedersteigende Bewegung des Gefäſses bb dd zu leiten, seine Schraube, die Höhe dieser Bewegung zu bestimmen. Füllt man nun den Raum zwischen den beyden Gefäſsen a f bis auf einige Linien vom Rande (bis m) mit Quecksilber an, so wird durch dasselbe, wenn das dritte Gefäſs eingesetzt ist, der zwischen demselben und dem zweyten Gefäſse entstehende Raum b b c c gesperrt, und man kann in denselben das Öl durch die Röhre u eingieſsen. Sein Druck auf das Quecksilber wird dieses nach Verhältniſs der specifischen Schwere beyder Flüssigkeiten, d. h. ohngefähr wie 1 : 16 nach aussen in die Höhe drängen, und unbeweglich hier erhalten, und beschwert man jetzt den Boden b b mit einem Gewichte, wie z. B. dem Obelisken x x y y von Eisenblech, der von vier Kugeln y y getragen wird, die ein Bleygewicht enthalten, und welcher einen Kanal für den äuſsern Luftzug bildet, und zugleich zur Verzierung der Lampe dienet, so wird das Öl, das nicht auf den Seiten ausweichen kann, wo es das Quecksilber auf seinem Wege antrifft, genöthiget, durch die Röhren k u, u s bis in den Schnabel (b e c) der Lampe zu einer Höhe, die dem Gewichte x y proportional ist, zu steigen, und sich hier ebenfalls unverrückt erhalten, bis alles verzehrt, und das Gefäſs b b d d auf den Boden c o herabgestiegen ist. Die etwan überlaufenden Tropfen fängt das kleinere conische oberhalb ausgeschweifte Gefäſs q p auf. Es leuchtet ein, daſs man nach Verhältniſs der Gröſse des Raums c c b b und des Gewichts darüber das Öl so hoch kann steigen lassen, als man für gut findet, nur muſs man den nöthigen Zwischenraum für das Quecksilber in a f in gleichem Verhältniſs erhöhen. Zu bemerken ist übrigens noch, erstens in Betreff des Gewichts, daſs der Druck desselben zwar nicht mit geometrischer Genauigkeit immer derselbe bleiben könne, weil, je tiefer der Rand des Gefäſses b b d d in das Quecksilber hinabsteiget, seine specifische Schwere sich vermindert; allein da dieser Rand aus dünnem Blech besteht, und die ganze Tiefe, um welche er einsinkt, unbeträchtlich ist, so hat jener Verlust an Schwere auf die Höhe der Ölsäule in s s keinen nachtheiligen Einfluſs. Zweitens in Ansehung des Gebrauchs der Lampe verdient angemerkt zu werden, daſs man die einmal angenommene Masse von Quecksilber (nach dem Maſsstab gegenwärtiger Figur ohngefähr ein Pfund) nicht vermindern darf, auch, um das Öl in die Röhre steigen zu machen, sich jedes andern äuſsern Drucks, als desjenigen des nöthig befundenen Gewichts, durchaus enthalten müsse. Eine sanft schüttelnde Bewegung ist hinreichend, das Öl auf seine Höhe zu bringen, die es jedoch genau und mit Beständigkeit erst nach einigen Secunden des Brennens erreicht. Es is unnöthig, zu bemerken, daſs das Kamin von Glas auf x x aufgesetzt wird.

Die hier beschriebene Lampe nach dem Maſsstab der Figur brennt 8 Stunden.

Diese statische Lampe ist bey Joannet rue St. Germain - l'Auxerrois Grammont zu haben.

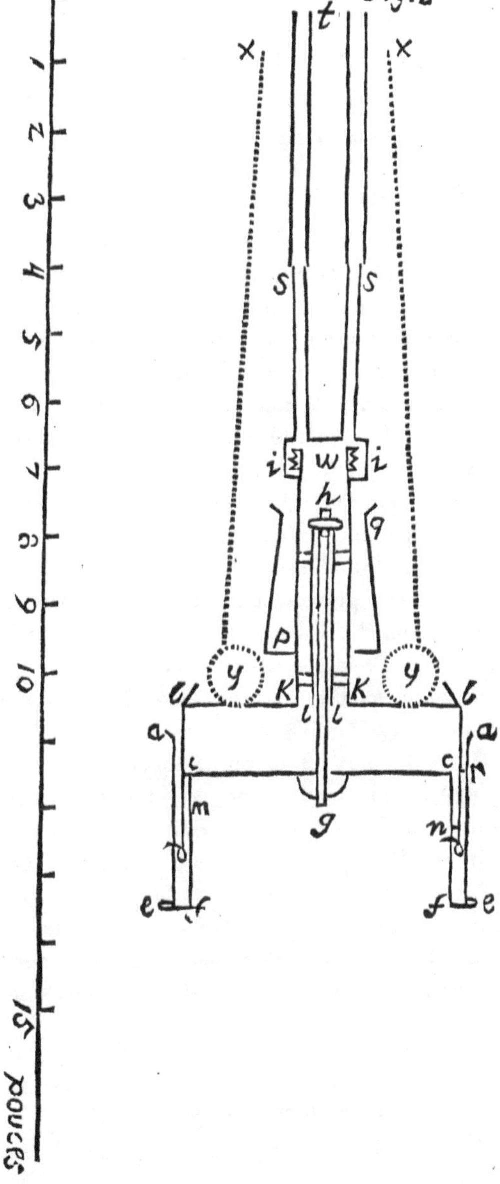

Fig. 2

VI.

Auszug aus dem Berichte der Herrn Fourcroy und Berthollet über die Abhandlung des Herrn Thenard die Weingährung betreffend. *)

Den 26sten Floreal Jahr XI. (16. Mai 1803.)

Die Aufgabe besteht darin, die Substanzen zu bestimmen, die zur Hervorbringung der Gährung erforderlich sind, so wie die Art, wie sie auf einander wirken, und was aus dieser Wirkung erfolgt. —

Die Berichtserstatter untersuchen zuerst, was man über diesen Gegenstand bisher wuſste. Es zeigt sich, daſs man sich anfänglich in Theorien verlor, bis endlich Bullion und Henry durch Versuche die Substanz, welche die Gährung hervorbringt, auszumitteln suchten und eine Säure annahmen. —

Fabroni gewann über diesen Gegenstand im Jahre 1785 einen Preis der öconomischen Academie zu Florenz. Seine Preisschrift ist im Jahre X. (1802) in einer Übersetzung erschienen, und die Berichtserstatter heben zuvörderst die Beobachtungen aus, die mit denen des Herrn Thenard übereinstimmen. —

Fabroni nennt eine vegetabilisch-animalische Substanz als Sediment in Getreide und in andern Pflanzensäften, die er mit Hefen vergleicht, aber er hält sie nur für eine Species, und nicht für ein Genus, das allein die Gährung hervorzubringen vermöchte.

Im Traubensaft bildet das Sediment ein Fünftel des Gehalts der Flüssigkeit, und vermindert sich um ein

*) Man vergl. damit den Auszug aus der Abhandlung Thenards selbst im IVten St. d. N. Entd. S. 133.

Drittel, sobald die Gährung geendigt ist. — Bey niedriger Temperatur wird die Flüssigkeit, nachdem sie das Sediment abgesetzt hat, ganz klar, doch hält sie noch immer etwas davon aufgelöst, und kann bey gehöriger Temperatur noch einmal gähren. Wiederholtes Filtriren durch dick über einander gelegtes feines Papier kann sie gänzlich von diesem Sedimente reinigen, doch muſs der Saft zuvor durch starke Hitze klebrigter gemacht werden. Nach dieser Operation gährt er nicht mehr, es sey denn, daſs man vom Sedimente etwas hinzuthut.

Bringt man Most über das Feuer, so trennt sich bey einer Hitze, die etwa zwischen dem Gefrier- und Siedepunct in der Mitte liegt, ein gerinnbarer Theil, und das Sediment bildet sich in Schaum. — Andre Versuche zeigen, daſs dieses Sediment in völlig gereinigtem Safte (wiewohl langsamer und bey höherer Temperatur) Gährung bewirke, daſs es sich im Safte der Blätter befinde, (die, wie Hilaire Rouelle schon bemerkte, einen Gährungsstoff enthalten) und daſs die Fliederblüthen dasselbe ebenfalls besitzen. Fabroni bemerkt, daſs nach Plinius die Eigenschaft dieses Sediments, das sich im Schaum gährender Körper befindet, als Beförderungsmittel der Gährung schon den Alten nicht unbekannt war. —

Fabroni hat die Eigenschaft, Gährung zu bewirken, weder im Leim, im Eyweiſsstoff, noch im unauflöslichen Theile menschlicher Körper gefunden. Er fand ferner durch das Anatomiren der Trauben, daſs dieselben aus verschiedenen flüssigen Körpern bestehen, die durch Membranen getrennt sind, und daſs die zuckerartige Substanz sich besonders in den Zellen zwischen dem Mittelpunct und der Rinde befinde, wo sie zuweilen Krystalle bildet. Daselbst befindet sich auch gedachte animalisch-vegetabilische Substanz. —

Gährung erfolgt in Trauben sowohl, als in andern Früchten, nach Fabroni dadurch, daſs man diese Körper recht unter einander reibt, und in Berührung bringt. —

Im Anfange erklärte dieser treffliche Physiker seine beobachteten Phänomen nach dem phlogistischen System, allein späterhin berichtigte er die Erklärungsart in einer Abhandlung, die er der philomatischen Gesellschaft vorlas, und die leider nicht gedruckt ist, doch hat Fourcroy einen Auszug derselben in den Annales de Chemie Tom. 31. Jahr VII. geliefert. In dieser nimmt er nicht mehr, wie im ersten Memoire, die Säure als ein nothwendiges Agens der Gährung an, sondern statuirt einfacher den Zuckerstoff als nothwendiges Element derselben. Dieser zersetzt sich, gährt aber durch Hülfe einer andern Substanz, die auf ihn wirkt, und ein elastisches Fluidum entwickelt. — „Die Materie, sagt Herr Fabroni, die den Zu„cker in der Weineffervescenz decomponirt, ist die „vegetabilisch-animalische Materie, die in beson„dern Utriculis ihren Sitz hat, und indem sie durchs „Zerreiben mit demselben in Berührung geräth, die „Gährung hervorbringt. Sind die Körper flüssig, so „verbindet sich der Kohlenstoff der glutinösen Thei„le mit dem Oxygen des Zuckers, verbrennt, und „entwickelt sich in Gasgestalt. Der Zucker desoxy„dirt sich gewissermaſsen, und bildet eine neue „Verbindung mit dem Wasserstoff und Stickstoff."

B. Thenard hat dieser Meinung des Herrn Fabroni nicht erwähnt. Er hat seine Versuche mit Johannisbeerensaft angestellt, ihn filtrirt, und einen animalischen Stoff gefunden, der Gährung bewirkte, und den er (ferment) Gährungsstoff nennt; er schliefst durch Analogie, dafs in allen gährenden Substanzen ein Niederschlag einer solchen Substanz statt finden müsse. — Herr Thenard untersucht diese Substanz alsdann, um zu wissen, ob sie ein Product der Gährung ist. Er glaubt, dafs der Zucker einen gröfsern Theil Gährungsstoff aufgelöst enthalten müsse, als zur Zersetzung nöthig ist, und dafs das Übermaafs sich niederschlage. — Er wurde in dieser Meinung bestärkt, indem er Zucker mit Hefen in einen Teig knetete, einen Tag ruhig stehen liefs, alsdann Wasser zugofs und filtrirte. Man erhält, sagt er, alsdann eine Flüssigkeit, die nach und nach gährt, sich trübt und Hefen niederschlägt. Er glaubt dadurch glücklich den Niederschlag zu erklären, den alle gährende Stoffe darbieten.

Fabroni sagte, dafs der Most, nachdem er seine vegetabilisch-animalische Substanz abgesetzt hatte, noch welche aufgelöst enthielt, welche durch Hitze daraus geschieden wird. Herr Thenard hätte wahrscheinlich dieselben Resultate erhalten, wenn er mit mehreren Säften Versuche angestellt hätte. Klare Fruchtsäfte, wie man weifs, sind der Gährung nicht weiter unterworfen. —

Fabroni schreibt ferner mit Rouelle der Auflösung der vegetabilisch-animalischen Substanz die Eigenschaft zu, sich im flüssigen Zustande zu erhalten, bis eine höhere Temperatur sie fest macht. Das Gluten findet sich auch in den Pflanzensäften flüssig, die keinen Zuckerstoff haben, daher dieser Zuckerstoff zwar zur Gährung beförderlich seyn kann, ohne doch nothwendig dazu zu dienen, dafs der Saft sich im flüssigen Zustande befinde. —

Um nun zu wissen, ob der flüssige Zustand zur Gährung nöthig sey, und dem Zucker zuzuschreiben ist, wurde folgender Versuch gemacht.

1. Zucker und Bierhefen wurden der Gährung überlassen, und indem die Gährung völlig statt hatte, filtrirte man die Flüssigkeit, die klarer ward, und hiermit war auch die Gährung derselben zu Ende. —

2. Man rieb Zucker und Hefen zusammen, (wie Herr Thenard) that Wasser hinzu, und filtrirte. Die nicht ganz durchsichtige Flüssigkeit formirte einen geringen Niederschlag, und gab einige Tage hinter einander Anzeigen einer weit geringern Gährung, als wenn man die Hefen im Zuckerwasser gelassen hatte. Die Flüssigkeit ward übrigens sehr langsam weinigt.

Man sieht hieraus, dafs die Gährung, ohne dafs der Gährungsstoff in flüssigem Zustande sey, vor sich gehen kann, und dafs die Auflösung durch Zucker hierzu wenig beytrage. Denn wenn man die unaufgelösten Hefen unterdrückt, die schnell die heftige Gährung hervorgebracht hätten, so hält man die Wirkung auf. —

Wenn die Berichtserstatter indessen auch hierin nicht der Meinung des Herrn Thenard sind, so mufs man doch sagen, dafs er viele Beobachtungen über eine grofse Anzahl Säfte angestellt, und dadurch allerdings seine Meinung, die Gährung in eine Verbindung des Zuckerstoffs und einer thierischen Substanz zu setzen, bekräftigt hat. —

Herr Thenard bemerkt bey den Hefen (Levain), dafs sie bey der Destillation viel Kohle zurücklassen; 8 Theile gaben ihm 2,83 Kohle, also etwas mehr, als Lavoisier gefunden hatte. —

Mit Wasser destillirt gab ihm der Gährungsstoff etwas Kohlensäure, und verlor nachher die Eigenschaft, Gährung zu bewirken. — Er war durch zufällige Verbindungen in fibröse Materie verändert worden.

Die Berichtserstatter liefsen Hefen 10 Minuten kochen, und setzten sie über ein Sieb mit Zucker der Gährung aus. Die Mischung blieb mehrere Tage ruhig, trübte sich nachher mehr und mehr, und die Gährung ward lebhaft. Das Kochen hat demnach die Eigenschaft zu gähren nur auf einige Zeit verringert. —

Herr Thenard hat die Producte aufgezählt, die er aus der Gährung des Zuckers erhalten hat, das Alcohol und die Kohlensäure fand er, wie Lavoisier, aber der Hefen, der bey Lavoisier $\frac{1}{7}$ beträgt, beträgt bey ihm $\frac{1}{11}$, und in einem andern Falle $\frac{1}{10}$. Doch ist dieser Unterschied nur scheinbar. Lavoisier hat das Wasser des Hefens mit in Anschlag gebracht.

Herr Thenard sucht ferner zu bestimmen, was aus dem Stickstoffe des Gährungsstoffs wurde; er glaubt nicht, dafs er in Gasgestalt mit der Kohlensäure entwich. Proust behauptet im Gegentheile im letzten Journal de Physique, dafs sich der Stickstoff in Gasgestalt mit der Kohlensäure entwickle. Eine sorgfältig hierüber von den Berichtserstattern angestellte Untersuchung schien Herrn Thenards Meinung zu bestätigen. In einer alcalinischen Auflösung erhielt man eine grofse Menge Kohlensäure, die sich durch die Gährung entwickelte, und es blieb nur in Gasgestalt etwa $\frac{1}{40}$ des Gewichts der luftförmigen Flüssigkeit zurück, welches atmosphärische Luft, den Verbrennungsversuchen zufolge, zu seyn schien. Es wäre zu wünschen, dafs Herr Thenard, was aus dem Stickstoffe wird, aufzuklären suchte. Wenn aber der Hefen, der wenig Stickstoff hat, nur $\frac{1}{72}$ des Gewichts des Zuckers beträgt, so ist die Bestimmung desselben über die möglichen Grenzen der Chemie. N ch Lavoisier beträgt er nur $\frac{1}{57000}$ des ganzen Gewichts des Gährungsproducts, und $\frac{1}{4}$ des Rests der Destillation der weinigten Flüssigkeit; in diesem

Reste befindet sich Essigsäure, und bey der Destillation bildet sich (wie Fourcroy und Vauquelin behaupten) Essig. — Aus den Versuchen des Herrn Proust ergibt es sich aber, dafs Stickstoff in der Mischung der Essigsäure befindlich ist. —

Einen Theil dessen, was sich im Gährungsstoff befindet, findet man im Rückstande der Weingährung. — Nach Filtrirung der Flüssigkeit und Destillirung derselben, um das Alcohol herauszuziehn, wurde der Rest decomponirt, und die Berichtserstatter erhielten eine ziemlich starke Säure, und ziemlich häufige ammoniakalische Dämpfe, die sie durch die gewöhnlichen Mittel erkannt haben.

B. Thenard beweist, dafs der Gährungsstoff sich leicht mit dem Oxygen verbindet, und daher auf den Zucker wirkt, er erklärt dadurch die Producte der Gährung, doch hat er Unrecht, zu behaupten, dafs Lavoisier die Producte der Gährung dem Zucker allein zuschrieb.

Aus allem diesen ergibt sich, dafs 1. die Bestimmung der beyden Substanzen, deren Wechselwirkung die Gährung hervorbringt, bekannt war. Die Beobachtungen des Herrn Thenard über eine Menge anderer gährender Substanzen, die man noch nicht versucht hatte, bestätigen indessen die Theorie.

2. Die Versuche zeigen den Unterschied der Wirkung des Gährungsstoffs im festen und flüssigen Zustande, und führen auf ein Princip, das man bis jetzt vernachlässigt hat, nehmlich auf den Stickstoff des Gährungsstoffs, auch fixiren sie die erste Wirkung des Gährungsstoffs in der Disposition, welche der kohligte Theil hat, sich mit dem Oxygen zu vereinigen. — Herr Thenard kündigt an, dafs er sich ferner mit dem Gegenstande beschäftigen werde, hierzu mufs die Classe diesen geschickten Chemiker

auffordern. Seine Abhandlung verdient eine Stelle unter den Abhandlungen fremder Gelehrten. —

Einige Personen glaubten, dafs die Classe einen Preis aufgegeben habe, der jetzt aufgelöst scheint. Wir glauben, dafs noch ein grofses Feld den Concurrenten übrig bleibt, sie können untersuchen, welcher Unterschied zwischen der Wirkung des Gährungsstoffs im flüssigen und festen Zustande existirt; welches die Bedingungen sind, die veranlassen, dafs derselbe Gährungsstoff Brodgährung, Weingährung und Essiggährung bewirkt; welcher Unterschied in der Stärke eintritt, welche durchs Keimen die Eigenschaft eines Zuckerstoffs annimmt, was den Unterschied zwischen dem süfsen und zuckerartigen Stoffe ausmacht, was der Nutzen des Weinsteins in der Weingährung sey, und so vieles mehr. —

M. Fdr.

VII.

Chemische Untersuchungen über den Pollen oder Saamenstaub des ägyptischen Dattelbaumes (Phoenix dactylifera). Von Fourcroy. (Im Auszuge.) *)

Delille, einer der Gelehrten, welche Bonaparte in seiner Expedition nach Ägypten begleiteten, händigte Fourcroy im Thermidor des Jahres X. eine gewisse Quantität des Saamenstaubs der Phoenix dactylifera ein. Der Staub verläfst so leicht die An-

*) Aus den Annales du Museum d'histoire naturelle VI. Heft S. 417—438.

theren und zugleich in so großer Menge, daß man ihn beym Aufgange der Sonne für eine Wolke hält. Delille sammelte seinen Vorrath, indem er die männlichen Zweige in einem mit leinenen Tüchern umgebenen Zimmer schütteln ließ, an welche sich der Saamenstaub anhing. Als Michaux in Persien reisete, existirten gerade innere Kriege zwischen Usurpatoren, die um den Besitz dieses großen Reiches kämpften, und der Sieger verbrannte jedesmal in den Provinzen, in welche er eindrang, die männlichen Dattelbäume, um die Einwohner durch Aushungern zu überwältigen. Diese hatten indessen den Saamenstaub aufbewahrt, und befruchteten hiermit ihre weiblichen Palmen. Der Staub behält die Eigenschaft zu befruchten wohl 18 Jahre lang. Derjenige, den Fourcroy erhielt, war wohl verwahrt, trocken, schwefelgelb, hinlänglich zusammengedrückt, daß er sich weder befeuchten noch erhitzen konnte, und hinlänglich geschützt gegen die Berührung der Luft, und also wohl noch frisch, und er hat ihn gemeinschaftlich mit Vauquelin der Analyse unterworfen. Vorläufige Versuche zeigten folgende allgemeine Eigenschaften: 1. Der Pollen des Dattelbaums hat einen säuerlichen, wenig angenehmen Geschmack. 2. Die Lackmustinktur wird merklich dadurch geröthet. 3. Dem lauen Wasser, womit er gewaschen wird, theilt er eine gelbliche Farbe und einen sehr merklich sauren Geschmack mit. 4. Dieser Aufguß wird zeisiggelb durch Kalkwasser und Ammoniak niedergeschlagen, die oben schwimmende Flüssigkeit ist goldgelb. 5. Die Auflösung des essigsauren Bleys und des salpetersauren Quecksilbers und Silbers wird durch die nehmliche Flüssigkeit gelblichweiß präcipitiret. 6. Der Alcohol bildet darin einen weißen, flockigten, sehr leichten Niederschlag. 7. Die Wärme trübt dieselbe, und veranlaſst eine Abtrennung von weiſsen concreten Flocken. 8. Die Auflösung des schwefelsauren Kalkes erleidet keine Veränderung durch den Aufguſs des Pollens. 9. Das kleesaure Ammoniak bringet auf der Stelle einen pulverigten Niederschlag darin hervor, der alle Eigenschaften des kleesauren Kalkes hat.

Diese Versuche beweisen, daſs der Pollen des Dattelbaumes eine freye Säure enthält, daſs diese im Wasser sehr auflösliche Säure mit einem kalkerdigten Salze in demselben vergesellschaftet ist, welches an sich unauflöslich nur durch Hülfe der freyen Säure aufgelöst bleibt, und die Niederschläge des salpetersauren Quecksilbers und Silbers verursacht.

Nun erzählt der Verf. den genauern Zerlegungs-Proceſs, und zwar im §. III. das Resultat des Auswaschens mit kaltem Wasser, im §. IV. das Resultat der genauern Untersuchung der Portion des Extracts des Pollens, die im Wasser und Alcohol unauflöslich war, im §. V. das Resultat der Untersuchung derjenigen Portion des Extracts des Pollen, die unauflöslich im Alcohol, aber auflöslich im Wasser war, im §. VI. das Resultat der Untersuchung derjenigen Materie, aus welcher durch Ammoniak die phosphorsaure Talkerde abgetrennt worden war; der §. VII. enthält Bemerkungen über die Gegenwart der phosphorsauren Kalkerde und Talkerde im Pollen des Dattelbaumes und über ihre Auflösung in dem wässerigten Aufgusse des Pollens; der §. VIII. beschäftiget sich mit der Untersuchung des ausgewaschenen und der Luft ausgesetzten Pollens; der §. IX. erzählt die Behandlung des nicht ausgewaschenen Pollens mit Säuren; der §. X. gibt das Resultat der Untersuchung des Pollens durch Laugensalze und die Fäulniſs; endlich sind im §. XI.

die allgemeinen Folgerungen aus den vorhergehenden Versuchen aufgestellt, die wir hier als das Wesentlichste des Aufsatzes mit den Worten des Verf. ausheben wollen.

Aus den vorhergehenden Versuchen erhellt ganz deutlich, dafs der Pollen des Dattelbaums enthält: 1. Eine ziemlich grofse Quantität völlig gebildeter Apfelsäure, die durch kaltes Wasser davon abgetrennt werden kann. 2. Phosphorsaure Kalkerde und Talkerde, wovon der gröfste Theil zugleich mit der Apfelsäure, die sie auflöslich macht, durch das Auswaschen weggenommen wird. 3. Eine thierische Materie, die sich im Wasser vermittelst der Säure auflöst, und welche durch den Galläpfelaufgufs niedergeschlagen, sich als eine Art von Gallerte ankündiget. 4. Endlich eine pulverigte Materie, welche die vorhergenannten Körper zu umhüllen scheinen, die, unauflöslich im Wasser, fähig ist, Ammoniak zu geben, sich durch Fäulnifs und die feuerbeständigen Laugensalze in eine ammoniakalische Seife zu verwandeln, und die ihren Eigenschaften nach einer glutinösen oder trockenen eyweifsartigen Materie analog zu seyn scheint.

Diese sonderbare Zusammensetzung, welche eine auffallende Ähnlichkeit zwischen dem Pollen des Dattelbaums und den thierischen Substanzen aufstellt, ist es noch mehr in Hinsicht auf die Verwandtschaft mit der Saamenflüssigkeit. Man kennt bereits die auffallenden Züge von Ähnlichkeit, welche besonders in Hinsicht auf Geruch zwischen dem menschlichen Saamen und dem befruchtenden Saamenstaube mehrerer Pflanzen, wie der Berberizen, der Kastanien, der Pappel u. s. w. statt finden. Die Annäherungen, welche man sich nach dem blofsen Geruche zwischen zwey Materien verschiedener Reiche erlauben durfte, gewinnen nun an Stärke ungemein durch die Resultate der Analyse beyder Materien. Es scheinet, wie wenn die Natur, da sie dieselben zu einerley Zwecke bestimmte, sie auch aus den nehmlichen Elementen habe constituiren, oder vielmehr, wie wenn die Natur dieselben Principien in ihre Mischung habe bringen müssen, damit sie einerley Verrichtung vorstehen könnten. Freylich hat man durch diese belehrenden Resultate der Chemie noch keine weitere Aufklärung über die geheimnifsvolle Eigenschaft, welche diese Materie unterscheidet, man erkennt darum noch nichts mehr von der Beziehung, die zwischen ihrer Zusammensetzung und ihrer befruchtenden Kraft existirt. Der Schleyer, den die Natur über diese Operation geworfen hat, ist dadurch, dafs er etwas dünner geworden ist, darum nicht durchsichtiger geworden, aber diese Dunkelheit selbst ist gerade ein Grund mehr, um mit Sorgfalt alle auch noch so schwachen Lichtstrahlen zu sammeln, die sie vermindern können.

Pf.

B. Literatur.

I.

Annales du Museum d'histoire naturelle. VI. Heft. S. 417—507.

I. *Chemische Untersuchungen über den Pollen oder den befruchtenden Staub des ägyptischen Dattelbaums, Phoenix dactylifera.* Von A. F. Fourcroy. (S. oben) II. *Abhandlung über zwey neue Varietäten des geschwefelten Eisens.* Von Hauy. Die eine dieser Varietäten nennt H. fer sulfuré bifère, weil die Abnahme-Gesetze, welche sie hervorbringen, je zwey und zwey auf jeden der soliden Winkel und Kanten des ursprünglichen Cubus wirken. Sie kömmt aus dem Berge Alvar im Departement der Isère, wo späthiger Eisenstein ihre Gangart ist. Die andere Var. nennt Hauy fer sulfuré megalogone oder mit grofsen Winkeln versehen, weil das wechselseitige Zusammenstofsen der Flächen, welche sie endigen, unter sehr offenen Winkeln geschieht. III. *Beschreibung der Gruben von Turffa der Gegenden von Bruhl und Liblar, welche unter der uneigentlichen Benennung der Gruben*

Gruben von Umbra- oder brauner Cöllnischer Erde bekannt sind. Von Faujas-Saint-Fond. Die Erde, deren Vorkommen hier der Verf. genauer beschreibt, ist unter dem Nahmen Cöllnischer Ombererde (terre d'ombre) hinlänglich bekannt, und wird vorzüglich als Wasserfarbe gebraucht. Man muſs sie von einer andern Erde, die auch den Nahmen der Umbererde führt, und die ein braunes Eisenoxyd ist, so wie insbesondere auch von der Cöllnischen Erde, welche ein feiner weiſser Pfeifenthon ist, unterscheiden. An Ort und Stelle heiſst man erstere Erde Torf-Erde (Turffa). Faujas St. Fond beschreibt nun mit seiner bekannten Weitläufigkeit seinen Besuch in den Gruben dieser Erde. Sie finden sich auf Seiten der groſsen Landstraſse von Liblar, ein paar Meilen von Cölln, und nur eine halbe Stunde von dem Lustschlosse Brühl. Eine tiefe Aushöhlung, die unter offenem Himmel liegt, ist hier mitten in einer schwarzen Erde gemacht. Oben auf liegt eine Bank von Kieseln von 12 Fuſs mittlerer Tiefe. Dieses Lager ruhet unmittelbar auf der Ombererde, die bis auf 12 Fuſs durchgraben war. Diese Schicht ist an Ort und Stelle dunkelbraun, das sich ins Schwarze zieht, wenn die Erde feucht, ins Carmelitbraune, wenn sie trocken ist. Die Materie selbst ist schwammigt, ein wenig elastisch, und sanft anzufühlen, wenn sie feucht ist, ohne Geruch, noch merklichen Geschmack, und färbt etwas schwarz ab. Man bemerkt bald, daſs sie ein bloſses Gemenge von holzigten, getrennten, fein zertheilten Partikelchen ist, welche verschiedenen Holzarten angehöret zu haben scheinen, die man nun nicht mehr unterscheiden kann. Doch sieht man noch einzelne weniger entstellte Holztheilchen, und selbst ganze Holzsplitter von einer Länge von 8 Zollen, und von einer Dicke von 2—3 Zollen, wovon einige so schwarz wie Ebenholz, andere röthlichbraun sind. Die ganze sichtbare Schicht dieser Holzerde enthält weder Sand noch Thon, sie besteht in ihrer ganzen Dicke aus bloſsen holzigten Theilen. Man findet in derselben hie und da wahre Holzkohlen, die in Allem mit den künstlich gebrannten Holzkohlen übereinkommen. Die gröſsten Bruchstücke sind wie ein Finger. Diese Erde entstand offenbar durch eine ganz eigenthümliche Zersetzung des Holzes. Man darf sie durchaus nicht mit dem gewöhnlichen Torfe der Sümpfe verwechseln, der aus den Fasern, Wurzeln und Blättern verschiedener Wasserpflanzen zusammengesetzt ist. Die Arbeiter hauen mit etwas gekrümmten Hacken diese Holzerde schichtenweise aus. Sie wird dann in hölzernen Gefäſsen von conischer Form geformt, und durch die Sonne und Luft getrocknet. Sie dient in den Gegenden umher zum Brennmaterial, und wird häufig ausgeführt, theils um zur Farbe zu dienen, theils wird sie auch in Holland in den Tabacksfabriken angewandt. Noch ausgedehnter als die Ombergruben von Brühl sind die von Liblar, die in der Länge einer Viertelstunde eine steile Wand von schwarzer Ombererde darstellen, die bis auf 12 Fuſs tief durchgraben ist, und über sich gleichfalls eine Schicht von Kieseln von 10 Fuſs Tiefe liegen hat, die ebenfalls durchgraben ist. Sie liegen etwas höher, als die von Brühl, auf einer weit ausgedehnten Ebene, das Bett des drey Stunden entfernten Rheinstrohmes liegt 400 Schuhe tiefer, die Schicht von Holzerde scheint sich sehr tief zu erstrecken. In einer Tiefe von 40 Fuſs, bis zu welcher man Brunnen grub, fand man diese Erde noch ganz rein und unvermischt. Hier in diesen Gruben findet man zum Theil noch ganze Baumstämme von 2 Fuſs im Durchmesser und 15 Fuſs Länge, die um so dichter sind, je tiefer sie liegen, nie aber fand man Wurzeln, oder Zweige, was anzuzeigen scheinet, daſs diese Stämme Palmen gehört haben. Man findet auch bisweilen in den Gruben von Liblar Früchte, die dem ersten Anblicke nach gewöhnlichen Nüssen ähneln, bey genauerer Untersuchung aber wesentlich davon abweichen, und nach der genauesten Vergleichung den groſsen Botanikern des Jardin des Plantes am meisten mit den Nüssen der Areca-Palme (Areca cathecu Linn. Areca faufel Gärtner.) eines Baumes, der in Indien, auf den Molucken u. s. w. wächst, überein zu kommen schienen, auf jeden Fall aber offenbar Früchte von Palmbäumen sind, worin diese Botaniker mit einander übereinstimmen. Die Abhandlung ist durch zwey schöne Kupfer, wovon das eine einen Theil der Gruben von Liblar, das andere die Früchte und das Holz, das man daselbst findet, darstellet, geziert. IV. *Abhandlung über die Tubicinella.* Von Lamarck. (S. das vorige Stück.) V. *Notiz über die Balanus.* Von L. Du Fresne. (S. das vorige Stück.) VI. *Fortsetzung der Abhandlungen über die Fossilien der Gegenden von Paris.* Von Lamarck. Der Verf. gibt hier kurze systematische Beschreibungen von folgenden Geschlechtern und Gattungen. X. Gen. Ancilla. 1. buccinoides. 2. subulata. 3. olivula. 4. canalifera. XI. Gen. Voluta. 1. cithara. 2. spinosa. 3. musicalis. 4. muricina. 5. costaria. 6. lyra. 7. bicorona. 8. crenulata. 9. harpala. 10. labrella. 11. bulbula. 12. depressa. 13. variculosa. 14. mitreola. VII. *Abhandlung über das Geschlecht Tritonia nebst der Beschreibung und Anatomie einer neuen Species Tritonia Hombergii.* Von G. Cuvier. Auch diese Abhandlung trägt ganz das Gepräge der Meisterhand des Verf. und ist durch zwey schöne Kupfertafeln erläutert. Das Geschlecht Tritonia ist von Cuvier neu geschaffen worden. Die hier beschriebene Species heifst Tr. Hombergii, einem eifrigen jungen Naturforscher Homberg zu Havre zu Ehren, dem Cuvier viele Mollusken und auch diese verdankt. Die sorgfältige Anatomie verdient im Werke nachgelesen zu werden. Wir bemerken nur aus derselben, dafs diese Tr. H. ein Herz mit einem Herzohre hat, das die Dienste der linken Herzkammer verrichtet, und sein Blut von den Branchien durch 4 grofse Äste erhält, dafs alle Nerven nur aus einem einzigen Mittelpunkte, einem wahren Gehirne, ausgehen, und alle Ganglien, Plexus nervosi und Rückenmark fehlen, dafs Salivaldrüsen und Leber deutlich unterschieden sind, dafs, wie bey den meisten andern Gasteropoden Ovarium und Oviductus, Testikel und Ruthe in einem Individuum vereinigt, und deutlich unterschieden sind.

Dieses Stück ist das letzte des ersten Bandes, und schliefst mit einer Tafel der Abhandlungen und einem alphabetischen Register über alle 6 Stücke.

Pf.

II.

Annales du Museum d'Histoire naturelle etc. 7. Cahier.

Das 7te Heft der Annalen des Nationalmuseums für Naturgeschichte enthält:

1. *Zweyte historische Notiz über das Museum für Naturgeschichte*, von Jussieu. (Eine Fortsetzung der im ersten Hefte befindlichen. Der Leser kennt die vorzüglichen Schicksale des Gartens bereits aus

dem Werke des Herrn Fischer, wir glauben nicht, dafs ihn ein genaueres Detail sehr interessiren würde. Die Notiz reicht bis zu der Zeit des Fagon.)

2. *Beobachtungen über die sogenannte labradorische Hornblende*, von Hauy. — Der Verf., der diese Substanz erst spät genauer kennen gelernt hat, beschreibt sie folgendermafsen: Die Farbe rothbraun, von metallischem Glanze, zuweilen schwärzlich, die specifische Schwere 3,3857. Das Mineral ritzt Glas, und gibt mit dem Stahle Funken. Die mechanische Theilung gibt zuvörderst ein 4seitiges Prisma, dessen Flächen grade Winkel zu bilden scheinen. Zwey derselben erhält man leicht, die Länge der Seiten ist an der Basis ungleich. Bewegt man die Fragmente beym Lichte, so schillern sie, und man bemerkt zwey andere Fugen, die diagonal laufen, also theilt sich das 4seitige Prisma in 3eckige, welche das integrirende Theilchen ausmachen. Doch lassen sich dessen Winkel und Demensionen nicht eher bestimmen, als bis man regelmäfsige Krystalle mit Facetten haben wird. — Indem es nun der Verf. mit andern Substanzen vergleicht, findet er, dafs es weder zum Amphibole (Hornblende), noch zum Diallage metalloïde des Hauy, noch zum Schillerspath gehört. Also ist diese labradorische Hornblende wohl eine ganz besondre Species. Bearbeitet und polirt ähnelt sie dem Corundum (Demantspath).

3. *Abhandlung über einen fossilen Elephantenhauer, der 5 Fufs tief in einem vulcanischen Tuff gefunden worden ist, und zwar in dem Departement de l'Ardèche in der Gemeinde Darbres.* Von Faujas St. Fond. — Er ähnelt ganz dem Zahn des asiatischen Elephanten. Ähnliche hat man in Rom, und nach Fortis zum öftern in der Tiber gefunden.

4. *Beschreibung einer neuen Species Soda, von* Desfontaines, *nebst Abbildung.* Salsola radiata. Foliis lato-lanceolatis, dentatis, calice coro-

nula denticulata cincto; semine orbiculari, hinc emarginato. — Sie vermehrt sich durch Saamen, existirt seit 5 Jahren im Garten, und ist durch Michaux aus Nordamerica gebracht worden. Die linsenförmigen Saamen ähneln denen des Chenopodiums. Der Verf. glaubt überhaupt, daſs das Geschlecht Soda in mehrere Geschlechter wird getheilt werden müssen. —

5. *Seltne Pflanzen, die im Jahre X im botanischen Garten oder in den Treibhäusern des Museums geblüht haben.* Von Desfontaines. Cobea scandens. Cavanilles Icon. N. 15. tab. 16. — Der Verf. bereichert die schon sehr genaue Beschreibung des Cavanilles mit einigen Kennzeichen mehr. — Die schöne Pflanze hat keine Saamen gegeben, vermehrt sich aber leicht durch Ableger. —

Corea alba. Wild. Species 3. p. 324. Aus Mexico.

Aster glutinosus. Cavanilles Ic. N. 184. T. 168. Aus Mexico.

Aristolochia caudata mit Abbildung. Jacquin Amer. 233. tab. 145. Von Herrn Riedlé aus den Antillen gebracht.

6. *Anatomische Beobachtungen über den Crocodil des Nils*, von Geoffroy. Der Verf. hat diese Anatomie kurz vor der Abreise unter sehr ungünstigen Umständen gemacht, und liefert daher nur einige Zusätze zu den bekannten Anatomien.

Der Kopf des Crocodils hat das Paradoxe, daſs die Backen und die Muskeln zur Bewegung der Kinnladen nicht zur Seite, sondern hinterwärts liegen. Selbst das os temporum liegt hinterwärts, und das Gehirn ist so klein, daſs man es kaum sieht. Der ganze Kopf scheint eigentlich nur aus Kinnbacken zu bestehen. Der untere Kinnbacken ist um $\frac{1}{8}$ länger, als der obere. Er stellt ferner eine Höhle mit doppelten Facetten dar, worin die

Hervorragungen der ossium temporum articuliren. Der condylus des Hinterkopfs befindet sich übrigens auf gleicher Linie mit den 4 condylis der ossium temporum, so daſs der Kopf gleichsam gegen diesen Punct, wie das Charnier einer Dose, gestaltet ist. Die Kinnbacken haben endlich keine andre Bewegung, als die einfache von oben nach unten, ohne durch Seitenbewegung rechts und links die Speisen gleichsam malen zu können. — Die Halswirbelbeine articuliren nicht, so daſs sie gleichsam wie ein einziger Knochen anzusehen sind. Der Kopf, wenn er in die Höhe gehoben wird, beschreibt auf dem Halse einen Winkel von 45°. Dagegen kann die Unterkinnbacke schon wegen ihrer sehr harten Haut nie nach unten gezogen werden. Es ist das einzige bekannte Thier, wo die Knochen, zwischen welchen das Gehirn sich befindet, sich auf der Unterkinnlade bewegen, und an welchem die Unterkinnlade nur eine unmerkliche Bewegung hat. —

Der Crocodil hat eine Zunge, das heiſst, die ganze Haut zwischen den beyden Theilen der untern Kinnbacke ist mit einem schwammigen Fleische bekleidet, und mit den allgemeinen integumentis bedeckt, nehmlich mit einer gelben chagrinartigen durchlöcherten Haut. Die Öffnungen sind Mündungen der Drüsen. Die Zunge gleicht dem Eisen einer Lanze, doch geht sie nie zum Munde hinaus. Sie ist an dem osse hyoïdeo befestigt, welches aus 3 Stücken besteht. Das Mittlere ist breiter, als die Basis der Zunge, knorpeligt, und wie ein Löffel gestaltet; die ganze Einrichtung ist von der Art, daſs der Schlund und zuweilen auch die hintern Öffnungen der Nase verschlossen werden können. Dadurch ist der Crocodill im Stande, sich unter das Wasser zu flüchten, (wofern er nur die Schnauze ausserhalb demselben hält), ohne daſs das Wasser in den oesophagus eindringen kann. Es ist falsch, daſs, wie Perrault behauptete, der oesophagus breiter sey, als der Magen, oder in irgend einer Art dem Kropfe der Vögel ähnlich sey. Die tunica villosa war sehr dick, die Muskelhaut war es minder. Das Innere war mit kleinen glatt geriebenen Kieselsteinen angefüllt. Der Magen hatte eine Tasche, die sich im pyloro endigte. Man unterschied übrigens nur das rectum durch seine Dicke. Das duodenum bildete zwey Windungen von oben nach unten, die sich berührten, und Fett zwischen sich hatten. Es war kein blinder Darm bemerkbar. —

Die Lungen sind conisch, sie bestehen aus einem Netze von gleichartigen Maschen, ungefähr wie im 2ten Magen der wiederkäuenden Thiere, sie führen zu Vertiefungen oder kleinen Taschen, die aus zirkelrunden und senkrechten Fibern bestehen, die sich durchschneiden. Diese Säckchen dienen zu Luftbehältern, und öffnen sich, um dem Blute nach und nach seine nöthige Quantität Sauerstoff zuströmen zu lassen. — Wenn sie geleert sind, so mufs der Crocodil wieder auf die Oberfläche des Wassers kommen, um sie zu füllen. Durch diese Structur entfernt sich der Crocodil von der Eydechse, und nähert sich der Schildkröte. —

Man sieht, dafs der Kopf und die Lungen des Crocodils von dem der Eydechse sehr verschieden sind, die Generationswerkzeuge sind es noch mehr. Die meisten Eydechsen haben, wie die Schlangen, eine doppelte Ruthe zu beyden Seiten des Afters. — Der Crocodil hat nur eine vorwärts in einer Falte der gemeinschaftlichen Cloake enthalten, sie ist undurchbohrt, ganz knorpligt, und endigt durch eine Art von Eichel. Zu beyden Seiten des Afters befinden sich zwey andre Drüsen, die einen weifsen Saft durch zwey ziemlich von einander entfernte sehr deutliche Öffnungen ausspritzen. — Diese Drüsen veranlassen keine Art von Hervorragung, und dennoch existirt der retractor corporum cavernosorum, wie bey Eydechsen, und ist sogar sehr grofs. Er macht, dafs der Schwanz fast wie der Körper angeschwollen ist. Er ist auch in einer eignen knorpelartigen ziemlich dicken Scheide enthalten, die sich in einer Aponevrose endigt, und am Becken befestigt ist. Der Muskel trägt mit dazu bey, die Seitenbewegungen des Schwanzes zu bewirken. —

Die Testikel nähern sich denen der Fische, sie sind länglich und schmal. Man bemerkt sie ober- und vorwärts der Nieren. —

Der Saame wird in zwey ziemlich grofse, einander berührende, hinter der allgemeinen Cloake gelegene Bläschen, die zum Theil in einen knorpelartigen Sack eingeschlossen sind, und mit 6 — 7 Löchern rund um den Uringang in die allgemeine Cloake sich endigen, geführt. Die beyden lobi der Leber haben ihre convexen Theile mit einer Aponevrose bedeckt, die die Fortsetzung eines Muskels ist, der an dem hintern und untern Ende jedes Lappens anfängt, und nahe dem Becken an dem letzten Stücke des Sternums (welches sich nehmlich über die Rippen hinaus in einem breiten Stücke endigt, und mit dem Beckenknochen articulirt) fest sitzt. Kein andres Thier besitzt diesen Muskel, und kein anderer Anatom hat ihn noch bemerkt. Er dient wahrscheinlich statt des Zwergfells, um die Capacität der Brust zu vergröfsern. —

Die übrigen Viscera sind, wie alles, was den Crocodil betrifft, von Vesal, Sloane, Perrault, Hasselquist, den Missionären von Siam, Duverney und Cuvier vollständig beschrieben, und zuletzt von Daudin gesammelt worden. Man hatte verbreitet, dafs Herr Geoffroy, dem Beyspiel der Alten zufolge, Crocodille abgerichtet habe. Dieses falsche Gerücht ist durch eine Carricatur entstanden, in welcher die Engländer ihn unter Crocodillen abgebildet hatten, und ist völlig ohne Grund.

Notiz über eine neue Species von Crocodil aus America, von Geoffroy. Die vom General Leclerc aus St. Domingo geschickten Crocodille waren denen von Ägypten so ähnlich, daſs das von Buffon aufgestellte Gesetz, daſs keine Species der heiſsen Zone ursprünglich in beyden Welttheilen zugleich befindlich sey, erschüttert zu seyn schien. Bey genauerer Untersuchung fand Herr Geoffroy, daſs zwar der Crocodil von St. Domingo dem vom Nil in allen Stücken ähnlich sey, die den Crocodil vom Caïman zu unterscheiden dienten, daſs aber die Kinnbacken länger und schmaler erschienen. In dem von St. Domingo verhält sich Breite zur Länge wie 3 : 6, in dem vom Nil wie 4:6. Auch ist der Körper des Crocodils von St Domingo verhältniſsmäſsig länger, und der Schwanz aus 3 Bändern mehr gebildet. In dem einen nehmlich sind 20, in dem andern nur 17. Die ersten untern Zähne sind so lang, daſs sie die obere Kinnbacke durchdringen, statt daſs sie kleiner in dem Crocodil des Nils, nur zwey kleine Höhlen sich aushöhlen, von welchen sie aufgenommen werden. Der 4te Zahn der untern Kinnbacke unterscheidet sich kaum in dem erstern von den beyden andern, in dem andern Crocodil sind diese 4ten Zähne gröſser. Die Schilder (Schuppen, plaques), die den Rücken bedecken, sind bey dem Crocodil von St. Domingo weniger zahlreich, und ungleicher vertheilt; die carinae derselben nur an denen der äuſsern Reihe hervorragend, und die in der Mitte fast verwischt. Im Crocodil des Nils hingegen sieht man kein Schild und keine carina, welche nicht den andern völlig gleich wären; selbst die Schuppen der 4 Extremitäten sind im Crocodil von St. Domingo viereckig, in dem vom Nil sechseckig oder rund. —

Es scheint demnach, dafs der Crocodil von St. Domingo eine von dem des Nils verschiedne Species sey. Indessen ist Herr Peyre in St. Domingo mit der Anatomie des Crocodils beschäftigt, und die Ärzte, die sich jetzt in jener Insel befinden, werden hierüber genauere Auskunft verschaffen.

Fortsetzung der Abhandlung über die Fossilien in den Gegenden von Paris, von Lamark.

Geschlecht XII. *Mitra.* Testa univalvis, subfusiformis, apice acuta, basi emarginata; canali nullo; columella plicata; plicis inferioribus minoribus. — Wie die Voluta in wärmern Gegenden befindlich; einige Arten sind sehr selten.

1. M. crebricosta: ovato-fusiformis, costis crebris, longitudinalibus, inferne obsoletis; columella 4plicata. n. —

2. M. monodonta: ovato-acuta, laeviuscula, superne longitudinaliter striata; labro intus unidentato. n. —

3. M. marginata: ovato-laeviuscula; anfractibus margine variculoso crenulatoque subduplicatis. n. —

4. M. plicatella: fusiformis, laevigata; anfractibus margine subplicatis; columella quadriplicata. n. —

5. M. labratula: ovato-acuta, laeviuscula, superne costulis striisque transversis decussata; labro crasso, marginato. n. —

6. M. raricosta: ovato-acuta, costis longitudinalibus, distantibus, muticis; labro crasso, marginato, intus subunidentato. n. —

7. M. mixta: fusiformis, laevigata, basi apiceque obsolete striata; apertura vix emarginata.

8. M. cancellina: subfusiformis, laevigata; labro interne striato; apertura basi subintegra. n. —

9. M. terebellum: fusiformi-turrita, laevigata, inferne striata; apertura basi subintegra. n. —

10. M. fusellina: ovato-fusiformis, laevis, minuta, basi transversim striata; anfractibus superne marginatis. n. —

11. M. graniformis: ovata, longitudinaliter costulata; anfractibus marginatis. n. —

12. M. mutica: ovato-acuta, laevigata; anfractibus undique simplicibus; plicis columellae quaternis. n. —

13. M. elongata: fusiformi-turrita, laevigata; columella subquinqueplicata. n. — β. eadem striata transversis vix perspicuis. V. d'Argenville fossil. pl. 29. Buccinite 2te fig. der N. 6.

14. M. citharella: ovato-acuta, subventricosa; costis longitudinalibus, distantibus, muticis; columella nuda, quadriplicata. n. —

NB. Das Geschlecht Columbella, welches hier folgen müfste, ist noch nicht unter den Grignonschen Fossilien entdeckt worden. —

Geschlecht XIII. *Marginella.* Testa univalvis, ovato-oblonga, laevis; spira brevi. Labrum extus calloso-marginatum. Apertura basi subemarginata. Columella plicata.

1. M. eburnea: laevis; spira conoïdea, marginibus anfractuum confluentibus; labro mutico. n. —

2. M. dentifera: laevis; spira oblongata subpyramidali; labro brevi intus unidentato. n. —

3. M. ovulata: laevis; spira brevissima; labro intus sulcato.

Geschlecht XIV. *Cancellaria.* Testa univalvis, ovata vel subturrita; labro intus sulcato.

Aperturae basis integriuscula subcanaliculata. Plicae compresso-acutae ad columellam. —

1. C. costulata: ovato-oblonga, varicosa; costis longitudinalibus, crebris, obsolete decussatis; columella triplicata. n. —

2. C. volutella: turrita, varicosa; costis crebris, longitudinalibus; striis transversis obsoletis; cauda brevi subemarginata. n. —

Geschlecht XV. *Purpura.* Testa univalvis, ovata; costis tuberculis spinisve subscabra. Apertura inferne emarginata, subcanaliculata. Columella nuda, depresso-plana, in mucronem basi desinens.

1. P. lapillus: ovato-acuta, subfasciata, costulis transversis, obsolete squamosis cincta; labro intus subdentato. n. —

Notiz über den Bürger Marechal, von Deleuze.

Nachdem der Verf. etwas über die Schwierigkeit zoologischer Zeichnungen zur Einleitung gesagt hat, folgt die Lebensbeschreibung des jüngst verstorbenen Nicolas Marechal, der den 21sten März 1753 gebohren, und von Jugend an einen großen Hang zur Naturgeschichte zeigte, ob er gleich der Zeichenkunst gewidmet war. Er suchte beydes zu vereinigen, und ward im Jahr III der Republik Thiermaler (Peintre Zoologiste) beym Museo für Naturgeschichte, um die Sammlung von Zeichnungen auf Pergament fortzusetzen. — Um ein Thier darzustellen, studierte er es oft lange vorher. So studierte er z. E. das Skelett des Elephanten, zeichnete den Gang desselben, und fand den sonderbaren Umstand, daſs dieser, wenn er trabt, den Hinterfuſs weiter hervorsetzt, als die Stelle ist, die der Vorderfuſs verlieſs, welches dem Thiere ein Ansehen von Leichtigkeit giebt. Durch solche Beobachtungen gab er seinen Gemälden alle Vollständigkeit. Er hat ein Werk über die Art, naturhistorische Gegenstände zu zeichnen, auszuarbeiten angefangen, welches nicht beendigt ist. Man hat von ihm: 66 Thiere à la Guache auf Pergament gemalt, gröſstentheils nach dem Leben. 80 Zeichnungen zoologischer Anatomien auf Pergament colorirt, oder auch auf Papier getuscht. Es sind die innern Theile des Rhinoceros, Elephanten, Löwen, Bubalus, Meerschweins u. s w. Der Elephant allein besteht aus 27 Zeichnungen. — Nächstdem eine Menge Zeichnungen mit schwarzer Kreide. 13 Zeichnungen von fossilen Thieren und Conchylien, und 20 andre, worunter Mineralienabbildungen sich befinden, in welchen nicht nur die Crystallisationen, sondern auch die Farben treffend dargestellt sind. Er hat auch die Schafe zu Rambouillet fürs Gouvernement gemalt, welche seine Meisterstücke sind. Er malte ferner in Öl, und verfertigte die Zeichnungen sowohl zur Geschichte des Berges St. Pierre bey Mastricht von Faujas, als auch zu den Versuchen über Geologie. — Die Menagerie du Museum, wovon er das 7te Heft vor seinem Tode corrigirte, und die Geschichte der Erd- und Fluſsmuscheln, welche bald erscheinen wird, müssen ihn auch der übrigen Welt bekannt machen. Die Abbildungen der Blasensteine sind endlich sein letztes Werk. — Der Verf. beschlieſst diese Notiz mit dem Lobe der Sanftmuth und der edlen Gesinnungen dieses von allen Professoren des Museums bedauerten, ihm besonders werthen Freundes. —

Correspondenz.

Ankündigung einer Sendung fremder Gewächse von Woodfort, und über die Cultur des Thekabaums, der einen Theil derselben ausmachte, von

Thouin. Die Zahl beläuft sich auf 80 Species. 18 sind auf der Reise gestorben, eben so viele kamen hinfällig an. Die andern vegetiren.

Die Geschlechter Vilshenica, Hilbertia, Montinia, Houstonia, Goodenia, aus Neuholland, Ostindien, und dem Cap der guten Hoffnung, kommen zum ersten Mal in den Garten. Sie haben aber nicht geblüht. Die übrigen wird Herr Desfontaines in dem bald herauszugebenden Catalogus des botanischen Gartens beschreiben. Es sind nehmlich 14 Species Amaryllis, welche mit den 8, die das Museum besitzt, 22 ausmachen, und sich durch Schönheit so vorzüglich auszeichnen. Eine Musa coccinea, Coccoloba pubescens. Das Museum besitzt nun 7 Species Coccoloba. — Ferner: Magnolia purpurea, und eine Varietät der Camellia Japonica, die leider umgekommen ist, die aber die Aufmerksamkeit der Gärtner verdient, weil sie eine neue Zierde der Gärten ausmachen kann. — Am interessantesten ist die Tectonia grandis des Linné theck oder theka, der schönste und gröfste Baum aus Indien. Es ist wenig Hoffnung, ihn in Europa ins Freye zu verpflanzen. Wie man indessen behauptet, soll die Knospe mit Schuppen bedeckt seyn, welches vermuthen liefse, dafs er Mittel habe, sich für Kälte zu schützen, und, wie der Campherbaum, Gouyaviabaum und der Papiermaulbeerbaum aus den Südseeinseln, in Frankreich fortzukommen. Nächstdem hat dieser malabarische Zimmerbaum die Eigenschaft, eine Zeitlang, wie unsre einheimischen Bäume, zu schlafen, das heifst, Blätter zu verlieren, und einige Monathe anscheinend unthätig zu bleiben. Dieses läfst vermuthen, dafs die Säfte in die Wurzel hinabsteigen, oder sich während dieser Zeit verdicken. Diefs gibt mehr Hoffnung, den Baum auch in unsern Climaten zu erhalten, da der Frost nur dann auf die Vegetabilien nachtheilig wirkt, wenn ihre Saftgefäſse mit Feuchtigkeit angefüllt sind, denn indem er alsdann das Volumen der letztern vermehrt, indem die Gefäſse selbst zusammengeschrumpft sind, so müssen diese zerreiſsen, und den Tod der Pflanze verursachen. Daher sterben auch unsre Eichen und andre einheimische Landbäume, wenn sie während der Vegetation von spätem Frost überfallen werden. — Warum sollte indessen nach jenen Voraussetzungen nicht auch die Theka im mittäglichen Frankreich fortkommen können? —

Indessen gibt es Gewohnheiten, die von Physiologen noch nicht genug beobachtet oder beschrieben worden sind, welche bey der Verpflanzung in andere Climate zu verändern Zeit erfordert. Sie bestehen: 1. In der Eigenschaft der reifen Saamen in einer andern Zone in keiner andern Epoche zu keimen, als in der, in welcher sie in ihrem eignen Clima aufgekommen wären. (Die Saamen der Liliacea vom Cap geben hiervon viele Beyspiele.) 2. Daſs die Vegetabilien mit zusammengesetzten Blättern ihre Blättchen beym Untergang der Sonne regelmäſsig schlieſsen, und sie beym Aufgang wieder eröffnen. 3. In der Eigenschaft einer groſsen Menge Pflanzen, in fremden Ländern um dieselbe Zeit zu blühen, wo sie in ihrem eignen zu blühen pflegen. (So blühen die peruanischen Pflanzen bey uns zum ersten Mal im Winter.) 4. Daſs viele Bäume ihre Blätter in andern Jahreszeiten abwerfen, und daher ihre Knospen ebenfalls in andern erhalten. Sie erhalten sich endlich nur in demselben Erdboden, in derselben Exposition, in derselben Höhe, an welche sie in ihrem Vaterlande gewöhnt sind. —

Andre

Andre Gewohnheiten hängen von der An- und Abwesenheit des Wärmestoffs, vom Lichte, Feuchtigkeitsgrad, Dichtigkeit des Bodens, und den andern umgebenden luftförmigen Flüssigkeiten ab. — Wir haben über das, was innere Organisation und äusserer Einflufs dabey thut, noch keine gewissen Facta. Selten, kann man indessen sagen, gewöhnt man Pflanzen eines warmen Climas an ein kälteres. — Die Individuen aus reifen Saamen gezogen, behalten ebenfalls die Gewohnheiten ihres Landes, und nur nach mehreren Generationen verändern die in den Ländern, wohin sie verpflanzt sind, reif gewordenen Saamen ihre ursprüngliche Gewohnheit. 4 Jahre reichen zu diesem Ende gewöhnlich für Pflanzen hin, die in 3 Monaten keimen, wachsen und Früchte bringen, jährige Pflanzen bedürfen mehr, und kaum reichen Jahrhunderte hin, um selbst mit Kunst alte Gewohnheiten in grofsen Holzarten und Bäumen zu zerstöhren, und sie zu naturalisiren. —

Um auf den Thekabaum zurückzukommen, so ist es nach seinen äussern Kennzeichen wahrscheinlich, dafs er im Var-Departement, im Departement des Alpes maritimes und in Corsica, unter Orangen und Citronenbäumen (unter welchen er auch in Indien wächst) fortkommen werde *). Er wächst im Vaterland in Ebenen, an Abhängen, nicht weit von grofsen Flüssen, die jährlich regelmäfsig überschwemmt werden. Ferner wächst er schneller und gröfser in einem Thonboden mit Sand gemischt, der tief und consistent ist, als in jedem andern. Endlich verlie-

*) Man sehe hierüber eine Abhandlung über die Vortheile, ausländische Bäume zu cultiviren, in den Memoires de la Soc. d'Agricult. de Paris 1786. pag. 43.

ren seine Saamen die Eigenschaft zu keimen sehr schnell, oft schon bey der Überfahrt nach Europa. Man hat sie im Museum oft ohne Erfolg gesäet. Rathsamer wäre es demnach, junge fufsgrofse Pflanzen, die man in Kästen aufbewahrt, nach Europa zu bringen. — Wenn man indessen an alle Zufälle der Reise, und zumal an die Sorglosigkeit der Schiffer denkt, so wäre der erste Weg, Saamen zu bringen, doch noch besser, die ohnehin durchs Pflanzen im fremden Clima schon eine Art von Naturalisirung annehmen. — Am besten transportirt man Saamen schichtenweise in Erde aufbewahrt. In einem Kasten nehmlich von 18 Zoll Breite, 26 Zoll Länge, und 15 Fufs Höhe, der mit mehrern Löchern durchbohrt ist, legt man unterhalb eine Schicht kleiner Kiesel und Muscheln, etwa einen Zoll hoch, damit das Wasser leicht ablaufe, und den durch Fermentation entstehenden gasartigen Körpern Abgang verschafft werde; hierüber legt man substantielle lockere Erde, die mehr trocken als feucht ist, und etwa eine Schicht von 2 Zoll bildet. Über diese leise zusammengedrückte und mit glatter Fläche gebildete Schicht legt man einzelne Saamen, die ihrer äussern Hülle beraubt sind, jeden Kern etwa 3 Linien von dem andern. Man bedeckt diese mit 1½ Zoll Erde, die man zusammendrückt. Auf die glatte Oberfläche legt man eine zweyte Schicht Saamen, eben so, und ebenfalls mit einem Zoll Erde bedeckt, und so immer fort, bis etwa einen Zoll unter dem obern Rand der Kiste, wo man langes Moos legt, welches alsdann mit einem Netze von Eisendrath (mit Maschen von etwa 4 Zoll) an den obern Rand der Kiste angenagelt wird. Ein Korb mit Henkel umgibt die Kiste, und bedeckt sie, um sie für Ratten und andrse Ungeziefer zu bewahren.

Während der Reise befeuchtet man von Zeit zu Zeit ein wenig die obere Moosfläche, damit die Erde, welche vom Moose bedeckt ist, stets in einem Zustande von Feuchtigkeit sich befinde, welche die Moleculchen sich zu trennen verhindert, und das Keimen begünstigt sey, ohne es zu übereilen. Die Erde muſs weder zu feucht, noch zu trocken seyn. Denn im ersten Falle wird die radicale Feuchtigkeit des Saamens absorbirt, und derselbe dadurch unfruchtbar; im zweyten Falle würde das Keimen zu schnell erregt werden, und die jungen Pflanzen würden schmächtig werden und umkommen. Man muſs ferner diesen Saamenkasten, so oft und viel man kann, der freyen Luft aussetzen, aber stets in einer Temperatur, die der von 6 bis 8 Grad über o nicht nahe kömmt, und indem man sie zugleich für Regen und zu brennender Sonne schützt. Zu dem Ende kann man die Kiste mit weiſser Wachsleinwand bedecken, welche man nach Bedürfniſs auflegt oder wegnimmt. Das Unkraut, welches unter dem Moose aufschieſst, muſs man ausrotten. — Wenn das Schiff kalte Gegenden passirt, muſs die Kiste unterm Verdecke seyn, und niemals muſs man sie mit Meerwasser befeuchten. —

Aus allen diesem wird resultiren, daſs die obern Saamen keimen und freye Luft suchen, und die andern, auf die am meisten zu rechnen ist, erhalten werden. Wenn das Schiff in einer günstigen Jahrszeit, wie vom Ende des Winters bis zum Anfange und selbst bis zur Mitte des Sommers ankömmt, so ist am meisten Hoffnung, daſs sie gedeihen. —

Zwey Arten gibts, sie bey ihrer Ankunft zu säen. Ist es ein Clima, wo sie naturalisirt werden können, wie die Hierischen Inseln und Nizza, so pflanzt man die keimenden Saamen in Rabatten von lockerer Erde, die tief substantiell ist, in einer Richtung von

Osten nach Westen, um die Bäume während des Sommers vermittelst Zaunpfäle von Rohr oder Strohmatten für die Mittagssonne bewahren zu können, und zugleich auch für den Nordwind im Winter, indem man die Stelle der Pallissaden verändert. Es wäre auch nützlich, daſs diese Beete so angelegt würden, daſs sie durch Irrigation benetzt würden, um die jungen Bäumchen für Trockenheit zu bewahren, und die Vegetation zu beschleunigen.

Die zweyte Methode besteht darin, daſs man jeden keimenden Saamen in einen kleinen Topf mit einer Erde von der Natur, als sie Orangebäume nöthig haben, die aber feiner ist, legt, und daſs man diese Töpfe neben einander der Mittagssonne aussetzt, mit einem Steckenzaun bedeckt, der von Norden nach Süden neigt, und eingerichtet ist, dünne durchsichtige Matten aufzunehmen, die die Sonnenstrahlen zwar durchlassen, aber sie auch zugleich brechen. Zu starke Strahlen schaden in jedem Clima den meisten Saamen, die jungen Bäume wachsen im heissen Clima nur im Schatten der Wälder. — Während des Winters des ersten und zweyten Jahres der jungen Pflanze wird es vielleicht nöthig seyn, dieselbe für eine Temperatur unter 8° zu bewahren, und die Seitenwände des Zauns durch Bretter, so wie den obern Theil durch Fenster zu ersetzen, nach den ersten zwey Wintern aber werden die jungen Pflanzen sich eben so cultiviren lassen, als die Orangen- und andere delicate Bäume.

Beyde Methoden haben ihre Vortheile und Nachtheile, es wäre gut, sie zu wechseln, man sollte sie beyde versuchen, um eine Anpflanzung gedeihen zu machen, die der Marine der Republik so nützlich werden kann.

Diese Methode, Saamen zu transportiren, ist die einzige, die bey vielen Holzarten gelingt; besonders bey allen, die zu der Familie der Lorbeeren, Färberröthepflanzen, Myrthen, Terpenthinhölzer, so wie überhaupt bey allen, deren Corculum mit einer hornartigen Materie eingehüllt ist, gehören, und die ein Öl enthalten, welches, da es schnell ranzig wird, auf den Saamen rückwirkt, und ihn zerstöhrt. —

Ankündigung dreyer Sendungen, die das Museum neulich erhalten hat.

3 Species Protea aus Caen. 110 Päckchen Saamen, 15 kleine Bäumchen, die sich gröſstentheils nicht in der botanischen Schule befanden, und 5 neue Species oder Varietäten der Bromelia hat Herr Schweyckert aus Karlsruh zugeschickt. Aus London hat Mylady Hamelia Hume die Frucht der Sterculia balanghas, Helicteres altheifolia, Nymphaea nelumbo (verschieden von der Linneischen), eine Varietät der Globba nutans, welche in englischen Gärten Renealmia minor genennt wird, und eine Blakea trinervia aus Jamaica dem Museo zukommen lassen. Allein die meisten sind leider umgekommen.

Brief des Herrn van Marum an Herrn Faujas St. Fond. Herr van Marum hatte im Jahre 1784 ein kleines Bassin, 10 Fuſs tief, um Goldfischchen aufzubewahren, graben lassen, 5 Fuſs waren Gartenerde, der Rest bestand aus einem blaulichten Sande. Rund herum lieſs er die Wände mit Holz bekleiden. Im Jahre 1789 fand er, daſs sich 4 Fuſs Torf im Grunde gebildet hatte. Während der Zeit, daſs derselbe sich bildete, sah er häufig die Conferva rivularis und Myrophyllum spicatum im Teiche wachsen. Da er alles herausgraben lieſs, vermehrte sich in der Zukunft nur das Myrophyllum. 1798 war nichts als Schlamm und kein Torf im Grunde gebildet. Warum bildet nur die Conferva den Torf? — Herr Meese hat gefunden, daſs sie nicht fault, im Herbste schwerer wird, und untersinkt. Auch scheint sie nach den Beobachtungen des Herrn van Marum die Fäulniſs der sie umgebenden Pflanzen zu verhindern. —

Fdr.

III.

Annalen des Museums für Naturgeschichte, 8tes Heft, enthält:

1. *Abhandlung über eine neue Varietät Quarz*, von Hauy.

Die eigentlichen Varietäten des Quarzes sind sehr geringe, wiewohl zufällige Modificationen, die von der verschiednen Gröſse der Seiten herrühren, unendlich sind. Die Mineralogen haben 2 eigentliche Varietäten beschrieben, nehmlich das Dodécaëder aus zwey geraden 6seitigen Pyramiden, die an der Basis vereinigt sind, und das Prisma zwischen zwey Pyramiden. — 2 andre von Rome Delisle Crystall. T. II. p. 96., und De Luc J. d. Physique Vendem. an XI p. 248 angezeigte haben rhomboidalische Abstumpfungen an den Winkeln, wo das Prisma mit den Pyramiden zusammenstöſst. Der Verf. hat sie in seinem Traité de Mineralogie unter Quarz rhombifère und plagièdre beschrieben, und gezeigt, daſs sie nicht, wie jene Verf. glaubten, von der Regel abweichen. Neulich bekam er zwey Krystalle, wo die Varietät rhombifère und plagièdre vereinigt sind, und dieses macht die Gestalt nicht wenig räthselhaft. Er nennt sie coordonné, und bezeichnet sie

$$\begin{array}{cccccccc} \overset{2}{e} & P & \overset{\frac{1}{2}}{e} & (E^2B^1D^2) & (\overset{2}{e}D^2D^1) & (\tfrac{4}{7}ED^2B^1) & (\overset{2}{e}D^4D^1) & ({}^1ED^2B^1) \\ r & P & z & 5 & x & x' & u & u' \end{array}$$

Er hat die additionellen Facetten am meisten unter den Rauchtopasen von Alençon gefunden. Nie fand er sie unter den Amethysten, oder unter den Haematoïden, wie z. B. unter den sogenannten Hyacinthen von Compostella. —

2. *Abhandlung über einen grofsen Haifischzahn, der in dem Steinbruche (Carriere) bey Monrouge, und über ein versteinertes Schildkrötenschild, das bey Grand Cheronne in der Nachbarschaft von Paris gefunden worden ist.* Von Faujas St. Fond. Mit Abbildungen.

3. *Analyse der Umbraerde von Kölln*, von Brongnart.

Der Verf. hat die Köllnische Erde dem Feuer in einer Retorte unterworfen, er analysirte die rückständige Asche, und versuchte auch die Erde mit Reagentien. Es ergab sich, dafs sie aus einer Mischung von feiner Kiesel- und Thonerde, und aus mit Kohle gefärbtem Kalk besteht. Er unterwarf faules Holz einem vergleichenden Versuche, und fand nichts, was es von obiger Kohle unterscheidet. Hieraus schliefst er mit dem Baron Hüpsch, dafs die Umbraerde verschütteten Bäumen ihren Ursprung verdanke. — Die Vegetabilien decomponiren sich durch Wärme und Reagentien. Hitze und Luft machen die flüchtigen Theile verfliegen, und lassen Asche zurück, aus welcher das Wasser das Salz auslaugt. Das Wasser, das vergrabne Vegetabilien durchdringt, wird zersetzt, und bringt ähnliche Wirkung hervor. Das Oxygen des Wassers nehmlich verkohlt sie, aber ohne Wärme nicht so vollkommen, und es bleiben ölige Theile zurück, so wie sonst noch Merkmale, die den Unterschied der beyden Kohlen bewirken, diejenigen Unterscheidungszeichen nehmlich, die auch der Biester bey der Analyse gibt u. s. w. —

4. *Abhandlung über die Jalappe*, von Desfontaines; mit zwey Abbildungen, der Pflanze und der Wurzel. —

Die Jalappe wächst in Mexico in der Nachbarschaft der Stadt Xalapa. Auch in der Nachbarschaft von Vera Crux soll sie nach Thiery de Menonvilles Reisen gemein seyn, ohne daſs die Einwohner es bis jetzt wuſsten. Die Wurzel ist groſs, länglich rund, mit Zapfen versehen, fleischigt, weiſs, und im frischen Zustande milchartig. Vom untern Ende entstehen Zweige von ungleicher Dicke, die sich senkrecht in die Erde senken, an der Oberfläche bemerkt man Eindrücke, aus welchen Sprossen und Würzelchen entstehen. Thiery sah Wurzeln, die 12, 15, ja 25 Pfund wogen. Die kleinen werden in die Länge zerschnitten, und die Stücke gleichen halben Birnen, die groſsen werden in Schnitte getheilt. — Getrocknet runzeln sie sich, werden äuſserlich braun, und innerlich grau, in der Mitte haben sie gewöhnlich ein harziges Auge. — Nach Raynal verzehrt Europa jährlich 7500 Pfund derselben, die 972,000 L. kosten. Die braune, compacte, schwere, harzige, und schwer zerbrechliche Wurzel ist die beste. Die Jalappe ist an und für sich fast geruchlos, und ohne Geschmack, doch ist sie, einige Zeit gekaut, ein wenig scharf. Gebrannt ist der Geruch stark und wenig angenehm. — Die Entdeckung dieser Wurzel verdankt man der Entdeckung der neuen Welt. Im Anfange des 17ten Jahrhunderts wurde der Handel damit in Europa verbreitet. Der Verf. führt hier nichts als Bekanntes über ihre medizinische Wirkung an, er erzählt ferner, wofür man sie Anfangs fälschlich hielt, bis B. Jussieu ein getrocknetes Exemplar, das Houston mitgebracht hatte, sah, und es als Liseron erkannte. Miller pflanzte den Saamen der Pflanze in Chelsea, und bestätigte es, er fand, dafs selbst die Saamen mit Seide bewachsen sind, welches ein characteristisches Zeichen derselben ist. Thiery bestätigte es ebenfalls, und es findet sich, dafs der Jardin des Plantes die wahre Pflanze besitzt. Dem Stigma zufolge, das einfach und blos eingekerbt ist, müfste die Pflanze eher zum Geschlechte Ipomaea gehören. Vielleicht wäre es überhaupt besser, die Geschlechter Liseron und Ipomaea zu vereinigen. — Der Verf. beschreibt die Pflanze folgender Maſsen:

Convolvulus Jalapa (Liseron Jalap.)

Convolvulus. Caule volubili, tuberculoso, foliis cordato-ovatis, subrugosis, subtus villosis, integris aut lobatis pedunculis uni- vel multifloris; filamentis basi tomentosis; semine lanigero. —

Das Geschlecht Liseron besitzt mehrere Species, die purgiren machen. Wahrscheinlich auch das Genus Ipomaea. Doch gehören auch die Pataten zum Liseron-Geschlecht, die doch die purgirende Eigenschaft weiter nicht besitzen.

5. *Beobachtungen über die Pflanzenfamilie Amarantacea.* Von Jussieu.

Die Amarantacea, die in die Reihe der blätterlosen Dicotyledonen gehören, welche die Staubfaden unter dem Pistill inserirt haben, unterscheiden sich von der angrenzenden Familie durch den ringförmig um einen mehligen Körper aufgerollten Embryon; durch die bestimmte Zahl, theils abgesonderter, theils durch ihre Stiele vereinigter, theils mit Schuppen abgesonderter Staubfaden, durch die Capsula unilocularis, gewöhnlich monosperma, so wie durch die Saamen, die am centralen receptaculo sitzen.

Die beyden Abschnitte dieser Familie scheinen auch natürlich. Die zu dem einen gehörigen haben nackte Blätter, bey dem andern sind sie mit stipulis versehen. Die Blätter sind alterna im Amaranthus-, Celosin-, Aerua- und Digera-Geschlecht. Opposita im Iresine-, Achyranthes-, Gomphrena- und Illecebrum-Geschlecht, welches letztere auf eine kleinere Anzahl Species, durch die Absonderung derjenigen mit foliis alternis (Illecebrum lanatum, javanicum), die zu Aerua gehören, und derjenigen, die stipulas an den Blättern haben (Illecebrum cymosum, canariense, divaricatum, verticillatum, paronychia, capitatum, arabicum, alsinefolium etc.) so wie durch das Geschlecht Paronychia, das zu der zweyten Section gehöret, reducirt ist. —

Die Section mit nackten Blättern kann mit einem neuen Geschlechte vermehrt werden, welches holzige Stengel, folia opposita, flores spicis terminalibus hat, und den Achyranthes nahe kömmt; es war unter dem Nahmen Achyranthes lappacea bis jetzt bekannt, und in dem Hort. Malab. Vol. VII. F. 43. unter dem Nahmen Pupal-Valli abgebildet. Seine Ähren bestehen aus kleinen Bündeln von 2 bis 4 Blüthen, die jede 3 bracteas und krumme Bündel von Seide haben, die wiederum mit bracteis umgeben sind. Jede Blüthe mit wolligtem Kelch hat 5 Blätter, 5 Stamina, deren Stiele unterwärts durch nicht aufgeschnittene Becher (Godet) vereinigt sind. Der Stylus endigt sich mit einem einzigen Stigma. Die Frucht, die der Verf. gesehen hat, ist nach Rheede wolligt, einsaamig und mit kleinen borstigen Puncten, wie der Kelch der Bardana, versehen. Der Verf. nennt das Geschlecht Pupalia, die Species Lappacea, bis weitere Erfahrungen lehren, ob der Character der borstigen Frucht in allen Speciebus einerley ist. Von dem Genus Achyranthes ist das Geschlecht sehr verschieden, dieses hat einzelne, nicht in Bündel vereinigte Blüthen, die jede 3 bracteas haben, und die Stiele der Staubfäden in einem tubo vereinigt, der zuweilen ausgezackt, zuweilen mit appendicibus intermediariis versehen ist.

Die 2te Section der mit stipulis versehenen Blätter, die nur 2 Geschlechter, Paronychia nehmlich und Herniaria, zählte, kann mit 3 andern vermehrt werden. 1. Mit Anychia des Michaux (siehe Flora Americana septentrionalis), welches Geschlecht mit Paronychia viel Ähnlichkeit hat, und nur durch die Stamina, die keine zwischenliegenden Appendices haben, so wie durch die Capsel, die unterhalb zerreifst, und das Korn durchläfst, sich unterscheidet. Es gibt 3 Species: Anychia herniaioïdes, A. argyrocoma und A. dichotoma, welche letztere sonst unter Queria canadensis bekannt war, wie das Gärtner Vol. 2. p. 217. schon zeigte, allein dieser gibt der Pflanze 3 Stigmata, Michaux nur 2. —

2. Lithophila des Schwartz aus Jamaica, auf Steinen wie Moos wachsend, mit Schuppen, sehr kleinen Blättchen, und kaum sichtbaren Blüthen, die terminales oder axillares sind, und die die Gröfse eines Nadelkopfs haben, versehen. Schwartz schreibt den Blüthen einen 3blättrigen Kelch zu, so wie eine 3blättrige Corolla, und ein inneres, aus 2 Blättchen bestehendes Nectarium. Die grofse Verwandtschaft mit der Herniaria zeigt aber, dafs es ohne Blatt ist, und dafs die Nectarium und Corolla genannten Theile zusammen einen Kelch mit 5 Blättchen und 3 Schuppen bilden, wie in vielen andern Geschlechtern dieser Familie. Die Blüthenschuppen würden die Pflanze dem Illecebrum und Gomphrena nahe bringen, allein die Schuppen des Stengels, die man für Stipulae nehmen kann, nähern die Pflanze wieder der Her-

niaria, die auch kleine Blüthen hat. Allein der einfache Stylus, und das Stigma, die distincten Stamina, denen es an Appendices fehlt, und die vielleicht zufällig auf 2 reducirt sind, machen es wiederum zu einem eignen Geschlecht. Schwarz vermuthet, daſs die Frucht bilocularis ist, allein sie ist wahrscheinlich, wie die der übrigen in der Familie, zweyfächerig.

3. Polychroa des Loureiro. Wildenow vergleicht das Geschlecht mit Amaranthus, und glaubt, es unterscheide sich von demselben nur durch das einfache Stigma; man kann auch noch hinzusetzen, daſs die Zahl der Staminum und die Theile des Kelchs constant sind, so wie auch die Stipulae, die die Blätter begleiten. Dieser letzte Character bringt die Polychroa in die zweyte Section, in welcher sie die einzige mit floribus monoïcis und foliis alternis ist. —

Das Geschlecht Cyathula des Loureiro sollte nicht beybehalten werden. Es hat alle Charactere des Achyranthes, von welchem es sich nur durch das Stigma multifidum unterscheidet, und was der Verf. corolla im Becher nennt, ist wohl nur eine Vereinigung der Stiele der Staminum. Loureiro selbst muthmaſste, daſs es Achyranthes prostrata sey, wie das auch Wildenow bestätigt. —

Das Geschlecht Polia müſste ebenfalls unterdrückt werden, und eigentlich in die Familie Caryophyllea kommen, wie das schon Lamark gethan hat, indem er in seinen Illustrations T. II. p. 129 es unter das Geschlecht Polycarpaea versetzt hat, welche polypetalus ist. —

Alles dieses zeugt von der groſsen Ähnlichkeit der Familien Caryophyllea und Amaranthacea, die schon Bernard de Jussieu bemerkt hat.

Man wird sie vielleicht bey vermehrten Beobachtungen vereinen müssen, obgleich ihre Unterscheidungszeichen von der Gegenwart oder Abwesenheit der Corolla hergenommen sind.

6. *Abhandlung über die Vieusseuxia, ein Geschlecht der Familie Iris*, von Decandolle.

Der Verf. will beweisen, dafs das Geschlecht beybehalten werden mufs, und beschreibt einige neue Species. — Der wesentliche Character des Geschlechts besteht darin, dafs es 3 Stamina monadelpha, und 3 blattförmige Stigmata hat. Das erste nähert es dem Sisyrinchium und Feraria, das zweyte der Iris; es bildet demnach einen natürlichen Übergang von der ersten zur zweyten Section der Irisarten, und unterscheidet sich von Iris wie Sisyrinchium von Moraea, und Galaxia von Ixia. — Der Verf. zeigt genau die Ähnlichkeit der verschiednen Species der Pflanze mit dieser natürlichen Pflanzengruppe, und fügt zu den 3 von Laroche beschriebenen Speciebus 4 andre hinzu, indem er alle in 2 Sectionen theilt. In die erste setzt er die, wo die inneren Abtheilungen der Krone linienförmig sind, in die 2te die, wo dieselben mit 3 Puncten versehen sind. Zur ersten Section gehören die 4 ersten. 1. Vieusseuxia tripetaloïdes. (Iris tripetala Linn.) 2. V. martinicensis. (Iris martinicensis Jacq. Amer.) 3. V. pavonia. (Iris pavonia Thunb. Diss. n. 35. t. 1. f. 3.) 4. V. fugax. (Delaroche Diss. p. 33. Murray Syst. Veg. 93.) 5. V. spiralis. (Delaroche.) 6. V. aristata. (Delaroche.) 7. V. glaucopis mit einer Abbildung, nach einem Exemplar, das im vorigen Jahre im Jardin des Plantes blühte. Den Character der letzten Species bestimmt der Verf. folgenderGestalt: V. corollae laciniis minoribus tricuspidatis; majoribus barbatis, obtusis; caule foliisque glabris; stigmatibus stamina superantibus. — Der Verf. vermuthet, daſs noch mehrere Irisarten vom Cap zu dem Geschlecht Vieusseuxia gehören möchten. —

7. *Beschreibung der Pflanzenschule zum Gebrauch der Öconomen im Jardin des Plantes zu Paris*, von A. Thouin.

Das Terrain füllt einen Platz von 36 Toisen 4 Fuſs Länge, und 30 Toisen 3 Fuſs Breite. Nördlich begrenzet ihn eine Allée von indischen Kastanien, mittäglich eine von holländischem Flieder, gen Morgen eine von der virginischen Catalpa, und gen Abend von orientalischen Platanen. 2 andre Alleen bilden noch 2 andre groſse Vierecke, die in 552 4eckige kleine Felderchen abgetheilt sind, die jede etwa 7 Fuſs ins Gevierte haben, und eine ihnen ähnliche Zahl von Species, Varietäten und Unterarten enthalten. Man hat hier die systematische Abtheilung der wissenschaftlichen Botanik verlassen, und das Ganze in 3 Classen getheilt, die mit ihren Unterabtheilungen durch beygehende Tabelle leicht zu fassen und zu übersehen sind. Mangel an Raum hat gemacht, daſs man von jeder Unterabtheilung nur 4 Pflanzengeschlechter angeführt hat, ein künftiges raisonnirendes Verzeichniſs wird das Fehlende ersetzen.

I. Classe. *Zur Nahrung des Menschen dienende Pflanzen.*

		Geschlechter.	Variet. u. s. w.
a. Getreidearten.	Triticum Zea Hordeum Secale etc.	11	58

			Geschlechter.	Variet. u. s. w.
b. Mehligte Saamen.		Phaseolus Pisum Faba (vicia) Ervum	11	100
c Küchengewächse.	1. Wurzel.	Solanum Daucus Napus Pastinaca etc.	20	72
	2. Krautgemüse.	Brassica Rumex Spinacia Apium	18	53
	3. Blumengemüse.	Cynara Brassica Capparis Tropaeolum	7	16
	4. Fruchtgemüse.	Cucumis Solanum Cucurbita Capsicum	5	37
	5. AromatischeSaamen.	Nigella Coryandrum Pimpinella Cuminum		11
	6. Salade.	Lactuca Lepidium Apium Valeriana	9	48
d. Ölgebende Saamen.		Brassica Sinapis Myagrum Papaver	10	16

		Geschlechter.	Variet. u. s. w.
e. Phantasiepflanzen. -	Galium Pinguicula Angelica Galium	3	5

II. Classe. *Zur Nahrung der Thiere dienende Gewächse und Futterkräuter.*

		Geschl.	Variet.
a. Grafsgewächse. Graminea.	Avena Lolium Poa Festuca	10	11
b. Gemüse. Legumina.	Medicago Hedysarum Trifolium Astragalus	8	31
c. Weidegewächse.	Poterium Spergula Medicago Cichorium	7	8

III. Classe. *Zu den Künsten dienende Gewächse.*

		Geschl.	Variet.
a. Zum Spinnen. -	Cannabis Linum Gossypium Asclepias	11	19
b. Zum Färben. -	Rubia Reseda Isatis Croton	7	8

c. Andre

		Geschlechter.	Variet. u. s. w.
c. Andre nützl. Gewächse.	Nicotiana Dipsacus Salsola Equisetum	5	12
	Summa aller cultivirten Pflanzen	505	

Die Gewächse müssen bekanntlich, um nicht auszuarten, den Boden wechseln, und wenn nicht jährlich, wenigstens alle 3 Jahre. Um nun, so viel es der Platz erlaubt, diese Regel zu befolgen, hat man die erste Furche das erste Jahr leer gelassen, und das folgende Jahr alle Pflanzungen um eine Furche hinaufgerückt, so daſs jede derselben nur alle 2 Jahre auf die alte Stelle kam. — Die zweyjährigen Pflanzen haben 2 Felder, so daſs das eine derselben die Pflanze im ersten, das andre im zweyten Jahre enthält. — Man hat ferner jede Pflanze in einer Masse zusammengepflanzt, so daſs ein Häufchen Individuen sich zusammen befinden. Die kleinste Gruppe füllt 6 Fuſs ins Gevierte. 30 Fuſs wäre für einen solchen Garten für jede Pflanze schon zu viel, der keine Experimentalferme ist. Im letztern müſsten die Versuche stets auf $\frac{1}{2}$ oder $\frac{1}{3}$ Acker gemacht werden. Jährlich bedeckt man das Erdreich mit einer jeder Stelle angemessenen Menge Dünger oder Erde, und zwar im Herbst. Über diese Schicht legt man einen Zoll hoch Erde, aus dem Wege, der am Beete liegt, damit der Wind den Dünger nicht wegjage, und damit alles, was in der Gährung entwickelt wird, wohlbedeckt nicht davon gehe. Man umgräbt alles einen Fuſs tief mit der Schaufel, und säet 3 Mal im Jahr, im Herbst, im März, und im Germinal oder Sommer. — Der Verf. theilt hier verschiednes über die Art zu säen, für

Vögel zu hüten, und das Verhindern der Varietäten und Mittelschläge mit, so wie auch über die Nothwendigkeit, angemessenen Boden zu wählen, und den Rückfällen der verbesserten Gewächscultur zu entgehen, aber alles dieses nur im Allgemeinen. Die 3 Sester jährlich gesammelte Saamen werden in 20,000 Päckchen allgemein vertheilt.

8. *Fortsetzung der Abhandlung über die Fossilien in der Nachbarschaft von Paris*, von Lamark.

XVI. Geschlecht. *Buccinum.* Testa univalvis, ovata vel elongata. Apertura oblonga, basi emarginata, nudata. Canali nullo. Columella convexa, plana. — (Der Verf. hat das Geschlecht Buccinum des Linné in mehrere mit Bruguiere getheilt.)

B. stromboïdes: oblongo - ovatum laeve; labro subcostato superne soluto; anfractibus convexis. n. —

B. striatulum: elongatum transversim striatum; anfractibus rotundatis.

B. terebrale: elongatum, laeve, basi transversim obsoleteque striatum. n. —

B. decussatum: ovato-conicum; striis creberrimis decussatis anfractibus convexis; apertura subdentata. n. —

B. bistriatum: ovato-oblongum, transversim striatum; striis alternis minoribus; majoribus superioribus nudulosis.

B. clavatulatum: elongatum; striis transversis tenuissimis; labro brevi rotundato, superne emarginato. —

XVII. Geschlecht. *Terebra.* Testa univalvis, turrita. Apertura brevis, inferne emarginata. Columellae basis contorta, vel obliqua. —

T. plicatula: subulata, anfractibus plicatis; plicis crebris; inferioribus obsoletis.

T. scalarina: conica, longitudinaliter costata, apice basique transversim striata; anfractibus convexis, subturgidis.

(Das Geschlecht Tonna ist bey Paris noch nicht fossil gefunden worden.)

XVIII. Geschlecht. *Harpa*. Testa univalvis, ovata vel ventricosa; costis longitudinalibus compressis, apice angulo vel mucrone aspersis. Apertura inferne emarginata; canali nullo; columella laevi, basi acuta.

H. mutica: ovata; costis apice muticis; striis intercostalibus decussatis. n. —

XIX. Geschlecht. *Cassis*. Testa univalvis, ventricoso - gibbosa. Apertura longitudinalis, subdentata, in canalem brevem et reflexum desinens. Columella inferne plicata. —

C. harpaeformis: ovata inflata, longitudinaliter costata; basi transverse striata, cingula subunica tuberculosa. n. —

C. cancellata: ovato-inflata, decussatim striata; cingulis duabus tuberculosis; labro dentato. n. —

C. carinata: ovato transversim striata; cingulis subquinque carinatis; supremis tuberculosis; anfractibus sursum complanatis. n. —

M. Fdr.

IV.

Annales du Museum national d'histoire naturelle, 9tes Heft, enthält:

1. *Beobachtungen über die Krystalle, welche kohlensauren Kalk mit Eisen ohne Braunstein enthalten*, von Hauy. Mit Abbildung.

Der Braunspath (spath perlé) und späthige Eisenstein (fer spathique) enthalten Eisen und Braunstein zugleich, welches dem kohlensauren Kalke beygemischt ist, ohne seine integrirenden Theilchen zu verändern, auch ist die beygemischte Quantität sehr verschieden, zuweilen ein Zwanzigtheil des Gewichts, und zuweilen ein Theil, der die Quantität des kohlensauren Kalks selbst übertrifft. Der Verf. setzte diese Krystalle in seinem Werke demnach im Appendix an das Ende der Species. Nun hat ihm noch Herr von Moll Krystalle geschickt, die nach den Versuchen des Herrn Vauquelin blos Eisen enthalten, und von obigen verschieden sind. Bey der Anatomie derselben fand sich das integrirende Theilchen des kohlensauren Kalks ebenfalls unverändert; diese werden demnach im Systeme unmittelbar vor die Varietät gestellt werden müssen, wo der kohlensaure Kalk mehr als einen heterogenen Theil beygemischt enthält. Vom Braunspath unterscheiden sich diese blos mit Eisen gemischten Krystalle dadurch, daſs sie keinen Perlmutterglanz haben, und vom gewöhnlichen späthigen Eisenstein durch gröſsern Glanz beym Bruche, und durch mindere specifische Schwere. — Nächstdem unterscheidet sich diese Varietät von beyden dadurch, daſs sie, auf glühende Kohlen geworfen, schwarz wird. — Der Verf. macht bey dieser Gelegenheit die Bemerkung, daſs der Braunspath von weiſser Farbe im Innern sich, der gewöhnlichen Behauptung unerachtet, mit lebhaftem Aufbrausen in Salpetersäure auflöse, nur muſs man die äussere Rinde abkratzen und in Pulver verwandeln. Dieses beweist von neuem, daſs die Kohlensäure nicht innig mit den beygemischten Substanzen verbunden ist, und daſs die bestimmte Form der Moleculchen ganz besonders zur Bestimmung der Species dient. —

2. *Abhandlung über 2 Ochsenspecies, deren Schädel man fossil in Deutschland, Frankreich, England, Nordamerica und in andern Gegenden antrifft*, von Faujas St. Fond, mit 2 Abbildungen. —

Man glaubte bis jetzt, daſs diese vorgefundenen fossilen Hörner dem wilden Ochsen (Auerochsen) gehören. Der Verf. beweist jedoch, daſs man zwey Species finde, die von demselben völlig abweichen. Die eine hat die Hörner horizontal stehend, und am obern Theile des Schädels eine knöcherne Hervorragung. Einige Hörner haben unten beym Ansatz am Knochen bis 20 Zoll im Umfange. Herr Peale hat sie in Nordamerica so angetroffen, und dem Museo einen Abguſs in Gips davon geschickt. Die hier abgebildete ähnliche Species ist bey Bonn gefunden worden. Eine andre Art hat unwärts gebogene Hörner, eine platte, fast gerade Stirn, und findet sich in Frankreich, beym Rhein, und wie Herr Patrin behauptet, in Sibirien u. s. w. Alle zusammengesuchte Facta beweisen, daſs diese Hörner zu einer Species gehören, die mit Elephanten, Mammouth u. s. w. verlohren ist. Der Verf. findet in ihrer Verbreitung mancherley Bestätigung für seine anderweitigen geologischen Ideen. —

3. *Beobachtungen über die Steine der Thiere in Vergleichung mit denen des Menschen*, von Fourcroy.

Der Verf. und Herr Vauquelin erwarteten nicht so vielerley Substanzen in den Steinen, die sie untersucht haben, zu finden, und erstaunten über die Verschiedenheit der Nieren- und Blasensteine beym Menschen und bey Thieren. Bey Pferden, Schweinen, Ochsen, Ratzen und Kaninchen fand man stets nur kohlensauren Kalk, mit etwas animalischen Theilen vermischt, nie phosphorsauren Kalk, noch phosphorsaure Ammoniaktalkerde, noch kleesauren Kalk. Nur ein einziges Mal glaubte Herr Vauquelin in einem aus einer Schildkrötenblase gezogenen Steine, den ihm Herr Vicq-d'Azyr mittheilte, Urinsäure zu entdecken. — Die Pferde haben den aus blofsem kohlensauren Kalke bestehenden Stein sehr oft. Etwas verdünnte Essigsäure, in die Urinblase gespritzt, würde hinreichen, dieses nützliche Thier von der Krankheit zu befreyen und den Stein aufzulösen. — Untersucht man den Urin des Pferdes, Kameels, Elephanten, Schafs und Kaninchens, so findet man sie alle gleich, keiner derselben enthält phosphorsaure Erden und Alcalien. Sie setzen nur kohlensauren Kalk und Kreide ab. Dieses sieht man schon in den Ställen u. s. w. — Im Schweifse der Pferde befindet sich dagegen phosphorsaurer Kalk, der bekanntlich eine graue leichte Kruste in den Haaren bildet, die man beym Reinigen abkratzt und abbürstet. Also sondert die Natur bey ihnen den überflüssigen phosphorsauren Kalk durch die Haut und nicht durch die Urinwege ab, statt dafs er beym Menschen durch diese Wege geht.

Doch findet man viele Bezoarde von der Gröfse eines Eyes, die phosphorsauren Kalk enthalten. Wahrscheinlich haben diese sogenannten occidentalischen Bezoarde ihren Sitz in den Gedärmen von allerley wilden Thieren. Der Verf. fand oft Kerne von Saamenhüllen und von kleinen Zweigen in ihrer Mitte. — Merkwürdig ist es, daſs diese Bezoarde aus über einander liegenden Lagen zusammen gesetzt sind, die sich abblättern, und aus kleinen Nadeln bestehen. Jede Schicht ist wie mit einem Firniſs überzogen, der dunkler ist, so daſs es wahrscheinlich wird, daſs zwischen der Bildung der einen und der andern stets eine gewisse Zeit verfloſs.

Man findet sowohl in den Hausthieren als in den wilden Thieren, die man eröffnet, sehr häufig Concretionen, besonders in dem Blinddarm. Sie sind von der Gröſse eines Hühner- bis zum Strausseney. Das Museum besitzt welche vom Rhinozeros und Elephanten; das Pferd hat sie am häufigsten, oft 3—4 auf einmal, die sich abreiben, und die Figur des Tetraëders haben; sie sind grau, haben ein Haber- oder Gerstenkorn zur Basis, und bestehen aus prismatischen Strahlen ohne eigentlich blättrige Lagen; sie haben auf der äussern glatten Fläche abgeriebne Krystalle, die durch kleine Höhlen von einander abgesondert sind. — Die Bezoarde der Elephanten und Rhinozeros sind braun, grün und grau, sind aus Lagen von verschiednen Nuançen zusammengesetzt, und lassen sich schön poliren. Sie bestehen insgesammt aus phosphorsaurer Ammoniaktalkerde. Alle sind übrigens auf gleiche Weise krystallisirt, und alle gleichen sich in ihren chemischen Eigenschaften. Im Anfang, da der Verf. dieses Salz entdeckte, war er über die Entstehung desselben ungewiſs, erst 12 Jahre nachher (1802) führte ihn und Vauquelin die Untersuchung der Asche einiger vegetabilischen Substanzen, die zur Nahrung dienen, auf das Daseyn dieses Salzes in denselben, und die Quantität belief sich auf ein Hunderttheil im Haber und in der Gerste, wiewohl die leguminösen Gewächse weniger enthielten. Man sieht demnach, dafs sich hinlänglich Ammoniak erzeuget, um den phosphorsauren Talk der Speisen in das dreyfache Salz des phosphorsauren Ammoniaktalks zu verwandeln. —

Unerklärbar ist es jedoch, warum man die Bezoarde beym Menschen nicht findet. Kennten wir die Thiere, die die orientalischen Bezoarde liefern, wie die unsrigen, so würde man den Grund, welcher in den einen den phosphorsauren Kalk, in den andern die phosphorsaure Ammoniaktalkerde entstehen macht, wohl finden. — Diejenigen orientalischen Bezoarde, die resinöse Theile enthalten, welche von der Galle oder einer analogen Flüssigkeit in den Gedärmen zu entstehen scheinen, sind selten. Ehemals bewahrte man sie wie eine Kostbarkeit als Alexipharmaca, und hielt diejenigen, die vermeintlich vom Stachelschweine kommen, für die besten. Man weifs aber bis jetzt eigentlich nicht, welche Thiere sie liefern.

4. *Beschreibung des Geranium hirtum (G. pubescens) des Forskäl*, von Desfontaines. Mit Abbildungen.

Geranium pedunculis multifloris; calice pentaphyllo; floribus pentandris; foliis petiolatis, triangularibus, bipinnatifidis, hirsutis. Forsk. fl. 123. — Geranium pedunculis multifloris; floribus pentandris; foliis subspinatifidis; caule ramoso. Vahl symb. 1. p. 49. — Blühte im Sommer des Jahres X im Jardin des Plantes, und scheint nur eine Abart des G. crassifolium Fl. Atl. Art. 2. p. 111. zu seyn. Die Araber essen die knolligte Wurzel, die säuerlich angenehm ist.

Sonchus divaricatus. Sonchus glaber, procumbens; foliis glaucis, runcinatis, denticulatis; floribus lateralibus; semine rugoso. Von Delille aus Ägypten gebracht. — Blühte in der Mitte des Sommers des Jahres X. Im Winter setzt man die Pflanze ins Treibhaus. Sie wächst im Sande. —

5. *Über die Petunia, ein neues Geschlecht aus der Familie der Solanen*, von A. L. Jussieu. Mit Abbildungen.

Zwey Pflanzen, die in dem Commersonschen Herbario unter den Tobakspflanzen sich befinden, sind von dem Geschlechte so verschieden, dafs der Verf. sie unter dem Nahmen Petunia (von dem brasilianischen Nahmen des Tobaks Petun,) in einem besondern Geschlechte vereinigen zu müssen glaubt.

Petunia. Calix profunde quinquefidus, laciniis oblongis subspatulatis. Corolla tubulosa, limbo dilatato subquinquelobo inaequali, stamina quinque inaequalia non exserta, antheris subrotundis. Stigma capitatum subbilobum. Capsula calicis basi infra cincta, apice bivalvis, 2-locularis polysperma, seminibus minutis. Herbae; folia alterna, floralia ex eodem puncto gemina; flores solitarii, axillares. Affinis Nicotianae, quae Petun Brasiliensium. —

1. Petunia parviflora: caulibus prostratis; foliis Cerasti minimis, oblongis; corollis parvis, vix calice longioribus. —

2. Petunia nyctaginiflora: caule hirto; foliis Heliotropii ovato-oblongis, pubescentibus; corollis magnis, calice quadruplo longioribus. —

6. *Über die Fossilien der Gegenden von Paris*, von Lamark. (Fortsetzung.)

XX. Geschlecht. *Strombus*. Testa univalvis, subventricosa, basi desinens in canalem brevem, emarginatum, vel truncatum. Labrum aetate ampliatum, alam simplicem, integram, vel unilobatam et inferne lacuna interruptam mentiens. — Der Verf. theilt das Geschlecht Strombus des Linné nehmlich in 3 andere. Im jungen Alter scheinen sie wie geflügelt. —

1. Strombus canalis: turritus, longitudinaliter costatus; basi transverse striatus; labro parvo emarginato, in canalem superne decurrentem continuato. n. — Zu Grignon.

Das Geschlecht Ptero cera hat man in der Gegend von Paris noch nicht gefunden.

XXI. Geschlecht. *Rostellaria.* Testa univalvis, fusiformis vel subturrita; basi desinens in canalem porrectum, rostro acuto similem. Labrum integrum vel dentatum, aetate subdilatatum; lacuna canali contigua. — Dieses Geschlecht ist selten. Rostellaria cornuta Martin Conch. Vol. IV. t. 158. ist die merkwürdigste Species des Geschlechts. —

1. Rostellaria macroptera: laevis; labro integro, rotundato, maximo supra spiram decurrente. n. — Brand. foss. p. 34. Zu St. Germain u. s. w.

2. Rostellaria columbaria: laevis; labro alaeformi sursum arcuato, supra spiram decurrente. n. — Strombus fissura Bull. des sc. N. 25.

3. Rostellaria fissurella: turrita, variculosa, longitudinaliter costata, basi transverse striata; labro parvo, superne in carinam decurrentem et fissam continuato. n. — Grignon.

XXII. Geschlecht. *Murex.* Testa univalvis, ovata vel oblonga; basi canaliculata; suturis varicoso-tumidis, subasperis, longitudinalibus et persistentibus.

1. M. tripterus: trigonus, elongatus, transversim sulcatus; angulis alato-membranaceis. Born. Mus. p. 291. Brand. foss. pl. 3. fig. 79. 80. —

2. M. tricarinatus: ovato-oblongus, tricarinatus, transversim sulcatus; angulis frondosis, crispato-dentatis, subspinosis. n. — M. asper. Brand. p. 35. f. 3.

3. M. contabulatus: elongatus, trigonus, transverse sulcatus, tricarinato-frondosus; anfractuum angulis distinctis, subspinosis. n. —

4. M. calcitrapa: ovatus subseptifariam frondosus; superficie crispa; angulis spinosis; columella subumbilicata. n. —

5. M. crispus: ovatus, subnonifariam frondosus, submuticus; superficie crispa; sulcis transversalibus. —

6. M. frondosus: ovato-oblongus, subnonifariam varicosus; superficie varicibusque frondoso-crispis; cauda longiuscula. n. —

Idem anfractibus superne spinoso-coronatis, et costarum interstitiis vix frondosis. —

7. M. clathratus: ovatus, costulatus, transversim sulcatus; labro intus dentato; cauda brevi. n. —

8. M. cingulatus: ovato-oblongus, subangulatus, rugis transversis cingulatus; rugarum interstitiis squamosis; canali obtecto. n. —

9. M. striatulus: oblongus, sublaevigatus; striis transversis obsoletis, inaequalibus; varicibus subsolitariis; apertura dentata. n. —

10. M. cancellinus: ovato-oblongus, gibbosus; cancellatus; apertura oblonga, irregulari, sinuosa, dentata. n. —

11. M. pyraster: ovatus, caudatus, transversim sulcatus; costis longitudinalibus, obsoletis, subnodulosis; apertura rotundata.

12. M. textiliosus: ovatus, obsolete costatus, transversim striatus; striarum interstitiis squamulosis; columella unidentata, subumbilicata. n. —

13. M. colubrinus: elongatus, subfusiformis; striis transversis, granulosis, tenuissimis; varicibus raris. n. —

14. M. viperinus: elongatus, subturritus; striis transversis inaequalibus, rariter obscureque granulosis; cauda breviuscula. n. —

15. M. nodularius: ovatus subcancellatus; striis transversis, inaequalibus; majoribus nodulosis, nodulis costatim depositis. n. —

16. M. reticulosus: ovatus, utrinque acutus; costulis decussatis reticulatus; apertura triangulari; labro intus dentato. n. — (Hat einige Ähnlichkeit mit M. magellanicus des Gmelin.)

17. M. tubifer: subquadrifariam spinosus; spinis erectis, arcuatis; anfractibus tubiferis. n. — Brander foss. pl. 3. fig. 81, 82. nennt dieses M. pungens.

7. *Beobachtungen über eine Sendung lebendiger Pflanzen, so wie über den Anbau des Neu-Seeländischen Flachses, der darunter gehörte*, von Thouin. —

Herr Grimwood, Blumengärtner zu Kensington, hat dem Museo mehrere fremde Staudengewächse und Bäume geschickt, worunter 1. Catisbaea spinosa Linn.; 2. Gindia simplex; 3. Polygala heisteria, (welches nach Desfontaines ein eignes Geschlecht bilden muſs); 4. Billarderia scandens; Dillenia; Corea alba; Leria spinosa, (welche neulich von Neu-Holland gebracht worden sind), und 5. Hiliconia psittacorum sich befinden. Ferner noch von merkwürdigen Speciebus: Eucalyptus melaleuca, Metrocyderos, Mimosa, (alle aus Neu-Holland, und so verschieden von Character, daſs sie ein ganz neues Studium dem Botaniker darzubiethen scheinen). Endlich 7 neue Geranien, und eine Magnolia, die in

China Ulong heist, und zur Verzierung der Gärten daselbst dient. Letztere hat schöne Blüthen, starken Wohlgeruch, und ähnelt der Magnolia glauca des Linné, dabey wird sie sich wahrscheinlich acclimatisiren lassen, denn sie verliert jedes Jahr die Blätter, und die Knospen haben Schuppen. — Für jetzt blüht sie nur noch im Winter daher im Treibhause. Nach und nach wird man durch Beraubung des Lichts, der Feuchtigkeit und der Wärme die Vegetation den Winter über hinzuhalten suchen, um sie im Frühling ausschlagen zu machen. Am besten wäre es freylich, Saamen zu erhalten, um sie im mittäglichen Frankreich auszusäen.

Unter andern befand sich unter der Sendung auch eine Varietät des Phormium tenax des Forster oder des Neu-Seeländischen Flachses, der sich durch die mit 4—5 Centimeter langen Stielen versehenen Blätter von dem gewöhnlichen unterscheidet. Der Verf. gibt hier eine Nachricht vom Phormium tenax überhaupt, und meint, dafs es in Frankreich an einigen sandigen Örtern sehr nützlich gebaut werden könne, weil das Clima von Neu-Seeland das des mittäglichen Frankreichs nicht übertrifft, im Winter kalte Winde vom Südpol, und im Sommer die heifsen Winde des Äquators hat, daher die Pflanze den Witterungswechsel zu ertragen im Stande seyn mufs. Der Verf. verpflanzte im feuchten kalten Nivose des Jahres VIII eine aus England durch Kälte sehr gelittene Sendung von Pandonus odoratus, Calamus rotang, Dracaena pendula et ensifolia, Tradescantia dicolor, und auch des Phormiums auf frische Lohe im Treibhause, und liefs den darunter befindlichen Ofen einen Monath lang bis auf den Grad erhitzen, dafs ein Theil der Lohe bis auf 47° Reaumur hatte, also 3—4 Grad heifser als der afrikanische Sand war, und als zum Hartkochen eines Eyes erfordert wird. Das Phormium litt davon nicht, alles trieb, blühete, und trug Früchte. Freylich gab man dabey den Pflanzen nach Maſsgabe, als sie Feuchtigkeit verlohren, hinlängliches Wasser, und die gegebene Hitze stimmte auch mit der überein, die dieselben Pflanzen in demselben Monathe in ihrem Vaterlande erleiden. Die Pflanze vegetirte bey minderer Wärme den Winter fort, und ruhte dann im Sommer. So sehr dem zu Folge das Phormium der Abwechselung des Climas widersteht, so sehr begünstigt auch der Umstand, daſs die Pflanze zu den vivaces gehört, und die Schöſslinge mehrere Zoll tief unter der Erde hat, (welches sie für Frost sichert), und daſs sie trockner Natur ist, ihre Verpflanzung ins mittägliche Frankreich. — Obgleich viele von Banks nach seiner Rückkunft mitgetheilte Saamen nicht fortkamen, so hat man doch späterhin in England die Saamen mit Glück ausgesäet; da dieser Saame aber sehr dünne und bald trocken ist, so ist es gut, ihn bis zur Aussaat in der Capsul zu lassen. Nächstdem könnte man auch fuſsgroſse Pflanzen, die unterwegens gesäet sind, mitbringen, die man für die Hitze des Äquators zu schützen suchte. — Capitän Baudin hat in seiner Instruction den Auftrag, von dem kältesten Theile von Neu-Seeland vor der Insel Tavay-Poenambo Saamen einzusammeln, die der Gärtner Riedley auf verschiedne Weise verpacken wird, um der glücklichen Aussicht des Fortkommens den meisten Spielraum zu geben. Alsdann wird man einen schicklichen Ort wählen, um sie zu verpflanzen. Zuerst in Nizza und den Hierischen Inseln, wo der Boden dem Neuseeländischen am ähnlichsten ist, weil viel salziges Wasser gefunden wird, und das Clima warm ist. Anfänglich müſste man das Phormium in verschiedne Erde, in verschiedener Exposition säen, und nach Bedürfniſs begieſsen. Zuerst könnte die Aussaat unmittelbar nach der Ankunft in lockre substantielle Erde an Stellen geschehen, wo man es für brennende Sonnenhitze bewahren, und stets befeuchten kann. Man müſste zur gröſseren Sicherheit nur einen Theil säen, und alle 14 Tage vom Ende des Sommers bis in die Mitte des Frühlings einen andern. Einige Theile könnte man in Kasten setzen, um nach Bedürfniſs sie an verschiedene Örter bringen zu können. Alles muſs aber mit einer sehr feinen Sandlage von 1 oder $1\frac{1}{2}$ Linien Dicke bedeckt seyn. — In der Folge könnte man auch das Verpflanzen im freyen Felde versuchen, zumal am Meeresufer, wo die Pflanze den Sand stehend machen würde, und dadurch die innere Cultur bewahrte. — Der Flachs, den sie liefert, würde jede andre Substanz, die man zu Tauen und Stricken braucht, an Stärke übertreffen *). Nächstdem hat dieser Flachs den Vortheil vor dem Hanf, welcher aus dem schönsten Clima von Persien kömmt, keiner besondern Sorgfalt des Bodens, keines Düngers zu bedürfen, so wie auch bey der Bearbeitung keiner besondern Geschicklichkeit. — Der Verf. wünscht, daſs die Bewohner des mittäglichen Frankreichs eine Subscription eröffneten, um ein eignes Schiff mit einem verständigen Gärtner zum Einsammeln des Saamens nach Neu-Seeland zu schicken; welches, da es mit Waare dahin ginge, und diese Fracht retour brächte, keine besonders groſse Kosten veranlassen würde. —

8. *Beschreibung des Tupinambis ornatus*, von Daudin, mit einer Abbildung.

Der Verf. hat 150 verschiedne Species Lacerten in 16 Geschlechter vertheilt, worunter das Ge-

*) Herr La Billardiere hat hierüber treffliche Versuche angestellt. —

schlecht Tupinambis in seinem Werke das 8te ist. Diese Species ist zu Malimbe an der Africanischen Küste gefunden worden. Perrin, ein eifriger Naturforscher aus Bordeaux, tödtete sie, und fand ein Chamaeleon und viele Blattae im Magen, die dieses Thier bey Nacht fängt. — Dieses Insect ist nehmlich in Malimbe sehr häufig und lästig, daher man das Thier duldet, das dasselbe zerstöhrt. Der Biſs dieses mehr als 4 Fuſs langen Thieres ist nicht giftig, aber gefährlich. — Der Verf. glaubt, daſs der Tupinambis ornatus mit Sparrmanns Lacerta capensis einerley seyn möchte. Er beschreibt das Genus und die Species folgendermaſsen: —

Tupinambis. Supra niger; gula albida, fasciis novem transversis ornata; maculis rotundis in septem seriebus transversis supra dorsum, annulisque duodecim albidis in cauda bicarinata. —

T. ornatus; annulis albidis 16, et ultra in cauda bicarinata. —

9. *Über 3 Steinböcke und einen Ichneumon, welche neulich in die Nationalmenagerie gekommen sind*, von E. Geoffroy.

Die 3 Steinböcke sind von Bauern des St. Bernards aus eigner Bewegung nach Paris geführt worden. Es ist wahrscheinlich dieselbe wilde Species, von der unsre Hausböcke abstammen. Sie gleichen sich im Wesentlichsten, nur sind die Steinböcke durch ihre Lebensart wilder, stolzer, gröſser, den wiederkäuenden Thieren ähnlicher, schneller, und beym Paaren, wie das Reh, lebhaft auf das Weibchen springend, und gleich nach der Begattung es wieder verlassend. — Dem Weibchen, welches müde von den vielen Verfolgungen des Männchens war, ist es geglückt, über eine 3 Meter hohe Hecke herüber zu klettern. — Unsre Ziegenböcke befinden sich

sich jetzt friedlich mit den Steinböcken zusammen, und die Männchen scheinen sich nur zum Spiel mit einander zu stofsen. Man wird sie in der neu gebauten Menagerie eine Etage hoch halten, um ihnen die Leichtigkeit zu verschaffen, sich hinabzustürzen, und wie in ihrer Heimath hinauf zu klettern. Die Abkömmlinge werden so gepaart werden, dafs sich, wo möglich, unsre Raçe daher leiten läfst. Sie werden auf den Alpen und Pyrenäen selten. —

Joseph Buonaparte hat der Menagerie einen weiblichen Ichneumon geschenkt, einen männlichen hat bereits der Verf. aus Ägypten mitgebracht. — Die erste Zusammenkunft der beyden Thiere zeichnete sich durch einen Kampf aus, in welchem das Männchen sehr maltraitirt wurde. Das Weibchen behielt die Oberhand, und hielt nachher das Männchen stets in dem hintern dunkeln Theil der Loge, erlaubte ihm auch nicht, das vorgeworfne Fleisch eher zu geniefsen, als bis es gesättigt war. — Bey der Brunstzeit im Frimaire änderte sich aber die Sache. Das Männchen grinzte stets dumpf seinen sanften Liebesruf, wurde zurückgestofsen, und wendete am Ende die Stärke an, das Weibchen widersetzte sich mit Gewalt, und erfuhr, dafs ihre Herrschaft nur der Sanftmuth des Männchens zuzuschreiben gewesen ist. Nun verhielt das Weibchen sich blos vertheidigend, und machte durch die Sprödigkeit das Männchen hitziger. 4 Tage und 4 Nächte versuchte das Männchen ununterbrochen das Weibchen zu bezwingen, und quälte es beständig, so oft es auch umgeworfen wurde. Dennoch war das Männchen stets sanft gegen die Wächter und Neugierigen, die es zu sehen kamen, selbst wenn man es vom Weibchen wegnahm, bifs es nicht. —

Bis jetzt hat man den Ichneumon stets unter das Geschlecht Viverra gezählt. Nun weiſs man, daſs es ein eignes Geschlecht bildet. Die Zunge ist mit Warzen versehen, und rauh wie die der Katzen. Es hat eine vollkommne Membrana nictitans, seine Tasche vor dem Hintern, nicht unterwärts, wie die Zibethkatze: die Finger sind auch halb durch eine membranöse Haut vereinigt, und das Thier hat die Eigenschaft, auf den Fingern, nicht auf der ganzen Hand zu gehen. — Dieses Geschlecht hat 4 Species. 1. Mangouste aus Agypten oder Mangouste Ichneumon, dessen Schwanz mit einem Pinsel langer schwarzer Haare endigt. 2. Mangouste von Indien (Buffon XIII. pl. 19.). Der Verf. hat es lebendig gesehen. 3. Mangouste vom Cap, von Vosmaer und Eduard abgebildet; und 4. Mangouste von Bagdad, welche bald der berühmte Olivier bekannt machen wird. Die 3 ersten Species befinden sich im Museo. Der Verf. hat sie in der Menagerie du Museum beschrieben. —

Über die Strix funera des Linné, von Schauenburg dem Sohn bey Straſsburg und Colmar beobachtet, von Daudin. Ist mit Strix Hudsonia eine Species. — Sie kömmt nur im Winter in jene Gegend, ist sehr lebhaft, und fängt sich Hamster und Mäuse. Ende des Winters verläſst diese Eule die Gegend. —

Anmerkung über verschiedne dem Museo gemachte Sendungen. Ruffo aus dem Hautes-Alpes-Departement hat Fruchtbäume geschickt. — Das Museum hat viele Pflanzen und Saamen nach Luisiana versendet, wozu das Gouvernement zwey treffliche Gärtner engagirt hat. — Auch sind eine Menge Saamen und ein Gärtner nach Montpellier gesendet worden, um den dortigen botanischen Garten wieder in Aufnahme zu bringen. — Herr Frazer zu Chelsea hat unter andern eine neue Species Magnolia, die er nach Michaux Michauxi nennt, und deren Blätter 2 Fuſs lang sind, geschickt, nächstdem eine neue Species Corypha, die er Hystrix nennt, eine neue Species Andromeda, dealbata genannt, eine neue Species Phlox stolonifera, Globba nutans Linn., und endlich eine aus Dankbarkeit nach dem russischen Kaiser genannte Species Iatropha imperialis petropolitana.

Das Museum hat ferner von allen Seiten her mehrere tausend Saamen erhalten, als:

		Saamen.
von	Bonpland aus Caracas	31
—	Vahl aus Norwegen u. s. w.	56
—	Sprengel in Halle ausländische	170
—	Cavanilles spanische, peruanische u. s. w.	242
—	Dupont de Nemours aus Nordamerica	94
—	Nectoux aus Ägypten	256
—	Lasalle aus französischen Departementern	172
—	Balbi aus Turin, Piemont	193
—	Schweykert Cap- und African. Pfl.	147
—	Delille aus Ägypten	240
—	Clavion französische mittägliche	180
—	Martin aus Cayenne	46
—	Thibaud nordamericanische	105
—	Labillardiere aus Bengalen	91
—	Noisette aus Corsica	38
—	Grafen Waldenstein aus Ungarn	102
—	Michaud aus America	65
—	Smith aus London	100
—	Cere aus Isle de France	64
—	Riedley aus Isle de France	50
—	Armano aus Mailand	189

	Saam.	Gewächse.
von Poiteau aus St. Domingo	289	—
— Forsyth aus Kensington	289	—
— Celo	—	115
— Greville aus London	69	—

Die Administration des Gartens bezeigt allen ihren Dank, und wird die neuen Genera und Species stets mit dem Nahmen des Gebers bekannt machen.

V.

Jardin de la Malmaison par Ventenat, Plantes peintes par Redouté, seconde livraison, enthält:

7. *Crowea.* Character reformatus. Calyx pentaphyllus; foliolis unguiculatis, in tubum approximatis. Petala quinque, hypogyna, sessilia. Stamina decem, disco hypogyno inserta: filamentis ad basin planis, ciliatis, in tubum approximatis, versus apicem subulatis, patentibus, villosis; antheris medio filamentorum adnatis. Ovarium subrotundum, quinque-sulcatum, stipitatum, disco glanduloso cinctum. Stylus teres, brevissimus. Stigma obtusum. Cocculi quinque, conniventes, ovati, compressi, truncati intus et apice dehiscentes, arillo conformi, cartilaginaceo, similiter dehiscente siti. —

Crowea saligna. Crowea caule ramisque triquetris, glabris; foliis alternis, lanceolatis, integerrimis; floribus solitariis, axillaribus. — And. Reposit. 79. — Aus Neuholland. — Von Kennedy mitgetheilt. —

8. Lantana nivea. Lantana foliis ovato-lanceolatis acuminatis, crenulatis; caule aculeato; capitulis hemisphaericis; bracteis linearibus. — Aus Ostindien. — Von eben demselben.

9. Centaurea pumila. Centaurea subacaulis; calycibus simplicissimis, spinosis; foliis pinnatifidis, crassis, subtomentosis. Linn. Amoen. 4. p. 292.

10. Nicotiana undulata. Nicotiana foliis radicalibus subspathulatis; caulinis petiolatis, ovatis, undulatis, acuminatis; floribus obtusis. —

11. Antirrhinum triornithophorum. Antirrhinum foliis verticillatis, lanceolatis trinerviis; caulibus decumbentibus; racemo terminali, paucifloro; floribus maximis, pedunculatis. Linn. Spec. 852. Aus America. —

12. Campanula vincaeflora. Campanula foliis lineari-lanceolatis; caule tereti, ramosissimo; pedunculis terminalibus, elongatis, unifloris. — Neuseeland, Neucaledonien.

VI.

Choix de plantes dont la plus part sont cultivées dans le Jardin de Cels. Par E. P. Ventenat, 1. *Livraison*, enthält:

1. Guettarda scabra. Mathiola scabra Linn. et Wilden. — Guettarda foliis obovatis, mucronatis, scabris, supra rugosis, subtus venosis, floribus hexandris. — Aus den Antillen.

2. Tournefortia laurifolia. T. caule volubili; foliis ovato-oblongis, acutis, repandis, gla-

bris; petiolis geniculatis; bacca 4-torulosa, 2-partibili. — Aus Porto Ricco u. St. Thomas. —

3. Tournefortia mutabilis. Tourn. foliis ovatis, integerrimis, scabris; spicis cymosis, brevibus; lobis corollae crenulatis. — Aus Java. —

4. Phlomis Samia. Phlomis foliis crenatis, subtus tomentosis, inferioribus cordatis, summis ovatis; bracteis tripartitis, subulatis. — Von den Caramanischen Gebirgen. —

5. Ardisia Schwartzii. Character genericus. Calyx minimus, 5-partitus, persistens. Corolla hypogyna, monopetala: tubo brevissimo; limbo 5-partito, reflexo. Stamina 5. imo tubo inserta, laciniis corollae opposita: filamentis erectis; antheris hastatis, circa stylum conniventibus, in cuspidem approximatis. Ovarium liberum. Stylus staminibus altior; stigma acutum. Drupa carnosa, subrotunda, foeta semine, cui integumentum simplex, crustaceum, striatum, basi retusum. Perispermum carnosum, durum. Embryo horizontaliter in medio perispermi locatus, teretiusculus, serpentino-flexuosus. Cotyledones lineares, brevissimae. Radicula filiformis. —

6. Ardisia crenulata. Ardisia panicula terminali; foliis lanceolato-ovatis, repando-crenatis, acuminatis, basi attenuatis, punctatis. — Aus den Antillen. —

7. Daviesia denudata. Dav. petiolis teretibus; primordialibus foliosis, foliis ternatis lanceolatisque deciduis; superioribus nudis longissimis. Aus Neuholland. —

VII.

Journal general de Medecine de la Societé de Medecine de Paris redigé par Sedillot. VII. Année, Tom. 17. N. LXXXI. Prairial an XI. Juillet 1803. Das Heft enthält:

1. *Beobachtung über den Gebrauch der Gelatina in intermittirenden Fiebern*, von Gilbert. Herr Seguin hat bekanntlich die Idee, daſs das, was man die Fiebermaterie der intermittirenden Fieber nennt, gänzlich durch Gelatina zersetzt werde, und, wie seine Versuche bezeugten, das Fieber zerstöhre. — Herr Gilbert hat im Val-de-Grace-Hospitale hierüber Versuche angestellt, und gefunden, daſs diese Gelatina, kurz vor dem Fieberfrost genommen, die Stärke desselben sehr vermindre. Privatversuche bestätigten die gute Wirkung noch mehr. Er gab 18 Täfelchen in 3 Dosen alle 10 Minuten kurz vor dem Anfall. Jede Tablette wog ʒjj, die ohne weiteren Zusatz von Wasser blos geschmolzen wurden. Nach dem Anfall gab er flüssige Suppe, gebratnes Fleisch, Brod, Pflaumen, einen halben Sester Wein. 3 Stunden nach dem Anfall gab er ʒxjj Gelatina. 4 Stunden nachher ʒxiv, und so täglich weiter. Das Fieber wurde minder und fiel immer später ein, und beym 3ten Anfall verschwand es. Der Verf. vermuthet, daſs es nur bey Fiebern, die Schwäche zur nächsten Ursache haben, nützlich seyn möchte, indessen scheinen die Versuche der Ecole de Medecine mit den andern die allgemeinere Wirkung zu bestätigen. — Die Art, die Gelatina zu bereiten, gibt Herr Seguin folgendermaſsen an:

3 Pfund des schönsten durchsichtigsten Leims werden in 15 Pfund Wasser geschmolzen, mit Eyweiſs clarificirt, durch feine Leinwand filtrirt, und mit 3 Pf. Zucker versüſst, nachher abgedampft, bis 12 Pf. Flüssigkeit übrig bleiben; diese werden in einer gläsernen Form, die einen Fuſs Oberfläche hat, geformt, und auf einem Netz von Eisendrath getrocknet, von welchem jede Öffnung einen Zoll ins Gevierte hat. Jedes Täfelchen wiegt alsdann ʒjj, und Herr Seguin gibt 4 bis 6 Unzen in 3 Dosen, wie angezeigt, alle 10 Minuten, kurz vor dem Anfall, und während der Intermissionen 1½ bis 2 Unzen alle 4—6 Stunden. — (Wir enthalten uns alles Urtheils über diesen Gegenstand, bis wir dem Leser eine gröſsere, mehr modificirte Reihe von Versuchen mittheilen können.)

2. *Notiz über die Ursache der Brüche bey Cavalleristen*, von Renoult, Chirurgien Major der Gendarmerie d'Elite. Ein Bericht des Herrn Larrey. Der 10te bey der Cavallerie im Dienst hat einen Bruch, besonders Inguinalbruch, und zumal an der rechten Seite, welches der Verf. der Ausdehnung beym Aufsteigen auf das Pferd zuschreibt. Der Verf. räth zu weiten Hosen, die an Hanghändern über die Schultern hinauf gezogen werden, und zu Gürteln. Diese Kleidung, meint er, sey die Ursache, warum die Araber und Mamelucken weniger Brüche haben.

3. *Beobachtung über einen inflammirten eingeklemmten Bruch, an welchem der Kranke nach der Operation starb.* Das Epiploon schnürte nehmlich die Eingeweide oberhalb der Bruchöffnung zu. — Herr Renoult arbeitet an einem groſsen Werke über die Krankheiten der Reiter.

4. *Analyse der mineralischen Wasser der Chapelle - Godefroi bey Nugent - sur - Seine im Aube-Departement*, von Cadet und Eusebe Salverte. — Die Pinte Wasser enthält:

kohlensauren Kalk 3,630,952 Gr.
kohlensaures Eisen 3,030,202 —

Herr Alibert meinte, dafs das Wasser bey der Atonie des Speisecanals vielleicht mit Nutzen angewendet werden könnte. —

5. *Meteorologische Beobachtungen* von Bouvard. Floreal an XI.

Medicin von Montpellier.

6. *Abhandlung über den Gebrauch der Thymusdrüse bey Kindern im Mutterleibe*, von Martineau. Der Verf. beweist, dafs diese Glandel zu den Glandulis conglomeratis gehört. Man weifs, dafs sie mit dem Alter stets abnimmt. Der Verf. glaubt, dafs der abgesonderte Saft derselben dem Foetus gewissermafsen die Stelle der Nahrung ersetzt!! Er glaubt, dafs sehr kleine Gefäfse durch das Mediastinum und die Lungen von der Drüse in den Magen dringen, die Vercelloni (wie Haller anführt) schon entdeckt hat. Der Verf. glaubt sie einmal ebenfalls bemerkt zu haben. Doch könnte man ohne diese Gefäfse den Übergang des Safts durch Metastase erklären etc. (Nähere Untersuchungen müssen dieses aufklären.) —

7. *Beobachtungen über die Anwendung der Schröpfköpfe*, von Broussonet, Prof. der Schule zu Montpellier. Der Verf. will sie wieder in Gebrauch zu bringen suchen. — Hier beschreibt er den Fall eines Karrenführers, der einen Stofs mit dem Fufse von seinem Pferde in der linken Hüfte bekommen hatte. Die wiederholte Scarification hemmte die gefährlichsten Zufälle.

8. *Fall eines Messers, welches zwischen der 6ten und 7ten linken Ribbe perpendiculär eindrang, etwa 3 Finger breit vom Ende.* Die Wunde hatte 4 — 5 Linien Länge. Das Messer war in die Brust- und Bauchhöhle durchs Diaphragma zugleich gedrungen. Ein Stück des Epiploon war beym Herausziehen des Messers mit herausgekommen, welches man mit Glück abband. Die starke Exspiration des Kranken kann allein zu diesem Heraustreten in diesem seltsamen Falle Veranlassung gegeben haben. —

9. *Notiz über das Rhus radicans, aus einem ungedruckten Werke über Materia medica,* von Gouan, Professor zu Montpellier. Die Pflanze bringt, wenn man sie anfafst, erysipelatöse Ausschläge auf der Hand hervor. Ein Mann, der Pflanzen sammelte, bekam durch die blofse Ausdünstung schon Rose im Gesicht und auf dem Kopfe. Diese Wirkung hatte die Pflanze in allen Jahreszeiten, und die Blätter brachten sie, selbst nachdem sie destillirt waren, noch hervor. Indessen hat Herr Dufresne zufällig die gute Wirkung derselben in Flechten und Lähmungen aufgefunden. Zuerst machte er Versuche mit den destillirten Blättern an sich, dann an Kranken. Von 2 Pf. Blättern, die in 12 Pf. Regenwasser destillirt waren, wurde zuerst ein Theelöffelchen, dann 4 Theelöffelchen 4 Mal des Tages gereicht. Herr Dufresne liefs hierauf einen Extract bereiten, und ihn granweise mit Zucker nehmen; er gab in steigender Dosis am Ende 16 Gr. des Tags, ja bis zu einer Quente, und heilte die ältesten Flechten. — Die Kranken fühlten sich beym Nehmen dieses Mittels heiter. Auch ist eine Paralysis und eine Hemiplegie auf diese Weise geheilt worden.

Medizinische Litteratur.

(Künftighin werden die Herausgeber von den in den Journalen befindlichen Bücher-Anzeigen nur solche aufnehmen, von denen in den Fr. Annalen nicht besonders gesprochen wird.)

Bericht der Herrn Gaultier-Claubry *und* Brasdor *über ein Werk des Herrn* Lefaucheux, *betittelt: Abhandlung über die umschriebnen indolenten Geschwülste des Zellengewebes der Mutter und der Mutterscheide. — Nebst Abbildung eines neuen Instruments zur Unterbindung der Mutterpolypen.* — Der Verf. besteht besonders auf dem Umstand, daſs die Geschwülste der Vagina und Gebährmutter in dem Zellengewebe, welches das Muskelgewebe von der Schleimhaut trennt, ihren Sitz haben. — Er theilt sie methodisch ein, beschreibt ihre Symptome, und bestimmt besonders den Unterschied des eigentlichen Scirrhus der Mutter. Er verwirft bey der Kur das Cauterisiren, Abdrehen, Herausreiſsen u. s. w., und empfiehlt die Unterbindung. Er lobt in dieser Absicht besonders ein Instrument des Herrn Cullerier, welches ohne Abbildung deutlich zu beschreiben unmöglich ist. —

Ausländische Litteratur. Englische und Deutsche.

Medizinische Bibliographie.

M. Fdr.

VIII.

Journal de Medecine, Chirurgie, Pharmacie etc. par Le Roux, Corvisart et Boyer. Germinal an XI. Vol. VI.
enthält:

1. *Bemerkungen über die Tuberculn*, von G. L. Bayle, anatomischem Gehülfen der medizinischen Schule. — Der Schule vorgelesen den 20. Ventose des Jahres XI. —

Aus einer großen Menge gesammelter Erfahrungen hat der Verf. das Allgemeine über die Tuberculn zusammengetragen. Seine Abhandlung zerfällt in 3 Abschnitte. In dem ersten Abschnitt beschreibt er nehmlich die Tuberculn im Allgemeinen. In dem zweyten zieht er allgemeine Folgerungen, in dem dritten giebt er einzelne Krankheitsgeschichten zur Bestätigung des Gesagten.

Ad I. §. 1. Tuberculn sind aus mehr oder minder dichter oder schon erweichter Materie gebildet, die von genau mit dem Gewebe der verschiednen Organe verbundenen Häuten eingeschlossen wird. Man findet sie in den Lungen, im Mesenterio, in den lymphatischen Glanduln unter dem Peritoneo, in der Leber, Milz, Nieren, Vorsteherdrüse, Epididymis u. s. w. — Die Häute sind zuweilen knorpelartig, ja auch knöchern. Die häutigen sind bald fest, bald leicht zerreißbar, und stets an den benachbarten Theilen genau anhängend. Ihre Substanz ist eyweißartig, trocknet, wird hart, und durchs Feuer spröde und brüchig; zuweilen homogen, fest, röthlich, graulich, mit Faden durchzogen, und organisirt. Die graulichen kann man durchs Drücken fast stets in kleine Körnchen theilen, die wie gekochte zerdrückte Leber erscheinen, andre sehen käseartig oder wie Gehirn aus, oder sind eiterartig. In manchen ist die Materie hart wie getrockneter Gyps. — Die Farbe ist innerhalb röthlich, grau, gelb, kreideartig. — Immer wird der Knoten weich, und fängt in dem Mittelpuncte es zu werden an; wenn sich dieses Weichwerden bis an die Wände desselben verbreitet hat, so werden diese in der Mitte glatt, schliefsen aber stets die Materie ein. — Die Gröfse der Tuberculn wechselt von einem Hirsekorn bis zur Gröfse eines Eyes. Oft sind sie eyförmig, auch unregelmäfsig. Selten sind sie einzeln, gewöhnlich machen sie bey ihrer Entwickelung das Parenchyma ganz verschwinden, ohne dafs es eitert; zuweilen bleibt es natürlich, nimmt aber an Masse zur Hälfte bis zum Viertel ab, andre Male erleidet es vollkommene Veränderungen. —

§. 2. Ob Gehirn und Mutter welche haben, ist ungewifs. — Die Lungen haben deren am häufigsten. Von 5 Schwindsüchtigen haben sie 4, sie sind grau, gelb, weifslich und weifs in denselben. Nach dem Erweichen erhalten sie eine Öffnung, wodurch das Eiter ausgehustet wird. Eine dünne mit Eiter bedeckte Membran bleibt alsdann innerhalb an der äufsersten festern befestigt, von der zuweilen nur Fragmente existiren, die aber sehr adhaerirend sind. Die innere Haut, die speckartig ist, gleicht ganz der, die man in alten Geschwüren bemerkt. Kratzt man sie mit dem Skalpell weg, so sieht man die eigentliche sehr dünne glatte Membran. Zuweilen sieht man durch die Lupe auf derselben kleine knorpelartige Erhabenheiten, die längliche Knochen einschliefsen, zuweilen sind die Wände selbst knöchern. — Mehrere an einander befindliche communiciren zum öftern, und man bemerkt das Gewebe der Lungen nicht mehr, man sieht alsdann 2 Öffnungen, eine unregelmäfsige zum Communiciren der beyden Knoten, eine andre runde zum Ausfluſs des Eiters in die Bronchien. Die Haut des Tuberculs nehmlich wird von der Schleimhaut der Bronchien fortgesetzt. Sie bildet auch oft eine Scheide um die Gefäſse. — Das Parenchyma scheint am Ende wie verdrängt. Zuweilen ist die ganze Lunge auf diese Weise zerstöhrt, ohne daſs man Eiterung sieht. Zuweilen ist das Parenchyma auch verändert. — In der andern Schwindsucht findet man die Lungen wirklich vereitert. Die von Hirsengröſse sind in den Lungen am häufigsten, man findet sie aber auch groſs wie eine Nuſs. Am häufigsten an der Wurzel, oder an dem obern Theile der Lunge. Man findet sie oft in Einem Subjecte in allen beschriebenen Zuständen. — Von 100 an verschiedenen Krankheiten Gestorbnen, und im Pavillon der Schule Secirten hatten 12 Tuberculn. In der Charité fand man sie noch häufiger, und im 30—40sten Jahre scheinen sie am häufigsten. Von 88 ohne Unterschied gewählten Schwindsüchtigen gab es von

5 — 10	Jahren	8	Schwindsüchtige.
10 — 20	—	5	—
20 — 30	—	9	—
30 — 40	—	21	—
40 — 50	—	18	—
50 — 60	—	16	—
60 — 70	—	7	—
70 — 80	—	4	—
		88.	

Indessen hatte man weniger von den zwischen dem 1—20. Jahre Gestorbenen, als von andern eröffnet. Die am hitzigen Fieber Gestorbnen, bey denen man Tuberculn gefunden hat, sind hier nicht mit gerechnet. —

§. 3. Tuberculn des Mesenteriums. Sie sind in diesem Viscus nach den Lungen am häufigsten. Gewöhnlich sind sie eyförmig; sie scheinen den Körper selbst anzugreifen, der zuweilen blos wie ein mit Eiter angefüllter Sack erscheint. Sie sind verschiedentlich grofs, und von verschiedener Consistenz, gleichen aber ganz den Knoten der Lungen. Sie scheinen sich, wenn sie erweicht sind, gar nicht, oder nur durch Resorption zu leeren. Wenn sie hart sind, so unterscheidet man die Membran derselben schwer, und der Knoten scheint in dem Gewebe der Drüse eingeschlossen, es scheint, als wenn er nach und nach die umgebenden Theile ausgedehnt habe. Zuweilen erscheint er Anfangs röthlich, und wird nach und nach weifs, so dafs zuletzt keine Art von Organisation in demselben mehr zu bemerken ist, alsdann erweicht er sich. — Von 100 Cadavers hatten 4 solche Tuberculn, gewöhnlich waren es Kinder von 1 — 4 Jahren; zuweilen von 5 — 10 Jahren. Wenige hatten sie zwischen dem 10—50sten Jahre, wohl aber einige ältere. Die Jungen sowohl als Alten waren an sogenannten Verstopfungen gestorben.

§. 4. Tuberculn der lymphatischen Gefäfse. Am gewöhnlichsten sind sie hier grofs, röthlich, und leicht in Brey zu zerdrücken. In dem Mesenterio, wo man das auch antrifft, sind es keine Tuberculn.

§. 5. Tuberculn des Peritoneums. Gewöhnlich fest, zuweilen weich, erbsengrofs, auch klein, am häufigsten das letztere. Selten befinden sie sich zwischen dem Peritoneo und den Bauchmuskeln, gewöhnlich an der innern Fläche. — Die linsengrofsen gleichen dem Hagel. Die kleinsten stehen unter der Membran hervor, und man verwechselt sie leicht mit dem frieselartigen Ausschlag, den man auf der serösen Membran antrift, die mit chronischer Inflammation befallen ist. — Zuweilen bemerkt man das Eiter in denselben, und der Verf. hat sie nur, nachdem er sie in verschiednen Perioden gesehen hatte, unterscheiden gelernt, und nur, als er sie innerlich in ihrer Mitte eitern sah. Sie laufen nicht sehr mit den benachbarten Theilen in einander, und können abgesondert werden. Man bemerkt sie bey Scrophulösen, Phthisischen, und bey denen, die an Verstopfungen leiden, auch sonst bey schweren Krankheiten der Schleimhaut der Gedärme. —

§. 6. Tuberculn der Leber. Man bemerkt sogenannte Steatomata und auch Tuberculn in der Leber. Letztere sind sphäroidisch, kleiner, als Haselnüsse, und denen des Mesenteriums und der Lungen ähnlich, mit fester aschgrauer Materie angefüllt, so wie in dünne Membranen eingeschlossen. Die Steatomata sind grofs, unregelmäfsig, und leicht zu unterscheiden, ihr Inneres enthält indessen auch einen eyweifsartigen Stoff, der sehr weifs ist, oft auch knorpelartig oder käsig. Indessen erweichen sie sich eben so, wie die andern Tuberculn, vom Mittelpuncte nach aussen zu; öfters auch an mehrern Stellen zugleich. Ihre Hülle ist zuweilen 2 Linien dick. Ihre Consistenz wechselt vielfältig. Derselbe Knoten hat sehr weiche und knorpelartige Stellen. Sie hängen an dem Gewebe der Leber sehr fest, sind sehr zahlreich, und zuweilen ist die ganze Leber in weifse, grofse Tuberculn verwandelt, die Oberfläche alsdann höckerig, mit rothen, weifsen, durchsichtigen Flecken gestreift, die etwas hervorragen, und Eindrücke in der Mitte haben. Es sind die obern Flächen tief in der Leber liegender Tuberculn, die dick knorpelartig sind. Kleine Theile der Lebersubstanz liegen

gen zwischeninne. — Man sieht, daſs sie sich im Parenchyma gebildet, und die Stelle desselben eingenommen haben. Auch wenn fast die ganze Leber mit Knoten angefüllt ist, ist die Substanz noch unverändert, oder doch nur ein wenig violetter. Die Galle wird, wie gewöhnlich, abgesondert, und die Gallenbläschen sind, wie bey gesunder Leber, voll. — Von 600 Leichen hatten nur 8 die Knoten. Die meisten, die groſse hatten, sind am Hydrops ascites gestorben, alle waren 25 Jahr alt. Die kleinern Knoten sind wenig gefährlich, und in allen Ältern bemerkbar, auch bey Kindern, die an ganz davon unabhängigen Krankheiten gestorben sind.

§. 7. Tuberculn der Milz. Die Hülle derselben ist sehr leicht zu unterscheiden, aber auch mit dem Parenchyma genau verbunden. Die innerhalb befindliche Materie wenig fest, gekörnt, gelbgrau, röthlich, und abgesondert. In keinem Falle schienen sie Ursache des Todes zu seyn, und man konnte ihre Anwesenheit im Leben nicht ahnden. —

§. 8. Tuberculn der Nieren. Dicke Hülle, wenig fest, die innere Substanz weiſs. Bieten dem Gefühle keine Erhabenheiten dar. Sie sind weich, albuminös, und werden bey der Hitze spröde. Man muſs sie mit den eyförmigen Abscessen der Nieren nicht verwechseln, die eine Materie, wie angefeuchtete, mit Sand vermengte Kreide, enthalten. — Sie sind selten einzeln, und äussern sich im Lebenden durch keine Krankheit.

§. 9. Tuberculn der Prostata von verschiedenem unregelmäſsigen Umfange, wenig dick und starkhäutig, die innere Materie grau und dick, auch weich, die Prostata oft voluminös und oft von natürlicher Gröſse. —

§. 10. Tuberculn der Epididymes gleichen denen der Nieren. Die Epididymes sind gewöhnlich von übernatürlicher Gröfse.

Ad II. *Allgemeine Betrachtungen über die Tuberculn.*

§. 1. In pathologischer Hinsicht. Man findet die Tuberculn nicht selten in mehrern Theilen zugleich, als in Lungen und im Mesenterium; im Mesenterium und in der Leber; in Lungen, Nieren und in der Prostata. Dieses scheint die ähnliche Natur derselben und die ähnliche Disposition der Individuen, die sie befallen, anzuzeigen. Man könnte dieses Diathesis tuberculosa nennen.

§. 2. Man findet oft feste und eiternde Tuberculn in Kranken, deren Krankheit mit denselben in keinem Bezug war, so dafs man sie bey den genauesten Krankheitsbeschreibungen im Lebenden nicht errathen kann. Daher man bey angehenden chronischen Krankheiten sehr behutsam mit der Prognosis zu seyn hat, weil sie beym Entstehen oft schon unheilbar sind. Sie scheinen nicht an und für sich zu tödten, wenn sie nicht die Wirkung eines wichtigen Organs stöhren, oder die Thätigkeit fehlerhaft machen. — So veranlassen sie in der Leber tödtliche Wassersuchten; im Mesenterio Marasmen; in Lungen Schwindsuchten; in andern Fällen hitzige oder chronische Entzündungen der benachbarten Theile. Vielleicht wirken sie alsdann als todte Reize, vielleicht veranlassen sie die in der Phthisis tuberculosa zuweilen hinzukommenden Entzündungen, oder die grauen, auch schwarzen Verhärtungen in den Lungen, die man in der Nachbarschaft der Tuberculn antrifft. —

§. 3. Die Tuberculn gleichen den cystischen Geschwülsten in Rücksicht der Wirkung auf die thierische Öconomie. Beyde entwickeln sich in verschiednen Organen, beyde sind bey demselben Subjecte oft zahlreich. Beyde sind bey geringer Anzahl wenig gefährlich, und endlich sind beyde gefährlich und unmittelbare Ursachen des Todes, wenn sie wesentliche Viscera angreifen. —

In Hinsicht der pathologischen Anatomie gleichen die Tuberculn den tumoribus cysticis (Balggeschwülsten) in den Hüllen, Wänden, die sie umgeben, und in der enthaltenen albuminösen Materie. Dennoch sind sie auch wiederum beyde leicht von einander zu unterscheiden. Bey allen cystischen Geschwülsten sind die Hüllen wenig an dem eigentlichen Gewebe des Organs festsitzend, oder doch nur mit einer kleinen Oberfläche anhängend, man trennt sie in jedem Falle sehr leicht. — Die Wände der Tuberculn sind hiervon sehr verschieden. — Die Wände der Tuberculn sind auch zuweilen sehr weich und dem coagulirten Eyweifs ähnlich, die der cystischen Geschwülste bieten stets viel Widerstand dar. — Die enthaltene Materie endlich geht in letztern nie vom organisirten harten zum weichen unorganisirten Zustand über. Doch scheint die Natur nur durch geringe Nuancen vom einen zum andern überzugehen, denn die enthaltene albuminöse Materie wird in beyden durch Hitze und Säuren fest. Sie ist in Tuberculn oft weich; in cystischen Geschwülsten consistent; und man unterscheidet sie bekanntlich in letztern durch Melicera, Antheroma, Steatomata; ferner sind die Wände der Tuberculn am Peritoneo auch leicht abzulösen, und die cystischen Geschwülste der Nieren, der Leber, der Glandula thyreoïdea sehr festsitzend. Der wahre einzig wesentliche Unterschied der Tuberculn und cystischen Geschwülste besteht demnach nur in dem Übergange vom festen organisirten zum weichen unorganisirten Zustande.

Was das System der Organe betrifft, in welchen sich die Tuberculn entwickeln, so scheinen die der Lungen ihren ersten Sitz in den letzten Rändchen der Luftgefäſse, oder in den lymphatischen Drüsen zu haben. Da man sie indessen an andern Theilen des Körpers ebenfalls findet, so scheinen sie den Blutgefäſsen, die sich in ihnen vertheilen, und den sichtbaren Faden des Zellgewebes ihr Daseyn zu verdanken, obgleich dieses alles nur Hypothese ist, so sehr auch die Ähnlichkeit mit cystischen Geschwülsten, und zumal mit den Fettbalggeschwülsten es vermuthen lassen mögen, daſs die letztere Entstehungsart die wahre sey.

Ad III. *Besondere Geschichten der tuberculösen Krankheiten.*

Der Verf. erwähnt deren 5 Hauptfälle. Der erste zeigt das gleichzeitige Daseyn der Tuberculn in verschiedenen Organen. Der 2te, 3te und 4te zeigen die Möglichkeit des Daseyns der Tuberculn sowohl in Rücksicht der Dauer als Erweichung, ohne daſs sie durch eine Verletzung sich offenbaren. Der 5te Fall gibt eine Idee von der Wirkung derselben, wenn sie die Thätigkeit wichtiger Eingeweide stöhren. (Der Raum erlaubt uns nicht, diese umständlich aufgezeichneten Fälle in einer Übersetzung zu liefern, ob sie gleich dieser schönen Abhandlung allerdings zur Vollendung dienen. Wir haben diesen genauen Auszug unsern Lesern nicht vorenthalten zu dürfen geglaubt, und überlassen die vollständige Übersetzung einem Repertorio, das ausgezeichneten medizinischen Abhandlungen allein gewidmet ist.)

2. *Fortsetzung des Briefes über tunica propria,* von Laennee. (Über eine entdeckte tuni-

ca propria der Leber, die der Verf. zuerst beschrieben zu haben glaubt.)

3. *Meteorologische Beobachtungen*, von Cotte im Monath Pluviose in Paris angestellt.

4. *Meteorologische und medizinische Constitution* von dem Monathe Nivose zu Lille. Von Dourlen.

5. *Bibliographie.*

M. Fdr.

IX.

Journal de Medecine par Corvisart, Leroux et Boyer, Floreal an XI. Vol. VI.

Das Florealstück enthält:

1. *Beobachtung über eine Schwindsucht als Folge eines Falls auf die Magengegend und auf das linke Hypochondrium.* (Nicht sehr wichtig.)

2. *Über den feuchten scorbutischen Brand des Zahnfleisches.* Von Descamps. Der Verf. empfielt Cauterisation, besonders das glühende Eisen.

3. *Über die Knochenkrankheiten durch überflüssige Secretion, und über den Gebrauch der Salpetersäure bey der Behandlung*, von Hill in Chester, aus dem Englischen übersetzt von Dubon. —

4. *Über Gehirnwassersucht*, von Luis Morel, Arzt zu Puy de Dome. (Man sieht nicht recht aus der Beschreibung der Krankheit, wie so der Arzt die Gehirnwassersucht dieses 11jährigen Knaben mit Gewifsheit vorausbestimmen konnte, obgleich die Section es ergab, daher der Fall nicht sehr belehrend ist. Es waren Symptome, wie von Würmern, die der Knabe auch besafs.)

5. *Beobachtung über eine Fistel des Perineums.* (Eine Operation des Steins hatte sie veranlaſst, und machte eine zweyte Operation nöthig. Die Beobachtung beweist, daſs das Consolidiren der äussern Wunde nicht stets ein Beweis der Cicatrisation der Harnröhre ist.)

6. *Anmerkung des* B. Nansuy *über eine von ihm mitgetheilte Beobachtung einer Operation der Symphysis ossium pubis.* (Er hatte nehmlich in dieser Beobachtung gesagt, daſs er bey der Operation den Finger zwischen den Kopf des Kindes und die Symphysis der ossium pubis gebracht habe. Hier zeigt er, wie das möglich war, ohne doch der angeführten Einklemmung des Kopfes zu widersprechen.)

7. *Meteorologische Beobachtungen* von Cotte. Monath Ventose.

8. *Meteorologische Constitution zu Lille* von Dourlen.

9. *Auszug aus Gilberts Abhandlung über das gelbe Fieber von St. Domingo.*

10. Vitet *Materia medica.* (Der letzte Band seiner Medecine Expectante zeigt von völliger Unbekanntschaft der jetzigen Kenntnisse von Arzneymitteln.)

11. *Beobachtungen und Untersuchungen zur Geschichte der intermittirenden Fieber*, von Fizeau, Eleve der Schule zu Paris. Stahl hat nach dem Verf. zuerst die Kenntniſs dieser Fieber aufgeklärt. Er glaubt, daſs Pinels Arbeit über dieselben noch Verbesserungen fähig sey. (Wird sehr gelobt.)

X.

Journal de Medecine par Corvisart etc. Prairial an XI. — Das Prairialstück enthält:

1. *Notiz über die Epidemie, die im Winter des Jahres XI. in Paris geherrscht hat.* Von einer Gesellschaft Ärzte am Hotel Dieu. (Der Sommer des Jahres X und ein Theil des Herbstes des Jahres XI war anhaltend trocken. Die Hitze war im Thermidor und in einem Theil des Fructidor ungewöhnlich stark. Es folgten Regen und Nebel, die im Brumaire und Frimaire nicht sehr kalt waren, es aber am Ende wurden, und bis Nivose so blieben. Es folgte alsdann starker Frost bis zum Ende des Ventose. — Bis Nivose bemerkte man nichts ungewöhnliches, aber im Brumaire waren Pocken häufig und tödtlich. Im Nivose zeigte sich die Epidemie und endigte am Ende des Ventose. Es war bald localer Catarrh, bald ein mit wesentlichem Fieber verbundener. — Erster dauerte im Ganzen nur kurze Zeit, und wurde gleich im Anfange mit Brechmitteln, verdünnenden Bechicis und Diaphoreticis gehoben. Der zweyte mit wesentlichem allgemeinen Fieber verbundene befiel besonders Alte und Schwache, und war gefährlicher. (Die Verf. verbreiten sich über einige Modificationen dieser Krankheit; da wir sie aber schon andern Orts vollständiger und besser mitzutheilen Gelegenheit hatten, so übergehen wir hier das Übrige.)

2. *Beobachtung über eine hitzige Enteritis durch Gegenstoſs veranlaſst.* (Eine Inflammation des Caecums, die nach einem Falle bey einem Kinde entstanden war. — Der Verf. wagt die Ursache einem Contrecoup zuzuschreiben.)

3. *Beobachtung über eine Haemorrhagie des Uterus, die durch hartes Hinterwerfen des Körpers des-*

selben, und durch das Anhängen der Placenta am Orificio der Mutter entstanden war. Von Damel, Chirurgus zu Songeon im Oise-Departement. (Ein sehr weitläufig beschriebener Fall.)

4. *Über die Anwendung des Opiums gegen beträchtliche üble Zufälle, die das Quecksilber veranlaſste.* Von Jenne, Dr. zu Marennes im Departement de la Charente inferieure.

5. *Meteorologische Beobachtungen*, Monath Germinal, von Cotte.

6. *Recapitulation der medizinisch-meteorologischen Constitutionen der letzten 6 Monathe zu Lille*, von Dourlen.

7. *Auszüge und Litteratur.*

M. Fdr.

XI.

Journal du Galvanisme, de Vaccine etc. par une Societé etc. redigé par Nauche. 2. *Cahier*, enthält:

1. *Uebersicht über den Galvanismus*, von Gallois.

2. *Über die Anwendung des Galvanismus in Urinverhaltung durch Lähmung.* — Eine 35jährige Frau, die seit ihrem 5ten Jahre blind war, und seit einigen Jahren Urinverhaltung hatte, wurde im Hotel Dieu mit einer galvanischen Säule von 60 Lagen galvanisirt. Man hatte den einen Drath vermöge einer Sonde von elastischem Harz in die Blase gebracht, der andere Drath ward auf den befeuchteten Unterleib gelegt; bey der Schlieſsung der Ketten empfand die

Kranke Schmerz in der Blase. — Andre Male suchte man den einen Drath mit dem os coccygis in Verbindung zu setzen. Der Abgang des Urins nahm zu. Die Versuche wurden aber nicht fortgesetzt, und haben kein Resultat gegeben. —

3. *Gegenversuche mit Pockengift nach der Einimpfung der Kuhpocken in Milan*, vom Dr. Mugetti.

4. Auszug aus dem Werke des Dr. Moreau über die Naturgeschichte des Frauenzimmers, in so weit es auf das Journal Bezug hat.

(Wenn wir zuweilen Auszüge aus Journalen verspäthigen, kurz, oder gar nicht liefern, so bitten wir den Leser, in den meisten Fällen überzeugt zu seyn, daſs es nicht aus Nachlässigkeit geschieht.)

XII.

Annales de l'Agriculture françoise etc. Annalen der französischen Agricultur von Tessier, 4tes Heft. Nivose, Jahr XI. Theil XIV. enthält:

1. Eine Subscriptionsliste.

2. *Über die Verbesserungen, die im Departement der niedern Pyrenäen gemacht worden sind.* — Von Laclede.

3. *Bericht über die Arbeiten des* B. Douette-Richardot, Cultivateur zu Langres. Der Ackerbaugesellschaft des Seine-Departements den 1sten Nivose abgestattet von einer Commission, die aus François Neuf-Chateau, Bergon, und Chassiron bestand. (Er hat zur Urbarmachung vieler unfruchtbaren Gegenden in seinem

Departement beygetragen, und von der Societät eine silberne Medaille erhalten.)

4. *Untersuchungen über die Falere, eine Krankheit, die die Schafe im Departement des Pyrenées orientales befällt.* (Der Minister hat einem Arzte, Anglada, den Auftrag gegeben, über diese Krankheit Untersuchungen anzustellen, der deshalb eine Reihe Fragen aufgesetzt hat, die im ganzen Departement vertheilt worden sind. Man kennt sie bis jetzt noch nicht.)

5. *Programm der Preisaufgaben und vertheilten Preismedaillen der Ackerbaugesellschaft des Departement du Gers.*

6. *Bericht über zwey Arten Waitzen, die der Präfect des Tarn-Departements zugeschickt hat.* Dem Minister abgestattet von Tessier und Parmentier. (Eine Sorte war das sogenannte Wunderkorn aus Smyrna, Triticum compositum Linnei. — Die Cultur wurde zum Versuche, wiewohl nicht unbedingt, anempfohlen.)

7. *Zweytes Fragment der Statistik des Arrondissement St. Yriex im Departement de la Haute-Vienne*, von Gondinet, Arzt und Unterpräfect. —

8. *Notiz über den Verkauf der Wolle in der Nationalschäferey zu Perpignan.*

9. Ungesundes Fleisch, welches in den 3 letzten Monathen des Jahres X. aufgegriffen worden ist. (In allem 15,776 Pfund. Im ganzen Jahre sind 16,151 Pfund nach der Menagerie des Museums geschickt worden. Im vorigen Jahre waren über 4000 Pfund weniger, weil die Hitze geringer war.)

Bücheranzeigen.

1. *Über Ackerbau u. s. w. der Provinz Fayoum in Ägypten*, von Girard, Brücken- und Chausséeingenieur. (Im Auszuge von Tessier. Enthält, nebst den Werken des Reynier und Noctoux, alles, was man

über den Zustand der Cultur in Ägypten zu wissen wünschen kann.)

Die Kunst Vögel auszustopfen, von B. Henon und Mouton - Fontenille.

Tabelle der Füllen, die durch die Beschäler im provisorischen Depot der arabischen Pferde, die aus Ägypten gekommen, zu Versailles entsprungen sind. —

C.

Correspondenz, kürzere literarische und technische Nachrichten und Neuigkeiten, gelehrte Gesellschaften u. s. w.

I.

Recept zu einem Kitte, der für alle chemische Operationen tauglich ist.

In Nro. 137. der Annales de Chimie S. 139 macht Paysse, Prof. der Chemie, einen Kitt bekannt, den er jedem andern Kitte zu chemischen Operationen vorziehet, indem er eine homogene Zusammensetzung darstellt, die so langsam trocknet, als man es nur wünschen kann, und alsdann eine sehr große Härte und Festigkeit annimmt. Um ihn zu bereiten, nehme man das Weiße nebst dem Gelben von zwey Eyern, und ohngefähr halb so viel an Gewicht von kohlensaurem oder stark an der Luft zerfallenem Kalke. Dieser Kitt hat trocken eine gewisse Elasticität. Der Verf. hat daraus Gefäße gemacht, die für das Wasser undurchdringlich sind, und auf der Drehbank eine gewisse Politur annehmen.

II.

Neue Untersuchungen und Bemerkungen über die Blausäure, und Vorschriften zur Bereitung eines guten Berlinerblaus.

In Nro. 137 der Annales de Chimie S. 148 theilt der B. Curaudau in einer Abhandlung über die Natur und die neuen Eigenschaften des preufsischen Radicals, (des Radicals der preufsischen oder Blausäure) einige Bemerkungen mit, die alle Aufmerksamkeit verdienen. Er unterscheidet gleichsam drey Zustände des färbenden Wesens des Berlinerblaus. In dem ersten Zustande befindet es sich in der trockenen noch nicht befeuchteten Blutlauge, in der Calcination zum Behufe der Erhaltung des Berlinerblaus, es bildet alsdann noch nicht einmal das eigentliche Radical der Blausäure, sondern ist blofs eine binäre Verbindung von Stickstoff und Kohlenstoff, gleichsam gekohlter Stickstoff (azote carboné); in dem zweyten Zustande befindet es sich in der mit Wasser in Verbindung getretenen Blutlauge, wo nehmlich durch Wasserzersetzung vermittelst der Kohle des gekohlten Stickstoffes Wasserstoff mit diesem zur dreyfachen Verbindung, dem eigentlichen Radical der Blausäure, zusammentritt, das der Verf. Prussire genannt wissen will; und endlich ist der dritte Zustand desselben die eigentliche Blausäure oder preufsische Säure, und in diesem Zustande befindet es sich in allen Verbindungen mit Basen, die ihm Sauerstoff abtreten können, nehmlich mit Metalloxyden, und in den Verbindungen mit Laugensalzen, namentlich mit der Pottasche, die durch den Zusatz von irgend einem metallischen Salze, besonders dem rothen Eisenvitriol (vom Maximum der Oxydation) zu Stande gebracht werden, wo das Metalloxyd gleichfalls einen Theil seines Sauerstoffs abtritt, und sich ein wahres regelmäfsig krystallisirendes Prussiate bildet. Der Verf. bemerkt, dafs man durch die Anwendung von einer solchen Auflösung von Eisenvitriol vom Maximum der Oxydation zur Befeuchtung der trockenen Blutlauge der Zersetzung des Radicals der Blausäure in Kohlensäure und Ammoniak am wirksamsten zuvorkomme, und dafs sich so ein Prussiate de potasse bilde, das er nach dem Eisenoxyd, das vorzüglich seine Bildung begünstigte, Prussiate de potasse par oxide de fer genannt wissen will, und dafs das Berlinerblau, das mit einer solchen Blutlauge bereitet werde, die gröfste Schönheit besitze, und einen glatten, dem besten Indigo ähnlichen Bruch habe. Dieses nehmliche Prussiate de potasse durch Eisenoxyd hat die Eigenschaft, mit der heifsen Auflösung des Alauns ein Magma, das wie ein gekochtes Satzmehl aussieht, zu geben, das durch Verdünnung mit Wasser sich vollkommener niederschlägt, eine himmelblaue Farbe alsdann zeigt, und gewaschen und getrocknet, dunkelblau wird, einen glänzenden Bruch und harzigtes Ansehen hat.

III.

Berthollets Versuch einer chemischen Statik.

So eben ist das schon länger angekündigte, (s. franz. Annalen. II Heft. S. 159) von jedem Freunde der Wissenschaft mit Sehnsucht erwartete Hauptwerk Berthollets über die Chemie unter dem Titel Essai de statique chimique, 2 Bände in gr. 8. von 543. S. und 555 S. erschienen. Dieser erste Chemiker Frankreichs, was philosophischen Geist und tiefer gehende gründlichere Untersuchung betrifft, hat hier den ersten Versuch gemacht, eine Philosophie der Wissenschaft, oder vielmehr die höhern Gesetze und Principien derselben aufzustellen. Bergmann hat, verglichen mit dem, was Berthollet hier leistet, bloſse Vorarbeit geliefert; Er und Lavoisier haben jedoch die Bahn gebrochen. Was man bis jetzt, besonders in Frankreich, Philosophie chimique nannte, war offenbar nichts mehr als allgemeinere Rubriken und Fachwerke. Hier wird mehr geleistet, eine Statik der chemischen Kräfte, wie sie Hales von den organischen Kräften aufzustellen suchte! In den nächsten Stücken unsers Journals hoffen wir unsern Lesern näheren Bericht von dieser wichtigen Erscheinung abstatten zu können.

Pf.

IV.

Nationalinstitut. Öffentliche Sitzung der 1sten Classe desselben.

Die erste Classe des Nationalinstituts hat den 1sten Messidor zum ersten Mal ihre öffentliche Sitzung ohne die andern Classen gehalten.

Folgendes war die Ordnung der Vorlesungen.

1. *Bericht der Arbeiten der Classe in den Naturwissenschaften vom 1sten Nivose bis zum 24sten Prairial (22. December — 13. Junius)* von G. Cuvier, beständigem Secretär desselben. Das Nationalinstitut, sagte Herr Cuvier, ist seit seiner Organisation

beauftragt, jedes Jahr die Geschichte der Naturwissenschaften zu liefern. — Um ihre Fortschritte zu beobachten, muſs man sich hoch stellen, man bemerkt alsdann, daſs auch die Wissenschaften ihre Tactik und ihre Schicksale haben. Sie gehen nicht alle gleichen Schrittes und nicht stets vereint; sie begünstigen sich auch nicht stets genug, und gebiethen mit unter, von kühn eingeschlagenen Wegen schüchtern zurückzutreten. Doch geht das vereinte Genie auch andrerseits mit Riesenschritten vorwärts, und leistet sich auch wechselseitige Hülfe. Die Chemie geht voran. Von ihr erhalten die übrigen Theile der Naturwissenschaft gleichsam ihre Charakteristik, und ihre Erklärung. Sie scheint sich in dieser letzten Zeit sogar über den Erdball zu schwingen. — (Nach dieser schönen Einleitung verbreitet sich der Verf. mit seinem lichtvollen, bestimmten, prunklosen und doch auch ästhetisch schönen Vortrage über das Detail der Arbeiten der Classe, ohne seinen hohen Standpunct je aus den Augen zu verlieren. Da wir von den meisten Gegenständen mit hinlänglicher Ausführlichkeit in unserm Journale zu sprechen Gelegenheit gehabt haben, so führen wir aus seinem, mit der gewöhnlichen Güte, mit der er unser Unternehmen stets begünstigt, mitgetheilten Manuscripte nur die Hauptmomente an; denn die überhäuften Geschäfte haben den Verf. abgehalten, allen Theilen die Entwickelung zu geben, welche sie beym künftigen Druck erhalten sollen.)

Zuerst sprach er von den wahrscheinlich vom Himmel gefallenen Steinen, deren die Vorzeit stets erwähnte. Die Gelehrten, sagte er, wollten nur gerne den Dingen Glauben beymessen, die sie erklären zu können wähnten. Dieser Fall mag ihnen zur Lection dienen! — In der Classe haben sich Fourcroy, Vauquelin, Sage, Pictet, Dree u. s. w. besonders mit dem Gegenstande beschäftigt. Izarn hat

hat in einem eignen Werke (Lithologie atmospherique) alle Fälle gesammelt, die das Fallen der Steine bestätigen. — Die chemische Analyse gab stets gediegenes Eisen und Nickel. Die Oberfläche der Steine ist stets verglast und verbrannt; das Innere derselben stets grau, glänzend, körnig, und Schwefelkies enthaltend. Hierin gleichen sind die Steine von Benares, Barboton, York, Lyon; der 250 Pfund wiegende, der in Ensichheim bey Kölln 1492 herabgefallen ist, und der, den man den letzten 6ten Floreal in Aigle beobachtete, (und der von einer Feuerkugel wahrscheinlich kam, die an mehrern entfernten Orten fast in der gleichen Stunde am Himmel gesehen worden ist.) Die Ideen des Laplace, die Berechnungen des Biot und Poisson über den Gegenstand sind dem Leser bereits bekannt. — Hierauf sprach der Verf. von dem Einhauchen der Davyschen begeisternden Luft. Ein Versuch, den der treffliche Vauquelin fast mit Gefahr seines Lebens nachmachte. Er verlor Besinnung und Sprache, fiel zu Boden, und hatte das ängstliche Gefühl, hören zu können, wie seine Freunde ihn in den entzückendsten Zustand versetzt zu sehen glaubten, und alle Hülfleistung verhinderten. (Man erinnert sich, dafs ein kleines Blutspeyen die Folge war, welches Gottlob! weiter von keiner Bedeutung gewesen ist.) — Dann folgte die Nachricht von der Thenardschen Abhandlung über die Gährung. Wir haben hier nur noch hinzuzufügen, dafs Herr Seguin das Daseyn eines besondern Gährungsstoffes läugnet, und die Gährung für die Folge des Zusammmentreffens mehrerer Umstände hält. Eine grofse Arbeit, die er unter Händen hat, mag uns künftig mehr hierüber belehren. — Dann kam eine kurze Nachricht von Herrn Seguins Principio febrifugo. Einige Ärzte glauben bestätigen zu können, dafs die Gelatina den Fieberfrost hemmt; doch erwarten sie erst die hartnäckigern kalten Fieber im Herbste, um hierüber etwas zu entscheiden. — Herr Cuvier sprach hierauf von Guytons Pyrometer. — Von einer Guytonschen Analyse eines Fossils von Castelmonte bey Turin, das eine Verbindung der Talkerde mit Kohlensäure ist. — Dann von einem fossilen martialischen Blau, das Sage analysirt hat. — Und endlich von der Unächtheit des vermeintlichen neuen Metalls, des Palladiums. — Hierauf verbreitete er sich über die Biotsche Arbeit die Voltaische Säule betreffend; die besonders dahin abzweckte, die Quantität Electricität zu bestimmen, die den Metallen allein, und dem Oxydations-Processe zuzuschreiben sey. 2 Säulen, von welchen die eine 6 mal weniger Oxydation als die andre gab, haben dennoch gleiche Electricitäten geliefert; also ist das Daseyn derselben nicht dem Oxydations-Processe allein zuzuschreiben. — Der Rest der Übersicht betraf die botanischen Arbeiten des Desfontaines, der die Jalappa genauer bestimmt hat; — des Ventenat, der ein neues Geschlecht Anamenia aufstellt, zu dem mehrere Adonisarten gehören, die die Saamen in Capsuln haben; — des Labillardière, der die Stärke des Neu-Seeländischen Flachses (Phormium tenax) mit dem unsrigen verglichen hat, und den Vorzug des erstern beweist; — und des Beauvais, der die Generationswerkzeuge der Cryptogamien entdeckt zu haben glaubt, und bereits seine neue Anordnung der Moose und Lycopodien nebst einigen neuen Geschlechtern dem Institute mitgetheilt hat. Die Moose hält er für Hermaphroditen, und von den Lycopodien glaubt er, daſs sie getrennte Geschlechter haben. Den Beschluſs der schönen Übersicht machte die Ankündigung des für die Theorie so auſserordentlich bedeutenden Werkes des Herrn Berthollet, Statique chimique und einiges über die Reise des Herrn Ramond nach dem Mont perdu. —

Nach Herrn Cuvier theilte Herr Delambre eine *Übersicht der Arbeiten der mathematischen Classe des Instituts* mit.

Dann gab Biot eine *Notiz über den jetzigen Zustand unsrer Kenntnisse den Galvanismus betreffend.*

Herr Labillardière las *die Abhandlung über die Flachsfasern des Neu - Seeländischen Flachses, (Phormium tenax) in Vergleichung mit dem gewöhnlichen Flachse, Hanf, Alocs (pite) und der Seide.* —

Fourcroy las eine *Abhandlung über die vom Himmel gefallenen Steine, und ihre Analyse.*

Delambre las eine *historische Lobschrift des E. S. Jcaurat*, und Herr Ramond beschloſs die Sitzung mit seiner schauerlichen *Beschreibung der Reise nach dem Mont perdu.*

V.

Übersicht dessen, was in dem Vierteljahre von Germinal bis Messidor J. XI. für mathematische Wissenschaften im Institute gethan worden ist.

Herr Delambre sprach in seinem in der öffentlichen Sitzung gegebenen Berichte von Biots Formeln über die Tautochronen. — Über eine neue Formel des Herrn Legendre, um die scheinbare Entfernung des Mondes von der Sonne und der Sternen in Bezug auf Längenbestimmung der Schiffe auf eine leichte Weise zu berechnen. — Über die auf Veranlassung des Laplace veranstaltete Instruction, um die Ebbe und Fluth auf eine gleichförmige Weise zu beobachten, die dahin abzweckt, bey diesem Phänomen dasjenige zu bestimmen, welches von allgemeinen, stets wirkenden, und andrerseits von zufälligen Ursachen abhängt. — Über Messiers Beobachtung des Planeten Pallas, und genauere Bestimmung der Lage desselben. — Über Mechains Reise nach Barcellona, um die französische Meridianmessung bis zu den Balearischen Inseln zu erweitern, wodurch zwey Grade mehr bestimmt werden, und wodurch man einen ganzen in zwey Hälften getheilten Bogen auch durch den 45 Parallelkreis erhält, aus welchem man ohne Voraussetzungen über die Figur der Erde auf die ganze Gröfse des Meridians wird schliefsen können. Herr Melanderhielm dirigirt bekanntlich jetzt eine ähnliche Messung in Schweden, diese scheint das Resultat zu geben, dafs die 1736 angestellte sehr unrichtig war, dafs die Abplattung der Erde bey weitem nicht so grofs ist, als man dachte, und dafs der Meridian sich wenig von der gewöhnlichen Ellipse entfernt. — Herr Delambre erwähnte ferner der eben im Drucke erschienenen Abhandlung des Herrn Rochon über die Schiffbarmachung der Flüsse Erdre, Isac, Ourt, Blavet, Chateaulin, wodurch eine ausserordentlich nützliche Verbindung zwischen Nantes, l'Orient und Brest entstehen würde, und letzterer Hafen, der in Kriegszeiten nicht von der Seeseite verproviantirt werden kann, seine Bedürfnisse von der Landseite zu Wasser erhalten könnte. — Zuletzt erwähnte Herr Delambre noch einiger von Herrn Rochon neulich mit einem Fernglase zu St. Cloud in Gegenwart des Buonaparte angestellten Versuche. Dieses Fernglas hat in seinem Innern ein Prisma von doppelt brechendem Bergkrystalle, welches demnach die gesehenen Gegenstände verdoppelt. Je näher oder entfernter dieses Prisma vom Auge ist, je mehr nähern oder entfernen sich die Bilder von einander. Berühren sie sich, so zeigt eine Skale, die äusserlich an das Fernrohr angebracht ist, wie viel Mal in seiner Entfernung von dem beobachteten Gegenstande der Diameter dieses halben Gegenstandes enthalten ist. Kennt man diese Entfernung, so hat man die Gröſse dieses Durchmessers, und kennt man diesen, so kann man eine hinlängliche Idee von der Entfernung geben. — Ein Schiff, welches man erreichen oder vermeiden will, kann, indem man es wahrnimmt, auf eine Weise in dem Fernrohr gestellt werden, daſs sich die beyden Bilder berühren. Nähert man sich ihm, so verlieren sich die beyden Bilder in einander; entfernt man sich von ihm, so trennen sich die Bilder. Man unterscheidet leicht den Rang eines beobachteten Schiffes, und weiſs daher ungefähr die Länge der Maste. Nun setze man die beyden Enden der Bilder des groſsen Mastes zusammen, so kann man wissen, wie viel Mastenlängen man vom Schiffe entfernt ist. Sieht man eine Armée in der Ferne, so setze man die Bilder derselben so, daſs die Füſse der Soldaten auf den Köpfen anderer stehen. Da nun die mittlere Höhe eines Soldaten 17 Decimeter ist, so weist das Fernrohr, wie viel Mal 17 Decimeter man vom Feinde entfernt ist. Herr Rochon hat auf diese Weise die Durchmesser des Mars, Jupiter und Saturn gemessen. — Er konnte nicht Sonne und Mond messen, deren Durchmesser 31′ ist, weil der Refractionswinkel nur 20 war. Herr Rochon und Torelli de Narcy sind indessen durch eine sinnreiche Art zu schleifen dahin gelangt, den Refractionswinkel zu verdoppeln und zu verdreyfachen, so daſs der Diameter aller Planeten gemessen werden kann, wofern sie nur hell genug sind. — Das Gouvernement und das Observatorium haben mehrere Fernröhre dieser Art zu verfertigen den Auftrag gegeben. —

VI.

Kurzer Auszug der Verbalprocesse des Nationalinstituts.

(Fortsetzung der im Vten St. S. 77. mitgetheilten.)

Die Sitzung des 2ten Ventose wurde mit Ablesen des neuen Reglements des Instituts verbracht. —

In der Sitzung des 9ten war der Aufsatz des Herrn Thenard über die Gährung vorzüglich interessant. —

Die Sitzung des 16ten füllte zum Theil ein Bericht des Bougainville und Fleurien über eine Abhandlung des Herrn Audibert Ramatuelle über die einzuführenden Signale, um die Gefahr der Schifffahrt zu verringern. Die Berichtserstatter und das Institut ertheilten den menschenfreundlichen Gesinnungen des Verf. ihren Beyfall. —

In der Sitzung den 23ten waren der Berthollet-sche Versuch mit der verkohlten Tonne (s. das Vte St. d. N. Entd. S. 70.), und der Hallesche Bericht über die Kuhpocken besonders bemerkungswerth. —

In der Sitzung vom 30ten theilte Herr Cels unter andern einen Brief von Broussonet mit, worin er meldet, daſs der Brodbaum von St. Croix auf Teneriffa gedeihe. — Biot las eine Abhandlung über die Tautochronen, (Bogen, in welchen die Oscillationen eines schweren Körpers stets gleichdaurend sind, wie grofs auch die Ausdehnung seyn möge.) — Chaptal wird zum Präsidenten erwählt. —

Den 10ten Germinal. Fourcroy, (Vauquelin und Thenard) lasen eine Abhandlung über die Natur des gasförmigen Salpeteroxyds (oxide nitreux des Davy) in Vergleichung mit dem Salpetergase (gaz oxide d'azote oder gaz nitreux.) —

Den 14ten Germinal. Salvan zeigte einen Taubstummen, den er sprechen gelehrt hat. — Olbers erhielt den astronomischen Preis, der von Lalande ausgesetzt ist. — Reinhard meldet Hauffs Entdeckung einer constant wirkenden Säule. —

Den 21ten Germinal. Pictet überreichte im Nahmen einer für die Künste errichteten Gesellschaft in Genf eine theoretische und practische Abhandlung über die Firnisse in 2 Bänden. — Descharmes ein versiegeltes Packet, welches ein Verfahren, die salzsaure Soda zu zersetzen, enthält. (Wird mit einem Siegel des Instituts in das Depot niedergelegt.) — Pinel wird Mitglied des Instituts. — Berthollet liest den Bericht über Thenards Abhandlung, die Gährung betreffend. —

Den 28ten Germinal. Ramond gibt einen Bericht über die Abhandlung des D'Aubuisson, die Basalte betreffend. — Messier und Delambre geben Berichte über Bouvards Abhandlung, betittelt: Über die Oppositionen des Jupiters und Saturns, und über Burkhardts Mondstabellen. Beyde gelobt. —

Den 5ten Floreal. Bouvard wird Mitglied des Instituts. — Desmarest gibt einen Bericht über eine Maschine des Herrn Burcarlet, Gerbers zu Nantes, *Häute in ihrer Dicke in 4—5 verschiedene Blätter zu trennen.* Die Schaffelle werden nach dem Einweichen (trempage) und Eintreten mit Kalk (foulage) im Flufs bearbeitet, und nachher in mehrere Häute getrennt. Die ersten mit dieser besondern Maschine abgeschälten 2 Blätter dienen zum Velin und zu Evantaillen. Das Übrige kann, nachdem es weifs gegerbt ist, zu Handschuhen, oder auch ohne diese Operation zu Pergament verarbeitet werden. — Das dünne Pergament nimmt alle Formen besser an, als Wachstaffent, auch ist es zu Evantaillen schöner, als italienische Häute, weil es durchsichtiger ist. Man hat bereits ehemals in Frankreich und England solche Maschinen verfertigt, aber die Burcarletsche übertrifft sie in mehr als einer Hinsicht alle, ist dabey einfach, und theilt mit zwey Arbeitern 3 Dutzend Schafhäute in weniger als 3 Stunden, so dafs man 3 Dutzend Häute, die zu Maroquin gebraucht werden können, und 3 Dutzend dickere, die vortheilhafter chamoisirt werden, erhält. Es wurden dem Institute solche in viele Blätter getheilte Häute vorgezeigt, die Aufmerksamkeit zu erregen schienen. —

Sitzung vom 12ten Floreal. Seguin las die Fortsetzung seiner Abhandlung über Gährung. Der junge Berthollet neue Beobachtungen über Niederschläge der metallischen Auflösungen etc.

Sitzung vom 19ten Floreal. Man las Briefe über die zu Aigle niedergefallenen Steine. — Ramond las seine Reise nach dem Mont perdu. —

Sitzung vom 25ten Floreal. Bougainville gab von einer 100,000 Pf. schweren Eisenmasse Nachricht, die sich am Platafluſs, 32° 10′ der Länge und 51° 50′ der Breite nach vom Meridian von Cadix entfernt befindet, und die er auf seinen Reisen zu beobachten Gelegenheit hatte. Berthollet las den mitgetheilten Bericht über Thenards Abhandlung von der Gährung. —

Sitzung vom 5ten Prairial. Prony und Bossut gaben einen Bericht über eine hydraulische Maschine des B. Devilliers, die der Wirzilschen ähnlich ist, die Bernoulli in den Memoires de l'Ac. de Petersbourg 1772 berechnet hat. Sie bestimmten die Fälle, in welchen sie mit Nutzen anzuwenden ist. —

Sitzung des 17ten Prairial. Es wurden Briefe von Baudin, von Humboldt u. s. w. gelesen, auch Vorbereitungen zur öffentlichen Sitzung getroffen. —

(Anmerkung. Der Leser findet vieles von dem, was wir hier nur dem Titel nach anzeigen, ausführlicher in andern Stellen des Journals. Vieles, was nur Localinteresse hat, unterdrücken wir vorsetzlich, und andres haben wir nicht stets schnell zu erhalten oder schnell mitzutheilen Gelegenheit. Wir schmeicheln uns indessen, dafs uns nichts Wesentliches entgangen ist, und werden mit der Zeit manche Mängel, die bey solchen Unternehmungen nicht gleich zu vermeiden sind, zu verbessern suchen. Indessen wird man aus diesen Verbalprocessen nie vollständig auf das Interesse schliessen können, das die Sitzungen wirklich gewähren. Oft nehmlich ist eine Discussion, die wirklich ihre wichtige Seite hat, zu sehr mit den personellen Lagen verwebt, deren Entwickelung zu Indiscretionen Veranlassung geben könnte, die vor kein Publikum, dem es nur um Sachen zu thun ist, gehören. Dieses wird der Leser gefälligst in Anschlag bringen müssen, wenn wir ihm über manches zu schnell hinwegzuschlüpfen scheinen.)

VII.

Nachtrag zu den ausführlicheren Abhandlungen.

Neueste Verhandlungen französischer Gelehrten über die vom Himel gefallenen Steine.

Die Herausgeber haben schon mehrere Male Gelegenheit gehabt, die Leser dieses Journals mit den Verhandlungen, welche unter den französischen Gelehrten über die so merkwürdig gewordenen aus der Luft herabgefallenen Steine Statt gehabt haben, bekannt zu machen. (S. N. Entd. I. St. Januar S. 79. 80. V. Stück S. 71 — 75.) Noch immer ist dieses merkwürdige Factum ein Gegenstand von interessanten Verhandlungen und Mittheilungen in den naturwissenschaftlichen Journalen. Im Journal de Physique Brumaire Jahr XI. S. 376 — 393. finden sich *Betrachtungen über die Steinmassen und metallischen Massen, welche aus der Atmosphäre gefallen seyn sollen*, von Eugene-Melchior-Louis Patrin. Der Verf. macht sich die Erklärung des merkwürdigen Factums leicht, indem er es geradezu läugnet, und nach einer Logik, die ihm ganz eigen ist, zu beweisen sucht, daſs alle Zeugnisse, die für das Fallen dieser Steine aus der Luft aufgestellt worden sind, dieses Fallen nicht beweisen. Wo man dergleichen besondere Steinmassen gefunden habe, sey nichts als eine Veränderung schon vorher vorhandener mineralischer Massen durch den Blitz, von dem sie getroffen, vorgegangen. Dieſs sey namentlich auch mit den groſsen Eisenmassen der Fall!! Wie der Blitz den Nickel in das Eisen gebracht, und wie der Blitz bey ganz heiterem Himmel solche Steinmassen getroffen, in welchen Zusammenhange endlich die Feuerkugeln, mit diesen Steinmassen, mit deren Erscheinung sie coexistiren, gestanden, darüber geht Patrin ganz leicht weg. Das ganze seichte und oberflächliche Raisonnement verdient kaum die Aufmerksamkeit.

Im Germinalhefte vom Jahre XI. desselben Journals findet sich von S. 294 — 304 ein Brief des Grafen Bournon (der die genaue äufsere Beschreibung der vom Himmel gefallenen Steine zu Howards trefflichem Aufsatze geliefert hat) als Antwort auf obige Kritik des H. Patrin. Der verdienstvolle Verf. beweist dem seichten oberflächlichen Kritiker, dafs er wie der Blinde von der Farbe geredet habe, indem er sich herausgenommen, die Entstehung von Steinmassen zu erklären, die er offenbar gar nicht kenne, und deren genaue Beschreibung durch Bournon er ganz mifsverstanden habe, und dafs seine alberne Hypothese weit mehr ans Wunderbare gränze als irgend eine andere Erklärung. Zugleich theilt der Verf. noch neue Facta von solchen vom Himmel gefallenen Steinen mit, welche eine neue Bestätigung dieser Sache geben. Der eine, eine Masse von 22 Pfunden, war gleichfalls mit einem Licht-Meteor begleitet, und fiel den 12ten März 1798 bey ganz heiterem Wetter, und ohne dafs irgend ein Sturmwind statt gefunden hätte, in den Gegenden des Dorfes Salé im Departement du Rhone (im Lyonefischen.) Er war den Steinen von Benares vollkommen ähnlich. Ein andrer, welchen Bournon gleichfalls erhielt, gehörte zu einem Steinregen, der den 6ten September 1790 in der Gegend von Agen in Armagnac fiel, worunter ein Stein von 15 und ein anderer von 25 Pfunden war. Dieser, so wie ein dritter, der in Folge der Explosion eines Meteors in den Landen in Gascogne bey Roquefort den 24sten August 1789 aus der Luft fiel, sind von einer völlig identischen Composition mit denen in Böhmen aus der Luft gefallenen Steinen, und ähneln übrigens auch allen übrigen in den Hauptkarakteren der Mischung und des äufsern Ansehens. Der treffliche Aufsatz schliefst mit einer von dem Obristen Kirkpatrick, aus den von dem Mogolischen Kaiser Gehangire in persischer Sprache selbst geschriebenen Memoires seiner Regierung übersetzten Stelle, in welcher mit allen Details das Herabfallen einer Masse von etwas über 5 Pfund von gediegenem, aber nicht vollkommen geschmeidigem Eisen aus einem Licht-Meteor mit einem fürchterlichen Knalle, das unter seiner Regierung im Jahre 1652 nach unserer Zeitrechnung ohngefähr 100 englische Meilen südöstlich von Lahore statt fand, erzählt ist.

In eben diesem Germinalhefte findet sich S. 314. 315 eine Notiz von dem oben erwähnten Steine, der im Departement du Rhone 1798 aus der Luft fiel, von B. G. Sage. Er war gleichfalls mit einer Lichtkugel begleitet, die ohngefähr 200 Toisen über der Erde mit einem starken Knalle explodirte, und eine Masse von 26 Pfunden fallen liefs, die in die Erde ein Loch 22 Zoll tief machte, die Erde umher calcinirte und ihr einen besondern Geruch mittheilte. Diese Masse war von derselben Beschaffenheit, wie mehrere andere, die zugleich aus dieser Feuerkugel fielen, und die freylich etwas unvollkommene Beschreibung und chemische Analyse, die Sage davon mittheilet, stimmt ganz mit Bournons und Howards genauern Angaben von andern dergl. aus der Atmosphäre gefallenen Steinen überein.

Im Florealstücke vom Jahre XI. von eben diesem Journale findet sich von S. 380-389 ein interessanter Artikel über diesen Gegenstand mit der Aufschrift: *Untersuchungen über die mineralischen Massen, welche aus der Atmosphäre auf unsere Erde gefallen seyn sollen*, von de Drée. Der Verf. giebt zuerst eine genauere Notiz von dem merkwürdigen Lichtmeteor, das im März 1798 bey Sales nicht weit von Villefranche im Rhone-Departement mit einer heftigen Explosion auf die Erde herabfiel, und an der Stelle seines Falls eine Steinmasse von etwa 20 Pfunden zurückliefs. Diese Lichtkugel hatte in einer Richtung von Nordosten nach Südwesten einen grofsen Weg durch die Atmosphäre in beynahe horizontaler Richtung zurückgelegt, denn man hatte sie an sehr weit von einander entfernten Orten an diesem Tage beobachtet. Hierauf giebt der Verf. eine genaue Beschreibung von einem Fragmente dieses Steins, die mit Bournons Beschreibung von den Steinen von Benares genau übereinstimmt, und am Ende das Resultat von der Analyse Vauquelins, welcher in 100 Theilen 46 Theile Kieselerde, 38 Theile oxydirtes Eisen, 15 Theile Talkerde, 2 Theile Nickel und 2 Theile Kalkerde fand, (die 3 Theile Überschufs rührten wohl von durch das Eisen verschlucktem Sauerstoffe her.) Die Steinmasse enthielt Körner von Eisen, das jedoch etwas weifser, härter, und weniger geschmeidig als das geschmiedete Eisen war, und Nickel und Schwefel als Bestandtheile enthielt.

In den Annales de Chimie Nro. 135. S. 225—245 findet sich eine *Abhandlung über die sogenannten vom Himmel gefallenen Steine* von Vauquelin, in welcher dieser berühmte Chemiker genaue Nachricht von seiner Analyse dieser Steine giebt. Die Steine von Benares enthielten dieser Analyse zufolge, 48 Theile Kieselerde, 38 Theile Eisenoxyd, 13 Theile Talkerde, 3 Theile Nikel, und etwas Schwefel, dessen Menge nicht näher zu bestimmen war. Dieses Resultat stimmt sehr nahe mit dem Resultate der Analyse der Steine von Benares durch Howard zusammen, der in 100 Theilen 48 Theile Kieselerde, 18 Theile Talkerde, 34 Theile Eisenoxyd, und $2\frac{1}{2}$ Theil Nickel fand. (*) Aufser dem Steine von Benares analysirte noch Vauquelin einen Stein, der im

*) S. Annales de Chimie N. 129. S. 239.

Julius 1789 zu Barbotan bey Roquefort in den Landes von Bordeaux, und einen anderen, der im Jahre 1790 zu Creon in der Gegend von Agen aus einer Feuerkugel mit vielen andern gefallen war, (s. oben) die ihm beyde ohngefähr dasselbe Resultat gaben. In allen drey Steinen war das metallische Eisen, das sich in Körnern von verschiedener Gröfse darin zerstreut fand, mit Nickel und Schwefel verbunden. Die Resultate und Schlufsfolgerungen, die Vauquelin aufstellet, sind folgende:

Es scheinet als ganz ausgemacht angenommen werden zu können, 1. dafs bisweilen sehr beträchtliche Massen auf die Oberfläche der Erde gefallen sind; 2. dafs diese von Feuer durchdrungene Massen in der Atmosphäre wie Feuerkugeln fortrollen, welche auf grofse Entfernungen hin Wärme und Licht verbreiten; 3. dafs sie eine mit dem Horizonte parallele Bewegung erhalten zu haben scheinen, ohngeachtet sie in der That eine krumme Linie beschreiben; 4. dafs sie in einem Zustande von Weichheit oder teigiger Schmelzung (fusion pateuse) herabfallen, wie ihre gleichsam überfirnifste Oberfläche und die Eindrücke, welche die Körper, die sie auf der Oberfläche der Erde antreffen, in denselben bilden, beweisen; 5. dafs dergleichen Steine in England, Deutschland, Italien, Frankreich und Ostindien gefallen sind; 6. dafs alle diese Steine sich in ihren physischen Karakteren und in ihrer chemischen Zusammensetzung gleichen.

Am ausführlichsten ist endlich dieser Gegenstand in einer ganz neuerlich herausgekommenen Schrift:

Des Pierres tombées du Ciel ou Lithologie atmospherique presentant la marche et l'etat actuel de la science sur le Phenomène des Pierres tombées du ciel etc. plusieurs Observations inédites communiquées par MM. Pictet, Sage, Darcet et Vauquelin, avec un Essai de Theorie sur la formation de ces Pierres par Jos. Izarn, Medecin, Professeur de Physique etc. 421. S. 8vo à Paris, 1803.

(Von den vom Himmel gefallenen Steinen, oder atmosphärische Lithologie, welche den Gang und gegenwärtigen Zustand unserer Kenntniſs über das Phänomen der vom Himmel gefallenen Steine, mehrere bisher noch nicht öffentlich bekannt gemachte Beobachtungen von Pictet, Sage, Darcet und Vauquelin, nebst einem Versuche einer Theorie über die Bildung dieser Steine aufstellet.)

abgehandelt worden.

Der Verf. hat die beobachteten Fälle aus den Schriften der verschiedenen Academien, aus dem Journal de Physique, der Bibliotheque britannique u. s. w. zusammengestellet.

Die Schrift zerfällt in drey Theile. Der erste Abschnitt enthält eine Sammlung von Thatsachen und Meynungen, welche in Frankreich seit 1700 bis auf den heutigen Tag über die Blitzsteine, Donnersteine, die vom Himmel gefallenen Steine, Steinregen u. s. w. aufgestellet worden sind.

Der zweyte Abschnitt beschäftiget sich mit einer kritischen Prüfung der bis auf den heutigen Tag sowohl über die Wirklichkeit des Falls von Steinen aus der Atmosphäre, als auch über ihre Entstehung und Bildung aufgestellten Meynungen.

Im dritten Abschnitte endlich trägt der Verf. einen Versuch einer Theorie über die Bildung der Steinmassen und Metallmassen, die aus der Atmosphäre gefallen sind, vor, die auf die richtigen Grundsätze der Physik gebaut und ohne Hypothesen ist.

Wir glauben den zweckmäſsigsten Auszug seines Werkes zu liefern, wenn wir die am Ende desselben angehängte Tabelle der verschiedenen Beobachtungen hier übersetzt liefern.

Vom Himmel gefallene Stoffe.	Örter, wo sie niedergefallen sind.	Epoche ihres Falls.	Zeugen und Berichtserstatter des Phänomens.
Steinregen	Zu Rom	Unter der Regierung von TulliusHostilius	Titus Livius.
Steinregen	Zu Rom	Consulat des Martius Manilius Torq.	Julius Obsequens.
Eisenregen	In Lucanien	Jahr vor Crassus Niederlage	Plinius.
Quecksilberregen	In Italien		Dion.
Ein grofs. Stein	Beym Négosflufs in Thracien	Das 2teJahr der 78ten Olymp.	Plinius.
Drey grofse Steine	In Thracien	J. 452 n. J. C.	Chronik d. Grafen Marcelin.
Feuerregen	In Quesnoy	4ten Jan. 1717.	Geoffroy der Jüngere.
Ein Stein von 72 Pfund	Bey Larissa in Macedonien	Jan. 1706.	Paul Lucas.
Ohngefähr 1200 Steine, einer von 120 Pf.	In Italien bey Abdua	J. 1510.	CardanBuch 14. Kap. 72. (Variet.)
Ein Stein von 60 Pf.			
Ein Stein von 59 Pf.	Auf dem Vaiserberg in Provence	27.Novbr.1627.	Gassendi.
15stündiger Sandregen	Auf dem atlantischen Meere	6. April 1719.	Der Pater La-Feuillée.
Schwefelregen	Sodom und Gomorra		Moses.
Schwefeligter Regen	ImHerzogthum Mansfeld	1658.	Spangenberg.
Schwefeligter Regen	Zu Coppenhagen	1646.	Olaus Wormius.
Schwefelregen	Braunschweig	October 1721	Sieg esbek.
Viscöser Regen (unbekannter Stoff)	Irland	1695	Muschenbroek.

Vom Himmel gefallene Stoffe.	Örter, wo sie niedergefallen sind.	Epoche ihres Falls.	Zeugen und Berichtserstatter des Phänomens.
2 grofse Steine 20 Pf. schwer	Liponas in Bresse	1753	Delalande.
Eine Steinmasse	Niort in Normandie	1750	Delalande.
Ein Stein $7\frac{1}{2}$ Pf. schwer	Luce im Mainedepartement	13. Sptbr. 1768	Bachelay.
Ein Stein	Aire im Artoisschen	1768	Gurson de Boyaval.
Ein Stein	In dem Cotentinischen	1768	Morand.
Weit sich verbreitender Steinregen	In den Gegenden v. Agen	1790 d. 24. July	St. Amans Baudin.
12 Steine	Zu Siena im Toskanischen	1794 July	Graf Bristol.
Stein von 56 Pf.	In Wold-Cottage, Yorkshire	13. Decbr. 1795	Capit. Topham.
Stein von 20 Pf.	In Sale, Rhone-Departement	17. März 1798	Lelievre und Dree.
Stein von 10 Pf.	In Portugal	19. Febr. 1796	Southey.
Steinregen	In Benares in Ostindien	19. Decbr. 1798	John Loyd Williams Esq.
Steinregen	In Plak bey Tabor, Böhmen	3. July 1753	de Born.
Feuermasse von 70 Cubikfufs	In America	5. April 1800	Philosophical Magazin.
Steinmasse von 14 Zentner	Abakank in Sibirien	Sehr alt.	Pallas, Chladni etc.
Steinregen	Barboutan bey Roquefort	July 1789	Darcet fils, Lomet.
Ein grofs. Stein von 260 Pf.	Ensisheim, Ober-Rhein	7. Novbr. 1492	Butenschoen.
Zwey Steine v. 200 u. 300 Pf.	Bey Verona	1672	Acad. de Bourdelot.

Tabelle der vorzüglichen über die vom Himmel gefallenen Steine geäusserten Meinungen bis zum heutigen Tag.

Nahmen der Physiker, die ihre Meinung geäussert haben.

Als Producte, die durch Stürme oder Vulcane von der Erde geschleudert, und wieder auf sie herabgefallen sind.	Durch Blitz an der Stelle, wo sie gefunden worden, geschmolzen.	Als Concretionen, die in der Atmosphäre gebildet wurden.	Als unserm Planeten fremde Massen.
Freret	Lemery	Descartes	Chladni
Gassendi	Die Academiciens	Lesser	Biot
Muschenbroek	Agricola	Goyon - d'Arzas	Poisson
Barthold	Stahl	Sir William Hamilton	Bibliotheque Brittanique
Deluc	Gronberg	Edward King	
	Patrin	Eusebe Salverte	

Die Hauptideen der Erklärung, welche der Verf. von dieser Erscheinung gibt, bestehen im Wesentlichen darin, dafs diese Steinmassen, die aus der Atmosphäre von Zeit zu Zeit herabfallen, in dem grofsen Laboratorium derselben sich unmittelbar gebildet haben, dafs nehmlich in unserer Atmosphäre verschiedene theils bekannte theils unbekannte luftartige Substanzen sich finden, die in grofsen sphärischen Massen durch den Druck, der von allen Seiten auf sie statt findet, und wegen des Mangels an Adhaerenz zu der atmosphärischen Luft selbst (wie etwa das Öl in sphärischen Tropfen im Wasser) zusammengehäuft seyen, (massées spheriquement), dafs zufällige Ursachen, Sturmwinde etc. einige dieser Massen aus demjenigen Medium, das sie isolirte, (nehmlich aus derjenigen Schicht der Atmosphäre, zu deren Materie sie keine Verwandtschaft hatten, und sich gegen dieselbe wie Öl gegen Wasser verhielten) in ein Mittel, das im Stande ist, sich mit ihnen chemisch zu verbinden, führen, daſs, so wie die chemische Verbindung (combinaison) ihren Anfang nimmt, auch Licht-Entwicklung erfolgt, (wie wir, ohne gerade ein Verbrennen anzunehmen, in so vielen chemischen Processen wahrnehmen,) d. h. das Licht-Meteor entstehet, daſs, so wie die Verbindung vor sich gehe, die specifischen Schweren sich abändern, und das Forttreiben (deplacement) beginne, und zwar nach der Seite hin, wo das Medium am wenigsten widerstehend, wo es am dünnsten ist; und folglich eher gegen Süden als gegen Norden (!!) (was sehr gut mit der Beobachtung übereinstimme, daſs die meisten Feuerkugeln ihre Richtung von Norden nach Süden, oder von Nordost nach Südwest nehmen,) daſs, wenn erst einmal die Bewegung mitgetheilet ist, die Masse andere Media durchlaufe, die neue Principien hergeben können, welche durch neuen Zusatz zur Schwere die krumme Linie bestimmen (!!!) und daſs, wenn endlich die Principien, die ins Spiel kommen, und die von allen Seiten zusammentreffen (ein wahrer Geistertanz !!) zu demjenigen Verhältniſs gelanget sind, das die Elemente verschwinden macht, um dem Zusammengesetzten seinen Ursprung zu ertheilen, die Hauptoperation durch die Verpuffung oder Explosion angekündiget werde, und das Produkt unter den festen Körpern seinen Platz einnehme.

Dem Verf. wird es nun leicht, alles nach der Reihe zu erklären — nichts hält ihn auf, jeder kleine Umstand findet in der Erklärung seinen Platz, dem Verf.

ist es nicht mehr wunderbar, dafs man Schwefelregen, und Quecksilberregen, und Regen von ferruginösen Substanzen beobachtet hat, der Goldregen, unter dessen Gestalt Jupiter sich in Danaes Schoos herabliefs, ist für ihn kein Mythos mehr, sondern eine natürliche Erscheinung könnte es wenigstens seyn, und das unerschöpflich fruchtbare Laboratorium unserer Atmosphäre, in welchem die Elemente zu allen zwey- und drey- und vierfachen und zehnfachen Verbindungen sich vorfinden, wird uns, so lehrt es die Theorie des sinnreichen Izarn, in Feuerkugeln und Regen aller Art reiche Gaben spenden! Einer nähern Prüfung dieser Theorie werden unsere Leser uns wohl überheben. Übrigens dürfen wir nicht unbemerkt lassen, dafs der Verf. Chladnis Theorie, die er jedoch nur unvollständig aus Auszügen in englischen Journalen kennt, einer Prüfung unterworfen, und einige nicht ganz unerhebliche Einwendungen dagegen aufgestellt hat.

Pfaff.

VIII.

Merkwürdiges Beyspiel eines sehr hohe Grade von Hitze ungestraft aushaltenden Menschen.

In der Sitzung des Nationalinstituts vom 4ten July wurde ein Spanier von etwa 23 Jahren vorgestellt, der die Eigenschaft besitzen sollte, dem Feuer zu widerstehen. Pinel und Huzard wurden beauftragt, die Versuche mit anzusehen, und einen mündlichen Bericht darüber abzustatten, welchen sie auch den 11ten July wirklich ablegten. — Dieser Spanier verräth in seinem Äussern eben nichts besonderes, ausser daſs seine Pupille ungewöhnlich erweitert scheint, und daſs er die Narbe eines Stichs zwischen der 3ten und 4ten Rippe an sich trägt, die aber übrigens seinen Gesundheitszustand nicht ändert. Die Fuſssohle war schwarz von einem Versuche in heissem Öl, und seine Zunge mit einem weiſsen Schleime belegt, wie es bey schwachem Magen zu seyn pflegt. Sein Puls schlug im Anfange 80 Mal in einer Minute. — Man erhitzte hierauf ein Pfund Öl bis zum 85° Reaumur. Er tauchte seine Fuſssohle hinein, vielmehr berührte er die Fläche desselben nur, und bewegte den Fuſs hin und her, ohne sich im mindesten die Theile zu entzünden, oder irgend ein Zeichen von Schmerzen zu äussern. Er tauchte auf eben die Weise schnell seine flache Hand ins kochende Öl, und rieb sich mit diesem heiſsen Öle zuletzt das Gesicht. Das Öl hatte in dem Augenblicke im Gefäſse die Hitze von 75°. Das Thermometer in demselben Augenblick in seiner Hand gehalten, zeigte auf 33° Reaum. —

Eine eiserne Stange wurde hierauf kirschroth erhitzt, und ihm zu Füfsen gelegt; auch über diese fuhr er mit der Fufssohle hin und her, so dafs es rauchte, und das Öl an einigen Stellen zu brennen anfing. Vorher hat er die kleinen Scorien, die am glühenden Eisen hingen, zwar weggewischt, allein er glaubte dennoch, dafs einige hängen geblieben sind, und dieses veranlafste etwas Versengen. Zunächst wurde ein eiserner Spatel auf einer Seite rothglühend erhitzt, und der Spanier bestrich hiermit leise seine Zunge, ohne sich zu versengen, oder auch Inflammation zu bewirken. — Jedoch bemerkte man, dafs der Schleim nachher die Zunge nicht mehr bedeckte, und dafs selbst zwey Stellen ein wenig bluteten, welches einer Rauhigkeit des Eisens zugeschrieben ward. Man wollte versuchen, ob der Geschmack vernichtet war, und gab hinterher etwas Salpeter, Schwefelsäure und eine alcalische Auflösung zu kosten, welches er richtig unterschied. Er hat nachher noch ein brennendes Licht langsam unter Arm und Schenkel hin und her bewegt, ohne sich zu verbrennen. Seine Haut ist vielmehr weich, und nicht callös, wie bey Eisenschmieden, oder andern Arbeitern, und obgleich sein Puls nach dem Versuche etwas schneller war, so war er doch im Ganzen wenig beunruhigt, und äusserte weder Furcht noch Schmerz. —

Dieses Phänomen hat, zumal in der etwas übertriebenen Darstellungsart der Zeitungsschreiber, in Paris einiges Aufsehen gemacht. Die Wahrheit ist, dafs dieser Mensch einen ungewöhnlichen Grad Hitze zu ertragen im Stande ist, wiewohl er die erhitzten Körper nie anhaltend an eine Stelle zu halten vermag. Auch wäre wohl eine durch Feuer unzerstöhrbare Organisation eine zu wunderbare Abweichung von der Erfahrung, als dafs ihr auch einen Augenblick Glauben beyzumessen wäre. Schon die Schriften des Strabo und Plinius berichten solche Wunder. Die Possenreifser und Hexenmeister haben bey vielen Nationen solche Wunder gezeigt, und ähnliche Geschichten erzählt man von spanischen Salatadoren. Man weifs ferner, dafs die Schmiede mit der Hand öfters über glühendes Eisen hinwegfahren, und es wirklich bey einem hohen Grad der Hitze mit der freylich callösen Hand manipuliren. Auch schöpfen die Schriftgiefser mit der hohlen Hand aus der schmelzenden Masse die Unreinigkeiten heraus u. s. w. — In diesem einzelnen Falle, wo das Subject die harte Haut durch Arbeit nicht besitzt, und selbst die Zunge berührt, und sich mit heifsem Öle das Gesicht wäscht, entsteht die Frage: Besitzt man etwa eine Materie, die fürs Feuer schützet, womit man sich zu reiben brauchte, um grofse Grade der Hitze auszuhalten? oder liegt diese Unempfindlichkeit in der individuellen Organisation des Subjects? — Da diese Versuche so etwas sehr Abschreckendes und Grausames an sich haben, so haben die Berichtserstatter, die in der Ecole de Medecine sie anstellen liefsen, es nicht recht gewagt, sie allen den Modificationen zu unterwerfen, die, wenn es nicht das Leben eines Menschen gilt, wohl sich erdenken liefsen, und sich mit der blofsen Darstellung dessen, was sie Seltsames gesehen haben, begnügt. Daher im eigentlichen Verstande über diese Puncte etwas unausgemacht zu seyn schien, was künftighin aufzuklären seyn möchte. (Zwey Dinge sind, indem man dieses niederschrieb, uns besonders der Betrachtung werth vorgekommen. Erstlich, in welchem Verhältnifs steht der Grad der Hitze, den dieses Individuum zu ertragen im Stande ist, mit dem sonst

Beobachteten, z. E. mit den in England von Black, Fordyce, Blagden u. s. w. in den Jahren 70 angestellten Versuchen über die Grade, die der lebende Körper ohne Zerstöhrung erträgt? Und ferner, sollten etwa in einem sehr hohen Grad erhitzte Körper weniger oder weniger schnell den Wärmestoff von sich zu geben im Stande seyn, als in geringerm Grade erwärmte? Man erinnert sich der von Herrn Klaproth wiederholten Versuche mit den Wassertropfen, die man auf ein glühendes Eisen fallen läſst, von welchem sie, je mehr dieses Eisen erkaltet, stets in schnellerer Zeit verdünsten. Vielleicht werden sich bey genauerer Untersuchung dieses Factums, dem Physiker und Physiologen mehrere ähnliche Fälle darbiethen, die auf ein neues Gesetz dieses sonst der allgemeinen Theorie widersprechenden Factums führen.) —

Fdr.

IX.

Von einem neuerlich entdeckten Thiere in Neuholland, welches von Herrn Geoffroy Fascolomis benannt ist.

Das Museum für Naturgeschichte hat so eben ein lebendiges Thierpaar erhalten, welches das Schiff Le Naturaliste unter Capitain Baudin aus Neuholland mitgebracht hat. Dieses Thier ist den Naturforschern bis jetzt völlig unbekannt gewesen, und befindet sich an der Abendseite von Neuholland. Es hat ein Fell, das von einigem Nutzen seyn könnte, und das Fleisch bietet nach dem Zeugnisse des Capitains Hamelin und seiner Equipage die angenehmste Speise dar. Nicht minder interessant ist das Thier den Naturforschern durch seine sonderbare Organisation. Es gleicht der Gestalt des Kopfes nach, so wie in Rücksicht der Form, Lage und Zahl der Zähne, völlig dem Murmelthiere, auch in den Vorderfüſsen, deren sich das Thier zum Verfertigen seiner Grube unter der Erde bedient, gleicht es demselben völlig; dagegen besitzt das Weibchen hinterwärts einen Beutel unter dem Bauche, und die Generationswerkzeuge gleichen denen des fuchsartigen Beutelthiers (Didelphis Opossum, Sarriue des Buffon) ganz und gar; auch die Hinterfüſse sind wie die des Beutelthiers gebildet, denn der Daumen ist von den andern Fingern getrennt, und ohne Nagel. Der Schwanz ist so kurz, daſs er sich in die Haare verbirgt, die sehr lang, dickbuschig und braun sind. Die hier angekommenen Individuen, die die Gröſse eines Kaninchens schon übertreffen, sind sehr jung, und von einer bewundernswürdigen Sanftmuth; man berührt und trägt sie, ohne daſs sie damit unzufrieden zu seyn scheinen. Sie haben wenig Thätigkeit, einen genirten schwerfälligen Gang, leben gewöhnlich unter der Erde, schlafen des Tages, und beschäftigen sich des Nachts, ihre Nahrung zu suchen, die aus Wurzeln besteht, auch essen sie allerley Kräuter und Brod, sie kratzen sich übrigens wie die Affen. —

Herr Prof. Geoffroy, der die besondere Güte gehabt hat, uns dieses mitzutheilen, hat dieses Thier Fascolomis genannt, weil es zwischen dem Murmelthiere und den Beutelthieren gleichsam in der Mitte steht. Ein verstorbenes Individuum gab auch sogleich die Gelegenheit, eine vollständige Anatomie des Thieres zu machen, so dafs wir bey der ersten Entdeckung auch die vollständigste Beschreibung desselben zu erwarten haben, die Herr Geoffroy wirklich bereits verfertigt hat, und die im nächsten Stücke der Annales du Musée erscheint. (Wir werden dem Leser die Abbildung so schnell als möglich mitzutheilen suchen.)

Verbesserungen im IIIten und IVten Stücke.

Seite 1 Zeile 2 von unten l. Gegenden des thierischen Körpers st. Gegenden.
— 28 — 10 l. kohlensaure Talkerde st. Talkerde.
— 34 — 9 l. fauligt st. faul.
— 60 — 14 l. Arendalith st. Avendalith.
— 82 — 7 l. Frank st. Trank.
— 94 — 13 l. Phantasmagorien st. Phantasmagerien.
— 113 — 4 von unten l. für die genauen Wissenschaften st. für die Wissenschaften.
— 137 — 17 l. Sauerstoffgas st. Sauerstoff.

Verbesserungen im Vten Stücke.

— 42 — 14 l. des Thals Cosseyr in Ägypten st. des Thals Gosseyr.
— — — 4 von unten l. Breccia st. Bresche.
— 45 — 2 und 3 l. der Erze st. der Mineralien.
— 56 — 16 l. die Schafpocken (Clavelée) st. die Clavelée-Schafpocken.

Verbesserungen im VIten Stücke.

— 51 — 7 l. Flächenraum st. im Umfange.
— 57 — 17 l. noch wie eine zirkelförmige Wulst gebildet ist st. oder wie ein zirkelrundes Scharnier geformt erscheint.
— — — 7 von unten l. Ihre Feuchtigkeit kann durch die Einimpfung die falschen Kuhpocken von neuem erregen st. die inoculirte Feuchtigkeit, die die falschen Kuhpocken hervorbringt, kann sie von neuem erregen.
— 72 — 17 Naturalisationstreibhause st. Neutralisationstreibhause.
— 82 — 6 l. wie $6\frac{5}{9}:1$ st. $1:6\frac{5}{9}$.
— 112 — 21 l. Chenevix st. Chevenix.

ENTDECKUNGEN

FRANZÖSISCHER GELEHRTEN

IN DEN

GEMEINNÜTZIGEN WISSENSCHAFTEN.

1803. X. STÜCK.

Inhalts-Verzeichnifs des zehnten Stücks.

A. Abhandlungen.

B. Literatur.

C. Correspondenz, literarische und technische Nachrichten und Neuigkeiten, gelehrte und andere Gesellschaften, Unterrichtsanstalten u. s. w.

A. Abhandlungen.

I.

Über Berthollets chemische Statik, und die in derselben aufgestellten neuen Ansichten der chemischen Actionen.

Der Titel des neuen Werkes von Berthollet Essai de statique chimique, das in dem Laufe dieses Jahres in zwey Bänden in Paris herauskam (s. das vorige Stück der Neuen Entdeckungen) berechtiget unstreitig zu gröſsern Erwartungen und Forderungen als diejenigen sind, welche ein bloſses Compendium, Handbuch, oder auch System von chemischen Kenntnissen veranlaſst. Eine Statik macht sich zu nichts Geringerem anheischig, als eine Gesetzgebung der chemischen Kräfte zu liefern, und die allgemeinsten Bedingungen anzugeben, von welchen das Gleichgewicht, das aus dem Conflicte derselben resultiret, abhänget. Hierzu gehöret nicht bloſs eine genaue und lebendige Kenntniſs des Details der chemischen Erscheinungen, welche nur durch langes eigenes Arbeiten in dieser Wissenschaft erlangt werden kann, sondern noch mehr ein philosophischer Geist, der aus dem Speciellen zum Allgemeinen sich zu erheben vermag, der das bunte Gewirre chemischer Phänomene durch Hülfe höherer Principien in Klarheit und Ordnung aufzulösen weiſs, und ein besonderer Scharfsinn, um alle besondere Umstände und Bedingungen, von denen die Abänderungen in den Erscheinungen abhängen, gehörig zu unterscheiden, keinen Theil der Ursache, so gering er auch ist und so leicht er sich eben darum dem gemeinen Blicke entzieht, zu übersehen, und so zu einer vollständigen Erklärung der Erscheinungen zu gelangen. Daſs Berthollet alle diese Eigenschaften in einem hohen Grade vereiniget, hat er während seiner langen ruhmvollen chemischen Laufbahn hinlänglich bewiesen, und besonders durch seine Untersuchungen über die Gesetze der Verwandtschaft (Memoires de l'Institut national. Tome III.) *) aufs vollgültigste bewähret. Diese Untersuchungen waren der Vorläufer dieses gröſseren Werkes, durch das sie ihre Vollendung erhalten, und die Wissenschaft der chemischen Erscheinungen eine neue Grundlage gewinnt. Die neuen Ansichten, die diese Statique enthält, sind schon an sich, und noch mehr durch die Anwendungen auf Verbesserung aller von der Chemie abhängigen Künste, und Berichtigung so mancher Erklärungen aus chemischen Principien, so wichtig, daſs wir unsern Lesern eine Rechenschaft davon schuldig zu seyn glauben, wobey wir jedoch das voraussetzen, was in den Untersuchungen über die Gesetze der chemischen Verwandtschaft, welche durch Herrn Prof. Fischers treffliche Übersetzung

*) Man sehe den ausführlichen Auszug aus dieser Abhandlung in dem IIten Heft der französischen Annalen S. 159 — 182.

dem deutschen chemischen Publicum hinlänglich bekannt seyn müssen, bereits enthalten ist. Das ganze Werk zerfällt in zwey Theile. Der erste Theil handelt auf 513 Seiten von der chemischen Action im allgemeinen. Der zweyte Theil beschäftiget sich auf 555 Seiten mit der chemischen Action der verschiedenen Substanzen und den Erscheinungen, die davon abhängen.

In der Einleitung giebt der Verf. eine allgemeine Übersicht des ganzen Inhalts. Er legt bey seinen Untersuchungen die atomistische oder Corpusculartheorie zum Grunde, und die kleinsten Theilchen (Molecules) spielen bey ihm eine eben so wichtige Rolle, wie in Hauys Mineralogie. Mancher deutsche Natur-Philosoph möchte wohl dem Verf. um dieser großen Sünde willen allen philosophischen Geist, ohne ihn weiter zu hören, absprechen. Wir glauben hingegen, daſs der philosophische Geist, der zur Bearbeitung von Erfahrungswissenschaften erforderlich ist, von dem speculativen Geiste, der in die Luftgebiete der Metaphysik sich versteiget, sich wesentlich unterscheidet, und mit Baco, Newton, Huygens und andern großen Vorgängern die Fiction von kleinsten Theilchen als ein bequemes Bild seinen weiteren Untersuchungen immerhin zum Grunde legen kann, wie verächtlich und niedrig auch sein Standpunkt dem Dynamiker vorkommen möge, der vergeblich nach einem festen Punkte für seine ersonnenen Kräfte sucht.

Alle chemischen Erscheinungen hängen von der wechselseitigen Anziehung dieser kleinsten Theilchen ab, welche man Verwandtschaft nennt, um sie von der astronomischen Anziehung zu unterscheiden. Der Verf. stellt nun als allgemeinsten Grundsatz, der gleichsam die Basis der ganzen Affinitätslehre ausmacht, auf, dafs die Verwandtschaft der verschiedenen Substanzen, durch welche sie eine Verbindung (combinaison) einzugehen suchen, im Verhältnisse der relativen Energie, welche sie in jeder Substanz hat, und der Quantität jeder Substanz, welche sich in der Sphäre der Wirksamkeit befindet, stehe. Um dieses Princip gehörig zu begründen, unterscheidet der Verf. sorgfältig die wechselseitige Action der kleinsten einfachen oder zusammengesetzten Theile gegen einander, so ferne sie integrirende Theile eines Ganzen sind, von der Verwandtschaft, welche die Verbindung der heterogenen Substanzen bewirket, und durch eine genaue Prüfung aller Bedingungen, welche die Wirkung dieser letztern variren machen können, sucht er zu beweisen, dafs diese verschiedenen Umstände hinreichen, alle die scheinbaren Ausnahmen von jenem allgemeinen Gesetze der Verwandtschaft zu erklären.

Im ersten Abschnitte des ersten Theiles handelt er nun zuerst von der chemischen Action der festen Körper und der Flüssigkeiten, und zwar im ersten Kapitel von der Cohaesionskraft. Die Rolle, welche die Cohaesionskraft in den chemischen Erscheinungen spielt, ist ungemein wichtig, da sie eben so gut Verbindungen bestimmt, wie die im engern Sinne sogenannte chemische Verwandtschaft. Einige Chemiker haben zwar unter dem Nahmen der Aggregations - Verwandtschaft die Wirkungen der Cohaesionskraft von denen der Znsammensetzungs-Verwandtschaft unterschieden, sie haben jene nur zwischen den kleinsten Theilchen von gleicher Art angenommen und der Zusammensetzungs - Verwandtschaft entgegengesetzt. Da aber die Cohaesionskraft die Verbindung selbst von ungleichartigen Theilchen bestimmt, so wird sie eben dadurch in manchen Fällen Zusammensetzungs - Verwandtschaft. Eine zweyte wichtige Bemerkung betrifft den Zeitpunkt, in welchem die Kraft, welche den Aggregatzustand der Körper verändert und nach Berthollets Ausdruck die Constitution der Körper bestimmt, zu wirken anfängt. Da nehmlich die Dilatation des Wassers früher anfängt, als es in den Zustand des Eises übergeht, und da die Flüssigkeiten verhältnifsmäfsig sich stärker dilatiren, wenn sie sich ihrem Expansivzustande nähern, so kann man als allgemeinen Grundsatz aufstellen, dafs die Ursachen, welche die Veränderungen der Constitution der Körper bestimmen, eine Action ausüben, deren Wirkungen selbst schon merklich sind, ehe die Veränderung der Constitution statt gehabt hat, woraus sich dann gleich die Folgerung ziehen läfst, dafs die wechselseitige Verwandtschaft, welche den festen Zustand hervorbringen kann, als eine Kraft angesehen werden mufs, welche nicht blofs wirket, wenn die Solidität sich offenbaret, sondern selbst noch vor diesem Zeitpunkte, so dafs die wechselseitige Action der Theile, welche die Solidität erlangen, die Ursache der Bildung einer festen Substanz durch eine Abtrennung oder irgend einer Verbindung wird. Cohäsion ist demnach eine der Liquidität entgegengesetzte Kraft, welche nicht blofs wirket, wenn der Zusammenhang schon existiret, sondern welche auch diesen Zusammenhang wirklich macht, und welche eben sowohl zwischen den integrirenden Theilen einer Verbindung als zwischen den Theilchen einer einfachen Substanz statt findet.

Im zweyten Kapitel handelt der Verf. von der Auflösung. Die Auflösung ist gleichsam die allgemeinste Form der chemischen Action. Hier nimmt der Verf. das Wort im engern Sinne, wieferne es die Verwandlung des festen Zustandes eines Körpers in den flüssigen durch die Wirkung eines bereits flüssigen

ist. Er zeigt, dafs alle Erscheinungen der Auflösung sich aus dem obigen allgemeinen Principe aller chemischen Action ableiten lassen, wodurch eben dieses Princip von der Stufe einer blofsen Hypothese zum Range eines allgemeinen Gesetzes erhoben wird. Eine Flüssigkeit löst um so mehr von einem Körper auf, je gröfser ihre absolute Quantität ist. Da nehmlich zwischen den Theilchen einer Flüssigkeit sehr bald ein Gleichgewicht der Sättigung eintritt, so kömmt hier nicht blofs diejenige Quantität, welche sich in der Sphäre der Wirksamkeit befindet, in Betracht. Eine fernere Folge des allgemeinen Princips ist, dafs, je reichlicher das Auflösungsmittel ist, desto stärker auch der aufgelöste Körper zurückgehalten werde, und dafs dagegen der überflüssige Theil des Auflösungsmittels schwächer zurückgehalten werde, als derjenige Theil, welchen die Auflösung erfordert. Auch diefs stimmt mit der Erfahrung überein. Berthollet betrachtet nun näher die verschiedenen Modifikationen der chemischen Auflösung, wieferne sie von Verschiedenheiten in den äufsern Umständen, in der Menge des Fluidums, in der Gröfse der Affinität selbst u. s. w. abhängen. Bey der Wirkung des Wassers und Kalks auf einander zeiget sich bald, je nach verschiedener Menge des ersteren, ein Flüssigwerden des Kalks oder ein Festwerden des Wassers, doch so, dafs auch im letztern Falle die Cohäsion des Kalks geschwächt wird. Oft ist die Affinität nicht grofs genug, um die Cohäsion aufheben zu können. Der Körper saugt dann das Wasser blofs ein. Oft schränkt sich die Affinität sogar blofs auf das Anhängen an die Oberfläche ein. Der Körper wird blofs nafs. Endlich wird der feste Körper selbst nicht einmal nafs, in welchem Falle die Affinität der Flüssigkeit für den festen Körper geringer ist als die wechselseitige Verwandtschaft der Theilchen des ersteren. Auch bey der Wirkung der flüssigen Körper auf einander zeigen sich ähnliche Erscheinungen, denn auch hier kömmt der Zusammenhang der kleinsten Theilchen in Betracht, und wirket der wechselseitigen Verbindung (Auflösung) entgegen, oder erlaubt sie in allen Verhältnissen oder nur in bestimmten, wie beym Aether und Wasser, wo das Compositum sich nach der Quantität des einen oder andern richtet.

Physische Adhäsion ist demnach nicht verschieden von chemischer Verwandtschaft. Die Wirkungen unterscheiden sich blofs durch die Energie der wechselseitigen Action, verglichen mit dem Widerstande, der ihr entgegengesetzt ist.

Wärme begünstiget die Auflösungen, wenn sie nicht als Princip der Elasticität zuwider wirket, sie bringet auch für sich alle Wirkungen hervor, die ein Auflösungsmittel hervorbringet, bis auf die Erscheinungen, welche von der Action dieses letzteren insbesondere abhängen. Diefs zeigt sich besonders bey Metallversetzungen.

III. Kapitel. Von der wechselseitigen Action der Substanzen, welche in Auflösung gehalten werden. Auch bey den aufgelösten Substanzen mufs die Kraft der Cohäsion immerfort als eine Resistenz angesehen werden, welche zu wirken fortfährt, und welche in der That auch eine Abtrennung bewirket, sobald die gröfsere Quantität des Auflösungsmittels, (wodurch die Distanz der aufgelösten Theile auf einen merklichen Grad gebracht ist, und ihre wechselseitige Action dadurch geringer geworden ist, während die Action der Flüssigkeit im Verhältnisse ihrer Quantität zugenommen hat) durch Abdunsten vermindert wird, oder die Wärme abnimmt. Diese Abtrennung ist gewöhnlich mit einer symmetrischen Anordnung der Theilchen verbunden, ist eine

Krystallisation, deren nähere Umstände der Verf. betrachtet. Er handelt auch von der Wirkung, welche verschiedene Salze, die in einer Auflösung sich befinden, auf einander ausüben. Sie schwächt in den meisten Fällen den Widerstand ihrer Cohäsionskraft. Daher kann ein mit einem Salze gesättigtes Wasser von einem andern noch etwas auflösen, und wird dadurch in Stand gesetzt, selbst von dem ersteren wieder etwas aufzunehmen. Die Mutterlauge ist eine Wirkung der wechselseitigen Action der Salze auf einander, besonders wenn ihre Krystallisationskraft nicht sehr grofs ist. Die auflösende Kraft des Wassers wird dadurch unterstützt. Auch die deliquescirenden Salze haben eine wirksame Cohärenz, denn durch den Alcohol können sie in festem Zustande aus dem Wasser abgetrennt werden. Fängt ein zuvor aufgelöstes Salz an zu krystallisiren, so setzet die Flüssigkeit, die im Zustande der Sättigung bleibet, nur einen geringen Widerstand der Action entgegen, durch welche das Solidum, das sich absondert, eine Portion Wasser zurückhält, welche die symmetrische Anordnung seiner Theile begünstiget und modificiret, das aber nicht wohl als Eis gedacht werden kann, in welchem die wechselseitige Affinität eine Anordnung der Theilchen, welche das Volumen vergröfsert, hervorgebracht hat.

Salze von starker Cohäsion scheinen weniger Krystallisationswasser aufzunehmen. Die wechselseitige Affinität ihrer Theilchen mufs nehmlich allerdings ihrer Action auf das Wasser ein Hindernifs in Weg legen. Salze, welche viel Wasser zurückhalten, und doch nur eine schwache Action auf dasselbe ausüben, sind efflorescirend; zerfliefsend sind diejenigen, welche eine schwache Cohäsion haben, und dagegen eine starke Action auf das Wasser ausüben.

IV. Kapitel. Von der Verbindung (De la Combinaison). Combinaison oder chemische Verbindung ist im Wesentlichen von Auflösung nicht verschieden: nur der Gesichtspunkt ist ein anderer, aus welchem der Verf. hier dieselbe Erscheinung betrachtet. Hier richtet er nehmlich seine Aufmerksamkeit vorzüglich auf die neuen Eigenschaften des Combiné, welche aus der Vereinigung seiner Elemente resultiren. Dieselben Gesetze, welche für die chemische Action, welche die Auflösung bewirket, aufgestellt worden sind, müssen sich also auch hier wieder aufweisen lassen.

Häufig giebt es herrschende Verwandtschaften, welche den Substanzen, die sie besitzen, besondere Karaktere imprimiren, und von welchen die meisten Eigenschaften, die sie zeigen, abhängen. Die karakteristische Verwandtschaft setzt in den zwey Subjecten der Verbindung Eigenschaften voraus, wodurch sie Antagonisten werden. Eine Gleichheit beyder Kräfte bringet dann den sogenannten neutralen Zustand hervor, und die eine kann nur auf Unkosten der andern herrschen. Die Acidität (Sauerheit) und Alcalinität (Laugensalzigheit) sättigen sich wechselseitig, und können abwechselnd praedominirend werden, je nach Beschaffenheit des Verhältnisses, in welchem die Verbindung geschiehet; es findet kein Hindernifs, keine Unterbrechung in dem Gange der Verbindung und der davon abhängigen Sättigung statt, wenn nicht anders die Kraft der Cohäsion oder die Elasticität eine Abtrennung bewirket, in welcher die Verhältnisse sich durch eine dieser Bedingungen bestimmt finden. Diese Eigenschaften und Umstände, welche eine Trennung der Verbindungen in einem bestimmten Zustande bewirken, müssen von der Verwandtschaft, welche die Verbindung bewirket, wohl unterschieden werden. Man drückt sich daher uneigentlich aus, wenn man sagt, daſs die neutrale Verbindung im Überschusse des Laugensalzes oder der Säure aufgelöst erhalten werde. Sie ist nur neutral, wenn sie sich abgesondert hat.

Man muſs also zweyerley Sättigungen unterscheiden:

a. die eine ist die Gränze der chemischen Action, welche eine Substanz auf die andere ausüben kann, z. B. wenn das Wasser kein Salz mehr auflösen kann, ohngeachtet weder die Eigenschaften des Wassers noch des Salzes eine Sättigung erfahren haben;

b. die zweyte ist das Ziel, wo die antagonistischen Eigenschaften einer Substanz durch die einer andern versteckt werden, und sich in dem Gleichgewichte befinden, welches jenen Zustand von Gleichgültigkeit hervorbringet, die man Neutralisation nennt. Diese zweyte Art von Sättigung trifft selten auf dem Punkte ein, wo die erstere existiret.

Zu der chemischen Action muſs man noch zwey Wirkungen unterscheiden:

a. diejenige Wirkung, durch welche eine wechselseitige Sättigung statt findet;

b. diejenige, welche Veränderungen der Constitution bewirket, und durch welche neue Eigenschaften hervorgebracht werden, die sich ganz nach diesen Veränderungen der Constitution richten.

Zweyter Abschnitt. Von der Acidität und Alcalinität. Erstes Kapitel. Von der wechselseitigen Action der Säuren und Laugensalze. Die wechselseitigen Beziehungen der Säuren und Laugensalze gegen einander dienen dem Verf. die gegenseitige Action der Substanzen, welche sich verbinden, und deren Eigenschaften sich wechselseitig sättigen, näher aufzuklären. Er betrachtet hier die wechselseitige Ausübung einer Eigenschaft, die den Säuren und Laugensalzen gemein ist, der Acidität und Alcalinität. Bey der Verbindung der Laugensalze und Säuren mit einander treten die integrirenden Theilchen der neuen Verbindung in Rücksicht auf ihre wechselseitige Action an die Stelle der Elementartheile der Säure und des Laugensalzes, und man muſs die Wirkungen, die davon abhängen, eben so sorgfältig von den Wirkungen der Sättigung unterscheiden, wie man in einer Säure und einem Laugensalze die wechselseitige Tendenz zur Verbindung und die Wirkungen ihrer Flüchtigkeit oder Fixität, ihrer Cohäsion, ihrer specifischen Schwere u. s. w. unterscheidet.

Bey der chemischen Action der Säuren muſs man vor allen Dingen die Macht oder Kraft (puissance) beachten, mit welcher sie die Acidität ausüben, welche ihren unterscheidenden Karakter ausmacht. Für diese Macht ist der wahre Maſsstab die Menge von jeder Säure, welche nöthig ist, um denselben Effekt hervorzubringen, d. h. um eine gegebene Menge von Laugensalz zu sättigen. Die Sättigungs-Capacität (Sättigungs-Mächtigkeit) jeder Säure ist es demnach, die, indem sie der Maſsstab für ihre Acidität ist, die comparative Kraft der Affinität, von welcher sie abhängt, giebt, die verschiedene Affinität ist es, welche verursacht, daſs man mehr oder weniger Säure braucht, um den nehmlichen Effekt hervorzubringen, und man kann sagen, daſs die Affinität der verschiedenen Säuren für eine Basis ihrer Gröſse nach im umgekehrten Verhältnisse mit der Gewichtsmenge von jeder steht, die zur Neutralisation einer gleichen Quantität der alcalischen Basis erforderlich ist. Bringet man daher die Quantitäten mit der Affinität in Verhältnifs, so producirt man den nehmlichen Effekt, so dafs die Kraft, die man in Action versetzet, von der Affinität und Quantität abhänget, und die eine die andere ersetzen kann.

Dieses Vermögen, eine Sättigung hervorzubringen, diese Kraft, welche zusammengesetzt ist aus der Gewichtsmenge und Affinität einer Säure, nennt Berthollet *chemische Masse*, und dieser Definition zufolge sind die in Action befindlichen Massen der Sättigung proportional, welche sie in der Substanz hervorbringen können, mit welcher sie sich verbinden. Dasselbe Verhältnifs zwischen den Säuren, das in Hinsicht auf ihre Affinität statt findet, wird auch eintreten, wenn ihre Action die Kraft der Cohäsion überwältigen soll.

Indessen sind noch mehrere Umstände in Beurtheilung der Action einer Säure zu berücksichtigen.

a. Ihre verschiedene Concentration, wodurch die Quantität, die sich in der Sphäre der Wirksamkeit befindet, verändert wird.

b. Die Cohäsion, welche während der Verbindung sich einstellet, und welche gewöhnlich auf dem Punkte der Neutralität am stärksten ist.

In der Wirkung der Laugensalze und Säuren auf einander bietet die Affinität zwey genau unterschiedene Wirkungen dar, nehmlich die Wirkung der Sättigung, und der wechselseitigen Action, von welcher der Zusammenhang abhänget. Durch die erstere verschwinden die antagonistischen Eigenschaften, durch die zweyte erhalten die Eigenschaften, welche von der Entfernung der kleinsten Theilchen abhängen, vielmehr einen Zuwachs, denn die Kraft der Cohäsion ist in ihren salinischen Verbindungen stärker, als sie es in ihren Elementen war. Die Eigenschaften, welche die neutralen Verbindungen zeigen, hängen gröfstentheils von der wechselseitigen Action der integrirenden Theile dieser Verbindungen ab.

Pf.

(Die Fortsetzung im nächsten Stücke.)

II.

Physicalische Untersuchungen über die Frage: Welches ist der Einfluſs der Oxydation auf die Wirkung der electrischen Säule des Volta? von Biot, Mitgliede des Nationalinstituts.

In der sinnreichen Theorie, die Volta von der electrischen Säule gegeben hat, setzt man zum voraus, daſs die entwickelte Electricität gänzlich der Berührung der Metallscheiben zuzuschreiben ist. Die dazwischen liegende angefeuchtete Substanz wird als bloſser Leiter der Electricität angesehen, der nichts erzeugt. Ob nun gleich Volta bewiesen hat, daſs die bloſse Berührung der Metalle, und jeder zwey andern heterogenen Substanzen zur Entwicklung der Electricität hinreichend ist, so ist es doch nicht gewiſs, daſs es die einzige hervorbringende Ursache sey, und daſs nichts der Electricitätsentwicklung durch Oxydation zuzuschreiben sey. Um die bloſse leitende Function der Flüssigkeit zu erweisen, hatte Volta bekanntlich seinen Becherapparat, in welchen er nach einander reines Wasser und Wasser, welches mit Salz geschwängert war, goſs. Das Auseinandergehen der H[illegible]e im Strohhalmelectrometer zeigte, daſs die Ladungen des Eleetrometers gleich seyen, obgleich die Wirkung auf die Organe merklich stärker war. Dieses letztere schrieb Volta der Zunahme der leitenden Kraft der feuchten Substanzen zu. —

B. Biot discutirte diesen Versuch. Er zeigt, daſs er vielen Irrthümern durch die Beschaffenheit des Electrometers, dessen Volta sich bediente, unterworfen sey, so wie auch durch die Art, mit der man in zwey auf einander folgenden Versuchen diesen Condensator anwendete. Er überzeugte sich, daſs der mindeste Unterschied bey der Anwendung in der Ladung desselben eine Verschiedenheit vom einfachen zum 3 doppelten an einer und ebenderselben Säule hervorbringt. — Geht man selbst von der Voltaschen Hypothese aus, so ist es klar, daſs, wenn die Leitungsfähigkeit zugenommen hat, auch die Ladung des Condensators in einer gegebenen Zeit zunehmen müsse, wenn man das Maximum der Spannung in einem untheilbaren Augenblicke nicht erreicht hat. Gedachter Versuch ist demnach durchaus nicht genau, dieses hat sich auch in der That, als Herr Biot nach einer groſsen Menge von Versuchen dahin gekommen ist, vergleichende Resultate zu erhalten, bestätigt. Folgendes ist das Geräth, das er anwendete. Er befestigte den Condensator auf eine horizontale metallische Platte, die am Ende einer verticalen kupfernen beweglichen Stange befestigt war. Die Stange konnte mit einer Schraube gegen ein hölzernes Parallelepipedum, welches mit einem Zinkblatte überzogen war, befestigt werden. Die Säule ruhte auf diesem Parallelepipedum ohne weitere Seitenstütze. Auf der Spitze dieser Säule war ein kleines eisernes Gefäſs mit Quecksilber angefüllt gestel' Das Ende der beweglichen Stange des Condensators war ebenfalls von Eisen. Hierdurch war die Verbindung der Basis der Säule mit der untern Scheibe des Condensators völlig etablirt, und indem dieser auf gleiche Höhe mit der Säule gebracht ward, so bog man die bewegliche Stange durch eine gefirnifste Glasröhre ins Quecksilber, nachher überliefs man sie ihrer eigenen Elasticität. Der Condensator fand sich dadurch stets auf eine zu vergleichende Weise geladen. Die Berührung mit der Säule war stets dieselbe, und man konnte diese, so lange man wollte, anhalten lassen. Die Electricität, die er erlangte, ward mit einer electrischen Wage gemessen, die Fortin fürs Institut verfertigt hat, und die electrische Intensität liefs sich durch die in dieser Hinsicht von Coulomb gegebene Formel bestimmen. — Vernachlässigt man eine der hier aufgestellten Vorsichtsregeln, so sind die Ladungen des Condensators nicht mehr vergleichbar und unregelmäfsig; beobachtet man sie sorgfältig, so wechseln die mit einer und derselben Säule, die nur aus 40 Lagen besteht, angezeigten Repulsionen auf der Wage in 9 nach einander folgenden Versuchen nur zwischen 71 und 73. —

Durch dieses Geräthe fand Herr Biot, dafs ganz gleiche Säulen, deren Leiter (oder feuchte Zwischenlagen) verschieden sind, bey der blofsen Berührung in einer halben Secunde sehr verschiedne Electricitätsquantitäten geben: die Auflösung des kohlensauren Kali giebt zweymal weniger als schwefelsaures Eisen; indessen nimmt die Wirkung des letztern bald ab, indem die des erstern sich vermehrt. Die verschiednen Salzsolutionen, Kleister u. s. w. zeigen ähnliche Unterschiede, deren einige angegeben sind.

Die bey den Voltaschen Versuchen angegebenen Beobachtungen fanden sich bestätigt; allein dieses entschied die Frage noch nicht, denn der Unterschied der Leitungsfähigkeit allein vermochte die Ladungen des Condensators in den verschiednen Säulen zu vermehren, es folgte aber noch nicht, daſs es der Oxydation zuzuschreiben sey. Herr Biot unternahm in dieser Absicht demnach folgenden Versuch:

Eine aus 20 Lagen bestehende Säule, die mit Tuchstücken, die in einer Auflösung schwefelsaurer Thonerde geschwängert waren, gebaut war, ward auf einem Harzkuchen isolirt. Applicirte man den Condensator durch Berührung eine halbe Secunde lang, und berührte die Basis der Säule, so hatte man 90° Repulsionen. Der Apparat war demnach in guter Wirkung. Man hatte sich auch überzeugt, daſs er gut isolirt war, denn als man den Condensator anwendete, ohne die Basis der Säule zu berühren, so war die Electricität nicht merklich. — Nun machte man die Verbindung zwischen den beyden Extremitäten durch einen metallischen Faden, der unter der Basis der Säule angebracht, und mit dem andern Ende in das eiserne, mit Quecksilber gefüllte Gefäſs getaucht war. Man mochte die Basis der Säule jetzt berühren, oder unberührt lassen, der Condensator blieb stets ungeladen, so daſs die Verbindung sicherlich wohl etablirt gewesen ist. —

In gedachtem Falle circulirt, wie man weiſs, die Electricität in dem Äuſsern des Apparats, und die Oxydation geschieht so lebhaft, als gewöhnlich. Entwickelt demnach diese Oxydation die Electricität, so muſs man sie im Apparat wieder finden, wenn die Communication zwischen den beyden Extremitäten von neuem gestöhrt ist. — Um dieses ins Klare zu bringen, nahm man nach 2 Minuten den metallischen Faden von dem obern Theile der Säule weg; man that dieses mit einer gefirniſsten Glasröhre, die dem-

demnach sehr isolirend war; man applicirte den Condensator alsdann, wie gewöhnlich, ohne die Basis der Säule zu berühren. Er bekam keinen Electricitätsgrad, der durch die Wage sich schätzen liefs; man brauchte aber nur einen Augenblick die Basis zu berühren, um, wie vorher, 90° Repulsionen zu haben: so dafs der Mangel der merklichen Electricität in der isolirten Säule nicht von einer zufällig zu der Wirkung der Säule hinzugekommenen Änderung herkommen konnte. — Der metallische Faden hatte sich von sich selber um den Fufs der Säule zurückgebogen, der kleine Grad Electricität, den er hatte erlangen können, war demnach nicht einmal vernachlässigt. —

Folgendes ist nun das Resultat der Versuche nach Herrn Biots eigenen Worten. „Ich habe, sagt er, „den Versuch oft wiederhohlt, und man wird mir „leicht zugestehen, dafs ich eine Repulsion von „2 Graden wahrgenommen hätte; eine Gröfse, die der „Beobachtung nicht mehr entgeht. Nun sind die In„tensitäten der Electricität in der Coulombschen „Wage im Verhältnifs des Cubus des Repulsions„winkels. Die Quantität der durch Oxydation in „2 Minuten hervorgebrachten Electricität war dem„nach gegen die vorherbeobachtete Total-Wirkung „in einem geringern Verhältnifs als 1 : 90,000; und da „es im ersten Falle nur $\frac{1}{2}$ Secunde bedurfte, um den „Condensator zu laden, so ist der Theil der Oxydation „in dieser augenblicklichen Wirkung gewifs unter „ $\frac{1}{20,000,000}$, welches eine unmerkliche Gröfse ist. — „Obgleich nun, streng genommen, die Oxydation in „der Voltaschen Säule Electricität hervorbringen „mufs, so ist das Resultat dieser Ursache doch ganz „unvergleichbar mit dem, was die Berührung der „Metalle giebt, die stets durch die Communication „mit dem Boden genährt werden."

Man nahm vorsetzlich nur eine Säule von 20 Schichten, damit die Spannung, die der Berührung der Metalle zuzuschreiben ist, als unmerklich in der isolirten Säule angesehen werden konnte. —

Sucht man die Ursache, warum die Physiker einer so schwachen Ursache so viel Einfluſs zugeschrieben haben, so sieht man, daſs sie nicht genug untersuchten, wie es möglich ist, sie zu vermindern, ohne die Quantität Electricität, die durch den Apparat entwickelt ist, zu ändern. B. Biot hat Säulen errichtet, in welchen die feuchten Substanzen durch Scheiben von salpetersaurem Kali, welche geschmolzen und sorgfältig vor aller Feuchtigkeit geschützt waren, ersetzt wurden; sie gaben so viel Electricität, als die mit der wirksamsten Salzauflösung geschwängerten, als z. E. die durch schwefelsaure Thonerde angefeuchteten; aber der Condensator brauchte eine halbe Minute statt einer halben Secunde, um sich durch eine aus 20 Lagen bestehende Säule zu laden, und der Gang dieser Operation ist durch einen Logarithmus dargestellt. Die Untersuchungen, die mit der Theorie des Durchgangs der Electricität durch unvollkommene Conductoren in Verbindung stehen, werden für eine andere Abhandlung verspart. Diese, von welcher wir hier einen Auszug liefern, erscheint vollständig in den Annales de Chimie. — (Sie ist bereits in Nro. 139 der Annales de Chimie S. 5—45 abgedruckt.)

M. Fdr.

III.

Versuche mit dem sogenannten Gummi Kino. Von Vauquelin *).

Diese Substanz hat ganz unpassend den Nahmen Gummi erhalten, da sie keine der Eigenschaften der Gummis besitzt. Von seinem Geburtsorte und dem Baume, woher es kömmt, hat man noch keine genaue Kenntnifs; es scheinet, dafs die Engländer es in Handel gebracht haben dadurch, dafs sie seine medicinischen Tugenden bekannt machten. Im Handel ist es unter dem Nahmen des Gummiharzes vom Gambia (Gummi Gambiense) bekannt. Von Dr. Oldfield wurde es wahres Gummi vom Senegal genannt, der den berühmten Dr. Fothergill damit bekannt machte. In den Medical Observations and Enquiries steht, dafs der Baum, welcher das Gummi Kino liefert, von den Eingebohrnen Pau de Sangue genannt werde, und dafs es aus Africa zu uns komme. In gröfseren Massen angesehen erscheinet das Kino Gummi schwarz, seine wahre Farbe ist aber die braunrothe, sein Geschmack ist bitter und zusammenziehend, und es hat fast keinen Geruch. Es ist brüchig und leicht zu pulverisiren, sein Bruch ist glatt und wie glasigt, durch die Wärme der Hände wird es leicht weich.

1. Im Feuer schmelzt es und schwillt beträchtlich auf, erst liefert es eine helle Flüssigkeit, die nach einigen Augenblicken dunkel wird, hierauf geht ein beynahe weifses und leichtes Öl über, das sich im Fortgange der Operation färbet und schwerer wird als das wässerigte Product. Es bildet sich auch etwas weniges kohlensaures Gas, und sehr viel gekohltes

*) Annales de Chimie. N. 138. S. 321.

Wasserstoffgas. Das in dieser Operation gebildete Öl geht mit den ätzenden fixen Laugensalzen eine Verbindung ein, und bringt eine dunkelrothe Farbe hervor, die an der Luft dunkelgrün wird.

Das wässerigte Produkt ist nicht sauer, es hat einen scharfen brennenden Geschmack, der von einer Portion Öl, die es aufgelöst hält, herrühret. Das Kali trennt auch eine große Menge Ammoniak davon ab, der wahrscheinlich mit Kohlensäure verbunden ist.

Von 20 Grammen dieser bey einer starken Hitze destillirten Substanz bleiben $8\frac{1}{2}$ Grammen einer sehr voluminösen und etwas mit Regenbogen-Farben spielenden Kohle zurück. Diese Kohle ließ nach der Einäscherung 72 Centigrammen Asche zurück, welche vorzüglich aus Kalk, Kieselerde, Alaunerde und Eisenoxyd bestanden.

2. Im kalten Wasser ist das Gummi Kino wenig auflöslich, desto besser im heißen, doch bleibet eine Portion davon unaufgelöst.

3. Die Auflösung des Kino-Gummis ist schwach sauer, denn die Lakmustinktur wird davon geröthet. Der Alcohol sondert aus dieser Auflösung nur einige röthliche Flocken ab. Ist diese Auflösung mit kochendem Wasser gemacht, so wird sie trübe, wie eine Abkochung der Fieberrinde, und die Materie, welche sie absetzt, ist braunroth.

4. Wird diese Auflösung etwas concentriret, so wird sie reichlich durch die kohlensauren Laugensalze gefällt, der Niederschlag wird jedoch durch eine große Quantität Wasser wieder aufgelöst. Die ätzenden Laugensalze fällen sie gleichfalls, ein Übermaß davon löst das Präcipitat wieder auf und giebt ihm eine stärkere rothe Farbe.

5. Eine Auflösung des thierischen Leimes bringt ein sehr beträchtliches Coagulum von rosenrother Farbe in der Auflösung des Kino Gummis hervor. Hat

man das gehörige Verhältnifs der Materie zur wechselseitigen vollkommenen Sättigung getroffen, so bleibet die obenschwimmende Flüssigkeit beynahe ohne Farbe.

6. Ohngeachtet diese Erscheinungen die Gegenwart des Gerbestoffes im Gummi Kino anzudeuten scheinen, so schlägt dasselbe demungeachtet die Eisensalze nicht schwarz, sondern mit einer schönen dunkelgrünen Farbe nieder, die sich an der Luft nicht merklich ändert. Diese Eigenschaft hat das Gummi Kino mit dem Aufgusse der Fieberrinde und Rhabarber gemein, woraus sich schliefsen läfst, dafs diese drey Substanzen ein Princip von derselben Beschaffenheit enthalten. Dieses Princip, was auch immer seine Natur sey, ist sehr zerstörlich, denn wenn man auf den Niederschlag, den es mit dem Eisen bildet, ein wenig oxygenirte Kochsalzsäure giefst, so verliert es seine Farbe, löset sich auf, und erscheinet nicht wieder durch den Zusatz eines kohlensauren Laugensalzes. Man hat alsdann nichts weiter als ein rothes Eisenoxyd.

7. Die Auflösung des Gummi Kino macht einen reichlichen gelblichgrauen Niederschlag in dem essigsauren Bley, und einen röthlichgelben im salpetersauren Silber, so wie einen gelblichweifsen im Brechweinsteine, der aber viel reichlicher ist, als der durch die Aufgüsse der Lohe und der Fieberrinde bewirkte, welches anzudeuten scheinet, dafs das Kino-Gummi noch ein besseres Gegengift in den Fällen von Vergiftung durch dieses metallische Salz seyn möchte.

8. Die concentrirte Schwefelsäure schlägt die Auflösung des Kino-Gummis reichlich nieder; so wie das Gemisch erkaltet, so sammelt sich die Materie zu einer zähen und dehnbaren Masse, die einem erweichten Harze gleichet. Auf eine ähnliche Weise verhält sich der Galläpfelaufgufs mit der Schwefelsäure.

Die Salpetersäure bildet gleichfalls einen Niederschlag darin, der aber viel unbeträchtlicher ist.

Die oxygenirte Kochsalzsäure trübet die Auflösung des Gummi Kino, macht sie gelb, und bildet an seiner Oberfläche ein Häutchen, das nach einiger Zeit eine ziemlich feste Consistenz annimmt.

9. Da die Auflösung des Kino-Gummis mit dem Eisen einen grünen Niederschlag bildet, so war ich neugierig, zu erfahren, ob man Stoffe mit dieser Farbe färben könnte. Zu diesem Behufe liefs ich Wolle und Baumwolle in dieser Auflösung kochen, und tauchte sie dann in ein Bad von schwefelsaurem Eisen. Im Augenblicke ihres Eintauchens nahmen sie wirklich eine bouteillengrüne Farbe an, die aber durch das Waschen und Trocknen bald in eine schwärzlichbraune sehr dauerhafte Farbe überging.

10. Der Alcohol löst mit Hülfe der Wärme das Kino-Gummi sehr gut auf, die Auflösung ist dunkelbraun, wird durch den Zusatz von Wasser etwas trübe, ohne jedoch etwas fallen zu lassen. Eine kleine Portion von Materie bleibt jedoch im Alcohol, unaufgelöst.

11. Die Auflösung des Kinos im Alcohol, mit Wasser verdünnt, bringet mit den gegenwirkenden Mitteln die nehmlichen Erscheinungen wie die wässerigte Auflösung hervor, zum Beweise, dafs das Princip, von welchem diese Wirkungen abhängen, im Wasser und Alcohol auflöslich ist.

12. Die Auflösung des Gummi Kino im' Alcohol, bis zur Trocknifs abgeraucht, läfst eine schwarze, trockene, brüchige Materie zurück, wovon das Wasser nur wenig auflöset. Auch das kochende Wasser löset verhältnifsmäfsig weniger davon als vom ganzen Gummi auf.

13. Da der Alcohol mit Hülfe der Wärme dem Gummi Kino nichts mehr zu entziehen schien, so

unterwarf ich den Rückstand einigen Proben, um seine Natur zu erforschen. Er machte ohngefähr den vierten Theil des angewandten Gummis aus. a. Er hatte nicht mehr den bittern noch zusammenziehenden Geschmack des Kino, vielmehr war er süfs und wie schleimigt. b. Er löste sich leicht im heifsen Wasser auf, und theilte demselben eine schöne rothe Farbe mit. c. Weder der thierische Leim noch irgend eine metallische Auflösung machten einen Niederschlag darin, aber wohl ward sie durch den Alcohol gefällt. d. Beym Verbrennen entwickelt diese Materie einen ähnlichen Geruch, wie die Gummis unter denselben Umständen. Sie scheinet also mit den gewöhnlichen Gummis übereinzukommen, von denen sie sich nur durch die rothe Farbe unterscheidet, welche ihr der Alcohol nicht entziehen kann.

Ich vermuthe, dafs die Gegenwart dieser Materie im Gummi Kino die Auflösung des im Alcohol auflöslichen Princips begünstige, denn dieses letztere abgetrennt und für sich, schien mir weit weniger auflöslich, als wenn es mit dem gummösen Theile gemischt ist, und andererseits habe ich bemerkt, dafs, wenn man nicht gleich Anfangs die zur Auflösung des adstringirenden Theiles nöthige Quantität Wassers anwendet, der Rest verhältnifsmäfsig mehr von dieser Flüssigkeit erfordert.

Auf 100 Grammen Kino-Gummi wandte ich mehr als 4 Liters Wasser an, ohne dieselben ganz auflösen zu können. Es blieben ohngefähr 20 Grammen zurück. Dieser Rückstand wurde in der Hitze des kochenden Wassers weich, wie eine Art von Harz, was mit dem Kino-Gummi selbst nicht der Fall ist. Ein grofser Theil davon wurde vom Alcohol aufgelöst, welcher eine rothe Farbe und alle die Eigenschaften, welche wir oben an der adstringirenden Materie erkannt haben, davon erhielt.

Nach dieser doppelten Behandlung des Kino-Gummis durch das Wasser und Alcohol blieben nur noch 7 Decigrammen, die jedoch noch nicht von aller vegetabilischen Materie erschöpft waren, denn die Laugensalze zogen daraus eine sehr schöne und sehr lebhafte rothe Farbe, und andererseits verbreitete es beym Verbrennen einen scharfen Geruch, ohngefähr wie Holz. Nach dem Verbrennen blieb eine röthliche Asche, die aus Kieselerde, Kalk und Eisenoxyd bestand, zurück.

14. Die mit vielem Wasser verdünnte Schwefelsäure verwandelt mit Hülfe einer gelinden Wärme das Kino-Gummi in eine pechartige, dehnbare, fadenziehende Materie, die darüber schwimmende Flüssigkeit hat eine hellere und lebhaftere rothe Farbe, als die wässerigte Infusion des Gummi Kino. Gieſst man Laugensalz in diese Flüssigkeit, so bildet sich kein Niederschlag. Es scheinet also, daſs der Zusatz der Schwefelsäure die auflösende Kraft des Wassers vielmehr vermindert als vermehrt hat, und hierin unterscheidet sich diese Substanz von dem resinösen Theile der Fieberrinde, welcher in dem durch Säure geschärften Wasser auflöslicher als im reinen Wasser ist, und durch die kohlensauren Laugensalze nachmals daraus niedergeschlagen wird.

Auf der auf die angezeigte Weise mit verdünnter Schwefelsäure behandelten Materie bildete sich einige Tage nachher eine Menge von kleinen vollkommen weiſsen krystallinischen Nadeln, welche alle Eigenschaften des schwefelsauren Kalkes zeigten. Es ist folglich Kalk ein Bestandtheil dieser vegetabilischen Materie.

Da die Auflösung des Gummi Kino die Auflösung des thierischen Leimes reichlich niederschlägt, und sie aufserdem eine Menge von Eigenschaften zeiget, die denen des gewöhnlichen Gerbestoffs analog sind, so untersuchte ich, ob sie im Stande seyn würde, die Felle zu gerben. Demnach bereitete ich ein Stück Ochsenfell in dieser Absicht zu, und brachte es in eine schwache Auflösung des Gummi Kino, worin ich es 8 Tage liefs. Ich bemerkte bald, dafs die Farbe der Auflösung von ihrer Intensität verlohr, und dafs die der Haut in demselben Verhältnisse zunahm. Ich bemerkte gleichfalls, dafs diese Auflösung trübe wurde und eine ziemlich grofse Menge gelber Flocken absetzte, eine Wirkung, von welcher ich vermuthe, dafs sie durch einen Überrest von Schwefelsäure hervorgebracht worden war, mit welcher ich die Haut anschwellen gemacht hatte, und welche dem Auswaschen entgangen war. Da mir die Haut nicht weiter mehr auf die Auflösung zu wirken schien, brachte ich sie in eine stärkere Portion als die erstere, wo ich sie zwanzig Tage liefs. Um diesen Zeitpunkt hatte die Haut an ihrer Oberfläche eine ziemlich dunkelfalbe Farbe angenommen; auf einer frisch durchschnittenen Stelle sah man, dafs der Gerbestoff tiefer als eine Linie eingedrungen war, besonders auf der Narbenseite. Sie hatte auch viel Festigkeit und Consistenz erlangt, sie war nicht mehr weich und halbdurchsichtig wie zur Zeit, da sie aus dem Anschwellen kam.

Es erhellet folglich aus dem bisher Gesagten, dafs das Kino-Gummi gröfstentheils aus Gerbestoff bestehet. Nur ist ein kleiner Unterschied zwischen seinem Gerbestoffe und demjenigen der Eichenrinde und Galläpfel, indem diese die Auflösungen des Eisens blauschwarz, das Kino-Gummi hingegen grün niederschlägt, welche Farbe durch die Berührung der Luft ins Schwärzlichbraune übergehet. Sein Gerbestoff gleichet in dieser

Hinsicht weit mehr demjenigen, welcher sich in der Fieberrinde und Rhabarber findet.

Pf.

IV.

Beobachtungen über das Bleichen mit Dämpfen von Bosc. *)

Zu Troyes verfertigt man viel Linnen und gestrickte Waare, die bald durch oxygenirte Kochsalzsäure, bald durch Dämpfe gebleicht werden. — Herr Bosc hat nach eigner Anweisung auf die letzte Art innerhalb 8 bis 9 Monathen an jenem Orte 20,000 Dutzend gestrickte Zeuge, die 60,000 Pfund wogen, und 2 bis 300 Stück Linnen bleichen lassen, und über den Vorzug der verschiedenen Methoden sorgfältige Vergleichungen angestellt. Er zeigt mit Chaptal, daſs das Bleichen mit oxygenirter Salzsäure ohne Nutzen seyn würde, wenn man nicht zuvor mit alkalischen Laugen das Zeug zu reinigen suchte, und bemüht sich die Anwendung derselben und den Gebrauch der Dämpfe in verschlossenen Gefäſsen in besondere Aufnahme zu bringen, indem er die Arbeiten, die die drey üblichen Methoden erfordern, in einer Tabelle zusammenstellt, und letztere genau beschreibt. —

*) Aus Nro. VIII. des Bulletin de la société d'encouragement de l' industrie nationale gezogen.

I.	II.	III.
Bleichen auf Wiesen erfordert	Bleichen durch oxygenirte Salzsäure erfordert	Bleichen mit Dämpfen erfordert
Kochen mit weicher Seife, 7 übergossene Laugen (Lessives coulées), eben so oftmaliges, 6—8 Tage langes Ausbreiten auf Wiesen. — In Allem 15 — 16 Operationen, die 60 — 80 Tage dauern. Kosten: 1 Fr. das Dutzend.	Kochen mit weicher Seife, zwey, auch 3 Laugen nach Güte und Feinheit der Waare, 2 — 3maliges Eintauchen in eine oxygenirte Flüssigkeit, ein saures Bad. — In allem 7 — 8 Operationen, die 15 — 16 Tage dauern. — Kosten: 1 Frank 20 C. das Dutzend.	Kochen mit weicher Seife, Eintauchen in eine oxygenirte Flüssigkeit, eine Dampflauge, ein saures Bad, oder Eintauchen in eine oxygenirte Flüssigkeit. 4 Operationen, die 10 bis 12 Tage dauern. Kosten: 1 Frank das Dutzend.

Man sieht, daſs das letzte von Chaptal angegebene Verfahren vor allen andern den Vorzug habe. Denn das Bleichen auf Wiesen, welches gleich wohlfeil ist, bedarf groſsen Raum, eine gute Jahreszeit, und viel Thau. Die Bleiche mit Dämpfen kann in kleinem Raume in allen Jahreszeiten auſser im Winter angewendet werden; wäre übrigens die überflieſsende Lauge so wirksam als die Dämpfe, so bedürfte es nur einer derselben, und man könnte die oxygenirte Kochsalzsäure entbehren, die Arbeit und Arbeitslohn vermehrt.

Verfahren beym Bleichen mit Dampfe.

Erste Operation. Kochen in weicher Seife, oder Pottaschenseife.

Die Strümpfe oder Mützen, die vom Stuhle kommen, werden an schwarze Stangen geheftet, die der Lauge und der Salzsäure widerstehen. Es ist eine Art Schmiere (Cambouis), die sie bedeckt, welche nur durch die stärkste Seifenauflösung angegriffen wird. Gewöhnlich braucht man den 15ten Theil des zu bleichenden Stoffs an Gewicht von der weichen Seife, welche aber sehr kostbar ist, daher der Verf. die Menge vermindert, und statt des reinen Wassers, dessen man zur Auflösung der Seife sich bediente, eine schwache Auflösung der caustischen Soda anwendet, welche zur guten Wirkung der Seife noch den Vortheil hinzufügt, eine vorbereitende Lauge darzubieten, die die Baumwolle vollkommen reinigt, und für die nächstfolgenden Operationen geschickt macht. Nach dem Kochen muſs man die gestrickte Waare im Wasser klopfen, um sie gänzlich zu reinigen, und dann tüchtig ausspühlen. Auf diese letztere Operation des reinen Waschens und Spühlens dringt der Verf. ganz besonders, denn die vollkommne Weiſse hängt hiervon ab. Wenn das Wetter es erlaubt, so trocknet man das Zeug an freyer Luft. —

Zweyte Operation, Bad in der oxygenirten Flüssigkeit.

Die Art, wie man die oxygenirte Flüssigkeit bereitet, ist gleichgültig. In Troyes bedient man sich der oxygenirten kochsalzsauren Pottasche, andere ziehen das Bleichsalz vor, welches thätiger und öconomischer ist. Das Bad hat nicht nöthig stark zu seyn; die Absicht der Operation ist den färbenden Stoff zu oxydiren, und ihn geschickt zu machen, besser den Eindruck der Dampflauge anzunehmen. Nach 7 — 8stündigem Weichen in dem Bade der oxygenirten Flüssigkeit zieht man die Waare heraus, wäscht sie sorgfältig, und läſst sie wo möglich trocknen. —

Dritte Operation, Dampflauge.

Die Dampfkammer besteht aus einem 4eckigen fest aus Quadersteinen gebauten Thurm. Dieser ruht auf dem Rande eines Kochkessels von rothem Kupfer, welcher den Boden einnimmt. Dieser Kochkessel hat 15—18 Zoll Tiefe. Auf dem Rande, der innerhalb 5—6 Zoll hervorragt, bringt man einen starken Rost von weiſsem Holze an, der ohne Nagel und Eisen befestigt ist. 6 Zoll über diesem Rost, und so weiter alle 6 Zoll, bringt man auf den grade überstehenden Seiten bis an die Spitze des Thurms Einschnitte im Steine an, um Stürze anzubringen, welche die Lagen der gestrickten Waare, die man nach und nach aufhängt, tragen. Der Thurm ist durch ein Dach verschlossen, in dessen Mittelpunct eine Öffnung von 18 Zoll Durchmesser angebracht ist, die man willkührlich mit einem Quadersteine, der genau hineinpasst, verschlieſst. Der Dampf hat keinen andern Ausgang, als durch eine kleine Öffnung, die 6—8 Linien im Durchmesser hat, und mit einer Sicherheitsklappe versehen ist. Diese Kammer kann 300 Dutzend gestrickte Waare enthalten, welche etwas mehr als 900 Pfund wiegen. Man bereitet die Waare vor, indem man sie stark mit einer Auflösung der caustischen Soda schwängert, die 1—2 Grade des Moissyschen Areometers anzeigt. Man ordnet sie sodann in der Kammer auf Rahmen, die mit netzförmig geflochtenen Stricken überzogen sind, und zwar so über einander gewunden, daſs sie Lagen von 5—6 Zoll Dicke bildet. Man fängt mit der untern Lage an, indem man stets Sorge hat, mit jeder Lage das Zeug mit neuer Lauge zu befeuchten. Wenn man so die ganze Kammer bis oben zu garnirt hat, so verschlieſst man sie hermetisch, zündet unterm Kessel das Feuer an, und erhält denselben 3 Stunden lang kochend; sodann öffnet man die Kammer, befeuchtet die Waare mit frischer Lauge, die man hat wärmen lassen, verschlieſst sie, und fängt das 3stündige Kochen von neuem mit der

Vorsicht an, durch eine zum Ausleeren bestimmte Röhre eine Quantität alter Lauge abzuziehen, die derjenigen gleicht, die man durch die obere Öffnung hineingegossen hat; sonst würde der Kessel überlaufen, und die Lage Waare, die auf dem Roste liegt, ersäufen. Man wiederhohlt diese Operation 24—30 Stunden lang, indem man stets Sorge trägt, die Wirkung des Dampfs bey hoher Temperatur und starkem Druck abzuwechseln, und mit der frischen alcalischen Lauge zu befeuchten. — Nach dieser Operation sind die Strümpfe und Mützen von vollkommener Weiſse, und ganz ausgekocht. Man zieht sie alsdann aus der Kammer heraus, wäscht sie sorgfältig, und läſst sie trocknen.

Vierte und letzte Operation. Saures Bad.

Das Weiſs ist beym Herausnehmen aus der Kammer zwar sehr weiſs, aber nicht sehr glänzend. Um es zu beleben, taucht man es in ein durch Schwefelsäure leicht gesäuertes Bad. Da dieses aber groſse Vorsicht bedarf, damit das Zeug nicht verbrenne, so substituirt man ein leichtes Bad von mit oxygenirt-kochsalzsaurer Pottasche geschwängertem Wasser, wäscht das Zeug sorgfältig in reinem Wasser, und läſst es in der Sonne trocknen. — Man braucht es sodann nur dem Appreteur zu geben, der es zwischen Papier plättet. — Das Weiſs ist schön und dauernd. Nach einem Jahre im Magazine war es noch nicht gelb geworden. Dieses ist selten der Fall, wenn man mit oxygenirter Kochsalzsäure bleicht. —

Man muſs bemerkt haben, daſs der Erfolg der Arbeit von der Vorsicht, die man beym Abwechseln der Wirkung der Dämpfe und der Lauge vom caustischen Alkali angewendet hat, abhängt, welches man alle 3 Stunden erneuert. Man hat die Nothwendigkeit hiervon gefühlt, ohne die Ursache zu errathen. Bardel hat eine sinnreiche Maschine erdacht, um die Wirkung der Dämpfe und des Befeuchtens abwechselnd zu machen; sie ist vollkommen gelungen. Da man aber dabey nicht Herr ist, das Befeuchten willkührlich zu reguliren, und da die Construction des Kessels Sorgfalt erfordert, die gewöhnliche Bleicher nicht anzuwenden verstehen, so giebt der Verf. von einem einfachern wirksamern Mittel Nachricht, das ursprünglich in Irrland angewendet worden ist. Man nimmt einen Bottich von Tannenholz, dessen Faſsdauben dick sind; 6—8 Zoll über den Boden legt man einen Rost von weiſsem Holze, der ohne Nagel und Eisen verbunden ist; man macht auf diesen Bottich einen starken Deckel von gefurchten Tannenbretern, die durch starke Eichenstangen an einander befestigt sind; man veranstaltet es dergestalt, daſs der Deckel genau auf den Bottich passe: andrerseits verschafft man sich einen kleinen kupfernen Kessel, über welchem man einen Deckel, der in einem Hahn wie bey der Aeolipile endigt, befestigt, und diese Aeolipile läſst man auf die Linnen wirken. Der Verf. nehmlich machte seine Versuche mit verschiedenen Hanflinnen, und zwar mit dem gröbsten; so wie mit einer gefurchten Waare von Baumwolle, Cannelés de Rouen genannt, die wegen ihres sehr festen Gewebes sehr schwer zu bleichen ist.

Man bringt den Hahn der Aeolipile, die über dem Ofen erhitzt ist, zwischen den durch den Rost doppelten Boden des Bottichs, küttet ihn mit Vorsicht an, und füllt die Aeolipile mit Wasser zwey Drittel des Gehalts voll, durch eine, wie sichs versteht, eigne zu verschlieſsende Öffnung. Man legt alsdann die Waare im Bottich auf den Rost, nachdem sie mit der alcalisch-caustischen Lauge befeuchtet worden war. Ist der Bottich 6 bis 8 Zoll vom Rande voll, so bedeckt und kalfatert man ihn sorgfältig, und befestigt den Deckel mit einem Stücke Holz, das man am Balken der Werkstätte strämmt. Der Deckel mufs mit einer Sicherheitsklappe versehen seyn, und am Boden des Fasses mufs eine Spindel seyn, damit man es willkührlich leeren kann. —

So erhält man das Kochen in der Aeolipile 3 Stunden lang. (Der Dampf hat, wie man durch Versuche weifs, 100 Grad Reaumur.) Man hebt alsdann den Deckel ab, befeuchtet die Waare so gleichmäfsig als möglich mit einer Lauge, verschliefst von neuem, und läfst die Aeolipile von neuem kochen. Dieses wechselt man so 36 Stunden lang, (indem man, wie natürlich, Wasser von Zeit zu Zeit in die Aeolipile zugiefst.) Auch mufs man von Zeit zu Zeit den untern Pfropf zu öffnen nicht vergessen, um die in Wasser verdickten Dämpfe abfliefsen zu lassen; besonders unmittelbar nach dem Befeuchten. — Dieser Apparat läfst sich, wie natürlich, noch verbessern. — Doch ist das Zeug auf diese Weise nur zum 3tel gebleicht herausgekommen. Taucht man es in ein Bad, worin in 100 Pfund Wasser 12 Unzen Bleichsalz aufgelöst sind, und zieht es nach 12 Stunden heraus, so ist es schön halbweifs. — Nach dieser practischen Anweisung wirft der Verf. nun folgende Fragen auf:

1. Welche Wirkung hat das Alkali auf die färbenden Theile des Linnen? —

Berthollet, Kirwan und andere haben gezeigt, dafs der Färbestoff der Vegetabilien aus Wasserstoff und Kohle bestehe, und dafs letztere prädominire, dafs ferner die caustischen Alkalien besonders auf diese Färbestoffe wirken, und dafs die Auflösung derselben am beträchtlichsten ist, je mehr die

die Färbestoffe Oxygen aus der Luft, oder aus der oxygenirten Kochsalzsäure angezogen haben; denn der Wasserstoff, der sich mit den Alkalien verbindet, läſst alsdann die Kohle frey; oder wie der Verf. lieber will, die Kohle mit dem Oxygen verbunden bildet eine für Alkalien auflösbarere Säure. — Die Auflösung des färbenden Stoffs ist eine wahre Verbrennung, die nur bey hoher Temperatur statt finden kann; kalt findet sie nicht statt. Taucht man das gefärbte Linnen in das kochende alkalische Wasser, so wird es besser entfärbt, als wenn man die Flüssigkeit auf die gewöhnliche Weise darüber gieſst. Sollte letzteres nicht daher rühren, weil die Temperatur in dem Laugenfasse oberhalb nie über 70 — 72° sich erhebet? Die oberen Lagen werden beym Übergieſsen auch stets am weiſsesten, wogegen bey den Dampflaugen schneller und wirksamer der Zweck des Bleichens erreicht wird, weil die Temperatur sich stets bis auf 100° erhebt. — Der vegetabilische Färbestoff ist leichter verbrennbar als das Gewebe, welches er bedeckt, daher der Grad von Hitze der vorzüglichste wäre, der den erstern verbrennte, ohne das zweyte anzugreifen. Folgendes dient zur Unterstützung der Theorie. Nimmt man einen Zuckersaft, wie den der Birnen, Trauben oder Zwiebeln, und verdickt man ihn mit Gummi, so daſs er sich an einen weiſsen Baumwollenstoff anheften läſst, bestreicht man ihn alsdann mit einem heissen Eisen, dergestalt, daſs das Zeug nicht angegriffen wird, so bleibt an den bestrichnen Stellen ein dunkelbrauner Flecken zurück, der sich wie der linnenfärbende Stoff verhält. Mit Oxygen und Alkali zerstört man ihn wieder.

In einer nach den Zeichnungen des Herrn Oreilly verfertigten Dampfkammer zu Troyes ist das wiederholte Befeuchten nicht anwendbar; man verschlieſst die gestrickte Waare, die von Alkali feucht ist, in einer Kammer und unterwirft sie 20 — 24 Stunden lang der Einwirkung der Dämpfe; zieht man sie hinaus, so ist sie wenig, wie ein dem Nebel ausgesetzter Stoff, feucht, und hat eine starke Rufsfarbe. Wenn man sie alsdann ins reine Wasser wirft, so wird das Wasser gefärbt und die Waare erscheint weifs. Die untern Lagen sind jedoch oft mit breiten braunen Flecken beschmiert, die man schwer weg bekommt, und die von dem aufgelösten Färbestoff, der von den obern Reihen herabkam, entstanden sind; dieser Stoff ist auf die Strümpfe und Mützen, auf die er fiel, getrocknet. Beweist das nicht offenbar, dafs der Färbestoff bey einer niedrigern Temperatur verbrennbar ist, als das Gewebe? —

2. Ist das Alkali bey der gröfsten Zimmerhitze verdunstbar?

Der Verf. verneints. Denn wenn man die Dämpfe dieses Zimmers zu Wasser verdickt, so ist es nicht alkalisch. Veilchenpapier verändert in einem solchen Zimmer seine durch Säure geröthete Farbe nicht ins Blaue wieder, und Fernambucpapier wird unmerklich roth. Hieraus folgt, dafs die grofsen mit einer alkalinischen Auflösung gefüllten Behälter völlig unnütz, so wie, dafs die Aeolipilen einfacher und wohlfeiler sind, und einen mindern Aufwand von Alkali erfordern. —

3. Wie begünstigt die hohe Temperatur des Wassers in Dampfgestalt die Wirkung des Alkali? Wirkt sie auf den färbenden Stoff unmittelbar?

Der Verf. hält diese complicirtere Frage nicht für unauflösbar. Hält man das Zeug stets bedeckt, und in eine Lage von caustischem Alkali eingehüllt, so nimmt es die Temperatur des Zimmers an, und da das Alkali mehr Verwandtschaft für den färbenden Stoff als fürs Gewebe hat, und diese Verwandtschaft bey hoher Temperatur wirksamer ist, so muſs es bey erschöpfter Wirkung aus 2 Ursachen stets erneuet werden. Erstlich, üm den aufgelösten verkohlten Theil fortzuschaffen, und zweytens, um dem zu verkohlenden oder aufzulösenden Theile ein neues Auflösungsmittel zu verschaffen, so wie auch das Gewebe selbst durch eine permanente Lage von Feuchtigkeit zu sichern. Dieses macht das abwechselnde Befeuchten erforderlich, ohne welches das Alkali, wenn es sehr erhitzt würde, das Gewebe mit zerstören würde. Lavoisier hat erwiesen, daſs das Wasser bey 85° R. permanent luftförmig ist, und daſs das Wasser und Dämpfe im Papinianischen Topfe bis zum Schmelzen des Zinns erwärmt werden können. Der Verf. versuchte oft Stückchen Linnen oder baumwollene Waare, trocken oder mit alkalischer Lauge befeuchtet, dieser Hitze zu exponiren; stets zog er sie mehr oder weniger gebleicht heraus, aber stets trocken, und angegriffen. Wenn er das Feuer verstärkte, so war der ganze Stoff verkohlt. Dasselbe ist in den auf Oreillys Art eingerichteten Zimmern erfolgt, und man hat zu dem Ende das Feuer unterm Kessel sehr vermindern müssen. —

Zu starkes Befeuchten ist indessen ebenfalls schädlich, weil es dem Alkali die Zeit nicht läſst, zu wirken. Herr Payen und Bourlier haben in der Manufactur de Grenelle eine Dampfmaschine bauen lassen, in der sie zugleich eine Pumpe zum Besprengen angebracht haben; sie glaubten durch das ewige Besprengen groſse Wirkung hervorzubringen, allein das Laugen wirkte nur mittelmäſsig. Die Mühlen, die unaufhörlich die Linnen in alkalische Lauge tauchen, sind demnach zum wenigsten unnütz, ob sie gleich theuer sind. —

Der Verf. fügt hier noch folgende Muthmaſsungen hinzu. Wâre es wohl möglich, daſs der Wasserdampf, der in unmittelbarer Berührung mit dem Zeuge ist, sich zum Theil bey hoher Temperatur und Druck decomponirte, und daſs der Sauerstoff desselben, indem er sich mit der im Färbestoff so überflüssigen Kohle verbände, sie oxydirte, und dadurch ihre Zerstörung durchs caustische Alkali begünstigte? — Da das Wasser, wenn es über die Kohle wegstreicht, zersetzt wird, so könnte die Kohle des Färbestoffs doch wohl ein ähnliches hervorbringen. Zwar bedarf es der Glühhitze zum Zersetzen des Wassers durch Kohle, allein alsdann geschieht die Zersetzung auch vollkommen: bey niedriger Temperatur dürfte vielleicht nur geringere Oxydation statt finden. Welch ein groſses Feld gäbe es hier nicht zu nützlichen Versuchen! —

Man hat unter andern behauptet, daſs das Wasser, welches mit oxygenirt-salzsaurem Gase geschwängert ist, jedem andern in Rücksicht der Wirkung und Oconomie vorzuziehen sey; und doch ziehen die meisten Bleicher die salzsaure Pottasche oder salzsauren Kalk vor. Wahrscheinlich liegt dieses an den vielfältigen Geräthschaften, die zur Handhabung des ersten nöthig sind, so wie an der Schwierigkeit, sie zu verfertigen, aufzustellen und anzuwenden; auch quält das entwickelte Gas die Arbeiter gar sehr, und sie ziehen dem zufolge die oyygenirt-salzsaure Pottasche vor, ob sie gleich theuerer ist. Aber wie kommt es, daſs diese letzte Flüssigkeit, concentrirt angewendet, so schnell wirkt? Denn es ist ein Factum, daſs die Fabrikanten zu Troyes Baumwolle, die sie zu gefärbten Strümpfen, die chinirt oder gestreift sind, brauchen, zum Bleicher bringen, der sie in ihrer Gegenwart in die Lauge prefst, und sie nach einigen Augenblicken schon weifs herauszieht. — Doch bedarf es 2 Laugen und 2maliges Tauchen in das stärkere oxygenirte Wasser, um ein ähnliches Resultat zu erlangen! Ist dieses nicht wahrscheinlich der vereinigten Kraft der Pottasche und des Oxygens zuzuschreiben, und sollte während dem, dafs das Oxygen den färbenden Stoff der Baumwolle oxydirt, nicht das Alkali, welches stets im Überflufs sich findet, ihn selbst kalt auflösen? —

Die Wirkung des Bleichsalzes, welches oxygenirten kochsalzsauren Kalk zur Basis hat, ist hiervon verschieden, und nähert sich sowohl in Rücksicht des Preises als in Ansehung der Wirkung mehr dem mit oxygenirtem salzsaurem Gase geschwängerten Wasser. Es ist nächst dem transportabel in Tonnen, wenig riechend, und sehr bequem in der Anwendung. Zur oxygenirten salzsauren Pottasche verhält es sich in Preis und Wirkung wie eins zu zehn. Doch wirkt es nicht nach Verhältnifs der Concentration. Statt die Farbe der Färberröthe oder des Grapps, wie die oxygenirte kochsalzsaure Pottasche, zu erhalten, zerstört es diese, wie das mit oxygenirtem Gase geschwängerte Wasser, doch viel langsamer. Das Bleichsalz läfst das Oxygen bey einer Hitze, die geringer ist, als die des kochenden Wassers, fahren. Der Verf. vermuthet, dafs der Färbestoff diese Zersetzung durch eine gröfsere Verwandtschaft zum Oxygen, welches er dem Kalke raubt, veranlafst. Denn dieses vollkommen neutrale, ohne Überflufs mit Basis versehene Salz wirkt gar mächtig auf die Linnen, und ist in dieser Hinsicht von der oxygenirten kochsalzsauren Pottasche verschieden, die in diesem Zustande ohne Wirkung auf den Färbestoff ist. Der Verf. hat vergleichende Versuche, um die Vortheile und Oconomie dieser verschiednen Flüssigkeiten zu finden, anzustellen angefangen, und wird die Arbeit, wenn sie fertig ist, dem Publico mittheilen. *) —

V.

Eine Weise, Schornsteine zu bauen und zu modificiren, um sie in gewissen Fällen fürs Rauchen zu sichern, von Piault.

(Aus dem Bulletin der Gesellschaft zur Beförderung der Nationalindustrie. Nro. VIII.)

Die Ursache des Rauchens ist zuweilen der Wind, der den Rauch nicht herausläſst, und wieder in den Schornstein zurücktreibt. — Bey starkem Winde giebt es sogar wenig Kamine, die nicht mehr oder weniger die bösen Wirkungen desselben fühlen lassen. Zuweilen wirkt der Wind unmittelbar, zuweilen nur dadurch, daſs er von einer benachbarten Wand zurückgestoſsen wird. Die hier beschriebene Construction kann in beyden Fällen, wenn nicht gänzlich fürs Rauchen sichern, wenigstens es oft verhindern. Auch ist sie allenthalben anwendbar, und wenig kostbar. Sie dient dem Rauche einen andern Ausgang zu verschaffen, und auch wenn die Sonne auf die Schornsteine scheint, einen Theil des Ausgangs zu beschatten.

*) Man findet das Bleichsalz, von verschiedner Stärke und Preis, bey Herrn Bardel fils, Rue Mestée Nro. 85.

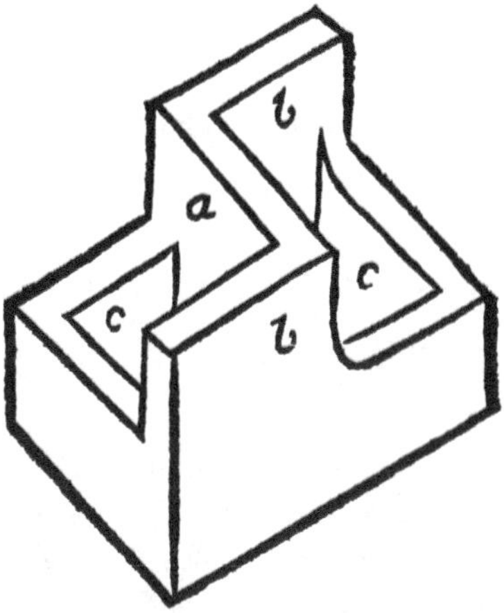

a. Ist eine Scheidewand, die den Schornstein in 2 Hälften theilt, einen Fuſs innerhalb nach unten zu geht, und einen Fuſs auſserhalb hervorragt. —

b b. Sind 2 Theile der Seitenmauer, die sich durch die Scheidewand in rechten Winkeln vereinigen, doch in einander entgegengesetzter Richtung, so daſs sie oberhalb diese Figur _|‾ bilden.

c c. Sind die beyden Öffnungen des Schornsteins.

Von welcher Seite demnach die Sonne oder der Wind auch kömmt, so ist die andre stets bedeckt. Die Erfahrung hat den guten Erfolg dieser Einrichtung bereits in vielen Fällen bestätigt. —

VI.

Robertsons physikalische und physiologische Beobachtungen auf seinen beyden von Hamburg aus unternommenen Luftreisen, nebst einigen Anmerkungen.

Herr Robertson, dessen uneigennütziger und muthvoller Eifer für Bereicherung der Physik mit neuen Beobachtungen in Regionen, die dem Physiker gewöhnlich unzugänglich sind, und in denen sich doch gerade die reichste Ärndte für Meteorologie und andere Theile der Physik machen liefse, alle Achtung verdient, hat mir eine ausführliche Beschreibung seiner am 18ten Julius 1803 in Hamburg unternommenen Luftreise, welche er an die Petersburger Academie der Wissenschaften gerichtet hat, mitgetheilt, aus welcher ich das Wichtigste und Interessanteste hier ausheben will.

Der Aerostat, mit welchem er diese Luftreise unternahm, ist der berühmte Aerostat, der bey Fleurus diente, und zu Meudon unter Contés Direction verfertigt worden war. Sein Durchmesser beträgt 30½ französische Schuhe. Er gewährt den Vortheil, dafs man auf Höhen sich erheben kann, zu welchen kleinere Ballons einen nie tragen können, weil man bey diesen nicht genug Ballast mitnehmen kann, um noch etwas für das Niedersteigen übrig zu behalten, und weil diese, da sie beym Aufsteigen vollkommen ausgedehnt seyn müssen, sehr bald von ihrem Gase verliehren, für welches man die Klappen sogleich eröffnen mufs. Robertson entwickelte das Wasserstoffgas aus Zink, weil der Zinkvitriol in Hamburg sehr gesucht war. Sein Entwicklungs-Apparat war der gewöhnliche, und bestand in grofsen

Fässern, welche theils durch kupferne, theils durch starke blecherne Röhren mit der Wanne communicirten. Um 5 Uhr fing er die Entwicklung an, und um 8 Uhr war der Ballon auf $\frac{2}{3}$ voll, und konnte 455 Pfunde tragen, ohne das Gewicht der Maschine und des Netzes zu rechnen.

Um 9 Uhr reiste er mit seinem Landsmanne Lhoest ab. Sie nahmen 140 Pfunde Ballast mit. Das Barometer stand auf 28″3‴, das Reaumurische Thermometer auf 16 Grade. Der Wind war Nordwest, und ohngeachtet er den Aerostat nicht nach der Stadt brachte, so stieg er doch so senkrecht und so hoch, daſs in allen Strassen jeder ihn in seinem Zenith zu haben glaubte. Er lieſs einen Fallschirm von parabolischer Form fallen, der in seiner Peripherie Einschnitte hatte, um Oscillationen zu vermeiden. Das Thier im Korbe fiel mit einer beynahe gleichförmigen Geschwindigkeit von drey Fuſs in der Sekunde. *) Um 10 Uhr 15 Minuten war das Barometer 19 Zolle, und das Thermometer zeigte † 3 Grade. So wie R. die Wirkungen der verdünnten Luft verspührte, so fing er seine meteorologisch-electrischen Beobachtungen an, die Anfangs nicht gelangen, bis das Electrometer auſser die Gondel des Ballons gehalten wurde. Er bediente sich eines Goldblattelectrometers, und des gewöhnlichen Voltaischen Condensators von 2 Metallplatten von 6 Zollen im Durchmesser, wovon eine überfirniſst war, bey diesen Beobachtungen. Die obere Platte des Condensators trug einen metallischen pendulartigen Faden von 40 Fuſs. Indem er den Apparat zurückzog, nahm er mit einem Isolirstabe den Faden schnell hinweg. Der Condensator communicirte mit dem Electrometer. In dieser Höhe, wo gewöhnlich die Wolken sich aufhalten, erhielt er immer positive Electricität in drey Versuchen.

*) Wie Robertson eine solche Geschwindigkeit zu bestimmen wuſste, ist nicht näher angegeben.

Man mufste bey dem Aufsteigen in diese Höhen beständig seine Aufmerksamkeit auf den Aerostat richten, dessen Taffent sich aufserordentlich ausdehnte, ohngeachtet der Schlauch offen war, woraus das Gas mit Gewalt und Gezische hervordrang, und beym Aufsteigen in einer kältern Atmosphäre sichtbar wurde. Um einem Risse vorzubeugen, mufste auch die Klappe geöffnet werden, um dem Wasserstoffgase einen gehörigen Ausgang zu verschaffen.

Sie warfen neuen Ballast aus. Das Barometer fiel nun langsam, die Kälte nahm zu. Sie fühlten eine Angst und allgemeine Übelkeit. Das Ohrensausen, das sie schon längst empfunden hatten, nahm noch zu. Es war ihnen zu Muthe, wie einem, der seinen Kopf ins Wasser steckt. Der Puls wurde schnell, das Athmen beschleuniget und der Brust schien es an Elasticität zu fehlen. Beyde hatten die Lippen dick, die Augen mit Blut unterlaufen, alle Adern waren ausgedehnt. Seit diesem Aufsteigen sollen sie einen röthlichbraunen Teint behalten haben. Das Thermometer fiel ziemlich schnell bis auf 5° unter 0, und blieb bey $2\frac{1}{2}$° stehen. Das Barometer stand auf $12\frac{4}{100}$ Zolle. In dieser so sehr verdünnten Luft nahm nun ihre Übelkeit vollends sehr zu, eine moralische und physische Apathie bemächtigten sich ihrer. Kaum konnten sie sich vor dem Einschlafen bewahren. Durch ein wenig Wein gestärkt, wiederhohlten sie den Versuch mit dem Elektrometer, und erhielten nun keine Spur von Electricität. Siegellack, Glas, Schwefel gerieben zeigten keine bemerkbare Spur von Electricität, weder am Electrometer noch an Leitern probiert. R. meynt, dafs die vollkommene Isolirung dieser Körper, ihr Abschneiden vom allgemeinen Behälter der Electricität die Ursache dieses Mangels an Electricitätserregung durch Reiben sey. Die schnelle Zerstreuung der erregten Electricität in einer so dünnen Luft, die als ein Leiter wirkt, mag wohl eher als die Ursache hiervon angesehen werden können. Ein isolirter Conductor, der auf einem Bretchen aufserhalb der Gondel gehalten wurde, und von dessen einem Ende ein Golddrath herabhing, während das andere Ende mit dem Electrometer in Verbindung stand, theilte demselben keine Spur von Electricität mit. Erst wie der Ballon wieder so tief herabgestiegen war, dafs das Barometer auf 18 Zolle stand, zeigten sich wieder Spuren von atmosphärischer Electricität. Eine Voltaische Säule von 60 Silber- und Zinkplatten, die unten einen Grad am Voltaischen Strohhalmelectrometer zeigte, zeigte in der höchsten Höhe nicht mehr als $\frac{5}{60}$; dagegen schien ihm der galvanische Blitz stärker als auf der Erde gewesen zu seyn. Diefs stimmt mit den gleich anzuführenden Beobachtungen über die Wirkungen der Reitze auf andere Sinnorgane überein, aus welchen erhellet, dafs die Reitz-Empfänglichkeit derselben in einer so verdünnten Luft wahrscheinlich durch eine gröfsere Spannung und Ausdehnung, welche die Nerven von den angeschwollenen Blutgefäfsen erleiden, sehr erhöhet ist, und daher schwächere Reitze doch stärkere Empfindungen, als stärkere Reitze im gewöhnlichen Zustande, erregen.

Herr Robertson, der diesen stärkern Blitz als eine Anomalie ansieht, und selbst einiges Mifstrauen in die Richtigkeit seiner Beobachtung setzt, beweist eben dadurch, wie getreu und wahr seine Erzählung ist.

Eine Inclinations-Nadel, mit der gröfsten Sorgfalt aufgehangen, zeigte bey der Abreise 34 Grade. Ihre Oscillationen nahmen oberwärts zu, und schienen anzuzeigen, dafs für die Nadel nur noch eine kleine Anziehung statt finde. So wie sie sich der Erde näherten, verlangsamten sich die Oscillationen, und sie zeigte wieder denselben Stand bey der Ankunft auf der Erde.

Oxygenirt-kochsalzsaure Pottasche gab einen schneidenden, durchdringenden, jedoch nicht starken Knall, demungeachtet war das Ohr auf eine unerträgliche und schmerzhafte Weise davon afficirt. Nur schwach hörte R. seinen Kameraden, der doch laut sprach. Alle Töne, die sie durch Anschlagen metallener Körper hervorbrachten, waren nur wenig merklich.

Das Wasser brachte er durch lebendigen Kalk zum Kochen. Das Thermometer zerbrach; er konnte also die Temperatur nicht bemerken, konnte aber die Hand ins kochende Wasser halten.

In vier Secunden verdunstete ein Tropfen Äther. Der Geruch war schmerzhaft, aber wohlthätig, denn in dieser höchst verdünnten Luft hat man überhaupt Reitzmittel nöthig, um den glimmenden Docht des Lebens anzufachen.

Bey 12 Zollen des Barometerstandes gab ihm sein Begleiter Brod, das er nicht hinunterschlucken konnte.

Einer von den Vögeln, welche die Luftreisenden mitgenommen hatten, war todt, der andere war ganz betäubt, und da ihn R. auf den Rand der Gondel setzte, konnte er ihn nicht zum Fliegen bringen. Er überliefs ihn sich selbst, und da fiel er senkrecht mit einer aufserordentlichen Geschwindigkeit hinab.

Die Atmosphäre über ihren Häuptern war grau und nebeligt (brumeuse), unter ihnen von der vollkommensten Reinheit. Es war der heiterste Tag. Diese Beschreibung der Farbe des Himmels über ihren Häuptern stimmt mit den Beschreibungen derer, die sich auf Bergen zu ähnlichen Höhen erhoben haben, nicht überein. Diese beschreiben die Atmosphäre über ihnen dunkel-, beynahe schwarzblau. Woher diese Verschiedenheit?

Die Sonne war wenig blendend (?). Ihre Wärme hatte mit der Höhe abgenommen. Hielt man die Hand aufser die Gondel, so waren ihre Strahlen nur wenig erwärmend, in der Gondel noch etwas durch Reflexion.

Um 11½ Uhr war der Ballon nicht mehr in Hamburg sichtbar, den Reisenden erschien diese Stadt wie ein rother Punkt, die Elbe wie ein schmales Band. Ein Dollondischer Tubus half ihnen wenig, dieser war so kalt anzufassen, daſs ihn Robertson mit dem Mantel umfassen muſste. In Osten erhoben sich einige Wolken tief unter ihnen. Sie hatten eine glänzend weiſse Farbe, und runde Formen.

Sie stiegen zu Badenburg zum ersten Mal nieder; da sie aber allgemeines Schrecken unter den Bauern daselbst verbreiteten, so erhoben sie sich von neuem, machten noch 11 Stunden Wegs, und stiegen zwischen Wichlenbeck und Hannover nieder, nachdem sie in 5½ Stunden 25 Stunden zurückgelegt hatten.

Die gröſste Höhe, zu welcher sie sich erhoben hatten, und bey welcher das Barometer auf 12 Zolle stand, betrug nach der auf dieses Datum gegründeten Rechnung 3679 Toisen oder 22074 französische Schuhe, und betrug also 648 Toisen mehr, als die gröſste Höhe, bis zu welcher sich Beobachter erhoben haben, indem nehmlich v. Humboldt nur bis zu einer Höhe von 3031 Toisen auf dem Chimborasso gestiegen war. (S. die N. Entd. VIII. St. S. 51.)

Die zweyte Luftreise, welche Robertson im folgenden Augustmonate unternahm, hatte keine so groſse Ausdehnung, und die Beobachtungen auf derselben waren daher auch weniger neu und auffallend. Doch hatte sie vor der ersten Luftreise den Vorzug, daſs sie Gelegenheit verschaffte, die atmosphärische Luft der höheren Regionen genauer chemisch zu analysiren. Was schon frühere Versuche, besonders die von Humboldts, mit der Bergluft, gelehrt hatten, bestätigte sich hier auffallend, nehmlich dafs die Atmosphäre in der Höhe etwas ärmer an Sauerstoffgas werde, und dafs also auch hier dasjenige seine Anwendung finde, was von andern Vermischungen, Salzauflösungen u. s. w. bekannt ist, dafs nehmlich da, wo eine geringe Verwandtschaft einen Körper in der Auflösung zurückhält, die Verschiedenheit der specifischen Schwere nicht ganz ohne Wirkung bleibe. Der vorzügliche Chemiker, Dr. Schmeifser, erhielt nehmlich als Resultat seiner genauen Prüfungsversuche dieser aus einer Höhe von ohngefähr 8500 Fufs geholten Luft, dafs sie ohngefähr um 2 Procent ärmer an Sauerstoffgas sey, als die untere Luft, die in Altona genommen worden war.

Robertson nahm bey dieser Luftreise ein vom Mechanicus Hetz in Hamburg verfertigtes Insttrument mit in die Höhe, das als eine Art von verkürztem und bequemem Höhemesser betrachtet werden könnte, wenn nicht die erste damit angestellte Beobachtung einige Zweifel in dieser Hinsicht erweckte. Es ist auf der ersten Tafel abgebildet. Es bestehet aus einer doppelt- und gleichschenklichten Röhre. Jeder der Schenkel A und B ist oben mit einer stählernen Schraubenmutter versehen, und kann durch eine stählerne Schraube luftdicht verschlossen werden. In den beyden Schenkeln befindet sich Quecksilber auf gleicher Höhe. Hier ist der o Punkt einer Scala, die nach oben und unten den Stand des Quecksilbers oberhalb und unterhalb o in Linien und Theilen einer Linie angibt. C ist ein Thermometer, um die Temperatur zu bestimmen. Robertson stieg mit diesem Instrumente in die Höhe. Beyde Röhren waren oben offen. Da er die höchste Höhe erreicht hatte, verschlofs er die eine Röhre durch ihre Schraube luftdicht, und incarcerirte so gleichsam die verdünnte Luft der obern Region. Da er nun wieder auf dem Boden angelangt war, so mufste die in der Röhre eingeschlossene Luft durch den Druck der Atmosphäre auf das Quecksilber in dem offenen Schenkel um so viel zusammengedrückt und in einen engern Raum gebracht werden, als die Verdünnung betrug. In dem vorliegenden Falle, wo die Luft nach andern Versuchen etwa $\frac{1}{3}$ dünner war, als die untere Luft, hätte die Zusammenpressung bis auf $\frac{2}{3}$ des vorigen Raumes statt finden müssen, so dafs $\frac{1}{3}$ des Raums verschwunden wäre; die Zusammenpressung war aber so stark, dafs nach Robertsons Aussage nur etwa $\frac{1}{10}$ des vorigen Raumes übrig blieb!! Diefs brachte mich auf den Gedanken, ob nicht etwa ein grofser Theil der Atmosphäre, von welcher Robertson diese Luft gleichsam abgeschnitten hatte, aus Wasserdünsten bestanden habe, die unter dem stärkern Drucke der untern Atmosphäre nicht blofs in einen kleinern Raum zusammengeprefst wurden, sondern ihren elastisch - dunstförmigen Zustand ganz verlohren, und wieder in tropfbares Wasser verwandelt wurden, wefswegen die Luftverminderung viel beträchtlicher seyn mufste, als wenn es blofse Luft gewesen wäre. Fernere Versuche mit diesem Instrumente in höhern Regionen angestellt, müssen über die Richtigkeit dieser Erklärung entscheiden.

Möge Herr Robertson auch seine künftigen Luftreisen zur Bereicherung der Naturkunde benutzen, die schon diesen beyden Luftreisen manche interessante Thatsache verdankt, und mögen ihn die Unterstützung des Publicums, Wind und Wetter auf jede Art begünstigen!

Pfaff.

Erklärung der Kupfertafel I.

F. 1. stellt das Instrument vor, um die Verdünnung der Luft in höhern Gegenden zu messen. A und B sind die zwey Schenkel einer gebogenen Glasröhre, oben mit stählernen Schrauben versehen. C ist ein Thermometer.

B. Literatur.

I.

Annales du Museum national d'Histoire naturelle. X. Cahier.

Das 10te Stück der Annalen für Naturgeschichte enthält:

1. *Beobachtungen über Rheum Ribes Lin.* von Desfontaines. Mit einer Kupfertafel. Rheum, undique verrucosum; foliis rotundatis sublobatis. — (Es folgen eine Menge Synonymen, allein der Verf. bemerkt, dafs trotz der Menge von Beschreibungen, die existiren, dennoch eine vollständigere nöthig ist, die er mit vielem Detail gibt. Die hier abgebildete Pflanze ist aus Saamen gezogen, die Herr Labillardière im Jahre 1788 vom Berge Liban geschickt hat, und würde sich sogar im nördlichen Frankreich verbreiten lassen; denn das Rheum Ribes ist gegen Kälte nicht empfindlicher, als die andern Rhabarberarten, und bedarf keiner besondern Vorsichtsmafsregeln. Die Pflanze wird im Vaterlande als Arzneymittel sowohl als wie auch als Nahrungsmittel gebraucht; nach Herrn Olivier aber blos die jungen Blätter und Stengel, und nicht die Wurzel. —

2. *Beobachtungen über die Pflanzenfamilie Nyctaginea*, von Jussieu. Der Verf., der den Character der Familie bereits in seinem Werke Genera Plantarum beschrieben hat, gibt hier nur die Zusätze und Verbesserungen. Ehemals nannte der Verf. das Involucrum Calix externus, er reformirt es jetzt und nennt es Involucrum monophyllum. Er rechnete Nyctago, Abronia, Boerhavia, Pisonia und Bouginvillaea zu dieser Familie. Herr Richard hat gefunden, dafs auch noch die Allionia dahin gehört. Eben so mufs die Neaea aus Peru, die Ruiz und Pavon in dem Prodromo Florae Peruvianae p. 52 beschrieben und abgebildet haben, so wie die Mirabilis viscosa des Cavanilles t. 3, welche Turra Vitmannia, l'Heritier Oxybaphus, und Ortega, Ruiz und Pavon Calyxhymenia nennen, dahin gezählt werden. — Ferner gehört die Tricycla (Cavanilles Tom. VI. p. 78 tab. 598) zum Geschlecht Bouginvillaea, und Axia des Loreiro (Flora Cochinchin. p. 44) wahrscheinlich zur Boerhavia. Ferner wäre zu untersuchen, ob nicht die Opercularia des Gärtner (Vol. I. p. 3. t. 24.) dahin gehöre. —

Hierauf theilt der Verf. die ganze Familie in 2 Abschnitte, in Herbaceas und Lignosas, doch hat die Boerhavia einige holzartige Species, so dafs sie gewissermafsen den Übergang macht. Zu den Herbaceis, deren Blätter gegenüberstehend und mehr oder weniger ungleich sind, gehören Nyctago, Oxybaphus, Allionia, Abronia, Boerhavia. Zu den Ligneis, die bald folia opposita und bald alterna haben, gehören Pisonia, Axia, Neaea, Tricycla, Bouginvillaea. Neue Reisen werden wahrscheinlich die Geschlechter dieser Familie noch vermehren. Der Vf. spricht noch von der Ähnlichkeit der Dipsaceen mit dieser Familie. Er zeigt indessen, dafs diese Familie sehr verschieden ist, und daſs man wahrscheinlich noch Pflanzen entdecken wird, die gewissermaſsen die Verbindung unter den natürlichen Ordnungen bewerkstelligen werden. (Wir verweisen die Botaniker auf die interessante Abhandlung selbst, deren Entwickelung wir nicht mit dem gehörigen Detail verfolgt haben.)

3. *Beobachtungen über ein Schlangengeschlecht, welches noch nicht beschrieben ist*, von Lacepede. Mit einer Abbildung. Linné hat nur 6 Schlangengeschlechter beschrieben. Herr Lacepede gab 2 neue in seinem Werke, das er 1789 herausgab, und giebt jetzt ein drittes Geschlecht, welches er Erpeton nennt, weil es der einzige alte Geschlechtsnahme ist, den man in neuern Zeiten nicht wieder gebraucht hat. Das Geschlecht hat eine Reihe groſser Schilder unter dem Körper; der untere Theil des Schwanzes hingegen ist mit kleinen Schuppen bedeckt, die denen des Rückens gleichen. Die beschriebne Species nennt er Erpeton tentaculatus. Der Character derselben ist von zwey fleischigen Fortsätzen genommen, die mit kleinen Schuppen besetzt sind, und horizontal sich am Ende der obern Kinbacke verlängern. Die Schilder unter dem Körper sind durch zwey längliche Kanten (arêtes) in die Höhe gehoben. — Der Verf. giebt hier die detaillirtere Beschreibung. Die Schlange ist mit der Sendung von Neuholland gekommen, man weiſs nicht woher. —

4. *Beschreibung einer neuen Species Picus aus Porto Ricco*, von F. M. Daudin. B. Maugé, der als Gehülfe für Naturgeschichte mit dem Capitain Baudin reist, hatte bereits vor 4 Jahren mehr als 700 Vögel auf den Inseln Porto Ricco, St. Thomas, und Trinité gesammelt, und dem Verf. viele Noten über die Sitten dieser Vögel mitgetheilt, die er in seinem Werke bekannt machen wird. Hier theilt er eine

neue Species mit, die er folgendermaſsen characterisirt: Picus portoricensis, supra niger, subtus sanguineus; fronte, superciliis, uropygioque albis. —

5. *Abhandlung über das Geschlecht Laplysia, gewöhnlich Giftkuttel genannt, nebst einigen Speciebus, und der Anatomie derselben,* von Cuvier. Siehe die vollständige Übersetzung. —

6. *Fortsetzung der Abhandlungen über die Fossilien der Gegend von Paris*, von Lamark. —

XXIII. Geschlecht. *Fusus.* Ch. gen. Testa subfusiformis basi canaliculata, medio vel inferne ventricosa; suturis variciformibus nullis. Spira elongata. Columella laevis. Labrum non fissum. —

Von diesem Geschlechte characterisiret er 18 Species.

7. *Auszug aus mehrern Briefen des Herrn Alexander von Humboldt an seinen Bruder. Vom 3ten Juny* 1802. *aus Quito. Vom* 13 *July* 1802. *aus Cuença; und vom* 25 *Novbr.* 1802 *aus Lima.*

(Diese sehr interessanten Briefe sind wahrscheinlich schon durch unmittelbare Mittheilung in Deutschland bekannt.) —

II.

Annales du Museum d' Histoire naturelle. XI. Cahier.

Das 11te Stück enthält:

1. *Notiz über die verschiednen fossilen Pflanzen-Species. die man in den gespaltenen Lagen eines mergelartigen Schistus, (Schiste marneux) der mit Lava bedeckt ist, in der Gegend von Rochesauve im Ardeche - Departement findet*, von Faujas St. Fond. Mit 2 Kupfertafeln. — Der Verf. will ein ganzes Herbarium subterraneum herausgeben. Die Vegetabilien, die man an benannter Stelle findet, sind: Populus tremula; P. alba; Fagus castanea; Acer monspessulanum; Tilia arborea; Pinus pinea. Auch Blätter die sehr dem Gossypium arboreum, und Liquidambar Styrax gleichen. Andre sind völlig unbekannt. Die hier abgebildeten Blätter ähneln denen der Rhus cotinus, Cedrela odorata, Carpinus betulus, Cassia fistula, und Chara minor. Von mehreren findet sich nichts Analoges unter bekannten Gewächsen. —

2. *Über die Acicarpha und Boopis, zwey neue Geschlechter aus der Familie Cinarocephales*, von A. L. Jussieu, nebst Abbildung. 1. *Acicarpha*, (von ἀκίς und κάρφος, Spitze und Spahn.) Calix communis, simplex, quinquepartitus, multiflorus. Flores flosculosi, quinquefidi, antheris in tubum coalitis. Stigma simplex. Receptaculum tectum paleis, apice incrassato concrescentibus et supra in acumen attenuatis, coalitis ideo in fructum ovoïdeum, echinatum (Tribuli instar), pluribus excavatum loculis monospermis, semina non papposa. Herba ramosa; folia alterna; flores in ramulis solitarii, terminales. Obs. Flosculi centrales forte masculi. Receptaculum in fructu oblongum,

tenue, loculos ferens circiter 15, ejusdem lateribus quintuplici serie et triplici ordine appositos. —

A. tribuloïdes foliis oblongis, sinuatis, inferioribus spatulatis, superioribus basi latiore semiamplexicaulibus. Ex Bonaria.

2. *Boopis* (von βȣς Ochs und ωψ Auge). Calices nemorosi, uniflori flore flosculoso, hermaphrodito, tubuloso, quinquefido; turbinati quadri- aut quinquefidi; aggregati in capitulum hemisphaericum supra receptaculum parvum, paleaceum, paleis linearibus; intra calicem communem, multipartitum simplicem. Singulis flosculis antherae in tubum coalitae, et stigma simplex. Semen cum calice proprio concretum, ejusdem laciniis persistentibus, squamiformibus, coronatum, paleis cinctum ultra prominulis. Herbae multicaules, ramosae; folia alterna, simplicia; flores in ramulis terminales solitarii. —

B. tribuloïdes, foliis oblongis, sinuatis, inferioribus spatulatis, superioribus basi latiore semiplexicaulibus. Ex Bonaria.

Beyde Geschlechter fanden sich unbekannt im Commersonschen Herbario, das er 1766 in den Gegenden von Buenos - Aires und Monteviedo gesammelt hat. (Die Abhandlungen des Herrn Jussieu sind zu gedrängt von tiefen botanischen Bemerkungen, Vergleichungen und Gründen, die ihn zu seinen Bestimmungen veranlassen, um auszugsfähig zu seyn. Unsre Auszüge sollen den eigentlichen Botaniker nur stets auf die Originale verweisen, da unser Raum solchen Platz fürs Detail nicht gestattet, so wie es uns auch nicht die trefflichen Abbildungen stets zu copiren vergönnt ist.)

3. *Abhandlung über 2 Species eyerlegender 4füssiger Thiere, die noch nicht beschrieben sind,* von Lacepede, mit Abbildungen. Der Verf. giebt eine Tabelle von 25 möglichen Verschiedenheiten, die sich in der Verbindung der Zahl der Zehen der Vorderfüſse und der Hinterfüſse denken lieſsen. — Indem

er zwey neue Species beschreibt, sind 7 dieser Verbindungen bereits entdeckt Die Anzahl der Finger der Vorderfüſse sowohl als Hinterfüſse ist in den meisten Eydexen 5. — Der Crocodil des Nils, der Gavial u. s. w. haben 5 an den Vorder- und 4 an den Hinterfüssen; viele Salamander haben 4 an den Vorderfüſsen, und 5 Finger an den Hinterfüſsen. Die Chalcide und Seps (Daudin) haben 3 an den Vorderfüſsen, und 3 Finger an den Hinterfüſsen. Endlich haben die hier beschriebnen Lacerta monodactylis nur einen Finger am Vorderfuſs, und einen am Hinderfuſs, und die Lacerta tetradactylis 4 Zehen an den Vorderfüſsen und 4 an den Hinterfüſsen. Beyde sind aus Holland mit der Statthalterischen Sammlung gekommen, und das Geschlecht hat mit diesen nach dem Verf. 2 untere Abtheilungen mehr unter der 6ten von den 8ten, die er in seinem Werke festgesetzt hat. Beyde werden nach der Gmelinschen Ausgabe des Linné zur 11ten Abtheilung gehören, und nach den neulich von Alex. Brognart aufgestellten Principien zu dem Geschlecht Chalcides. —

4. *Beschreibung einer neuen Art wilden Widder aus Nordamerica,* von E. Geoffroy. Die Abbildung ist nach einer Zeichnung eines in America befindlichen ausgestopften Exemplars gemacht, Herr Savage, Director des Museums zu Neuyork, hat sie mitgetheilt, und das Thier ist von Herrn Gillevray entdeckt. Es findet sich in der Nachbarschaft von Elk im 50° nördl. Breite, und 115° westl. Länge, und hat den Körper eines Hirsches, und Kopf eines Widders. Die Canadenser nennen es den Berg - Widder. Das Haar ist kurz und steif, das Thier läuft sehr schnell, und hat übrigens die Gewohnheiten des Bocks. Ohnmöglich würde der Jäger es erreichen, wenn es nicht im Fliehen oft stille stände, und sich nach dem Verfolger umsähe. Das Fleisch ist sehr schmackhaft. Der Ort, wo es sich aufhält, ist fast gar nicht bewohnt. u. s. w.

5. *Notiz über ein neues Säugthier aus Neuholland*, von Geoffroy. (S. die N. E.) Herr Bafs hat zwar in der Reise der Herrn Collins und Steinders ein Thier, das dem Phascolomis ähnelt, unter dem Nahmen Womat oder Wombat beschrieben, allein die Form der Zähne ist verschieden. Man nährt sie mit Früchten, Wurzeln, Brod, und das Phascolomis liebt besonders die Milch. —

6. *Kritische Abhandlung über die Species Krebse, die die Alten gekannt haben, und welche Nahmen sie ihnen gaben*, von G. Cuvier. Es ergiebt sich aus dieser gelehrten Abhandlung, dafs fast alle Species des Mittelländischen Meeres von den Alten gekannt waren, und dafs die Neuern ihre Benennungen oft falsch anwendeten. Die Species καρκινοι des Aristoteles läfst sich durchaus nicht bestimmen, ob er gleich 4 Familien davon andeutet. Die Abhandlung zeigt übrigens verschiedentlich die Nachlässigkeiten und das Fabelhafte im Plinius, so wie die Zusätze, die die folgenden Schriftsteller zu diesen Fabeln (als z. E. der Pinnotheren) stets gemacht haben.

7. *Fortsetzung der Abhandlung über die Fossilien in den Gegenden von Paris*, von Lamark.

Zu den bereits in der vorigen Abhandlung aufgezählten Fusus-Arten kommen hier noch 15 neue Species, ferner das:

Geschlecht XXIV. *Pyrula.* Ch. g. Testa subpyriformis, basi caudato-canaliculata, superne ventricosa; suturis variciformibus nullis; spira brevi. Columella laevis. Labrum non fissum. Murex Linn. Fusus Bruguieri. Alle Pyrulas sind Seemuscheln aus warmen Ländern, wovon hier 6 Species karakterisiret sind.

8. *Notiz über Hedwigs Leben und Werke*, von Deleuze. In Deutschland hinlänglich bekannt und

aus den Nachrichten des Sohnes geschöpft. — Die Analyse seiner in Frankreich nicht ganz gekannten Werke soll folgen. —

9. *Notiz über die Stiftung der Sammlung für vergleichende Anatomie im Museum*, von G. Cuvier.

Die Geschichte dieser Sammlung theilet sich in 3 Epochen.

Erster Ursprung unter der Academie des Sciences.

Wachsthum unter Buffon und Daubenton.

Und neue Anordnung in den letzten Jahren. —

Zuerst nehmlich wurden die Thiere, die in Versailles starben, unter Duvernays Anleitung von Perrault anatomirt. Von 1699 bis 1750 beschäftigte man sich nach einer neuen Form, die die Academie erhalten hatte, mit diesem Gegenstande nicht mehr. Buffon suchte mit Daubentons Hülfe die Reste zusammen und machte sie bekannt. Allein bey der Beschreibung der Vögel und in den Supplementen verliefs er schon diesen Plan. Es mufsten sogar die alten Skelette den neuen angekommenen Sachen Platz machen, und sie wurden nicht mehr vermehrt. Bey der neuen Organisation des Museum wurde eine Professur für vergleichende Anatomie beym Museo gestiftet, und Mertrud machte mit Hülfe des eifrigen Rousseau, der sich bey dem mäfsigsten Gehalte der Arbeit aus Liebe widmete, so wie auch mit seinem Nachfolger (Herrn Cuvier) während der 6 Jahre alles, was man jetzt findet. Die Menagerie sowohl, als die übersendeten Gegenstände, so wie das, was man kaufte, gaben den Fond der Sammlung, und die Administration kaufte zum Aufstellen ein benachbartes

Gebäude. Die Präparata sind in physiologischer Hinsicht geordnet, und folgendes ungefähr ihre Zahl.

Ganze Skelette.

Der Mensch in verschiedenem Alter und Stand	32	von	welchen	24	von Alters her
4füſsige Thiere	39	—	—	12	
Cheiroptera	7	—	—	—	
Plantigradi	11	—	—	6	
Carnivori	27	—	—	11	
Pedimani	4	—	—	1	
Glires	32	—	—	14	
Edentes	8	ganz	neu.		
Pachydermi	7	—	—	4	alt.
Ruminantia	32	—	—	14	
Solipedes	4	—	—	—	
Amphibia	1	—	—	—	
Cetacea	2	—	—	—	
Aves	175	—	—	9	alt.
Reptilia	36	—	—	4	
Pisces	102	—	—	2	
Alte Skelette und Mumien	5	—	—	—	
	526	von	welchen	102	alt.

Die von Daubentons Zeiten Existirenden waren so beschädigt, daſs man zum Theil sie neu machen muſste, alle wurden frisch montirt. — 5, die unter den Alten aufgeführt sind, kommen von der Statthalterischen Sammlung aus Holland.

Köpfe.

Knochenköpfe, ganz oder von einander gesägt	246	die Hälfte alt.
Zahnpräparate	64	ganz neu.

Abgesondertes Os hyoïdes	57	alle alt.
Präparata das innere Ohr betreffend	52	fast alle neu.
Präparata der innern Structur der Knochen	70	alle neu.
Knochenkrankheiten	138	alt.
Abgesonderte Knochen von Cetaceis	86	
Knochenpräparata insgesammt	1239.	—

In Weingeist aufbewahrte Präparata.

Myologie	43	Neue Gläser.
Nevrologie	22	
Gehirn	80	
Nase und Nasenlöcher	7	
Organe des Gefühls	11	
Augen	116	
Ohren	18	
Nieren und andre Excretionsglanduln	13	
Generationsorgane	100	20 derselben sind alt.
Foetus des Menschen	52	Alle alt.
— der Thiere	71	$\frac{2}{3}$ alt.
Monstra	108	
Viscera der 4füſsigen Thiere	75	25 alt.
— der Vögel	76	Alle neu.
— der Reptilia	25	
— der Fische	46	
Ganze geöffnete Thiere, um die Viscera in ihrer Lage zu zeigen	50	
Zunge und Larynx in 4füſsigen Thieren	89	
Arteria aspera der Vögel	46	
Herz	47	
Injectionen	27	
Noch nicht geordnete Elephantentheile	14	
Total.	1136.	

Präparata von weifsblütigen Thieren oder deren ohne Rückgrad.

Weichwürmer	166
Insecten	193
Würmer	73
Zoophyten	44
Noch nicht geordnete	45
Total.	523. Alle neu.

Recapitulation.

Knochenpräparata	1239
Weiche Präparata	1632
Alle insgesammt.	2871.

Eine detaillirtere Nachricht des Wichtigsten soll nachfolgen. —

Brief des Capitains Baudin an De Jussieu.

Der Brief ist am Bord der Corvette le Geographe in Port Jackson den 20 Brumaire an XI. geschrieben, und mit dem Schiffe le Naturaliste, welches bekanntlich die grofsen naturhistorischen Sammlungen, und die geographischen Beobachtungen für den Marineminister enthielt, angekommen. Herr B. bedauert in demselben sehr den Tod der Botaniker, Herrn Riedlé und Mauge. Er selbst war zum öftern krank. Statt des Naturalisten hat er sich ein andres Schiff, welches er le Casuarina nennt, weil es gröfstentheils aus diesem Holze besteht, gekauft, womit er leichter wird landen können. Das Diemenland ist nicht so kalt, als man der Lage nach vermuthen sollte, daher Herr B. auch nicht glaubt, dafs sich die Pflanzen desselben in Frankreich so leicht acclimatisiren werden. Nur einmal war daselbst im Anfang des Winters das Thermometer auf 5 Grad. In Port Jackson stand es nur einmal in der Mitte einer Winternacht dem Gefrierpunct nahe, gewöhnlich aber 6 bis 8 Grad des Tages, 4 bis 5, selten 3 des Nachts. Orangen- und Citronenbäume wachsen hier, wie in Portugall, im Freyen. Nur 75 bis 80 Meilen konnte Capitain Baudin von Port Jackson aus ins innere Land dringen, weil die blauen Berge, die südwärts bis zum Vorgebürg des Wilson, und nördlich bis zum Stephanshafen sich zu erstrecken scheinen, ihn daran hinderten. Nach den Aussagen einiger Abendtheurer soll sich in der Mitte dieser Berge ein Salzsee, und eine Colonie weifser Einwohner finden. — Herr B. lobt sehr die gefällige Aufnahme des jetzigen englischen Gouverneurs, des Herrn King. — Von Port Jackson will er nach der Meerenge von Basse gehen, um eine von englischen Fischern neulich entdeckte beträchtliche Insel, Königsinsel genannt, zu recognosciren. Nachher geht er nach der Kangurousinsel auf der südwestlichen Seite von Neuholland, deren südlichen Theil weder er, noch Capitain Flenders haben untersuchen können. Von da nach der Insel St. Pierre und St. François, und von dem Puncte, wo d' Entrecasteaux blieb, nach dem Leuwinland, um die Arbeit der Geographenbucht gänzlich zu endigen. Da er nach den Charten die von Dampier entdeckte Rosmarininsel bis jetzt nicht hat auffinden können, so wird er in dieser Hinsicht neue Versuche anstellen, um nachher das Land de Witt wieder zu finden, dessen Charte zur Sicherheit der Navigatoren noch nicht vollkommen genug ist. Mit der Nordseite von Neuholland, und dem Golf de la Carpentarie wird er beschliefsen, wiewohl er fürchtet, dafs dieses mehr Zeit kosten möchte, als die gemachte Provision erlauben wird. — „Ich habe, sagt Herr Baudin ferner, nicht

„ohne Verwunderung die grofsen Arbeiten gesehen, die „die Engländer zur Port Jackson innerhalb 12 Jahren „vollbracht haben. Ob sie gleich viel verwendet ha„ben, so ists doch nicht minder schwer zu begreifen, „wie sie sich in so kurzer Zeit alle die Bequemlich„keiten zu verschaffen im Stande gewesen sind. Die „Natur hat zwar in Rücksicht des Hafens alles für „sie gethan, der schlechte Boden hat sie aber in die „Nothwendigkeit gesetzt, ins Innere des Landes einzu„dringen, um für eigne Bedürfnisse und für die der „ankommenden Schiffe sorgen zu können, so wie auch „für die Fischerey. Aufser den Brigantinen, Schalup„pen, und Goëletten mittlerer Gröfse, die Particuliers „gehören, und in dieser neuen Colonie selbst gebaut worden „sind, haben wir auch noch bey unserer Ankunft „9 grofse Schiffe, die aus England, und 2, die aus Ame„rica angekommen waren, angetroffen. Einige machen „ihre Rückreise über China, andere gehen auf den „Wallfischfang nach Spermaceti. Der Vortheil, den „diese Speculationen bringen, wird, wenn der Fisch„fang ferner so ergiebig ist, die Schiffahrt der Englän„der sehr vermehren. Gewöhnlich geschieht dieser an „den Küsten und in der Gegend von Neuseeland."

„Die jetzige Population von Port Jackson beläuft „sich auf 6000, die fast insgesammt mit Ackerbau be„schäftigt sind. Alle Europäische Bäume haben sich „daselbst acclimatisirt, aber alle kommen nicht gleich „gut fort, nahmentlich die Apfel-, Kirsch- und Mandel„bäume nicht, wohl aber alles Gemüfse. Der Wein„stock, der im ersten Jahre so viele Hoffnungen gab, „hat so verlohren, dafs man an der Erhaltung zweifelt; „man schreibt es den brennenden trocknen Nordost„winden zu." —

Die Eingebohrnen ziehen sich, je mehr die Engländer vorwärts dringen, mehr ins Innere. Man findet Einige in den Städten und auf den Landstrafsen, aber nie viele: sie behalten ihre alten Gewohnheiten bey, erlernen aber das Englische leichter, als die Engländer ihre Sprache. Herr Baudin hält sie für andern Ursprungs, als die von Diemensland. Sie sind unnütz, und wenig zu fürchten. —

Letzten August zählte man auf der Insel 800 Stiere, 3600 Kühe, 6000 Schafe, 8000 Ziegen, 10000 Schweine, aber nur 200 Pferde, die wenig fortkommen.

Capitain Baudin ist nun bemüht, eine zweyte eben so zahlreiche Sendung zu machen, als die des Naturalisten gewesen ist.

Fdr.

III.

Bulletin de la Societé d'Encouragement etc.

Bulletin der Gesellschaft zur Beförderung der Nationalindustrie, 6tes Stück. Pluviose an XI. enthält:

1. *Programme der aufgegebenen Preise in der allgemeinen Sitzung des Nivose an XI.* (S. die N. Entd. VI. St. S. 131.)

Das Conseil der Künste und des Handels der Präfectur des Seine Departements hat den 29ten Vendemiaire dieses Jahres folgende Preisfragen ausgesetzt, die den 1sten Nivose des Jahres XII. entschieden werden.

1. Welches sind die Ursachen, die Paris während des Kriegs zur Entrepotstadt gemacht ha-

ben? Welches sind die Umstände, die dieser Stadt diesen Vorzug erhalten können? Welches sind die Mittel, die zur Vervollkommnung der Seineschifffarth und der Verbesserung der Wege anzuwenden sind? Welches ist der Einfluſs, den dieses Verhältniſs von Paris auf das übrige Frankreich haben muſs, und endlich, welches ist der Einfluſs der handelnden Hauptstädte auf das Glück der Nationen überhaupt?

Ein zweyter Preis wird der besten Einrichtung von irrdenen Öfen (meilleure construction en terre) bestimmt, die geeignet ist, die armen Familien von den Grundsätzen der Oconomisirung des Brennmaterials Nutzen ziehn zu lassen? —

Der Preis besteht in einer goldnen Medaille 300 Fr. an Werth. Auch Fremde können concurriren.

Unterzeichnet

Farcot, Präsident, und
Peuchet, Secretair.

Chemische Künste.

Antwort auf eine Frage, die dem Conseil d'Administration vom B. Barré dem Altern gemacht worden ist. —

Herr Barré frug, welchen Vortheil er wohl von einer Ockermine ziehen könne, die ihm gehört, und 2tens, welches Salz wohl die Holzasche ersetzen könne, die selten und theuer wird? Der gelbe Ocker, sagt die Antwort, läſst sich durchs Feuer in jedem Ofen, in jeder Muffel, ja in einem Tiegel oder gewöhnlichen Herde in rothen Ocker verwandeln;

deln; man darf sie nur in gehörigem Grade calciniren und für fremde Beymischung schützen. Der Reverberierofen dient nur zum leichtern Arbeiten im Grofsen. (Eine detaillirtere Beschreibung und Anweisung enthält die in Deutschland zur Genüge bekannte Einrichtung eines solchen Ofens.) Ein gewöhnlicher Backofen, auf dessen einer Seite die Öffnung zum Einbringen des Feuers, und auf dessen entgegengesetzter ein Schornstein angebracht ist, der die Flamme empfängt, so dafs die Flamme das Material, das auf die Fläche des Ofens gelegt ist, bestreicht, giebt einen, der dem ähnlich ist, dessen man sich in Glashütten zum Calciniren der Pottasche bedient, und dessen man sich zu gedachtem Endzweck bedienen kann. Das Wesentliche des Ockerbrennens besteht darin, ihn gleich dunkel wie das Englischroth zu machen. Je feiner er ist, je mehr wird er geschätzt. Man pulverisirt ihn zuvörderst, und findet durch Versuche sehr leicht den zum Calciniren erforderlichen Grad von Hitze. Zuletzt schlemmt man ihn. Man hat neulich aus dem Moseldepartement rothen Ocker erhalten, der dem des Auslandes in nichts nachgiebt. — Was die 2te Frage, nehmlich das Substitut der Holzasche zur Lauge betrifft, so kennt man zur Lauge nur das Mineralalcali und die Pottasche. Das Mineralalcali des Handels sowohl, als das, welches aus dem Küchensalze gezogen wird, ist sehr verschieden. Das erstere Varecsche z. E. steht dem Alicantischen sehr nach. Das aus dem Küchensalz gezogene kömmt letzerm nahe; die Torfasche hält mehr schwefelsaures Alcali, als reines, und man wird künftig genöthigt seyn, das Mineralalcali mehr aus dem Küchensalze zu ziehen. Man sucht diese Alcalien beym Waschen zu dem kaustischen Zustande des Kalks zu bringen; man mufs sich aber hüten, sie nicht zu stark zu machen, damit die Wäsche nicht verbrennt werde.

Fdr.

IV.

Bulletin der Gesellschaft zur Beförderung der Nationalindustrie. Nro. VII. Ventose des XI. Jahres enthält:

1. *Bemerkungen über die Baumwoll-Krempel-Maschinen.* Ein gleiches und zum höchsten Grad der Feinheit gebrachtes Gespinnst kann auch die vollkommenste Baumwoll-Spinnmaschine nur dann hervorbringen, wenn die Vorarbeit des Krempelns mit aller erforderlichen Sorgfalt geschehen ist. Die Maschine hierzu verdient also bey dem ganzen Geschäft ein sehr vorzügliches Augenmerk; ihre Eigenschaften müssen im Wesentlichen folgende seyn. 1. Die grofse Trommel und die kleinern Walzen müssen vollkommen rund laufen. 2. Auf ihre cylindrische Form darf Witterungs-Veränderung keinen Einflufs haben. 3. Die Krempel-Blätter, womit Trommel und Walzen besetzt sind, müssen fehlerfrey, und von gleicher Dicke seyn. 4. Die Krempel-Drähte müssen gleiche Höhe haben, vollkommen gleich gebogen seyn, und aus gleichem, gehörig feinem, und elastischem Stahl oder Eisendraht bestehen. *) — Ist dann die Baumwolle genau gewogen, und wird sie in vollkommen gleichen Portionen und gleichen Zeiträumen der Trommel zugeführt, so wird die Maschine ihre Dienste leisten. Allein da keine Gattung von Holz,

*) Das Biegen der Drähte zu den Krempeln geschieht in Frankreich mittelst einer sehr sinnreichen Maschine, mit erstaunlicher Geschwindigkeit und Präcision. In Deutschland bedient man sich zu dieser Arbeit blos eines einfachen, aber auch sehr unvollkommnen Instrumentes von Eisen, daher sie weder so geschwind, noch mit derselben Accuratesse verrichtet werden kann.

und keine Stärke der Felgen und Tauben für das Werfen derselben, und folglich für die aus der gestörten runden Form entspringende Ungleichheit der gekrempelten Baumwolle ganz schützt, so ist die Zusammensetzung der Trommel und Walzen nach einer Methode, welche jedes Verwerfen des Holzes unmöglich macht, eine sehr wichtige Verbesserung in der bisherigen Einrichtung dieser Maschinen, und das Verdienst darum hat neuerlich der B. Molard sich erworben, indem er die genannten Theile der Maschine so zusammen zu fügen erfand, daſs die Adern des Holzes alle vom Mittelpunct nach dem Umkreis laufen. Die nähere Beschreibung seiner Methode im folgenden Stück.

Arzt.

2. *Über die Gebläse bey Hohen-Öfen.* Da beym Schmelzen der Eisen-Erze die Güte des Gusses von der Stärke, Gleichheit und Richtung des Gebläses sehr viel abhängt, so war es der Mühe werth, mehr Aufmerksamkeit als ehemals geschahe, auf diesen Gegenstand zu richten; und der in England zuerst mit dem glücklichsten Erfolg angewandte Mechanismus pumpenähnlicher Blasebälge aus gegoſsnem Eisem hat seitdem nicht nur häufigere Nachahmung gefunden, sondern auch zu noch weitern Verbesserungen geführt; dahin gehören besonders die groſsen Luft-Behälter, und die Regulatoren; beydes Vorrichtungen, durch welche man die Intensität und Gleichheit des Luftstroms zu dem höchst möglichen Grad der Vollkommenheit zu bringen gesucht hat. Die Regulatoren wirken theils durch Gewichte, theils durch Druck des Wassers. Die erstere Methode ist auf den Schmelzhütten zu Creusot, (Depart. Côte d'or,) in Anwendung; der Regulator nehmlich besteht daselbst in einem groſsen hohlen Cylinder (od. Stiefel) von gegoſsnem Eisen,

und einem genau schliefsenden Stempel, der mit Gewichten beschwert ist; und diese Vorrichtung giebt allerdings einen fast ganz gleichen Luftstrom durch das Mündungsrohr in den Ofen, wenn die erste Kraft, von welcher die Hauptbewegung der ganzen Maschine ausgeht, keine beträchtlichen Unregelmäfsigkeiten in ihrem Gange hat. Denn ist diefs der Fall, so kann der Druck der Gewichte auf den Regulator gegen die ungleiche Dichtigkeit der Luftmasse in seinem Innern kein hinreichendes Gegengewicht halten. Die zweyte Gattung von Regulatoren sind die hydrostatischen, wo man den so gewaltigen Druck einer Wassermasse als Mittel zu stärkerer Verdichtung der Luft, und als Gegengewicht für die unvermeidlichen Abwechselungen im Gange der Hauptmaschine anzuwenden sucht. Diese Verbindung grofser Wasserbehältnisse mit den Luftbehältern (caves à air, und caves à l'eau) ward zuerst im Grofsen zu Devon in Schottland ausgeführt, und jetzt will man sie zu Besançon ebenfalls nachahmen. Es fragt sich hierbey, ob die Luft nicht zu sehr mit Feuchtigkeit geschwängert in den Ofen gelange, und dadurch der Güte des Gusses geschadet werden könnte? Die Societät für Aufmunterung der Künste und Gewerbe entscheidet hierüber verneinend, und gründet ihr Urtheil auf die bereits gemachten Erfahrungen, und theoretisch auf die innre Einrichtung eines solchen Regulators selbst, die von der Art ist, dafs die Wassermasse in vollkommner Ruhe sich befindet, während die Luftschichten über derselben schnell wechseln. Eine beträchtliche Aufnahme von Feuchtigkeit in der ganzen Masse der Luft scheint daher nicht statt haben zu können.

Arzt.

3. *Regniers Vorlegeschlofs.* Dem äufsern Anblick erscheint dieses Vorlegeschlofs, wenn es zu ist,

als ein Cylinder mit einem in Charnier gehenden Bügel, fast wie die gewöhnlichen cylindrischen Vorlegeschlösser sind, nur dafs der Cylinder hier nicht aus Einem Stück, sondern aus 4 messingnen Scheiben besteht, die sich unabhängig von einander um ihre gemeinschaftliche Axe bewegen lassen. Sie werden an den beyden Enden durch eiserne Blättchen zusammengehalten, und jede der 4 Scheiben hat auf ihrem Umkreis die 24 Buchstaben des Alphabets. Um nun das Schlofs zu öffnen, mufs man das Wort wissen, dessen man sich zur Verschliefsung bedient hat; dieses Wort setzt man aus den Buchstaben am Umkreis zusammen, indem man die Scheiben so dreht, dafs diese Buchstaben in eine Linie, zwischen 2 auf den Blättchen an beyden Enden bemerkten Strichen, zu stehen kommen, und so bald diefs geschehen, gehen die Blättchen los, und der Bügel hebt sich aus. Der innre Mechanismus hierbey ist einfach, aber dennoch keiner deutlichen Beschreibung fähig. Da nur der Verschliefser das Wort weifs, mittelst welches er das Schlofs zugemacht hat, und hierbey so vielmal wechseln kann, als die 4te Potenz von 24 beträgt, d. h. 331, 776 mal, so ist leicht zu beurtheilen, welchen Grad der Sicherheit dieses Schlofs gewähre. Seine Construction ist übrigens solid, und sein Preis mäfsig, nehmlich 18 Frank. *Arzt.*

4. Einige Schüler, die aus den Departementern gekommen sind, um den Gebrauch der Navette volante, des Schiffchens zu erlernen, sind bey Herrn Richard und Noir Dufresne faub. St. Antoine in die Lehre gegeben worden. Die Industrie-Gesellschaft hat sich für sie verwendet, und wird dieses in der Zukunft noch öfter thun.

5. *Gesundheitsfirnifs für Töpferwaare.* (Im Auszug aus der Abhandlung des Hn. Fourmy, die den

Preis davon getragen hat. (M. s. d. N. Entd. d. fr. Gel.)

6. *Über die Verfertigung der Käse im Jura- und Doubs-Departement.* Aus einer Abhandlung des Herrn Droz zu Besançon. Auf der Seite von St. Claude und Pontarlier bedient man sich der Kühe besonders zum Käsemachen. Sie sind mager und klein am ersten Orte, und geben daher nur 100—120 Pf.; im letztern dagegen 200, weil sie im Pays de Vaud überwintern. Man verfertigt im Jura-Gebirg an 12000 Pf. Käse. Es wäre gefährlich, mehr zu verfertigen, weil man zu dem Ende Wälder in Weiden verwandeln müſste. Man verfertigt zweyerley Arten Käse. Die eine, Valchelin genannt, ist eine Art Gruyere, und die andre, Sept Moncel, wird nur im Lande gegessen. Ehemals lieſs man im Sommer Mädchen von Gruyere kommen, um Käse zu verfertigen. Jetzt macht man ihn selber so gut. — Das Verfahren, die beyden Arten zu verfertigen, wird hier genau beschrieben.

7. *Bemerkungen über die Fabricirung der Schwefelsäure, zur Berichtigung einer Stelle in N. IV. des Bulletins.* Die französischen Fabriken verfertigen sie eben so gut, und oft wohlfeiler, als die Engländer. — Das daselbst vorgeschlagene und im Groſsen anzuwendende Verfahren, auf geschmolzenen Schwefel Tropfen Wasser fallen zu lassen, welches durch Decomposition auf eine wohlfeile Art das Oxygen herschaffe, ist durch Versuche der B. Guyton und Vauquelin als gänzlich unstatthaft erwiesen worden. Denn eine angezündete Masse Schwefel, unter einer Glocke auf Wasser gegossen, gab nicht das mindeste Hydrogen, und als Herr Vauquelin Schwefelsäure in einem Kolben erhitzte und Wasserstoffgas darüber streichen lieſs, wurde die Schwefelsäure zer-

setzt, es blieb schwefeligte Säure und geschwefeltes Wasserstoffgas zurück.

V.

Bulletin der Gesellschaft zur Beförderung der Nationalindustrie N. VIII. Germinal Jahr XI. enthält:

1. *Beschreibung einer neuen statischen Lampe, um das Öl zu einer willkührlichen constanten Höhe zu heben*, vom Ritter von Edelkranz. (Man s. die N. Entd. IX. St. S. 32.) Es ist zu bemerken, daſs die Lampe aus einem Stücke Eisenblech geschmiedet werden muſs, weil das Quecksilber leicht die Lötung anfriſst, auch wenn sie noch so gut mit Lack überzogen ist. Diese so äuſserst sinnreiche Lampe des sonst an praktisch ausführbaren Ideen so reichen Erfinders hat nur das Unbequeme, nicht leicht transportabel zu seyn. —

2. *Bericht über ein öconomisches Bett, welches der Gesellschaft vom Grafen Rumford mitgetheilt worden ist.* Charles, Brintmoser, Hanot, Garat, Mathieu, Tranoy haben mehr oder minder sinnreiche Betten erfunden. Das hier beschriebne besteht aus einem Rahmen, auf dem starke Leinewand gespannt ist, und der auf zwey, 1½ Zoll dicken und 6 Fuſs langen Bretern, die am Kopfende 2 Fuſs und zu den Füſsen 6 Zoll Höhe haben, aufruht. Am Kopfende läſst sich ein Deckel eröffnen, und wenn man das Bett in die Höhe richtet, so dient dieser unterstützte Deckel zum Sitz, und das Übrige zur Leh-

ne. — Das ganze Bett wiegt 40 Pfund, und kostet etwa 15 Fr. (4 Rthlr.)

3. *Notiz einer Methode, dem Flachs und Hanf das Ansehen von Baumwolle zu geben.* Von B. Berthollet. Aus dem Journal der Ecole Polytechnique gezogen. Seit der Herausgabe des Werks des Verf. über die Färbekunst hat sich ein Schweizer, Nahmens Clays, damit beschäftigt, aus der Hede eine Art Baumwolle zu bereiten, doch ist dem Verf. hierüber weiter nichts näheres bekannt geworden. Berthollet liefs durch Herrn Gay-Lussac die Hede in kleine Stückchen von 6 Centimeter Länge schneiden, mit Wasser begiefsen, und 3—4 Tage lang stehen. Nachher wurde sie in blofsem Wasser gekocht, sorgfältig gewaschen, gelaugt, und durch oxygenirte Kochsalzsäure gezogen. 4maliges Tauchen in letztere, und 4maliges Laugen war hinlänglich zur Operation, und man endigte damit, die Hede in ein Wasserbad, das mit $\frac{2}{100}$ Schwefelsäure geschwängert war, zu tauchen, eine halbe Stunde lang in lauem Wasser zu lassen, sorgfältig zu waschen, und dann in Seifenwasser zu thun. Nachher wurde sie unausgeprefst auf die Hürde gelegt, ohne sie jedoch zu sehr trocknen zu lassen. — Alles dieses erforderte bey dieser kleinen Quantität nicht 6 Stunden Zeit.

Herr Molard beschäftigte sich zunächst mit der mechanischen Bereitung derselben. Er liefs die Hede kämmen, kratzen, und brachte es trotz der Schwierigkeit der Knoten doch dahin, dafs Herr B. den 6ten Prairial des Jahres VIII dem Institute eine Hede zeigen konnte, die der Baumwolle an Weifse und andern Eigenschaften gleich kam. Doch fand sie Herr Molard zu kurzhaarig; dieses bemerkte auch Bowens, der sie nachher verarbeitete; allein man darf ja nur die Enden länger schneiden. — Der

Verf. meint auch, daſs man bey der 3ten Operation einhalten müſste, und die übrige Bleiche an den gesponnenen Faden oder Gewebe vorzunehmen habe. Beym Bleichen sind die zu starken Laugen zu vermeiden, aber man muſs sie kochend heiſs anwenden. — Alles, was übrigens den Geruch der oxygenirten Salzsäure vermindert, vermindert auch die Wirksamkeit, und je concentrirter sie ist, je mehr ist man der Wiederhohlung der Operation überhoben. — Der schönste Flachs und gröbste Hanf geben gleich feine und gleich weiſse Faden. — Wie nützlich wäre es, wenn man einheimische grobe Stricke mit Maschinen spinnen und in die feinsten Zeuge verwandeln könnte!! —

4. *Beobachtungen über das Bleichen mit Dämpfen.* Von Bosc. (S. oben.)

VI.

Bulletin de la Societé d'Encouragement pour l'Industrie nationale etc.

Bulletin der Gesellschaft zur Beförderung der Nationalindustrie IXtes St. Floreal des Jahres XI.

A. *Mechanische Künste.*

1. *Anmerkung über eine Ölpresse im Departement Bouche du Rhone*, von Sinoti. Das Öl von Aix verdankt seine Güte einer Presse, die unter allen der Vollkommenheit am nächsten kömmt. (Marseille, das sich derselben ebenfalls bedient, gewinnt kaum so viel Öl, als es selbst bedarf.) Die Presse unterscheidet sich von den gewöhnlichen dadurch,

dafs sie nicht wie eine Kapelle an der Mauer befestigt ist, sondern frey steht, so dafs der Hebel sich im ganzen Kreise herumdrehen kann. 3 Schrauben, die ein Drittel stärker als die gebräuchlichen sind, machen den Druck gleichförmig, und werden durch Stangen von Menschen wie eine Schiffswinde in Bewegung gesetzt. Die Schraube ist enge, damit der Druck nach und nach geschehe. (Die ganze Beschreibung scheint bey aller ihrer Weitläufigkeit eigentlich nichts auffallend bemerkungswerthes aufzustellen, und nur in so fern nützlich zu seyn, weil in vielen Gegenden Pressen von einer sehr schlechten Construction durch langen Gebrauch eine Art von Autorität erhalten haben.)

B. *Chemische Künste.*

2. *Bericht, der dem Administrationsconseil der Gesellschaft für Industrie über den Essig des B. Degouvenain abgestattet worden ist.*

Er ist gelbröthlich, scharf, durchdringend von Geruch, seine specifische Schwere, wie der durch Frost concentrirte, 1025. Mit Wasser verdünntes salpetersaures Silber brachte keine Wirkung auf ihn hervor, salzsaure Schwererde ebenfalls nicht. Die Destillation zeigte keine Spur von Salpetersäure. Das Residuum war braun, und nach 2—3 Tagen zeigten sich einige Krystalle von säuerlichem weinsteinsaurem Kali, (tartrite acidule de potasse). — Er enthielt demnach keine Mineralsäure. 1000 Theile reines kaustisches Kali bedurften nur 79,9 des Degouvenainschen Essigs, um gesättigt zu werden, wenn man des gewöhnlichen starken 90,9 bedürfte. Auch ward letzter brauner, und gab mehr schleimige Theile. Einen ähnlichen Versuch machte man mit kohlensauerm Kalk, er zeigte, dafs seine Kraft nicht constant ist, daſs er aber doch alle übrigen Essige des Handels übertreffe, daher ihm der Beyfall der Gesellschaft zuerkannt ward.

3. *Verfahren, um die Wirkung des Rostens und der Oxydation der Metalle zu verhüten*, von Conté.

Lafolie lieſs Eisen oder Stahl beym Holzfeuer roth glühen und es mit Wachs reiben, oder in Öl tauchen. Andre lassen es mit Horn reiben, oder mit einer geölten Feder bestreichen, welches einen schwarzen Firniſs bildet. — Gefeiltes und polirtes Eisen reinigt man vielmehr mit einer concentrirten alcalischen Lauge von allem Fett und Öl, wäscht und trocknet es, legt es unter eine Muffel mit angezündeten Kohlen in einen starken Luftzug, und erhitzt es bis zur strohgelben Farbe, wonach es braun, falb, dann taubenhälsig, dann blau, und endlich grau wird. In diesem letzten Zustande ist es am wenigsten dem Roste ausgesetzt. Allein bey diesem starken Feuer verliert es den Glanz, auch wohl die Form, und oft ist dieses unanwendbar. — Herr Conté bedient sich demnach folgender Methode, die durchaus keine Inconvenienz hat. — Er reinigt das Eisen oder den Stahl mit der starken alcalischen Lauge, wäscht es mit reinem Wasser, und trocknet es nachher mit reinen Tüchern. Nachher nimmt er sogenannten reinen fetten Firniſs, dessen Basis Copal ist mit Öl, und zwar den weiſsesten Firniſs, den man bekommen kann, er mischt wohl rectificirte Terpentinessenz zur Hälfte oder ⅔ darunter, nachdem man mehr oder weniger den Glanz zu erhalten beabsichtigt. (Diese Mischung erhält sich unverändert, wenn sie wohl verschlossen ist.) Um nun diesen Firniſs anzuwenden, wäscht man ein Stückchen Schwamm in Wasser, taucht es in Terpentinessenz, um das Wasser daraus zu vertreiben, nachher legt man dasselbe in Firniſs, bis der Schwamm gänzlich damit getränkt ist, drückt es aus, bis sehr wenig darin bleibt, und bestreicht leise einmal das Werkzeug, und damit der Firniſs nicht ungleich hafte, sobald derselbe zu verdünsten angefangen hat, nicht zum zweyten Mal. Nachher läſst man es an einem vor Staub gesicherten Ort trocknen. Wenn man sich auch nachher täglich solchen überfirniſsten Eisens oder Stahls bedient, so rostet es dennoch nicht, und behält, mit den Händen gerieben, seinen Glanz. — Auch auf Kupfer kann man sich dessen auf dieselbe Weise bedienen, man muſs den Firniſs nur unmittelbar nach der Politur anwenden. Läſst man das Kupfer alsdann einen Tag an der Luft, so daſs es die Farbe des Goldes annimmt, und firniſst es nachher, so behält es Politur und Farbe. —

Physicalische Instrumente, die so gefirniſst sind, können im Wasser gebraucht werden, ohne zu ändern.

4. *Beobachtungen über die Art, Soda aus schwefelsaurer Soda zu ziehen.* Von Leblanc, Verf. der Cristallotechnie.

Man hält es für ein gutes Mittel, die Soda aus der schwefelsauren Soda auf die Weise zu ziehn, wie wir sie in den Neuesten Entdeckungen 3tes u. 4tes St. S. 139 angegeben haben; allein der Verf. bemerkt, daſs die Pottasche sich der Schwefelsäure bemächtigt, die mit der Soda verbunden war. — Da ferner nach Kirwan und seinen eignen Versuchen der Zentner schwefelsaurer Soda nur 15 Pfund reine Soda enthält, so kann er demnach nicht 75 Pfund crystallisirte kohlensaure Soda geben. Auch enthält ein Zentner kohlensaure Pottasche nach Bergman 48 Pfund reines Kali; warum mischt man denn noch 560 Pottasche mit 500 schwefelsaurer Soda? — Obgleich die

Pottascbe sehr verschieden an Güte ist, so wird man sich doch überzeugen, dafs die gute mehr als doppelt des Gewichts schwefelsaure Soda zersetzt. — Der Verf. sucht ferner zu beweisen, dafs einer der beyden Bottiche zu viel ist; dafs das Bley zu dick ist; dafs es weder eines Meifsels noch Hammers bedarf; dafs die aufgehängten Stöcke und Platten embarrassirend sind, und die Rinne ohne Vortheil, so wie überhaupt, dafs die Operation weit einfacher, wirksamer, öconomischer und schneller zu machen sey. — Man thut nehmlich 50 Pfund kohlensaure Pottasche in einen Kessel mit 60 Pinten Wasser, erwärmt sie, und rührt sie um, bis die Pottasche aufgelöst ist; man nimmt mit dem Schaumlöffel die Steine und andern Unreinigkeiten weg, und sättigt das Wasser, bis der Areometer 40 — 45 Grade giebt; alsdann thut man 100 Pfund krystallisirte schwefelsaure Soda hinzu, und rührt von neuem um; es entsteht alsdann sogleich die Zersetzung, und die schwefelsaure Pottasche schlägt so nieder, dafs man fast die ganze Quantität heraus zieht. Man wäscht sie alsdann mit kaltem Wasser, um die kohlensaure Soda, die mit befindlich ist, wegzubringen, bedeckt den Kessel und läfst ihn 4—6 Stunden bey verlöschtem Feuer stehen. Man klärt sodann die Flüssigkeit vermöge eines Hebers in einen bleyernen Bottich ab. Der Grund bleibt im Boden des Kessels, und setzt sich mit der Anfangs abgezapften schwefelsauern Pottasche nieder; nach 2 oder 3 Tagen findet man eine trefflich krystallisirte kohlensaure Soda; man zapft hierauf die Flüssigkeit ab, um sie zu vereinigen, und einer neuen Anschiefsung auszusetzen; sollte dieser letzte Theil nicht krystallisiren, so thut man eine neue Quantität schwefelsaurer Soda hinzu, und zwar mit den oben angezeigten Vorsichtsregeln, man erhält alsdann von neuem schwefelsaure Pottasche, weil ein

Theil der Pottasche, die noch nicht verwendet worden ist, in einer Art Mutterlauge zurückgeblieben ist, die man in diesem Falle antrifft. —

Der Bottich kann mit einer bleyernen Platte gemacht werden, welche $1\frac{1}{2}$ Linie im Durchmesser hat; nächstdem 2 — 3 Fuſs Länge, so wie 18 Zoll Breite und 7 — 8 Zoll Tiefe haben; die Ränder müssen etwas umgebogen seyn. Wenn die Sodakrystalle hinlänglich abgetröpft sind, so kann man sie abnehmen, indem man die Winkel des Bottichs ein wenig ablöst. Die ganze Krystallmasse nimmt sich, wenn die Operation gut von statten gegangen ist, wie ein Kuchen ab. Gewöhnlich bleibt ein Theil der schwefelsauren Pottasche in der Soda zurück, aber blos auf der äuſsern Fläche der Masse, die gegen den Grund zugekehrt ist, und läſst sich leicht trennen, da diese Theile sich leicht von der kohlensauren Soda unterscheiden lassen. — Der Verf. hat die, wie er glaubt, neue Bemerkung gemacht, daſs, wenn man, nachdem man die Krystalle der kohlensauren Pottasche hat abtropfen lassen, ohne sie vom Bottiche abzunehmen, an den Bottich äuſserlich im Dunkeln anschlägt, sich bey jedem Schlage ein phosphorischer Schein über die ganze Krystallmasse verbreitet. Ist die Soda demnach wohl ein phosphorescirendes Salz? —

Die Dimensionen des Bottichs können verschieden seyn, und obgleich das Bley sehr bequem ist, so lassen sie sich auch eben so gut von nicht abfärbendem Holze machen. Der Verf. weiſs das aus eigner Erfahrung. Eben so hat er durch Versuche gefunden, daſs die schwefelsaure Soda 19 Theile Säure,* 15 Alkali, und 66 Wasser enthält. — Der Verf. bedauert, daſs seine Lage ihn abhält, von andern einfachern, sicherern und öconomischern Methoden, als man bis jetzt kennt, zu sprechen. —

5. *Auszug der Beobachtungen des Präfecten des Orne-Departements über den Zustand des Handels und des Ackerbaus in seinem Bezirk.* (Bietet nur Localinteresse dar.)

6. *Übersicht der Steinkohlenminen in Frankreich, nebst dem Gewinn, und der Circulation derselben.* Mit einer Karte. (Ein Auszug aus der Schrift des Herrn Lefebure. Wir haben die Hauptresultate der sehr interessanten Schrift bereits mitgetheilt.)

7. *Bericht der Herrn Guyton, Conté, Delessert, Descotels und Decandolle, über die Stubenöfen und Öfen zum Kochen des B. Voyenne. Rue de la Harpe N. 155 in Paris.* Die Construction ist die eines Schwedischen Ofens, doch ist dieser Ofen weniger massif, tragbarer, und wohlfeiler, denn er wiegt etwa 400 Pfund, und kostet 180 Franken. — Nächstdem ist der Herd mit einer doppelten Hülle versehen, durch welche die Luft des Zimmers und die äufsere zieht. Diese erhitzte Luft kehrt alsdann durch eine Öffnung ins Zimmer zurück, und erwärmt es. — Ein Ofen läfst sich wie eine Maschine ansehen, in der man den Wärmestoff verschliefst, um ihn nach Bedürfnifs zu brauchen. Die massifen Schwedischen Öfen lassen denselben langsam durch, und dienen im Norden, um Zimmer zu heizen. Die mit dünnen Wänden sind dagegen in Gegenden vorzuziehen, wo die Kälte weniger daurend ist, und wo ein lebhaftes, weniger anhaltend arbeitendes Volk wohnt. — $4\frac{1}{4}$ Kilogramme Holz erwärmten den Ofen des Herrn Voyenne in einer halben Stunde, dafs man die Hand nicht daran bringen konnte, die Hitze hielt einige Stunden an. — Der Ofen zum Kochen ist sehr tragbar, und eigentlich eine Anwendung der Rumfordschen Ofen zum

Kochen der Suppen. Nur sind die Wände von Eisenblech. u. s. w.

8. *Ankündigung und Lobpreisung der Beckmannschen Technologie, die die Gesellschaft übersetzen läſst.* —

VII.

Das 68ste Stück des Journal des Mines vom Monath Floreal an X. enthält:

1. *Ueber die Structur des Thals der Adour*; vom B. Ramond.

2. *Beschreibung einer neuen Varietät des phosphorsauren Kalks*, vom B. Hauy. Der Verf. hatte das Mineral von Herrn Camper erhalten, es befindet sich auf dem Gotthard. Es ist ein 6seitiges regelmäſsiges Prisma, und hat Zuspitzung wie die Varietät unibinaire und Pyramidie. Der Verf. nennt diese Var. progressive, weil sie den Übergang von der einen in die andre Varietät zeigt, und zwischen dem ehmals unterschiednen Spargelstein und Apatit gewissermaſsen inne steht. Die Varietät ist abgebildet. —

3. *Beobachtungen über die Veränderung, die das kohlensaure Gas durch den electrischen Funken erfährt, und über die Zersetzung dieses Gases durch das Wasserstoffgas*, vom B. Saussure. — Der Verf. behauptet, daſs die Veränderungen des kohlensauren Gases durch die Electricität nicht von Wasserzersetzung, sondern von partieller Zersetzung des Gases selbst, welches kohligtsaures Gas wird (Gaz carboneux), herrühre, indem ein Theil des Sauerstoffs dem Metalle abgegeben wird, welches beym Versuche in den Apparat hineingeht, und sich folglich in Berührung des kohlensauren Gases befindet. Eben so glaubt er, daſs das kohlensaure Gas der Atmosphäre durch das Wasser, welches eine Glocke mit Wasserstoffgas sperrt, sich durchzieht, das Wasserstoffgas zersetzt, und so das Volumen desselben vermindert. —

4. *Über die Bleyminen in Derbyshire*, Auszug eines Werkes von Mawe, the Mineralogy of Derbyshire betittelt, vom B. Tonnellier.

5. *Fortsetzung des B. Daubuisson über die Bearbeitung des Bergwerks Beschert-Glück in Sachsen.*

6. *Analyse des Koupholiths* (d. h. leichter Stein) vom B. Vauquelin. (S. den Auszug aus dem J. d. Physique von Delametherie.)

7. *Vergleichende Analysen des Bleys von Kölln und vom Bergwerke La Croix*, vom B. Vauquelin. Sie waren sich beyde in den Resultaten fast gleich. —

8. *Ankündigungen.* B. Roussel hat mehrere Monathe Faden von Fucusarten von 74 Centimeter Länge der feuchten Luft ausgesetzt. Die gröſste Verkürzung bey Trockniſs war von 170 Millimeter für den Fucus saccharinus, 78 für den F. digitatus, 50 für den F. tendo, 90 für den F. Loreus, 8 für ein Haar von derselben Länge. Er hat dem zu Folge von dem ersten ein sehr empfindliches Hygrometer verfertigt.

VIII.

Das 69ste Stück des Journal des Mines (Prairial Jahr X.) enthält:

1. *Allgemeine Beobachtungen über die Vulcane*, vom B. de Luc. Der Verf. hat mehrere Ausbrüche des Vesuvs sehr nahe gesehen, und glaubt nichts entdeckt zu haben, was electrische Wirkung verriethe. Er glaubt auch, daſs alle kleine Krater zu gleicher Zeit mit den groſsen entstanden sind, und daſs es

keine secondairen gibt, wie B. Monnet es behauptet hatte.

2. *Über ein Mittel, den Kessel einer Dampfmaschiene mit Dämpfen zu heizen, die so heifs wie das kochende Wasser sind.* Beschreibung einer Maschiene des Herrn Hase aus dem Repertory of Arts vom Monath September.

3. *Auszug eines Memoires über die Kraft des Wassers und andrer Flüssigkeiten*, von J. Dalton, aus dem Repertory of Arts vom Juny 1802.

4. *Abhandlung des Herrn* Pontier *über die Verfertigung des Bleysalzes*, vorgelesen in den Conferenzen des Bergwerksconseil. Im Auszuge vom B. Vauquelin, enthält Vorschläge zur Verfertigung des essigsauren Bleys im Grofsen. —

5. *Notiz über verschiedne Verbindungen des Kobalts mit dem Sauerstoffe*, nebst einigen Bemerkungen über die metallischen Ammoniacalsalze vom B. Thenard, im Auszuge vom B. Drappier. Zeigt die Wichtigkeit und den Einfluſs des Ammoniacs auf erdige Salze und Metalle.

6. *Historische Notiz über das Leben und die Werke des* Dolomieu, vom B. Lacepede. (S. d. n. Entd. I. St. S. 105.)

Ankündigungen. Unter andern ein Vorschlag, das schwefelsaure vegetabilische Alkali zum Verfertigen des Glases anzuwenden.

IX.

Das 70ste Stück des Journal des Mines (Messidor Jahr X.) enthält:

1. *Ueber einige Eigenschaften der Yttriaerde in Vergleichung mit der Süſserde* u. s. w. von A. G.

Eckeberg. Aus den schwedischen Abhandlungen der Academie der Wissenschaften übersetzt von E. Swedenstierna. —

2. *Beschreibung mehrerer Öfen, die ihren eignen Rauch verzehren und das Brennmaterial sparen machen.* Enthält eine genaue Beschreibung des rauchverzehrenden Ofens von Thilorier; eine andre des Ofens von Watt, der im zweyten Bande des Repertory of Arts T. IV. beschrieben ist; eine dritte des Ofens von W. Thomson und Bowlane, ebendaher; eine 4te von Roberton in Glasgow aus dem XVIten Bande des Repertory; und endlich einige Vorschläge, die rauchverzehrenden Öfen als Reverberieröfen und in Glashütten anzuwenden.

3. *Versuche, die in der Schmelzhütte zu Poullaouen gemacht worden sind, um die Temperatur gewisser Öfen um die Zeit, wenn ihre Wirkung am gröſsten ist, zu bestimmen,* vom B. Beaunier und Gallois, Bergwerksingenieur. Die Versuche sind nach der vom B. Coulomb vorgeschlagnen Methode angestellt. Man legt nehmlich ein Stück Eisen von bestimmtem Gewichte an die Stelle des Ofens, dessen Temperatur man wissen will, und läſst es so lange, als erforderlich ist, daſs sich die Hitze desselben mit der umgebenden ins Gleichgewicht setze, alsdann zieht man es schnell heraus, und taucht es schnell in eine Quantität Wasser, dessen Gewicht und Temperatur bestimmt ist. Der Unterschied der Temperatur, den man nachher im Wasser findet, führt zur Bestimmung des Grads der Hitze im Ofen. Die Formel zur Berechnung ist algebraisch angegeben. —

4. *Über die Quecksilberoxyde und Mercurialsalze,* vom B. Fourcroy. S. Notiz der Arbeiten des Nationalinstituts vom 3ten Trimester des Jahres X.

5. *Potamographischer Versuch über die Mosel,* von Hericart de Thury. Eine Beschreibung des Flufsgebieths nebst Beobachtungen über die Quelle des Flusses. Das Verschwinden derselben unter der Erde, und das neue Hervorkommen derselben.

6. *Ankündigungen, den Bergbau in Frankreich betreffend.* Enthält Gegenstände, deren schon in den Annalen Erwähnung geschehen ist.

X.

Journal des Mines. Thermidor An X. N. 71.
enthält:

1. *Allgemeine Uebersicht der Steinkohlengruben in Frankreich, welchen Gewinn sie geben, und die Mittel sie in Umlauf zu bringen,* vom B. Lefebure, Mitglied des Conseil des Mines etc. (Ein für die Bergwerkstopographie Frankreichs äufserst wichtiger Aufsatz, der das ganze Heft füllt, aber wegen des localen und individuellen Interesse, das er gewährt, nur in ein der Mineralogie allein gewidmetes Journal aufzunehmen ist.)

XI.

Journal des Mines. Fructidor An X. N. 72.
enthält:

1. *Eine Fortsetzung des im vorigen Stücke unterbrochnen wichtigen Aufsatzes des Herrn* Lefe-

bure. — Das Resultat des Ganzen ist: daſs die Steinkohlen, die gewonnen werden, 13 Millionen Klafter (Cordes) *) Holz ersetzen, und daſs die Ersparniſs 60,000,000 Franken ausmacht. — Denkt man nun, daſs 5,000,000 (Cordes) Klaftern Holz jährlich durch 600 hohe Öfen und 1500 Schmiedewerke und Stahlfabriken verbraucht werden, und daſs $\frac{1}{5}$ durch Steinkohlen zu ersetzen wäre, so würden hierdurch 5 bis 6 Millionen mehr erspart. — (Man hat eben im Haute-Marne-Departement sehr überzeugende Versuche gemacht, daſs die Holzkohlen gröſstentheils durch Steinkohlen in den Eisenwerken zu ersetzen sind.) — Der Aufsatz ist mit einem sehr schönen Kärtchen von Frankreich begleitet, auf welchem die schiffbaren Flüsse, Kanäle und Steinkohlengruben durch Zahlen angedeutet sind.

2. *Bericht der Ackerbaugesellschaft zu Boulogne sur mer vom Floreal J. X. Über die Eigenschaften einer Cimentmasse (platre ciment.)* — Ein calcinitter Stein giebt gepulvert eine Masse, die, wenn man sie wie den Kalk löscht, die Eigenschaft hat, im Wasser hart zu werden, und zwar um so härter und zäher, je länger er im Wasser bleibt. Dieses sind die Hauptphänomene, die die Versuche darboten. Man wird die Wichtigkeit derselben leicht einsehen. Der Aufsatz enthält die Beschreibung des Steins, die Art ihn zu brennen, in Pulver zu verwandeln, ihn anzuwenden, die Phänomene, die er in freyer Luft, im Wasser darbietet, und was er zu bearbeiten kostet. Es ist ein natürlicher Mörtel, wie der künstliche römische, und wie der, der von Parker und Comp. in London verfertigt wird. (Unsre Leser werden die Analyse desselben bereits aus dem Bulletin für Industrie, und aus den Annales de Chimie kennen.)

*) Eine Corde besteht aus 128 Kubikfuſs Holz. Eine Corde de forge hat nur 80 Kubikfuſs.

3. *Analyse des eben erwähnten Platre ciment* von Drappier. Der Verf. fand Wasser und Kohlensäure 36,00; Kalkerde 34,50; Kieselerde 15,00; Eisen 7,00; Alaunerde 4,75; Verlust 2,75.

4. *Allgemeine Tabelle über das 61ste bis 72ste Heft des J. d. M.* —

XII.

Journal des Mines. Vendemiaire An XI. N. 73. enthält:

1. *Beobachtungen über das Phosphoresciren des Tremolits und des Dolomits*, von Bournon, Mitglied der königl. Societät zu London. Die Analyse des Herrn Chenevix hatte gezeigt, daſs der Tremolit das Phosphoresciren bloſs dem kohlensauern Kalk (Dolomit) verdanke; also kann es in diesem nicht den Character einer besondern Species geben u. s. w. —

2. *Über verschiedne steinige und metallische Fossilien, und über verschiedne Eisenmassen, die vom Himmel gefallen seyn sollen*, vom B. Tonnelier, Aufseher des Mineraliencabinets in der Ecole des Mines. Aus einer Abhandlung, die in der königl. Soc. zu London gelesen worden ist, gezogen. — Beschreibung und Analyse der Steine von Benares, von Siena, von Yorkshire, und von Böhmen. Dieser Aufsatz ist wohl schon aus England nach Deutschland gekommen, die Übereinkunft der Vauquelinschen Analyse mit der Howardschen haben wir bereits oben angezeigt. —

3. *Auszug einer Abhandlung über die Quellen der Loiret*, vom Bürger Tristan.

4. *Anmerkung über das hydraulische Druckwerk und über die Art seine Wirkung zu berechnen*, vom B. Montgolfier. (S. d. N. Entd. Vtes St. S. 17.)

5. *Anmerkung über die Verfertigung des Eisens und Stahls mit Steinkohlen nach Reynolds Methode zu Coal-brook-dale*, von Thomas Smith zu Philadelphia. Im Auszuge von Tonnelier.

6. *Über die Zusammensetzung des Smirgels*, von Tennant. — Ähnlichkeit des Smirgels mit dem Diamantspath. (Aus dem Englischen.)

7. *Analyse des Sphène*, von Luis Cordier. — 100 Theile dieses Minerals enthielten 33,3 Titankalk; 32,2 Kalk; 28 Kiesel; 6,5 Verlust. Die Ähnlichkeit der Bestandtheile mit denen, die Klaproth im Titanit gefunden hat, liefs vermuthen, dafs diese Substanz von jener nicht verschieden sey. Auch hat Herr Hauy seitdem die Ähnlichkeit bey der mechanischen Theilung entdeckt. Die Substanz ist so selten nicht, als man glaubte. —

8. *Allerley Ankündigungen*, unter andern über ein Röthel zum Poliren, über ein Metall Silene genannt u. s. w. (Von allem ist bereits in den N. Entd. Erwähnung geschehen.)

XIII.

Journal des Mines. Brumaire An XI. N. 74. enthält:

1. *Fortsetzung der Anmerkung über verschiedne steinigte und metallische Substanzen, die vermeintlich vom Himmel gefallen seyn sollen.* Aus einer in der Londner Soc. vorgelesenen Abhandlung von Tonnelier gezogen. (Über einiges für natürlich gehaltnes

Eisen aus Sibirien, Böhmen, dem mittäglichen America und dem Senegal.)

2. *Über die Eisenmasse von Sibirien und über die vermeintlich vom Himmel gefallnen Steine* von de Luc. (Der Verf. geht alle gesammelte Phänomene dieser Art durch, und behauptet, sie seyen falsch gesehen, und falsch beurtheilt.)

3. *Beschreibung der crystallinischen Gestalten des Sahlit*, von Bournon. Aus einer Abhandlung der königl. Gesellschaft der Wissenschaften zu London.

4. *Auszug eines Briefes von* Daubuisson *an* Brochant *über die Temperatur in den Bergwerken zu Freyberg.* —

5. *Analyse des Basalts von* Klaproth, übersetzt von Daubuisson.

6. *Analyse des Minerals, welches unter dem Nahmen violetter Braunstein aus Piemont bekannt ist*, von L. Cordier. Hauy giebt es in dem Appendix zum Braunstein unter dem Nahmen oxydirter Braunstein in Verbindung mit verschiednen Substanzen. Der Verf. fand bey der Analyse, Kiesel 33,5; Eisenkalk 19,5; Thonerde 15,0; Kalk 14,5; Braunsteinkalk 12; Verlust 5,5. — Man sieht, dafs diese Bestandtheile mit denen des Epidote (des glasartigen Strahlsteins) am meisten übereinkommen. Der Verf. erkennt es bey genauerer Untersuchung für eine Varietät desselben. —

7. *Auszug eines Briefes des* B. Chardan *über die Ausdünstung der Salzwasser in den französischen Salinen und denen der fremden Länder.* (Es ergiebt sich, dafs sie in verschiednen Monaten verschieden ist, und dafs man monatliche Beobachtungen von verschiednen Jahren haben müsse, um genaue Beobachtungen anstellen zu können.)

8. *Auszug eines Berichts über die Hüttenwerke von Audincourt*, vom B. Brochin, Bergwerksingenieur. —

9. *Beschreibung eines ökonomischen Kalkofens des Lord Stanhope. Nothwendigkeit des Wassers, um die Calcination des Kalks vollständig zu machen, ebenfalls vom Lord Stanhope. Mittel, um zu erkennen, ob die Calcination vollständig war.* (Durch Aufgüfsen einiger Tropfen Schwefel - oder Salpetersäure, um zu sehen, ob sich Kohlensäure entwickelt.) U. s. w. —

XIV.

Journal du Galvanisme, de Vaccine etc. Redigé par J. Nauche. III. Cahier. Messidor Jahr XI. (20. *Jan.* 1803.) *S.* 97 - 144.

1. *Kurze Übersicht über den Galvanismus*, von C. Le Gallois. (Fortsetzung des Aufsatzes des vorigen Stückes.)

2. *Betrachtungen über einen galvanischen Versuch*, von Graperon. Dieser galvanische Versuch ist der über die Farbenveränderung der Oberfläche der Eingeweide eines Frosches durch den Kupferpol. Es bildet sich nehmlich auf dieser Oberfläche dem Anscheine nach ein weifslicher Schleim. Der Verf. macht es durch vergleichende Versuche wahrscheinlich, dafs dieses Weifswerden von den Bläschen von Wasserstoffgas herrühre, welche sich aus der klebrigten schleimigten Flüssigkeit, welche diese Eingeweide überzieht, nicht in gröfsere Blasen vereinigen und losmachen können, sondern unter der Form von kleinen, von einander isolirten Bläschen, welche einen dünnen Überzug

von der Flüssigkeit erhalten, zurückbleiben, und nun das Licht, das von allen diesen Oberflächen auf eine unendlich mannigfaltige Art reflectirt wird, als weifses zurückwerfen. Eine etwas klebrigte Auflösung von arabischem Gummi verhielt sich auf gleiche Weise.

3. *Auszug aus einem Aufsatze des Prof. Schaub über die Anwendung des Galvanismus in Taubheit und Harthörigkeit.*

4. *Fortsetzung der Abhandlung über die Anwendung des Galvanismus auf Urinverhaltung von Lähmung der Urinblase.* In einem zweyten hier erzählten Falle wirkte der Galvanismus wohlthätig, doch wurden zugleich andere reitzende Mittel, wie Canthari-dentinktur, Arnica, gebraucht. Da der Metalldraht, der mit dem Kupferpole communicirte, nicht bis in die Blase, sondern nur bis ohngefähr in die Mitte der Harnröhre gebracht wurde, so entstanden die nehmlichen Zufälle in der Urinblase, aber zugleich heftige Schmerzen in der Harnröhre, welche acht Tage hindurch fortdauerten, ohngeachtet das Galvanisiren ausgesetzt, und besänftigende Mittel angewandt wurden.

5. *Beobachtung einer durch die Anwendung des Galvanismus geheilten Lähmung des rechten Arms*, von Pajot-Laforêt. Die Lähmung hatte ihren Grund in dem Geschäfte dieser 32jährigen Frau, durch Umrühren einer Masse von Bleytheilen mit der rechten Hand im Wasser die oxydirten Theile von denen, die es nicht waren, abzusondern. In Zeit von einem Monate war Empfindung und Bewegung durch den blofsen Galvanismus wieder hergestellt. Es werden galvanische Erschütterungen angewandt.

6. *Recensionen und literarische Anzeigen.*

Pf.

XV.

Literarischer Anzeiger, (s. die N. Entd. VI. St. S. 123.)

Mineralogie und Geologie.

1. Histoire naturelle de la montagne de Saint-Pierre de Maestricht par Faujas-Saint-Fond. I — X. et dernière Livraison grand in 4. avec 54 Planches, à Paris chez Deterville. An XI.

2. Apperçu general des mines de houille exploitees en France, de leurs produits, et des moyens de circulation de ces produits. Par le Cit. Lefebure, membre du conseil des mines etc. avec une carte. Paris chez la veuve Vilier 1803.

3. Memoires sur les basaltes de la Saxe, accompagnés d'observations sur l'origine des basaltes en general, par J. F. d'Aubuisson. I Vol. en 8., à Paris chez Courcier.

4. Essai de Géologie ou Memoires pour servir à l'Histoire naturelle du Globe par B. Faujas de Saint-Fond. I. Vol. en 8., à Paris chez Patris.

Botanik.

5. Dictionnaire des termes techniques de botanique à l'usage des elèves et des amateurs, par le Cit. Mouton-Fontenille, à Lyon. I. Vol. en 8. de 444 pages.

6. Histoire naturelle generale et particulière des plantes, ouvrage faisant suite aux Oeuvres de LeClerc de Buffon etc. Les genres des plantes réunies en famille d'après le Genera Plantarum d' Antoine-Laurent de Jussieu, et distribuées par Classes d'après la methode de Lamarck; par C. F. Brisseau-Mirbel. Tom III — V., à Paris chez Dufart. (1803.)

Zoologie.

7. Faune Parisienne — Insectes — ou Histoire abregée des Insectes des environs de Paris, classés d'après le Système de Fabricius; par C. A. Walckenaer. 2. Vol. en 8. avec figur. — Paris an XI. Dentu. — Preis 12 Fr.

8. Histoire naturelle, generale et particulière des Poissons, ouvrage faisant suite à l'histoire naturelle generale et particulière composée par Le Clerc de Buffon et mise dans un nouvel ordre par C. S. Sonnini, avec des notes et des additions par C. S. Sonnini. Tom. I — VI. chez Dufart. (1803.)

9. Histoire naturelle, generale et particulière des Crustacées et des Insectes, ouvrage faisant suite aux oeuvres de Le Clerc de Buffon — par P. A. Latreille. Tom. III — VI. Paris Dufart. (1803.)

10. Histoire naturelle des Poissons par le Cit. La Cepède. Tom. IV. Un vol. en 4. de 728 pages et 16 planches, à Paris chez Plassan.

Physiologie.

11. Exposé des températures, ou les influences de l'air sur les maladies et la constitution de l'homme et des animaux, et ses effets dans la vegétation par M. Chavassieu d'Audibert, médecin à Versailles. Trois grandes feuilles in fol. prix, broché 5 Fr. A Paris 1803.

12. Système physique et moral de la femme, ou Tableau philosophique de la constitution, de l'etat organique, du temperament, des moeurs et des fonctions propres au sexe par P. Roussel, Dr. en medecine de l'Université de Montpellier. Nouvelle édition augmentée de l'éloge historique de l'auteur par G. L. Alibert. A Paris chez Crapart. 1803. 1. Vol. en 8. 4 Fr.

13. Principes de Physiologie, ou Introduction à la science experimentale, philosophique, et medicale de l'homme vivant. Par Ch. Louis Dumas, Prof. à Montpellier. Tom. IV. à Paris chez Deterville.

14. Memoires sur la respiration par Lazare Spallanzani traduits en francais d'après son manuscrit inédit, par Jean Senebier. I. Vol. en 8. Geneve chez Paschoud.

Chemie.

15. Manuel du Pharmacien par le Cit. J. B. Bouillon - Lagrange. à Paris chez Bernard. An XI.

16. Recherches et experiences medicales et chimiques sur le Diabète sucré par les Cit. Nicolas, Prof. de Chimie aux ecoles centrales du Calvados, et Vict. Guedeville, docteur en medecine, à Caen. Un Vol. en 8. à Paris chez Mequignon l'ainé.

Physik.

17. Memoire sur un graphometre souterrein destiné à remplacer la boussole dans les mines, par M. de Komarzewski, ancien lieutenant-general du roi et de la republique de Pologne etc. à Paris chez Pougens. In Fol. de 16 pages avec 2 planches.

Technologie.

18. Bibliothèque physico-economique, instructive et amusante, à l'usage des Villes et des Campagnes, par une Societé de savans, d'artistes et d'agronomes et redigée per C. S. Sonnini. Cahier I — IX. chez Buisson.

19. Rapport fait à la Classe des Sciences mathematiques et physiques de l'Institut national sur diverses Inventions de Jean — Pierre Droz, relatives à l'art du monnoyage. Imprimé par ordre de

la Classe. Paris, Nivose an XI. 59 S. en gr. 4. et 4 Planches.

Schriften vermischten Inhalts *).

20. Voyage de trois mois en Angleterre, en Ecosse, et en Irlande pendant l' eté de l' an 9 (1801) par Marc-Auguste Pictet, professeur de philosophie et de physique experimentale dans l'academie de Genève. à Genève. 2. Vol. en 8.

21. Mélanges de physiologie, de physique et de chimie. Par Claude Roucher de Ratte, professeur de physique et de chimie à l'école centrale du departement de l'Hérault. 1 Vol. en 8. à Paris chez Allut.

*) Unter diese Rubrik sollen diejenigen Werke gebracht werden, welche Gegenstände aus mehreren der vorher angezeigten Wissenschaften enthalten, ohne sich mit einer Wissenschaft vorzugsweise zu beschäftigen.

C.

Correspondenz, literarische und technische Nachrichten und Neuigkeiten, gelehrte und andere Gesellschaften, Unterrichtsanstalten u. s. w.

I.

Auszug aus einem Briefe des Dr. Friedländer an Prof. Pfaff aus Paris vom 25ten August.

— Unter den von Capitain Baudin überschickten Thieren befinden sich ein lebendiger schwarzer Schwan, eine neue Casuarspecies, eine große Menge Vögel, von denen das Museum mehr als ein Viertheil nicht besitzt, und ganz neue Geschlechter mit mehreren Arten, endlich eine ungeheure Menge von Conchylien, welche die Originale der versteinerten sind, die man bey Grignon findet, und die man für verloren hielt. Die Pflanzen haben am meisten gelitten. Von 800 geben kaum dreyfsig Spuren von Leben. Als nehmlich die Engländer das Schiff aufbrachbrachten, hörte man während der 10tägigen Gefangenschaft auf, sie so fleifsig zu warten, und als man die schmachtenden Pflanzen nachher zu sehr tränkte, wurden sie ersäuft. Dr. Woodhouse, der die Pflanzen in dem englischen Hafen gesehen hat, war erstaunt sie nach sieben Monathen noch so wohl conservirt zu sehen. —

Cuvier hat nun wieder seine Vorlesungen über vergleichende Anatomie und Physiologie angefangen, und ich hoffe ihnen das Interessanteste davon für das Journal mittheilen zu können. Biots Bericht über seine Sendung nach Laigle zur Untersuchung des merkwürdigen Phänomens des dortigen Steinregens ist nun im Drucke erschienen, und ich lege ihnen ein Exemplar davon bey. (Den ausführlichen Auszug aus diesem interessanten Berichte sollen unsere Leser im nächsten Stücke erhalten.)

II.

Chemische Neuigkeiten.

A. *Phosphorsaure Talkerde in den Knochen der Thiere.*

In der Sitzung des Nationalinstituts vom 29sten Messidor (18 Julius) lasen Herr Fourcroy und Vauquelin eine interessante Analyse der Knochen der Thiere und Menschen, welche sie angefangen haben, vor. Es ergiebt sich vorläufig, dafs die Thierknochen stets eine beträchtliche Menge phosphorsaurer Talkerde (phosphate de magnesie) enthalten, die in den Menschenknochen gar nicht gefunden wird. Wir hoffen unsern Lesern diese wichtige Abhandlung bald in extenso liefern zu können.

B. *Stickgas die allgemeine Grundlage aller Gasarten.*

Ein junger thätiger Chemiker Herr Berger in Genf, dem die gelehrte Welt schon mehrere interessante Abhandlungen verdankt, hat in dem Messidorstücke des Journal de Physique Untersuchungen über die Einsaugung und Veränderung der Luft und verschiedener Gasarten durch das Wasser bekannt gemacht, welche ältere Beobachtungen Priestleys und anderer, die man vernachläſsigte, weil sie nicht ganz in das System paſsten, auffallend bestätigen, und frühere Behauptungen eines Priestley, Deluc, Lichtenberg (vergl. auch Pfaff über thierische Electricität und Reitzbarkeit, und Dessen Prüfung der Göttlingischen Schrift über das Verbrennen des Phosphors) in ihr verdientes Recht einsetzen. Unter andern ergiebt sich als Resultat dieser Untersuchungen, daſs das Wasserstoffgas keine elementarische Gasart sey, sondern wahrscheinlich Stickgas zur Grundlage habe, und daſs überhaupt das Stickgas und somit das Wasser die Grundlage aller Gasarten seyn möge. Diese Behauptung, die von den Wortführern unter den französischen Chemikern als die ärgste Ketzerey verdammt werden wird, wird unter uns Deutschen, unter denen ein literarischer Despotismus, den gewisse Herren so gerne einführen möchten, Gottlob noch etwas fremdes ist, und bleiben wird, wenn auch nicht gerade Anhänger, doch ruhige Prüfer finden. Wir werden auf diese interessanten Untersuchungen im nächsten Stücke der N. Entd. zurückkommen.

Pfaff.

C. *Auszug aus Seguins Arbeiten über die Gährung.*

In einer ersten Abhandlung entwickelte Seguin den Plan der Arbeit, welche er über die Gährung überhaupt, und ins besondere über die Fabrication des Biers, des Weins, des Ciders und des Kornbranntweins und Rums unternommen hatte. In einer zweyten Abhandlung hatte der Verf. zur Absicht zu beweisen, daſs die Gährung keineswegs das Product einer Substanz sui generis, sondern mehrerer vereinigter Umstände zusammen sey.

Er zeigt, daſs in dem Falle, wo klare Flüssigkeiten gähren, das wahre Auflösungsmittel der Gährung erregenden Ursache, sie sey auch was sie immer wolle, das Wasser und nicht die zuckerartige Materie sey, daſs eine länger dauernde Berührung und die Gegenwart des Zuckers auf keine Weise zur Auflösung irgend eines Gährungsstoffes der Hefen erforderlich seyen, daſs diese Auflösung durch das Wasser zwar nur in geringer Quantität, aber doch beynahe augenblicklich und selbst bey der gewöhnlichen Temperatur der Atmosphäre erfolge, daſs endlich, vorausgesetzt daſs der Zucker gleichfalls die Eigenschaft besitze, irgend einen Gährungsstoff aufzulösen, es doch unmöglich seyn würde, dieſs darzuthun, weil der Zucker selbst vorher vom Wasser aufgelöst seyn müſste, um diese Eigenschaft zu zeigen. (Man sieht, daſs die Tendenz dieser beyden Arbeiten vorzüglich gegen Thenards Untersuchungen über die Gährung gerichtet ist. S. N. Entd. III. und IV. St. S. 133.)

Bulletin des Sciences Nro. 75.

D. *Auszug aus einer Notiz Thenards über das essigsaure Bley. — Doppelte Art von Bleyzucker.*

Ein Fabrikant von Bleyzucker war genöthiget worden, seine Arbeiten einzustellen, weil er den Bleyzucker nicht mehr in Nadeln krystallisirt erhalten konnte, sondern statt dieser Blättchen erhielt, die man im Handel verwarf. Thenard suchte die Ursache dieser Erscheinung auf, und überzeugte sich bald, dafs sie in dem quantitativen Verhältnisse der Bestandtheile liege. Er gelangte dahin einen ganz ähnlichen Bleyzucker zu verfertigen, da er 100 Theile des gewöhnlichen käuflichen Bleyzuckers mit 150 Theilen wohl getrockneter und ihrer Kohlensäure durch das Feuer beraubten Bleyglätte mit Wasser kochen liefs. Die Analyse bestätigte die Existenz zweyer Arten von essigsaurem Bley (Bleyzucker): die eine, die schon längst bekannt ist, (der käufliche Bleyzucker) besteht aus 0,58 Bleyoxyd, 0,26 Essigsäure, und 0,16 Wasser; die andere, welche sich bis jetzt den Untersuchungen der Chemiker entzogen hat, enthält 0,78 Bleyoxyd, 0,17 Essigsäure, und 0,05 Wasser.

Das erste dieser Salze hat ein Übermafs von Säure, einen stark zuckerartigen Geschmack, krystallisirt in nadelförmigen Prismen, die sechsseitig zu seyn, und sich in sechsseitige Pyramiden zu endigen scheinen, verändert sich nicht an der Luft, ist im Wasser sehr auflöslich, und bildet mit demselben eine Auflösung, die durch die Kohlensäure nur schwach niedergeschlagen wird. Das andere Salz dagegen ist neutral, hat einen weniger merklichen zuckerigten Geschmack, eine blättrige Form, löst sich im Essig auf, und bildet alsdann durch das Abrauchen Nadeln, verwittert etwas an der Luft, ist viel weniger auflöslich mit dem Wasser, bildet aber mit demselben eine Auflösung, welche durch die Kohlensäure reichlich niedergeschlagen wird. Dieses Präcipitat ist sehr weifs, bildet mit dem Öl einen Teig, und durch Ausziehen der Kohlensäure aus der Kreide, vermittelst des Feuers, würde man vielleicht im Stande seyn, ein schönes Bleyweifs durch dieses Mittel zu bereiten.

Die Wichtigkeit der Entdeckung dieses neuen Salzes leuchtet von selbst in die Augen. Wir lernen dadurch nicht blofs einen neuen für die Wissenschaft überhaupt sehr interessanten Körper kennen, da wir an demselben einen neuen Beweis erhalten, dafs das quantitative Verhältnifs der Bestandtheile der Salze sehr veränderlich seyn kann, sondern diese Entdeckung hat noch ein besonderes Interesse für die Arzneykunst, die täglich Gebrauch von Bleysalzen macht, und die ein Salz nöthig haben könnte, das eine grofse Menge von Bleyoxyd enthält, so wie für die Künste überhaupt, welche dadurch ein neues Mittel, sich ein schönes Bleyweifs zu bereiten, erhalten, und für die Kunst der Bleyzuckerbereitung insbesondere, welche dadurch über ihre Processe und Producte eine neue Aufklärung erhält.

Bulletin des Sciences Nro. 77.

E. *Nachricht von einem heftig wirkenden Knallpulver.*

Im Florealstücke des Journal de Physique (vom Jahre XI.) findet sich ein Brief von Proust über ein heftiges Knallpulver (S. 394.). Diefs ist das Gemisch von der oxygenirt - kochsalzsauren Pottasche mit dem Arsenik. Proust hat die Gewohnheit, in seinen Vorlesungen die Dauer des Brennens der verschiedenen Arten von Pulver dadurch zu vergleichen, dafs er sie in Röhren von gleichem Durchmesser verbrennt, welche durch eine Scheibe von Kork gehen, um alsdann auf das Wasser gesetzt, und beynahe in ihrer ganzen Länge untergetaucht werden zu können. Auf diese Weise wollte er auch das Gemenge der oxygenirt-kochsalzsauren Pottasche mit Arsenik neben der gleichen Quantität des nehmlichen Pulvers verbrennen, um ihre Flammen und ihre Dauer zu vergleichen; kaum hatte er aber die Zeit ein wenig zurückzugehen, nachdem er bey beyden Röhren Feuer gegeben hatte, als die erstere Röhre eine heftige Explosion that, sich der ganzen Länge nach spaltete, das Glasgefäfs zertrümmerte, und das Wasser wie eine Kugel, die nach allen ihren Radiis entfliehen wollte, fortschleuderte. Macht man auf einem Tische zwey lange Streifen von gewöhnlichem Pulver, und vom obigen Gemenge, und läfst man beyde an dem einen Ende zusammenkommen, um sie zugleich entzünden zu können, so sieht man zu seinem grofsen Erstaunen, dafs der eine wie ein Blitz verschwindet, während der andere (vom gewöhnlichen Pulver) mit einer aufserordentlichen Langsamkeit zu verbrennen scheinet.

III.

Mineralogische Neuigkeiten.

Auszug aus mehreren Briefen Cordier's, Bergwerkingenieurs, an Delametherie. — Vulkanische Gegenden Frankreichs — Vivarais — Pic von Teneriffa. Mineralogische Beschaffenheit und Höhe desselben. *)

— — — In Vivarais haben wir vollkommen erhaltne Craters gefunden, mit ihren Laven und Schlacken, welche auf Granitgruppen von der ältesten Formation sich vollkommen isolirt befinden, ein neuer Beweis für

*) Journal de Physique. Ventose Jahr XI. S. 220—223.

Dolomieu's Meinung, dafs die vulkanischen Kräfte ihre Entstehung weder dem Verbrennen von Steinkohlen-Flötzen, noch den unterirdischen Veränderungen von Materien, welche das Wasser zersetzen, (z. B. von Kiesen) verdanken. Die Energie der vulcanischen Wirkungskräfte scheint in den erloschenen Vulcanen der Gebirge in dem Mittelpunkte von Frankreich allmählig abgenommen zu haben, und wenn man eine allgemeine Ursache für die Auswürfe von Laven annimmt, so kann man annehmen, dafs die Action dieser Ursache im Begriff ist aufzuhören, weil die Zahl der brennenden Vulcane auf der Oberfläche der Erde nicht über 25 — 30 steigt.

Bey Aubénas fanden wir Fragmente von Kalkschiefer von erdigtem Korne in einer schwarzen porösen Lave eingeschlossen. Die Stücke haben bisweilen nicht einen Zoll im Durchmesser, und sind doch vollkommen unverändert. Diefs beweifst keine grofse Hitze der Laven.

Die Spuren von unterirdischem Feuer werden seltener, so wie man von den Cevennen nach dem mittelländischen Meere hinabsteigt. Die letzten vulcanischen Streifen (trainées) finden sich bey Lodève und im Hafen von Cette.

Die Laven haben uns sonderbare Übergänge gezeigt, besonders in den Adern (filons), welche sie häufig in den Peperinos und in den vulcanischen Breccien, die aus Bruchstücken von Schlacken bestehen, bilden. Am Fufse des Cantal findet man in der nehmlichen Ader die rothe Schlacke, die schwarze prismatische poröse Lave mit Olivin und Augit, die nehmliche dicht, dieselbe ins Grauliche sich ziehend, den grauen erdigten Hornstein mit Feldspath und Hornblende, denselben mehr weifs, klingend, mit splittrigem Bruche, und Feldspath enthaltend, endlich den grobkörnigten, gefleckten und beynahe dem Varidit des Duranceflusses ähnlichen Hornstein.

Die prismatischen Laven, deren Grundlage Klingstein ist, zu Sanadoire beym Mont-d'or, enthielten Krystalle von Pleonaste oder blauem Ceylanit, und von Sphène oder honiggelbem Titanit.

Der strahligte Arragonit, von welchem wir sehr schöne Proben gefunden haben, existirt in vielen Laven, wo man ihn mit dem gewöhnlichen Zeolithe verwechselt hat.

Die Kalkschichten der Cevennen sind in grofse Massen gespalten, die unter allen Arten von Richtungen östlich gegen den Horizont geneigt sind. Die versteinerten Seekörper sind beständig in Familien bey einander vereinigt. Die Quarzgeschiebe, die denen der Isère gleichen, und 150 Toisen über dem Niveau der Rhone auf diesen Bergen sich finden, sind mir eine unerklärliche Erscheinung.

Das Thal des südlichen Kanals isolirt die Pyreneen vollkommen von den übrigen Gebirgen des europäischen Continents; ein grofser Einwurf gegen die Behauptung der ununterbrochenen Verkettung der Gebirge unserer Erdkugel. Wenige Gebirgsketten erlauben, wie die Pyreneen, die sonderbarsten Übergänge und Überlagen von Gebirgsarten in und über einander zu beobachten. Man kann den Fortgang des ursprünglichen Thonschiefers in den geaderten Granit in dem Thale von Barèches de Lucon beobachten. Am Fuſse des Berges la Maladetta ist das Ende des Thales von Venesque in eine Schicht von grobkörnigem Dolomit eingeschlossen, welcher sich beynahe senkrecht auf beyden Seiten erhebet, indem er sich auf der einen Seite auf den Thonschiefer, auf der andern Seite auf den Granit stützet. In den Pyreneen kann man gleichfalls mit grofser Leichtigkeit am Ausgange aller Thäler, die Natur der ungeheuren Ausfüllungen beobachten welche seine Grundlagen begraben, und den Zugang dieser ungeheuren Gebirgskette so leicht machen. Überall sind die

Schichten geneigt, bisweilen sind sie senkrecht. Sehr häufig beobachtet man sie in Form eines Zickzacks gerunzelt, was auch sonst immer ihre Lage sey.

Die östlichen Pyreneen und die Gebirge von Catalonien haben uns eine ähnliche Zusammensetzung gezeigt. In den ersteren haben wir den Kieselschiefer, und den gemeinen Quarz in beträchtlichen Bänken mit dem ursprünglichen Thonschiefer abwechselnd gefunden.

In Catalonien haben wir mehrere Adern von Mandelstein mitten in Schichten von älterem Muschelmarmor gefunden. Viele Bruchstücke von vulkanischen Schlakken lassen uns die Existenz von erloschenen Vulkanen in Arragonien vermuthen.

Santa Cruz de Teneriffa den 1. Mai. 1803.

— — — *) Am 16 April 1803 machte ich mich vom Hafen von Orotava aus auf den Weg. Ich hatte einen Führer, ein Maulthier mit Wasser und Mundvorrath und seinen Treiber mit mir. Der Pic von Teneriffa liegt gegen den südlichen Theil der Insel auf einer bergigten Plattform, welche sich über 1100 Toisen über die Meeresfläche erhebt. Der ganze Tag wurde angewandt, um bis zum Fuſse der colossalischen Bergspitze selbst zu steigen. Erst ging der Weg durch die reichste und schönste Vegetation, dann kamen Fichten auf einem undankbaren Boden, die Laven fingen nun an in ihrer ganzen Dürre und Verwirrung sich zu zeigen, auf die Fichten folgte eine Art von Ginster (Spartium supranubilum), der sich bis zur Plattform verbreitet, wo seine traurigen Büsche auf Haufen von Schlacken und Ebenen von vulcanischem Sande zerstreut sind, und nur mit wenigen Flechten das Eigenthum der dürrsten und unwirthbarsten Wüsteney theilen. Wir lagerten uns auf eine kleine Ebene von Bimssteinen, welche durch zwey un-

*) Journal de Physique Messidor Jahr XI. oder des LVII. Bd. I. St. S. 55 — 63.

geheure Ströme von glasartiger Lava umgeben war; einige Blöcke dieser Lave, die in einen Halbkreis geordnet sind, bilden die sogenannte Stanza de los Ingleses. Das Barometer stand auf 19 Zoll 9 $\frac{5}{10}$ Linien, das Thermometer auf 4 $\frac{3}{10}$ Grad. Nach der correspondirenden Beobachtung, die im Hafen angestellt wurde, befanden wir uns 1529 Toisen über der Meeresfläche. Die Nacht war herrlich, der Himmel wolkenlos, die Farbe desselben schien dunkelschwarz, und die Sterne flimmerten mit dem lebhaftesten Lichte. Um 4 $\frac{3}{4}$ Uhr des Morgens sank das Thermometer auf 3 Grad über 0, der Tag brach an, und ich machte mich mit meinem Führer auf den Weg. Wir mufsten beständig über grofse Stücken von Schlakken, und über äufserst scharfe glasartige Laven klettern. Zum Glücke war der Schnee in den Furchen der Lavaströme fest, wodurch unser Steigen von Zeit zu Zeit erleichtert wurde. Gegen die Spitze fanden wir nichts als Bimssteine. Ohne sehr schnell zu gehen, gelangten wir innerhalb drey Stunden auf die Spitze des Pics, und befanden uns an dem Rande des Craters. Es ist schlechterdings unmöglich, die Runde um denselben zu machen, sondern man mufs an der nördlichen Seite bleiben, wo man anlangt. Ich brachte meine Instrumente etwas tiefer, um sie gegen die schwefeligten Dämpfe zu schützen, welche der Wind über dem Crater hin und her trieb, ehe er sie mit sich fortnahm. Nun kehrte ich auf den Rand zurück, errichtete meine Fahne, um meinen Freunden im Hafen ein Zeichen zu geben, und fing ruhig meine Beobachtungen an.

Eine Dunstlinie bezeichnete am Horizonte die Trennung der Luft vom Meere, und bildete einen vollkommenen unermefslichen Zirkel.

Die berühmte Stelle Plato's in der Hand konnte ich nun untersuchen, ob ich auf den Trümmern der Atlantis mich befinde. Ich erlangte nach und nach alle Beweise des Unterschieds zweyer Ordnungen von vulcanischen Materien, welchen ich bereits vorher gemacht hatte. Die neuern Laven haben sich mitten in den Trümmern eines alten Systems von viel ältern Auswürfen, deren unermeſsliche Parthieen das Gerippe der Insel bilden, und die Plattform unterstützen, auf welcher der Pic sich erhoben hat, ergossen. Ihre steilsten Seiten, die gegen seine Spitze gerichtet sind, erheben sich mehr als 300 Toisen über alle neuen Producte. Ihre zerrissenen Seiten stellen eine Reihe von dicken Schichten dar, welche fast alle sich in das Meer versenken, und welche abwechslungsweise aus Asche, vulcanischem Sande, Bimssteinen, dichten, oft prismatischen Laven, porösen Laven und Schlacken zusammengesetzt sind; eine wahrhaft unermeſsliche Menge von neuen Strömen, welche von dem Pic selbst oder seinen Seiten sich ergossen haben, zeichnen eine ungeheure Menge von unregelmäſsigen Furchen, welche sich längs dieser antiken Massen erstrecken, und sich gegen Westen und Norden ins Meer verlieren. Mehr als 80 Craters sind auf diesen Strömen zerstreut, und die vulcanischen Kräfte haben an vielen Orten die alten Schichten durchbohrt, und neue Ergüsse haben sich mit Freyheit auf ihren Abhängen ausgebreitet.

Dieses vulcanische System erstreckte sich viel weiter vor seiner Zerstörung; mehrere von seinen im Meere isolirten ungeheuren Bruchstücken sind ein Beweis davon. Es wurde durch ähnliche Kräfte, wie diejenigen, welche die letzten Thäler auf dem festen Lande gebildet haben, zertrümmert, wie dieſs die Formen und respective Lage seiner Trümmer beweisen, und alle Thatsachen machen es mir wahrscheinlich, daſs die Epoche dieser Zertrümmerung dieselbe der Bildung jener Thäler war.

Einzelne Beobachtungen mag ich hier nicht aus dem Zusammenhange losreiſsen, wie z. B. die Beobachtung des

Obsidians und Hornsteins (petrosilex) in Lavaströmen, des unläugbaren Übergangs des Obsidians in den Bimsstein u. s. w. Die Inclination der Magnetnadel fand ich constant mehr als fünf Grad gegen den Südpol.

Die Dampfwolken, die mich von Zeit zu Zeit erwärmten, zogen mich endlich in den Crater. Man kann nur durch drey Einschnitte hinabsteigen, seine Ränder sind im Innern ganz steil, und gegen Norden höher, seine Form ist elliptisch, er kann etwa 1200 Fuſs im Umfang, und 110 Fuſs Tiefe haben. Die Abhänge sind aus einer Erde von der schönsten schneeweiſsen Farbe (reiner Kieselerde) gebildet, welche mit der schönen gelben Farbe und dem lebhaften Glanze der Schwefelkrystalle, welche alle noch festen Massen bekleiden, auffallend contrastiret. Diese Erde ist das Resultat der Zersetzung der schwärzesten und härtesten glasartigen Porphyrlaven, *) sie wird beständig von einer warmen Feuchtigkeit durchdrungen. Man glitscht daher auch mehr in den Grund des Craters, als daſs man hinabstiege. Alles ist übrigens fest, und der tiefste Theil ist von Blöcken ausgefüllt, die von den steilen Abhängen herabrollen, in dem Maſse als alle diese Materien sich zersetzen, und sich in das Innre dieses Abgrundes verlieren.

Die Dämpfe, welche in reichlicher Menge aus allen Ritzen hervordrangen, und die sicherlich aus einer Tiefe von mehreren Stunden sich erhoben (?), hatten doch noch eine sehr beträchtliche Hitze. Das Thermometer stieg schnell auf 80 Grade, und würde gewiſs noch viel höher gestiegen seyn, wenn die

*) Ganz dieselbe Beschaffenheit zeigt die sogenannte Solfatara bey Neapel, ein gleichfalls beynahe ganz erloschener Vulcan, aus dessen Ritzen jedoch immer noch Dämpfe von Schwefel und Wasser hervordringen.

Röhre länger gewesen wäre. Zu meiner grofsen Verwunderung fand ich, dafs diese Dämpfe aus blofsem Schwefel und reinem Wasser ohne allen säuerlichen Geschmack bestanden. Was mich aber noch mehr in Verwunderung setzte, war das Finden von wahrem Opal in dünnen nierenförmigen Platten neben den Schwefelincrustationen, welche letztere sich schnell aus jenen Dämpfen niederschlagen.

Um 8 Uhr stand das Barometer anderthalb Toisen unter der Spitze auf 18 Zoll 4 Linien, und das Reaum. Thermometer auf $6\frac{9}{10}$ Grade. Zur selben Stunde fand ein Engländer, H. Little, der im Hafen mit trefflichen genauen Instrumenten beobachtete, das Barometer auf 28 Zoll $5\frac{6}{10}$ Linien, und das Thermometer auf $19\frac{9}{10}$ Graden. Er befand sich 7 Toisen über der Meeresfläche. Daraus ergiebt sich eine Höhe von $1901\frac{2}{10}$ Toisen über der Meeresfläche für den Pic von Teneriffa; diese Höhe ist also viel geringer, als mehrere Schriftsteller davon angegeben haben. Eben so fand ich die Nachrichten von der starken Kälte auf der Spitze, von den Wirkungen der verdünnten Luft u. s. w. sehr übertrieben.

Ich verweilte drey und eine halbe Stunde auf der Spitze. Das Herabsteigen geschah sehr schnell, die Bimssteine, die unser Hinaufsteigen so beschwerlich gemacht hatten, rollten unter unsern Füfsen hinweg, auch hatten wir sehr bald las Norices del Pico, zwey kleine Craters am Fufse des Pics, welche beständig Wasserdämpfe ausstofsen, passirt. Wir verweilten uns einen Augenblick bey der Cueva del Gelo, eines von jenen Wundern für das Volk, von dem die Reisenden gleichfalls Fabeln in Umlauf gebracht haben. Man kann sich am besten eine Vorstellung davon machen, wenn man sich eines jener Gewölbe denkt, welche die flüssigen Laven über sich selbst bilden, das gerade oberhalb einer grofsen Höhle gespalten ist, deren Grund mit Schnee, der reichlich von Wasser durchdrungen ist, erfüllt ist. Im Sommer ist sie bisweilen ganz trocken. Ein Viertel vor 1 Uhr kam ich bey den Stanze, und Abends um 9 Uhr wieder zu Orotava an.

Seit diesem Besteigen des Pics habe ich keine Gelegenheit versäumt, meine Beobachtungen zu vervielfältigen oder zu berichtigen. Ich habe die interessantesten Beobachtungen und Data über die innere Zusammensetzung von mehr als 600 (!) neuern Lavaströhmen gesammelt. Der Ausbruch, der im Jahre 1706 den Hafen von Guarachico füllte, hat das besondere, dafs der Strohm 5 französische Lieues in 16 Stunden gemacht hat; das Meer hat das Ende desselben verschlungen. Er ist aus schwarzer, ein wenig poröser prismatischer (basaltischer) Lava gebildet, mit grofsen Krystallen von Augit und Olivin.

Der letzte Ausbruch geschah 1798. Die neuen Mündungen, an Zahl 3, öffneten sich 1,270 Toisen über der Meeresfläche, auf dem Abhange einer ungeheuren Verlängerung der Grundlage des Pics gegen Südwest. Ich kletterte ruhig während drey Stunden auf den Abhängen der Verlängerung; da ich 1600 Toisen in die Höhe gestiegen war, befand ich mich an dem Rande eines ungeheuren Craters, mit welchem man keinen der uns bekannten vergleichen kann, er hat beynahe anderthalb Lieues im Umfange; ohngeachtet er sehr alt ist, so ist er doch sehr steil im Innern, und stellt noch das frappanteste Bild von der Gewalt des unterirdischen Feuers dar. Der Pic hat sich auf dem Rande dieser monströsen Mündung erhoben. Die Unmöglichkeit, die Runde des Pics zu machen, oder vielmehr die Gewohnheit der Reisenden, ganz sklavisch die Fufsstapfen ihrer Vorgänger zu betreten, sind ohne Zweifel die Ursache, dafs diese interessante Thatsache bis jetzt unbekannt geblieben ist.

IV.

Medicinische Neuigkeiten.

Heilung einer Wasserscheu durch den Galvanismus.
(S. das IX. St. d. N. Entd. S. 11.)

Ein Mensch, der an dem Mittelfinger von einem wüthenden Hunde gebissen worden war, consulirte den Arzt Rossi zu Turin wegen Schmerzen, welche er im Arme, im Rücken und besonders in dem Finger, der seit einem Monathe gebissen worden war, empfand. Ein Cauterium actuale, an den Finger applicirt, vertrieb die Schmerzen, wenige Tage nachher kehrten sie aber zurück, mit Symptomen der Wasserscheu begleitet. Er konnte das Wasser nicht mehr ohne Schaudern sehen, eine Halsentzündung hinderte ihn sogar das gekaute Brod hinunterzuschlucken, und in jedem Augenblicke meldete sich ein heftiges Verlangen zu beifsen.

In diesem Zustande wurde er zum Arzte Rossi gebracht, der, als er wahrnahm, dafs der Kranke selbst nicht einmal den Anblick glänzender Körper ertragen konnte, eine Säule von 50 Zink- und Silberplatten mit 50 in einer Salmiakauflösung getränkten Tuch-Scheiben bereitete, kleine Streifen von nafsgemachtem Fliefspapier zurichtete, auf welche er die nakten Füfse des Kranken setzen liefs, und im Augenblicke, wo er den Mund zum Beifsen öffnete, ihm den Drath, der mit der andern Extremität der Säule communicirte, hineinsteckte. Der Kranke litt viel von dieser Operation, die ihn nach mehreren Erschütterungen dergestalt schwächte, dafs er sich nicht mehr aufrecht halten konnte. Auf den Boden ausgestreckt galvanisirte man ihn nun mit aller Bequemlichkeit. Der Kranke schwitzte stark während der Operation. Nach einiger Zeit liefs Rossi den Kranken wieder nach

Haus führen, mit dem Befehle, ihn den folgenden Tag wieder zurückzubringen, um ihn wieder zu galvanisiren. Es war zwey Uhr Nachmittags, da der Kranke galvanisirt wurde; um 6 Uhr des folgenden Morgens suchte er selbst Rossi auf, um ihm zu sagen, daſs er sich vollkommen wohl befinde. Er war durch nichts zu vermögen, sich der Operation von neuem zu unterwerfen. Da indessen einige Tage nachher sich leichte Schmerzen einstellten, die ihn einen neuen Anfall der Wasserscheu befürchten lieſsen, kehrte er zu Rossi zurück, der durch den Galvanismus zum zweytenmal alle Zufälle hob. Diese Kur wurde in Gegenwart mehrerer Personen gemacht. Der Kranke zeigte eine so groſse Empfindlichkeit für den galvanischen Reitz, daſs er bis in die Schultern die galvanischen Erschütterungen verspührte, welche Vassalli-Eandi, der Erzähler dieser Geschichte, der selbst keiner der Unempfindlichsten ist, nicht weiter als bis zum dritten Fingergelenke empfand.

(Diese Geschichte, welche Vassalli-Eandi in seinem Berichte an die Academie zu Turin über die Action des Galvanismus und seine medicinische Anwendungsart, der im Germinalstücke des Journal de Physique vom Jahre XI abgedruckt ist, erzählt, wäre merkwürdig genug, wenn sie gehörig constatirt wäre. Aber welchen Beweis hat man, daſs der Hund wirklich wüthend, und daſs *der Kranke kein Betrüger war!?*)

Pf.

Entd. franz. G. 10 St. 1803

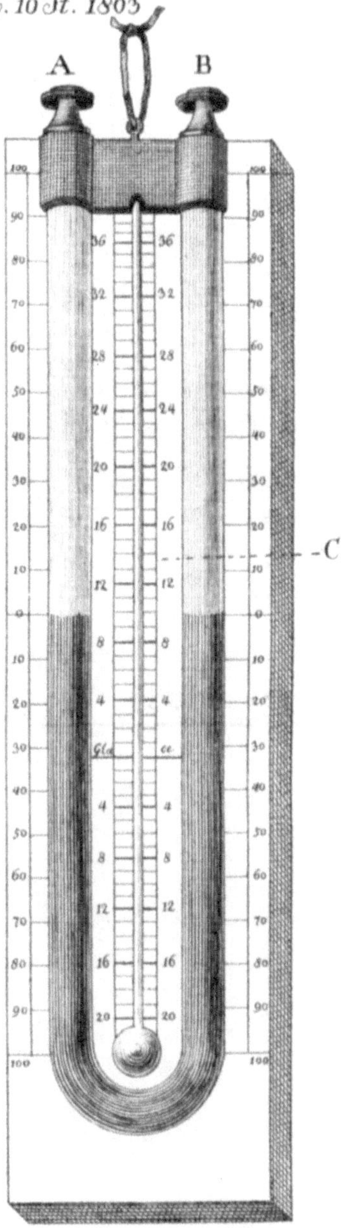

Gapieux. fc. 1803.

ENTDECKUNGEN

FRANZÖSISCHER GELEHRTEN

IN DEN

GEMEINNÜTZIGEN WISSENSCHAFTEN.

1803. XI. STÜCK.

Inhalts - Verzeichniſs des eilften Stücks.

A. Abhandlungen.

B. Literatur.

C. Correspondenz, literarische und technische Nachrichten und Neuigkeiten, gelehrte und andere Gesellschaften etc.

A. Abhandlungen.

I.

Über Delucs *neuesten Angriff der antiphlogistischen Theorie.*

Es ist so eben von J. A. Deluc ein neues Werk in zwey Bänden mit dem Titel: Introduction à la physique terrestre par les fluides expansibles, precedée de deux Memoires sur la nouvelle Théorie chymique, considerée sous differens points de vue, pour servir de suite et de développement aux Recherches sur les Modifications de l'Atmosphère, 2 Bände gr. 8. Paris Jahr XI. (1803.) (Einleitung in die irdische Physik durch die expansiblen Flüssigkeiten, nebst zwey derselben vorangeschickten Abhandlungen über die neue aus verschiedenen Gesichtspunkten untersuchte chemische Theorie, eine Fortsetzung und weitere Entwicklung der Untersuchungen über die Veränderungen der Atmosphäre), erschienen, das nichts geringeres als eine völlige Untergrabung der herrschenden chemischen Theorie zum Zwecke hat. Daſs in diese Theorie ungemein viel Hypothetisches aufgenommen worden sey, mufste einem Unbefangenen vom Anfange an einleuchten. Eben so wenig kann geläugnet werden, dafs sie beynahe nur die beschränkten Erfahrungen der Laboratorien umspannte, und auf die Versuche, welche die Natur im Grofsen täglich anstellt, auf die grofsen chemischen Prozesse in der Atmosphäre zu wenig Rücksicht nahm. Diefs springt besonders in die Augen, wenn man Fourcroys System der chemischen Kenntnisse hierbey vor Augen hat. Die Chemiker haben sich immer mehr in ihre kleine, aber bunte Welt von Laboratoriumsversuchen verliebt, und in diesen eine Bestätigung von Theorien gesucht, welche doch die ganze Natur umfassen wollen. Dafs ein Mann wie Deluc, der auf der einen Seite die Natur im Grofsen zum Gegenstande seiner Nachforschungen gemacht, und auf der andern Seite auch in micrologischen Untersuchungen eine Genauigkeit und Feinheit des Beobachtungsgeistes beurkundet hat, worin er es mit jedem Chemiker aufnimmt, sich von jeher besonders mit dem Studium und mit Nachforschungen über diejenigen Agentien beschäftiget hat, die unstreitig die wichtigste Rolle in der Natur spielen, und die chemischen Erscheinungen vorzüglich bestimmen, dafs ein solcher geprüfter Veteran im Studium der Naturwissenschaften auf die Lücken des neueren chemischen Systems aufmerksam macht; dafs er den seichten Geist, der sich überall nur mit einem leeren Schein von Wahrheit begnügt, der leichtsinnig über die wichtigsten Erscheinungen hinweggeht, und voreilig aus mangelhaften Versuchen Schlufsfolgerungen macht, mit Nachdruck angreift; dafs er es laut sagt, dafs die Chemie, so wie sie gröfstentheils jetzt getrieben wird, statt unsere Kenntnisse über die Natur aufzuklären, sie vielmehr verfinstert, dafs sie uns mit blofsem Tand abspeiset, dafs sie immer mehr zu einem elenden Spielwerke neugieriger Experimentatoren herabsinkt, dafs ihre wahre Unterordnung unter die Physik immer mehr verbannt wird, ist ein Unternehmen, das den dankbaren Beyfall jedes echten Naturforschers verdient. Nachdrücklich und in mancher Hinsicht treffend sagt Deluc: „Es war diefs (nehmlich die Experimentalchemie, seitdem die Versuche „über die neuen Luftarten eine neue Impulsion gegeben hatten) ein sehr anlockendes Feld, nicht blofs „durch seine Neuheit und Mannigfaltigkeit, sondern „auch durch die Bequemlichkeit, sich darauf in dem „kleinen Raume eines Laboratoriums Wege beynahe „ohne Gränze zu bahnen, der grofse Haufen (la foule) „hat sich darauf geworfen, man findet daselbst jeden „Tag etwas neues, die neue chemische Theorie hat „sich darauf niedergelassen, sie hat aber keine neuen „Mittel zu Entdeckungen mitgebracht, denn die systematischen Nahmen der Substanzen, welche sie allein „unterscheiden, ändern nichts in ihren Wirkungen."

Man wird diesem Werke vorwerfen, dafs es schon längst gemachte und immer wiederholte Einwendungen von neuem wiederhole, und dafs es sich immer nur um einen Gegenstand drehe, nehmlich um die meteorologischen Erscheinungen. Wenn aber gewisse Einwendungen ganz überhört werden, wenn gar keine Notiz von ihnen genommen wird, wie diefs denn wirklich der Fall bey den Tonangebern ist, so kann es wahrlich nichts schaden, wenn man sie in neuen Formen wieder vorbringt; und was die Einförmigkeit des Gegenstandes betrifft, so darf man nicht vergessen dafs er in seinen Anwendungen und Folgerungen einer der reichhaltigsten ist. Die Meteorologie ist und bleibt die wahre Grundlage einer physischen Chemie und so lange man nicht eine einzige Erscheinung von jener nach den Grundsätzen der neuern chemischen Theorie befriedigend erklären kann, so lange darf man in diese selbst ein gegründetes Mifstrauen setzen. Der Galvanismus scheint in neuern Zeiten mit der Meteorologie einen Bund zu gleichem Zwecke geschlossen zu haben. Beide haben die Hypothesen der antiphlogistischen Chemie in Anspruch genommen, und es ist Zeit, dafs man aufhöre, mit leeren Nahmen sich seine Unwissenheit zu bemänteln, und ohne Scheu und unbefangen Sätze einer neuen Prüfung zu unterwerfen, die, weit entfernt Thatsachen zu seyn, Folgerungen aus Thatsachen, *commenta rerum* sind, die fallen können, ohne dafs die Wahrheit dieser Thatsachen selbst gefährdet würde. Deluc geht in dem vorliegenden Werke mit einem trefflichen Beyspiele voran, und um zur Nachahmung aufzumuntern, wollen wir unsern Lesern blofs eine kurze Übersicht des Inhalts geben.

Die erste Abhandlung (S. 1 — 147.) betrifft die neue chemische Theorie in sich selbst betrachtet. In der Einleitung setzt Deluc sogleich den Hauptgegenstand des Streits fest, die Lehre von der Zusammensetzung des Wassers, die am weitgreifendsten in ihren Anwendungen ist, und in jedem Betracht eine Fundamentallehre der antiphlogistischen Theorie genannt werden kann. Der erste Theil dieser Abhandlung giebt eine Geschichte der Hypothese von der Zusammensetzung des Wassers. Das gröfste Verdienst um diese Entdeckung, auf welche diese Hypothese sich gründete, so wie um die Hypothese selbst wird hier mit Recht, wie die ausführliche Geschichtserzählung beweist, für die englischen Chemiker reclamiret. Deluc verfolgte gröfstentheils als Augenzeuge und Theilnehmer dieselbe Schritt für Schritt. Selbst der Versuch über die Zersetzung des Wassers beym Durchgehen durch einen glühenden Flintenlauf, und die Verwandlung desselben in inflammable Luft gebührt Priestley als erstem Erfinder, und die Zusammensetzung des Wassers aus den zwey Luftarten war nicht, wie Fourcroy in seinem Systeme des connoissances chimiques (Tome I. S. 43.) behauptet, zuerst von La Place vermuthet, und von Monge bereits zu einer gröſsern Evidenz gebracht, ehe Lavoisier den vollständigen Beweis davon gab, sondern Watt war zuerst auf diesen Gedanken gekommen, und Cavendish, der wahre erste Erfinder des Versuchs über die Wassererzeugung, hatte eine ähnliche Vermuthung gewagt. Mit allen diesen Umständen waren nun die französischen Chemiker, und besonders auch Lavoisier durch Deluc und Blagden genauer bekannt gemacht worden, und sie können also nur auf die Ehre, diesen Untersuchungen eine gröſsere Ausdehnung und vielseitigere Anwendung verschafft zu haben, Anspruch machen. Übrigens bemerkt Deluc sehr richtig, daſs die groſse Leichtigkeit und Bequemheit der neuern Theorie und besonders ihrer Nomenclatur sowohl für das Auffassen, als für die Anwendung auf die Erklärung der beschränkten Laboratoriumsversuche ihr so viele Anhänger verschaffte, und alle Köpfe elektrisirte. Im zweyten Theile entwirft Deluc eine abgekürzte Geschichte der allgemeinen Physik in den beyden letzten Jahrhunderten. Er hat es in diesem Theile vorzüglich mit Baco und seinen Verdiensten um die Feststellung der richtigen Methode des Studiums der Natur zu thun. Er wirft den Encyclopedisten vor, daſs sie die gründliche Methode verlieſsen, und statt den wahren Ursachen der Erscheinungen nachzuspüren, sich mit dem Scheine begnügten. In ihrer Schule wurden die Schöpfer der antiphlogistischen Chemie gebildet. „Man wog genau, aber nur das Handgreifliche, und man „untersuchte nicht, ob dieselbe Genauigkeit auch im

„Übergange von den Thatsachen auf die Hypothesen „herrsche." Der dritte Theil liefert eine Analyse der neuen chemischen Theorie. Deluc greift zuvöderst einen Hauptsatz der neuen Theorie an, den Lavoisier ausdrücklich behauptet hat, und dessen Widerlegung das Fundament des ganzen antiphlogistischen Gebäudes untergräbt, nehmlich daſs die bloſse Wärme ohne Mitwirkung einer andern Ursache im Stande sey, die Körper in luftförmige Flüssigkeiten zu verwändeln. Er sucht zu zeigen, daſs diese Behauptung Lavoisiers, weit entfernt von allen Körpern zu gelten, sogar nicht einmal von einem einzigen Körper gültig sey. Lavoisier hatte das Wasser zum Beyspiel gewählt. Hier hatte Deluc, der die Phänomene der Ausdünstung und der fälschlich von den Antiphlogistikern sogenannten Verwandlung des Wassers in eine luftförmige Flüssigkeit gründlicher als wohl kein Physiker studiert hatte, ein weites Feld, um Einwendungen zu finden. Was am meisten auffallen muſs, ist der Umstand, daſs die französischen Chemiker in ihren Erklärungen und Hypothesen auf die längst bekannten Untersuchungen Delucs über die Ausdünstung und ihre Gesetze gar keine Rücksicht nahmen, und Leroys Auflösungstheorie aus derselben Bequemlichkeitsliebe beybehielten, aus welcher sie sich in die Lavoisierische Theorie und Nomenclatur hineingeworfen hatten. Deluc entwirft hier mit wenigen Worten die Hauptzüge seiner Ausdünstungstheorie. Richtig bemerkt Deluc, daſs die Erzeugung der beiden Gasarten, zu deren Entstehungserklärung Lavoisier seinen ganzen Satz aufgestellt hatte, keineswegs von einem bestimmten unabänderlichen Grad von Wärme, sondern von den chemischen Umständen, welche die Ingredienzien dazu hergeben sollen, und welche den Grad der nöthigen Wärme bestimmen, abhängt. So geben z. B. die

Metallkalke das Sauerstoffgas nur in der Glühehitze, die Vegetabilien hingegen auch bey der gewöhnlichen Temperatur der Atmosphäre u. s. w. In jeder einfachen und bloſsen Verbindung des Feuers mit bekannten Substanzen, das durch einen gewissen Grad von Wärme einen gewissen und bestimmten Effekt hervorbringet, wie z. B. den Übergang vom festen in den tropfbarflüssigen Zustand bey den Substanzen, welche diesen letztern Zustand anzunehmen im Stande sind, und von diesem letztern Zustande in den von expansibeln Flüssigkeiten nehmen diese Wirkungen durch die nehmlichen Punkte wieder ihren Rückgang, wenn die Wärme wieder abnimmt. Von der Art bemerkt man aber nichts bey den Gasarten, und ihre Entstehung kann also nicht einer bloſsen Verbindung mit dem Wärmestoffe zugeschrieben werden. Richtig bemerkt auch Deluc, daſs der Ausdruck Auflösung, und zwar im Wärmestoffe, nicht auf die Verwandlung der Körper in gasförmigen Zustand angewandt werden könne, ohne nicht diesem Ausdrucke einen ganz andern Begriff als den gewöhnlichen unterzulegen. Er bemerkt ferner, daſs die Annahme, wie wenn das Sauerstoffgas und Wasserstoffgas bloſse Auflösungen des Sauerstoffs und Wasserstoffs als einfacher Substanzen in dem Wärmestoffe seyen, einen Widerspruch mit allen sonst bekannten chemischen Erscheinungen involviren würde, indem ein Zusatz einer neuen Quantität des Auflösungsmittels (nehmlich eine starke Erhitzung) eine totale Zersetzung und Niederschlagung der aufgelösten Stoffe zur Folge haben würde, wofür sich gar nichts Analoges in der ganzen Chemie nachweisen lasse. Der Widerspruch hört aber auf, wenn man das Feuer (das Calorique der Antiphlogistiker) nur als etwas betrachtet, das mit andern Stoffen als Bestandtheil in der Mischung dieser Gasarten sich findet. Daraus also, daſs die Vermehrung der Quantität des Feuers wirklich die gänzliche Zersetzung der beyden Gasarten zur Folge hat, folgt nothwendig, dafs ihre Zusammensetzung etwas ganz anders als die Vereinigung einfacher Substanzen mit dem Feuer ist. Da nun die Existenz des Sauerstoffs und Wasserstoffs als einfacher Substanzen sich blofs auf diese Hypothese stützt, so ist ihre Existenz als chimärisch bewiesen, auch wenn man keine andere Erklärung der Zusammensetzung dieser Gasarten geben könnte. Es folgen nun in diesem Kapitel einige scharfsinnige Bemerkungen über die Säuren, und ihre hygroskopische Eigenschaft, nachdem der Verf. zuvor die bekannten Einwendungen gegen die Hypothese, als wenn der ponderable Bestandtheil der Lebensluft der säureerzeugende Grundstoff sey, im Vorbeygehen angeführt hat. Die Ideen von Wahlverwandtschaft und überwiegender Verwandtschaft, denen er hier noch huldiget, ohne jedoch Anwendungen davon zur Widerlegung der antiphlogistischen Theorie zu machen, wird er Berthollets tiefsinnigen chemischen Untersuchungen (s. das Xte Heft der N. Entd.) gerne zum Opfer bringen. Der vermeintliche Sauerstoff möchte, meint Deluc, irgend ein feines Fluidum seyn, das in Verbindung mit Wasser seine Wirksamkeit offenbaret, und das, mit andern eben so feinen Fluidis verbunden, die verschiedenen Säuren constituiret. Der vierte Theil dieser ersten Abhandlung enthält ferner Betrachtungen über die Natur der Gasarten, und insbesondere über die Natur der Lebensluft und der brennbaren Luft. Der Verf. verfolgt hier noch weiter den Unterschied zwischen blofsen Dämpfen und Gasarten, und kommt so zuletzt auf seine schon öfters vorgetragene, aber von den Chemikern nie genug beachtete Idee, dafs die innige Vereinigung des Wassers mit dem Feuer durch eine Art von chemischer Wahlverwandtschaft zur Bildung eines gasförmigen Fluidums durch die Zwischenkunft einer dritten feinern nicht merklich wägbaren Materie zu Stande komme, welche die karakteristischen Eigenschaften der Gasart bestimme, die in den verschiedenen Gasarten selbst verschieden seyn, und bey gleicher ponderabler Basis derselben (Wasser) ihre ganze Verschiedenheit begründen könne. Er bringt zugleich Versuche von Priestley in Erinnerung, welche nach den Grundsätzen der antiphlogistischen Chemie sich nicht so leicht erklären lassen, auf welche aber, so wie auf so viele meteorologische Erscheinungen, von den Tonangebern gar nicht Rücksicht genommen wird. Ein merkwürdiger Versuch ist unter andern: Priestley veranstaltete in einer Glasröhre von zwischen 2 und 3 Zollen im Durchmesser, und von 7—8 Zollen Höhe, successive Explosionen von Gemischen von inflammabler und Lebensluft durch den elektrischen Funken. Nach jeder Explosion wurde durch Öffnung eines Hahns eine neue Quantität der schon gemischten Gase hineingelassen. Durch die ersten Explosionen nahm die Menge von Wasser zu, und während dieser Periode erfüllte der gewöhnliche Nebel sehr bald das Gefäfs — nach und nach wurde aber die Menge von erzeugtem Wasser geringer, der Nebel und das Verbrennen nahmen eine andere Gestalt an, statt plötzlicher Explosionen brannten die Gasarten mit einer leckenden Flamme, der Nebel wurde rufsigt, und auf den Wandungen der Gefäfse bildete sich nun ein schwärzlicher Überzug.

Was nun eigentlich die nähere Natur jener feineren Materien ist, die man gleichsam die gasmachenden Materien nennen könnte, was aus ihnen bey der Zersetzung der Gasarten, nahmentlich z. B. bey der Niederschlagung des Wassers in dem Processe des Verbrennens der brennbaren und Lebensluft wird, darüber läfst sich auf dem gegenwärtigen Standpunkte unserer Kenntnisse wohl nichts mit Gewifsheit ausmachen, und es ist ein weiter Feld für Hypothesen offen. Deluc zählt mehrere mögliche Fälle auf, und giebt sogar jenen unbekannten Materien eigene Nahmen, nehmlich dem karakteristischen Bestandtheile des Sauerstoffgases den Nahmen Philophlogiston, und dem karakteristischen Bestandtheile des Wasserstoffgases den Nahmen Phlogiston. Doch legt er keinen gröfsern Werth auf diese Erklärungen, als auf blofse Hypothesen, welche von dem Fortgange der Entdeckungen ihre Verbesserung, Modification oder Ausdehnung zu erwarten haben, und die blofs als Sporn zu neuen Versuchen dienen müssen.

Die zweyte Abhandlung des ersten Bandes handelt (S. 148 — 306.) von der neuen chemischen Theorie, in ihrer Beziehung auf die Meteorologie, und zwar mit Hinsicht auf die Verbindung, welche zwischen beiden in Fourcroys grofsem Werke aufgestellt ist, betrachtet. Fourcroys grofses Werk, Système des connoissances chimiques, giebt besonders in allem, was den Zusammenhang der Chemie mit der Physik, und die aus allgemeinern physischen Gründen zu erklärenden Erscheinungen, welche die Chemie in neueren Zeiten mit in ihr Gebiet gezogen hat, betrifft, so viele Blöfsen, dafs es Deluc leicht seyn mufste, ein scharfes kritisches Strafgericht über das Werk ergehen zu lassen. Er hat auch seine Superiorität in diesen Fächern recht benutzt, und Fourcroy gleichsam dadurch zu erdrücken gesucht. Geschah es etwa, um es Fourcroy entgelten zu lassen, dafs er von Delucs wichtigen Entdeckungen und Untersuchungen in diesen Fächern gar keine Notiz genommen hat? Oder mischten sich noch etwa andere Gefühle ein, wie man aus der Einleitung zu dieser Abhandlung vermuthen sollte, wo Deluc Fourcroy einen Angriff auf die heilige Schrift vorwirft? Dem sey wie ihm wolle, so ist der Ton doch bisweilen zu hart, und setzt die wahren und großen Verdienste des beredten Lehrers der Chemie zu sehr außer Augen.

Der erste Theil dieser Abhandlung hat zur Aufschrift: Geschichte der pnevmatischen Physik, die seit einiger Zeit mit der neuen chemischen Theorie verwechselt wird. Bemerkungen über die Physik in ihrer Beziehung auf Chemie. Deluc weist hier Fourcroy in Hinsicht auf manche historische Stellen seines Werks, in welchen er die Verdienste und Entdeckungen der französischen Chemiker auf Unkosten der Naturforscher anderer Nationen zu sehr exaltiret, zurechte, und deckt die Blößen auf, welche Fourcroy in seinen Definitionen, besonders von der Physik und Chemie, und in der Bestimmung ihrer wechselseitigen Beziehung giebt. Der zweyte Theil enthält allgemeine Betrachtungen über die neue chemische Theorie. Deluc drängt hier einige der Hauptsätze der neuen Theorie zusammen, und zeigt, wie unrichtig sich Fourcroy ausdrücket, wenn er dieselben Thatsachen nennt, da sie doch nichts als Folgerungen aus Thatsachen und zum Theil sehr willkührliche Folgerungen aus Thatsachen — Hypothesen seyen, mit denen wichtige Erfahrungen im Widerspruche stehen. Derselbe Fall sey es mit der Nomenclatur. Dritter Theil: Betrachtungen über die Meteorologie in ihrer Beziehung mit der neuen chemischen Theorie. Daſs Fourcroy in dieser Hinsicht besonders übel wegkommen würde, lieſs sich voraussehen, und er hatte sich diesen Angriff zum Theil selbst durch die unvorsichtige und irrige Behauptung zugezogen, dafs kein Schriftsteller noch von der Meteorchemie gesprochen habe, als wenn Saussures und Delucs unsterbliche Bemühungen um Aufklärung der Meteorologie und ihre wichtigen Entdeckungen hierüber nicht tausende von kleinlichen Laboratoriumsversuchen aufzuwiegen im Stande wären. Deluc zeigt hier, in welche Widersprüche sich Fourcroy in Erklärung der sogenannten Lichtmeteore, die er zuerst vornimmt, verwickle, und welche Ungereimtheiten er sich zu Schulden kommen lasse, besonders durch die sonderbare Anwendung der brennbaren Luft zur Erklärung dieser Meteore. Derselbe Fall ist mit der Erklärung der wässerigten Meteore, in welcher Fourcroy Leroys irrige Auflösungstheorie des Wassers in der Luft zum Grunde legte, und von Saussures und Delucs Beobachtungen und Versuchen, und ihrer richtigern Ausdünstungstheorie gar keine Notiz nahm. Während meiner Anwesenheit in Paris machte Volta einige der ersten Chemiker daselbst zu Proselyten der Delucischen Ausdünstungstheorie dadurch, dafs er sie von den Thatsachen, welche für dieselbe sprechen, genauer unterrichtete. In einer neuen Ausgabe des Système des connoissances chimiques wird Fourcroy ohne Zweifel von Deluc gleichfalls mehr Notiz nehmen. Was Deluc schon an mehreren Orten bis zur Evidenz bewiesen hat, wiederholt er hier, nehmlich dafs der Regen nicht von der Erkältung der Luft herrühre, und dafs man durchaus zu der Hypothese von der Verwandlung der atmosphärischen Luft selbst in Wasser, von Niederschlagung desselben aus der Luft, deren gewichtige Basis dieses Wasser vorher ausmachte, seine Zuflucht nehmen müsse. Im vierten Theile stellt Deluc eine Prüfung der physischen Principien, welche sich auf die Solidität, Liquidität, und

Expansibilität beziehen, und der neuen chemischen Theorie zur Grundlage dienen, auf. Deluc kommt hier auf denselben Gegenstand zurück, den er schon oben abgehandelt hatte, nur hat er es hier noch insbesondere mit den von Fourcroy in seinem Systeme vorgetragenen Lehrsätzen zu thun, die bey der Flüchtigkeit, mit welcher Fourcroy über die wichtigsten Materien weggeht, noch auffallendere Blöſsen, als Lavoisiers ähnliche Behauptungen, geben. Deluc zeigt besonders, daſs die Behauptung, wie wenn durch bloſse Anhäufung der Wärme Körper aller Art in den gasförmigen Zustand versetzt, und durch bloſse Entziehung von Wärme wieder in ihren vorigen festen oder tropfbarflüssigen Zustand zurückgebracht werden können, ganz irrig sey, da sogar nicht ein einziger Körper sich in diesem Falle befinde. Nie habe man, um insbesondere bey den beiden Gasarten stehen zu bleiben, um deren richtige Kenntniſs sich die ganze chemische Theorie dreht, eine von beiden für sich allein durch Erkältung in den tropfbarflüssigen oder festen Zustand zurückgebracht, und eben so wenig sie für sich allein aus den einfachen Substanzen, welche ihre ponderablen Grundlagen ausmachen sollen, und dem Wärmestoffe gebildet. Zwar werden die Antiphlogistiker behaupten, daſs diese Substanzen sich in tropfbarflüssiger oder fester Gestalt in gewissen Zusammensetzungen finden, aus welchen man diese Gasarten ziehen könne. Dieſs sey aber entweder eine *petitio principii*, weil die Existenz dieser Substanzen bestritten werde, oder eine neue Hypothese, deren Fundament man anderswo als in dem aufgestellten Principe suchen müsse, weil die Erkältung keinen thätigen Antheil an der Bildung jener tropfbarflüssigen oder festen Zusammensetzungen habe, in welchen sich der Sauerstoff und Wasserstoff als einfache, gewichtige und constituirende Theile des Wassers finden sollen. Ohne Zweifel enthalten jene festen und flüssigen Materien einige Substanzen, welche zur Bildung jener Gasarten beytragen, aber es muſs erst noch gefunden werden, was eigentlich diese Substanzen sind. Es sey keine chemische Effervescenz (Gasentwicklung) bekannt, in welcher das erzeugte Gas zur gewichtigen Basis die Substanz selbst hätte, welche das Liquidum constituiret, aus welcher sich das Gas entwickelt, und man kann die Ingredienzien davon nur durch irgend eine Hypothese bestimmen. In dem fünften Theile nimmt Deluc eine Prüfung der in der neuen chemischen Theorie über die Rolle, welche die Wärme in der Verwandlung der Körper in tropfbarflüssigen und dampfförmigen Zustand spielet, angenommenen Grundsätze vor. Auch hier weist er Fourcroy die auffallendsten Irrthümer nach, und besonders eine sonderbare Amalgamation zweyer nicht zu vereinigender Systeme, nehmlich des Crawfordischen, das alle Erscheinungen durch Capacitätsveränderungen erklären will, und des Blakkisch-Delucischen, das Bindung der Wärme durch eine Art von chemischer Verwandtschaft annimmt. Zugleich stellt er die richtigen Begriffe von Verdampfung, wie er sie in seinen Ideen über die Meteorologie vorgetragen hat, auf, und macht zuletzt noch einige gegründete Einwendungen gegen die nachlässig hingeworfene Behauptung Fourcroys, daſs das Sauerstoffgas das Wesen des Verbrennens ausmache. Im sechsten Theile stellt endlich Deluc Betrachtungen über die allgemeinen Ursachen in der Natur und über einige geologische Gegenstände auf. Daſs der vieljährige Forscher der Gebirge auch über diesen Gegenstand wichtige Belehrungen aufstellen, und Fourcroy manche grundlose Behauptungen nachweisen würde, läſst sich zum voraus erwarten. Die schon lange widerlegte Idee Buffons, welche demungeachtet Fourcroy wieder aufgenommen hat, daſs die grofsen Kalkflötze die auf einander gehäuften Trümmer von Seethieren und gleichsam ihre Grabmähler seyen, giebt De-luc zu einer gründlichen Zurechtweisung Veranlassung. Indessen alle diese und andere höchst interessante Details müssen in dem Werke selbst nachgelesen werden, auf das wir unsere Leser hier nur vorläufig aufmerksam machen wollten. Von dem übrigen Inhalte des Werkes, der in einer Elementarabhandlung über die expansiblen Fluida besteht, und voll interessanter Bemerkungen aus der Hygrometrie und Meteorologie ist, werden wir in einem folgenden Stücke einen concentrirten Auszug geben. *Pf.*

II.

Fortsetzung des Auszuges aus Berthollets *chemischer Statik* (s. das vorige Stück.)

Zweytes Kapitel von der Wirkung einer Säure auf eine neutrale Verbindung. Setzt man eine Säure zu einer neutralen Verbindung hinzu, so theilen nun beyde Säuren ihre Action auf die Basis, und zwar wirken sie im Verhältnifs ihrer Masse, wie wenn die Verbindung gar nicht existirt hätte. Sie gelangen zum nehmlichen Grade der Sättigung, dergestalt, dafs die gemeinschaftliche Sättigung gleich derjenigen ist, die man erhalten hätte, wenn man eine Quantität einer einzigen Säure angewandt hätte, die durch ihre Sättigungs-Capacität den beyden, die in Action sich befinden, gleich gekommen wäre. Eine Säure verjagt also nicht eine andere aus ihrer Verbindung, sondern sie theilet die Action, welche auf die Basis ausgeübt ward, um eine Sättigung im Verhältnisse der angewandten Massen hervorzubringen. Die erste Säure, die sich in Verbindung befand, verliehrt von ihrer Action auf die Basis' so viel, als die zweyte gewinnt, und durch diesen Abgang gewinnt sie wieder an ihrer Wirkungs-Energie auf andere Substanzen.

Die bisher gangbaren Vorstellungsarten von Wahlverwandtschaft sind ganz irrig, und man hat Wirkungen, welche von der Cohäsion oder auch von der Elasticität abhingen, mit der wechselseitigen Affinität verwechselt, durch welche die sauren und alcalischen Eigenschaften sich sättigen, und zum neutralen Zustande gelangen.

Nach dem verschiedenen Grade der Disposition zur Solidität und der davon abhängigen Unauflöslichkeit ändern sich die Erscheinungen ab. Die Schwefelsäure fällt mit dem Baryt ganz zu Boden — die Zuckersäure schlägt aber nur einen Theil des Kalks als zuckersauren Kalk nieder. Die Unauflöslichkeit des phosphorsauren oder schweflichtsauren Kalks ist endlich noch leichter von der freywerdenden Säure überwunden.

Erfolgt also eine Abtrennung, es sey nun durch eine unmittelbare Niederschlagung oder durch eine Krystallisation, so ist die übrig bleibende Flüssigkeit (die wenigen Fälle ausgenommen, wo die entgegengesetzte Säure eine unauflösliche Verbindung bildet) aus einem Theile von beyden Säuren und aus einem Theile der Basis zusammengesetzet, beyde Säuren wirken auf die Basis und zwar im Verhältniſs ihrer Energie und ihrer Quantität, und setzen sich in ein Gleichgewicht von Sättigung.

So verhält sich die Sache, wenn zwey Säuren die Concurrenz ihrer Action auf eine Basis mitten in einer Flüssigkeit (d. h. wenn die neutrale Verbindung, zu welcher eine Säure hinzugesetzt wird, flüssig ist,) aufstellen. Etwas verschieden sind die Erscheinungen, wenn

wenn die neutrale Verbindung im festen Zustande sich befindet, und folglich ihre Cohaesion ins Spiel kommt, auch die Säure alsdann nicht im Verhältniſs ihrer totalen Quantität, sondern bloſs im Verhältniſs der Quantität, welche sich in der Sphäre der Wirksamkeit befindet, wirket. — Drittes Kapitel. Von den Niederschlägen, welche durch Säuren oder Laugensalze bewirket werden. Wenn Erden oder Metalloxyde niedergeschlagen werden, weil sie für sich unauflöslich sind, und, um aufgelöst zu bleiben, die ganze Action der Säure erfordern, so wird die Säure immer zu einem kleinen Theile dem Niederschlage adhäriren, wie man durch leichte Versuche finden kann. Indessen kann man durch Austrocknung, durch davon abhängige Vermehrung der Cohäsion, besonders wenn die Affinität nur schwach ist, dergleichen niedergeschlagene Substanzen rein und einfach darstellen. Man kann demnach zweyerley Arten von Niederschlägen unterscheiden: a) Diejenigen, in welchen die Säure und die Basis durch die chemische Verbindung eine Unauflöslichkeit erlangen, welche sie, jede dieser Substanzen, isolirt und für sich gar nicht oder wenigstens in einem viel schwächeren Grade hatten. Von der Art sind viele Salze. b) Die Niederschläge, deren Basis nur durch die Säure Auflöslichkeit erhalten hat, und die eine unauflösliche Verbindung bilden, so wie diese Action abnimmt. Diese (z. B. die erdigten) Niederschläge können dann die Säure in verschiedenem Verhältnisse zurückhalten, bis man endlich zu einem Verhältniſs von Säure gelangt, welches die zunehmende Action der Basis nicht weiter zu vermindern erlaubt.

Eine ganz falsche Idee von der Natur der Niederschläge hat auf die Lehre von den Wahlverwandtschaften und auf die Construction der Affinitätstafeln geleitet. Man gab den Vorrang in der Wahlverwandtschaft denjenigen Laugensalzen, welche am wenigsten Disposition zur Solidität haben, (weil sie nicht in die Augen fallend präcipitirt werden, während die festen, z. B. die Erden, sogleich sichtlich niederfallen), und bey den Säuren beobachtete man ein umgekehrtes Verfahren, indem man denjenigen den Vorrang einräumte, die am meisten Disposition zeigen, feste Verbindungen zu bilden. In beiden Fällen verdanken die Niederschläge, die sich bilden, denselben Dispositionen ihren Ursprung, und die ganze Verschiedenheit in dieser Hinsicht hängt von diesen Dispositionen selbst, und dem Zustande der ihnen entgegenwirkenden Kräfte ab.

Der Verf. erläutert diefs noch durch passende Beyspiele, welche deutlich zeigen, in welche Widersprüche man sich verwickelt, wenn man die Gröfsen der Affinitäten nach den Präcipitationen bestimmt. Alles hängt von den Modifikationen der Cohäsion unter verschiedenen Umständen ab.

Viertes Kapitel. Von der wechselseitigen Action der neutralen Verbindungen. Eine der Veränderungen in der Constitution der neutralen Verbindungen bestehet in einer Zunahme der Cohäsionskraft, welche ein Resultat der Annäherung der Theile seyn mufs. Diese äufsert nun vorzüglich ihren Einflufs in der wechselseitigen Action neutraler Verbindungen, denn die Alcalinität und Acidität können in der wechselseitigen Action der Salze, die neutral sind, keinen Einflufs weiter ausüben, weil sie latent geworden sind. Alle Wirkung geht von der wechselseitigen Action der integrirenden Theile der Salze aus. In der Vermischung von flüssigen Substanzen müssen die Verbindungen, welche eine Cohäsionskraft haben, die hinreichend ist sie abzutrennen, sich bilden und in der That auch abtrennen, so wie sich Wasser mit Alcohol gemischt durch Kälte trennt. So wie aber hier mehr Kälte zum Gefrieren des Wassers erforderlich ist, als wenn sich dasselbe isolirt befindet, so muſs auch dort die wechselseitige Action der andern Substanzen die Wirkungen der Cohäsion vermindern. Bey diesen Verbindungen neutraler Gemische mit einander ist die Kraft der Cohäsion der einzige bestimmende Umstand, und der Maſsstab für dieselbe ist die Auflöslichkeit.

Die verschiedenen Umstände und Bedingungen, unter welchen sich zwey neutrale Verbindungen befinden können, sind:

A. Eine auflösliche neutrale Verbindung wird mit einer andern gleichfalls aufgelösten vermischt, und es finden sich zwey Bestandtheile in der Sphäre der wechselseitigen Wirksamkeit auf einander, die eine unauflösliche Verbindung machen. In diesem Falle entstehet eine complete Niederschlagung, weil der Abtrennung nur die auflösende Kraft des Wassers und die schwache Affinität der andern neutralen Verbindung entgegenwirket. So entstehen durch einfache Wahlverwandtschaften nie so vollkommene Niederschlagungen, weil die frey werdende Säure der Abtrennung entgegenwirket, wie durch doppelte Wahlverwandtschaften. Die Zuckersäure schlägt nicht allen Kalk aus einer Auflösung nieder, aber wohl das zuckersaure Ammoniak.

Diese Wirkung der Unauflöslichkeit kann aber nur durch einige Umstände modificirt werden:

B. Durch die wechselseitige Action der integrirenden Theile der neutralen Verbindungen auf einander, die oft alle Krystallisation hindert, wie dieſs in den Mutterlaugen der Fall ist.

C. Durch die Verhältnisse der Substanzen, die in Action auf einander sind. Wenn sich die auflöslichere Verbindung in gröſserer Menge bilden kann, so trennt sie sich zum Theil zuerst, und je nachdem man die Verhältnisse wechselt, je nachdem erhält man andere Krystallisationen. Oft bilden sich dreyfache, auch vierfache Salze. Gleiche Theile schwefelsaure Pottasche und salzsaure Talkerde, oder zwey Theile salzsaure Talkerde und ein Theil schwefelsaure Pottasche geben durch auf einander folgende Krystallisationen erstlich schwefelsaure Pottasche, dann ein dreyfaches Salz aus Talkerde, Schwefelsäure und Pottasche, hierauf salzsaure Pottasche, und zuletzt schwefelsaure Talkerde.

D. Durch die Verschiedenheit der Temperatur. Die Auflöslichkeit der Salze variirt zwar nach Verschiedenheit der Temperatur, folgt aber nicht bey allen derselben Progression. Bey einigen erhält sie eine groſse Zunahme durch Zunahme der Temperatur, bey andern nicht. Somit können Salze, deren Auflöslichkeit bey einem gewissen Grade von Wärme ohngefähr gleich ist, sich demungeachtet leicht trennen, indem man eine groſse Veränderung in die Temperatur bringt, und indem man die Wirkung der Verhältnisse und der Verschiedenheit der Auflöslichkeit variirt. So kann man Kochsalz und Salpeter durch abwechselndes Abrauchen in der Siedhitze und Erkalten beynahe gänzlich von einander trennen.

Die sehr auflöslichen Salze können eine merkliche Wirkung auf diejenigen Salze ausüben, die selbst nur eine geringe Neigung zur Krystallisation haben.

Die nehmliche Ursache bringet demnach die Abtrennungen der Verbindungen in der zusammengesetzten Verwandtschaft (Affinité complexe), und in derjenigen, wo zwey Säuren concurriren, um sich mit einer Basis zu verbinden, hervor. Es ist nur der Unterschied, dafs in dem einen Falle Neutralisation statt findet, während in dem andern Falle ein Überschufs von Säure neben dem Auflösungsmittel wirket, der oft die Abtrennung hindert oder weniger vollständig macht. Dieser Überschufs von Säure kann auch den Verhältnissen der constituirenden Theile einiger Verbindungen schaden, dergestalt, dafs die Niederschläge oder festen Verbindungen, welche man durch die Wirkung der Neutralsalze erhält, in einem viel constanteren Zustande sich befinden, als diejenigen, welche einen Überschufs von Laugensalz oder Säure haben überwältigen müssen.

Diese bisher vorgetragene Theorie der wechselseitigen Wirkung der neutralen Verbindungen, dafs nehmlich alle Abtrennungen und Niederschläge nur eine Folge der Cohäsionskraft sind, welche den Verbindungen eigenthümlich ist, setzt voraus, dafs durch die wechselseitige Action der salinischen Substanzen der Zustand der Sättigung keine Veränderung erleide. Diefs verdient noch eine weitere Untersuchung.

Fünftes Kapitel. Von der comparativen Sättigungs-Capacität der Säuren und Laugensalze. Da die chemische Action sich nach der Quantität richtet, und nach der Quantität variirt, so liegt unendlich viel daran, die wirklichen Quantitäten jeder Substanz zu bestimmen, die in Action gesetzt werden kann. Auch läfst sich nur dadurch die Zusammensetzung von Verbindungen, nehmlich nur durch das Verhältnifs der Elemente ausmitteln. Da Laugensalze und Säuren die Hauptagentien bey Zerlegungen sind, so ist es besonders wichtig, die reelle Quantität, welche von denselben in irgend einer Flüssigkeit oder Verbindung enthalten ist, zu bestimmen. Mit den Säuren hat es am meisten Schwierigkeit, weil nur die wenigsten derselben in einen festen Zustand gebracht werden können.

Berthollet prüft nun in dieser Hinsicht die Untersuchungen Kirwans über die Dilatabilität der Säuren, und über die reelle Quantität von Säure in den verschiedenen sauren Flüssigkeiten von verschiedenem specifischen Gewichte. Dieser Bestimmung bediente sich Kirwan, um den wahren Gehalt von Säure und Basis in den Salzen zu finden. Berthollet wendet aber mit Recht ein, dafs die leichtere und einfachere Methode sey zu untersuchen, wie viel eine Basis nach gehöriger Austrocknung des durch Krystallisation abgeschiedenen Salzes an Gewicht gewonnen habe.

Eine Methode, die Richtigkeit der Angaben zu prüfen, ist die Vermischung zweyer neutralen Verbindungen, die sich wechselseitig zersetzen, wo sich dann freye Säure oder freyes Alkali oder Neutralität mit dem Resultate der Berechnung übereinstimmend oder im Widerspruche zeigen wird.

Schon Guyton hatte gefunden, dafs mehrere Gemische von Neutralsalzen neutral bleiben. Richter hat besonders seine Aufmerksamkeit auf jene merkwürdige Eigenschaft der salzigten Verbindungen, keine Veränderung im Zustande der Sättigung zu erfahren, wenn sie in einer Auflösung mit einander vermengt sind, gerichtet. Berthollet hat sich durch eigene Beobachtungen davon überzeuget, dafs der Zustand der Sättigung keine Veränderung erlitt, wenn man verschiedene Neutralsalze mit einander vermischte, welche Präcipitate verursachten, oder von denen man durch die Krystallisation Salze erhielt, welche ihre Basen ausgewechselt haben, wenn man nur nicht metallische Salze anwendete, in welchen diese Correspondenz der Sättigung nicht zu existiren scheinet. Nur die phosphorsaure Soda und Pottasche, in denen gerne ein Überschuſs von Basis statt findet, machten eine kleine Ausnahme, indem sie bey der Vermischung mit auflöslichen Salzen, welche Kalkerde enthielten, eine ganz kleine Acidität in der Flüssigkeit zurückließen.

Berthollet prüft nun nach dieser Methode mehrere Angaben von Kirwan, und findet auffallende Unrichtigkeiten. Er schlieſst daraus, daſs, wie er schon in seinen Untersuchungen über die Affinität angedeutet, Richter aber positiv behauptet hatte, die verschiedenen Säuren correspondirende Proportionen mit den verschiedenen alcalischen Basen befolgen, um zu einem neutralen Zustande der Verbindung zu gelangen.

Man hat alsdann nichts weiter zu thun, als mit Sorgfalt die Verhältnisse einer Säure mit den verschiedenen alcalischen Basen zu bestimmen, und es ist dann nur noch erforderlich, die Verhältnisse einer einzigen Verbindung von jeder der übrigen Säuren mit einer alcalischen Basis zu erkennen, indem man diejenige wählt, welche am meisten Bequemlichkeit für den Versuch gewährt, um dann durch eine leichte Rechnung die Verhältnisse von allen übrigen zu erhalten. Diese genaue Correspondenz beweiset, daſs diese wechselseitige Action nicht bloſs eine Kraft ist, welche in einem gewissen Grade zwischen zwey Individuen herrscht, sondern daſs sie dieselbe in allen Substanzen ist, welche mit der Acidität und Alcalinität begabt sind, oder daſs ihre Wirkungen nur durch die Intensität variiren, mit welcher die Substanzen sie besitzen. Hierin weicht Berthollet wesentlich von Kirwan ab.

Kirwan stellt die Sätze auf:

1. Daſs die Quantität von wirklicher Säure, die erforderlich ist, um ein gegebenes Gewicht von jeder

der Basen zu sättigen, im umgekehrten Verhältnisse der Verwandtschaft der Basen mit der Säure ist. Z. B. 100 Theile Kali erfordern am wenigsten Schwefelsäure zur Sättigung, mehr Salpetersäure, noch mehr Salzsäure, und in dieser Ordnung folgen sich dann auch nach der gewöhnlichen Vorstellungsart die Säuren in der Stärke ihrer Affinität für die Basen. 2. Daſs die Quantität jeder der Basen, die zur Sättigung einer gegebenen Quantität jeder Säure erforderlich ist, in geradem Verhältnisse der Affinität der Säure mit der Basis stehe.

Auf der einen Seite erforderte demnach eine gröſsere Affinität eine geringere Quantität von einem der sättigenden Principien, auf der andern erforderte sie eine gröſsere Quantität. Durch diesen Widerspruch hält Kirwan die Wahlverwandtschaft gleichsam aufrecht.

Kirwan behauptete eine vollkommene Zersetzung, Berthollet hat aber durch seine Versuche gefunden, daſs, wenn der Austausch der Basen nicht durch eine beträchtliche Cohäsionskraft veranlaſst werde, die Salze, welche sich in einem Gemische bilden, nach Verschiedenheit der Verhältnisse der entgegengesetzten Substanzen, welche sich in Action befinden, variirten. Kirwan findet eine Bestätigung seiner Theorie der nach seiner Methode bestimmten ruhenden und zerlegenden Verwandtschaften in der Übereinstimmung einiger Erfahrungen mit den Bestimmungen dieser Methode. Berthollet stellt aber mehrere Beyspiele auf, die gerade im Widerspruche stehen.

Die Resultate, die Berthollet aus dieser Prüfung ziehet, sind:

Sättigung ist ein gemeinschaftlicher Endpunkt für alle Säuren und alcalische Basen. Will man die sättigende Action der Säuren mit einer Basis vergleichen, so muſs man die Quantitäten von jeder Säure vergleichen, die zur Hervorbringung der nehmlichen Wirkung, nehmlich zur Sättigung der Basis nothwendig sind, und man wird also die Affinität zweyer Säuren für eine Basis als im verkehrten Verhältnisse der Quantität einer jeden Säure, die zur Sättigung der Basis erforderlich ist, stehend ansehen müssen. Derselbe Fall wird bey den Basen seyn, und diejenige Basis, welche in geringerer Quantität die Sättigung hervorbringen wird, wird diejenige seyn, welche eine mehr energische Action ausüben, welche eine gröfsere Verwandtschaft haben wird. Merkwürdig ist es endlich, dafs die Verhältnisse dieser beiden Kräfte sich in allen durch Säuren und Laugensalze gebildeten Verbindungen erhalten.

Nach diesen Grundsätzen, wo die Sättigungs-Capacität der Mafsstab der Affinität der Säuren, oder der Macht ist, welche sie als Säuren ausüben, ist die Flufssäure die stärkste Säure, dann kommt die Phosphorsäure, Salzsäure, Salpetersäure und zuletzt die Schwefelsäure. Von den Laugensalzen ist das Ammoniak das stärkste, dann folgt Talkerde und Kalk, hierauf Soda, Kali, Strontian und Baryt.

Der Widerspruch der gewöhnlichen Verwandtschaftstafeln kommt daher, dafs man die Wirkungen der Cohäsion mit denen der Wahlverwandtschaft verwechselt hat.

Was man auch immer für eine Meinung von der Wahlverwandtschaft beybehalten möge, so kann man doch nicht umhin, eine frappante Beziehung zwischen der Sättigungs-Capacität der Säuren, und den constanten Proportionen der verschiedenen Laugensalze, welche sie sättigen können, zu erkennen, und man wird eingestehen müssen, dafs diese Eigenschaften in Relation mit der Verwandtschaft der Säuren zu den Laugensalzen seyn müssen.

Das bisher Vorgetragene darf nicht weiter mehr auf die Action mehrerer Säuren auf eine Basis, oder mehrerer Basen auf eine Säure angewendet werden, wenn es Veränderungen der Temperatur giebt, welche die Kraft der Cohäsion variiren machen, und besonders, wenn eine Verschiedenheit der Dilatabilität statt findet.

In den Noten zu dieser Section führt Berthollet noch die merkwürdigen Erfahrungen Scheeles und Grens an, daſs in einem Gemische von Schwefelsäure, Salzsäure, Talkerde und Soda in der Gefrierkälte Glaubersalz, dessen Auflöslichkeit nach Blagdens Erfahrungen durch die Verminderung der Temperatur ungemein abnimmt, krystallisire, während beym Abrauchen eben diese Auflösung Kochsalz und dann beym Erkalten Bittersalz gebe, und er schlieſst daraus mit Recht, daſs man in der That die Salze nicht als ganz gebildet in einer Flüssigkeit, aus welcher man sie durch Krystallisation ziehen kann, ansehen müsse, weil man durch Veränderung der Verhältnisse der Auflöslichkeit die Verbindungen, welche sich bilden, wechslen machen kann, sondern daſs es die Verschiedenheit ihrer Auflöslichkeit unter den Umständen, unter welchen sie sich befinden, ist, welche ihre successive Krystallisation und Abtrennung bewirket. Zugleich zeiget uns Berthollet durch sehr frappante Beyspiele, daſs, so wie ein anderes Verhältniſs der Cohäsion eintrete, das in den angezeigten Fällen im Grunde nur in dem Verhältnisse der Cohäsionskraft zur chemischen Action des Wassers bestehe, auch andere Resultate die Folge seyen, z. B. wenn man Salze auf trockenem Wege d. h. durch Wärme aufgelöst mit einander in Wechselwirkung bringe. Erhitzt man ein Gemenge von salzsaurem Kalke und schwefelsaurem Baryt in einem Platinatiegel, so geht das Gemische in einen Fluſs wie Wasser über, und nach dem Erkalten findet man die Masse aus schwefelsaurem Kalke und salzsaurem Baryt zusammengesetzet, den man gröſstentheils durch schnelles Waschen absondern kann. Die Kraft der Cohäsion kann also einen entgegengesetzten Effekt hervorbringen, wenn die nehmlichen Substanzen eine wechselseitige Action ohne den Beytritt des Wassers ausüben, und man sieht hieraus, daſs die Trennungen, welche statt finden, keineswegs die unmittelbare Wirkung der comparativen Affinität, sondern der Cohäsionskraft sind, welche zwischen gewissen Substanzen stärker als zwischen den andern unter den Umständen, unter welchen sie sich befinden, wird.

In einem der folgenden Hefte hoffen wir diesen Auszug aus dem ersten Theile, dem eigentlichen Fundamentaltheile für die Grundlegung der Chemie als Wissenschaft, zu vollenden.

Pf.

III.

Fernere Untersuchungen und Verhandlungen französischer Gelehrten über die meteorischen Steinmassen.

Das merkwürdigste Aktenstück über das intressante Phänomen der meteorischen Steinmassen, das seit unserm letzten Berichte (s. das IX. St. d. n. Entd. S. 138.) in Frankreich bekannt gemacht worden ist, ist die Erzählung einer nach dem Departement de l'Orne in der Absicht, die Realität eines zu l'Aigle den 6ten Floreal des Jahres XI. (26 April 1803) beobachteten Meteors zu constatiren, unternommenen Reise von J. B. Biot, Mitgliede des Nationalinstituts. (Relation d'un Voyage fait dans le Departement de l'Orne, pour constater la réalité d'un météore, observé à l'Aigle le 6 Floreal an XI. Par J. B. Biot. Imprimé par Ordre de l'Institut. Paris. Thermidor an XI.) 46. S. gr. 4. nebst einer Karte der Gegend, wo das Meteor seinen Steinregen fallen liefs.

Der Verf. wurde vom Minister des Innern nach dem Departement de l'Orne abgeschickt, um an Ort und Stelle das merkwürdige Phänomen des Steinregens, der daselbst aus der Luft fiel, und wovon bereits die politischen Zeitungen die neugierige Welt unterrichtet haben, zu untersuchen. Er theilt hier eine umständliche Erzählung seiner Mission mit, und legt durch dieselbe den vollgültigsten Beweis ab, wie gut die Wahl des Ministers des Innern getroffen war. Biot ist unsern Lesern bereits als Einer von denjenigen bekannt, welche dem merkwürdigen Phänomen des Steinregens ihre ganze Aufmerksamkeit gewidmet hatten, und wir bringen in dieser Hinsicht den merkwürdigen Artikel im V. St. der n. Entd. S. 71., der von ihm herrühret, in Erinnerung.

Er entwirft zuerst eine kurze Schilderung des Ganges der neuesten Verhandlungen unter den Wissenschaftsmännern über diesen Gegenstand, und findet darin den sichersten Beweis des Fortgangs der Wissenschaften, und eines ächten wissenschaftlichen Geistes, der die stimmführenden Gelehrten in Europa erfüllet. Sehr treffend sagt er S. 3.: In zweifelhaften Fragen glaubt allezeit der Unwissende, der Halb-Gelehrte entscheidet, der wahrhaft Unterrichtete untersucht: er hat nicht die Dreistigkeit, der Macht der Natur Gränzen zu setzen. Zu diesen letztern gehört unser Verf. in jedem Betracht.

Der Verf. entwarf sich, ehe er seine Untersuchung an Ort und Stelle anfing, erst eine methodisch geordnete Tabelle über die Facta, über welche er seine Nachforschungen vorzüglich zu verbreiten habe, um die Existenz des Phänomens außer allen Zweifel zu setzen. Die Argumente dafür mußten theils physische theils moralische seyn. Jene mußten hergenommen werden von dem Daseyn meteorischer Steine in den Händen der Einwohner der Gegend, von den Spuren oder Trümmern, welche von dem Meteor zurückgelassen oder veranlaßt worden seyn möchten, endlich von den mineralogischen und geologischen Umständen des Landes — die moralischen Gründe mußten theils aus dem Zeugniß der Personen, welche das Meteor gesehen und gehört, theils derer, welche es nur gehört, und endlich von dem Zeugnisse derjenigen Personen, welche an Ort und Stelle Nachrichten über das Daseyn des Meteors und seine Wirkungen gesammelt hatten, hergeholt werden.

Er reiste von Paris den 7ten Messidor ab, mit einer Boussole, einer Karte von Cassini und einer Probe von dem meteorischen Steine von Barbotan, welcher an Ort und Stelle Cuvier, dem Collegen des Verfassers, eingehändigt worden war.

Um seine Nachforschungen so weit als möglich auszudehnen, begab er sich zuerst nach Alençon, dem Hauptorte des Ornedepartements, 15 französische Meilen südwestlich von der Stadt l'Aigle, in deren Nähe das Meteor vorzüglich beobachtet worden war, gelegen. Seine erste Nachricht erhielt er von dem Kurier von Brest, der ihm auf dem Wege begegnete, und der den 26sten April bey heiterm Himmel eine Feuerkugel erblickte, welche gegen Norden hin zu fallen schien. Einige Augenblicke nachher hörte man ein starkes Geräusch wie das vom Donner, oder von einem Wagen, der auf dem Pflaster dahin rollt, das mehrere Minuten dauerte. Der Kurier sah, da ihn die Erscheinung sehr frappirte, nach seiner Uhr. Es war 12¾ Uhr. Er erzählte damahls gleich bey seiner Ankunft in Alençon die Sache. In Alençon selbst hatte man nichts gesehen, und kein aufserordentliches Geräusch gehört, was an einem Markttage in einer grofsen Stadt nicht auffallend seyn kann. Biot fand daselbst beym Brückeningenieur Barthelemy eine vollständige Sammlung aller mineralischen Substanzen, welche sich in dem Ornedepartement finden, aber keine derselben glich im mindesten den meteorischen Steinmassen. Am 10ten Messidor verliefs Biot Alençon und verfügte sich nach l'Aigle. Zu Seez, einer kleinen Stadt, 10 französische Meilen südwestlich von l'Aigle, hatte man das Geräusch des Meteors gehört. Es glich einem starken Donnerschlag, der von der Nordseite herzukommen schien, und dessen Rollen, von mehreren auf einander folgenden Explosionen begleitet, fünf oder 6 Minuten dauerte. Der Himmel war ganz heiter und ohne Wolken. So wie Biot seinen Weg nach l'Aigle fortsetzte, häuften sich die Zeugnisse, die in allen Hauptumständen vollkommen mit einander übereinstimmten, nur waren die Wirkungen des Meteors auf die Einwohner, das Geräusch, die Explosion im Verhältnifs der Nähe bey l'Aigle immer stärker. Zu Merleraut, sieben französische Meilen west-süd-west von l'Aigle, war der Knall so heftig, dafs Pferde, die eben vom Felde zurückgekommen und noch ganz angeschirrt waren, vor Schrecken über ein Geheg in die Strafse sprangen.

Zu l'Aigle selbst hatten die Einwohner an dem angezeigten Tage und Stunde ein fürchterliches Geräusch gehört. Einige Einwohner aus l'Aigle, die damals zu Caen waren, versicherten, dafs man daselbst, ohngefähr in der nehmlichen Stunde, dasselbe Geräusch gehört, und überdiefs eine Feuerkugel gesehen habe, welche grofses Schrecken verbreitete. Leblond, Associé des Nationalinstitutes, der sich zu l'Aigle befand, verglich die Explosion mit dem Rollen des Donners, das mit häufigen Explosionen, wie Musketenfeuer, begleitet gewesen war. Alle diese Nachrichten stimmten in dem Resultate überein: dafs in der Gegend von l'Aigle, Dienstags den 6 Floreal des Jahres XI. (26. April 1803.), gegen 1 Uhr Nachmittags, eine gewaltsame Explosion statt gefunden, welche 4 — 5 Minuten gedauert, und mit einem beständigen Rollen wie des Donners begleitet gewesen. Diese Explosion wurde bis auf 30 französische Meilen in der Runde gehört.

Stellt man die Aussagen des Kuriers von Brest, und der Reisenden, die aus Caen und Falaise gekommen waren, mit dem Inhalte der Briefe aus dieser letzten Stadt, und mit Nachrichten, die Biot zu St. Audemer und in der Gegend von Verneuil einzog, zusammen, so ergiebt sich als ein zweytes sicheres Resultat:

Dafs den 6 Floreal des Jahres XI. einige Augenblicke vor der Explosion von l'Aigle eine Lichtkugel, die eine äufserst schnelle Bewegung hatte, in der Luft erschienen ist. Diese Kugel wurde nicht zu l'Aigle, aber wohl in mehreren andern umherliegenden und sehr weit von einander entfernten Städten beobachtet.

Vergleicht man endlich diese beiden Resultate und die Nachrichten über den Gang und die Richtung dieser Lichtkugel, und über die darauf erfolgte Explosion, so ergiebt sich als drittes Resultat:

Die Explosion, welche am 6 Floreal in der Gegend von l'Aigle statt gefunden hat, war die Folge der Erscheinung einer Feuerkugel, welche in der Luft geplatzt ist.

Es verdient hierbey noch besonders bemerkt zu werden, dafs diese Resultate vollkommen mit den Beschreibungen übereinstimmen, welche man von den Meteoren gemacht hat, denen man das Herunterfallen von Steinmassen zuschreibt.

Von S. 20 an giebt der Verf. nun eine eben so sorgfältige Nachricht von dem Hauptphänomen des Steinregens, indem er alle Zeugnisse und Aussagen, die er hierüber sich an Ort und Stelle verschaffen konnte, umständlich erzählt. Wir wollen nur das Interessanteste aus dieser Zeugenabhörung ausheben.

Der Bürger Humphroy, Bruder von Leblond, hatte von einer Steinmasse von 17½ Pfund gehört, die bey Vassolerie, einem Dorfe, eine fr. Meile nördlich von l'Aigle, aus der Luft gefallen seyn sollte. Er begab sich selbst an Ort und Stelle, noch an demselben Tage, fand die Bauern noch um das Loch versammelt, welches der Stein bey seinem Fallen in die Erde gemacht hatte, und den Stein selbst durch Herabschlagen von Stücken bis auf 12½ Pfund reducirt, welchen Überrest er dann auch erhielt, und nach Paris schickte, wovon Biot selbst ein wohl karakterisirtes Stück erhielt. Leblond selbst begab sich nun dahin, fand gleichfalls noch die Bauern um das Loch versammelt, das 18 bis 20 Zolle tief war, und die Erde auf eine Entfernung von 15 Schuh umher geworfen. Er zog aus dem Loche drey grofse Kieselsteine, die den Stein ohne Zweifel verhindert hatten tiefer einzudringen. Biot selbst verschaffte sich von den Bewohnern dieser Gegend genauere Nachrichten hierüber. Der Besitzer des Hauses, in dessen Nähe die Steinmasse gefallen war, war eben mit

seiner

seiner Frau und Schwiegertochter auf dem Rückweg von l'Aigle, da hörten sie unversehens in der Luft ein außerordentliches Geräusch wie Donnern, das mit einem Tosen wie von einem starken Feuer in einem Kamine begleitet war. Außer einer kleinen schwarzen Wolke, und einigen andern Wolken, wie man sie gewöhnlich am Himmel sieht, sahen sie keine sonst am Himmel, und es war gar kein Anschein zu einem Gewitter. Jenes Geräusch schien aus der kleinen Wolke herzurühren, und entfernte sich von ihnen unter beständigem Zischen. Sie waren alle von Schrecken ergriffen. Dieses fürchterliche Geräusch dauerte nur einige Minuten. Bey ihrer Ankunft zu Hause fanden sie ihre Nachbarn versammelt, und man zeigte ihnen die Masse, die man eben ausgegraben hatte. Der Mann wog dieselbe, und fand das Gewicht 17½ Pfund, wie oben bereits angeführt worden ist. Der Sohn dieses Mannes, der zur Zeit der Explosion vom Felde nach Hause kam, theilte Biot noch genauere Details mit, welche mit denen des Vaters übereinstimmten. Das Loch selbst, das Biot gleichfalls noch antraf, befand sich am Eingange einer nassen Wiese, wo an eine solche Steinmasse gar nicht zu denken war. Ein besonderer Umstand, der noch beweist, daſs diese Steinmasse sich nicht vorher daselbst finden konnte, sondern erst in Folge jenes Meteors dahin gelangt war, ist noch der, daſs diese Steinmasse, die nunmehr eine außerordentliche Härte zeigt, damals so weich war, daſs einzelne Stücke leicht abgeschlagen und mit den Fingern zerrieben werden konnten. Biot besuchte die ganze Gegend, Ort für Ort, wo solche Steine gefallen seyn sollten, und überall hatte man die Steine unter denselben Umständen und im Gefolge derselben Erscheinungen, desselben fürchterlichen Geräusches und Zischens fallen hören. Bey dem Schlosse Fontenil war ein Stein von 3 Pfund gefallen, und hatte ein Loch von 18 Zollen gemacht. Biot fand selbst noch den Stein, den der Schloſs-wächter in Abwesenheit der Schloſsherrschaft in das Archiv des Schlosses niedergelegt hatte. Ein anderer Stein war in der Nähe, 20 Schritte von dem Hirten, über dessen Kopf er mit Zischen geflogen war, gefallen. Bey la Metonnerie, einem kleinen Dorfe nicht ferne von Fontenil, waren zwey Steine gefallen, wovon der eine brennend war, da die Erde rund umher rauchte. Von da verfügte sich Biot nach Saint-Nicolas de Sommaire, wo er von zwey Pfarrern, die Augenzeugen des Steinregens gewesen waren, besonders genaue Details erhielt. Der eine, nehmlich der Pfarrer von Saint-Nicolas, sah gerade in die Wolke, aus welcher die Explosion ausging; sie war länglich-viereckigt, mit der längern Seite nach Osten und Westen gekehrt, sie schien unbeweglich, und es ertönte aus derselben ein ununterbrochenes Geräusch wie von vielen Trommeln; dann hörte man die Steine in der Luft wie eine durch die Luft fliegende Kugel zischen, und mit einem dumpfen Laut auf die Erde fallen. Man bemerkte deutlich, daſs die Wolke stufenweise von verschiedenen Seiten zerplatzte, und jede dieser Explosionen glich dem Knall einer Petarde. Biot erhielt daselbst auch mehrere von den herabgefallenen Steinen, die sich alle im Wesentlichen gleich waren, und mehr oder weniger die Spuren des Terrains, in das sie gefallen waren, an sich trugen. Nach allen Berichten muſste bey Saint-Nicolas und Saint-Michel de Sommaire eine ungeheure Menge solcher Steine gefallen seyn, wovon aber keiner denen von la Vassolerie oder Fontenil an Gewicht gleich kam. Jedermann stimmte darin überein, daſs diese Steine auf der Stelle, wo sie gefallen waren, rauchten, und in den Häusern einen so unangenehmen Schwefelgeruch verbreiteten, daſs man sie hinausbringen mufste. Ein grofses Stück, das Biot zerschlug, zeigte ihm diesen Geruch noch sehr stark, aber blofs in seinem Innern. In den ersten Tagen liefsen sie sich alle leicht zerbrechen, alle erlangten aber nachmals die bekannte grofse Härte. Alle diese Veränderungen beweisen zur höchsten Evidenz, dafs diese Steine den Örtern fremd waren, wo sie sich damals befanden, dafs sie folglich erst dahin versetzt worden seyn mufsten. In allen diesen Gegenden hatte sich auch sonst nie etwas gefunden, was diesen meteorischen Steinen entfernt ähnelte.

Ein grofser Stein hatte einen Ast von einem Birnbaum zerschlagen, und hatte sich ein tiefes Loch in die Erde gemacht. Ein junger Mensch, der nahe dabey stand, wollte ihn auflesen, da er ihn aber zu tief in der Erde stecken fand, so rief er seiner Schwester, ihm eine Hacke zu bringen. Kaum war diese damit angelangt, so fuhr ihr ein kleiner Stein vor dem Gesicht vorbey, und sie hatte nichts eiliger zu thun als davon zu fliehen, und der Stein wurde erst ausgegraben, nachdem die Furcht mit der Gefahr vorüber war. Biot hatte nach langem vergeblichen Suchen an verschiedenen Stellen endlich das Glück, selbst einen aus der Erde, in welcher er steckte, aufzulesen, der mit den übrigen vollkommen übereinkam. Der Boden bestand aus einer lockern Erde, auf welcher sich Kiesel und einige Schmiedeschlacken befinden. In ältern Zeiten sollen daselbst Eisenschmieden gewesen seyn. Zu Barne, das mit am nördlichsten auf dem Areal des Steinregens lag, war eine aufserordentliche Menge wie Hagel, aber durchaus nur von kleinen Steinen gefallen, die auch nicht heifs waren, und von denen die Einwohner so viele aufsammelten, dafs sie sie zuletzt mit Gleichgültigkeit wegwarfen. Ein junger wohl unterrichteter Mann, der den Revolutionskrieg mitgemacht hatte, hatte das Phänomen genau beobachtet. Er hörte plötzlich wie drey oder vier Kanonenschüsse, auf welche eine Art von Musketenfeuer folgte, worauf sich ein fürchterlicher Lärmen, wie von vielen Trommeln, und ein starkes Zischen hören liefs, das von herabfallenden Steinen herrührte. Die Luft war ruhig, und der Himmel heiter, blofs über dem Hofe, wo jener junge Mann sich befand, sah man eine kleine schwarze Wolke, die unbeweglich schien, und von der all dieser Lärmen herzukommen das Ansehen hatte. Bey dem Schlosse von Corboyer waren die Steine gleichfalls in so grofser Menge gefallen, dafs sie wie Hagel von den Dächern herabrollten. Ein einziger Mensch, Nahmens Piche, ein Drathzieher, war in wirkliche Gefahr dabey gerathen, da ein Stein dicht an seinen Armen hinab und zu seinen Füfsen auf den Boden fiel, der so brennend heifs war, dafs er ihn, da er ihn aufgreifen wollte, vor Schmerz wieder fallen liefs.

Durch seine genauen Nachfragen und Nachforschungen an Ort und Stelle wurde der Verf. in Stand gesetzt, aufs genaueste die Gränzen des Areals zu bestimmen, auf welches diese meteorischen Steine gefallen waren. Dieses Areal hatte eine elliptische Ausdehnung von ohngefähr 2 $\frac{1}{2}$ französischen Meilen in die Länge, und von einer fr. Meile in die Breite, so dafs die gröfste Dimension von Südosten nach Nordwesten mit einer Abweichung von ohngefähr 22 Graden ging, was die gegenwärtige Richtung des magnetischen Meridians von l'Aigle ist. Man kann daraus einige Aufklärung über die Richtung des Meteors sich verschaffen. Wäre es in einem Augenblicke zerplatzt, so würden die Steine in einem ohngefähr zirkelförmigen Umfange geschleudert worden seyn, die Dauer des Geräusches deutet aber auf eine Reihe von auf einander folgenden Explosionen, welche in einer, nach der Richtung des Gangs des Meteors in die Länge ausgedehnten Strecke die Steine verbreiten mufsten. Diese Ausdehnung in die Länge zeigt folglich die horizontale Richtung des Meteors an, und hält man dieses Resultat mit den Zeugnissen zusammen, welche die Feuerkugel gegen Norden zu herabfallen lassen, so kann man mit einer grofsen Wahrscheinlichkeit schliefsen, dafs das Meteor von Südosten nach Nordwesten mit einer Abweichung von 22 Graden seinen Weg nahm. Man kann ferner aus der Dauer des Geräusches schliefsen, dafs die horizontale Geschwindigkeit des Meteors in dem Zeitpunkte, da es zerplatzte, nur wenig beträchtlich war, und daher kam es wohl, dafs man es für unbeweglich hielt. Diefs hindert aber nicht, dafs es in verticaler Richtung eine sehr grofse Geschwindigkeit hatte. Die gröfsten Steine sind an dem südöstlichen Ende der grofsen Achse der Ellipse auf der Seite von Fontenil und la Vassolerie, die kleinsten dagegen am entgegengesetzten Ende, und die mittlern zwischen diesen beiden Punkten gefallen. Vergleicht man diefs mit dem obigen, so scheinen die gröfsten zuerst gefallen zu seyn. Der gröfste von denen, die man fand, wog 17 $\frac{1}{2}$ Pfund, der kleinste, den Biot mitbrachte, wog nur ohngefähr 2 Quentchen, und folglich ohngefähr 1000 Mal weniger. Man kann die Zahl der herabgefallenen Steine auf wenigstens 2 — 3000 rechnen. Thenard hat einige dieser meteorischen Steine zerlegt, und fand in 100 Theilen 46 Kieselerde, 45 Eisenoxyd, 10 Talkerde, 2 Nickel und ohngefähr 5 Schwefel = 108, wovon man den Sauerstoff abziehen mufs, der während der Operation absorbirt wurde. Man sieht daraus, dafs die meteorischen Steine von l'Aigle im Wesentlichen mit den übrigen meteorischen Steinen übereinkommen, und nur etwas weniger Talkerde und mehr Eisen enthalten.

Der Verfasser überläſst dem Scharfsinne der Physiker, aus dieser treuen und sorgfältigen Erzählung der Thatsachen die zahlreichen Folgerungen zu ziehen, die sich daraus ergeben.

Eine beygefügte Karte von der Gegend dient sehr zur Erläuterung des Ganzen.

Im Prairialstücke des Journal de Physique vom Jahre XI oder dem 6ten Stücke des LVIsten Bandes findet sich von S. 405—427 eine Fortsetzung der Untersuchungen über die mineralischen Massen, die aus der Atmosphäre auf unsere Erde gefallen seyn sollen, von de Drée, deren Anfang wir den Lesern im Auszuge schon im IX. Stücke der N. Entd. S. 140—141 mitgetheilt haben. Erst theilt der Verf. die ausführlichen Nachrichten mit, die er über die zu Ensisheim und in der Gegend von Agen gefallenen Steine mit groſser Sorgfalt gesammelt hat.

Von dem berühmten sogenannten Donnersteine von Ensisheim, der im Jahre 1492 bey Ensisheim im Elsaſs nicht weit von Basel fiel, sind die Stellen aus den Chronikschreibern der damaligen Zeit, die denselben betreffen, mitgetheilt. Noch findet sich diese Steinmasse in der Nationalbibliothek zu Colmar, wohin sie aus der Kirche von Ensisheim, in welcher sie bis in die neueste Zeit aufgehängt gewesen, gebracht worden war, und wiegt gegenwärtig noch wenigstens 150 Pfund, ohngeachtet der vielen Stücke, die davon abgeschlagen worden waren. De Drée erhielt selbst ein Stück davon, und fand eine groſse Ähnlichkeit mit jenem meteorischen Steine, der im Jahre 1798 bey Sales aus der Atmosphäre gefallen war. (S. das IX. St. S. 141.) Die ganze Verschiedenheit bestehet nur in dem quantitativen Verhältniſse, aber nicht in der Natur der verschiedenen Substanzen, von denen sie ein Aggregat sind, und Vauquelins Analyse bestätigte gleichfalls vollkommen die Übereinstimmung mit den übrigen meteorischen Steinen.

Die Steine von Agen sind bekanntlich im Jahre 1790 aus der Luft gefallen. (Vergl. das IX. St.) Auch hierüber sind die vorhandenen Nachrichten hier sorgfältig zusammengestellt.

Hierauf entwirft der Verf. eine methodische Eintheilung dieser meteorischen Steinmassen nach den Umständen ihres Falls und ihren materiellen Karakteren.

Die erste Klasse begreift diejenigen, die bey heiterem Wetter und ohne Donner (d. h. ohne von einem Ungewitter mit Donner und Blitz begleitet zu seyn) gefallen sind — deren materielle Karaktere mit einander übereinkommen, und deren Fall aufser allen Zweifel gesetzt ist. Dahin gehören der Stein von Sales, von Ensisheim, von Agen, die Steine von Benares, und der Stein von Wold-Cottage in der Grafschaft York.

Die zweyte Klasse begreift diejenigen, deren materielle Karaktere zwar mit denen der ersten Klasse übereinstimmen, die sich aber dadurch davon unterscheiden, dafs die einen aus einer dicken Wolke, aus welcher Blitze fuhren, herzukommen schienen, und von den andern die Umstände ihres Herabfallens nur wenig bekannt sind.

Jene sind nehmlich die bekannten Steine von Siena, die andern die Steine von Tabor in Böhmen.

Von diesen Steinen (der 1. und 2. Klasse) gaben die Analysen Howards und Vauquelins folgende Resultate, wobey die erdigte Masse, von den Körnern von Eisen und von den kugelförmigen Körpern so viel möglich befreyt, der Gegenstand der Analyse war:

Zerlegungen	durch Howard				durch Vauquelin	
	Benares v. 100 Gr.	Wold-Cottage, v. 100 Gran.	Siena von 100 Gr.	Böhmen v. 100 Gr.	Sales von 100 Gr.	Ensisheim v. 100 Gr. Barbotan v. 100 Gr.
Kieselerde	48	50	46,66	45,45	46	Die Verhältnisse sind bis auf einen unbedeutenden Unterschied die nehmlichen.
Talkerde	18	24,66	22,50	17,27	15	
Eisenoxyd	34	32	34,64	42,72	38	
Nickeloxyd	2,50	1,33	2	2,72	2	
Kalk	—	—	—	—	2	
	102,50	108	105,82	108,16	103	

Die dritte Klasse begreift diejenigen, deren gröfster Theil geschmeidiges Eisen ist, und deren Fall aufser Zweifel zu seyn scheint.

Hierher kann nur diejenige Masse gerechnet werden, die bey Agrave in Croatien den 26ten May 1751 gegen 6 Uhr des Abends in 2 Stücken aus einer Feuerkugel unter einem starken Knalle herabfiel. Das gröfste dieser Stücke, das sich im Naturalienkabinet zu Wien findet, wiegt 71 Pfund, das andere 16 Pfund.

Endlich begreift die vierte Klasse diejenigen, deren Karaktere nicht so ganz bestimmt sind, aber doch einige Vergleichungspunkte mit den erwiesenen meteorischen Mineralmassen geben, und deren Fall nicht so authentisch ist. Dahin rechnet der Verf. diejenigen, die bey Miscoz in Siebenbürgen bey einem heftigen Gewitter herabgefallen sind, und mehrere andere Steine, von denen Chladni gleichfalls schon Nachricht gegeben hat, so wie die grofsen Massen von gediegenem Eisen. Der Verf. verbreitet sich dann etwas ausführlicher über die meteorischen Mineralien der 1. und 2ten Klasse, über welche mehrere und genauere Data vorhanden sind. Er hebt die Gründe, welche für den meteorischen Ursprung in allen Zeugnissen und Nachrichten uber die Erscheinung dieser Steinmassen liegen, in ihrer ganzen Stärke aus. Er bemerkt ganz richtig, daſs diese Steine von Vulcanen der Erde auf keine Weise herrühren, und eben so wenig als irdische Steine betrachtet werden können, die vom Blitze getroffen, und dadurch so merkwürdig verändert worden sind. Ferner stellt er als Resultat aus den obigen Datis auf, daſs das Glühen dieser Körper nur bey ihrem Eintritte in unsere Atmosphäre statt gehabt, und nur von einer kurzen Dauer gewesen seyn kann, und daſs es durch die Reibung der Luft, durch welche sie sich mit groſser Geschwindigkeit bewegt haben, bewirkt, und die Wirkung dieses Reibens durch den beständigen Zufluſs des elektrischen Fluidums, das sie der Atmosphäre entzogen, erhöht worden sey. So erkläre sich der auffallende Contrast zwischen der heftigen Wirkung der Wärme auf die Oberfläche und ihrer geringen Action auf das Innre dieser Steinmassen, wo sie kaum merklich ist, und damit stimme auch die eckigte und unregelmäſsige Gestalt, welche diese Steine trotz des Glühens beybehalten haben, überein. Noch stellt de Drée als Resultate auf: daſs diese Massen bey ihrer Ankunft auf der Erde einer Kraft zu folgen scheinen, die aus der Gravitation, und einer Kraft zusammengesetzt ist, die sie von der Verticallinie entfernt, einer Kraft, die entweder einer Continuität der ursprünglichen Stoſskraft, oder einer Refractionsbewegung zuzuschreiben sey, welche diese Körper bey ihrem Eindringen in unsere Atmosphäre durch die Wirkung der Dichtigkeit dieses Fluidums, oder durch die Wirkung der Bewegung und Axendrehung unsers Planeten erlangt haben konnten. — Ferner: daſs die Zerplatzung einiger dieser glühenden Körper, welche in der Atmosphäre erfolgte, ganz natürlich der Dilatation welche durch, Verschiedenheit in der Intensität der Wärme auf der Oberfläche und in ihrem Innern und durch die Leichtigkeit, mit welcher sich die Schmelzung in ihre mit Kiesen besetzten Risse und Spalten ausdehnen konnte, hervorgebracht wurde, zugeschrieben werden müsse. — Endlich: daſs die Leucht- oder meteorischen Erscheinungen, welche im Augenblicke der Erscheinung dieser Körper beobachtet wurden, keine andere Ursache als das Glühen derselben hatten.

Der Verf. stellt dann 4 Hypothesen über ihre mögliche Entstehungsart fragweise auf, nehmlich:

1. Daſs sie irdischen Theilchen, die in die Atmosphäre durch Winde erhoben und dann durch die Wirkung der Elektrizität augenblicklich mit einander in Verbindung gebracht worden seyen, ihre Entstehung verdanken.

2. Daſs sie durch das Aneinanderleimen von Aschen- und Sandtheilchen, welche durch Vulcane ausgeworfen, und auf groſse Entfernungen durch Winde und Wolken fortgerissen worden, gebildet worden seyen, welches Aneinanderleimen gleichfalls eine Wirkung der Elektricität und der Schmelzung der Theilchen, die dieselbe zulieſsen, gewesen seyn konnte.

3. Daſs sie kleine planetarische Körper oder selbst abgerissene Fragmente von einem Planeten oder irgend einem andern himmlischen Körper seyn möchten, die in den Raum fortgeschleudert, ihren Lauf durch denselben genommen haben, und zuletzt in die Attractionssphäre unserer Erde gelangt sind.

4. Daſs sie endlich Auswurfe des Monds sind.

Die erste Hypothese scheint ihm aus von selbst in die Augen fallenden Gründen ganz verwerflich; eben so die zweyte.

Von den zwey letzten Meinungen erklärt sich der Verf. für die 4te als die wahrscheinlichste.

In einem Briefe an de la Metherie in eben diesem Stücke S. 428 macht de Drée darauf aufmerksam, dafs die Steine von l' Aigle gröfstentheils mit jener für die meteorischen Steine karakteristischen schwarzen Kruste, was auch sonst ihre Form oder Volumen war, überzogen waren, und ihm scheint diefs einen Beweis zu geben, dafs diese Art von Verglasung oder Oxydation von dem Augenblicke an bewirket wurde, wo der Körper bey seinem Zerplatzen sich in kleine Bruchstücke theilte.

Noch kommen in diesem Hefte einige Nachrichten von dem Steinregen bey l' Aigle vor, worüber aber Biots meisterhafter Bericht nichts hinzuzusetzen läfst.

Noch findet sich in diesem Hefte eine Berichtigung von Prevost in Betreff der im IX. Hefte der N. Entd. aus dem Journal de Physique ausgezogenen Nachrichten über den bey Sales aus der Luft gefallenen Stein. Der Stein, von dem le Sage Nachricht giebt, sollte nehmlich am 17ten Junius 1798 Abends um 8 Uhr nach Erscheinung einer Feuerkugel aus der Luft gefallen seyn, und der Stein selbst 26 Pfund gewogen haben. Dagegen giebt de Drée den 12 März 1798, und 6 Uhr des Abends als das Datum des Falls des meteorischen Steines, von welchem er ein Stück erhalten hatte, und 20 Pfund als das Gewicht an. Es müssen also in diesen zwey verschiedenen Zeitpunkten zwey meteorische Steinmassen, unter übrigens sehr gleichen Umständen, an einem und demselben Orte aus der Luft gefallen seyn, oder ein Irrthum in den Angaben des einen Berichts herrschen. Noch bemerkt Prevost, dafs die grofse Lichtkugel, welche er und andere bey Genf und an mehreren entfernten Orten sahen, nicht auf den meteorischen Stein von Sales bezogen werden kann, wie de Drée will, da dieses Lichtmeteor am 8ten März 1798 beobachtet wurde, vorausgesetzt dafs das Datum, das de Drée für sein Meteor angiebt, richtig sey.

Im Messidorstücke vom Jahre XI (des LVIIsten Bandes erstem Stücke) findet sich eine vergleichende Untersuchung des meteorischen Steines von l'Aigle und von Villefranche oder Sales, von B. G. Sage. Die etwas unvollständige Analyse des Verf. lehrt uns nichts Neues. Seine Ideen über die Entstehungsart dieser meteorischen Steine sind wahrhaft abentheuerlich, wenigstens für den gegenwärtigen Zustand unserer Chemie. Elektrizität, Licht, Wärme, alle Gasarten, die sich in der Atmosphäre befinden, sollen die fruchtbaren Elemente dieser Steinmassen seyn. Der Quarz der meteorischen Steine soll sich durch eine Verbindung einer concentrirten Säure mit einem Laugensalze bilden, und zwar soll diese Säure von der nehmlichen Natur wie die Säure der brennbaren Luft seyn, das Laugensalz soll durch das faule Gas (!!) geliefert, das Eisen aus der Atmosphäre durch die Electrizität angezogen worden seyn, und sich so wie der Nickel durch Hülfe der brennbaren Luft reducirt haben.

Übrigens berichtiget der Verfasser das Datum von dem Falle der meteorischen Steinmasse von Villefranche dahin, dafs es der 12te März 1798 gewesen und folglich der Stein einerley mit dem, von welchem de Drée eine Nachricht gegeben, gewesen sey.

IV.

Auszug aus einer Abhandlung des Bürgers Seguin über das fiebervertreibende Princip der Chinarinde.

Der Zweck, welchen sich der Verfasser bey der Unternehmung dieser Arbeit vorgesetzt hat, war, die Mittel anzuzeigen, um mit Gewiſsheit das wahre fiebervertreibende Princip der Chinarinde zu erkennen, und diejenigen Arten, die dasselbe enthalten, von denen, die davon entblöſst sind, zu unterscheiden, so wie endlich die Quantität und Qualität dieses Princips zu schätzen.

Bis jetzt waren die Prüfung durch den Geschmack und die äuſsere Ansicht die einzigen Mittel zur Erkenntniſs der Eigenschaften der im Handel vorkommenden Chinarinde. Da aber die dadurch erkannten Karaktere kein bestimmtes Datum gaben, und für die pulverisirte Chinarinde nicht angewandt werden konnten, so zeigten sie nur unvollkommen die Gegenwart des fiebervertreibenden Princips an.

Es war also sehr wichtig, diesen allerdings etwas trügerischen Mitteln andere zu substituiren, die ein genau zu berechnendes unveränderliches Resultat zu geben im Stande waren. Bloſs die chemischen Reagentien konnten diesen Forderungen Genüge leisten.

Der Bürger Seguin fing daher seine Untersuchung damit an, daſs er die respectiven Eigenschaften aller Arzneysubstanzen gleichsam isolirte, und die Action aufsuchte, welche sie auf alle andere chemische Substanzen ausübten.

Diese Untersuchungen haben ihn in Stand gesetzt, in dem fiebervertreibenden Principe der Chinarinde ganz bestimmte und scharf unterschiedene Karaktere zu erkennen, die es in eine ganz besondere Klasse versetzen.

Folgendes sind diese Karaktere:

Es schlägt die Auflösung des Gerbestoffes, aber nicht die Auflösungen der Gallerte und des schwefelsauren Eisens nieder. Hat die Chinarinde alle diese Karaktere nicht, so ist es ein Beweis, daſs sie gemengt ist, oder daſs sie das fiebervertreibende Princip nicht enthält.

Der Verfasser hat dieser Art von Analyse alle bekannten Arten von Chinarinde, welche sich bey sämmtlichen Apothekern und Droguisten von Versailles und Paris befinden, unterworfen, und hat constant dieselben Resultate erhalten. Diese Untersuchungen haben ihm leider bewiesen, daſs eine nur auſserordentlich kleine Quantität von ächter, guter, nicht gemengter Chinarinde im Handel existire, und daſs die groſse Majorität entweder vom fiebervertreibenden Principe entblöſst, oder gemengt, oder wenigstens von einer sehr untergeordneten Qualität sey, wenn sie auch gleich nicht gemengt ist.

Diese Resultate sind um so wichtiger, da die Chinarinden in den Fiebern nur im Verhältniſs der mehr oder weniger groſsen Quantität von fiebervertreibendem Principe, welches sie enthalten, Kräfte äuſsern, und da die Chinaarten, welche nichts von diesem Grundstoffe enthalten; so wie alle Substanzen, welche man denselben beymengt, unserm Systeme mehr oder weniger schädlich sind.

Seguin war unter diesen Umständen darauf bedacht, ein sich immer gleich bleibendes, wirksameres und in seinen Wirkungen sichereres fiebervertreibendes Princip aufzufinden, das sich unserm Systeme leichter assimilieren lieſse, und so wohlfeil wäre, daſs man kein Interesse bey seiner Verfälschung haben könnte. Um zu diesem wichtigen Resultate zu gelangen, untersuchte der Verf., was eigentlich die wahre Ursache der Fieber und ihrer Wirkungen, was die eigentliche Natur des fiebervertreibenden Principes der China, und was seine Action auf unser System sey. Er unterwarf der Action der gegenwirkenden Mittel, welche für das fiebervertreibende Princip der China angezeigt sind, alle chemischen und Arzneysubstanzen, und vergewisserte sich, ob diejenigen von diesen Substanzen, welche das fiebervertreibende Princip enthielten, nicht zugleich andere, der thierischen Ökonomie schädliche, Substanzen beygemischt hätten. Endlich mufste er am Krankenbette selbst Erfahrungen sammlen, und Fieber durch Hülfe dieser Mittel heilen.

Das neue fiebervertreibende Princip, das Seguin in Folge dieser Untersuchungen an die Stelle der Chinarinde vorschlägt, weil es alle Vortheile derselben und keinen ihrer Nachtheile hat, ist die Gallerte in ihrem reinen Zustande.

Aus allen Gesichtspunkten betrachtet, hat die Gallerte Vorzüge vor der Chinarinde. Sie verursacht keine Reitzung, verschafft einen ruhigen Schlaf und eine gelinde Transpiration, hält den Leib offen ohne Koliken oder Übelkeiten, hat keinen unangenehmen Geschmack, stellt die Kräfte wieder her, und wird auch von den schwächsten Magen verdaut, die die China gleich nach dem Einnehmen wieder auswerfen würden.

Die Chinarinde dagegen reizt das System, stört den Schlaf, hat einen unangenehmen Geschmack, verstopft öfters, und ist sehr unverdaulich.

Aufserdem ist die Gallerte in dem Verhältnifs von eins zu zwey und dreyfsig wohlfeiler als die Chinarinde.

Der Verf. hat seiner Abhandlung eine Erzählung von 37 Kuren hinzugefügt, die er in Gegenwart von geschickten Ärzten gemacht hat, und hat die Ernennung von Commissarien zur Wiederhohlung seiner Versuche und zur Erstattung eines Berichtes verlangt.

Die ernannten Commissarien sind: die Bürger Portal, Dessessarts, Hallé, Fourcroy, Berthollet und Deyeux.

Die Versuche, welche sie unternommen haben, geschehen in der Arzneyschule, in einem zu diesen Untersuchungen ganz besonders bestimmten Saale. Bereits ist eine ziemlich grofse Anzahl von Kranken geheilt worden, und die Commissarien werden ehestens einen ersten Bericht darüber abstatten.

Bulletin des Sciences. Nro. 77. S. 130.

Zusatz.

Es ist von diesen Untersuchungen Seguins schon in einem der früheren Stücke (Vtes St. d. N. Entd. S. 78. 79. 80.) die Rede gewesen. Es wurden daselbst einige Fragen und Zweifel aufgeworfen, die durch diesen Aufsatz noch nicht gelöst sind. Auffallend mufs der Widerspruch zwischen den Resultaten, welche Seguin, und denen, welche der Schwede Westring bey der Untersuchung der verschiedenen Chinaarten erhielt, (s. Neue Schwedische Abhandlungen Tom. XXI. ausgezogen im Nordischen Archive für Naturkunde, Arzneywissenschaft und Chirurgie. Von Pfaff, Scheel und Rudolphi. IIIter Bd. 3tes St. S. 4. fg.) seyn, indem nach Seguin das fiebervertreibende Princip der China die Leimauflösung nicht niederschlagen soll, nach Westring aber gerade die Häufigkeit des Niederschlags, welchen eine Chinasorte in der Leimauflösung macht, der Mafsstab für ihre Güte und Wirksamkeit seyn soll. So lange uns Seguin die Karaktere seines fiebervertreibenden Princips, und besonders die Mittel, dasselbe zu isoliren und für sich darzustellen, nicht näher angiebt, bleibt immer

immer einiges Misstrauen in die Richtigkeit seiner Behauptungen. Auch möchte die ganze medicinische Ansicht des Verf. manche Einwendungen zulassen. Dafs Gallerte unter gewissen Umständen in Wechselfiebern nützlich seyn kann, dafs durch eine kräftige reizende Diät oft allein die Heilung zu Stande gebracht werden kann, wufsten wir schon lange, und Fleischbrühe macht ein Hauptstück der von deutschen Ärzten empfohlenen Diät in kalten Fiebern aus. Ein rationeller Arzt wird aber darum an Gallerte, als ein specifisches fiebervertreibendes Mittel eben so wenig glauben, als er eine eigentliche specifische Kraft der Chinarinde annimmt. Wir werden unsern Lesern in den folgenden Stücken den Verfolg dieser wichtigen Untersuchungen, sobald sie uns bekannt geworden sind, mittheilen. *Pf.*

B. Literatur.

I.

Annales du Muséum national d'Histoire naturelle XII. Cahier.

Das 12te Heft der Annalen des Muséums für Naturgeschichte enthält:

1 *Ueber die Kleinia und Actinea, zwey neue Geschlechter aus der Familie der Corymbifères*, von A. L. Jussieu. Das 1ste Geschlecht unterscheidet sich von Eupatoria durch seinen Wuchs, durch seinen nicht cylinderförmigen Kelch, der länglich und eng ist, und wenig Flosculi (fleurons) hat, die aber breit ausgezackt, kurz und vielblättrig sind. Die fleischigen Blätter und der ganze Habitus nähern die Pflanze der Cacalia, diese hat aber einen einfachen einblätterigen Kelch. Die Pflanze, der der Verf. den Namen Kleinia giebt, steht in der Mitte. Er charakterisirt sie folgendermaſsen:

Kleinia. Flores flosculosi hermaphroditi. Calix latus, patens, squamis subrotundis, triplici ordine dispositis, multiflorus. Pappus brevis, plumosus. Receptaculum nudum. Suffrutex; folia opposita; flores in ramulis, solitarii, terminales. —

K. lineatifolia. Foliis connatis linearibus, integerrimis, crassiusculis; floribus pedunculo reflexo nutantibus. Ex Bonaria.

Das 2te Geschlecht hat viel Ähnliches mit Hymenopappus des l'Heritier, oder mit der Rothia des Lamark. Doch hat sie nicht flores flosculosi, sondern radiati. Die Abtheilungen des Kelchs stehen auf einer Linie, und sind weit kürzer. Der Verf. nennt es Actinea von ἀκτὶν (Strahl) und giebt folgende Charakterbeschreibung:

Actinea. Flores radiati, flosculis hermaphroditis, quinquefidis; ligulis foemineis, apice trilobis. Calix polyphyllus, brevis simplici serie. Semina extus pilosa, coronata pluribus aristis infra marginato-alatis. Receptaculum nudum. Herba, folia alterna. —

A. heterophylla. Multicaulis, rufescens; caulibus apice nudis unifloris, infra foliosis; foliis inferioribus lanceolatis, sinuatis aut dentatis, superioribus linearibus, integris. Ex Bonaria.

Commerson, in dessen Herbario beide Pflanzen sich befinden, hat auch eine neue Species Hymenopappus in Buenos Aires entdeckt, die, wenn sich mehrere fänden, ein eignes Geschlecht bilden sollte. Folgende Charakteristik giebt Herr Jussieu von ihr, und der ihr zunächst verwandten.

H. scabiosus l'Heritier. H. foliis pinnatifidis; floribus subcorymbosis, terminalibus; pappo simplici, paleaceo. Ex Carolina.

H. anthemoïdes. Foliis decompositis linearibus; floribus axillaribus, solitariis; pappo duplici interiore paleaceo, exteriore piloso. Ex Bonaria.

2. *Analyse des Wassers des großen Brunnens im Jardin des plantes, der zwischen dem Treibhause und der anatomischen Gallerie liegt*, von A. F. Fourcroy. Die Untersuchung des Wassers, welches die Hauptnahrung der Pflanzen ist, ist gewiß

für die Öconomie der Vegetabilien von äufserster Wichtigkeit, zumal wenn delicate Pflanzen fremder entfernter Erdstriche zu nähren sind. Der botanische Garten hat, seitdem er vergröfsert ist, nicht den 20sten Theil Wasser von dem, was er bedürfte, und das, was er besitzt, ist von schlechter Qualität. Er hat dessen zweyerley Art. Das, was vom Brunnen der Pitié gegen über kommt, ist minder schlecht, aber nimmt täglich ab, weil die Röhren der Wasserleitung sich verstopfen. Ein anderer Brunnen, aus dem das Wasser täglich durch die Kanäle in ein Reservoir geleitet wird, ist schlecht, und die Gärtner klagen, dafs es den delicaten Pflanzen schadet; doch ist es eins der gröfsten Bedürfnisse sowohl für die Pflanzen als für die Thiere. Herr Fourcroy glaubte es demnach genau untersuchen zu müssen, um entweder Mittel zu finden, es zu verbessern, oder seinen Gebrauch zu beschränken. Das Wasser wurde erst durch Reagentien versucht, dann abgeraucht, und das Residuum zum Theil mit Alcohol, zum Theil mit kaltem Wasser, und auch mit Essigsäure versucht, um von jedem die auflöslichen Theile aufnehmen zu machen. Das Resultat der Untersuchung war, dafs 25 Pinten oder 50 Pf. des Wassers des grofsen Brunnens 1162 Gran Bodensatz nach der Verdünstung zurücklassen, welcher besteht aus

Schwefelsaurem Kalk —	650	Gran die Pinte	$26\frac{1}{10}$
Salpetersaurem Kali —	160	— — —	$6\frac{4}{10}$
Salpeters. Kalk u. Talkerde	158	— — —	$6\frac{4}{10}$
Salzsaurer Talkerde —	66	— — —	$2\frac{6}{10}$
Kohlensaurer Talkerde —	44	— — —	$1\frac{8}{10}$
Kohlensaurem Kalk —	42	— — —	$1\frac{6}{10}$
Salzsaurer Soda — —	40	— — —	$1\frac{6}{10}$
	Gran 1162		Gran $46\frac{5}{12}$

Der Antheil von Kieselerde und animalischen Theilen war unbestimmbar, und schwefelsaurer Kalk ist demnach der gröfste Bestandtheil des Bodensatzes, welches von allen unter dem Boden von Paris fliefsenden Wassern gilt. Das salpetersaure Kali und die salpetersauren und salzsauren Erden betragen über die Hälfte des ersteren, und befinden sich ebenfalls in den meisten Brunnen von Paris. Diefs rührt von den verwesten animalischen und vegetabilischen Substanzen her, so wie auch die salzsaure Soda. Es zeigt sich aus dieser Analyse, dafs die geschickten Gärtner Recht hatten, wenn sie dem Wasser schädliche Eigenschaften für die Pflanzen zuschrieben; denn es setzt an den Wurzeln erdigte Salze ab, die der Einsaugung hinderlich sind. Die Wurzel wird gewisser Mafsen mit der Zeit mit einer Kruste bedeckt, die die Pflanzen tödtet. Eben so schädlich ist das Wasser den Thieren, und wenn die böse Wirkung durch das Aussetzen in die Sonne etwas geschwächt wird, so wird sie doch nicht gänzlich zerstört. —

3. *Beschreibung eines Bienenfressers, und eines Eisvogels von Africa*, von F. M. Daudin. Congo ist noch von den Naturalisten nicht so besucht worden wie der Senegal. Perrein ist der Einzige, der in diesem Lande eine Sammlung gemacht hat. Ihm verdankt man die Kenntnifs der zwey Vögel, die Herr Daudin hier beschreibt.

1. Merops bicolor. Supra atro-violaceus, subtus roseus, mento albo; cauda longa et bifurcata. Der Vogel ist nur 8 Monate zu Malimbo zu sehen, reifst und hält seine Züge in grofser Gesellschaft, so schnell wie die Schwalben. Nur selten ruhen sie auf einem Baume oder auf dem Boden, und stets verfolgen sie unter den Insecten die Hymenoptera. Der Zug hält sich gewöhnlich einen Tag auf, verweilt auf einem kahlen Baume, und setzt seinen Weg sodann weiter fort.

2. Alcedo ultramarina. Supra coerulea nitens, subtus rufa; gula alba; genis ex rufo pallide

purpureis; capite supra subcristato et coeruleo, maculis nigris; superciliis rufis; cauda brevi.

Var. 1. Abdomine aurantio rufescente.

Var. 2. Superciliis et genis superne coeruleis.

Dieser Vogel mufs der Alcedo cristata nahe gesetzt werden. Er kommt ebenfalls von Malimbo, wo er am Meere sich aufhält. Die Einwohner nennen ihn Tounzi; er ist sehr sanft, und da er den Kopf bald rechts bald links wendet, so glauben die Einwohner, er weise den Weg, und halten ihn heilig. Der Todus coeruleus des Linné, Buffon Pl. 783. fig. 1. und der andre Pl. 356. sind Varietäten der Alcedo. —

4 *Abhandlung über die Cultur des Heidekrauts* (Erica), von A. Thouin. Herr Kennedy und Lee aus Hammersmith haben dem Garten 100 Ericaarten, die ganz neu vom Cap kommen, geschickt, von welchen der Garten nur 8 besafs. Alle sind in dem trefflichsten Zustande angekommen. Sie sind 2 bis 2 $\frac{1}{2}$ Jahr alt, 8 bis 18 Zoll lang. Die meisten bildeten kleine Pyramiden. Sie waren aus den kleinen Töpfen, in denen sie gepflanzt waren, genommen worden, indem fast in allen mehr oder weniger der Saft in die Höhe gestiegen war, und einige selbst blüheten. Man umwickelte sie mit Moos, und dann in einzelnen Paketen mit Packpapier. Jedes Pack enthielt 25, und befand sich in einem besondern Kästchen von weifsem Holz. Diese wurden sodann in einen gröfsern Kasten gepackt, worin getrocknetes Moos und fest zusammengedrücktes Gesträuch befindlich war. Die Zwischenräume waren mit Papierspähnen gefüllt, und das Ganze mit dem zugenagelten Deckel fest gedrückt. Nichts konnte sich schütteln, und nichts hat sich auf der 8tägigen Reise im Packetbot und im nachherigen Wagen gerührt. Alles blieb äufserst trocken. Man hat die Erica nach dem Eröffnen in etwas gröfsere Töpfe eingesetzt, und zwar

in eine Erde, die aus $\frac{3}{4}$ Heidebodenerde (terreau de bruyere), einem Viertel Erde der Orangerien (terre à oranger) und einem Fünftel Pflanzenerde (terre franche) bestand. Sie war etwas substantieller, als die, die unmittelbar die Wurzel umgab, sonst aber ihr ähnlich. Nachher wurden sie nach und nach begossen, um die Erde um die Wurzel zu befestigen. Die Töpfe wurden in einjährige, 20 Zoll dicke Mistlager, die mit $\frac{1}{3}$ neuem Miste vermischt waren, gestellt, die etwa eine Wärme von 15 Graden durch die Gährung erzeugen mochten. In den ersten 3 Tagen wurde das Licht abgehalten, um die delicaten Pflanzen, die 8 Tage in völliger Finsternifs gelebt hatten, vor der Sonne zu schützen; doch haben sich bey aller dieser Vorsicht kleine Sprossen in der Mitte des Tages gekrümmt, welches man durchs Benetzen in Gestalt von Thau, Luftzüge und etwas Wärme wieder verbesserte, so wie auch dadurch, dafs Licht nach und nach hinzugelassen wurde. Alles blühet und wird wahrscheinlich Saamen tragen. So bald die Kälte bis zu etwa 10 Grad fällt, wird man sie von unten zu wärmen suchen, und sie mit Matten bedecken, bey gröfserer Kälte im temperirten Treibhaus ans Fenster setzen, und nur wenig befeuchten. Im Frühling wird man sie Anfangs gegen die Sonne schützen, und auch für Wind und starkem Regen, und sie auf Terrassen, die bedeckt sind, stellen.

Zu dieser Behandlungsart ist man durch die Theorie geleitet worden. Denn 1stens diese Ericasträucher leben nicht lange, höchstens 6 — 10 Jahre. 2tens, ihre Wurzeln sind trocken und zerbrechlich, die haarigten nicht häufig und sehr weit aus einander, die Epidermis sehr dünne, und bey der Luft schnell trocknend. 3tens, in stehender Feuchtigkeit verderben die Wurzeln. 4tens, fast alle ihre Krankheiten fangen bey der Wurzel an, und wenn man es am Wuchs zu merken anfängt, so sind sie schon verloren. 5tens, alle Species wachsen im Sandboden in einer Mischung von $\frac{3}{4}$ Sand und $\frac{1}{4}$ Humus, der aus Wurzeln und Blättern und Stengeln ihres Gleichen componirt ist. 6tens, findet man in solcher Erde eine mehr oder minder grofse Quantität Eisenoxyd, welches von der Vegetation der Ericaarten selbst erzeugt wird. 7tens, wachsen diese Arten auf dem Cap der guten Hoffnung, auf den Bergen von Isle de France, Isle Bourbon, und Madagascar. 8tens, haben diese Länder zuweilen 2 bis 3 Grad Frost, grofse Stürme, und starken Wind, beträchtliche Hitze, und viel Regen, der aber vermöge der lockern Natur und Abhängigkeit des Bodens nur durchfliefst. 9tens, lassen diese Pflanzen die Capsel von ihren Saamen fallen, sobald sie reif sind, und die Saamen sind fein und in grofser Quantität, so, dafs sie unter den Lichenes, Moosen und kleinen Gräsern, welche die Erde in der nassen Jahreszeit bedecken, aufgehen. Da 10tens die Ericaarten sehr häufig sind, so müssen die Saamen viel Varietäten geben. Man wird demnach mit Sorgfalt die schönen Sträucher in Europa ziehen können. —

Herr Lee und Kennedy haben zum Gegengeschenk 4 Küsten der Neuigkeiten, die Capit. Baudin von den Antillen geschickt hat, von der Administration erhalten.

5. *Notiz über das Leben und die Schriften Hedwig's von Deleuze.* Enthält ein Resumé seiner Schriften und Entdeckungen. (Wie wir sehen, befindet sich der Anfang schon in Voigts Magazin.)

6. *Auszug der Abhandlung über die Stärke des Neuseeländischen Flachses,* von Labillardiere. S. d. Annalen.

7. *Anmerkung über die Jalappe* von Michaux. Der Vater des Herrn Michaux entdeckte in Begleitung seines Sohnes die Jalappe zuerst in Florida, dann

in Georgien und in Carolina. Der Garten zu Charlestown, wo er sie cultivirte, wurde gegen das Ende des Jahres IX auf Befehl des Ministers unterdrückt, und dabey die Ordre ertheilt nach Carolina zu gehen, und alle junge Pflanzen, besonders Quercus virens und alles, was im Garten zu Charlestown übrig war, nach Frankreich zu übersenden. Da fand sich eine grofse Jalappewurzel, woraus Herr Michaux ein Litre Saamen zog, und dem Bureau d' agriculture schickte. Dieser war im Winter, nachdem die Wurzel 4 Jahre nicht von neuem bedeckt worden war, und das Thermometer unter 4 Grad gestanden hatte, dennoch nicht umgekommen. Es beweist, dafs Herr Desfontaines Recht hat, wenn er behauptet, dafs die Jalappe im mittäglichen Frankreich fortkommen würde. Der Verf. hat diese Wurzel, wohl mit Moofs bewickelt, mitgebracht, und sie befindet sich nach einer 4monatlichen Reise in so gutem Stande, dafs sie noch im Jardin des plantes zu Paris neue Individuen erzeugen wird. Sie wächst gewöhnlich im Sandboden, wog $47\frac{3}{4}$ Pfund, und wahrscheinlich, als man sie ausrifs, mehr als 50, da man, um sie einzupacken, Wurzeln von 1 Zoll Dicke abschneiden mufste. —

Eine alphabetische Inhaltstafel beschliefst diesen 2ten Band und den 1sten Jahrgang des interessanten Werkes überhaupt. Das Heft ist mit Abbildungen der schönen Pflanzen, und mit den beyden Vögeln geziert, und enthält nächstdem die unvergleichlichen zwey Platten, die zu Cuviers Abhandlung über die Laplysia gehören, und nach seinen Zeichnungen gemacht sind. Rec. erinnert sich nicht, aufser Lyonet, etwas schöneres dieser Art gesehen zu haben.

Frdl.

II.

Bulletin de la Societé d'Industrie Nationale. Prairial an XI Nro. 10.

Das 10te Stück des Bulletin zur Beförderung der Nationalindustrie enthält:

A. *Mechanische Künste.*

Abhandlung über einen Versuch, die Angorischen Ziegenhaare von der Heerde zu Rambouillet zu spinnen, in der Chambre de Commerce den 7ten Floreal des Jahres XI vorgelesen von Berville, Kaufmann zu Amiens. Amiens zog vom Jahre 1768 bis 1786 4 bis 5000 Ballen gesponnener Ziegenhaare, von welchem jeder 240 Pfund erhielt, aus Smirna. Das Pfund kostete 4 bis 8 Fr. Rechnet man im Durchschnitt 6 Fr. das Pfund, so verarbeitete Amiens jährlich 1.200,000 Pfund oder für 7 Millionen Wolle zu Camelotten u. s. w. Man konnte füglich die Angorischen Ziegen im mittäglichen Frankreich naturalisiren. Auch hat man in dieser Absicht eine Heerde in Rambouïllet schon seit der ehemaligen Regierung unterhalten, allein es gab keine Arbeiter, um die Wolle gehörig zu spinnen. Der Verf. hat durch Herrn Bardel einige Schuren erhalten, und sie durch einen der einsichtsvollsten Spinner seines Departements spinnen lassen. Dieser kämmte sie zuvörderst wie gewöhnliche Wolle, und bemerkte, dafs sie weit weniger als die gewöhnliche verliere. 20 Pfund fette Wolle nehmlich gaben 15 Pfund Faden und 4 Pfund Kurzhaariges (peignon). Letzteres war aber von minderem Werth, als das der Wolle, welche weicher ist. — Man weifs, dafs dieses Kurzhaarige, das in dem Kratzer zurückbleibt, zu verschiednen gemeinen Zeugen angewendet wird. — Indessen gaben die Angorischen Ziegen auch dafür mehr Faden, und die wenigen härteren kurzen Haare konnten mit Nutzen von Huthmachern angewendet werden. Die Faden lassen sich, wiewohl sie etwas härter sind, gut spinnen, und in allen Graden der Feinheit darstellen. Sie sind zwar etwas weniger gewunden als die Levantischen, allein das ist höchstens bey Knopfmacherarbeit u. s. w. ein Fehler. Herr Delahaie Pisson hat übrigens gefunden, daſs sich diese Faden eben so gut zu Velbel und ähnlichen Waaren verarbeiten lieſsen als die Levantischen. Er will einen daraus verfertigten Stoff dem ersten Consul überreichen. Vielleicht entzieht man sich am Ende dem Tribute, den man für dieses Material dem Auslande zahlen muſs. Der Verf. geht hierauf die verschiedenen Vortheile durch, die das Einbringen der Angorischen Ziegen haben würde, vergiſst aber auch die Nachtheile nicht, so wie die groſsen Vortheile, die die Schaafe gewähren. Das Ganze soll nur auf einen neuen Gegenstand aufmerksam machen, der, wenn er mit Vorsicht benutzt wird, Frankreich groſsen Vortheil bringen kann.

Bericht des Herrn Desmarets über eine Maschine, Häute in ihrer Dicke in verschiedene Blätter zu theilen, die von dem Herrn Buscarlet angewendet wird. (M. s. den Auszug der Sitzungen des Nationalinstituts.)

B. *Chemische Künste.*

Über die Verbindung der Platina mit dem Golde von B. Guyton Morveau. Die Absicht war, zu bestimmen, wie fern die Platina den falschen Münzern nützlich werden könne, und in welchem Verhältniſs man sie mit Vortheil anwenden könnte. Der Verf. zeigte einerseits, daſs die Farbe den Betrug verrathen würde, und daſs andrerseits die Wage des

Herrn **Vincent** (die bekanntlich die specifische Schwere, wie etwa die Nicholsonsche bey den Mineralien, bestimmt) solche Verfälschung sogleich entdecken machen müſste.

Notiz über die Erde von Musigny bey Arnai sur Aroux, im Departement de la Côte d'or, von J. **Bose.** Vor 14 Jahren entdeckten Herr **Musigny** und **Bose** eine Erde, womit sie sehr gut die Etrurischen Vasen nachmachen konnten. Nächstdem erträgt sie die Abwechslung groſser Kälte und Hitze, ist dauerhaft, geschmeidig und leicht im Bearbeiten. Die hiervon errichtete Fabrik ist während der Revolution unthätig geblieben, und wird wahrscheinlich jetzt besser aufkommen.

C. *Oeconomische Künste.*

Auszug aus dem im Nationalinstitut von Herrn Labillardiere gelesenen Memoire über die Stärke der Faden des Neuseeländischen Flachses in Vergleichung mit den Faden der Aloëspitte, des Hanfes, des Flachses, und der Seide. Man wuſste seit lange, daſs die Faden des Neuseeländischen Flachses zum Verfertigen der Stricke den ersten Rang verdienen, allein Niemand hatte vor Herrn L. das eigentliche Verhältniſs der Stärke dieses für die Marine so wichtigen Materials untersucht. **La Peyrouse** hatte diesen Hanf in Neuholland für Quinquaillerien eingewechselt, Herr **Labillardiere** bediente sich zur Untersuchung seiner Stärke zweyer Stücke Holz von 10 Zoll Länge, die vertical auf ein Brett, 2 Zoll von einander, befestigt wurden. Das obere Ende war abgerundet, und an jedem äuſsern Theile ein kleiner eiserner Cylinder von etwa einem Millimeter Durchmesser angebracht; an diesem waren die zu untersuchenden Faden befestigt. Sie waren alle $\frac{1}{10}$ Millimeter dick, welches durch ein Microscop mit einem guten Micrometer bestimmt wurde. Auch hatte man sie alle gleich dicht gedreht, und alle 10 Centimeter ihre Dicke untersucht, um sie so viel wie möglich gleichförmig zu haben. Man hing nun in der Mitte an einem eisernen, mit Hanf wohlbewickelten Faden ein Gewicht an dieselben, das man nach und nach vermehrte, indem man stets dafür sorgte, dafs die Faden sich nicht aufwanden. Der Verf. besafs nur wenig Neuseeländischen Flachs; nachdem er aber 12 Längen untersucht, und die mittlere Stärke bestimmt hatte, ergab es sich, dafs der Neuseeländische Flachs $23\frac{3}{4}$ Kraft hatte, indem Hanf nur $16\frac{1}{3}$, und der Faden von Aloëpitte 7, so wie gewöhnlicher Flachs $11\frac{3}{4}$ und die Seide 34 hatte. Oder, mit andern Worten, es bedurfte zum Zerreifsen

des Neuseeländischen Flachses	590,5034	Grammen
des Hanfes	400,5917	— —
der Aloëfaden	176,2349	— —
des Flachses	259,8228	— —
der Seide	855,9978	— —

Der Verf. hat ferner die Ausdehnung untersucht, die die verschiednen Faden erleiden, ehe sie zerreifsen. Er fand, dafs der Neuseeländische Flachs um die Hälfte weniger ausdehnbar sey als der Hanf. Die Hauptursache der verminderten Stärke eines Stricks hängt von dem Umstande ab, dafs die Faden, die ihn bilden, nicht gleichmäfsig ausgedehnt werden. Diejenigen demnach, die, wenn alles übrige gleich ist, am meisten ausdehnbar sind, machen die besten Stricke. Steife Faden brechen bekanntlich, allein die Faden des Neuseeländischen Flachses sind sehr biegsam. Die Ausdehnbarkeit war in folgendem Verhältnifs: setzt man die des Flachses = $1\frac{1}{2}$, so war die des Hanfes 1, die des Flachses von Neuseeland $1\frac{1}{2}$, der Faden der Aloëpitte $2\frac{1}{2}$, der Seide 5. — Die Chineser, die die Seide zu ihren musikalischen Instrumenten brauchen, drehen sie nicht, sondern verbinden die Faden, grade an einander gereiht, mit einem elastischen Harze, daher erscheinen sie beym ersten Anblick wie Darmsaiten. Man könnte diefs, seitdem man das elastische Harz anzuwenden versteht, nachmachen. Das Harz von Madagascar, welches weifslich ist, wäre anwendbarer als das schwarze aus Guiane. —

Mehrere Monocotyledones könnten uns Faden zu Stricken liefern, aufser den Grasarten, viele Palmarten und Agave-Species. — Auch die Blätter mancher Iris sind sehr stark. Bey den Monocotyledonen sind es die Blätter, die die zu Stricken brauchbaren Faden liefern, in den Dicotyledonen ist es dagegen die Rinde. Der Verf. spricht hier von der Wahrscheinlichkeit, dafs die Cultur des Neuseeländischen Flachses in Frankreich gelingen könne (wie das der Leser aus der Abhandlung des Herrn Thouin schon weifs). Doch macht er hier noch folgende merkwürdige Berechnung. Für ein Schiff von 75 Kanonen schätzt man das Gewicht der Taue auf 68,000 Pfund. Der Neuseeländische Flachs würde dasselbe Bedürfnifs mit der Hälfte des Gewichts erfüllen, wodurch also das Schiff erleichtert, und auch weniger Menschen nöthig würden, um die Taue zu handhaben. — Nächstdem konnte das Linnen, das man aus diesen Faden bereitete, weit weifser und stärker seyn. — Frankreich würde aus dem Anbau demnach grofsen Nutzen ziehen. —

Auszug einer Abhandlung des B. Berthoud über die gefrornen Kartoffeln von Girod-Chantrans. — Herr Berthoud läfst die Kartoffel erst auf die gewöhnliche Weise vom Frost natürlich oder künstlich befreyen, alsdann sie sogleich pressen, um das enthaltene Wasser auszudrücken, welches man sich setzen läfst, um einen Theil des Satzmehls zu erhaschen, das gewöhnlich durch die Presse davon gehet. Nachdem dieses geschehen ist, nimmt man die Kartoffel heraus, die unter ihrer Haut nichts als nährende Theile mit etwas Feuchtigkeit enthält, von welcher man sie durchs Trocknen auf der Hürde, um welche die Luft frey circulirt, befreyet. Die Haut trennt sich von diesem Mehle äufserst leicht und man ist alsdann gewiſs, es sicher Jahre lang aufbewahren zu können. Die Agriculturgesellschaft zu Doubs hielt dieses Verfahren so nützlich, daſs sie die Bekanntmachung nicht länger verschieben zu dürfen glaubte. —

III.

Bulletin de la Societé d'industrie nationale. Messidor an XI. Nro. 11.

A. *Mechanische Künste.*

Notiz von Regniers Feuerleiter. (S. das folg. Stück.)

B. *Chemische Künste.*

1. *Notiz über die Mittel, die Luft zu reinigen.* — (Der Leser hat über die Guytonsche Methode bereits alles erfahren, was hier aufgezeichnet ist. Herr Guyton hat seinen sehr einfachen Apparat, um auch in groſsen Hospitälern die Luft zu reinigen, hier angegeben.)

2. *Auszug einer Abhandlung des Herrn Curaudau über das Radical der Blausäure.* (S. die N. Entd. IX. St. S. 125. 126.)

3. *Anmerkung über die Dinte zum Schreiben.* (S. unten.)

IV.

Annales de l'Agriculture françoise etc.

Annalen der französischen Agricultur von Tessier. VItes Heft. Tom, XIV. d. 30ten Ventose an XI. enthält:

1. *Brief an den B. Charles Giulio über die Anzahl und den Zustand der Heerde von der Merinosrage, die jetzt in der 27ten militärischen Division (Piemont) sich befindet*, von Ch. Lodi. (Man rechnet mehr als 6000 Schafe mit feiner Wolle in Piemont. Die Abhandlung enthält ein genaues Detail über Gröfse der Schafe, Gewicht an Wolle u. s. w. in jedem einzeln District.)

2. *Über die Nationalheerde in Segovia* von Buniva. (Die Heerde hat sich von 300 auf 334 vermehrt, von welchen 7 zu sehr hohen Preisen verkauft sind u. s. w.)

3. *Einige Nachweisungen über die Männer, die viel zur Einführung und Verbreitung feiner Schafe in Piemont beygetragen haben.* (Es werden besonders der Graf Avenati, der B. Provana-Collegno, Graf Graneri Buniva etc. ausgezeichnet.)

4. *Über die Cultur der Kohlrüben in Schweden*, vom Ritter von Edelkrantz, Associé der Societät für Agricultur im Seine-Departement. (Nächst den Kartoffeln ist die Brassica oleracea in Schweden am meisten angebaut. Mit einem Pfunde, das 3 Fr. (etwa 18 ggl.) kostet, kann man 2 Acker (arpens de Suede) anbauen. Es giebt daher nichts wohlfeileres. Die Art des Anbaues wird hier kurz, aber gründlich beschrieben.)

5. *Brief des Präfecten von Langres an den Präfecten des Haute-Marne-Departements über die vom* Bürger

B. Douette-Richardot *vorgeschlagenen Mittel, um den Schaden, der den Bäumen auf den Landstraſsen und in Wäldern zugefügt wird, zu verhindern.* (Der Verf. zeigt die verschiedenen Quellen der Beschädigung, und will, daſs die Strafen, die schon 1669 festgesetzt sind, vergröſsert werden; daſs man den Cultivateurs verbiete, die Garben mit jungen Reisern statt mit Stroh zu binden; daſs man die Gemeinden zwinge, Weiden und Pappeln anzupflanzen u. s. w. — Der Minister hat dem Verf. dieser Vorschläge eine Begünstigung von 1200 Fr. gegeben.)

6. *Bemerkungen des Herrn* Tessier *über den Vorschlag des Herrn* Richardot. Herr Richardot schlägt unter andern vor, daſs den Gutsbesitzern an den Landstraſsen nicht das Beschneiden der Bäume auf den Landstraſsen überlassen werde, damit diejenigen, denen dieses aufgetragen ist, auf die Gutsbesitzer wachen, daſs sie nicht den Pflug zu nahe den Wurzeln der Bäume auf den Landstraſsen bringen. Herr Tessier findet es besser, den Eigenthümern die Unterhaltung der Landstraſsen zu überlassen. Eben so wenig wünscht er, daſs die Gemeinden für den Schaden, der den Wäldern zugefügt wird, verantwortlich werden, um sie nicht zu belasten. —

7. *Fragen über die Ursache und das jetzige Miſsverhältniſs des Getreidepreises mit der Mark Silber, von* Havouard, *und Antwort des Herrn* Tessier. 1728 galt die Mark Silber 29 Livres, der Setier Korn kostete 9 L. Man hatte demnach 3 Setier für eine Mark. Gegenwärtig (1802) enthält eine Mark 50 Livres an Werth, und doch kostet der Setier Getreide 35 — 36 Livres; man kann sich also nur 1 $\frac{1}{2}$ Setier für eine Mark verschaffen. Havouard sucht die Ursache davon in den ungeheuern Territorialabgaben. Der Herausgeber hingegen findet sie erstlich in den Bedürfnissen mehrerer Departements, deren

Ackerbau in der Zeit der Revolution vieles litt, in der schlechten Erndte des vorigen Jahres, und endlich in dem Gebrauch des Papiergeldes in mehreren Staaten Europens, wodurch das Silbergeld an seinem Werthe verliere.

8. *Abhandlung über den Wachsbaum von Pensylvanien (Myrica cerifera Pensylvanica L.) und über die Mittel, um ihn in Frankreich zu vervielfältigen*, von Tessier.

Der Wachsbaum findet sich in mehreren Ländern von Amerika, in Pensylvanien, Carolina, Luisiana, Acadien und selbst in Canada. Er könnte also in warmen sowohl als in kalten Climaten gedeihen. Seine Höhe beträgt gegen 4 — 6 Fufs, und seine Äste setzen sich an den Stamm in Unordnung sogleich über der Erde an. Seine Früchte bestehen in kleinen runden Beeren von der Gröfse einer Erbse oder von Coriandersaamen; sie enthalten das Wachs, das, geschmolzen, eine grüngelbe Farbe annimmt, und sich wie das Bienenwachs brauchen läfst. In Rambouillet, ohnweit Paris, findet man jetzt schon mehrere von diesen Bäumen.

9. *Anweisung für den Landmann, um den Gefahren vorzubeugen, die ihm durch verdorbene Luftarten in Mergelgruben, in Minen, Brunnen, Kellern u. s. w. begegnen können. Von dem Conseil général d' Agriculture, Arts et Commerce, den Verordnungen des Ministers des Innern zu Folge, bekannt gemacht von* Perier.

Um zu erfahren, ob in einem Brunnen, oder in sonst einer verschlofsnen Erdöffnung sich mephitische Luft befinde, so schöpft man aus der Tiefe derselben die darin enthaltene Luft, so wie man das Wasser zu nehmen pflegt, oder man senkt ein Licht hinein. In dieses Gefäfs giefst man Wasser, das über Lederkalk gestanden hat. Trübt sich dieses Wasser und verlöscht das Licht, so ist die Luftart mephitisch.

Will man solche Örter von ihrer mephitischen Luft reinigen, so wirft man entweder Lederkalk, oder Ammoniak-Salz, oder eine Auflösung von Potasche in dieselben. Übrigens kann man für diejenigen, die in ihnen arbeiten, entweder eine Röhre von Holz, oder sonst einen Schlauch mit einem Ventilator hinabgehen lassen, um ihnen schnell atmosphärische Luft zu verschaffen, so wie sie derselben bedürfen.

10. *Zustand des Ackerbaues auf der Insel Corsika im Jahre* 1786, von Tessier.

Weizen, Korn und Gerste sind die Getreidearten, die man in Corsika erzeugt: allein nur zwey Drittheile von Einwohnern können sich davon nähren. Die Kastanien müssen den Mangel daran ersetzen.

11. *Preisaufgaben von der Gesellschaft der freyen Künste zu Mans im Sarthe-Departement.*

300 Franken sind für die beste Abhandlung zur Auflösung der Frage bestimmt:

Welche Methode ist die beste, um die im Sarthe-Departement befindlichen Heiden nutzbar zu machen?

200 Franken, oder eine Medaille von diesem Werthe, soll der Verf. der besten Abhandlung über folgende Frage erhalten:

Welche sind die besten Mittel, um den Manufacturen im Sarthe-Departement ihren ehemaligen Glanz wieder zu verschaffen?

12. *Eine Preisaufgabe über den Anbau des Maulbeerbaums von der Gesellschaft der Nacheiferung zu Privas im Ardeche-Departement.*

Durch die Lösung dieser Preisaufgabe sollen folgende Fragen beantwortet werden:

1. Welches Terrain, welche Lage und welches Clima schickt sich am besten für den Maulbeerbaum?

2. Welche ist die echte Maulbeerbaumart, deren Blatt zur besten Nahrung für die Seidenwürmer dienen kann, um die schönste Seide zu liefern?

3. Wenn ein Maulbeerbaum stirbt, oder wenn man ihn aus seinem Platze nimmt, kann man ihn durch einen Baum von derselben Art wieder ersetzen? Ist es bewährt, daſs dieser neugesetzte Baum verdorrt und ausgeht, so wie auch die andern Maulbeerbäume, die ihn umgeben? Wenn diesem wirklich an dem seyn sollte, welchen Ursachen hat man dasselbe zuzuschreiben, und welches Mittels kann man sich gegen diese Krankheit mit Vortheil bedienen?

4. Welche sind die Ursachen der verschiedenen Krankheiten, denen dieser Baum unterworfen ist? Welche sind die Mittel dagegen?

5. Woher kommt es, daſs der Baum kein hohes Alter erreicht? und wodurch könnte man ihm ein längeres Leben verschaffen?

V.

Das VIIte Heft der Annales d'Agriculture françoise enthält:

Einen Aufsatz über das Bearbeiten der Weinberge durch den Pflug, von Duchaffault.

Der Verf. zeigt, daſs, wenn der Zweck der Bearbeitung der Weinberge erstlich der ist, daſs man dadurch die untauglichen Kräuter ausrottet, und zweytens, daſs man dadurch der Erde genug Lockerheit zur Aufnahme von Luft und Feuchtigkeit verschafft, daſs man zu diesem Zwecke eben sowohl durch den Pflug als durch das Grabescheit gelangen könne. Zu diesem Ende beschreibt er die Pflüge, deren man sich in Medok zu diesem Geschäfte bedient. Der eine derselben, derjenige, dessen man sich zuerst bedient, ist der einfache, der zweyte hingegen, mit dem man zum zweytenmale ackert, ist der doppelte, und der dritte endlich ist ein Pflug, dessen Schaar zwey grofse Ohren hat. Die Weinstockreihen stehen gegen 3 Fufs 4 — 5 Zoll weit von einander entfernt. Ein Weinberg, der mit dem Grabescheit oder dem Karst bearbeitet wird, und 1200 Franken Aufwand verlangt, erfodert nicht mehr als 600 Franken, wenn man ihn mit dem Pflug bearbeitet.

VI.

Journal général de Medecine, de Chirurgie et de Pharmacie redigé par Sedillot, *Secretaire général de la Societé de Medecine de Paris. No. LXXXII. des 7ten Jahrgangs. T. XVII. Messidor an XI.* 1803. Das Messidorstück enthält:

1. *Abhandlung über das gelbe Fieber in America, von* Valentin, *ehemaligem ersten Arzte der Armee von St. Domingo. Im Auszuge.* Nach Hillary's, Moultrie's, Lind's, Makittrik's, Rob. Jackson's und Gilbert's Schriften liefse sich das gelbe Fieber vielleicht als bekannt ansehen. — Es wird hier als ein galligtes Faulfieber beschrieben, dessen bereits Hippocrates Erwähnung thut, das aber eine besondere Intensität und mancherley Complicationen in Westindien hatte. Es ist nicht ansteckend, aber es kann sich auf langen Reisen in Schiffen und zumal an den

Örtern, wo man Quarantaine hält (!), verbreiten. Der Verf. entwickelt die Localursachen, die es in America und andern Örtern entstehen machten, und berichtet nichts Unbekanntes über die Geschichte der Krankheit und ihre Heilmethode. Merkwürdig ist jedoch der Umstand, dafs man auf Veranlassung des Dr. Mitchill in den vereinigten Staaten von America eine Commission ernannt hat, die dafür sorgen soll, dafs die Schiffe mit alcalischen Salzen gewaschen und durch Laugen reinlich gehalten werden, indem man die vorgeschlagenen sauren Fumigationen als unnütz verwirft!! — Hierdurch hofft man dem langen, oft so schädlichen und lästigen Quarantainehalten überhaupt entgehen zu können! —

2. *Note über das gelbe Fieber als eine Complication der Schufswunden, aus den Historisch-chirurgischen Berichten der orientalischen Armee während der Expedition nach Ägypten gezogen von* Larrey, Ober-Chirurgen der Armee. (Oft tödtlich. Der Verf. warnt unter andern für den Gebrauch der spanischen Fliegen. Die Behandlung hat sonst nichts Merkwürdiges.)

3. *Beobachtung über die Luxation des Femurs nach vorn und oberwärts, von* Deschamps Lariviere. (Die Kur endigte glücklich. Der Verf. hält diese Art von Verrenkung nicht gefährlicher als jede andere.)

4. *Meteorologische Beobachtungen des Monats Prairial, von* Bouvard.

5. *Medicinische Constitution des Frühlings des Jahres XI. in Paris, von* R. Chamseru. In den letzten Tagen des Ventose hörte die Winterkälte auf, der Frühling war sehr mild, das Aequinoctium sehr schön, die Sonne in den ersten Tagen des Germinal so brennend, dafs man zu heitzen aufhörte. Den

12ten ward es frisch, die Trockenheit wurde durch einige Platzregen unterbrochen, und den 14ten regnete es sehr stark. Die Frühlingskrankheiten glichen denen des Winters. Doch wurden die Flüsse, die Schleimkrankheiten (muqueuses) und die Unreinigkeiten der ersten Wege, die die Catharre den Winter begleiteten, minder; die herrschenden Augenkrankheiten waren sehr gelinde, aber allgemein. — Nächst den periodischen Frühlingsfiebern existirten der Synochus und die Febr. continuae, die mehr gastrisch als inflammatorisch waren; auch sind einige Brustbeschwerden, einige Gastritides, Haematemeses und Lipyriae zu bemerken. — Das schöne Wetter erhielt sich mit abwechselnder Temperatur. Einige Tage herrschten S. und S. O. Winde, die Müdigkeit bewirkten, den 16ten erfolgte aber Gewitter und Änderung. Die Gicht und Rheumatismen wurden häufiger nebst Kopfschmerzen in den innern Sinus, die sich mit Schweifsen endigten. Meistentheils waren jedoch auch diese Krankheiten gastrisch und endigten nach einiger Ausleerung. Gegen das Ende des Germinal hatten die atmosphärischen Variationen sehr zugenommen, und verkündeten stärkere Krankheiten, auch bekamen die Frühlingskrankheiten wirklich den Charakter von denen des Herbstes, sie wurden unregelmäfsiger complicirt und adynamisch, auch bösartig. — Im Floreal waren die periodischen Fieber ebenfalls gastrisch, und selten endigten sie mit dem 8ten Anfall. Doppelte Tertianfieber waren gewöhnlich, und zuweilen näherten sich die Anfälle; weder China noch abführende Mittel bekamen gut, wohl aber viel bitterliches säuerliches Getränk, und alle zwey Tage ein warmes Bad. Auch die Rheumatischen fanden sich hierbey wohl. Etwas warmes Getränk half den Armen, und die Reichern verschafften sich mit Analepticis Erleichterung. Der Monat war übrigens kälter. Zwischen dem 8ten und 9ten gab es sogar des Nachts Frost. — Die Schwindsüchtigen und Cachectischen befanden sich hierbey sehr übel, so wie die chronischen Kranken überhaupt. Die scorbutischen Übel kamen gewisser Maſsen schnell, zumal in Hospitälern. Es wäre nützlicher, die Armen in einer Zeit, wo man bald wärmere Witterung zu erwarten hat, lieber in ihrer Behauſsung zu unterstützen. — Man hatte einigen Maniacis kalte Sturzbäder applicirt, allein bey so kalter Witterung scheinen die warmen Bäder unendlich nützlicher. Der Gebrauch der Arzneyen muſs sich billig nach der Jahreszeit richten. — Obgleich keine eigentliche epidemische Krankheit im Floreal herrschte, so waren doch wegen der abwechselnden Witterung mehr Kranke als gewöhnlich. —

Im Prairial gab es zu Anfange etwas schönes Wetter, dann folgten Regen und Gewitter, und heiſse Tage, so wie frische Nächte. Man bemerkte Flüsse, catharralische, rheumatische, zuweilen mit gastrischen und Gehirnverletzungen begleitete Zufälle. — Diese vorhergegangenen Ursachen der Schwäche und Erschöpfung wurden in den ersten Wochen des Monats durch Regen und Kühle, zumal den armen Ständen nachtheilig. Die Frühlingsfieber waren hartnäckiger als im vorigen Jahr, und erforderten China. Gegen das Ende des Monats, wo das Wetter angenehm warm ward, bedurften die Kranken wegen des Vorhergegangenen noch immer medizinischer Hülfe. Die Fieber, zumal die Scharlachfieber, waren häufig, erforderten Campher Aether, Ammoniac, auch Vesicatoria. Zuletzt war gewöhnlich ein Abführungsmittel nöthig. Hippocrates verkündet nach einem strengen Winter und abwechselnder regniger Witterung im Frühling, Fieber, Phlegmasien, Ophthalmien, und Dysenterien, zumal in schleimigten Constitutionen, für den Sommer. In dem Vorhergegangenen liegt demnach die Vorhersagung dessen, was wir zu erwarten haben möchten.

Der Verf. schmeichelt sich, die Constitution, die mit dem Solstitio catharralisch, und während des ganzen halben Jahres gastrisch werden sollte, ebenfalls vorherverkündet zu haben.

Medizin von Montpellier.

Über die chemischen Phänomene des Athmens. Ein Auszug aus einer Abhandlung, die der Societé medicale von Montpellier vorgelesen wurde vom Dr. Thomas.

Der Verf. sucht zu beweisen, dafs die Respiration nicht mit dem gewöhnlichen Verbrennen verglichen werden kann, dessen Phänomene vorzüglich in Entwickelung der Wärme und Bildung einiger luftartigen Körper bestehen. Es ist vielmehr eine wahre Oxydation. — Die Respiration kann demnach nicht das Unterhalten der thierischen Wärme zur Absicht haben, diese scheint vielmehr von einer wirklichen Lebensverrichtung herzurühren, und dauert während einer Zeit durch Kräfte, die uns unbekannt sind. — Die Respiration hat zur Absicht, der Mittelpunct der Abkühlung zu seyn. — Entwickelung eines Theils Kohlensäure, Fixation des Sauerstoffs im Blute, Unterhaltung der wesentlichen Irritabilität des Lebens, sind die directen Wirkungen des Athmens. — Dieses sind ihm zufolge die einzigen Resultate einer wohlangewendeten Chemie. — (Wir verweisen die Physiologen aus Mangel an Raum auf die Abhandlung selbst.)

Beschreibung einer Varietät des intermittirenden Fiebers, die Wasserscheu zum Symptom hat, und ein besonderes hydrophobisches intermittirendes Fieber formirt, (Febris hydrophobica) von Dumas, *Mitglied des Instituts und Präsident der med. Gesellsch. zu Montpellier.* — Der Verf. glaubt dieses Fieber, das er 1793 in Lyon beobachtete, zuerst genau mit allem gehörigen Detail beschrieben zu haben. Er giebt nach einer kurzen Einleitung, wo er die ähnlichen Beobachtungen verzeichnet, eine genaue Krankheitsgeschichte.

Versuch über das Fieber, von Sernin, *Chef der Clinique interne der Schule zu Montpellier.* 88 Seiten stark. — Eine sehr gelehrte Dissertation über diesen Gegenstand. — Den Beschlufs des Hefts machen Bücherrecensionen und Bibliographie.

VII.

Journal de Medecine de la Societé de Medecine de Paris redigé par Sedillot. VII. Ann. No. LXXXIII. Tom. XVII. Thermidor an XI. 1803. Das Augustheft enthält:

1. *Practische Beobachtungen über das Ausschälen (Resection) der Gelenke, die von Caries befallen sind, von Moreau, Arzt aus der Schule von Paris, eine Inauguraldissertation.* — (Preis 1 Fr.) Herr Moreau hat nach dem Beyspiel seines Vaters diese Operation des Ausschälens der Knochen (Resection des Os) fast an allen Gelenken versucht. Die erste Beobachtung einer glücklichen Operation betraf das Ellenbogengelenk, wo, trotz der grofsen Wunde und schmerzhaften Operation, der Kranke sich nachher des Arms zum Dreschen bedienen konnte. 2 analoge Fälle bestätigen den guten Erfolg. Die 4te Beobachtung betrifft eine Operation der Articulation des Femur mit der Tibia. Die 5te, die von Herrn Moreau zuerst versucht worden ist, die Articulation der Tibia mit dem Tarsus. Wäre das Calcaneum cariös, und könnte man nicht so viel des Knochens erhalten, um der

Achillessehne Festigkeit zu lassen, so wäre Amputation besser. Der Verf. handelt von dem Ausschälen der Knochen des Metatarsi. Er handelt noch von der Caries der Handknochen, und der Articulation des Radius mit denselben, so wie von der Operation des Gelenks der Scapula mit dem Schulterknochen u. s. w. (Aus dem ganzen Auszuge ergiebt sich, dafs die Schrift für die Chirurgie so interessant ist, dafs es Schade wäre, sie durch einen unvollkommenen Auszug zu verstümmeln, da sie eine besondere Übersetzung verdient.)

2. *Brief des Herrn* Leveillé *an Herrn* Sedillot. Ein Auszug aus der Scarpaschen Schrift: Memòria chirurgica sui piedi torti congeniti dei fanciulli, e sulla maniera di correggere questa deformità. Paris 1803.

3. *Beobachtung über eine blaue Krankheit*, von Thiebault, *Arzt zu Bruveres.* — Lentin hat sie bekanntlich nebst andern bereits beobachtet. Das Kind brachte die blaue Hautfarbe mit zur Welt, sie nahm stets unter schwerer Respiration und Convulsionen zu, und veranlafste im 22ten Monate den Tod. — Der Kopf des Kindes war besonders grofs, sonst alles äufserlich wohl gestaltet. Innerlich waren wahrscheinlich Fehler der Organisation. Der Verf. glaubt, dafs Blutigel, und mehr Blut aus der Nabelschnur bey der Geburt fliefsen zu lassen, die Plethora, die Statt zu haben scheint, vielleicht heben könnte. — Chamseru hat in den Memoires de la Soc. de Med. 1785. ähnliche Fälle beobachtet. Er glaubt, dafs man die Indicationen bey der Unbekanntschaft mit der Krankheit für jetzt nach individuellen Umständen machen müsse.

4. *Beobachtung über die Anwendung moralischer Mittel in der Manie*, von Esquirol, *Vorsteher eines Krankenhauses für Tolle, der Salpetrière*

gegenüber. (Mehrere Krankengeschichten, wo oft Sanftmuth, einmal Härte heilten. Allein die Fälle sind so unvollständig erzählt, daſs sie wenig belehrend scheinen.)

5. *Meteorologische Beobachtungen*, von Bouvard, *Messidor an X.*

6. *Clinische Beobachtungen, in der medicinischen Societät zu Montpellier vorgelesen* von Lordat, *Arzt und Secretair der Gesellschaft.* Der Verf. beschreibt einen Synochus, der 7 bis 9 Tage dauert, und den er Synochus nervosus nennt. Er befällt Leute nach Anstrengung, die schwach von Constitution und empfindlich sind. Alle Zufälle des gewöhnlichen Synochus befinden sich hier schwach, und die Kur per exspectationem und die symptomatische ist hier allein anwendbar. Allenfalls auch Antispasmodica und excitirende Mittel.

7. *Beobachtung über die Operation einer Verlängerung des Ureters von* Serain *dem Vater, der medicin. Gesellsch. zu Montpellier mitgetheilt.* Ein 11jähriges Mädchen hatte seit ihrem 5ten Jahre eine solche Verlängerung, die 4 Zoll hervorstand, und Schmerzen und Schwierigkeit beym Uriniren verursachte. Eine Operation befreyte sie glücklich. Täglich wurde der Urin abgezapft, damit er beym Lassen nicht Schmerzen verursachte u. s. w.

8. *Versuch über das Injiciren des Quecksilbers in Pflanzen, von* Roubieu, *Arzt zu Montpellier.* Zuerst suchte der Verf. das Quecksilber im Scirpus lacustris, Calla aethiopica, Butomus umbellatus und Nymphaea alba einzuspritzen. In letzter Pflanze drang das Quecksilber bis in die Blätter. Der Verf. öffnete das Petiolum, und sah eine Art schwamminger Gefäſse, die mit den Seiten des Blattes correspondirten, andre waren offner, aber von Zeit zu Zeit mit kleinen Diaphragmen von kreuzförmiger Gestalt unterbrochen, die

an einer Stelle fest saſsen; so daſs sie den Durchgang des Quecksilbers erschwerten. Diese Gefäſse begleiteten die Seiten und die Abtheilungen des Blatts in allen Anastomosen. Das Quecksilber durchlief die Gefäſse, ergoſs sich in den Areolis, die trapezienförmig sind, wie sie Malpigius richtig beschrieben hat. Auf der obern Fläche des Blatts erschien die Injection nicht, wohl aber deutlich auf der untern. Der Verf. nahm die beyden obern und untern Membranen der Blätter ab. Das Parenchyma glich unterwärts einem Wespennest, oberwärts den Milleporen; daher die Basis der conischen Höhlen, die trapezienförmig ist, mit der untern des Blatts, und die Spitze mit der obern Fläche correspondirte. Der Verf. öffnete sie in ihrer Dicke, und sah, daſs jedes Alveolum durch eine grüne glänzende Haut von dem andern getrennt war, und daſs in allen eine röthliche Flüssigkeit sich befand, die das Quecksilber zu färben schien, und nur an der innern Fläche fest saſs, denn indem man sie öffnete, floſs das Quecksilber ganz weiſs hinaus. — Malpigius hat die Basis dieser Alveolen gut beschrieben, er hatte aber durchs Microscop die Organisation des Parenchyma nicht beobachtet. Herr Saussure, der sie kannte, hielt sie für Glandeln, aus denen Gefäſse gingen. Es sind aber, wie man sieht, Bases von Kegeln, worein Gefäſse des Parenchyma Luft oder Flüssigkeit ergieſsen. Der Verf. wird seine neuen Injectionsversuche fortsetzen, und hält dieselben für vegetabilische Anatomie um so wichtiger, da die Arbeiten eines Hedwigs selbst dieses nicht ganz aufzuklären vermochten.

Medicinische Litteratur.

1. *Dissertation über die Articulation der untern Kinnlade und ihre Verrenkung*, von Ribes. Der Verf. ist mit Winslow und Chaussier, gegen Boerhave, Monro, Pringle, Ferrein, Dusault,

Gavard, Boyer, Bichat und Richeraud, der Meinung, daſs der Mund sich blos durchs Entfernen der untern Kinnlade öffnet. Der Verf. macht hierauf die Anwendung, daſs die Luxation dieses Knochens nur nach vorne hin Statt haben könne, und der Unterschied derselben besteht nur darin, ob ein oder zwey Condyli aus ihrer Höhle kommen. Die gröſste zu überwindende Schwierigkeit besteht darin, der Wirkung der Muskeln, die die Kinnlade herunter ziehn, zu widerstreben. — Diese Inauguralschrift wird von Herrn Double sehr gelobt.

2. *Practische Beobachtungen über die Krankheiten der Lymphe, und die scrophulösen und rhachitischen Krankheiten*, von Salmade. — Eine treue historische Darstellung dieser Krankheiten mit eignen practischen Erfahrungen. Sogenannte antiscorbutica, mercurialia, antimonialia und amara constituiren die Kurmethode des Verf.; besonders ein Portalsches Mittel, welches aus einem Eſslöffel Syrupi antiscorbutici und einem Theelöffel Syrupi mercurialis Beleti (eine Mischung, die das Quecksilber fahren läſst und daher unzuverlässig ist,) oder aus einer Auflösung des oxygenirten kochsalzsauren Quecksilbers, oder auch des blausauren Quecksilbers besteht u. s. w. (Herr Salmade ist ein Schüler des Herrn Portal, und folgt dessen Methode ganz und gar.)

3. *Dissertation über die Amputation der Glieder nach Verwundung mit Feuergewehr*, von Larrey, *Chirurgien en chef*. Eine neue Auflage einer Schrift, die untersucht, wann man gleich amputiren müsse, wann man anzustehen habe, und wann man ein Glied erhalten könne. (Wird gelobt.) — Andre Anzeigen von minderer Wichtigkeit machen den Beschluſs.

VIII.

Journal de Medecine, Chirurgie etc. par Corvisart, Leroux et Boyer. *Messidor an XI.* Das Messidorstück enthält:

1. *Beobachtungen über das gelbe Fieber in America,* von Magnier, *Arzt bey dem Artilleriecorps in St. Domingo.* (Der Verf. scheint etwas von kalten Bädern in diesem Fieber zu hoffen. Er wünscht, daſs man hinlängliche Versuche anstelle, um über diesen Punct zu entscheiden, da es eine Krankheit betrifft die im Durchschnitt $\frac{3}{4}$ der Befallenen hinrafft.)

2. *Beobachtung über einen convulsivischen Anfall, der durch Tinctura Thebaica geheilt wurde,* von Follet, *Chirurgus.* (Der Verf. hat öfters groſsen Nutzen davon erfahren.)

3. *Beobachtung über eine Geschwulst, die durch das Blut der Menstruation sich bildete, und in Verwachsung der Membran des Hymens ihren Grund hatte.* Von Garaigoduc. (Wurde durch Perforation, geheilt.)

4. *Über eine besondere Hasenscharte,* von Garin, *Chirurgus.* (Die schwangere Mutter hatte sich über eine Hasenscharte, die sie sah, entsetzt. Das Kind hatte die Oberlippe in 3 Theile getheilt, wovon das mittlere Stück an der Nase angewachsen war. Dieses erforderte eine 3fache Operation, die geglückt wäre, allein das Kind starb nach der ersten. Der Verf. bemerkt dabey, daſs Heftpflaster zum Verband bey Kindern nicht hinreicht, und die Sutur nöthig ist.)

5. *Meteorologische Beobachtungen,* von Cotte. Monat Floreal.

6. *Meteorologische und medicinische Constitution von Lille,* von Dr. Dourlen.

Litterarische Neuigkeiten.

Untersuchungen und Beobachtungen über die intermittirenden Fieber, von Dr. Fizeau. Der Verf. beweifst, daſs man ein eignes Quotidianfieber unabhängig von gastrischer Complication annehmen müsse. Dasselbe beweifst er in Rücksicht des Tertianfiebers, und eben so wenig gesteht er zu, daſs das Quartanfieber stets zu den Schleimfiebern gehöre. — Alles dieses ist mit groſser Gründlichkeit durch wirkliche Krankengeschichten und Vergleichung der in den vorzüglichsten Schriftstellern befindlichen Fälle erwiesen. — Viele Beobachtungen und Dissectionen beweisen, daſs bey intermittirenden Fiebern die Milz stets ein gröſseres Volumen habe. — Aus allem schlieſst der Verf., daſs die intermittirenden Fieber eine besondre Classe bilden müſsten, deren Species die Complicationen mit Schleimfiebern, gastrischen Fiebern u. s. w. in sich faſsten. Er glaubt nicht, daſs die China die Anschwellung der Eingeweide stets hebe. — Herr Pinel selbst scheint die Untersuchungen des Herrn Fizeau zu unterstützen, und den Resultaten beyzustimmen. —

Medicinische und chemische Untersuchungen über den Diabetes oder Phthisurie (Harnruhr.) Von Nicolas, *Associé des Instituts.* — Er setzt die Ursache der Krankheit in eine daurende krampfhafte Abweichung des nicht animalisirten Nahrungsstoffs nach den Urinwerkzeugen, wodurch der Magensaft, pancreatische Saft, und die Galle etc. alterirt würden. — Länder, wo man viel Most trinkt, und muskelstarke Menschen sind der Krankheit am meisten unterworfen. Die Verdauungswerkzeuge leiden, und die Urinwege ersetzen die Secretion und Excretionen derselben. — Der Urin, der in Wein- und Essiggährung übergeht, giebt einen

einen Alcohol von unangenehmen Geruche, einen crystallisirten Zucker, dessen Natur noch nicht genug gekannt ist, und statt Urinsäure und Benzoesäure, die er enthalten müſste, finden sich sehr wenig ammoniakalische und phosphorsaure Salze. — Das Blut dieser Kranken ist sehr serös, und enthält fast gar kein ammoniakalisches oder phosphorsaures Salz. — Der Verf. verordnet den Kranken Antispasmodica, und Speisen, die Stickstoff und Phosphor enthalten, als fettes Fleisch und Milch, in welcher er phosphorsaure Soda auflösen lieſs, u. s. w. Nächstdem Boluse von Extr. Opii aquos., China, und zuweilen Moschus. —

IX.

Journal de Medecine par Corvisart, Leroux *et* Boyer. *Thermidor an IX.* enthält:

1. *Ueber das epidemische catarrhalische Fieber, welches im Ventose des J. XI geherrscht hat, von* Forrestier, *Arzt zu St. Quentin.* (Nicht gut eines Auszugs fähig; aber auch nicht sehr belehrend. Nachdem der Verf. manches allgemeine über den Einfluſs der Witterung gesagt hat, beschreibt er seine Kurmethode.)

2. *Beobachtung einer chronischen Phrenesie, die durch eine falsche zurückgetretene Tinea enstanden war, von* Serriere, *Arzt in Nancy.* Der 9jährige Knabe starb. Bey dem Eröffnen des Cadavers fand man auf dem Gehirn an der innern Fläche der pia mater eine 4 Linien dicke eiterartige Lage und Ergieſsung eines serösen Bluts in die Ventrikeln. Das Duodenum enthielt einige Lumbricos. — Die Überschrift lehrt übrigens, was der Verf. für die Ursache

der Krankheit hielt; man hatte nehmlich einen Ausschlag auf dem Kopfe gewaltsam vertrieben.

3. *Historischer Bericht eines durch willkührliche Enthaltsamkeit erfolgten Todes, von* Devilliers, *Chirurgien Major, und* L. Blondeau, *seinem Schüler.* Ein gewisser Liegois, ein Dragoner, Maréchal de Logis Chef dem Range nach, hatte sich durch sein heftiges Betragen so viele Feinde gemacht, daſs er von seinen Chefs hart behandelt wurde und desertirte. Acht Jahre lebte er verheirathet, ohne entdeckt zu werden; als er aber nachher in einen Streit sich verwickelte, wurde er verrathen, ausgeliefert, und zum letzten Rang degradirt. Dieſs kränkte ihn so sehr, daſs er sich blödsinnig stellte, nach dem Hospital gebracht ward, und daselbst oft in die Messe ging und sich religiös stellte. Er aſs und trank aber gut, so daſs man ihm ankündigte, daſs er das Hospital verlassen müsse. Seit der Zeit fastete er, und nach 3 Tagen muſste man ihn schon wegen Schwäche nach der Caserne tragen. Man that daselbst alles mögliche, um ihn von seinem Vorsatz zu fasten abzubringen. Er wollte durchaus nicht essen, nicht sprechen, nickte nur mit dem Kopfe, und muſste nach dem Hospitale zurückgebracht werden, wo er, trotz allen Ermahnungen, bis zum 10ten Tage nichts aſs und nichts trank. Ein Geistlicher rührte ihn endlich; er nahm nach seinem Weggehen etwas gekochtes Fleisch, das er durch Zeichen gefordert hatte, und trank etwas Wein und Tisane. Sein Äuſseres war durch dieses Fasten nicht sehr geändert. Den 3ten Tag darauf, da man ihn ins Quartier gebracht hatte, war er bleich und wild aussehend; allein er erhielt bald sein natürliches Ansehn wieder. Seine Augen waren stets verschlossen. Er eröffnete sie nur, wenn ein Fremder zu ihm sprach, und nur unmerklich. Überhaupt lag er immer ruhig auf derselben Stelle. Den 10ten Tag nachher hatte er durch

Zeichen Tinte und Feder verlangt, und kritzelte einen Brief, (worin er um Verzeihung bat) an seinen Colonel. Er sagte ihm, dafs er sich 9 Tage der Speise enthalten habe, um Erlösung von Gott zu erhalten. Man versicherte ihm, dafs die Chefs ihm verziehen hätten, und dieses mag ihn mehr wie der Geistliche bewogen haben, seinen Vorsatz endlich aufzugeben. Allein den folgenden Tag wollte er schon nichts Festes mehr nehmen, er liefs sich blofs bewegen, etwas Tisane und einige Löffel Wein zu trinken. Man erhielt ihn einige Tage noch in demselben Zustande; es erfolgte aber Übelbefinden, Brennen in den Eingeweiden, Blutspeyen und Kopfschmerz. Er half sich, indem er blofs Tisane und Wasser ohne Wein trank. Den 1sten Germinal des J. XI. starb er endlich am 75ten Tag seines Fastens. Er schlief ruhig ein, und war so mager geworden, dafs seine Haut blofs auf die Knochen geklebt war. Wenige Tage vor seinem Tode war sein Äufseres blafs, wie um die Zeit, als er nach dem Quartier gebracht wurde, sonst aber keine Veränderung bemerkbar. (Dieser merkwürdige Kranke ist leider nicht secirt worden.)

4. *Beschreibung einer lymphatischen Krankheit des Kopfs, durch ein neues Mittel geheilt, welches bereits einige Male mit Erfolg in der Ecole de perfectionnement des Herrn* Dubois *gebraucht worden ist, von* Baysselance, *Arzt zu Bergerac.* Ein Mädchen hatte den Kopfgrind 18 Jahre lang. Man brauchte zuletzt 9 Monate lang äufserlich eine Salbe aus Leinsaamen, Wachholderbeeren und Lorbeerblättern in Schweinefett gekocht, und innerlich eine Mischung von Mercurius dulcis und Ipecacuanha Morgens und Abends. Sobald der Mund sich entzündete, brauchte man Mittel dagegen, und setzte aus. Sobald der Kopf rein war, rifs man einzeln das Haar aus, und liefs 3 Monathe lang eine spanische Fliege legen. Zuletzt wurde statt des

ersten Unguents Mel rosatum mit Küchensalz substituirt. — Nach 10 Monaten war die Kranke geheilt.

Der Verf. bemerkt, daſs das Äuſsere der Kruste wenig zur Kenntniſs der Krankheit beyträgt. Er ist Dúncans Meinung, daſs die Krankheit im Bulbo der Haare sitzt; in andern Fällen vielmehr im Zellengewebe, das diesen Bulbum umgiebt. Obgleich das Ausreiſsen langsam vor sich geht, so zieht es der Verf. dennoch bey weitem der Pechhaube vor.

5. *Meteorologische Beobachtungen zu Lille.*

6. *Bücherkritiken und Literatur.*

Frdl.

NB. In dem folgenden Hefte werden die Recensionen von den neuesten Stücken der Annales de Chimie (Nro. 135—141) und des Journal de Physique (Pluviose — Fructidor) geliefert werden.

X.

Traité élémentaire de Physique par R. J. Hauy de l' Institut national de France. Professeur de Mineralogie au Jardin des Plantes. De la Societé des Scrutateurs de la Nature de Berlin, de la Soc. de Harlem etc. etc. Ouvrage destiné pour l' enseignement dans les Lycées nationaux. 2 Vol. 24 Pl. renferment 157 Fig. Paris chez Delance et Lesueur, an XII.

Elemente der Physik von R. J. Hauy, Mitglied des Instituts. Ein Werk, welches für den Unterricht in den Nationallyceen bestimmt ist. 2 Bände mit 24 Kupfertafeln, die 157 Figuren enthalten.

Die Physik beschäftigt sich mit den allgemeinen daurenden Eigenschaften der Körper, und der Bestimmung der Gesetze, wornach sie wechselseitig in gröſserer oder geringerer Entfernung auf einander wirken. Die Chemie hingegen untersucht die Wirkung der kleinsten Moleculchen auf einander in unendlich kleinen Entfernungen, und die Trennung derselben, um andre Verbindungen einzugehen, und andre Phänomene darzubiethen. Die Naturgeschichte beschäftigt sich endlich mit der Organisation und den Verrichtungen des lebenden, mit der Structur des todten Körpers und mit deren Beschreibung; sie theilt diese Betrachtung wiederum in 3 besondere Classen, in Zoologie, Botanik und Mineralogie.

Eigentlich flieſsen alle Wissenschaften in einander, und keine der genannten läſst sich ganz isoliren; daher der Verf. lieber (gleichsam willkührlich) die Gränzen und den Plan genauer bestimmt, den er zur Erreichung seines Endzwecks befolgen zu müssen glaubte.

Was zu beobachten ist, sind die Gegenstände, die uns umgeben. Unsre physischen Instrumente sind nur, um die Phänomene, die wir im Groſsen wahrnehmen, nachzuahmen, und den Ursachen derselben auf die Spur zu kommen. Der Magnet, der unsre Nadel in Bewegung setzt, zeigt einen Augenblick die Wirkung unsrer Erde auf die Boussole, und das Prisma dient, um das herrliche Schauspiel des Regenbogens zu verdeutlichen, und alles dieses macht nicht nur den Geist aufgeklärter, sondern erhebt auch das Herz zu dem Gedanken der ersten Ursache, die alles dieses in Bewegung setzt, und von welcher alles dieses herzuleiten ist. Newton lehrte dieses am schönsten, und zeigte am vollkommensten, wie Theorien zu bilden sind. Eine Theorie muſs alle einzelne Fälle unter eine allgemeine Thatsache, oder wenigstens unter die geringste Menge von allgemeinen Thatsachen zu verbinden suchen. Thatsachen, die Beschreibung, Bestätigung und Vervielfältigung derselben, waren das Werk der Zeit, und mufsten vorhergehen. Allein sie standen bis zu seiner Zeit isolirt da, und schienen sogar oft in Widerspruch. So stritt, zum Exempel, das Aufsteigen des Wassers in den Pumpen bis zu 32 Fufs mit den allgemeinen Phänomenen der Schwere, und gab zu der falschen Vermuthung eines horror vacui die Veranlassung. Seinem grofsen Genie war es vorbehalten, alle zerstreute Beobachtungen, wie Ringe in einer Kette, zu vereinigen, und die Bewegungen der Himmelskörper, so wie die Abplattung der Erde an den Polen, durch ein Gesetz, dafs die Schwere im umgekehrten Verhältnifs der Entfernungen wirkt, vorherzubestimmen. Durch Hülfe eines ähnlichen Gesetzes ergeben sich neuerdings gewissermafsen die Erscheinungen der electrischen und magnetischen Kräfte, und die Wirkungen fliefsen gleichsam eine nach der andern aus Einer Quelle.

Anziehung und Zurückstofsung waren die grofsen Kräfte, auf denen alles beruht; allein diese bezeichnen nichts, als die Geschwindigkeit, mit der Körper sich zu nähern oder zu entfernen suchen. Das Wesentliche besteht darin, dafs man diese Geschwindigkeiten, sobald man sie kennt, der Berechnung unterwerfen kann, und alsdann ergeben sich die Corollarien, wie die beobachteten Phänomene, gleichsam von selbst. So geht die Theorie mit der Beobachtung Hand in Hand, und die anscheinend verschiedensten Erscheinungen gehören wie zu einer Familie, die uns in verschiednen Gestalten erscheint.

Systeme hingegen, in dem Sinne nehmlich, wo blos willkührliche Dinge supponirt werden, um den Gang der Natur daraus abzuleiten, sind nur Romane, die man verbannen mufs; die Einbildungskraft kann deren so viele schaffen, als sie will; wogegen eine gesunde Theorie wie eine Geschichte der Natur erscheint, die die Vergangenheit, Gegenwart und Zukunft in Eins fafst, und stets der Wahrheit treu ist.

In diesem Elementarwerke werden nun zuerst die allgemeinen Eigenschaften der Körper abgehandelt; zuvörderst die Materie als eine blofse Verbindung materieller Theilchen, also die Theilbarkeit, dann die Kräfte der Materie, als die Schwerkraft und die Verwandtschaft. Der Verfasser zeigt alsdann, wie die beyden Kräfte, die Schwere und die Verwandtschaft, auf Ein Princip zurückgeführt werden können. Es wird hierbey die Methode aus einander gesetzt, wie das metrische neue System bestimmt worden ist. Bey Gelegenheit der Affinität wird die symmetrische Anordnung der Moleculchen in den Mineralien vorgetragen. — Hierauf handelt Herr Hauy von dem Wärmestoff, der gewissermafsen der Affinität entgegenwirkt, von dessen Gleichgewicht, von seiner Verbindung mit den Körpern, und der Art, wie ein Theil desselben strahlend entweicht; wie er die Körper ausdehnt, und vom festen zum flüssigen und elastischen Zustande übergeben macht. Hierbey die Erklärung des Thermometers.

Dann folgt die Kenntnifs der Körper, die in einer grofsen Menge natürlicher Phänomene eine Rolle spielen, als Wasser. Hierbey die Hygrometrie, die Phänomene der Haarröhrchen; anscheinende Anziehung und Zurückstofsung der Körper, die in kleinen Entfernungen auf dem Wasser schwimmen; das Gefrieren des Quecksilbers, und eigentlicher Grad der Kälte, womit es correspondirt. Dampf und Dampfmaschine.

Dann die Luft; ihre Schwere und das Barometer; die Abnahme ihrer Dichtigkeit und Höhenmessung. Verhältnifs, nach welchem sich die Gasarten vom Zustande des schmelzenden Eises bis zum Wärmegrad des kochenden Wassers ausdehnen. Verdünstung und Gesetze, wonach sich vermischte Gase ausdehnen. Hier etwas von den Winden und wässerigten Meteoren. Ursprung der Quellen, Aeronautik u. s. w. Die Luft wird hierauf als Vehikel des Schalls betrachtet. Tonleiter und Harmonie; Gamme des Waldhorns, und die, die auf den vollkommenen Accord sich gründet, so wie die Gründe, warum letztere den Vorzug verdient. Temperatur, wie der Ton in Blaseinstrumenten gebildet wird, wie er in freyer Luft oder durch andere Flüssigkeiten wirkt. Nachher folgt die Electricität durch Reibung, durch Mittheilung. Hypothese der 2 Flüssigkeiten, welche die Phänomene am besten erklärt. Versuche, die darthun, dafs die electrische Wirkung umgekehrt wie die Quadrate der Entfernungen sich verhält, und Herleitung der Folge, dafs die Electricität die Tendenz hat, sich auf der Oberfläche der leitenden Körper zu verbreiten; Art, wie sie sich mittheilt. Anziehung und Zurückstofsung derselben in der Leidner Flasche. Electrophor; Condensator; Blitz; Gewitterableiter u. s. w. Entgegengesetzte Electricitäten und Pole in gewissen Mineralkörpern. Galvanische Elektricität; Voltasche Säule; electrische Fische, und chemische Wirkung der electrischen Säule.

Zunächst handelt Herr Hauy vom Magnetismus. Auch hier wird die Hypothese von zwey Flüssigkeiten vorgetragen, und die Folgerung auf ähnliche Weise, wie bey der Electricität, daraus gezogen. Die Einwirkung unsrer Erde auf alle die magnetischen Erscheinungen geht voran. Alsdann wird der Beweis, dafs die magnetische Wirkung sich umgekehrt wie die Quadrate der Entfernung verhalte, wie bey der Electricität geführt. Hierauf folgen die Erklärungen der Anziehung und Zurückstofsung, und der Umstand, dafs jeder abgesonderte Theil eines Magneten plötzlich selbst ein Magnet wird, der 2 Pole hat. Von den verschiedenen und vortheilhaftesten Arten zu magnetisiren. Endlich von dem natürlichen Magnetismus, das heifst, von der Abweichung der Magnetnadel, Inclination und Perturbation. Magnetismus der Eisenminen in der Erde u. s. w.

Am Ende kommt die delicateste Theorie des Lichts. Eulers und die vorzüglichere Newtonsche Theorie. Art, die Geschwindigkeit des Lichts zu messen, Nordlicht, (ein Lichtphänomen, dessen Ursache noch nicht genug bestimmt worden ist). Reflexion, Refraction, und Verbindung, in welcher diese beiden Phänomene mit einander stehen; die physische Erklärung derselben wird auf eine Kraft zurückgeführt, die von der Art ist, welche (chemisch) in unendlich kleinen Entfernungen vorgeht. Inflexion, Diffraction, und die Art, wie Newton aus den Gesetzen derselben und denen der Dichtigkeit die Verbrennlichkeit des Diamanten vorhergesehen hat. Hierauf wird vom Prisma, vom Regenbogen gehandelt. Von dem Sehen, der optischen Täuschung, Aberration des Lichts. Natürliches Sehen, künstliches Sehen; ebene, concave und convexe Spiegel, Brechung des Lichts in einem Medium mit graden Flächen, und Art, wie sich Strahlen, die von einem Mittelpunct ausgehen, zerstreuen, indem sie in ein anderes Medium übergehen. — Anwendung der Theorie auf Körper, die sich im Wasser befinden. Doppelte Strahlenbrechung des Kalkspaths, Telescope, Microscope, achromatische Gläser, welche Euler für möglich hielt, und deren Möglichkeit Newtons Autorität bezweifeln machte, bis Dollond sie durch Erfahrung bewies. Camera obscura u. s. w.

In allem diesem enthielt sich der Verfasser, die Chemie mit einzumischen, die Chaptal, Fourcroy und Berthollet in den, mit so vielem Rechte berühmten, Werken abgehandelt haben, so dafs nichts mehr in dieser Hinsicht zu wünschen übrig bleibt. Die Absicht ging eigentlich dahin, eine raisonnirende Physik zu schreiben, worin wenige, aber auserwählte und entscheidende Versuche vorkämen, deren Folgen gehörig entwickelt würden. Eine zu allgemeine Erklärung bleibt schwankend; das Detail wird dagegen der Prüfstein der Theorie, und zeigt die Abhängigkeit, in welcher die Phänomene wechselseitig unter einander und von der Basis der Theorie stehen. Es bringt gerade die feinen Gedanken hervor, welche dem Begriffe die Vollendung, gleichsam die letzte Feile geben, und zeigt dem Geiste, welche Fragen sich noch in Wolken verhüllen.

Herr Hauy erwähnt mit Dankbarkeit, was er den Unterredungen des so unendlich viel umfassenden Laplace verdankt. In den Anmerkungen zur Theorie der Electricität kommen Formeln vor, die dem geistreichen Biot gehören. Übrigens weifs man, dafs dieses Werk auf besondere Aufforderung des ersten Consuls verfertigt ist, und mit Verwunderung wird der Leser sehen, was Herr Hauy in dem vorgezeichneten kurzen Zeitraume von 6 Monaten zu leisten im Stande gewesen ist. Wir waren zum öftern Zeugen, mit welcher jugendlichen Kraft und Rastlosigkeit, und mit welcher besonnenen Ausdauer des Alters er ununterbrochen der Arbeit sich widmete. Wir müssen es ihm zum Vorwurf machen, dafs er mit seiner gewöhnlichen Bescheidenheit so viel zur Entschuldigung des Werkes sagt, und vorgiebt, er habe sich nur beyläufig mit der Physik beschäftigen können; die Tiefe und Originalität, mit der Alles behandelt ist, verbunden mit der gröfsten Klarheit und Faslichkeit und der gewöhnlichen Eleganz, straft ihn Lügen. Indem wir aber seinen seltenen Geistesgaben die unverfälschteste Hochachtung zollen, müssen wir seine bescheidnen Tugenden lieben, und es mufs den Leser für ihn einnehmen, wenn er die Lehrer anruft, ihn wegen der Schwierigkeit des Unternehmens mit Schonung zu beurtheilen und zu verbessern, und wenn er, mit edler Hingebung, eine doppelte Genugthuung darin sucht, sich, wie er sagt, „zwischen ihrer Nachsicht und ihrem Scharfsinn gleichsam in Schutz zu geben" Wir haben hiermit dem Leser nur etwas von der Einleitung und dem Plane des Werkes, das eben erscheint, mitgetheilt. Wir behalten uns vor, bey andrer Gelegenheit auf dasselbe zurückzukommen.

Vdlr.

XI.

Essay de Geologie ou Memoire pour servir à l'Histoire Naturelle du Globe par B. Fauyas-St. Fond. Tom. 1. 1803.

Herr Fauyas läſst eine Rede über den jetzigen Zustand der Geologie vorangehen, die hinlänglich zeigt, daſs er die persönliche Bekanntschaft vieler ausländischen Geologen gemacht hat, und ihre Nahmen kennt. In Frankreich folgten nach Buffon, Desmarest, Sage, Dolomieu, Delametherie, Lamanon, Lapeyrouse, Patrin, Dietrich. — Cabinette existiren, auſser dem des Jardin des Plantes, das der Münze, (unter Sage) das des Bergwerksdepartements, das von de Drée (dem Schwager von Dolomieu), das von Brisson und Lecamus, das von Gillet (welches auch die Romé-Delislesche Sammlung enthält), das Hauysche und andre. Für Conchylien sind die Cabinette von Waſs, Lamark, Richard, Montfort und Solier besonders berühmt. Die von

Die von Defrance, Montfort und Rossi enthalten vor allen fossile Seekörper. — Der Verf. sucht hierauf den Leser erst mit den vorhandenen Gegenständen, die zu einer Geologie dienen können, bekannt zu machen. Die fossilen Conchylien kommen zuerst, und zwar die, von denen man Originale vorfindet. Folgendes ist die Liste der einschaaligen nach Lamarks System. Buccinum achatinum und B. Ascanias; Dolium perdrix; Cypraea pediculus; Cassidea echinophora; Strombus Gallus, St. lentiginosus; Rostellaria pes pelicani; Fasciolaria trapezium; Murex brandaris; M. cornutus; M. trunculus; M. lotiorum; M. femorale; M. Anus; M. Lampas; M. tripterus; M. ponderosus; M. perversus; M. lapillus; — Pyrula ficus; Trochus conchyliophorus; T. granulatus; Natica canrena; N. albumen; Scalaria clathrus; Turbo rugosus; Crepidula fornicata; Argonautus Janus Plancus; Nautilus Pompilius; Planulitis torulosa; Nautilus rugosus. — Von Bivalven: Arca antiquata; A. Noae; Solen Vagina; Pecten Pleuronectes; Isocardia globosa; Nucula margaritacea; Pectunculus pilosus; Mytilus smaragdinus; M. Modiolus; Tellina maculosa; Venus innominata; V. islandica; Pecten jacobeus; P. maximus; Tellina cuspidata; Anomia Cepa; Chama Lazarus; Mytilus Afer; Cuculea auriculifera; Placuna Novae Zeelandiae; Crenatula mytiloïdes (ein neues von Lamark etablirtes Geschlecht); die dicke Auster, der Pferdefufs zu Havre genannt, und noch nicht beschrieben; Natica elephantina etc. — In allen 56 an der Zahl. Der Verf. giebt Abbildungen von Solen Vagina, Murex tripterus, Rostellaria pes pelicani und einer unbekannten Murexart. — Das 3te Kapitel handelt von den vorgefundenen Fistulanen, Taretes und Siliquaria. Der Verf. kennt Fistulana Clava; Fistulana Tuba Tritonis; Fistulana Lagenula; F. Teredo; F. grigata; Siliquaria anguina. Auch hier sind mehrere abgebildet. In einem Appendix folgen hier die Madreporen, von welchen die M. favosa existirt, und Alcyonen, von welchen das Alcyonium Ficus lebendig vorhanden ist. — Das 4te Kapitel handelt von den Fischen, von denen die Originale existiren. Man erkennt unter denen vom Bolcaberg, eigentlich von Vestena nova, die in der Gazolaschen Sammlung aus Verona hergekommen sind, eine Fistularia, einen Pegasus, 3 Chaetodon aus Indien, und, wie Lacepède meint, mehr als 30 Species aus Asien. Fortis glaubt unter denselben mehrere aus Otahaite entdeckt zu haben. Der Verf. erwähnt noch der versteinerten Fische in Schio, im Vicentinischen, in Monteviale und Salzeo, in Tolmuzzo in Friaul, in Cerigo (dem alten Cythere), in Otrante zu Alessano, auf der Insel Lesina in Dalmatien, auf dem Berge Liban, in Eisleben, im Eichstädtschen, Oeningen, Pappenheim, zu Aix, Montmartre und Nauterre. Der Verf. hat den Chaetodon arcuatus, eine Gattung Ballistes von Vestena nova, und ein Idus aus dem Vivarais abbilden lassen. Hierauf kommt er zu den Cetaceis. Man fand in einem Keller zu Paris einen großen Knochen, den der Verf. für den eines Pottfisches hält, und der sehr groſs war. Länger hält sich der Verf. bey den versteinerten Crocodillen auf; er handelt von den Africanischen, Asiatischen, Indischen. Einer, dessen in den Miscellaneis Berolinensibus 1710 erwähnt wird, ist der Gavial. Einer im Cabinet des Landgrafen von Hessendarmstadt ist der vom Ganges. Merk fand ihn auch zu Altdorf. Ein anderer befindet sich zu Mannheim; einer im Cabinette des Herrn Berretein ist zu Rozzo bey Tyrol gefunden worden. Herr Besson besitzt einen Theil eines Gavial zu Paris, und ein andrer, der zwischen Havre und Honfleur gefunden worden ist, befindet sich zu Rouen. Der Verf. hat die schöne Zeichnung des groſsen fossilen Kopfes von Mastricht aus seinem groſsen

Werke hier copiren lassen. Einige dieser 7 Crocodille gehören offenbar zu unbekannten Species, 5 von den verschiedensten Gegenden zum Gavial; dagegen ist der vom Nil noch nirgends gefunden! —

Der Verf. kommt dann zu den Schildkröten, von welchen er 19 aufgefundene herzählt. 13 derselben sind völlig unbekannt, 5 ganz neue Species, die eine gekannte Schale ist Testudo Midas aus der heifsen Zone.

Das 8te Kapitel handelt von den 4füfsigen Thieren. Zuerst vom Rhinoceros von Asien, von Africa, und von Sumatra. Bis jetzt hat man nur den Asiatischen Rhinoceros fossil in unsern Gegenden entdeckt. Dagegen gleicht der entdeckte Rhinoceros mehr dem Africanischen. Der Verf. glaubt fast, dafs es eine Species seyn wird, die sich der von Sumatra nähert, weil es der allgemeinen Erfahrung widerspricht, nach der man seltener Africanische Geschöpfe mit Asiatischen in unserer Gegend zusammengeworfen findet. Der Verf. theilt 3 Abbildungen von Rhinocerosknochen zu Hessendarmstadt, Mannheim, und von Pallas mit. Hierauf kommt er im 9ten Kapitel zum Elephanten. Er erwähnt den Asiatischen, den Africanischen Elephanten, den Mammouth und den Americanischen des Pennant. Die Zähne der 3 ersten sind abgebildet. Die fossilen Zähne übertreffen nicht viel an Gröfse diejenigen, die man bey ausgewachsenen Elephanten findet; der Verf. hat die vorgefundenen ausgemessen und verglichen. Dieses Capitel verbreitet sich auch zum Theil über die verschiednen Lagerstätten. Der Verf. glaubt, dafs die unbekannten Geschöpfe sich stets tiefer finden, so dafs das Auffinden des gleichzeitigen zur Bestimmung der Epochen der Revolutionen dienen könne. (Man kennt hierüber Blumenbachs schöne Versuche). Das 10te Kapitel handelt vom Megalonyx oder dem unbekannten Thiere des Paraguay. Der Verf. glaubt, es sey einer natürlichen Classification entgegen, dieses grofse Thier neben das Faulthier stellen zu wollen. Der Verf. beschreibt alsdann noch die Hörner der Auerochsen, die er neulich in den Annales du Musée hat abbilden lassen, und die sich fossil in Frankreich und America finden. Im 12ten Kapitel spricht er vom Hippopotamus, der sich nur fossil in Asien finde. Das 14te Kapitel fafst die Thiere zusammen, über die die Geologen noch nicht Auskunft genug haben. Aufser dem Mammouth und Megaterium in Spanien, werden hier die in Languedoc zu Symore vorgefundenen grofsen Zähne und Kopf, die Bären der Geilenreuter Höhle, und das eben von Cuvier beschriebene Thier von Montmartre, das zwischen dem Rhinoceros und Tapir steht, erwähnt.

Das 14te Kapitel handelt von fossilen Vegetabilien. Asbestähnliches Holz; pechsteinartiges; in Kiesel verwandeltes Holz. Agatartiges; in Jaspis verwandeltes. Mit Harztheilen durchzognes kieselartiges Holz; in Schwefelkies verwandeltes; in Eisenstein verwandeltes (mine de fer); verkohltes; schwarzgefärbtes; in Bitumen verwandeltes; Umbra, Torfboden (im Aisnedepartement u. s. w.), Kohlen (in England und Irrland), Anthracit u. s. w. Der Verf. unterscheidet die Hölzer, die im Kalk oder granitartigen Boden sich befinden, oder wenigstens die Substanzen, die der Granit enthält. Die Holzarten sind eben so oft exotisch als die Thiere, und viele unbekannt. (Nach diesem Plane hat der Verf. vorläufig die Materialien zusammengestellt, ehe er sie in eine Theorie vereinigt, und seine geologischen Hypothesen giebt, für die der zweyte Theil bestimmt ist. Die Bestimmungen der Conchylien, von denen sich die Originale vorfinden, von Lamark und andren, sind allerdings schätzbar, und Zusammenstellungen dieser Art, für die Anfänger zumal, gewifs etwas äufserst Nützliches. Doch müfsten die aufgestellten mineralogischen Beobachtungen erst alle mit Wernerschem Geiste gesichtet, so wie die zoologischen alle mit Cuvierschem angestellt seyn. Ächter brauchbarer Materialien dürfte es überhaupt für jetzt noch zu wenige geben, und in so fern möchte dieser erste Theil sehr bald zu grosser Berichtigungen bedürfen, als dass er zur Begründung irgend einer geologischen Theorie dienen könnte.)

Frdl.

XII.

Essai theorique et expérimental sur le Galvanisme, avec une série d'experiences faites en présence des Commissaires de l'Institut naional de France et en divers amphitheâtres anatomiques de Londres, par Jean Aldini, *Professeur en l'Université de Bologne etc.* Deux Vol. in 8. ornés de dix planches. Prix 15 Fr. in 4. 30 Fr. Paris an XII. (1803.)

Wir haben schon mehrmals Gelegenheit gehabt, unsere Leser in den Neuesten Entd. von Aldinis galvanischen Arbeiten zu unterhalten. Es ergab sich, dass die Lehre vom Galvanismus dadurch keine neuen wichtigen Bereicherungen und Aufklärungen erhielt, und dass mehr die Hartnäckigkeit, alte Meinungen seines Oheims zu verfechten, die wohl in der Kindheit der Lehre vom Galvanismus erlaubt waren, aber jetzt kaum mehr entschuldiget werden können, Verwunderung, als die Darstellung der galvanischen Erscheinungen auf eine frappante Weise und im Grossen an guillotinirten und gehenkten Menschen, an Ochsen, Kälbern, Schafen, Bewunderung verdient. Herr Aldini hat nunmehr alle seine Versuche und Erfahrungen gesammelt, und legt sie als einen theoretischen

retischen und experimentalen Versuch über den Galvanismus dem Publicum vor. Wir wollen das Interessanteste aus der weitläuftigen Anzeige und Panegyricus, welchen Mojon davon in den Moniteur (Nro. 9 für das Jahr XII) eingerückt hat, ausheben, da uns das Werk selbst noch nicht zu Gesicht gekommen ist.

In dem ersten Theile dieses Versuchs beschäftigt sich Aldini mit einer sorgfältigen Untersuchung der Elektrizität, angewandt auf die thierische Ökonomie.

Der Hauptsatz, auf welchen die Theorie des Verf. gegründet ist, ist: „Die Muskularzusammenziehungen „werden durch die Entwicklung eines der thierischen „Maschine inhärirenden Fluidums erregt."

Diefs glaubt der Verf. durch den Versuch zu erweisen, dafs auch ohne Mitwirkung der Metalle durch den blofs thierischen Bogen (Berührung der Muskeln mit den Nerven) Zuckungen erregt werden. Wie wenig dieser Beweis beweisend sey, haben wir schon an andern Orten gezeigt.

Dieser Elektrizität giebt der Verf., nach dem Beyspiele mehrerer Physiker, den Nahmen der galvanischen oder thierischen Elektrizität, ohne jedoch zu untersuchen, ob sie einerley mit der allgemeinen Elektrizität sey, oder von derselben unterschieden werden müsse.

So wie die thierischen Substanzen, absorbiret die metallische Säule und die Leidner Flasche Principien aus der atmosphärischen Luft; sie gleichen sich ebenfalls noch in mehreren wesentlichen Erscheinungen, und der Verf. zieht daraus das Resultat:

Dafs die beiden Fluida, nehmlich das der gewöhnlichen Elektrisirmaschinen, und das der Zitterroch - Apparate (!), oder die gemeine und galvanische Elektrizität, die gröfste Ähnlichkeit unter einander haben, dafs aber doch nicht alle Erscheinungen derselben auf ein gemeinschaftliches Princip reducirt sind.

Noch sucht der Verf. am Ende des ersten Theils zu beweisen, daſs die Construction einer thierischen Säule, welche der Voltaischen analog ist, sehr geschickt ist, die Sensationen und Muskularzusammenziehungen zu erklären, und benutzt dabey Davys, Humboldts und anderer Physiker Beobachtungen.

Im zweyten Theile untersucht der Verf. vorzüglich die Einwirkung des Galvanismus, und besonders der Voltaischen Säule, auf die Reitzbarkeit und Empfindlichkeit. Seine ersten Versuche wurden an dem Kopfe und Rumpfe von Ochsen, Kälbern, Hunden, Hühnern u. s. w. angestellt. Die Commissarien des Nationalinstituts drücken sich über diese Versuche folgendermaſsen aus: „Aldini läſst den Strom einer starken Säule durch den abgehauenen Kopf eines Hundes gehen. Diese einzige Berührung erregt wirklich schauderhafte Convulsionen: der Rachen öffnet sich, die Zähne klappern, die Augen rollen in ihren Höhlen, und wenn nicht die Vernunft die aufgeregte Einbildungskraft in Schranken hielte, so würde man beynahe glauben, daſs das Thier wieder zum Leben und zum Leiden aufgeweckt sey.“

Bey zwey Verbrechern, die zu Bologna enthauptet wurden, stellte sich Aldini auf das Schaffot, und empfing die blutigen Köpfe aus den Händen des Scharfrichters. Hier untersuchte Aldini vorzüglich die Wirkung der Säule auf die Hirnhäute, auf die Rinden- und Marksubstanz des Gehirns, auf das Corpus callosum und das Herz, und er beobachtete, daſs die Zusammenziehungen überhaupt desto mehr Intensität erlangen, je tiefer man den Bogen in die Substanz des Gehirns einstöſst, und daſs das Herz, das nach dem Ausdruck der Hallerianer das ultimum moriens zu seyn scheint, zuerst die Eigenschaft verliert, durch den Galvanismus gereitzt zu werden. (Hiermit sind Nystens im V. St. d. N. Entd. mitgetheilten Versuche im Widerspruche, und Aldini hat hier offenbar superficiell beobachtet.)

Der dritte Theil hat die medizinische Anwendung des Galvanismus zum Gegenstande. Er vergleicht in dieser Hinsicht den Strom der Säule mit der Electrizität der gewöhnlichen Electrisirmaschinen, und giebt jenem, wegen seiner ununterbrochenen Action, wegen seiner Eigenschaft, bey trockener und feuchter Witterung gleich gut zu wirken, wegen der Leichtigkeit, die Intensität seiner Kraft nach den Umständen abzustufen, etc. den Vorzug.

Er geht dann zur Aufstellung der nähern Heilanzeigen des Galvanismus, und besonders zur Aufzählung der Krankheiten über, in denen er anwendbar ist.

Umständlich handelt er von der Anwendung in Augenkrankheiten. In Krankheiten des Gehörs hatte er selbst keine Erfahrungen anzuführen.

Bey Thieren, die auf verschiedene Art asphyxirt sind, so wie auch bey solchen, die ertrunken sind, verspricht der Galvanismus viel nach Aldinis Versuchen.

Der 4te Abschnitt dieses zweyten Theils hat vorzüglich zur Absicht, die Vortheile darzuthun, welche man von der Anwendung des Galvanismus in Gemüthskrankheiten, und besonders in der Melancholie ziehen kann. Aldini hat seine ersten Versuche in dem Hospitale der St. Ursula zu Bologna an zwey Wahnsinnigen unternommen, und eine vollkommene Heilung war die Frucht seiner Bemühungen. (Bekanntlich hat man auch in Deutschland, und besonders in Wien glückliche Versuche in Gemüthskrankheiten, besonders in der Melancholie gemacht.) Aldini handelt umständlich von den Methoden, den Galvanismus in diesen Krankheiten anzuwenden.

Der 5te Abschnitt handelt von den nöthigen Vorsichtsmaſsregeln, die bey der Anwendung des galvanischen Stromes im Scheintodte zu beobachten sind.

In dem sechsten und letzten Abschnitte handelt der Verf. noch von einigen besondern Eigenschaften des galvanischen Stromes in seinem Verhältnisse gegen den thierischen Körper, von seinem Einflusse auf das Gefäſssystem, auf die thierischen Flüssigkeiten, die Fäulniſs u. s. w. In einem Anhange beschäftiget sich der Verf. mit einigen physischen und chemischen Erscheinungen, z. B. mit Betrachtung der Wirkung der atmosphärischen Luft auf die Säule, mit Angabe einiger besondern Constructionsarten der galvanischen Apparate etc.

Im zweyten Theile des Werks sind einige Gegenstände noch ausführlicher abgehandelt.

Eine erste Abhandlung handelt von dem Durchgange des galvanischen Stroms durch einen Theil des Oceans; (s. N. Entd. IX St. S. 3.) eine zweyte Abhandlung hat den Mechanismus der thierischen Secretionen zum Gegenstande; eine dritte die Versuche an einem in London gehängten Verbrecher; (s. N. Entd. IX St. S. 1. 2) eine vierte die electrischen Organe der Zitterfische; eine fünfte das Leitungsvermögen der Flamme, und einige andere Gegenstände aus der Elektrizitätslehre; endlich eine 6te und letzte Abhandlung beschäftiget sich mit Versuchen, welche beweisen, daſs man mit einem einzigen Metalle Zusammenziehungen erregen kann. *Pf.*

C.

Correspondenz, kürzere literarische und technische Nachrichten und Neuigkeiten, gelehrte und andere Gesellschaften, u. s. w.

I.

Auszug aus einem Briefe des D. Friedländer *an Prof.* Pfaff.

Paris den 15. Sept. 1803.

— — Cuvier hält wiederum Vorlesungen über die vergleichende Anatomie und Physiologie, er wird über alle, in den letzten zwey Jahren gemachten, neuen Entdeckungen, und besonders über die Generationswerkzeuge vollständig handeln. Sie sollen für die N. Entd. Notizen aus diesen Vorlesungen erhalten. (In einem der nächsten Stücke werden wir einige interessante Bruchstücke, die bereits in unsern Händen sind, mittheilen.)

Berthollet hat im Institute einen Bericht über Guytons Methode, die Luft zu reinigen, abgestattet. Es wurde beschlossen, dafs die Professoren der medicinischen Schulen aufgefordert werden sollen, die Schüler jährlich in der Anwendung dieser Methode zu unterrichten, und daſs sie in die Hospitäler eingeführt werde.

Die letzten Sitzungen des Nationalinstituts wurden durch einige Abhandlungen Cuviers über die fossilen Thierknochen, die auf dem Montmartre gefunden werden, äuſserst interessant. H. Cuvier untersuchte in dem ersten Mémoire die Zähne, und verglich sie mit denen des Tapirs und Rhinoceros. In dem zweyten untersuchte er die Reste des Kopfes, und stellte ähnliche Vergleichungen an. In dem dritten wird er die Organe der Bewegung auf diese Weise untersuchen. Diese Vergleichungen waren nicht so leicht. Man findet nur wenige schlechte abgerissene Bruchstücke, und der Scharfsinn, mit dem aus diesen wenigen Datis alles zusammengetragen worden, die Methode, mit der die Beweise geordnet, und der Geschmack, mit dem das Ganze behandelt ist, verschafften diesem, wahrlich sonst nicht allgemein interessirenden, Gegenstande den ungetheiltesten Beyfall. Die Abhandlung ist ein Muster, wie solche Materien zu behandeln sind. Das Resultat: daſs die vorgefundenen fossilen Knochen einem Thiere angehören, das zwischen dem Rhinoceros und dem Tapir seine Stelle haben möchte. Der Verfasser nennt es Planoterium. Er hat die Güte haben wollen, mir dieses Mémoire im Manuscripte mitzutheilen; allein da noch die Einleitung fehlt, die über das Aufgraben auf dem Montmartre überhaupt handelt, und da ich das Wesentlichste der Kupfer nicht gleich copiren konnte, so verspare ich die Übersendung auf ein Andermal, um die Schönheit des Ganzen nicht zu verderben. —

Gestern hat man den gekauften männlichen Elephanten zu dem weiblichen im Jardin des Plantes gesellt. Die Zusammenkunft war sonderbar. Sie fürchteten einander, und der männliche übertraf an Furcht das Weibchen. Jedes derselben zog sich schamhaft in den entferntesten Winkel zurück. Nach mehreren Stunden und vielem Heulen näherte sich endlich der weibliche Elephant nach und nach dem männlichen, und streichelte ihn mit seinem Rüssel. Dieses erwiederte bald darauf der männliche, und die Freundschaft ward gestiftet. Seit der Zeit essen beide Thiere friedlich mit einander, und sind in einem Stalle. —

Paris den 29. Sept.

Es ist wiederum ein neues Metall entdeckt. Es befindet sich in der Platina, und Descotils ist der Erfinder. Es fehlte an Zeit zur Vorlesung seiner Abhandlung in der letzten Sitzung des Instituts; daher ich Ihnen das Resultat nur so unentwickelt und platt niederschreiben kann. Aber Fourcroy kündigte an, dafs auch Er es bey seinen Untersuchungen, das Palladium betreffend, gefunden habe; jedoch gestand er, dafs er, als er die Analyse vor zwey Monaten unternahm, darum wufste, dafs Descotils mit dem Gegenstande beschäftigt sey, ohne jedoch die Resultate zu kennen.

Cordier ist aus Teneriffa zurück gekommen, und arbeitet an zwey Reisebeschreibungen, wovon die eine über Teneriffa, die andere über Auvergne handelt.

II.

Palladium, eine Verbindung von Platina und Quecksilber.

(Ein Auszug aus einer Abhandlung des Herrn Chenevix von Herrn Oerstedt.)

Die polirte Oberfläche des Palladiums ist fast wie die der Platina. Mit der elektrischen Säule in Verbindung gesetzt, entwickelt es aus dem Wasser Oxygengas, und oxydirt sich nicht. Es schmilzt viel schwerer als Gold, der Grad ist aber nicht bestimmt. Das spec. Gewicht variirt von 10,972 bis 11,482. Das geschmolzene Metall hatte an absolutem Gewichte verloren, an specifischem aber zugenommen. Es war härter als Stangeneisen. Es war sehr malleable. Der Bruch war fibrös, und schien aus Krystallen zusammengesetzt.

Schwefel, auf das glühende Palladium getragen, verbindet sich damit leicht, und das Gemisch ist sehr viel schmelzbarer, als das Palladium. In einem mit Kohlen gefütterten Tiegel während 15 Minuten geschmolzen erhalten, veränderte sich das Palladium nicht. Mit Gold, Silber, Platina, Kupfer, Bley u. m. Metallen geschmolzen, giebt das Palladium sehr verschiedne Verbindungen, die oft mehr, oft weniger specifisches Gewicht haben, als die Berechnung es erwarten liefs. Pottasche löst etwas Palladium auf, wenn es damit geglüht wird. (Platina wird auch von der Pottasche angegriffen.) Soda wirkt eben so, aber schwächer. Ammoniakauflösung hat eine schwache Wirkung auf dieses Metall. Nicht allein an specif. Gewicht, auch an Auflösbarkeit in Säuren sind sich die verschiednen Stücke von Palladium ungleich. Königswasser ist das kräftigste Auflösungsmittel des Palladiums. Salpetersäure, besonders die rauchende, löst es auch leicht auf. (Rauchende Salpetersäure löst auch Platina auf.) Alle Metalle, die oxydabler sind als Silber, präcipitiren das Palladium aus den Auflösungen in Säuren. Salzsaures Zinnoxyd und schwefelsaures Eisenoxyd (beide mit Minimum von Oxygen) präcipitiren es auch, und insonderheit ist das erste ein sehr empfindliches Reagens dafür. Die Alkalien und Erdarten präcipitiren auch dieses Metall aus den Säuren, meistens orangenfarbigt. Geschwefelter Wasserstoff präcipitirt es braun.

Ohnerachtet dieses alles glaublich machen mufste, dafs das Palladium ein eignes Metall sey, und ohnerachtet kein analytischer Versuch geglückt war, suchte doch Chenevix durch einen synthetischen Versuch es darzustellen. Es glückte ihm dieses, als er eine Auflösung von Platina und Quecksilber in eine Auflösung von grünem Eisenvitriol gofs, und sie damit digerirte. 92 Theile Platina gaben 135 Theile Palladium von 11,2 specif. Gewichte; und in einem andern Versuche, wo er die durch Ammoniak gefällte Platina sehr lange mit vielem Quecksilber rieb, erhielt er aus 30 Gran Platina 43,5 Gran Palladium von 11,736 specif. Gew. Diese zwey Resultate stimmen ziemlich genau mit einander überein. Die allermeisten Methoden, die Platina mit dem Quecksilber zu verbinden, waren nicht geschickt, es in Palladium zu verwandeln. Nur die zwey angeführten und die Methode, geschwefeltes Wasserstoffgas durch eine Auflösung von Platina und Quecksilber strömen zu lassen, entsprachen ihrem Zweck. Glühen und Kupellation mit Bley zerlegten nicht das Palladium. Der Verf. glaubt, dafs das bisherige Mifslingen aller Versuche, dieses Gemisch zu zersetzen, von einer aufserordentlich starken Affinität des Quecksilbers zur Platina herrühre. (Vielleicht könnte es aber auch daher kommen, dafs wir keine Substanz kennen, die eine grofse Affinität zu einem von diesen Körpern hätte.)

III.

Recept zu einer unzerstörlichen Dinte.

Herr Haldat, Professor der Chemie in der Centralschule des Departements de la Meurthe, hat neue Versuche über die Dinte angestellt, um sie unzerstörlich zu machen. In Nor. XI des Bulletin de la Societé d'Industrie nationale für das Jahr XI ist ein Aufsatz von demselben eingerückt, in welchem er nach einer schönen historischen Einleitung über die nach einander folgenden Entdeckungen, welche die Natur der Dinte betreffen, und einer Untersuchung, was jedes Ingrediens derselben wirket, folgendes Recept giebt: Galläpfel acht Unzen, Fernambukholz vier Unzen, Wasser zwölf Pfund, schwefelsaures Eisen vier Unzen, Arabisches Gummi drey Unzen, gepulverter Indigo, Rufsschwarz, Branntwein, Zucker, von jedem eine Unze. Man macht eine sehr gesättigte Abkochung der Galläpfel und des Fernambuks, giefst sie auf das schwefelsaure Eisen, Gummi und Zucker, und thut alsdann die Schwärze und Indigo mit Branntwein verdünnt hinzu, worauf man das Ganze durch eine Leinwand seiht. Indigo und Schwärze müssen so viel seyn, dafs die Dinte nicht zu dick wird, und von dem Branntwein darf gleichfalls nicht zu viel genommen werden.

IV.

Hauys Traité élémentaire de Physique.

Von diesem trefflichen Werke, durch das Hauy von neuem seinen ächtwissenschaftlichen, tiefdringenden Geist beurkundet hat, haben wir oben in dem Artikel Literatur unsern Lesern eine vorläufige Anzeige mitgetheilt, werden aber in der Folge den Geist dieses Werks noch umständlicher karakterisiren, und seinen Inhalt ausführlicher darstellen. Da Hauy es in einer Audienz (am 9ten Vendemiaire) dem ersten Consul, auf dessen Befehl es für die Lyceen geschrieben worden war, überreichte, und gegen diesen die Besorgniſs äuſserte, daſs es desjenigen, dem er es darbringe, nicht werth seyn möchte, antwortete ihm der erste Consul unter mehrern andern schmeichelhaften Sachen: „Ich zweifle nicht, daſs es Ihrer würdig sey. Dieſs ist die sicherste Bürgschaft des Nutzens, den es leisten muſs. Lange Zeit war dieses Werk schon Bedürfniſs, und Sie allein waren im Stande, es zu verfassen.“ (Moniteur. Nro. XI für das Jahr XI.)

V.

Neuestes aus Paris vom 21sten October.

Vauquelin hat angekündiget, daſs die vermeintliche neue (Agust-) Erde des Herrn Professor Trommsdorf nichts als phosphorsaurer Kalk sey, und Hauys geometrische Analyse hat es bestätigt. Vauquelin erhielt vom Herrn Oberbergrath Karsten den sächsischen Beryll.

Die Angelegenheit der Vertheilung des Preises von 3000 Livres für die wichtigste galvanische Entdeckung des verflossenen Jahres ist neulich im geheimen Comité des Instituts discutirt worden. Es wird kein Preis dieses Jahr vertheilt. Ritter, Nysten und ein Dritter waren allein auf der Liste der Concurrenten. Aldini bewarb sich eifrig um die Erhaltung desselben. Ohngeachtet er sich eine Parthie machte, die für ihn das Wort nahm, so hat diefs doch keine andere Folge gehabt, als dafs der Preis Niemandem ertheilt, und für das nächste Jahr verdoppelt wurde.

Der Brown-Roeschlaubianismus hat eben ein neues Journal unter dem Titel: Vraie Theorie medicale, erhalten, welches besonders gegen Pinel gerichtet scheint.

DIE NEUESTEN
ENTDECKUNGEN
FRANZÖSISCHER GELEHRTEN
IN DEN GEMEINNÜTZIGEN
WISSENSCHAFTEN UND KÜNSTEN.

EIN JOURNAL
FÜR
ÄRZTE, PHYSIKER, TECHNOLOGEN
UND
ÖCONOMEN.

HERAUSGEGEBEN
VON
Dr. C. H. PFAFF IN KIEL
UND
Dr. FRIEDLÄNDER IN PARIS.

ZWÖLFTES STÜCK.

Mit zwey Kupfern.

LEIPZIG, BEY G. J. GÖSCHEN.

ENTDECKUNGEN

FRANZÖSISCHER GELEHRTEN

IN DEN

GEMEINNÜTZIGEN WISSENSCHAFTEN.

1803. XII. STÜCK.

Inhalts-Verzeichnifs des zwölften Stücks.

A. Abhandlungen.

B. Literatur.

C. Correspondenz, literarische und technische Nachrichten und Neuigkeiten, gelehrte und andere Gesellschaften etc.

A. Abhandlungen.

I.

Neueste Arbeiten französischer Gelehrten den Galvanismus betreffend.

Von allen seit unserm letzten Berichte (s. das IXte Stück S. 1. fg.) bekannt gewordenen Verhandlungen und Untersuchungen französischer Gelehrten über diesen Gegenstand, sind ohne Zweifel Biots physische Untersuchungen über die Frage: Welches ist der Einfluſs der Oxydation auf die durch die Voltaische Säule entwickelte Elektricität, welche in dem Messidor-Stücke vom Jahre XI., Nro. 139, des XLVIIsten Bandes erstem Stücke der Annales de Chimie S. 6 — 45 sich findet, der wichtigste Beytrag. Wir haben bereits eine vorläufige Anzeige von dieser Abhandlung unsern Lesern mitgetheilt. (S. das Xte St. der N. Entd.) Sie verdient, daſs wir den Inhalt derselben hier noch ausführlicher angeben.

Bekanntlich leitet Volta die ganze Wirkung seiner Säule bloſs von der Elektricitäterregenden Kraft der Metalle ab, und sieht die feuchten Zwischenkörper als bloſse Leiter an. Bis jetzt sind keine entscheidenden Versuche weder für noch gegen diese Meinung bekannt geworden, und doch haben sich die Meinungen der Physiker hierüber sehr getheilt. Biot hielt es unter diesen Umständen für eine nützliche Arbeit, bey dem Streite der Parthieen darüber die Frage durch genaue und entscheidende Versuche aufzulösen. Volta gründete seine Meinung vorzüglich auf den Versuch mit dem Tassenapparate, wo dieselbe elektrische Spannung, und folglich dieselbe absolute Menge der Elektricität in den Metallplatten sich zeigte, es mochte sich nun gemeines Wasser oder Salzwasser in den Tassen befinden. In dem letztern Falle aber wurden die Erschütterungen viel stärker, welches auf einen durch die gröſsere Leitungskraft des Salzwassers beförderten Strom hinwies. Biot wendet mit Recht dagegen ein, daſs die Mittel, deren sich Volta bediente, um diese elektrische Spannung zu bestimmen, von keiner solchen Genauigkeit waren, um einen ganz demonstrativen Versuch zuzulassen; denn 1stens ist der Gang des dabey angewandten Strohhalmelektrometers nicht gleichförmig, und bey gröſserer Divergenz entsprechen schon kleine Abweichungen groſsen Verschiedenheiten in der elektrischen Tension. 2tens giebt der Condensator, so oder anders applicirt, sehr verschiedene Resultate. Davy und Nicholson glaubten durch directe Versuche Volta's Theorie umgestoſsen zu haben. Besonders stützte sich Nicholson auf seinen Versuch mit Säulen, deren Metallscheiben aus Kupfer und Eisen bestanden, und wo er durch bloſse Veränderung des feuchten Zwischenkörpers die Pole umkehren konnte. Bey der Anwendung von Wasser war nehmlich der positive Pol auf Seiten des Eisens, dieses oxydirte sich, und das Kupfer blieb unangetastet. Bey der

Anwendung der Pottaschenschwefelleber zeigte sich aber nun der positive Pol auf Seiten des Kupfers, und dieses wurde oxydirt. Biot bemerkt aber mit Recht dagegen, daſs hier eigentlich die Schwefelleber nur die Stelle eines wirksamern Metalls vertrete, wie Volta längst durch seine Versuche ausgemacht hatte. Ein Experimentum Crucis, um die Streitfrage zu entscheiden, wäre die Erbauung von Säulen, welche ihre Wirksamkeit ohne einen Oxydationsproceſs äuſsern. Biot erinnert aber, daſs dieſs bis jetzt nicht gelungen sey, theils, weil die für trocken geachteten Zwischenleiter, wie das Stärkmehl in Hachettes und Desormes Säule, hygrometrisch wirken und die Feuchtigkeit der Atmosphäre verschlucken, theils, weil die augenblicklich gehemmte, oder wenigstens sehr schwache chemische Action, wenn die Communication zwischen den beiden Polen des Apparats nicht statt findet, durch die Circulation der Elektricität sogleich wieder erregt wird, wie in dem Apparate des Professors Hauff von Marburg. Was endlich die Versuche Wollastons und anderer betrifft, die Volta's Theorie dadurch umstürzen sollten, daſs sie ein constantes Verhältniſs zwischen der Stärke der Oxydation und der Wirksamkeit der Säule bewiesen; so läſst sich dagegen einwenden, daſs hier auch ein umgekehrtes ursachliches Verhältniſs statt finden, die stärkere Oxydation nehmlich von der gröſseren Wirksamkeit der Säule abhängig seyn könne.

Durch so viele vergebliche Versuche, diese Streitfrage zu entscheiden, von der Sorgfalt und Genauigkeit, welche so feine Untersuchungen erfordern, zum voraus unterrichtet, sah Biot die elektrische Waage als das einzige Mittel an, welche ihnen den gehörigen Grad von Präcision geben konnte, und er bediente sich dazu der von dem geschickten Künstler Fortin für das Nationalinstitut verfertigten Waage.

Erst suchte er sich zu überzeugen, ob eine und dieselbe Säule vergleichbare Resultate gäbe, fand aber hierin erstaunend viel Unregelmäfsigkeit wegen der Schwierigkeit, die Versuche immer auf dieselbe Art anzustellen. Nach vielen Proben gelangte er endlich dahin, seine Säule so einzurichten, dafs er vergleichbare Resultate erhielt. Die untere Extremität der Säule wurde mit dem Erdboden und mit der untern Platte des Condensators in eine genaue leitende Verbindung gebracht, die Platten von Zink und Kupfer waren aufs genaueste mit Gewalt an einander gepafst, und folglich die wechselseitige Berührung derselben immer dieselbe, und die Seitenstützen, die die Resultate gleichfalls variiren machen, blieben ganz weg. Der Knopf des Condensators, der sich an einem biegsamen Metalldrathe befand, wurde in Quecksilber, das in einem eisernen Gefäfse auf dem obern Ende der Säule stand, vermittelst einer überfirnifsten Glasröhre untergetaucht, und diese dann wieder weggezogen, so dafs er durch seine eigene Biegsamkeit wieder in die Höhe sprang, und somit die Berührung höchstens eine halbe Sekunde dauerte. Biot hatte sich überzeugt, dafs, wenn man den Knopf auch eine Minute mit dem Quecksilber in Berührung erhielt, doch keine merkliche Änderung in der Ladung des Condensators durch die von ihm angewandten Säulen sich einstellte, so dafs also auch von dieser Seite kein Irrthum eintreten konnte. Durch alle diese Mafsregeln erhielt er so vergleichbare Resultate, dafs z. B. 9 Versuche, die nach der Reihe mit einer Säule von 16 Paaren angestellt wurden, bisweilen nur zwischen 70° und 73° variirten.

Bey der Anwendung von Säulen mit verschiedenen feuchten Zwischenleitern erhielt er nun zum Theil beträchtliche Verschiedenheiten in der Ladung des

Condensators. So erhielt er von einer Säule von 20 Plattenpaaren, bey der Anwendung von

einer Auflösung von gemeiner Soda	—	70°
von reinem Wasser	— — —	77°
und von einer gesättigten Aufl. von Alaun		$81°\frac{1}{2}$

als mittleres Resultat von 5 Versuchen, was elektrischen Intensitäten entspricht, die durch die Zahlen 1; 1,33; 1,58; ausgedruckt werden.

Bey der Anwendung von Pottasche und des gemeinen grünen Eisenvitriols erhielt er im ersten Augenblicke der Action einer Säule von 20 Plattenpaaren

mit der Pottasche	— —	$61°\frac{1}{2}$
mit dem Eisenvitriol	—	$82°\frac{1}{2}$

was elektrischen Intensitäten entspricht, die durch die Zahlen 1; 2,411; ausgedruckt werden. Im Fortgange der Action dieser beiden Apparate ändert sich aber das Verhältniſs, und man erhält als mittlere Repulsionen mit der Pottasche 67°, und mit dem Eisenvitriol 75°, welche Repulsionen elektrischen Intensitäten entsprechen, die durch die Zahlen 1; und 1,4; ausgedruckt werden, eine sehr auffallende Verschiedenheit, von welcher weiter unten der Grund erhellen wird. Bey der Vergleichung des reinen Wassers mit dem Stärkmehl erhielt er

für das Stärkmehl	— —	$56°\frac{2}{5}$
für das reine Wasser	—	$75°\frac{2}{5}$

welches elektrischen Intensitäten = 1; und 2,42 entspricht. Acht Tage nachher war die mit reinem Wasser aufgebaute Säule ganz unwirksam, die mit Stärkmehl errichtete gab noch 40°.

Wenn auch gleich diese Verhältnisse nicht als ganz genau angesehen werden dürfen, so erhellt doch mit Gewifsheit aus diesen Versuchen, dafs in Allem ganz gleiche Säulen, die aber verschiedene feuchte Zwischenleiter haben, bey der einfachen Berührung des Condensators sehr verschiedene Quantitäten von Elektricität geben.

Aufser diesen Versuchen hat Biot noch viele andere mit andern Auflösungen angestellt, von denen er blofs das Resultat anführet, dafs die gesättigten Auflösungen von gemeinem Salpeter, von salpetersaurem Zink, von Soda und von Pottasche sich in ihrer Wirkung sehr nahe kommen, und dafs gleichfalls die, jedoch viel energischer als die eben angeführten wirkenden feuchten Zwischenleiter von Wasser, Auflösungen von Kochsalz, Salmiak, oxygenirter salzsaurer Pottasche, Alaun, Eisenvitriol mit einander übereinstimmen, so dafs sie nach ihrer zunehmenden Intensität hier geordnet sind. Dabey bemerkte Biot, dafs die Energie der Wirkungen auf die Organe durch die nehmliche Säule, in einem bestimmten Verhältnifs mit der Stärke der Ladung des Condensators, durch eine einzige Berührung zunahm. Diese Verschiedenheiten in der Stärke der Ladung durch einen einzigen Contact konnten ihren Grund auch blofs in der verschiedenen Leitungskraft der feuchten Zwischenkörper haben, und um diefs zu entscheiden, schien ein einfacher Versuch hinreichend. Denn wenn die Verschiedenheiten der Ladungen des Condensators nur von diesem Umstande abhängen, so brauchte man nur den Condensator mit den verschiedenen Säulen während eines längeren Zeitraums in Berührung zu lassen, und man würde ihn dann in allen auf einen gleichen Grad der Spannung, welchen man durch die Waage erkennen würde, geladen finden. Diese in der Theorie genaue Methode ist es aber leider nicht mehr in der Ausführung, weil die Actionen der Säulen weit entfernt sind, sich ohne Abänderung zu erhalten, sondern vielmehr durch die wechselseitige Einwirkung der Elemente der Säule auf einander, der Atmosphäre etc. bald auffallende Variationen erfahren. In dieser Hinsicht ist das obige Beyspiel zweyer Säulen, wovon die eine grünen Eisenvitriol, die andere kohlensaure Pottasche zum Zwischenleiter hatte, besonders auffallend, da die starke Oxydation, welche die Eisenvitriolauflösung durch die Beförderung des elektrischen Stromes bewirkte, die Wirkungen der Säule sehr bald schwächte, während die Pottaschenauflösung nur eine langsame Oxydation veranlafste, welche den elektrischen Strom durch die davon abhängige Innigkeit der Berührung vielmehr begünstigte, wie durch die dünne Schicht von Oxyd, welche sich nach und nach auf den Platten absetzte, entgegenwirkte. Ein anderer Umstand, welcher Variationen veranlafst, ist die Austrocknung der feuchten Leiter, welche den Lauf der Elektricität modificiret, und die Ladung des Condensators vermindert. Ein Beyspiel hiervon gab die Säule mit Stärkmehl, welche im Anfange 56° Repulsion, 7 Tage nachher nicht mehr als 40° gab, und endlich bis auf 24° herabsank. Diese Wirkung der Austrocknung tritt noch viel schneller bey den Säulen mit reinem Wasser ein, besonders in trockener Luft. Auf der andern Seite vermehrt auch, besonders bey der Anwendung von Substanzen, die die Feuchtigkeit stark einsaugen, zu Zwischenleitern, die Feuchtigkeit der Luft bisweilen die elektrischen Wirkungen der Säule. Aus allem diesem folgt, dafs die verlängerte Application des Condensators keine vergleichbaren Resultate gewähren kann, so dafs man auf diese Methode, den Einflufs der Oxydation zu bestimmen, Verzicht leisten mufs. Übrigens darf es nicht unbemerkt bleiben, dafs diese Variationen selbst sich sehr leicht durch die correspondirenden Variationen der elektrischen Leitungsfähigkeit der feuchten Zwischenleiter, und durch die Modifikationen, welche in ihrer eigenen Action, in Entwicklung der Elektricität der Metalle durch ihre bloſse Berührung eintreten, erklären lassen. Die Oxydation spielt alsdann hier nur eine Rolle als ein Effekt, welcher anfänglich durch Bewirkung einer innigern Berührung die Leitungsfähigkeit begünstiget, und am Ende dieser Eigenschaft durch die Widerstände, welche er erzeugt, Eintrag thut. Dieser Einfluſs erklärt, warum, wenn die chemische Action kräftig ist, die Energie der Säule gleich vom ersten Augenblicke an das Maximum ihrer Energie erhält, und nachmals abnimmt, bis ihre Wirkungen ganz verschwinden, während mit der langsamen Oxydation die Säule sich gleichsam nach und nach aufregt, erst nach einiger Zeit ihr Maximum von Energie erreicht, und langsam wieder abnimmt, bis ihre Wirkungen gänzlich verschwunden sind.

Indessen alles dieses reicht nicht zu, um die andern vorgetragenen Hypothesen auszuschlieſsen; und da die Oxydation bis auf einen gewissen Punkt als fähig zur Hervorbringung der nehmlichen Wirkungen dargestellt werden kann, so muſs man bestimmen, wie sie zu der durch den Apparat entwickelten Elektricität beytragen kann, und aus dieser Schätzung muſs man dann sofort ihren wahren Einfluſs ableiten.

Es ist bekannt, daſs alle Körper durch Veränderung ihres Zustandes auch ihre Capacität oder Affinität für das elektrische Fluidum verändern. Lavoisier und Laplace haben bewiesen, daſs dieses vorzüglich in der Action der chemischen Verwandtschaften Statt hat. Volta und Saussure haben gezeigt, daſs dieselbe Erscheinung gleichfalls bey der Verdunstung und Zersetzung des Wassers sich ereignet. Diesen Beobachtungen zufolge scheint es ausgemacht, daſs die chemische Action der Säule Elektricität in derselben entwickeln mufs, und es kommt nun alles darauf an, zu erfahren, in wie weit diese Elektricität sich mit derjenigen vermischet, welche die Metalle durch ihre blofse Berührung entwickeln. Um diefs auszumitteln, nimmt der Verf. für einen Augenblick an, dafs die feuchten Zwischenkörper vollkommene Leiter seyen, und abstrahirt von dem Einflusse, welchen sie durch ihre blofse Berührung auf die Elektricität der Metalle ausüben können. Unter diesen beiden Voraussetzungen mufs die etwa durch die chemische Wirkung entwickelte Elektricität in den allgemeinen Behälter abfliefsen. Denn welches auch immer die wechselseitige Action der Metalle auf einander, und die Quantität von Elektricität sey, welche sich durch ihre blofse Berührung entwickelt, so kann man mathematisch beweisen, dafs die Spannung von unten nach oben, und zwar nach einem festen und von der Natur der mit einander in Berührung befindlichen Metalle abhängigen Gesetze zunehmen mufs, so dafs für dieselbe Säule die jeder Platte im Zustande des Gleichgewichts nothwendige Spannung gleichfalls unabhängig von der Oxydation bestimmt seyn wird. In diesem Falle wird, wenn die chemische Wirkung der Zwischenleiter Elektricitat entwickelt, und die Säule nicht isolirt ist, diese Elektricität sich nicht in den metallischen Platten erhalten können, die bereits aus dem Erdboden die Menge von Elektricität gezogen haben, welche ihrer Natur und ihrer Zahl zukommt, und sie wird folglich in den allgemeinen Behälter abfliefsen müssen. Ist die Säule isoliret, so wird die durch die chemische Action entwickelte Elektricität sich in dem Innern der Säule verbreiten, und zwar nach einem Gesetze, das von der Figur der Stücke, aus welchen sie zusammengesetzt ist, abhängen wird; dieser Zusatz von Elektricität wird die Wirkungen der wechselseitigen Berührung der Metalle nicht hindern, und der ganze

Apparat wird in demselben Zustande seyn, wie wenn man ihm durch Hülfe der gewöhnlichen Maschinen Elektricität mitgetheilt hätte. Appliciret man dann den Condensator der isolirten Säule, so wird er jene Elektricität, welche von der chemischen Action herrühret, verbunden mit der geringen Quantität, welche ohnediefs von der Berührung der isolirten Metalle resultiret, absorbiren, und man wird durch diefs Mittel in Stand gesetzt seyn, den Beytrag der ersten Ursache zu schätzen. Dasselbe Räsonnement würde auch auf den Fall anwendbar seyn, wo die Substanzen, welche die Entwicklung der Elektricität durch ihre blofse Berührung erregten, keine Metalle wären. So würden sich die Sachen nur verhalten, wenn die feuchten Zwischenkörper vollkommene Leiter wären. Da diefs aber nicht der Fall ist, und sich folglich die Spannung der Säule nicht augenblicklich wieder herstellt; so kann die durch die chemische Action erregte Elektricität höchstens zu ihrer Wiederladung angewendet werden. Ist aber erst die Spannung auf den Grad, der durch die Natur der Körper, die den Apparat ausmachen, bestimmt ist, wieder hergestellt, so wird sich alles wie im ersten Falle verhalten.

Um nun zu entscheiden, ob die durch die chemische Action hervorgebrachte Elektricität auf eine merkliche Weise zum Wiederersatze des Verlustes der Säule beytrage, mufsten unmittelbare Versuche angestellt werden. Man kann einerseits die Ausdehnung der Oxydation bey sonst gleich bleibenden anderweitigen Umständen vermindern. In dieser Absicht nahm der Verf. 40 Plattenpaare von Zink und Kupfer, bedeckte 20 derselben mit Scheiben von mit Mehlkleister überdecktem Papier, die folglich sehr schlechte Leiter der Elektricität waren; zuvor aber hatte er in die Mitte dieser Papierscheiben eine zirkelförmige Öffnung geschnitten, deren Durchmesser den dritten Theil vom Durchmesser der Metallscheiben betrug.

Überdiefs schnitt er kleine Scheiben von Tuch von dem nehmlichen Durchmesser wie diese Öffnungen, und so errichtete er zwey Säulen, jede von 20 Plattenpaaren. Die eine, deren Scheiben in ihrer ganzen Ausdehnung mit Alaunauflösung getränkt waren, gab als Mittel von 5 Versuchen 83½° Repulsion; die andere, die in einer 9mal geringeren Ausdehnung als erstere mit Alaunauflösung getränkt war, gab in 4 auf einander folgenden Versuchen constant 85°. Diefs entspricht den durch die Zahlen 1; und 1,05; ausgedruckten elektrischen Intensitäten, so dafs also das Übergewicht auf Seiten der geringeren Oxydation war.

Biot war nun begierig zu erfahren, woher jener kleine Vortheil der weniger ausgedehnten Berührungen rühren möchte. In dieser Absicht erbaute er drey Säulen von 16 Paaren, die sich in allem, ausgenommen in der Ausdehnung der Oberflächen ihrer Scheiben, gleich waren, die sich wie die Zahlen 1; 3,1; und 153,2 gegen einander verhielten, und die er sämmtlich mit Alaunauflösung aufbaute.

Die Säule mit den kleinen Platten, deren Oberfläche die Einheit war, gab

74°; 73°; 76°; 76°; 76°; 75°; 73°; 77°; und als mittlere 75°.

Die Säule mit den Scheiben von mittlerer Gröfse gab

72°; 70°; 71°; 70°; 71°; 73°; 72°; 73°; 73°; und als mittlere 71⅔°.

Endlich die Säule mit den Scheiben vom gröfsten Durchmesser gab

71°; 71°; 72°; 72°; 72°; und folglich als mittlere 71⅔°.

Was den elektrischen Spannungen, die durch die Zahlen 1,18; 1; 1; ausgedrückt werden, entspricht, so dafs also auch hier das Übergewicht auf Seiten der kleinen Platten ist.

Aus diesen Versuchen ergiebt sich wenigstens unläugbar, dafs die elektrische Spannung der verschiedenen Säulen nicht von der Ausdehnung der Platten, aus denen sie bestehen, abhänget. Was den Vorzug der kleinen Platten betrifft, so möchte derselbe vielleicht von dem stärkeren Drucke des mit Quecksilber gefüllten eisernen Gefäfses, das der Verf. auf die Spitze der Säulen jedesmal setzte, abgehangen haben.

Indessen, um einen ganz entscheidenden Versuch über den geringen Einflufs der chemischen Action auf die Entwicklung der Elektricität anzustellen, errichtete der Verf. eine Säule von 20 Paaren mit Tuchscheiben, die mit einer Auflösung von Alaun getränkt waren, und isolirte sie auf einem Harzkuchen.

Bey der Application des Condensators durch eine einzige augenblickliche Berührung und Verbindung der Basis der Säule mit dem Erdboden, erhielt er 90° als mittlere Repulsion. Der Apparat war folglich gehörig wirksam. Bey der Application des Condensators, ohne Communication der Säule und des Erdbodens, erhielt er o. Folglich war die Säule gehörig isoliret. Man liefs nun die beiden Pole vermittelst eines Kupferdrathes, *) der von der Basis der Säule ausging, und mit seiner andern Extremität in das Gefäfs mit Quecksilber, das sich auf der Spitze der Säule befand, untertauchte, communiciren. Jetzt erlangte der Condensator keine Elektricität, man mochte die Communication der Säule mit dem Boden machen oder nicht. Die Communication durch den Kupferdrath zwischen den beiden Polen der isolirten Säule war also vollkommen, und folglich fand die Circulation der Elektricität in dem Innern der Säule so Statt,

*) Ohne Zweifel ist hier ein Druckfehler. Der Kupferdrath war wohl ein Eisendrath.

wie wenn keine Isolirung vorhanden gewesen wäre. Man unterhielt diese Communication zwey Minuten hindurch. Nun hob man dieselbe auf, indem man den Kupferdrath vermittelst einer überfirnifsten Glasröhre abzog, und applicirte den Condensator, der keine merkliche Elektricität erlangte. Da man die Basis der Säule von neuem berührte, so erhielt man, wie zuvor, 90°. Dieser Versuch wurde mehrmals mit demselben Erfolge angestellt. Dieser Versuch läfst nachfolgende Schlufsfolgerungen zu.

Isolirt man den Apparat, so behält jedes Metallplattenpaar den Grad von Spannung, welchen es kraft des Gleichgewichtes hatte; da aber die Communication mit dem Erdboden nicht Statt findet, so kann die durch diese Spannung angezeigte Elektricität sich nicht wieder ersetzen, wenn sie abnimmt; und da sie überdiefs sehr schwach ist, weil die Säule nur aus 20 Paaren zusammengesetzt ist, so kann ihre Anhäufung nur wenige Elektricität in den Condensator bringen. Man setze nun den Fall, dafs die auf die Metalle ausgeübte chemische Action, während man den Condensator ladet, eine merkliche Quantität von Elektricität hervorbringe. Macht man nun eine Communication zwischen den beiden Polen der isolirten Säule, so determinirt man die Circulation des elektrischen Stromes, die Oxydation geschieht, wie wenn die Säule mit dem Erdboden communicirte, und indem man nachmals diese Circulation zerstört, so mufs man in dem Condensator die Elektricität, welche sie hat hervorbringen können, aufsammeln. Nun ist diese Elektricität ganz unmerklich, folglich hat die chemische Action einen nur höchst geringen und beynahe gar keinen Antheil an den 90° von Repulsion, welche der Condensator angezeigt hat. B i o t geht noch weiter. Da er den Versuch oft wiederholte, so hatte er eine Repulsion von 2° mit der Waage entdecken können. Nun verhalten sich die elektrischen Intensitäten, welche den Repulsionen von 2° und 90° entsprechen, zu einander = 1 : 91125. Da nun der Theil der Repulsion, welcher von der chemischen Action allein während 2 Minuten abhing, unter 2° sich befand, so war ihre Wirkung geringer, als der 90000ste Theil des Totaleffektes, und während einer halben Sekunde, der Zeit einer einzigen Berührung, betrug sie nicht einmal $\frac{1}{20000000}$ vom Totaleffekte. Der Einfluſs dieser Action auf die Ladung des Condensators ist folglich ganz unmerklich.

Biot führt noch an, daſs er mehrere Monathe hindurch einer Säule von 20 Plattenpaaren folgte, welche ursprünglich mit einer Auflösung von Kochsalz imprägnirt war. Sie war zuletzt ganz oxydiret, und die frey gewordene Soda bedeckte sie mit einem weiſsen Pulver. In diesem Zustande war die Intensität ihrer Wirkungen, durch die elektrische Waage gemessen, auf die Hälfte von dem, was sie im Anfange war, reduciret, und sie gab noch 65° Repulsion durch eine einzige Berührung des Condensators. Und doch war damals die Zunahme der Oxydation so gering, daſs das, was in einer halben Stunde geschah, wohl gar nicht in Betracht kam. Ich erbaute Säulen, in welchen die nassen Tuchscheiben durch Scheiben von geschmolzenem Salpeter, der einen groſsen Theil seines Krystallisationswassers verloren hatte, ersetzt waren. In diesem Zustande von Trockenheit, und einige Stunden nachher, nachdem sie aus dem Schmelztiegel genommen waren, dienten sie zur Errichtung mehrerer Säulen, so daſs man mit 20 Metallplattenpaaren und durch eine einfache Berührung des Condensators noch sehr merkliche Repulsionen erhielt; und da man diese Berührung, statt $\frac{1}{2}$ Sekunde, eine halbe Minute fortdauern liefs, so erhielt der Condensator so viele Elektricität, als von einer mit Eisenvitriolauflösung aufgebauten Säule durch eine einzige Befühlrung. Inzwischen war die chemische Action so schwach, dafs, ohngeachtet man ganze Tage hindurch die Communication zwischen den Polen des Apparats unterhielt, man doch nicht die geringste Spur von Oxydation wahrnahm; und es war eine beträchtliche Zeit nöthig, um vermittelst der Feuchtigkeit der Luft eine nur merkliche Quantität davon zu entwickeln. Wie wenig mufste diefs während der Dauer einer Berührung des Condensators seyn! Diefs sind wahrlich microscopische Quantitäten, zu denen man fürwahr nicht seine Zuflucht genommen hätte, wenn man daran gedacht hätte, sie zu berechnen.

Nota. Wenn man F und F′ die Repulsivkräfte nennt, welche den Winkeln A und A′, die an der elektrischen Waage beobachtet werden, entsprechen; so ist die streng genaue Formel, welche ihr Verhältnifs giebt,

$$\frac{F'}{F} = \frac{A'.\ \text{Sin.}\ ^{3}\ \frac{1}{2}\ A'\ \text{Sin.}\ A}{A.\ \text{Sin.}\ ^{3}\ \frac{1}{2}\ A.\ \text{Sin.}\ A'}.$$

welches auch die Bogen A, A′, und die besondern Umstände der Construction der Waage, von welcher man Gebrauch macht, gewesen seyen. Sind die Winkel klein, so hat man blofs

$$\frac{F'}{F} = \frac{A'^{3}}{A^{3}},$$

und diese Formel kann als eine erste Annäherung in dem Falle, wo man den genauen Werth, der etwas schwerer zu berechnen ist, nicht nöthig hat, gebraucht werden.

Die übrigen von andern französischen Gelehrten bekannt gemachten Beyträge zur Lehre vom Galvanismus sind im Ganzen unbedeutend.

Im Florealhefte des Journal de Physique vom Jahre XI. finden sich S. 361 - 362 von einem gewissen Lagrave, von dessen unbedeutenden Versuchen bereits im IX Hefte der N. Entd. die Rede gewesen ist, Versuche, welche beweisen sollen, dafs das durch das Wasser fortgeleitete galvanische und elektrische Fluidum sich wie der Schall durch die atmosphärische Luft communiciren. Diese Versuche bestätigen, was man schon lange wufste, was insbesondere so viele Erscheinungen der Voltaischen Säule so deutlich beweisen, dafs die Elektricität, wenn sie, ohne in Funken überzuspringen, durch Wasser fortgeleitet wird, sich gleichsam über die ganze Oberfläche desselben ergiefst und expandirt, was auch schon aus der Natur des elektrischen Fluidums folgt, und nicht einer geraden Linie nach einer Richtung folgt. Der Verf. wünscht, dafs man den Versuch, den er nur in einer kleinen Wanne anstellen konnte, auf einem grofsen See, und mit einem sehr starken Apparate wiederholen möchte. Diefs, meint er, sey die einzige Art, grofse Entdeckungen in der Physik zu machen!!! Franklin, Coulomb und Volta haben ihre gröfsten Entdeckungen gerade in dem Minimum von Wirkung gemacht.

Eben so unbedentend, wie die eben angezeigten Versuche, sind die von demselben Lagrave im Prairialhefte des Journal de Physique vom Jahr XI. S. 472 - 475 erzählten Versuche über den Galvanismus der in das Wasser getauchten Voltaischen Säule. Dafs eine solche Säule, auch ganz unter Wasser getaucht, nicht ganz ohne Wirkung sey, war längst bekannt. Das Wasser, als ein unvollkommener Leiter, ist nicht im Stande, in jedem Augenblicke eine vollkommene Entladung der Säule zu bewirken, es erhält sich also immer noch einige elektrische Spannung,

welche

welche sowohl auf das Wasser ihre Wirkung durch Zersetzung desselben äufsert, als vorzüglich auch die Muskeln von präparirten Fröschen reitzt. Der Verf. hat diese Versuche dahin variirt, dafs er ein Paar von Metallplatten in verschiedene salzigte, spirituöse Flüssigkeiten, Wein, Essig brachte, in denen, wie sich zum voraus erwarten liefs, die Oxydation der Metalle verschieden stark ausfiel, und die Frösche mehr oder weniger stark erschüttert wurden. Im Essig war die Zersetzung besonders stark, es bildete sich über der Oberfläche ein einen halben Zoll dicker Schaum. Der Verf. glaubt, dafs man von diesen Erscheinungen die wichtigsten Anwendungen auf andere Naturerscheinungen machen könne. Er habe bereits eine Abhandlung ausgearbeitet, in welcher er nach jenen obigen Versuchen die erhabenen Wirkungen der Natur, die Erdbeben und Ausbrüche der Vulcane zu erklären gesucht habe!!

Im Thermidorstücke vom Jahre XI. berichtet uns dieser Lagrave in einer Fortsetzung seiner galvanischen Versuche über die ins Wasser getauchte Voltaische Säule, dafs er sein angekündigtes Memoire wegen besonderer Umstände noch zurückhalten müsse, entschädigt uns aber inzwischen durch eine neue Entdeckung, indem er hier beweisen will, dafs die ins Wasser untergetauchte Voltaische Säule in eben dem Grade auf die Zersetzung desselben, als die in der atmosphärischen Luft befindliche Säule auf die Entwicklung der Elektricität wirkt, d. h., dafs die Wirksamkeit der Säule unter dem Wasser, was die Wasserzersetzung betrifft, gleichfalls im Verhältnifs der Zahl der Plattenpaare zunehme.

Die Thatsachen, auf welche der Verf. diese Behauptung gründet, sind im Wesentlichen folgende:

Ein Plattenpaar gab ihm unter Wasser $\frac{1}{24}$ Kubikzoll brennbare Luft in 6 Stunden. Zwölf Plattenpaare, in die nehmliche Glocke voll Wasser untergetaucht, gaben in derselben Zeit $\frac{1}{2}$ Kubikzoll. Dreyſsig gaben nur $\frac{5}{8}$, sechzig drey und $\frac{1}{10}$ Kubikzoll in 6 Stunden.

Vier Metallplatten, in eine Auflösung von kleesaurer Pottasche untergetaucht, gaben in 4 Stunden $\frac{3}{4}$ Kubikzoll; 16 in derselben Zeit $2\frac{1}{4}$; vierzig $6\frac{1}{10}$; sechzig $8\frac{1}{3}$.

Im Essig entwickelte sich am meisten Luft, doch stets im Verhältniſs der Plattenpaare. Vierzig gaben in einer Stunde 30 - 35 Kubikzolle, und aller Essig war aufgezehrt.

Der Verf. glaubt, daſs beide Klassen von Entwicklungen, im Medium der Luft und der tropfbaren Flüssigkeiten, im Wesentlichen identisch seyen, und hält sogar die inflammable Luft und das elektrische Fluidum für einerley. Wir müssen aufrichtig gestehen, daſs wir die Versuche für eben so unwichtig an sich, als dergleichen Folgerungen für ganz unrichtig und grundlos halten. Daſs bey mehreren Metallplatten und bey der damit zunehmenden Oberfläche die auch vom Galvanismus ganz unabhängig Statt findende chemische Einwirkung der Flüssigkeiten auf die Metalle, und die davon abhängige Entwicklung von inflammabler Luft zunehmen muſste, das brauchten wir nicht erst durch den Verf. zu erfahren. Daſs ein Gesetz für diese Zunahme existire, versteht sich von selbst, aber daſs so rohe Versuche, wie die des Verf., ein solches Gesetz nicht ausmitteln würden, war voraus zu sagen. Daſs endlich kein Grund in den vom Verf. angeführten Thatsachen zur Annahme auch nur einer entfernten Analogie, viel weniger einer vollkommenen Identität zwischen der inflammablen Luft und der Elektricität sey, leuchtet wohl von selbst ein.

Sonst enthält dieser Aufsatz erbärmliche Nachrichten von der Theilnahme von Freunden an seinen Versuchen, dafs Aldini damit zufrieden gewesen zu seyn geschienen habe, und dergleichen Klatschereyen mehr, die wohl in den Conferenzen der Societé galvanique eine müfsige Stunde ausfüllen mögen, aber nicht vor das gröfsere Publicum gehören.

Auch Herr Gautherot hat sich wieder über den Galvanismus vernehmen lassen. Im Prairialstücke des J. de Physique vom Jahr XI. S. 429 stehen Untersuchungen über die Ursachen, welche die Elektricität in den galvanischen Apparaten entwickeln, von demselben, die er dem Nationalinstitute vorgelesen hatte, im Auszuge.

Der Verf. streitet immer noch mit ohnmächtigen Waffen gegen Volta's Theorie. Weil Zink und Kupfer im Zustande von vollkommener Berührung auf ihren glatten Oberflächen dem Condensator durchaus keine Elektricität geben, so schliefst er daraus, dafs die Metalle der Voltaischen Säule, weil sie auf einander liegen bleiben, keine Elektricität entwickeln können. Nur dann, wenn die an isolirenden Handhaben gehaltenen, vorher auf einander ruhenden, und mit ihren glatten Oberflächen einander berührenden Metalle von einander vorsichtig, so dafs sie sich nicht mit den Rändern berühren, entfernt werden, zeige sich positive Elektricität in dem einen, negative in dem andern. Um diese Elektricität durch Coulombs Elektrometer merklich zu machen, seyen wiederholte Berührungen und Trennungen nöthig. Indessen habe er gefunden, dafs, wenn die beiden Metalle einige Augenblicke mit einander in Berührung gewesen seyen, eine geringere Zahl von Berührungen und Trennungen nöthig sey, um die Elektricität zu offenbaren. Wurden die Metalle, statt mit ihren Flächen, mit ihren Rändern mit einander in Berührung gebracht, so waren 5-6 Berührungen nöthig, um nur eine einigermaſsen merkliche Elektricität zu erhalten; und wenn diese Berührungen nur momentan waren, so waren mehr als 3000 Berührungen nöthig, um nur eine kleine Spur von Elektricität zu erhalten. Berührten sich die Metallplatten nur mit der Hälfte ihrer Oberflächen, so war merklich die doppelte Anzahl von Berührungen nöthig, um einen, demjenigen gleichen elektrischen Effekt, der bey der wechselseitigen Berührung in der ganzen Ausdehnung ihrer Oberfläche Statt fand, hervorzubringen. Dieser Einfluſs der Gröſse der Berührungsfläche war besonders in einem Versuche auffallend, da Gautherot Messingfeile auf den Dekkel des Condensators brachte, und aus dieser eine Art von Kegel errichtete, der mit der Oberfläche einer Zinkscheibe erst in der Spitze, und durch wiederholte Berührungen, durch die er niedergedrückt wurde, nach und nach in einer immer gröſsern Fläche in Berührung gebracht wurde.

Durch Reiben und gelindes Gleiten der Oberflächen der Metallscheiben über einander konnte er keine Spur von Elektricität erhalten, selbst nicht, da er die Zahl dieser Reibungen über einander bis auf 12000 trieb!! In einer Anmerkung schreibt der Verf. das Nichtgelingen dieser Versuche seinen schlecht gearbeiteten Metallplatten zu, die nicht vollkommen abgedreht waren; indem er bey der Anwendung einer vollkommen gearbeiteten Messingplatte, die ihm sonst als Condensatorplatte diente, und von der er den Firniſs hinwegnahm, schon nach 25maligem Reiben an einer Zinkscheibe Elektricität erhielt.

Der Verf. erzählt nun längst angestellte und bekannte Versuche mit Volta's Säule, aus welchen erhellet, daſs die Gröſse der Berührungsflächen zwischen den Metallplatten auf die Wirkung der Säule keinen Einfluſs habe.

Da nun nach den ersten Versuchen die durch das Übereinanderliegen von heterogenen Metallen entwickelte Elektricität dem Gesetze der Gröſse der Oberflächen folget, in der Voltaischen Säule aber die Gröſse der Oberflächen keinen Einfluſs auf die Menge der entwickelten Elektricität hat; so folgert der Verf., daſs die durch die Säulen entwickelte Elektricität einen andern Quell als die bloſse Berührung der heterogenen Metalle habe, daſs folglich Volta's Theorie nicht zulässig sey.

Wir erinnern nur, daſs diese Einwendungen durch Volta's Fundamentalversuche hinlänglich widerlegt sind, welche beweisen, daſs auch ein einziges Metallplattenpaar durch eine augenblickliche Berührung des Condensators demselben hinlänglich viele Elektricität mittheile, wenn anders ein Zufluſs aus dem groſsen Elektricitätsbehälter Statt finden könne.

Die zum Beweise des Einflusses der chemischen Action auf die Entwicklung der Elektricität vom Verf. angestellten Versuche sind eben so wenig neu als entscheidend, wie der Verf. meint. Denn daſs die Wirksamkeit der Säule bis auf einen gewissen Grad von der Gröſse der feuchten Zwischenleiter abhänge, hatte Volta schon auf eine sinnreiche Art mit seiner Theorie in Übereinstimmung zu bringen gesucht, worüber unsere Leser in mehreren Stücken der Annalen und N. Entd., und am besten in dem oben mitgetheilten Aufsatze Biots Belehrung erhalten, und Herr Gautherot dieselbe Belehrung aus denselben Quellen, aus welchen wir unsere Beyträge genommen haben, hätte schöpfen können.

Wichtiger, als diese Untersuchungen Gautherots, ist ein Bericht Hallés im Nahmen einer vom Nationalinstitute niedergesetzten Commission über einen neuen galvanischen Apparat des Bürgers Allizeau, der im Messidor-Hefte des J. de Phys. vom Jahre XI.

S. 74 fg. mitgetheilt ist. Dieser Apparat bestehet in Platten von Zink und Kupfer, die zusammengelöthet und in ihrem Umkreise mit einem platten, mit Firnifs überzogenen Metallringe eingefalst sind. Auf das Obertheil jedes Plattenpaars, auf der Seite des Zinks, ist ein Ring von Fayence oder Porzellan gekittet, in dessen Höhle gemeines Küchensalz, das man aber nicht in Pulver verwandelt hat, enthalten ist. Dieses Salz ist so befeuchtet, dafs das Wasser die Zwischenräume seiner Krystalle erfüllt. Die Höhle des Rings ist so angefüllt, dafs die untere Oberfläche des Plattenpaars, welche auf dem Ringe aufruhet, und welche folglich die Kupferseite ist, in allen ihren Punkten mit dem festen Salze und dem dazwischen befindlichen Wasser sich in Berührung befindet, und die Luft so wenig als möglich diese Berührung unterbricht. Da das Kochsalz und Wasser in dieser Vereinigung ohne Mitwirkung der Luft wenig Action auf das Kupfer ausüben, und da der Porzellanring, wenn er gut gearbeitet ist, der umgebenden Luft den Zugang ziemlich genau verschliefst, so ist ihre Wirkung auf die Oberfläche der Metallplatten, und die davon abhängige Oxydation auf sehr weniges reducirt. Reines Wasser, oder auch eine Auflösung von Kochsalz oder Salmiak verhält sich unter denselben Umständen viel wirksamer, wie Allizeau gefunden hat. Er beobachtete gleichfalls, dafs das Kochsalz, in Gestalt eines feinen Pulvers, sich nicht so wirksam wie das Kochsalz in Krystallen verhielt. Die Commissarien unterwarfen einen, auf die oben angezeigte Weise erbauten, Apparat von 40 Plattenpaaren einer vergleichenden Probe mit einer andern, auf die gewöhnliche Weise mit feuchten, mit einer concentrirten Auflösung von Kochsalz getränkten, Tuchscheiben aufgebauten Säule, deren Metallplatten denen der ersten Säule gleich und von demselben Durchmesser waren.

Im ersten Augenblicke war die Wirkung beider Säulen beynahe dieselbe, so weit sich dieselbe durch das Gefühl und andere Sinnorgane bestimmen liefs. Den 19ten Germinal wurde die Probe angefangen, den folgenden Tag war die Wirkung der gewöhnlichen Säule schon sehr schwach, und die Wirkung des neuen Apparats hatte noch ihre erste Intensität. Den 22sten brachte die gewöhnliche Säule kaum noch einige Wirkung hervor, und die des Bürgers Allizeau hatte nur wenig abgenommen. Am 26sten hatte Allizeau's Säule merklich verloren, erhielt aber durch Wiederherstellung der verdunsteten Feuchtigkeit, mit Hülfe eines Hebers, beynahe ihre ganze vorige Kraft wieder, und konnte so bis zum 4ten Prairial, durch Wiederholung derselben Verfahrungsart, in Wirksamkeit erhalten werden, und selbst noch nach Verlauf dieser 53 Tage brachte sie noch Wirkungen hervor, die in Hinsicht auf ihre Intensität wenig von denjenigen abwichen, die sie in den ersten Tagen hervorgebracht hatte. Die Commissarien nahmen nunmehr die Säule aus einander. Die Metallplattenpaare waren auf der Zinkseite ein wenig geschwärzt, auf Seiten des Kupfers war der Umkreis nahe am Ringe mit einem schwarzen Kreis bedeckt, der einem wiederhergestellten Zinkoxyde glich, und in der Mitte befanden sich einige Punkte von grünem Oxyd in geringer Quantität; die Oberfläche des Salzes hatte eine sehr schwache grünliche Tinte, und einige Portionen, welche einem weifsen Oxyd glichen. Die Auflösung des Salzes im Wasser wurde durch den Zusatz von Ammoniak nicht blau gefärbt. In dieser ersten Probe hatten die Commissarien die Säule frey gelassen, ohne irgend eine andere Communication zwischen ihrer untern und obern Extremität aufzustellen, als diejenige, welche sie im Augenblicke machten, da sie den elektrischen Zustand untersuchten. Den 6ten Prairial bauten sie dieselbe wieder auf, und verbanden die beiden Extremitäten mit einander durch einen Metalldrath. Da am 8ten die Communication aufgehoben wurde, so zeigte sich die Wirkung merklich geschwächt, nahm aber nach einigen Augenblicken wieder zu. Die Communication wurde wieder hergestellt. Den 11ten Prairial wurde sie von neuem unterbrochen, noch war keine Spur von Oxyd wahrzunehmen. Da aber die Temperatur sehr warm, und die Ausdünstung beträchtlich gewesen war, so brachte man wieder Wasser in die Zwischenräume aller Plattenpaare, und die elektrische Intensität, die erst sehr schwach war, erhob sich merklich auf einen sehr hohen Grad. Überhaupt beobachteten die Commissarien constant, daſs im Augenblicke, wo man die Communication unterbrach, der elektrische Zustand unmerklich war, oder sich nur schwach offenbarte, aber nach einer mehr oder weniger kurzen Zeit ihre ursprüngliche Wirksamkeit wieder erhielt. Den 22sten Prairial wurde endlich die Säule aus einander genommen, nachdem sie 16 Tage mit einer beständigen, nur im Augenblicke, da man Proben mit ihr anstellte, unterbrochenen Communication zwischen ihren beiden Extremitäten gestanden hatte. Das Salz war sehr trocken, und man sah überhaupt nur sehr wenig Oxyd. Die untere oder Kupferseite an den 23 ersten Plattenpaaren hatte eine schwarze sehr dünne Schicht von reducirtem Zinke, und in den 17 untern Plattenpaaren hatten die nehmlichen Oberflächen einige Punkte von grünem Oxyd, und kein oder wenig schwarzes Oxyd. Das Kupfer war roth und glänzend auf allen den Punkten, wo sich kein Oxyd gebildet hatte. Das Salz zeigte keine merkliche Färbung.

Der Bürger Allizeau hat noch den Einfall gehabt, eine Säule zu errichten, deren Zink- und Kupferpaare in Gestalt von kleinen Kappen, auf der obern

Seite hohl, und auf der untern erhaben, zusammengeschmolzen sind. Man füllt sie mit festem, mit Wasser befeuchtetem Salze, und bey dieser Einrichtung mufs die Berührung so vollkommen, als man es wünschen kann, seyn, und die äufsere Luft nur auf die Ränder in den merklich über dem Niveau des Eindrucks, den der convexe Theil jedes solchen kappenförmigen Metallscheibenpaars in das Salz macht, gelegenen Punkten Zugang haben. Diese Säule hat im Ganzen dieselben Vortheile, wie die erste; man ersetzt ihre Feuchtigkeit noch mit gröfserer Leichtigkeit, und ihre Construction ist weniger kostbar.

Die Berichtserstatter endigen mit der Ertheilung ihres Beyfalls dieser, in vielen Hinsichten sehr vortheilhaften, Abänderung des galvanischen Apparats, und tragen auf Belohnung und Entschädigung des Erfinders für gehabten Kostenaufwand an. (Das Institut hat dem armen Erfinder dieser Säule eine Gratification von 600 Francs zuerkannt.)

In Nro. 34 der Decade philosophique etc. vom Jahre XI. kommen endlich noch einige galvanische Versuche von Jac. L. Moreau (de la Sarthe), welche zur Absicht haben sollen, einiges Licht über die vitalen Eigenschaften der Geschlechtsorgane in den Weibchen der Säugthiere, und über die eigenthümliche Art von Reizbarkeit der unwillkührlichen Organe zu verbreiten. Wenn gleich Herr Moreau seine mannbaren Meerschweinweibchen dem Genius der Wissenschaft, wie er sich ausdrückt, aufopferte, so würde ihm dieser doch gerne diese unschuldigen Opfer erspart haben, durch welche die Wissenschaft auch nicht das geringste gefördert worden ist. Was sich voraussagen liefs, was schon andere, insbesondere Bichat, beobachtet hatten, bestätigte sich auch durch Herrn Moreaus Versuche, dafs nehmlich weder die Eyerstöcke noch die Gebärmutter durch den Strom der Voltaischen Säule zu Zusammenziehungen, oder auch nur irgend einer leisen Bewegung gereizt wurden. Dafs die um die Gebärmutter umher liegenden mit Contractilität versehenen Theile, und selbst die Muskeln der Gliedmafsen beym Reizen des Uterus in Bewegung kamen, erklärt sich mit den bekannten Erscheinungen viel übereinstimmender durch Zuleitung vom Uterus aus, in welcher Hinsicht seine Stelle eben so gut durch einen feuchten Schwamm hätte vertreten werden können, als durch eine weit hin geschehene Fortpflanzung der tiefen und innerlichen Erregung, von welcher der Uterus, wie sich der Verf. etwas poetisch ausdruckt, gequält wurde. Übrigens sah Moreau durch den Reiz der Voltaischen Säule das Herz seine Pulsationen, die Gedärme ihre wurmförmige Bewegung beschleunigen, und selbst das Zellgewebe, so wie mehrere Punkte der serösen Membran des Unterleibes sich kräuseln und deutliche Beweise von Contractilität geben.

Man sieht aus dieser kurzen Übersicht, dafs die Lehre vom Galvanismus, bis jetzt wenigstens, keine bedeutenden Aufklärungen oder Erweiterungen von französischen Gelehrten erhalten hat, und dafs, wenn auf wahres Verdienst Rücksicht genommen wird, unserm Landsmanne Ritter ohne allen Vergleich der von Bonaparte gestiftete Preis zukommen würde, wie aus der kurzen hier beygefügten Übersicht seiner wichtigen Entdeckungen, die Herr Oerstedt dem Nationalinstitute mitgetheilt hat, am deutlichsten erhellen wird.

Pfaff.

II.

Über Ritters *neueste Entdeckungen, welche dem Nationalinstitute von dem Herrn Doctor* Oerstedt *mitgetheilt worden sind.* (Eine von Herrn Oerstedt selbst gefälligst mitgetheilte Nachricht.)

Schon vor einigen Jahren machte Ritter die Entdekkung, daſs die thierischen Körper, die in der galvanischen Kette in einem positiven oder negativen elektrischen Zustande gewesen waren, bey dem Heraustreten in den entgegengesetzten übergingen. Später fand er, daſs auch die anorganischen Leiter diesem Gesetze unterworfen sind, und daſs Schlieſsungs- und Trennungs-Phänomene überhaupt entgegengesetzt sind. So giebt z. B. ein Metalldrath, der während seiner Verbindung mit der Säule Oxygengas aus dem Wasser entwickelte, bey seinem Heraustreten Hydrogengas, und umgekehrt. Eine Metallplatte also, die zwey Portionen Wasser verbindet, und auf der einen Seite + E, auf der andern — E zeigt, wird auch beym Heraustreten polarisiren; nur mit der Veränderung, daſs die Seite, die vorher + E hatte, jetzt — E zeigt, und umgekehrt. Eine Verbindung von mehreren Platten und Wasserschichten wird dieses Phänomen verstärkt darstellen, und so entsteht also eine Säule, die von der Voltaischen ausgeladen werden kann, und während ihres Geladenseyns alle Wirkungen jener äuſsert. So wie die Voltaische Säule in jeder gegebenen Zeit weit mehr Elektricität giebt als die stärkste Elektrisirmaschine, so nimmt die Rittersche Säule weit mehr Elektricität in jedem Moment auf, als die gröſste elektrische Batterie. Ihre Capacität ist der Produktivität der Voltaischen Säule gleich.

Je mehr Leitungsfähigkeit eine solche Säule besitzt, desto mehr Elektricität ist sie im Stande aufzunehmen, aber desto leichter verliert sie dieselbe wieder. Ritter suchte also den Grad von Leitung, der am vortheilhaftesten für die Ladungssäule wäre. Er fand bey dieser Untersuchung, dafs eine Masse von festen und flüssigen Leitern um so viel schlechter leite, je mehr sie zwischen einander abwechseln. 64 feuchte Pappen zwischen 32 Kupferplatten auf jeder Seite eingeschlossen, machen einen sehr guten Leiter aus; dieselben Pappen und Platten so unter einander vertheilt, dafs auf jede Platte eine Pappe folgt, und auf jede Pappe eine Platte, geben eine Konstruction von weit geringerer Leitungsfähigkeit. 256 Abwechselungen von Kupferplatten und Pappen geben eine Säule, die fast gar nicht leitet. Es bietet sich dabey das höchst merkwürdige Phänomen dar, dafs eine Säule von wenigen Abwechselungen die stärkste chemische Wirkung giebt, und dafs hingegen die von sehr vielen Abwechselungen gröfsere Schläge giebt. Dieses geht so weit, dafs eine Säule von etwas über hundert Abwechselungen sehr starke Schläge und gar keine chemischen Wirkungen giebt. Die chemischen und physiologischen Wirkungen der Elektricität lassen sich also vollkommen trennen; ein Resultat, das nothwendig auf viele andre führen mufs.

Die Elektricität der Voltaischen Säule läfst sich auch durch die Rittersche verstärkt darstellen. Eine Rittersche Säule von sehr breiten Platten läfst sich durch eine gewöhnliche Voltaische laden, und giebt darnach ganz aufserordentliche chemische und physiologische Wirkungen, und verhält sich überhaupt ganz anders, als eine Voltaische Säule von breiten Platten.

Für die künftige Theorie dieser Säule ist es interessant zu bemerken, dafs die am wenigsten oxydablen

Leiter am besten sich zur Konstruktion der Ladungssäule schicken, und dafs Versuche ausgemacht haben, dafs wirklich die festen Leiter in dieser Säule polarisiren. Die Entdeckung der Ladungssäule hat eine andre noch wichtigere veranlafst, nehmlich die, dafs die Erde elektrische Pole hat. Der elektrische Meridian geht von Nord-Nord-Ost nach Süd-Süd-West. Die Ladungssäule in diesen Meridian gestellt, ladet sich da von selbst, obgleich sehr schwach. Eine durch die elektrische Säule geladne Metallnadel dreht sich nach den elektrischen Polen.

III.

Notiz über die Feuerleiter des Herrn Regnier, *Archivbewahrers des Artilleriewesens, nebst einer kurzen Erklärung der Abbildung dieser Maschine.* (Aus Nro. XI. des Bulletin de la Societé d'industrie nationale für das Jahr XI.)

Das Nationalinstitut übertrug im Jahre VI. einer Commission, die Mittel zu untersuchen, wie man Personen, die an einem Orte, wo Feuer ausgebrochen ist, sich befinden, retten könne. Im Germinal gab sie ihren Bericht, worin die Erfordernisse eines solchen Mittels aufgezeichnet waren. Es mufs 1stens leicht und sehr einfach seyn. Es mufs 2tens sich unter Localumständen, in engen Strafsen, bey hohen Häusern u. s. w. anwenden lassen. Es mufs 3tens nicht selbst leicht vom Feuer ergriffen werden können. Es mufs auch 4tens Frauen, Kinder, Greise, die das Bewufstseyn verloren haben, zu ergreifen die Leichtigkeit verschaffen. Endlich müssen die Veränderungen, die das angewendete Holz erleidet, keine Hindernifs in Weg legen. — Im Jahre VII. wurde der Preis der Auflösung dieser Aufgabe unter 4 Personen vertheilt, unter welchen Herr Regnier den ersten Rang hatte. Allein die Maschine war nur in einem kleinen Modell ausgeführt. Die Gesellschaft zur Beförderung der Nationalindustrie hat nun Herrn Regnier, der noch mehrere Verbesserungen an seiner Maschine erdacht hat, 2000 Livres vorgeschossen, um sie im Grofsen auszuführen. — Den 13ten Floreal des J. XI. wurde nun in Gegenwart des Ministers und einer Commission der Sòcietät ein Versuch gemacht. 4 Menschen bewegten die Maschine. Zwey derselben machten, dafs durch eine Kurbel innerhalb 3 Minuten 4 Leitern mit Winden in die Höhe steigen, die nach einander sich bis zu einer Höhe von 52 Fufs verlängern. — Zu gleicher Zeit liefs ein 3ter Arbeiter, indem er eine andre Kurbel abhaspelte, mit der gröfsten Schnelligkeit einen Flaschenzug herunter, der einen Korb empfängt, um das zu Rettende herunter zu lassen. Der obere Theil, obgleich er nicht gestützt ist, bog sich ganz und gar nicht. Zwey Menschen stiegen schnell die Leiter hinauf, als wollten sie einen Schornstein löschen. Es wurde vorsetzlich ein Hindernifs in Weg gelegt, welches aber eine Stellschraube sogleich zu vermeiden suchte, und zuletzt die Leiter gegen den Schornstein lehnte. — Alle Gegenwärtige bezeugten ihren Beyfall, und der Minister des Innern versprach die Maschine im Conservatoire des Arts et Metiers aufbewahren zu lassen. Seit dem 27. Floreal ist nun auch die Verfertigung dieser Leiter für den Dienst in Paris beordert.

Bericht des Herrn Conté über einen Mechanismus des Herrn Recicourt, den Widerstand zu schätzen, den Kähne u. s. w. im Wasser erleiden. (Wird zweckmäfsig gefunden.)

Erklärung der Kupfertafel.

A. Der Wagen mit niedrigen Rädern.

B. Schrauben, um dem Wagen eine feste und horizontale Stellung zu geben.

C. Oberes Gestelle an einer Axe beweglich, um die Leiter auf ihrer Spindel drehen zu können, ohne den Wagen zu verrücken.

D. Kasten, in welchem sich 4 Leitern befinden; eine ist in die andre mittelst Nuten und Federn (wie es die Schreiner nennen) geschoben, und der Kasten selbst bildet eine Leiter von ohngefähr 12 Fuſs Länge. Er ruht, wie ein Wagebalken, auf 2 Zapfen, kann daher in jede Lage, horizontal oder vertical, gebracht und der Wagen durch die niedrigste Thüre geführt werden.

E. Stellschraube, um die Leiter in ihrer aufgerichteten Stellung mehr oder weniger zu neigen.

F. Doppelte Zahnstangen mit Getrieben, mittelst welcher die Leitern aus dem Kasten, eine nach der andern, hervor gewunden werden; und um sie in jeder beliebigen Höhe erhalten zu können, dient der Sperrhaken

G. an der Welle, die die Kurbeln trägt.

K. Klammer, welche die Leitern an dem Punkte, wo sie über den Kasten herausgehen, faſst, um sie durch die Vorstecknägel in die gehörige Verbindung bringen zu können.

H. Die 4 Leitern in Nuten und Federn gehend, und mit ihren doppelten Zahnstangen versehen.

I. Fuſstritt für die Menschen, welche auf jeder Seite des Kastens die Kurbeln drehen, und so die Leitern hervor winden.

L. Eiserne Griffe, an ihren Enden mit sägeförmig ausgezahnten stählernen Röllchen versehen, um die Leiter an der Mauer fest zu halten.

M. Ein Sack oder Korb, an der obersten Leiter mittelst Rollen befestigt, zu Rettung der Personen, welche die Leiter zu steigen unfähig sind.

N. Walze mit Kurbeln, auf welche sich Seile, woran der Sack hängt, aufwinden.

IV.

Notiz über die Ursachen verschiedner Farben, die mehrere Platinasalze hervorbringen.

Der mathematischen und physischen Classe des Nationalinstituts in der Sitzung vom 7ten Vendemiaire überreicht von H. V. Collet-Descotils, Bergwerks-ingenieur.

Alle Chemiker, die sich mit den Eigenschaften der reinen Platina beschäftigt haben, wissen, daſs dieses Metall sich nur in einer Mischung von Salpeter- und Salzsäure leicht auflöst, und daſs die Auflösung mit den ammoniakalischen Salzen oder mit den vegetabilischen Alkalien Niederschläge giebt, die aus Salzsäure, Platinakalk, und aus dem angewendeten Kali bestehen. Die Farbe dieser Niederschläge ist abwechselnd hellgelb, oder roth, oder dunkelbraun, und zuweilen grünlich. Ähnliche Farben bemerkt man in dem 3fachen Salze, welches die salzsaure Platina mit dem Mineralalkali macht.

Ehe ich ins Detail der Versuche mich einlasse, die ich gemacht habe, um die Natur des Princips zu kennen, welches die Farben hervorbringt, ist es nothwendig, einige der Phänomene ins Gedächtniſs zurückzurufen, die sich während der Auflösung der Platina darbieten.

Die

Die Platina in Körnern ist mit ziemlich vielen fremden Körpern vermischt, von denen man sie befreyen muſs. Einige derselben sind metallisch, andre nur Fragmente von harten Steinen, daher wenig von Säuren angreifbar. Unter den erstern muſs man zweyerley eisenhaltigen Sand unterscheiden, von welchen der eine von dem Magnete angezogen und von den Säuren aufgelöst, der andre weder von dem Magnete angezogen, noch ganz von den Säuren aufgelöst wird. Ich werde die Bestandtheile dieser verschiednen Sandarten noch nicht mittheilen, weil ich die Analyse derselben noch nicht ganz geendigt habe. Doch bemerke ich, daſs der erste Titan, und der zweyte Chromsäure in ziemlich groſser Quantität enthält.

Die beste Art, den Sand zu trennen, ist die von Herrn Proust angegebene, die darin besteht, auf dem Tische oder auf einem Blatt Papier die Platina, die man reinigen will, auszubreiten, und durch einen Blasebalg die leichteren Körper wegzuwehn. Der groſse Unterschied der specifischen Schwere reicht hin, das Gold und die Platina auf ihrer Stelle bleibend zu erhalten, während das andre weggeblasen wird. Genauer würde es scheinen, jedes Korn einzeln auszulesen, welches man der strengen Untersuchung unterwerfen will; allein, auſser daſs dieses Geschäft sehr langweilig wäre, so würde man nach der Beobachtung des Herrn Guyton nicht einmal recht sicher seyn, daſs sich nicht etwas schwarzer Sand im Innern dieser Platinakörner selbst festgesetzt hätte. Die kochende Salzsäure kann hierauf angewendet werden, um die letzten auflöslichen Theile des Sandes zu trennen, und das zur Hälfte mit Wasser verdünnte Königswasser kann zuletzt gänzlich das Gold wegnehmen.

Ich habe diese rohe gereinigte Platina in einer Retorte von Porzellan einem starken Feuer ausgesetzt, und einen Ballon, der im Drittel seiner Capacität mit Wasser angefüllt war, am Halse vorgelegt, ohne ihn jedoch anzukitten. Das Feuer wurde 2 Stunden mit der gröſsten Heftigkeit, die der Reverberierofen geben kann, fortgesetzt; es entwickelten sich leichte Dämpfe, die sich in der Vorlage schlängelten, und zum Theil im Wasser aufgelöst wurden. Ein ziemlich merklicher Geruch von Schwefelsäure verbreitete sich zu gleicher Zeit im Innern, in dem Raume, der sich zwischen der Vorlage und dem Boden der Retorte befand.

Die Flüssigkeit der Vorlage, die noch lange das Ansehen des Wassers behielt, nahm gegen das Ende der Operation eine grünliche Farbe an, nach einigen Tagen wurde sie sehr schön ultramarinblau, und an dem obern Theil des Halses der Retorte bildete sich ein blauer Sublimat, der im Wasser unauflöslich war.

Ich konnte die Platina nicht aus der Retorte bekommen, ohne sie zu zerbrechen; ich fand die Körner dieses Metalls an einander geklebt. Der obere Theil hatte ein bräunliches Ansehen. Jedes Korn war wie gerostet. Die Oxydation war in der Tiefe weniger bemerkbar, aber der Theil, der am Boden saſs, hatte den metallischen Glanz beybehalten, und die Körner trennten sich leichter.

Aus diesem Versuche scheint zu folgen, daſs, während der Schwefel in Schwefelsäure vermittelst der Luft verwandelt wurde, die die Retorte enthielt, sich das Eisen oxydirte, und eine andre Substanz sich blau, vielleicht vermittelst der Schwefel- oder Salzsäure, sublimirt habe, welche letztere an den Platinakörnern hangen geblieben seyn mag. Um nun die Natur dieser Materie zu kennen, goſs ich in die blaue Flüssigkeit der Vorlage Alkalien, die einen blauen Niederschlag veranlaſsten. Die Schwefel- und Salzsäure brachten kalt keine Veränderung hervor, die Salpetersäure und die oxygenirte Kochsalzsäure gaben anfänglich eine Lilafarbe, und entfärbten sie zuletzt, wenigstens war die Farbe der Flüssigkeit unmerklich, welches von der kleinen Quantität der Materie herrühren mochte, die in der Flüssigkeit enthalten war.

Der geschwefelte Wasserstoff verursachte keinen Niederschlag, das Hydrothammoniak (Hydrosulfure d'ammoniaque) bildete einen graulichen Niederschlag, welchen die Säuren bald wieder ins Blaue verwandelten, und welcher in einer übermäfsigen Menge des Hydrothammoniaks auflöslich war.

Eine kleine Quantität des blauen Sublimats, welches am Halse der Retorte fest safs, wurde mit Borax von dem Löthrohre erhitzt, der Borax wurde ganz und gar nicht gefärbt, und das Sublimat schien sich mit Leichtigkeit zu reduciren.

Ein andrer Theil wurde allein an der Spitze der Flamme erhitzt, und verschwand sehr schnell.

Diese Eigenschaften scheinen mir keinem der bekannten Metalle anzugehören.

Ich löste nachher Platina in einer Mischung von Salpeter- und Salzsäure auf, vorher nahm ich aber den Eisenkalk mit Salzsäure weg; diese Säure greift zu gleicher Zeit einen freylich geringen Theil der Platina an, der mit dem Ammoniak einen gelben Niederschlag giebt.

Während der Auflösung bemerkt man einen schwarzen leichten glänzenden Staub, der sich von den Platinakörnern abzusondern scheint. Bemüht man sich, diesen Staub, während dafs er sich bildet, zu sammeln, so kann man etwa $\frac{3}{100}$ der angewendeten Platina auffangen, und wenn man ihn, statt ihn herauszunehmen, in der Flüssigkeit läfst, so löst er sich am Ende gröfstentheils wieder auf.

Um die ammoniakalische salzsaure Platina (Muriate ammoniacal de Platine) zu erhalten, liefs ich die salpeter- und salzsaure Auflösung sich setzen, und filtrirte sie mit Vorsicht. Als sie ganz klar war, gofs ich eine concentrirte Auflösung des Ammoniaks hinzu, welches einen gelben Niederschlag gab; als die Flüssigkeit sich zu trüben aufhörte, hielt ich ein, und indem das Salz durch ein Filtrum abgesondert und gewaschen ward, bis die Flüssigkeit, die übergegossen ward, nicht mehr das blausaure Gewächsalkali grün färbte, so vereinigte ich die Lauge und das erste zum Waschen gebrauchte Wasser, um es zu concentriren. Als es bis zum 3ten Theil ohngefähr eingekocht war, gofs ich von neuem aufgelöstes salzsaures Ammoniak hinzu, und erhielt eine neue Quantität eines 3fachen Salzes von dunkelrother Farbe. Endlich liefs ich die Lauge des 2ten Salzes verdampfen, und erhielt durchs Ammoniak einen neuen Niederschlag, der sehr dunkelbraun war. Diese letzte Quantität des dreyfachen Salzes wurde gewaschen, bis es kein Kupfer und kein Eisen mehr enthielt. —

Wenn man, statt alle aufzulösende Platina auf Einmal in Königswasser zu thun, sie nach und nach hineinthut, und bey jeder Hinzuthuung die schon abgesonderte Platina abscheidet, so bemerkt man, wenn man jeden dieser Theile durch Ammoniak niederschlägt, dafs die Farbe des Salzes um so viel dunkler ist, als der schwarze Staub in der Flüssigkeit, die ihn hervorbrachte, stärker war.

Wenn man endlich den während der Auflösung gesammelten schwarzen Staub mit einem stark mit Salpetersäure geschwängerten Königswasser behandelt, so löst er sich, obgleich schwer, doch zum Theil auf, und man erhält eine sehr dunkle Flüssigkeit, welche einen um so dunkler gefärbten Niederschlag giebt, als dieser Staub mehr durch das Auflösungsmittel angegriffen ist. —

Man kann aus dem Gesagten, wie ich glaube, schon schliefsen, dafs der Staub von der Substanz, die die Platinasalze färbt, eine gröfsere Quantität enthält als die rohe Platina.

Um die Natur desselben zu kennen, will ich die Versuche, die ich über die dreyfachen Salze angestellt habe, mittheilen. Die Salze, die ich anwendete, waren die ammoniakalisch-salzsaure Platina (Muriate ammoniacal de Platine), und die Platina mit der Basis von Mineralalkali; das erstere wegen seiner leichten Zersetzung, das zweyte wegen seiner grofsen Auflösbarkeit. —

Versuche über das dreyfache Ammoniakalsalz.

Ich habe in gleichen Theilen reines Wassers einen gewissen Theil des gelben Salzes, das ich von dem ersten Niederschlag erhielt, und einen gleichen Theil des dunkelrothen Salzes aufgelöst. Die Farbe der ersteren Auflösung war goldgelb, die zweyte war röthlichgelb, ein wenig ins Grüne schielend. Ein kleiner Theil des grünen schwefelsauren Eisens oder der Schwefelsäure machte, dafs letztere bald dieselbe Farbe annahm, welche die Auflösung des gelben Salzes darbot. In die Länge brachte das Alcohol dieselbe Wirkung hervor.

Es war natürlich zu vermuthen, dafs die stärkere Oxygenisation der Platina im rothen Salze die einzige Ursache der Farbe dieses Salzes war, und um davon gänzlich überzeugt zu seyn, durfte man nur eine gröfsere Quantität Oxygen in dem gelben Salze fixiren; es mufste roth werden, wenn das Oxygen allein die Ursache des Unterschieds der Nuance war. Ich versuchte die Wirkung durch die Salpetersäure und auch mit der oxygenirten Salzsäure hervorzubringen. Mit der ersten erhielt ich zuweilen wirklich eine leichte Zunahme der Farbe, andre Male blieb aber das Salz schön gelb. In dem ersten Falle bekam das Salz seine Dunkelheit, die es anzunehmen im Stande war, plötzlich, und ein sehr fortgesetztes Kochen machte es nicht brauner. Nie konnte ich durch dieses Verfahren eine viel dunklere als Blafsrosa-Farbe erhalten, wenn ich gelbes Salz, welches von der ersten Präcipitation der Platina herkam, angewendet hatte. —

Die oxygenirte Salzsäure wirkt anders auf das dreyfache Ammoniakalsalz, denn sie zersetzt das Ammoniak, von welchem ein Theil sich in Luftgestalt entwickelt, und die Flüssigkeit enthält alsdann nichts als salzsaure Platina. Fährt man fort, oxygenirtes kochsalzsaures Gas durch die Auflösung gehen zu lassen, nachdem das Ammoniak schon zerstört ist, so färbt es sich nicht mehr, und das Ammoniak bildet darin nur einen gelben Niederschlag.

Die Salpeter- und Salzsäure gemischt, bringt eine ähnliche Wirkung durch die oxygenirte Salzsäure hervor, welche das Aufbrausen veranlaſst; denn weder die Salpeter- noch Salzsäure können abgesondert für sich das dreyfache Salz zersetzen.

Das rothe Salz auf dieselbe Weise behandelt, wird ebenfalls zersetzt. Die Flüssigkeit ist unendlich gefärbter als die aus dem gelben Salze erhaltene, sie giebt mit dem Ammoniak einen Niederschlag von ähnlicher Farbe, wie das dreyfache Salz, welches es erzeugte.

Ich werde von nun an das, was aus dem gelben Salze kommt, salzsaures Gelb (muriate jaune), und das, welches von sehr gefärbten Salzen herkommt, salzsaures Roth (muriate rouge) nennen. Wenn man bey gelinder Wärme gleiche Theile rothes und gelbes Salz zersetzt, so wiegt der Rest des ersten 0,44 des Salzes, der Rest des gelben Salzes wiegt aber nur etwa 0,42. Man sieht leicht, daſs diese Verhältnisse von dem Grade der Verminderung der Salze abhängen; jedoch gebe ich diese Verhältnisse nicht für bestimmt, wiewohl ich zu glauben Ursache habe, daſs sie sich von der Wahrheit nicht sehr entfernen.

Wenn man die Platina, die in ein gelbes Pulver reducirt ist, der Wirkung der Mischung von Salpeter- und Salzsäure aussetzt, so löst sie sich ganz auf, und zwar mit außerordentlicher Geschwindigkeit. Man braucht sogar nur eine sehr geringe Quantität Königswasser zur Auflösung. Das Ammoniak bringt in dieser Auflösung ein gelbes Salz hervor. —

Die Platina, die in rothes Salz verwandelt ist, verhält sich sehr verschieden. Welche Menge Königswasser man auch anwenden mag, so bleibt doch stets eine Quantität, die sich durchaus nicht auflöst. Dieser Theil nimmt das Ansehen von einem schwarzen Staube, der matt ist, an. Die Auflösung giebt mit dem Ammoniak einen Niederschlag von rother Farbe, die etwas weniger dunkel ist, als die, die das angewandte Salz zur Erhaltung der metallischen Platina hatte. —

Ein andrer Theil rothen dreyfachen Salzes, welcher durch die Hitze reducirt worden, wurde als Platina in eine Röhre von Porzellan hineingethan, an deren einem Ende eine kleine Retorte mit oxygenirt-kochsalzsaurem Kali angebracht war, und an dem andern eine Vorlage, in welche ich eine kleine Quantität Wasser that. Die Vorlage war nicht angekittet.

Als die Röhre recht roth war, so entwickelte sich durch die Hitze das Oxygen der Salzsäure, die in der Retorte enthalten war, und nach einiger Zeit sah ich den obern Theil des Endes der Röhre sich blau färben, und diese Farbe bekleidete nachher die am höchsten liegende Stelle der Vorlage. Da die Entwicklung des Sauerstoffgases aus Mangel an Materie bald aufgehört hatte, so nahm das Sublimat nicht zu, aber die Platina hatte schon einige Veränderungen erlitten, sie löste sich mit Leichtigkeit im Königswasser auf, ohne ein merkliches Residuum zu lassen, obgleich die Intensität der Farbe der Auflösung, so wie des Salzes, welches das salzsaure Ammoniak darin gebildet hatte, ungefähr dem dreyfachen salzsauren Salze, welches durch die Hitze reducirt wurde, gleich war.

In einem verschlofsnen Gefäfse bemerkt man nichts Ähnliches.

Die kleine Quantität Sublimat, die ich erhielt, erlaubte mir nicht, es im Detail zu untersuchen, es schien mir aber einiges mit der rohen Platina gemein zu haben. Ich glaube, dafs, wenn ich die Einwirkung des Oxygens fortgesetzt hätte, so würde ich dahin gelangt seyn, die Platina von diesem fremden Stoffe zu trennen, trotz dem Zusammenkleben (agglutination) der Moleculchen der Platina, die dem zufolge nicht mehr in allen Theilen durchs Oxygen angegriffen werden können.

Aus dem beschriebenen Versuche kann man schon schliefsen, dafs das Rothfärben der Platinasalze der Oxygenisation einer Substanz zuzuschreiben ist, die von der Platina verschieden ist, und die, wenn sie im metallischen Zustande sich befindet, einen grofsen Widerstand der Einwirkung der Säuren entgegensetzt. Dieser Schlufs wird durch andre Thatsachen bestätigt, die ich mittheilen will. —

Versuch über das dreyfache Salz der Soda.

Dieses Salz ist noch wenig gekannt, obgleich Herr Muschin Puschkin die Existenz desselben in einer Abhandlung angekündigt hat, welche sich im Crellschen Journale befindet, und von welcher ich eine sehr kurz gedrängte Ankündigung in dem 34sten Theil der Annales de Chimie gefunden habe. —

Das dreyfache Salz der Platina und des Mineralalkali ist sehr leicht zu erhalten. Man braucht nur in eine Auflösung von Platina jedes Salz, das zur Basis das Mineralalkali hat, hinzuzuthun, so bilden sich durchs Concentriren oder durch die Erkaltung lange Prismen, und zuweilen rechtwinklige Tafeln, deren

Farbe gelb oder roth ist, nach der verschiednen Natur der Platinaauflösung, deren man sich bedient, oder auch nach dem Grade der Oxygenisation, in welchem sich das färbende Princip befindet.

Dieses Salz ist im Wasser und selbst im Alcohol sehr auflöslich. Das salzsaure Ammoniak verursacht einen Niederschlag in demselben, welcher kein ammoniakalisches dreyfaches Salz ist. Das Mineralalkali in gehöriger Menge hinzugethan, zersetzt es gröſstentheils; man muſs aber sehr Acht haben, den Punct zu treffen, wo die Sättigung gerade vollkommen ist, denn ein Überschuſs von Alkali löst das Platinaoxyd wieder auf, und zwar mit wenigstens so viel Leichtigkeit als die Säuren selbst, das Oxyd mag von gelben Salzen oder von rothen kommen. Das kohlensaure Mineralalkali und alle andre fixe kaustische Alkalien haben dieselbe Eigenschaft. —

Das dreyfache salzsaure Mineralalkali durchs Löthrohr auf Kohlen erhitzt, bläht sich auf und reducirt sich endlich. Das Metall, welches einen sehr lebhaften Glanz annimmt, bleibt mit dem salzsauren Mineralalkali gemischt. Das dreyfache rothe Sodasalz kann gelb werden durch die schon für die dreyfachen ammoniakalischen Salze angegebenen Mittel. —

Wenn, nachdem durch die Verdünstung der Überschuſs von Säure, der nicht mehr zur Sättigung dient, von dem dreyfachen rothen Salze vertrieben ist, man die Krystalle einige Zeit der Luft ausgesetzt läſst, so nehmen sie alsdann eine grünliche Farbe an, und wenn man sie dann in Wasser auflöst, und oxygenirten salzsauren Kalk hinzuthut, so bildet sich ein dunkelblauer Niederschlag, der gewaschen und gesammelt sich in Salzsäure auflöst, und ihr eine prächtige blaue Farbe ertheilt. Mit dem Alcohol verliert diese Auflösung ihre Farbe, aber der oxygenirte salzsaure Kalk giebt sie wieder, und sie nimmt eine grüne Farbe an. —

Das Präcipitat scheint ein wenig im Wasser auflösbar. Wenn man es mit Borax erhitzt, so reducirt es sich, ohne den Flufs zu färben, das Metall erscheint wie ein metallischer Schwamm (eponge metallique), der mir nicht merklich durch eine Säure angegriffen zu werden schien, selbst durchs Königswasser nicht. Die Auflösung der Platina giebt nachher durchs Ammoniak ein Salz, welches fast gelb ist. —

Wenn die Auflösung des dreyfachen Salzes, statt neutralisirt zu seyn, einen Überschufs von Säure enthält, so bildet sich mit dem oxygenirten salzsauren Kalk kein Niederschlag, aber beym Verdunsten der Flüssigkeit nimmt sie eine grüne Farbe an, die prächtig ist. Wenn man die aufgelöste Platina in der Kälte durch das Ammoniak fällt, so bildet sich ein Salz von einer gelben, etwas röthlichen Farbe. Wenn man aber das Salz erwärmt, so löst es sich wieder auf, und schlägt sich nachher bey der Erkaltung mit einer dunkelrothen Farbe nieder. In diesem Falle bleibt die Flüssigkeit grün gefärbt. Wenn die färbende Materie nicht häufig ist, so gehet die Flüssigkeit ins Gelbe über. —

Versuche über das salzsaure Roth und Gelb der Platina.

Das salzsaure Roth der Platina geht ins Gelbe durch die Wirkung der oxygenirenden Reagentien über, die schon bey den salzsauren dreyfachen Salzen angegeben sind. Wenn man nachher in die fast entfärbten salzsauren Salze eine concentrirte Auflösung des Salmiaks giefst, so ist das Präcipitat, das sich bildet, von ziemlich falbem Gelb; wenn man es aber mit Salpetersäure kochen läfst, so nimmt es eine dunkelrothe Farbe an.

Wenn man in salzsaures Gelb und in eine gleich grofse Quantität des salzsauren Rothes eine Auflösung von kohlensaurem Mineralalkali giefst, bis das Oxyd der Platina völlig aufgelöst ist, so bemerkt man, dafs das salzsaure Roth eine minder vollkommen gebildete alkalische Auflösung giebt, als das salzsaure Gelb. Wenn man diese beiden Auflösungen der Luft ausgesetzt läfst, so zögert diejenige, die vom rothen Salze kommt, nicht, eine ziemliche Menge eines grünen Stoffs abzusetzen; die Auflösung des salzsauren Gelbs läfst im Gegentheil nichts davon bemerken, wenn das dreyfache Salz, welches es gab, nicht mit der Salpetersäure rothe Farbe annahm. —

Man beschleunigt die Präcipitation in der mit dem salzsauren Roth gebildeten Auflösung ganz besonders, wenn man ein wenig oxygenirte Salzsäure hineingiefst. Es scheint, dafs der Niederschlag dem Oxygen zuzuschreiben sey; denn die andern Säuren bringen ihn nicht hervor, und das einzige Depot, welches man erhält, ist ein Platinakalk, welcher sich von dem kohlensauren Alkali nach Mafsgabe, als dasselbe sich mit der Säure verbindet, absondert.

Wenn man, statt oxygenirte Salzsäure in die alkalische Auflösung zu giefsen, sich mit dem leichten Erwärmen derselben begnügt, so schlägt sich die grüne Materie fast in demselben Augenblicke nieder. —

Macht man diesen Versuch mit dem salzsauren Gelb, so setzt sich die geringe Menge der grünen Materie, die es enthalten kann, bald nieder, und die Flüssigkeit bleibt schön gelb. Durch die Verdünstung bildet sich ein gelber Niederschlag, der, wenn er wieder in Salzsäure aufgelöst und nachher durch kohlensaures Mineralalkali übersättigt wird, keine grüne

Materie mehr giebt, und mit den andern Alkalien beständig gelbe Salze erzeugt. Die Auflösung, die mit dem salzsauren Roth gebildet wird, giebt im Gegentheil einen Niederschlag, der sehr häufig ist, und die Flüssigkeit bleibt grün. Wenn nach dem Durchseihen dieselbe verdünstet wird, so erhält man ein Depot von braungelber Farbe, welches, von neuem in Salzsäure aufgelöst, noch ziemlich gefärbte Salze giebt. —

Ich habe einen Theil der grünen Materie mit gepulvertem Borax und etwas Öhl vermischt. Die Mischung, 25 Minuten einem heftigen Feuer in einem doppelten Tiegel ausgesetzt, gab mir ein kleines metallisches Korn, das sehr gut geschmolzen, weifs und zerbrechlich war, und nur schwer vom Königswasser angegriffen wurde.

Die sehr schwache Auflösung, welche dieses letztere bewirkte, war von violetter Farbe; eingetrocknet wurde das Residuum dunkelgrün, und die Salzsäure färbte es, indem sie dasselbe auflöste, grün. —

Als der Rest des Korns in Pulver verwandelt wurde, so griff ihn das Königswasser leichter an, die Flüssigkeit nahm eine gelbrothe Farbe an, das Ammoniak bildete einen braunrothen Niederschlag, welches beweist, dafs das Korn noch Platina enthält. —

Ein andrer Theil des grünen Niederschlags, der vom salzsauren Roth kam, wurde in der Salzsäure aufgelöst. Schwefeligte Säure und grünes schwefelsaures Eisen machten die Auflösung ins Gelbe übergehen, und der oxygenirt-salzsaure Kalk gab derselben die grüne Farbe wieder.

Ein dritter Theil desselben Niederschlags wurde einer starken Hitze in einer kleinen Retorte von Porzellan ausgesetzt; es bildete sich im Halse ein leichtes Sublimat von schwarzblauer Farbe. Es war in der Retorte eine metallische Substanz geblieben, die durchs Königswasser sehr schwer anzugreifen war.

Ein letzter Theil des Depots wurde in bis zur Röthe geschmolzenen Salpeter, der eine grofse Quantität Sauerstoff entwickelte, geworfen. Nachdem man die Mischung im Feuer gelassen hatte, bis sich nichts mehr entwickelte, wurde die salzige Materie in Wasser aufgelöst. Das Kali war vollkommen farbenlos, und die Säuren verursachten keine Veränderung darin. Der wohl ausgewaschene Niederschlag wurde fast von den Säuren nicht mehr angegriffen, selbst durch das Königswasser nicht.

Dieser letzte Versuch schliefst die Gegenwart des Chromiums und des Molybdäns aus.

Man kann fast alle Platina, die in dem salzsauren Roth enthalten ist, trennen, wenn man in die Auflösung eine gewisse Quantität Alcohol giefst, und zu dieser Mischung Mineralalkali oder kaustisches festes vegetabilisches Laugensalz hinzuthut. Es entwickelt sich eine lebhafte Wärme, und die Platina reducirt sich fast unmittelbar. Dasselbe Phänomen zeigt sich mit dem kohlensauren Mineral- oder vegetabilischen Alkali, wenn die Flüssigkeit sehr concentrirt ist. Im letzten Falle reducirt sich die Platina sogar in der Kälte; aber das erfordert mehrere Tage. Die so reducirte und wohl gewaschene Platina giebt nur gelbe dreyfache Salze, oder wenigstens sehr gering rothe. Die filtrirte Flüssigkeit, der Hitze ausgesetzt, nimmt eine Lilafarbe an, wird blau, wenn man sie lange und fortdauernd der Luft aussetzt, und endlich präcipitirt sich eine grüne Materie, die derjenigen ähnlich sieht, die man durch das kohlensaure Mineralalkali erhält. Die oxygenirte Salzsäure beschleunigt den Niederschlag.

Man kann auch noch vom salzsauren Roth die Platina ziemlich rein durch Hülfe der Schwefelleber absondern. Die Platina präcipitirt sich unter der Gestalt eines braunen Niederschlags. Die andre metallische Materie bleibt fast gänzlich in der Auflösung. Man kann einen grofsen Theil davon durchs Ammoniak niederschlagen. In dem einzigen Versuch, den ich auf diese Weise gemacht habe, erhielt die ammoniakalische Flüssigkeit vermittelst der oxygenirten Salzsäure und des oxygenirten kochsalzsauren Kalks eine schöne Rosenfarbe. —

Der Niederschlag, der durchs Ammoniak gebildet wurde, war braun. Er wurde durch das kaustische Alkali in einem silbernen Tiegel behandelt. Das Alkali nahm eine grüne Farbe an; ich gofs auf das Ganze die Salzsäure, ohne jedoch einen Depot auflösen zu können, der etwa dem ähnlich war, der nach der Auflösung der Platina, die in ein rothes Salz verwandelt ist, übrig bleibt. Ich erhielt auch durchs Hinzugiefsen der Salpetersäure keine merklichere Auflösung. —

Ich sättigte hierauf die Flüssigkeit mit dem gesättigten kohlensauren vegetabilischen Alkali, welches einen Theil des Eisens absonderte. Nachher liefs ich die klare Flüssigkeit kochen, die sich nicht trübte, aber eine blauliche Farbe annahm. Diese Farbe nahm durch die Concentration zu, und färbte selbst das Salz, indem es getrocknet war. Eine kleine Quantität Salpetersäure liefs die Farbe ins Dunkelrothe übergehen. Ich hatte diese Procedur zu wiederholen angefangen, und wollte eine gröfsere Quantität dieses Metalls versuchen, indem ich nicht mehr durch das Ammoniak zu präcipitiren suchte, aber ein Zufall hat mich verhindert, die Erfahrung zu beendigen.

Schlufs.

Ich glaube in dieser Notiz genug Thatsachen mitgetheilt zu haben, um zu beweisen:

1. Dafs die rothen Salze der Platina durch ein besonderes Metall gefärbt sind, welches in einem gewissen Grade verkalkt ist. —

2. Dafs dieses Metall fast unauflöslich in Säuren ist, dafs es sich leichter auflöst, wenn es mit der Platina vereinigt ist, dafs es durch die Oxydation eine schöne blaue Farbe annimmt, die ins Grüne übergeht, und die man auch violett erhält. Diese Kalke sind übrigens durch die Alkalien auflösbar, wenn sie mit der Platina vereinigt sind; durch Säuren aufgelöst, werden sie von dem geschwefelten Wasserstoffgas nicht niedergeschlagen; sie färben den Borax nicht; sie reduciren sich zum Theil durch die Hitze allein, und ein Theil verflüchtigt sich; ein Durchgang des oxygenirten Gases begünstigt diese Verflüchtigung, und ist selbst mit Hülfe der Wärme fähig, das Metall zu verkalken und in blauer Farbe zu sublimiren.

Diese Eigenschaften scheinen mir keinem der bekannten Metalle zuzukommen, und zwingen mich, das Metall, welches die Platinasalze roth färbt, als eine neue Substanz anzusehen.

Ich glaube, dafs der grofse Widerstand, den der Staub, der sich von der Platina absondert, der Einwirkung des Königswassers leistet, von diesem Metalle herkommt, welches sich gewissermafsen in diesem Theile der Platina angehäuft findet, wie die Kohle in dem Reifsbley (Carbure de fer), welche sich von dem Eisen absondert, wenn man Stahl in Säuren auflöst. Ich spreche hier nicht von den andern Substanzen, die diesen Staub zusammensetzen, denn die Versuche, die ich über diesen Gegenstand angefangen habe, sind noch nicht beendigt.

Ich erinnere zuletzt, dafs der eisenhaltige Sand, der die Platina im natürlichen Zustande begleitet, Chromium und Titan enthält. *Frdl.*

V.

Abhandlung über das Geschlecht Laplysia, gewöhnlich Lepus marinus, Lievre marin, Giftkuttel genannt, über seine Anatomie und einige Species desselben.

Von G. Cuvier.

Von jeher hielt man das Thier für giftig, wie manche andre, die nicht zur Nahrung des Menschen dienen. Figur, Farbe und Geruch gaben in diesem Thiere noch mehr Veranlassung hierzu. — Man hat unendlich viel über dasselbe gefabelt. Man sagte unter andern, dafs eine schwangere Frau die Schwangerschaft bey dem Anblick dieses Thieres nicht mehr verbergen könne, Ekel und Erbrechen bekomme, und abortire, wofern sie nicht in ihren Ärmel einen getrockneten männlichen Giftkuttel steckte; allein der Giftkuttel vereinigt die beiden Geschlechter zugleich in sich selbst. In Indien, sagte man ferner, sey dagegen der Mensch dem Giftkuttel so gefährlich, dafs die blofse Berührung ihn schon tödtete. Alles dieses ist aus dem Plinius geschöpft, und dieses ist, wie der Verf. meint, schon hinlänglich, um es verdächtig zu machen. — In Italien scheint man indessen den Giftkuttel zu den Gifttränkchen gebraucht zu haben; Locusta brauchte ihn für Nero, und Domitian soll ihn seinem Bruder gereicht haben. Die Ärzte verbreiten sich weitläufig über die Symptome, die er hervorbringen soll, und die den gewöhnlichen der Vergiftung ähnlich sind; sie haben die entgegengesetztesten Mittel dagegen vorgeschlagen, als Frauenmilch, Eselsknochen, Trauben, Cyclamen u. s. w. Kein alter Schriftsteller giebt eine Beschreibung des Thieres, selbst Aristoteles nicht. Nur Älian meint, dafs es einer Schnecke, deren Schale man abgenommen habe,

habe, ähnelt, und Apulejus, der der Giftmischung und Hexerey beschuldigt wurde, weil er Fischer bezahlen wollte, um ihm einen Giftkuttel zu verschaffen, hat die Knöchelchen im Magen bemerkt. — Rondelet hat ihn zuerst unvollkommen abgebildet, und daher haben Gefsner und Aldrovandi ihre Abbildungen geschöpft, denn Linné scheint ihn nicht gesehen zu haben, wie Bohadsch bezeugt, der ihn ziemlich vollständig beschrieben hat, wiewohl die neuern Kenntnisse und Hülfsmittel den Verfasser allerdings zu einer neuen Beschreibung berechtigten.

Äufsere Beschreibung der Laplysia*) und der Gewohnheiten derselben.

Das Thier gleicht den Schnecken. Der Körper ist oval, unterwärts platt, um den langen schmalen Fufs zu bilden, oberhalb gewöllt, hinterwärts mehr oder weniger spitz, vorne länglich zulaufend, um einen sich verlängernden und verkürzenden Hals zu bilden, an dessen Ende der Kopf sitzt, der allein vor die Ränder der Scheibe, die den Fufs bildet, hervorragt. Die übrigen Ränder dieser Scheibe schlagen sich zurück, und bilden um die Seiten und den hintern Theil des Körpers eine Palissade, die sich bald mehr bald weniger in die Höhe hebt, verkürzt, anschwillt, und verdünnt, und ferner in wellenförmigen Krümmungen bieget, und übereinander schlägt, und so nach Willkühr des Thieres alle mögliche Bewegungen hervorbringt. Zwischen den Rändern bemerkt

*) Der Verf. weifs sich keine Rechenschaft zu geben, woher der Nahme Laplysia oder Aplysia, wie Gmelin abkürzt, kommt. — Letzteres ist allerdings die rechte Benennung; es kommt aus dem Griechischen, und bedeutet unabwaschbar wegen der stets auf der Haut erscheinenden rothen Farbe.

man einen fast runden Deckel, der an der linken Seite ansitzt, und sich wie an einem Scharnier bewegt, und dessen Rand zuweilen wie eine Rinne bildet, um das Wasser zu den Kiemen zu führen, die unter demselben liegen. — Hinterwärts, wo der Deckel ansitzt, befindet sich der Anus, und zwischen der vordern Extremität dieses Ortes, wo der Deckel ansitzt, und der correspondirenden membranösen Borte zur rechten Seite ist das Loch, woraus die Eyer kommen, und der flüssige Saft, den man für ein Gift gehalten hat. Dieser weifsliche Saft quillt nur selten, das Thier verbreitet aber einen weit häufigern dunkel purpurrothen. Eine grofse Aplysia kann vom letztern so viel geben, dafs ein Eimer voll Wasser roth wie Wein davon gefärbt wird. — Diese rothe Flüssigkeit ist in keinem besondern Sacke enthalten; sondern sie hat in der Substanz des Deckels der Kiemen selbst rund um den freyen Rand ihren Sitz. Das Thier verbreitet sie, so bald man ihm etwas in den Weg legt, oder wenn man es ins süfse Wasser thut; sie scheint aus den Poren der Haut auszuschwitzen; wenigstens hat der Verf. keinen besondern Ausgang sonst bemerkt.

Einige andre Species, wie unter andern die Murex brandaris, verbreiten unter gleichen Umständen eine ähnliche Flüssigkeit, und der Verf. zweifelt nicht, dafs dieses der wahre Purpur der Alten sey. — Swammerdam und andre haben sich geirrt, wenn sie glaubten, dafs der Purpur in einem Sacke enthalten sey, der an den Geschlechtstheilen sitzt. — Beym Eintrocknen nimmt die Flüssigkeit eine dunkle Farbe wie die der Scabiosa atropurpurea an, die Luft scheint sie nicht zu verändern, etwas Salpetersäure färbt sie violett, und eine gröfsere Quantität derselben macht die Farbe schmutzig morgenroth. Kali giebt dem Wasser eine graue schmutzige Weinfarbe. Diese beiden Reagentia bringen viele weiſse Flocken zum Vorschein. Die Flüssigkeit scheint übrigens sehr der des Calmars ähnlich, der die ächte chinesische Tusche giebt, und sie enthält den Färbestoff in ein schleimigtes Vehikel gewickelt. Sie hat weder Geschmack noch starken Geruch, noch ist sie der Haut schädlich; der Verf. hat lange ohne Schaden die Finger hineingetaucht. Die Fischer glauben indessen, daſs sie den Augen schädlich werden könnte, wenn man sie an dieselben brächte. —

Der Mund ist unter dem Kopfe gespalten, nicht in die Quere, sondern in die Länge. Der vordere Rand des Kopfes bildet zu beiden Seiten eine membranöse Fortsetzung, die conisch, zusammengedrückt, mehr oder weniger ausdehnbar ist, und ein Fühlhorn darstellt. —

Hinterwärts auf dem Kopfe befinden sich zu beiden Seiten zwey andre conische Fühlhörner, die das Thier verlängern und verkürzen kann, ohne sie doch, wie die Schnecke, in den Körper hineinziehn zu können. Das Ende derselben ist ein wenig der Länge nach in zwey gefalten, welches sie dem äuſsern Ohre eines vierfüſsigen Thieres ähnlich macht. Vorne an der Basis ist das Auge, welches nur einen kleinen schwarzen Punct darstellt. —

Unter dem vordern Fühlhorn zur rechten Seite ist ein Loch, durch welches die Ruthe hinauskömmt, indem sie sich entwickelt; sie ist nicht mehr durchstochen, als es in den meisten Gastropoden der Fall ist; aber eine tief auf der Oberfläche des Körpers eingegrabene Furche kommt vom Ursprunge der Eyer an der Basis der Ruthe, und verlängert sich auf dieselbe; dieses ist die einzige Verbindung zwischen den Organen der beiden Geschlechter. Die Ruthe endigt sich durch einen weiſsen dünnen Faden, sie kommt gewöhnlich zum Körper hinaus, wenn das Thier stirbt. — Diese Theile sind in allen Aplysien gleich, und variiren nur in Verhältnifs der Gröfse und der Farbe. —

Die Species, die Bohadsch zu beschreiben scheint, hat den Körper hinterwärts stumpf und sehr runzelig, die Farbe bleygrau, ins Schwarzbraune schielend. Die Species, die Herr Cuvier Camelus nennt, ist dagegen hinterwärts spitz, und mit einer weifslichen glatten Haut bedeckt; der Hals ist sehr lang. Die Aplysia alba des Herrn Cuvier hat den Hals kurz. — Keine der beiden letztern hat ein Loch in der obern Haut des Deckels der Kiemen; dagegen hat die Species, die Herr Cuvier punctata nennt, ein ziemlich grofses ovales Loch, und der Rand, der den Körper umgiebt, ist, zumal hinterwärts, sehr hoch, so wie die obern Fühlhörner sehr lang. Die Farbe ist purpurschwarz, ganz mit blassen Punkten besät. — — Poiret spricht in seiner Reise nach der Barbarey von einer Species, die Gmelin Aplysia fasciata nennt; sie ist von den vorhergehenden ganz verschieden, schwarz, und mit schönrothen Fühlhörnern und Rand. Endlich hat auch noch Herr Bose eine 6te angezeigt, die er Aplysia viridis nennt, weil sie grün mit etwas blässerm Rande ist. Da letztere die Augen hinter den obern Fühlhörnern hat, so ist die Species allerdings verschieden. — Nur diejenigen, welche die Aplysia Camelus, und alba, so wie die Species von Bohadsch lebendig sehen, werden entscheiden können, ob es constante Species, oder nur Varietäten sind, und ob ihre Verschiedenheit nicht von der Art abhängt, wie sie im Spiritus aufbewahrt sind. Herr Cuvier hat sie nur in diesem Zustande gesehen, und weifs nicht einmal, von welchem Meere sie kommen. Wohl aber hat er die L. punctata und fasciata in Marseille lebendig zu sehen Gelegenheit gehabt, wo sie sehr häufig sind, und kann bezeugen, daſs sie zwey Species bilden, die auch die Fischer sehr wohl unterscheiden; die fasciata ist, wie klein sie auch seyn möge, stets schwarz, daher die punctata, ob sie gleich kleiner ist, nicht etwa das jüngere Alter derselben darstellt. —

Diese beiden Aplysien sind gar nicht giftig, kriechen so langsam wie die Schnecken, gewöhnlich unter groſsen Steinen, in Felsenritzen, oder in einer Höhle von Sand; sie gehen nur aus, um ihre Nahrung zu suchen, die in kleinen Conchylien besteht, die so langsam sind als sie selbst. Sie haben nicht einmal eine harte Muschel, die sie beschützt, und können höchstens das Wasser um sich herum wie der Dintenfisch verdunkeln, um sich zu verbergen. Der Verf. zweifelt, daſs ihr ziemlich häufiger scharfer Saft ihnen von einigem Nutzen sey, da er, zumal mit Wasser vermischt, sogleich seine Wirkung verlieren muſs. Sie sind auſserordentlich häufig im Frühling. Im März fängt die fasciata sich zu vermehren an, statt daſs die punctata schon im Januarius häufig ist. Der Verf. hatte zu hunderten in seiner Stube; doch hat man unter denselben stets auch Erwachsene, und selbst in der Mitte des Winters; die Fischer haben bemerkt, daſs sie nur zwey Monate zum Wachsen nöthig haben.

Diese Thiere verbreiten einen etwas betäubenden (vireuse) Geruch, allein kein Fischer kennt hier die zugeschriebene giftige Eigenschaft, und niemand fürchtet sie, ob man sie gleich wegen der ekelhaften Gestalt und Farbe nicht iſst. Der Verf. hat nie von dem Haarausfallenmachen (depilation) gehört, welches Linneus als eine Eigenschaft seiner ersten Species angiebt. —

2. Von dem Deckel der Kiemen.

Der Deckel besteht aus einer Duplicatur der Haut, die in ihrer Dicke ein knorpelartiges oder vielmehr hornartiges Stück enthält, welches in Rücksicht der Substanz dem Degen (epée) des Calmar sehr ähnlich ist, aber dünner, biegsamer, halb durchsichtig, gelblich und oval erscheint, und welches der Verf. als das Rudiment einer Muschel ansieht, von welchem er in andern Species den allmähligen Übergang bis zur gewöhnlichen Conchylie zeigen wird. Das Stück hat, wie der Degen des Calmar, und wie der Knochen der Sepia, keine Adhärenz an die umgebenden Theile; spaltet man die Haut, so zieht man es heraus, ohne etwas zu zerreifsen. Die Haut des Deckels verbreitet sich über das Stück hinaus, und die rothe Materie, die das Wasser mit solcher Kraft färbt, ist in der spongiösen Substanz enthalten, die den dicken, blofs membranösen Theil füllt. Unter der Basis dieses Deckels ist eine beträchtliche Drüse befindlich, die dreyeckig ist, und deren vorderer Winkel zur rechten Seite eine so genaue Verbindung mit dem Theile des Deckels hat, der die gefärbte Flüssigkeit enthält, dafs der Verf. nicht zweifelt, dafs diese Drüse zur Erzeugung derselben dient. Die Drüse giebt zwey merkwürdige Venen, die die Vene des Deckels aufnehmen, und in den beiden Hohlvenen zu beiden Seiten sich ergiefsen. —

3. Von den Kiemen und ihren Gefäfsen.

Die Kiemen schweben unter dem Deckel; das Herz, in sein Pericardium gehüllt, ist unter dem vordern Theile gelegen, und vor der eben beschriebnen Drüse. Die Kiemen sind an beide Flächen einer Membran geheftet, die man mit einem durchschnittenen halben Monde vergleichen kann; längst dem concaven Rand ist das Gefäfs, das das Blut den Kiemen bringt, und längst dem convexen dasjenige, welches es dem Herzen zurück bringt. — Jedes Blättchen, nachdem es sich zwey, dreymal stets zweyspaltig getheilt hat, hat wiederum kleinere, die auf jedem Läppchen ansitzen, und sich so fort bis zu einer Kleinheit verlieren, daſs das unbewaffnete Auge sie nicht mehr wahrnehmen kann. Die arteriösen und venösen Theilungen geschehen in derselben Ordnung, und sind von gleicher Zahl als die Blättchen. Die Kiemenarterien, die von dem Gefäſse, welches längst dem concaven Rande der Membran im halben Kreise liegt, entspringen, verbreiten sich längst dem oberflächlichen Rand jedes Blättchens. Man kann sie leicht aufschwellen machen, wenn man in das groſse Gefäſs bläſst. Die Venen nehmen den Rand jedes Blättchens ein, welcher dem convexen Rand der allgemeinen Membran am nächsten ist. Ihre Öffnungen in die groſse allgemeine Vene von allen Kiemen her geschehen auf eine sehr sonderbare Weise: um sie zu sehen, muſs man den convexen Rand des halben Zirkels in der ganzen Länge spalten, und die Spalte, da wo sie festsitzt, verfolgen, man öffnet alsdann diese groſse Vene, und sieht die Öffnungen der kleinen Venen, die rundum im Zirkel liegen, und wie Blumenverzierungen (fleurons) bilden, die zwischen jedem Paar der groſsen Seitenplättchen gelegen sind. (S. Pl. II. Fig. 2.) Die Kiemenarterie, die, wenn man will, auch als Vena cava dient, weil es keine rechte Herzkammer giebt, ist anders gelegen, und die Structur scheint Herrn Cuvier vielleicht der auſserordentlichste Fall, den die Physiologie der Weichwürmer ihm noch dargeboten hat.

Ehe sie nehmlich die besondern Arterien der Blättchen durch mehrere ohne Ordnung verbreitete Löcher abgegeben hat, bleibt sie noch einige Zeit ganz und glatt; aber ein Theil krümmt sich links hinter dem Orte, wo der Deckel ansitzt, und ein andrer rechts nach der Basis des hervorstehenden Randes dieser Seite. Diese beiden Zweige treten so vorwärts, und nehmen plötzlich eine sehr sonderbare Textur an. Ihre Wände nehmlich sind aus quer und schief überlaufenden musculösen Bändern gebildet, die sich in allerley Richtungen kreutzen, aber dem Auge merkliche Öffnungen lassen, und noch mehr allen Arten von Einspritzung; sie machen eine freye Verbindung zwischen den Gefäſsen und der Höhle des Abdomens, dergestalt, daſs die in diesem enthaltenen Flüssigkeiten auch in diese flieſsen können, und so auch umgekehrt. — Die vordere Extremität dieser beiden groſsen Gefäſse oder Hohladern flieſst sogar mit der allgemeinen groſsen Höhle gänzlich in eins. Einige musculöse Bänder, die von einander entfernt sind, und die Verbindung keinesweges unterbrechen, sind die anscheinenden Gränzen, die diese groſsen Venen von der Bauchhöhle unterscheiden. Diese Art von Verbindung ist so wenig mit dem, was wir in den Thieren mit Rücken-Wirbelknochen kennen, übereinstimmend, daſs sie der Verf. lange bezweifelte; und selbst nachdem er schon die Abhandlung vor einigen Jahren dem Institute vorgelesen hatte, fürchtete er sie noch drukken zu lassen, so sehr besorgt er, sich zu irren. Jetzt, da er so viele Aplysien besitzt, als er will, hat er sich auf alle mögliche Weise davon überzeugt, daſs es erstlich kein andres Gefäſs giebt, um das Blut nach den Kiemen zu bringen, als diese beiden groſsen musculösen Gänge, die er hier beschrieben hat, und daſs 2tens alle Venen des Körpers mittel- und unmittelbar in diese groſsen Gänge (Behälter, conduits) sich enden. Da nun die Verbindung mit der Abdominalhöhle augenscheinlich ist, so nenne man sie Hohladern, oder Höhlen, die der rechten Herzkammer analog sind, oder endlich Kiemenarterien; man sieht, daſs sie die Functionen aller dieser 3 Organe erfüllen, und das Resultat hiervon ist stets, daſs die in die

Bauchhöhle ergossenen Flüssigkeiten sich unmittelbar in die Masse des Bluts mischen, und nach den Kiemen geführt werden können, so wie dafs die Venen die Stelle absorbirender Gefäfse vertreten. —

Diese grofse Verbindung ist gewifs der erste Weg zu der noch gröfsern, die die Natur in den Insekten aufgestellt hat, wo selbst für den Nahrungssaft keine besondern Gefäfse mehr statt finden. Die Cephalopoden unter den Weichwürmern enthalten bereits eine Spur davon, wo ebenfalls gewisse schwammigte Körper das Abdominalfluidum in die Hohlader bringen.

Hiernach glaubt der Verf., dafs das absorbirende System gänzlich in den Weichwürmern aufhört, und um so mehr in den Thieren, die in der Stufenleiter unter ihnen stehen.

4. Herz und Arterien.

Die Kiemenvene, die längst dem convexen Rande der Membran, die die Kiemen trägt, im halben Monde läuft, öffnet sich im kleinen Ohr gerade in dem Winkel oder in dem Sinus, den der Deckel mit dem Körper macht. Das Pericardium ist eine ovale Höhle, die unter dem vordern Theil des Deckels ihren Sitz hat, und das Ohr, das Herz und einen Theil der grofsen Gefäfse enthält. Das Ohr ist durch seine Gröfse und die Dünnheit seiner Wände, die dem blofsen Auge wie eine feine Gaze erscheinen, merkwürdig; feine fleischigen Faden bilden ein schönes Netz darin. Das Herz ist oval, die Seitenwände ziemlich dünne, obgleich sie mit Fleischbündeln in aller Richtung durchkreutzt sind. Die Verbindung mit dem Ohre hat zwey valvulas mitrales, die gegen das Innere der Herzkammer ihre Richtung nehmen, und daher von Seiten der Kiemen nichts hineinlassen. —

Die grofse Arterie theilt sich sogleich in zwey Äste; der erste richtet sich links, und durchdringt das Pericardium, um nach dem Abdomen zu gehen. Der zweyte kommt sogleich rechts zurück, giebt einen Zweig ab, der ebenfalls sogleich das Pericardium durchdringt und vorwärts geht, und alsdann durchdringt der noch übrige Zweig, der hauptsächlichste des ganzen Körpers, das Pericardium zur rechten Seite. — Der Theil, der im Pericardio eingeschlossen ist, stellt eine sehr sonderbare Structur dar; er hat zwey Kämme (crêtes), die ganz aus kleinen Gefäfsen bestehen, und vom grofsen hineingehenden Stamme herkommen, ohne dafs man den Nutzen derselben einsehen könnte. Sollte das ein secernirendes Organ seyn, welches die Flüssigkeit, die das Pericardium füllt, hervorbringt? In jedem Falle ist es sehr schwer, dieses schöne problematische Werkzeug zu füllen. (S. Taf. II. Fig. 4.) — Der erste arterielle Stamm ist der Leber und dem Darmkanal bestimmt; der zweyte dem Magen und Oesophago; der dritte giebt, nachdem er zwischen den beiden Nerven, die von dem Abdominalganglion entstehen, passirt ist, fast unterhalb denselben einen kleinen Zweig für die Generationswerkzeuge, und bald nachher einen gröfsern für den Deckel, und einen andern für die rechts gelegenen Theile des Körpers; alle 3 gehen rückwärts. Der Stamm steigt nach diesem unter dem Oesophago hinauf, giebt einen grofsen und einen kleinen Ast für die linken Theile ab, wovon der erste rückwärts geht, einer rechts, besonders für die Ruthe, endiget sich unterm Munde durch 2 Zweige, von welchen der eine die Theile des Mundes nährt, der andre in den Fufs geht, welcher unterwärts liegt. —

5. Der Mund, seine Muskeln, Speicheldrüsen.

Der innere Mund ist, wie in vielen andern Gastropoden, aus einer Fleischmasse gebildet, die die Organe der Verdauung und des Schluckens enthält. Eigne Muskeln ziehn diesen Mund in einer oder der andern Richtung zusammen. Äufsere Muskeln ziehn ihn nach aufsen, oder zurück, und zur Seite. Die äufsern Muskeln sind wie Bündel, zuweilen fingerförmig getheilt, sie befestigen sich an den Theilen, die den Kopf umgeben. (Pl. III. Fig. 1.) — Sie bilden unter sich und mit dem Nerven ein gut ins Auge fallendes Geflechte. Die Masse des Mundes ist rechts Pl. 2. Fig. 5. zu sehen, nebst den untern Muskeln, die ihn nach vorne ziehn. —

Es finden sich weder Kinnbacken noch etwas, was die Stelle vertritt; die Lippen, die vertical gespalten sind, sind eine jede mit einer knorpelartigen Platte besetzt, die dünn und glatt ist, und sie bey dem Durchgang der Speisen ein wenig beschützt. — Der ganze Mechanismus des Schluckens besteht, wie in der Sepia, in einer Art peristaltischen Bewegung einer knorpelartigen Membran, die mit sehr kleinen Haken bewaffnet ist, wie die eines Wollkratzers, und diese sind nach hinten gerichtet. Man kann den gespaltenen Mund, die Zunge, den Gaumen und die zwey Lippen Pl. II. Fig. 6. sehen. — Die Speicheldrüsen sind dünne und sehr lang; das hintere Ende befestigt sich im zweyten Magen; die äufsern Kanäle eröffnen sich im Munde zu beiden Seiten des Ursprungs des Oesophagus.

6. Oesophagus, Magen, übriger Darmkanal, Leber.

Der anfangs enge Magen erweitert sich plötzlich, um den ersten Magen zu bilden, oder den Kropf, der aus einer grofsen breiten Tasche mit dünnen Membranen ohne glandulöses Ansehen besteht, und gewöhnlich eine fast spiralförmige Windung macht. Man findet ihn mit Resten von Fucus- und Algaearten gefüllt, so wie auch mit Fragmenten kleiner Conchylien. Dem Kropf (jabot) folgt ein zweyter Magen (gesier), cylinderförmig gestaltet, dessen Wände muskulös und sehr stark sind; sie sind inwendig so sonderbar gestaltet, dafs sich nichts recht analoges findet, obgleich die knochigen Stücke des Magens der Bulla sich damit vergleichen lassen. Man denke sich Pyramiden mit rhomboïdaler Basis, deren unregelmäfsige Flächen sich in eine Spitze, die wiederum in zwey oder drey stumpfe Spitzen getheilt ist, endigen. Die Substanz ist halb knorpelig und aus Lagen zusammengesetzt, die mit der Basis parallel laufen; ihre Zahl belief sich in den untersuchten Individuen auf 12 grofse, die rautenförmig in 3 Reihen ansafsen, nebst einigen kleinen, die auf dem obern Rande dieses Magens gereiht waren. Die Adhärenz dieser Pyramiden an der flockigen Haut ist so leicht, dafs die mindeste Berührung sie abfallen macht, ohne dafs man die Spur einer Membran oder sonst einer Adhärenz bemerkt. Die Gegend, wo sie ansafsen, ist jedoch durch eine glatte hervorstehende Fläche bemerkbar, indem die Zwischenräume ein wenig hohl und leicht gefurcht sind. Die Höhe dieser Pyramiden ist so, dafs die gegenüberstehenden Spitzen in der Mitte des Magens sich berühren, und nur wenig Raum zum Durchgang der Speisen bleibt, die sie demnach mit Kraft zerreiben müssen. — Der 3te Magen endlich ist so breit als der erste, obgleich weniger lang, so sonderbar bewaffnet als der zweyte: es sind kleine spitze

Haken, die an einer der Seiten der innern Fläche ansitzen, und fast eben so lose als die Pyramiden des zweyten Magens. Die Spitzen sind gegen den zweyten Magen zu gerichtet, und der Verf. kann ihnen keinen andern Nutzen zuschreiben, als die nicht hinlänglich im zweyten Magen zermalmten Speisen aufzuhalten. Man unterscheidet wirklich in diesem dritten Magen die Gestalt der Nahrungsmittel nicht mehr, die er enthält. — Am Pylorus sind zwey kleine membranöse Kämme, die nach innen zu hervorragen, und zwischen welchen man den Ursprung des Coecums und den der hepatischen Gefäſse bemerkt. —

Das Coecum ist so lang als der zweyte Magen, und öffnet sich in denselben; aber der Durchmesser ist kleiner, die Wände einfach und ohne Klappen oder sonst einen innerhalb hervorstehenden Theil; es ist gänzlich in der Leber verborgen. — Der Darmkanal ist ebenfalls gleichförmig in seinem Durchmesser, die Wände sind dünn und durchsichtig, mehr noch als die des dritten Magens, daher schnell zu erkennen. Er macht 2 groſse Windungen, die durch die verschiednen Leberlappen umschlungen werden. Er endigt sich im After durch ein Rectum, welches sich in der Quere dahin begiebt. Man sieht im Innern weder Wärzchen noch Klappen, auch hat er weder zusammengeschnürte noch merklich erweiterte Stellen. — Die Därme und das Coecum sind mit der Leber durch eine groſse Menge von Blutgefäſsen vereinigt. Die Excremente formen sich von der Gegend des Pylorus an in dünnen Fäden, die cylindrisch, wie articulirt, und auſserordentlich lang sind. — Die Leber ist sehr dunkel grünlichbraun, und von körnigtem Ansehen; sie theilt sich in viele Läppchen, die in 3 Hauptmassen vereinigt sind, deren Gränzen durch die Windungen der Gedärme bezeichnet sind. — Die hepatischen Gefäſse sind von groſsem Durchmesser; sie öffnen sich um den Ursprung des Coecums im dritten Magen, durch viele sehr sichtbare Löcher, die in einander übergehen. — Die ganze Masse der Gedärme ist endlich mit einer sehr feinen Peritonealmembran umgeben, die jedoch sehr fest ist. —

7. Organe der Generation.

Was sie aufser der Vereinigung beider Geschlechter in einem und demselben Individuo, welches allen Aplysien und dem gröfsten Theil der Gastropoden unter den Weichwürmern gemein ist, merkwürdiges haben, besteht in ihrem Auseinanderliegen an den beiden entgegengesetzten Extremitäten des Körpers, und besonders in der Trennung der beiden Theile, welche das männliche Organ ausmachen. In der That befinden sich der Testikul und Eyerstock an einer Seite, die Ruthe an der andern; Eyer und Saamen haben eine nothwendige Berührung, ehe sie aus dem Köper gehen. — Das Ovarium ist eine ovale Masse, die den ganzen hintern Grund des Abdomens einnimmt, und im gewöhnlichen Zustande weifslich ist. Der Oviductus nimmt daselbst durch viele Gefäfse, die von verschiednen Theilen der Masse herkommen, seinen Ursprung, so wie die eigenen Gefäfse einer Secretionsdrüse, die sich in eines vereinigen. Nachdem dieses Gefäfs längst der rechten Seite des Testikuls herabgekrochen ist, wird es plötzlich sehr dünn, dreht sich um die Spitze dieser Drüse, und bildet einen Canal, der, nachdem er einige Zeit am Ductus deferens angeklebt war, daselbst seinen Ausgang findet, nachdem er eine Tasche oder einen Blinddarm empfangen hat, der mit derselben Materie als dieser Oviductus angefüllt ist, und ohne Zweifel in gewissen Fällen den Eyern zum Behälter dient. Der Testikul ist schön gelb, gleicht einer elliptischen Sphäroide, die mit einem spiralförmigen Bande umwunden wäre; die Mitte ist ziemlich compact, und scheint ganz gleichartig. Das Band, das ihn zu umringen scheint, ist selbst in einer Hauptbinde abgesondert, welche fein gestreift ist; die Streifen sind wahrscheinlich so viele eigne Gefäfse. Die beiden glatten Einfassuugen sind Excretionsgefäfse. Die obere Einfassung (lisière) ist der gemeinschaftliche canalis deferens des ganzen Testikuls, und schafft wahrscheinlich den Saamen nach aufsen. — Der grofse Strang (cordon), welcher nach dem Äufsern des Körpers geht, wird erstlich in zwey Canäle getheilt. Derjenige, der vom Testikul kommt, ist von einer dünnern Membran gebildet, die sehr gefaltet ist (plissée); der andere, der vom Eyergange kommt, hat dickere Wände. Eine Spalte bewirkt zwischen den beiden Canälen eine freye Verbindung längst dem ersten Drittel der Länge; sie bleiben indessen durch eine membranöse hervorstehende Scheidewand abgetheilt. Gegen das zweyte Drittel eröffnet sich durch einen kleinen besondern Gang die ovale Blase, die Swammerdam in der Schnecke als den Behälter des Purpurs angesehen hat, und welche ein sehr wesentliches Organ seyn mufs, da man es in allen Gastropoden und selbst in der Clio findet. Sollte es nicht ganz einfach das Analogon der Urinblase seyn? — Wo sind aber die Nieren? — Der Theil des doppelten Canals, der weiter als die Öffnung dieser Blase liegt, bildet eine sichtbare Hervorragung äufserlich an der rechten Seite des Körpers, und die Öffnung macht mit der tiefen Spalte, die längst der rechten Seite des Halses herrscht, eine Furche, die auch den Körper der Ruthe furcht. Dient diese Spalte, um den Saamen einer Aplysia in den Körper der andern zu führen? Von dieser Frage hängt die Erklärung der Art ab, wie sich diese Thiere befruchten. Warum existirt diese Spalte aber nicht in andern Gastropoden, die ebenfalls keine innere Communication zwischen Ruthe und Testikul haben? Jetzt ist es wesentlich, dafs ein einsichtsvoller Naturforscher die Aplysia vor, während, und nach der Paarung zu beobachten suche.

8. Gehirn und Nervensystem.

Dieses System ist durch die Verbreitung seiner Massen, die aus 5 fast gleichen Hauptknoten (ganglions) bestehen, die fast gleiche Rechte auf den Nahmen Gehirn haben, äufserst interessant. Überdem hat es noch 2 Besonderheiten der Structur, die besonders entwickelt zu werden verdienen. Die erste ist die, dafs das Gehirn und die Ganglien aus einer röthlichen körnigen Masse bestehen, die von der weifsen homogenen der Nerven sehr verschieden ist; die entferntesten Ganglien sind in dieser Hinsicht dem Gehirn ähnlich, und können demnach nicht für Windungen und Netze (replis et lacis) der Nerven gehalten werden. Man sieht dasselbe im Bulimus der Sümpfe (Helix stagnalis Linn.) und in andern Gastropoden. 2tens sind alle Theile in membranöse Scheiden und Häute eingeschlossen, die weiter sind als sie selbst. Der Zwischenraum zwischen Gehirn und Nerven und der Scheide ist mit einem losen Zellgewebe gefüllt, so dafs man dieselbe aufblasen oder injiciren könnte, ohne darum etwas in den Nerven gebracht zu haben. Dieser Umstand, der den Nerven der Weichwürmer mehr oder weniger gemein ist, hat Herrn Le Cat zu glauben veranlafst, dafs die Nerven der Sepia hohl sind, und hat Herrn Poli bewogen, das Nervensystem der Mollusken für ihr lymphatisches System zu halten. Dieses erklärt die Irrthümer, in welche diese verdienstvollen Männer gefallen sind. — Folgendes ist die Vertheilung der Nerven: Das Gehirn ist, wie gewöhnlich, auf dem Oesophago; zu jeder Seite ist ein Ganglion mit 3 Lappen, welches mit 3 Faden an dem Gehirne festsitzt, ein 3ter Faden geht unterm Oesophago hin, vollendet das Halsband, und vereinigt die Ganglien. Die Scheide dieses ganzen Halsbands ist sehr breit. Die beiden Ganglien sind noch durch einen zweyten Faden vereinigt, der den grofsen arteriellen

Stamm umgiebt. — Das Gehirn vereinigt sich sodann durch zwey Faden mit einem dritten Ganglion mit zwey Lappen, das querüberlaufend unter der fleischigen Masse des Mundes liegt. — Endlich giebt jedes Seitenganglion einen grofsen Nerven, der sich mit dem gegenüber stehenden sehr nahe am Ursprunge des grofsen arteriellen Stammes, und am Ursprunge der Eyer in einem ovalen, etwas kleineren Ganglion, als die 3 andern, vereinigt. —

Untersuchen wir die Nerven, die von jeder dieser 5 Cerebralmassen entstehen; so giebt das vordere Ganglion unterm Munde 4 Nerven zu jeder Seite: einen für den Oesophagus und die Speicheldrüsen, 3 für die Muskeln des Mundes. — Das Gehirn liefert 3 zu jeder Seite für die muskulösen Theile des Kopfes, von welchen die rechts gelegnen die Faden für die Ruthe, und einen für das grofse Fühlhorn, der dem Auge einen Zweig abgiebt, hergeben. — Jedes Seitenganglion giebt 12 oder 13, die sich in den muskulösen Theilen der grofsen Hülle des Körpers verlieren; der Verf. hat sie genau abgebildet. — Das kleine Halsband, das unter der Arterie geht, giebt einen ungepaarten. — Die Eingeweide erhalten die ihrigen von einem besondern Ganglion, das demnach die Stelle des sympathischen Nerven vertritt. Es ist das 4te oder kleine Ganglion. Es giebt einen Nerven der Leber und den Eingeweiden, einen andern den Generationstheilen. Dieser bildet noch ein Ganglion, welches fast nicht wahrzunehmen, aber doch roth wie die andern ist; ein 3ter Nerve geht nach den Kiemen; der 4te verliert sich in den muskulösen Theilen, die unter der Klappe liegen. —

Organe der Bewegung.

Das Thier hat keine andre als die allgemeine Hülle, von welcher der Fufs selbst einen Theil ausmacht. Die ganze Haut ist innerhalb mit unzähligen Bündeln von

Muskeln besetzt, die sich in jeder Richtung kreutzen; es giebt welche in dem Deckel, in den Rändern, die den Rücken umgeben, und mit einem Worte im ganzen Körper; nur die, die zur Seite sind, und sich gegen den Kopf erheben, bilden sehr auffallende längliche Bündel. Man bemerkt gegen die Ruthe die besondern Bündel, die bestimmt zu seyn scheinen, sie hineinwärts gehen zu machen, so wie ringförmige Fibern, die eine entgegengesetzte Wirkung hervorzubringen scheinen. Man hat oben die zahlreichen Nerven gesehen, die den ganzen Apparat beleben. Hierdurch zieht sich die Aplysia zusammen, oder dehnt sich in allen Richtungen aus, auch schleppt sie sich hiermit fort, indem sie abwechselnd die verschiedenen Theile des Fufses am Boden fixirt. Sie schwimmt durch auf einander folgende wellenförmige Bewegungen, auch kann sie sich, wie unsre Süfswasser-Bulimen, auf der Oberfläche des Wassers erhalten.

NB. Die beiden Kupfertafeln mit der Anatomie der Aplysia hoffen wir in einem folgenden Stücke nachzuliefern.

Fdlr.

B. Literatur.

I.

Annales de Chimie Nro. 135 oder des 45 Bandes 3tes St. Ventose Jahr XI. S. 225-333.

1. *Ueber die vom Himmel gefallenen Steine, eine im Nationalinstitute vorgelesene Abhandlung von* Vauquelin. Den Auszug davon s. im IXten St. der N. Entd. S. 141. 2. *Auszug aus einem Briefe des spanischen Arztes* Carbonell *an den Bürger* Deyeux *über ein neues Verfahren, eine Mahlerey von Steinfarbe zu erhalten, die dem Ungemache der Witterung widerstehet.* S. die Nachricht davon im VI. St. der N. Entd. S. 128. 3. *Auszug aus Nro. 170 der Bibliothèque britannique von* Berthollet. 4. *Abhandlung über das Opium von* Derosne, *Apotheker zu Paris, der Societé de Pharmacie vorgelesen.* Aus dieser sehr ausführlichen Abhandlung können wir hier nur das Wichtigste ausheben. In der mit einer reichlichen Quantität destillirten Wassers gemachten Ausziehung des Opiums bringen die kaustischen und kohlensauren Laugensalze, das Kalk- und Baryt-Wasser einen reichlichen Niederschlag; eben so die

Zuckersäure. Der Bleyzucker bewirkt gleichfalls ein reichliches Präcipitat; das salpetersaure Silber hingegen nicht. Bey gelinder Wärme bis zur Syrupsdicke abgeraucht, und dann erkaltet, zeigt diese Auflösung ein körnigtes Ansehen, und es läfst sich durch Verdünnen mit Wasser und nachmaliges Abgiefsen desselben eine dunkelbraune Materie abscheiden, durch deren ganze Masse eine Menge kleiner glänzender Krystalle verbreitet sind. Diese Materie löst sich dann im kochenden Wasser nicht wieder auf, wird dadurch zu seidenartig glänzenden Flocken, die sich im kochenden Alcohol vollkommen auflösten, und durch Erkalten sich in Form von Krystallen, die durch etwas Harz gefärbt waren, niederschlugen. Die wässerigte Auflösung des Opiums nach Abscheidung dieses Salzes und Harzes weiter abgeraucht, liefs eine weiche und zähe Materie niederfallen, die sich durch Umrühren nicht wieder auflöste, und beym Hartwerden sich wie ein Harz verhielt. Das durch gänzliches Eindicken erhaltene Extract betrug nicht ganz die Hälfte des angewandten Opiums. Dieses Extract zeigte bey weiterer Untersuchung schwefelsauren Kalk und schwefelsaure Pottasche als Bestandtheile, und bestand aufserdem noch aus im engern Sinne sogenannter Extractivmaterie, etwas Harz, und aus oxygenirtem, im Wasser so wie im Weingeiste unauflöslichen Extractivstoffe. Setzt man zum wässerigten Auszuge des Opiums kohlensaures Laugensalz, z. B. kohlensaure Pottasche hinzu; so bildet sich ein reichlicher Niederschlag, der aus Harz, jenem eigenthümlichen, schon oben angeführten Salze, und einem Gemenge von Kalkerde und Extractivmaterie bestehet.

Da die wässerigte Auflösung des Opiums die Lakmustinktur, jedoch nicht den Veilchensaft röthet; so suchte der Verf. die Säure in dem durch den Zusatz der kohlensauren Pottasche mit derselben gebildeten Salze auf; die Quantität desselben war aber so gering, dafs er die Natur desselben nicht bestimmen konnte. Er vermuthet das Daseyn der Essigsäure, die man so häufig in den andern Extracten findet.

Das Mark des Opiums, oder der Rückstand desselben vom Auswaschen mit kaltem Wasser, behält noch ganz den eigenthümlichen betäubenden Geruch desselben, den die wässerigte Auflösung beynahe augenblicklich durch Erwärmung verliert. Durch Aufgiefsen und zuletzt durch Kochen mit Alcohol erhielt er noch eine ziemlich beträchtliche Menge von jenem Salze, Harz, eine consistente öhligte sehr gefärbte Materie, und noch etwas Extractivstoff. Was nun noch vom Opium unaufgelöst geblieben war, verhielt sich als ein Gemenge von Bruchstücken von Vegetabilien, Sand und kleinen Kieseln, aus welchem das kochende Wasser und die Essigsäure noch etwas Satzmehl, Mucilago und Gluten auszogen.

Aus einem Kilogramme rohen Opiums erhielt der Verf. ohngefähr 40 Grammen (folglich $\frac{1}{25}$) jenes Salzes, und 30 Grammen Öhl. Dieses Öhl ist schwärzlich braun, durch Wiederauflösung in einer grofsen Quantität von Alcohol schlägt es sich beym Erkalten sehr fein zertheilt und mit einer graulich gelben Farbe nieder. Dieses Öhl theilt dem Opium seinen virulenten Geruch mit, es allein behält denselben, während die andern Principien des Opiums geruchlos sind.

Das Salz des Opiums erhält man nur durch wiederholte Auflösungen im Alcohol und Krystallisationen rein vom färbenden Harze und oxygenirten Extractivstoffe. Es erscheint alsdann weifs, krystallisirt, in geraden Prismen mit rhomboidalischer Basis, die oft in kleine Büschel vereinigt sind. Es ist ohne Geschmack und Geruch, unauflöslich im kalten Wasser, und erfordert mehr als 400 Theile kochenden Wassers zu seiner Auflösung, aus welchem es sich beym Erkalten niederschlägt; die Auflösung röthet nicht die Lakmustinktur.

Es ist in 24 Theilen kochenden Alcohols auflöslich, in der Kälte erfordert es mehr als 100 Theile. Die durch Kochen gemachte Auflösung im Alcohol wird durch das Wasser weifs und undurchsichtig niedergeschlagen. Ein auszeichnender Karakter dieses Salzes ist seine leichte Auflöslichkeit in allen flüssigen Säuren. Werden diese Säuren durch ein Laugensalz gesättiget, so fällt dieses wesentliche Salz sogleich unter weifser und pulverigter Gestalt nieder. Die kaustischen Laugensalze erhöhen etwas seine Auflöslichkeit im Wasser, und Säuren, wenn man sie nicht im Übermafse hinzusetzt, schlagen es wieder daraus nieder. Der Äther und die flüchtigen Öhle lösen dieses Salz in der Wärme auf, beym Erkalten lassen sie es in flüssiger und öhligter Form niederfallen, und nach einiger Zeit krystallisirt dieses Salz auf dem Grunde dieser Flüssigkeiten. Auf glühende Kohlen geworfen, brennt es wie die am leichtesten brennbaren vegetabilischen Substanzen mit Flamme. In einem Löffel über der Lichtflamme schmelzt es wie Wachs. Durch trockne Destillation in einer Retorte giebt dieses Salz ein zähes gelbliches Öhl von einem starken eigenthümlichen aromatischen Geruche und sehr scharfem Geschmacke, flüssiges und concretes kohlensaures Ammoniak, und gekohltes Wasserstoffgas, und es bleibt eine sehr voluminöse schwammigte Kohle zurück. Diese Eigenschaften kommen sowohl dem aus dem Mark des Opiums durch Alcohol, als auch dem aus dem Extracte des Opiums durch Wiederauflösung im Alcohol erhaltenen Salze zu. Das aus dem wässerigten Auszuge des Opiums durch kohlensaure Pottasche niedergeschlagene Salz zeiget einige Verschiedenheiten. Sein Geschmack ist schwach bitter, es ist etwas auflöslicher, färbet den Veilchensaft grün, zerknistert, und efflorescirt etwas, wenn man es erhitzt, und schmilzt dann nachmals gleichfalls. Aus seiner Auflösung im Alcohol schlägt das Wasser kleine Krystalle nieder. Aus seinen Auflösungen in Säuren wird es nicht augenblicklich durch den Zusatz der Laugensalze niedergeschlagen, erscheint aber bald in kleinen zarten Nadeln. Seine Kohle ist etwas alcalischer. Dieſs beweiset eine Art von Verbindung mit der zugesetzten Pottasche, die aber mehr seifenartig als salzigt ist, weil sie den Veilchensaft grün färbt. Der Verfasser konnte dem durch das dritte Verfahren erhaltenen Salze seinen Antheil an Pottasche durch kein Mittel ganz entziehen. Durch die Salpetersäure kann man aus dem Opiumssalze ziemlich viel Zuckersäure erhalten. Aus allem diesem erhellet, daſs dieses Salz weder eine Säure noch ein Neutralsalz ist, sondern daſs es als ein eigenthümliches Princip angesehen werden muſs, dem der Verf. bloſs aus Mangel einer schicklichern Benennung, und wegen einiger Analogie mit den Salzen jenen Nahmen gab. Durch Hülfe des Extractivstoffes wird es, trotz seiner Unauflöslichkeit für sich allein betrachtet, in dem kalten Aufgusse des Opiums aufgelöst erhalten. Dieses Salz in kleinen Dosen von 4 Decigrammen bis zu einem Gramme (8 - 19 Grane) Hunden gegeben, brachte alle Symptome einer starken Opiumvergiftung, Schwindel, Erbrechen, und Convulsionen hervor. Die meisten wurden dadurch geheilt, daſs man sie mit Gewalt viel Essig verschlucken lieſs. Einer, dem etwas Harz, das noch Salz enthielt, eingegeben wurde, wurde gleichfalls sehr dadurch gequält, und gab den folgenden Tag einen Bandwurm von sich. Der Verf. glaubt, daſs der Essig bloſs durch die groſse Auflösungskraft, welche er auf dieses Salz des Opiums, so wie auch auf das Harz und Öhl ausübet, ein Gegengift des Opiums sey, und daſs die übrigen Säuren diese Eigenschaft gleichfalls theilen werden. 5. *Auszug aus* Guytons *Abhandlung von den Mitteln, die Luft zu reinigen, und der Ansteckung zuvorzukommen, von* Adet. 6. *Mittel, einigen Ungelegenheiten zu begegnen, welche von der Ungleichheit des Feuers bey Destillationen im Groſsen herrühren, vom Ritter* Edelcrantz. Das Mittel ist sehr einfach, läſst sich aber ohne die beygefügte Zeichnung nicht wohl deutlich machen. 7. *Anwendung des gewöhnlichen Ofenfeuers zur Bereitung des Opiumsextractes durch eine lange Digestion, von* Barrier, *Apotheker zu Pontarlier.* Zu diesem Behufe geschieht die Digestion des Opiums im Wasser in einem blechernen Geschirre, das mit der Ofenröhre in Verbindung steht, und reicht der eine Winter nicht zur Vollendung zu, so nimmt man den zweyten zu Hülfe. 8. *Analyse der Mineralwasser de la Chapelle Godefroi bey Nogent-sur-Seine, im Departement der Aube, von* Cadet und Eusebe Salverte. Diese Mineralwasser (denn es sind mehrere Quellen) enthalten Kohlensäure, kohlensaures schwarzes Eisenoxyd, und kohlensauren Kalk, und zwar in einer Pinte 3,630 Gran kohlensauren Kalk, und 3,030 kohlensaures Eisen. 9. *Manuel du Pharmacien par le Cit.* J. B. Bouillon-la-Grange *im Auszuge von* Deyeux. 10. *Bericht über eine Ausgrabung von bituminösem Holze, dem Ligurischen Nationalinstitute vorgelesen, von* Mojon, *im Auszuge von* Poggi. Dieser Aufsatz hat nur ein locales Interesse.

II.

Annales de Chimie. Nro. 136 oder des 46sten Bandes 1stes Stück. Germinal. Jahr XI. S. 1 - 112.

1. *Brief von* van Marum *an* Berthollet, *enthaltend einen kurzen Abrifs von Versuchen, welche beweisen, dafs man sehr heftige Feuersbrünste vermittelst tragbarer Pumpen durch sehr kleine Quantitäten Wasser löschen kann.* — Diese Versuche van Marums sind schon längst in Deutschland, nahmentlich auch aus dem Reichsanzeiger vom Jahre 1798 Nro. 119 bekannt. 2. *Bericht über eine Abhandlung des Bürgers* Dubuc *des ältern, der Gesellschaft der Pharmacie zu Paris vorgelesen von dem Bürger* Desprès, Bouriat *und* Boullay. Der Verf. dieses Aufsatzes, über welchen hier ein ausführlicher und lehrreicher Bericht abgestattet wird, brachte in demselben mehreres in Betreff von Verbesserung von Vorschriften zu Arzneybereitungen in Vorschlag, was alle Beherzigung verdient. Insbesondere zeigte er durch eine Reihe von Versuchen mit der Jalappe, Aloe, Ipecacuanha, rothen und grauen Chinarinde und der Squilla, dafs bey der Bereitung der Tincturen aus diesen Mitteln ganz ungemein viel auf die Stärke des dazu angewandten Alcohols ankomme, der, je nachdem das Wirksame dieser Mittel ausschliefsend in harzigten, oder aber in harzigten, gummigten, und extractiven Theilen bestehe, eine bald mehr bald weniger gesättigte, mehr oder weniger kräftige Tinctur ausziehe. Er hält es daher nicht für hinreichend, in den Vorschriften zur Bereitung solcher Tincturen blofs die unbestimmten Ausdrücke Weingeist, rectificirter Weingeist, oder höchst recti-

ficirter Weingeist zu gebrauchen, sondern jedesmal die areometrische Stärke des Weingeistes genau zu bestimmen. Außerdem bringt der Verf. des Aufsatzes noch einige Vorschriften zu einer neuen Bereitungsart des Laud. liquidum Sydenhami, des Tart. emeticus, eines Butyrum Saturni, und eines Unguentum nutritum in Vorschlag. Die Berichtserstatter lassen ihm alle Gerechtigkeit widerfahren, zeigen jedoch, daß manches, was der Verf. als neu in Vorschlag bringet, im Ganzen schon in die Praxis eingeführt war, und daß seine neuen Vorschriften nicht ganz tadelfrey sind. Sie meinen, daß man zu allen Tincturen nur zwey Intensitäten von Weingeist anwenden sollte: die eine von 18 - 20 Graden nach Baumés Areometer, für Wurzeln, Stengel, Rinden, Gummiharze, Extractivsäfte etc.; die andere von 36 - 38° für die reinen Harze, natürlichen Balsame u. s. w. Zur Bereitung eines wirksamen Ipecacuanhasyrups geben die Berichtserstatter folgende Vorschrift: Man gieße auf dreymal auf 6 Unzen fein pulverisirter Ipecacuanha sechs Pfund kaltes Wasser von 24 zu 24 Stunden, indem man jedesmal den Aufguß vorher sorgfältig abgießt. Man vereinige die drey Flüssigkeiten, wovon die erste von einer dunklen Bierfarbe seyn, und im höchsten Grade den eigenthümlichen Geruch der Ipecacuanha besitzen, und die letzte beynahe ohne Geschmack und Farbe seyn wird. Man filtrire sie sorgfältig, lasse 12 Unzen Zucker darin mit Hülfe einer gelinden Wärme zergehen, und hebe sie zum Gebrauche auf. Jede Unze dieses Syrups wird 12 Granen Ipecacuanhapulver, die im Aufgusse genommen werden, gleich kommen. 3. *Neue Methode, die Brechungs- und Zerstreuungskräfte der Körper für das Licht zu bestimmen, von* Wollaston. Aus den Philos. Transactionen übersetzt von Riffault. 4. *Über die schiefe Brechung des Isländischen*

Krystalls, *von* Wollaston. Aus dem Engl. von Riffault übersetzt. 5. *Auszug aus Nro.* 172 *der Bibliothèque britannique von* Berthollet. 6. *Vergleichende Versuche und Beobachtungen über das Wachs der Myrica, das Wachs der Bienen, den Wallrath, das Fettwachs, und die krystallinische Materie der Gallensteine, von* John Bostock. Aus dem Englischen übersetzt von Riffault. Schon in Nro. 131 der Annales de Chimie findet sich eine ausführliche Nachricht von dem Wachse der Myrica cerifera, und besonders von seinem chemischen Verhalten, von Charles Louis Cadet. (S. N. Entd. VII. und VIII. Stück. Literatur S. 3. 4. 5. 6.) Die Versuche von Bostock über dieses Pflanzenwachs stimmen im Wesentlichen mit denen von Cadet überein. Der Verf. sieht dieses Pflanzenwachs als eine Art von oxygenirtem und dadurch concret gewordenem vegetabilischen fetten Öhle an, das sich zu diesen fetten Öhlen ohngefähr so verhalte, wie die Harze zu den wesentlichen Öhlen. Er stellt Vergleichungen dieses Pflanzenwachses mit andern ähnlichen Substanzen an. Mit dem Wachse der Bienen hat es die gröſste Ähnlichkeit, nur ist es leichtflüssiger, weniger zäh und fettig, und löst sich merklicher im Alcohol und Äther auf. Der Wallrath ist leichtflüssiger als beide Arten von Wachs, geht mit der kaustischen Pottasche und dem kaustischen Ammoniak eine innigere Verbindung zu einer seifenhaften Masse ein, ist aber übrigens bey der mittleren Temperatur im Äther so wenig als im Alcohol merklich auflöslich. Das Fettwachs ist schmelzbarer, brennbarer und leichter durch die Reagentien angreifbar, insbesondre auch auflöslicher im Alcohol und Äther, als die vorher erwähnten Substanzen. Übrigens hat das Ammoniak in der Kälte keine merkliche Wirkung darauf. Endlich unterscheidet sich die krystallinische Materie der Gallensteine am meisten von den aufgezählten Materien vorzüglich durch ihr Verhalten mit der Salpetersäure, welche durch ihre Einwirkung, besonders vermittelst der Wärme, auf dieselbe ihre Tendenz zum krystallinischen Gefüge zerstört, und sie im Äther und in den Laugensalzen viel auflöslicher macht. 7. *Biographische Notiz über Clouet.* (Bereits in den französischen Annalen Stück III. S. 231. übersetzt.) 8. *Ankündigungen.*

III.

Annales de Chimie. Nro. 137 oder des 46sten Bandes 2tes Stück. Floreal. Jahr XI. S. 113 - 224.

1. *Neue Beobachtungen über den Gebrauch der sauren Räucherungen, um die Luft zu reinigen, und die Verbreitung der Ansteckung zu hemmen, und die einfachste Verfahrungsart dabey.* Aus Guytons Correspondenz über diesen Gegenstand ausgezogen. (S. oben.) 2. *Auszug aus einem Werke, betitelt: Cours d'etudes medicales 5. Vol. 8°. 18 fr. und 24 fr. Postfrey.* (Cursus der medicinischen Studien), von Thenard. 3. *Bereitungsart eines für alle chemische Operationen tauglichen Kittes, von* Paysse. (S. N. Entd. IX. St. S. 124.) 4. *Beobachtungen über das Hypericum perforatum (Millepertuis, St. Johanniskraut), von* Baunach, *Apotheker der ersten Klasse.* Der Saft des Hyp. perforatum giebt eine schöne und dauerhafte gelbe Farbe auf Leinwand, Wolle, Seide und Baumwolle. Die beste Beitze, von welcher die Stoffe vorher gehörig imprägnirt werden müssen, ist eine Auflösung von Alaun mit einer hinlänglichen Menge kohlensaurer

Pottasche. Setzt man zur Beitze Zinnauflösung im Königswasser hinzu, so wird die Farbe rosenroth, und auch wohl karmesinroth. Auch auf Papier und Leder bringt der Saft des Johanniskrautes mit der obigen Beitze eine schöne gelbe Farbe hervor. Übrigens enthält das Hypericum viel Gerbestoff. Der Saft selbst ist von harzigt-extractiver Natur. 5. *Abhandlung über die Natur und die Eigenschaften des Radicals der Blausäure, von* Curaudau. (Bereits im IXten St. der N. Entd. S. 125 übersetzt.) 6. *Über das beste Mittel, das gummigte Extract des Opiums zu bereiten, von* Leroux, *Apotheker zu Paris.* In Frankreich setzt man einen grofsen Werth auf das wässerigte Extract des Opiums, und hat sich viel mit der Verbesserung und Vereinfachung der Methode, dasselbe zu erhalten, beschäftigt. Baumés Methode ist die bekannteste. Leroux giebt hier folgende Vorschrift: Man schneidet das Opium in Scheiben, und zieht durch lauwarmes Wasser alles, was sich darin auflösen läfst, aus. Die so erhaltnen Flüssigkeiten klärt man durch Eyweifs, und seiht alles durch ein Seihetuch, bis die Flüssigkeit klar durchläuft, und raucht nun bis zur Dicke eines weichen Extracts ab. Jetzt giefst man so viel Alcohol von 30-32 Grad Stärke, als zu seiner Auflösung erforderlich ist, darauf, schlägt dann das Harz durch eine hinlängliche Menge Wasser nieder, läfst das Ganze einige Stunden stehen, dann giefst man die Flüssigkeit auf ein Seihetuch, um das Harz davon abzutrennen; man raucht die Flüssigkeit von neuem ab, löst das Extract in neuem Alcohol auf, schlägt von neuem, wie auf die obige Art, durch Wasser nieder, endlich filtrirt man, und raucht diefsmal das Extract bis zur erforderlichen Consistenz ab. Auf diese Art erhält man das gummigte Extract des Opiums so rein, wie durch lange fortgesetzte Digestionen. Ein Pfund Opium giebt ohngefähr 5-6 Unzen von diesem Extract, was mit der nach Baumés

Methode erhaltenen Quantität nahe übereinstimmt. 7. *Auszug aus Nro.* 174 *der Bibliothèque britannique von* Berthollet. 8. *Bericht über eine Abhandlung des Bürgers* Daubuisson *über die Basalte von Sachsen,* der physischen und mathematischen Classe des Nationalinstituts abgestattet von Ramond. Wir haben bereits einen ausführlichen Auszug aus diesem interessanten Berichte im VII. und VIIIten Stücke der N. Entd. S. 41 und fg. unsern Lesern mitgetheilt. 9. *Chemische Untersuchung der Trüffel* (Lycoperdon Tuber Linn.), von Bouillon-la-Grange. Die Resultate dieser etwas langweilig und undeutlich beschriebenen Analyse sind: 1. Der Geruch und Geschmack der Trüffeln sind sehr flüchtig und theilen sich dem Wasser mit, das man darüber abziehet. 2. Man kann daraus kein Satzmehl wie aus den andern Vegetabilien ausziehen; denn die erhaltene Materie macht keinen Kleister mit dem Wasser, und wird von der Salpetersäure in eine röthliche Gallerte verwandelt. 3. Auch im trockensten Zustande lassen die Trüffeln durch die kaustische Pottasche Ammoniak aus sich entbinden, und in gröfserer Quantität, wenn sie zu faulen anfangen. 4. Durch trockene Destillation geben sie eine saure Flüssigkeit, ein schwarzes Öhl, kohlensaures Ammoniak, Kohlensäure und gekohltes Wasserstoffgas. Die zurückbleibende Kohle enthält Talkerde, phosphorsauren Kalk, Eisen und Kieselerde. 5. Durch Maceration im Wasser bey einer Temperatur von 30 Graden kann man Eyweifsstoff aus den Trüffeln abscheiden. 6. Vermittelst der Salpetersäure erhält man daraus Salpetergas, kohlensaures Gas, Stickgas, Zuckersäure, Apfelsäure, Blausäure, eine fette Materie und den Welterischen Bitterstoff. 7. Mit Zusatz von Zucker der Gährung unterworfen, geben die Trüffeln Alcohol und Kohlensäure. Angehängt sind Versuche von Robert, chemischem Gehülfen an der Arzneyschule zu Paris, über denselben Gegenstand, deren

Resultate im Wesentlichen mit denen von Bouillon-la-Granges Versuchen übereinstimmen. Von diesen Versuchen verdient besonders bemerkt zu werden, dafs der Essig die Trüffeln unter Entwicklung ihres Aromas sehr vollständig auflöste, und nach 10 Tagen Digestion nur eine unschmackhafte lederartige Materie zurückliefs, und dafs der Alcohol eine Art von Fettwachs aus den Trüffeln ausgezogen zu haben schien, das durch Wasser niedergeschlagen, beym Verbrennen einen ähnlichen Geruch wie die thierischen Materien bey ihrem Verbrennen verbreitete. 10. *Neues Verfahren, den Alaun künstlich und ohne Hülfe des Abrauchens zu fabriciren, vom Bürger* Curaudau. (S. hinten.) 11. *Ankündigungen.*

IV.

Annales de Chimie. Nro. 138 oder des 46sten Bandes drittes Stück. Prairial. Jahr XI. S. 225 - 340.

1. *Fortsetzung des Berichts* Ramonds *über* Daubuissons *Abhandlung von den Sächsischen Basalten.* (S. das vorige Heft.) 2. *Fortsetzung der Versuche und Beobachtungen über das wärmeleitende Vermögen der Flüssigkeiten von* John Dalton. Aus dem Englischen übersetzt von Hachette. 3. *Auszug aus Nro. 176 der Bibliothèque britannique, von* Berthollet. 4. *Platinapyrometer von* Guyton. (S. die N. Entd. IX. St. S. 28.) 5. *Physikalische Beobachtungen über die Ursachen der Unvollkommenheit der Abrauchöfen, und über eine neue Bauart derselben, um mit Ersparung jede Art von Brenn-*

material darin zu verbrennen, von Curaudau. Der Verf. schlägt hier einen Spaarheerd zur Erwärmung von Kesseln etc. vor, wie er von Rumford und andern schon längst angegeben ist. 6. *Versuch einer chemischen Statik von* Berthollet. Eine kurze Inhaltsanzeige vom Verf. selbst. 7. *Abhandlung über die weinigte Gährung, von* Thenard. (Ein ausführlicher Auszug ist bereits im IIIten und IVten St. der N. Entd. S. 133 mitgetheilt.) 8. *Versuche über das sogenannte Gummi Kino, von* Vauquelin. (S. die N. Entd. Xtes St.) 9. *Auszug aus einem Briefe* Chenevix *an* Vauquelin *über das neue Metall Palladium.* (S. hierüber das Xte und XIte St. der N. Entd.)

V.

Annales de Chimie. Nro. 139 oder des 47sten Bandes erstes Stück. Messidor. Jahr XI. S. 1 - 112.

1. *Physikalische Untersuchungen über die Frage: Welches ist der Einfluſs der Oxydation auf die durch die* Voltaische *Säule entwickelte Elektricität, von* Biot. (S. die Übersetzung oben unter den ausführlichen Abhandlungen.) 2. *Abhandlung über die wechselseitige Action mehrerer flüchtigen Öhle, und einiger salzigten Substanzen, von* Margueron. Die salzigten Substanzen, mit denen der Verf. verschiedene flüchtige Öhle längere Zeit in verschlossenen Gefäſsen in Berührung und Wechselwirkung brachte, waren: 1. Auflösung von Bleyzucker mit dem Rosmarin-, Thymian-, Lavendel- und Salbeyöhl. Keine Veränderung. 2. Alaunauflösung mit dem La-

Lavendel-, Salbey-, Hyssopen- und Rosmarinöhl. Keine Veränderung. 3. Auflösung von salzsaurer Kalkerde mit dem flüchtigen Öhl der Wundpflanzen. Keine Veränderung. 4. Auflösung von Salmiak mit dem ausgepreſsten Citronenöhl. Keine Veränderung. 5. Auflösung von oxygenirt-salzsaurer Pottasche mit Thymian-, Lavendel-, Pfeffermünz-, Citronen- und Gewürznelkenöhl. Keine Veränderung an einem dunklen Orte bey der gewöhnlichen Temperatur, eben so wenig durch Erwärmung im Sandbade. 6. Kalkwasser mit Rosmarinöhl brachte bloſs eine kleine Veränderung der Farbe in eine weiſsere Nuance hervor. 7. Krystalle von in der Kälte bereitetem salpetersaurem Quecksilber färbten Rosmarinöhl erst ambrafarben, dann röthlich, das Öhl nahm die Consistenz eines fetten Öhls, und einen empyreumatischsauren Geruch an; ein Theil des Quecksilbers reducirte sich, ein anderer war in graues Quecksilberoxyd verwandelt. 8. Eine Auflösung von Sublimat in dem Verhältniſs von 10 Granen zu einer Unze veränderte etwas das Citronenöhl, das als ambrafarbene Kügelchen sich auf den Grund begab, und der Auflösung einen Theil des Sublimats entzog. Das Körbelöhl verhielt sich eben so; nur konnte demselben durch Auflösung in Weingeist und Zusatz von Wasser der Sublimat nicht wieder entzogen werden. Auch das Hyssopenöhl begab sich auf den Boden. Das Pfeffermünzöhl wurde davon dick und grüner. Lavendelöhl wurde nach einigen Tagen roth, und begab sich auf den Grund. Es hatte einen Theil des Sublimats aufgelöst, und ein Theil desselben schlug sich als versüſstes Quecksilber auf die Wände des Gefäſses nieder. 9. Rosmarinöhl wurde durch Sublimatkrystalle erst ins Ambrafarbene, und dann durch neuen hinzugesetzten Sublimat ins Dunkelgrüne verändert; der Anfangs weiſse flockigte Niederschlag wurde nun auch grün, und verhielt sich bey fernerer Untersuchung als ein Gemische von einer Art von harzigtem Stoffe mit versüfstem und ätzendem Quecksilbersublimat. 10. Versüfstes Quecksilber und Zinnober erfuhren vom Rosmarin- und Lavendelöhl keine Veränderung. 11. Der mineralische Turbith wird im Rosmarinöhl zum Theil zersetzt. 12. Der rothe Quecksilberniederschlag verändert sich im Lavendelöhl zum Theil in graues Quecksilberoxyd. 13. Das Butyrum Antimonii wurde im Rosmarinöhl zum Theil in silberfarbene Spiefsglanzblumen verwandelt. 14. Mit dem Zucker zum Öhlzucker verbunden, lösen sich nur die sehr rectificirten und im ersten Anfange der Destillation übergehenden Öhle im Wasser vollkommen auf; die später übergegangenen begeben sich hingegen auf die Oberfläche des Wassers. 15. Endlich stellte der Verf. auch noch Versuche über die Wärmeerzeugung durch Schütteln flüchtiger Öhle mit destillirtem Wasser an. (S. unten.) 3. *Analyse des grauen Ambra, von* Bouillon-la-Grange. Das Resultat dieser, nach dem gewöhnlichen Schlendrian gemachten, Analyse ist: dafs 3,820 Grammen, oder ein Quentchen des grauen Ambers, durch Hülfe vorzüglich des Alcohols und der Destillation, folgende Materien in folgenden Verhältnissen geben:

Fettwachs	2,016	Grammen
Harz	1,167	—
Benzoesäure	0,425	—
Kohligte Materie	0,212	—

4. *Untersuchung einer natürlichen kohlensauren Talkerde von* Guyton, der mathem. und physischen Classe des Nationalinstitutes den 17ten Prairial des Jahres XI. vorgelesen. Diese natürliche kohlensaure Talkerde bestehet nach Guytons Analyse in 100 Theilen aus 26,3 Talkerde, 14,2 Kieselerde, 46 Koh-

lensäure, 12 Wasser und einer Spur von Eisen. Verlust 1,5. 5. *Anzeige von dem mineralogischen Wörterbuche des Fürsten* Gallitzin, *von* Guyton. 6. *Bemerkungen über mehrere pharmacevtische Zubereitungen, von* Steinacker, *Apotheker zu Paris. Ausgezogen von* Parmentier. Diese Bemerkungen betreffen 1. die Bereitung des Unguentum nutritum. Man müsse erst ein wenig Silberglätte im destillirten Essig auflösen, und hinlänglich viel Kohlensäure in das Gemisch bringen, um den gröfsten Theil der Silberglätte in weifses kohlensaures Bleyoxyd zu verwandeln, das zwischen dem Öhle sich erhält, und um das öhligte Gemisch zu verdikken. Wendet man so viel Essig an, um eine gesättigte Verbindung zu erhalten, so bindet sich das Gemisch nie vollkommen. Am besten gelingt das Präparat, wenn man an einem kühlen Orte arbeitet. Bey einer Temperatur von 15 - 16 Graden entweicht ein Theil der Kohlensäure, und läst $\frac{2}{100}$ Bley als gelbes Oxyd frey. 2. Die Krystallisation der Phosphorsäure. Sehr concentrirte, nach Lavoisiers Vorschrift bereitete Phosphorsäure, die ein Jahr ruhig gestanden hatte, zeigte sich auf ihrer Oberfläche mit einer Kruste bedeckt, in welche sich prismatische Krystalle in glänzenden, eine Linie breiten und einen Zoll langen Blättern einsenkten, welche aus einem Mittelpunkte divergirten. Auch vom Boden aus erheben sich solche Blätter, welche sich mit den von der obern Schicht ausgehenden verbinden zu wollen scheinen. Die Wandungen des Glases sind der Sitz dieser schönen Krystallisation. In der Mitte ist die Säure noch flüssig. (Man s. eine ähnliche Krystallisation der Phosphorsäure beschrieben in Scherers Allg. Journale der Chemie. VIIIter Band. S. 121.) 3. Die Reinheit des Phosphors. Auch der durch mehrmaliges Schmelzen, durch Pressen durch ein

Gemsleder, und durch oxygenirte Kochsalzsäure gereinigte Phosphor enthält noch immer etwas Kohle. 4. Das weiſse Phosphoroxyd. (S. hinten.) 5. Die regelmäſsige Krystallisation des flüchtigen Rosenöhls. Das Rosenwasser, gleich nach der Destillation in eine weite Glocke gebracht, und der Ruhe überlassen, bedeckte sich nach 24 Stunden mit einem schimmernden Häutchen, das mit kleinen hexaëdrischen Krystallen wie Schneekrystallen übersät war. 7. *Auszug aus einem Briefe an den General* le Vavasseur, *Inspector des Materials der Seeartillerie.* Aus dem Meere gezogene Kanonen zeigten sich nicht gleichförmig, sondern mehr adern- und streifenweise oxydirt. 8. *Ankündigungen.*

VI.

Annales de Chimie. Nro. 140 *oder des* 47*sten Bandes* 2*tes Stück. Thermidor. Jahr XI. S.* 113 - 224.

1. *Auszug aus einer Abhandlung des Bürgers* Leblond *über die Cultur des Orleanbaumes*, (rocouyer, Bixa Orellana) *und die Fabrication des Orlean, von* Vauquelin. Wir werden auf diese Abhandlung an einem andern Orte zurückkommen. 2. *Note über das neue Verfahren des D.* Carbonell, *um eine leicht trocknende und dem Ungemache der Witterung widerstehende Farbe zu erhalten, von* du Four, *Apotheker.* Du Four führt eine Stelle aus einem alten Werke des Jesuiten Bonanni über die Bereitung des chinesischen Firnisses (Trattato sopra la vernice ditta communamente Cinese)

an, aus welcher erhellet, dafs schon die Chinesen Carbonells (im VIten Stücke der N. Entd. S. 128. beschriebenes) Verfahren gekannt haben. 3. *Neues Verfahren, um den salzsauren Baryt und Strontit zu bereiten.* Das von Bouillon-la-Grange hier empfohlene Verfahren bestehet darin, gleiche Theile von trockenem salzsaurem Kalke und pulverisirtem und durchgesiebtem Schwerspathe in einem vorher glühend gemachten Tiegel zu schmelzen, das ruhig fliefsende Gemisch auf eine erwärmte Platte auszugiefsen, zu pulverisiren, einige Minuten mit seinem sechsfachen Gewichte an Wasser kochen zu lassen, zu filtriren, die Auflösung bis zum Salzhäutchen abzurauchen, dann abkühlen zu lassen, von den Krystallen die übrig bleibende Flüssigkeit abzugiefsen, weiter abzurauchen, und zum zweytenmal abkühlen zu lassen, auch wohl zum drittenmal diefs zu wiederholen, und die so erhaltenen Krystalle von salzsaurem Baryt, die besonders beym ersten Erkalten sehr schön mit der glänzendsten Weifse sich zeigen, durch eine neue Krystallisation von dem anhängenden salzsauren Kalke zu befreyen. Hat dieses Verfahren wirklich den angegebenen erwünschten Erfolg, so verdient es allerdings Vorzüge vor dem bisher üblichen. Auf dieselbe Art kann man auch den salzsauren Strontit bereiten, nur mufs man nicht bis zum Salzhäutchen, sondern nur so weit abrauchen, bis ein paar Tropfen, aus der heifsen Auflösung genommen, in einem Gefäfse erhaltend Krystalle geben. 4. *Notiz über die Zersetzung des Weingeistes vermittelst des Kalkes, von* Vauquelin. Um Weinsteinsäure im Grofsen zu bereiten, wurde der Weinstein nach Scheeles Vorschrift durch ätzenden Kalk zersetzt, um gelegentlich auch die kaustische Pottasche zu gewinnen. Beym Abrauchen gerann dieselbe aber zu einer dicken und durchsichtigen Gallerte, und zeigte sich bey näherer Untersuchung mit weinsteinsaurem Kalke verunreiniget. 5. *Untersuchungen über eine für ein neues Metall Palladium ausgegebene metallische Substanz, von* Chenevix. Aus dem Englischen übersetzt von Bouillon-la-Grange. (Man s. hierüber das XIte Heft der N. Entd.) 6. *Auszug aus der Bibliothèque Italienne der Professoren* Julio, Giobert, Vassalli-Eandi, *und* Rossi, *von* Guyton. 7. *Von der Menge von Sauerstoff, welche die Kohle verschluckt, wenn der Diamant beym Verbrennen reine Kohlensäure bildet.* Aus dem XIten Stücke von Richters Neueren Gegenständen der Chemie übersetzt. 8. *Tragbare Barometer des Bürgers* Maigné. Die Einrichtung ist zweckmäſsig, und hat Vorzüge vor den tragbaren Barometern mit stählerner Schraube. Eine Zeichnung erläutert den Mechanismus hinlänglich. 9. *Note über eine besondere chemische Erscheinung, von* Paysse. Er hatte auf eine Auflösung von Quecksilber in der Salpetersäure zufällig versüſsten Salpetergeist gegossen; es bildete sich in diesem Gemische von ohngefähr 5 Theilen von jenem und einem Theile von diesem nach 24 Stunden ein reichlicher weiſser sehr voluminöser Niederschlag, der, von der übrigen Flüssigkeit abgesondert und untersucht, aus Sublimat mit Überschuſs von Quecksilberoxyd und salpetersaurem Quecksilber zusammengesetzt sich zeigte. Nach fernern 2 Tagen bildete sich ein ähnlicher weiſser Niederschlag, der gleichfalls abgesondert wurde. Nun blieb die übrige Flüssigkeit vollkommen klar und durchsichtig, ohne eine weitere Veränderung zu erleiden, in Ruhe stehen, bis plötzlich nach einigen Monaten eines Abends die Flasche mit einer fürchterlichen Explosion zersprengt wurde. 10. *Ankündigungen.*

Pfaff.

VII.

Journal de Physique, de Chimie et d'Histoire naturelle. Pluviose. Jahr XI. oder des LVIsten Bandes 2tes St. S. 97 - 163.

1. *Versuch über das Satzmehl der grünen Pflanzen, vom Prof.* Proust. Diese meisterhafte Abhandlung enthält eine scharfe Kritik mehrerer Behauptungen Fourcroys in seinem Système des connoissances chimiques. Der Verf. zeigt, daſs die, von Rouelles scharfem Blicke ihrer wahren Natur nach bereits hinlänglich gekannte, grüne Faecula der Pflanzen nicht, wie Fourcroy will, eine albuminöse, sondern vielmehr eine glutinöse Materie sey, die mit einem harzigten Stoffe vergesellschaftet sey, wovon dieses Satzmehl seine grüne Farbe erhalte. Über das Wachs, das Proust in den Säften mehrerer Pflanzen fand, s. unten. 2. *Brief* Prousts *an* Delametherie. (S. die N. Entd. Vtes St. S. 69.) 3. *Über die Variationen des Zustandes des Himmels in den mittleren Breiten zwischen dem Aequator und Pole, und die Ursachen derselben, von* Lamarck. Lamarck hat bekanntlich das Studium der Meteorologie zu seiner Lieblingsbeschäftigung gemacht, aber auch für ihn scheint bis jetzt eine genaue Angabe der Ursachen der Witterungsveränderung der Stein der Weisen gewesen zu seyn. Nach einer vorausgeschickten Einleitung, in welcher er besonders Toaldo's Untersuchungen den Vorwurf macht, daſs sie zu einseitig gewesen seyen, handelt er im ersten Artikel vom natürlichen Zustande der Erdatmosphäre, und von der fortschreitenden Abnahmeordnung der Wärme und Dichtigkeiten der Schichten der Atmosphäre von unten nach oben; im zweyten Artikel von den directen Ursa-

chen, welche die Variationen des Zustandes des Himmels hervorbringen, und im dritten Artikel vom Einflusse der Winde auf den Zustand des Himmels in unsern Breiten, und von der Ursache, welche ihnen das Vermögen giebt, alle die Veränderungen, welche man in Hinsicht dieses Zustandes beobachtet, hervorzubringen. Wir werden in einem eigenen Aufsatze die Ideen und Bemühungen Lamarcks in Betreff der Meteorologie unsern Lesern in einem gedrängten Abrisse mittheilen. 4. *Bemerkungen über den Brief* Lebouviers *an* Delametherie *in Ansehung der Frage:* Ist das Meerwasser das einzige Agens, das die vulcanischen Gährungen hervorbringen kann? *von* G. A. Deluc. Eine scharfe Prüfung und, wie es uns scheint, siegreiche Widerlegung der der Delucischen Meinung, daſs zu allen in der That vulcanischen Gährungen und Eruptionen der Zutritt des Meerwassers nöthig sey, von Lebouvier entgegengesetzten Gründe. In einer Nachschrift sucht Deluc eine von Breislack in seiner Reise in Campanien aufgestellte Behauptung, daſs die Vulcane keine Communication mit dem Meere haben, zu widerlegen. 5. *Beschreibung einer neuen Dampfmaschine vom Ritter* Edelcrantz. Ohne das beygefügte Kupfer läſst sich diese Beschreibung nicht wohl deutlich machen. , 6. *Kurze Nachricht vom Mammouth*, *von* Rembrandt-Peale. 7. *Galvanische Versuche an Blinden*, *von* Grave. (S. N. Entd. IXtes St. S. 7.) 8. *Auszug aus einem Briefe des Dr.* Bremer *an* Friedländer *über* Schraders *Entdeckung der Blausäure in mehreren Pflanzen.* 9. *Fortsetzung der galvanischen Versuche über die Reizbarkeit des Faserstoffes und die Entfärbung des Blutes*, *von* Delametherie. (S. IXtes St. der N. Entd. S. 8.) 10. *Meteorologische Beobachtungen vom Monate Nivose des Jahres XI.*, *von* Bouvard. Der höchste Barometerstand in diesem Monate (December-Januar) betrug 28 Zoll 1,00 Linien, der niedrigste 26 Zoll 11,80 Linien; der höchste Grad des Thermometerstandes war + 8,9, der niedrigste — 7,3. 11. *Literarische Neuigkeiten.*

VIII.

Journal de Physique etc. Ventose. Jahr XI. oder des 56sten Bandes 3tes Stück. S. 169 - 252.

1. *Untersuchungen über die Organisation der Blätter, von* A. Jurine. 2. *Bemerkungen über das Système des connoissances chimiques von* Fourcroy, *von* Proust. Treffliche Zusätze und Berichtigungen von dem grofsen spanischen Chemiker, die in ihrem ganzen Detail mitgetheilt zu werden verdienten, wenn hier der Ort dazu wäre. Folgende Artikel aus Fourcroys System sind hier durchgegangen, berichtiget und bereichert: Essigsaure Pottasche, Essigsaures Quecksilber, Bleyweifs, Bleyzukker, Essigsaures Eisen, Essigsaures Bley, Essigsaurer Kalk, Essigsaures Kupfer, Essigte und Essigsäure, Essigäther, Vitrioläther, Salzäther. 3. *Brief von* Louis Cordier, *Bergwerksingenieur, an* Delametherie. (S. die N. Entd. X St. S. 102.) 4. *Fortsetzung der Versuche* Schraders *über die Blausäure.* In Deutschland bereits bekannt. 5. *Meteorologische Beobachtungen im Monate Pluviose des Jahres XI.* (Januar-Februar 1803) *von* Bouvard. Der höchste Barometerstand

war 28. 4,17, der niedrigste 27. 3,00; die gröſste Temperatur + 8,5, die niedrigste — 12,4. 6. *Über eine neue Art von Mahlerey mit dem Blutwasser*, *von* Carbonell. (Unsern Lesern schon aus dem VIten St. der N. Entd. S. 128 bekannt.) 7. *Versuche, welche eine Verschiedenheit zwischen den Gesetzen des Galvanismus und der Elektricität beweisen sollen*, *von* Lagrave. (S. das IXte St. der N. Entd. S. 8 fg.) 8. *Fernere galvanische Versuche von demselben.* (S. an demselben Orte.) 9. *Erfahrungen von Dr.* Schélver. (Unsern Lesern aus Voigts Magazin bekannt.) 10. *Auszug aus* Chenevix *Bemerkungen über die chemische Nomenclatur*, *von* Vandier. Chenevix Schrift enthält treffende Bemerkungen über die chemische Nomenclatur, die besonders auch von unsern deutschen Tonangebern beherziget zu werden verdienten. 11. *Auszug aus* Geoffroys *Abhandlung, in welcher die elektrischen Organe mehrerer Fische verglichen werden.* 12. *Thermometrische Beobachtungen im Winter des Jahres XI. zu Paris von* Cotte *und zu Saintes bey Brüssel von* Poederlé *angestellt.* Die kalte Witterung trat spät ein, da der ganze December und ein Theil des Januars auffallend gelinde gewesen waren. Die gröſste Kälte stieg den 29sten Januar in Paris auf — 8,4, in Saintes war sie — 10,0, und die gröſste Kälte daselbst am 28sten — 10,5. Die gröſste Kälte im Februar war den 12ten — 11,3 in Paris, und — 15,7 an demselben Tage in Saintes. Die mittlere Kälte nach den Morgens um 7 Uhr angestellten Beobachtungen war zu Paris — 6,9, zu Saintes — 9,1. Das Thauwetter trat in Paris schon am 14ten Februar ein, und die Temperatur nahm nun sehr schnell zu. 13. *Kurzer Abriſs von galvanischen Versuchen, welche von* Aldini *zu Calais angestellt wurden.* (S. das IXte St. der N. Entd. S. 1. fg.) 14. *Literarische Neuigkeiten.*

IX.

Journal de Physique etc. Germinal. Jahr XI. oder des LVIsten Bandes 4tes Stück.
S. 253 - 324.

1. *Abhandlung über die Fehler des Salpetergas-Eudiometers*, *von* F. Berger von Genf. Das Resultat mehrerer mit vieler Sorgfalt vom Verf., besonders in der Absicht einer Prüfung der Humboldtischen Verbesserung des Gebrauchs des Salpetergas-Eudiometers angestellter Versuche ist folgendes: 1. Es findet Einsaugung des Salpetergases sowohl durch die Auflösungen, als auch durch die Sättigungen (gesättigte Verbindungen in dem Verhältnisse von einem Theile des Salzes mit zwey Theilen Wasser) des Eisenvitriols Statt. 2. Diese Einsaugung ist viel schneller und beträchtlicher, wenn man eine Sättigung statt einer Auflösung anwendet. 3. Diese Einsaugung des Salpetergases hängt von einem besondern Verbindungszustande seiner Bestandtheile ab, weil diese Wirkung nicht mit den einzelnen Bestandtheilen für sich eintritt. 4. Die Art der Einsaugung des nitrösen Gases durch diese Auflösungen oder Sättigungen scheint in den meisten Fällen schwer zu bestimmen zu seyn. Das nitröse Gas scheint gänzlich eingesogen werden zu können, ohne daſs eine Zersetzung Statt fände, und daſs man einen nicht einsaugbaren Rückstand bemerkte, woraus es wahrscheinlich wird, daſs entweder das Stickgas mit eingesogen wird, oder, was glaublicher ist, daſs in mehreren Fällen von Erzeugung von nitrösem Gase dasselbe rein, und nicht mit dem Stickgase gemischt ist, weil es in der That bis ans Ende seine eudiometrischen Eigenschaften beybehält. Bisweilen bemerket man aber auch groſse Ausnahmen

hiervon, indem nehmlich das nitröse Gas nur mit Schwierigkeit eingesogen wird, und das rückständige Gas alle eudiometrische Eigenschaft verliert. 5. Welches aber auch immer die Art dieser Einsaugung sey, so ist doch so viel gewiſs, und dieſs ist der wichtigste Punkt in dieser Untersuchung, daſs es unmöglich ist, in irgend einem Falle vermittelst des schwefelsauren Eisens auf eine sichere und genaue Weise die Quantität von Stickgas, die einem gegebenen nitrösen Gase beygemischt ist, zu bestimmen. Dieses Verhältniſs variirt ins Unendliche unter Umständen, welche streng dieselben zu seyn scheinen. Nach allem diesem giebt der Verf. dem Phosphoreudiometer den Vorzug, das sich auch noch in anderer Hinsicht vor dem Salpetergas-Eudiometer empfiehlt. 2. *Beobachtungen über die Kälte des letzten Winters von 1802-1803, angestellt zu Amsterdam von* van Swinden, *Prof. der Physik, und von* Vandem. Die gröſste Kälte im Januar stieg den 26sten auf — 12,7. In Hamburg war sie an demselben Tage — 16,0. Die gröſste Kälte im Februar stieg am 12ten auf — 14,9. 3. *Über das öhligte Wasserstoffgas, von* Proust. Proust hält dasselbe für eine Auflösung von wirklichem Öhle in Wasserstoffgas, und erklärt sich die Ausdehnung von 4 Zollen desselben durch Verbrennen mit vier Zollen Sauerstoffgas in einem Raume von 13 - 14 Kubikzollen durch die Verwandlung des Öhls in gekohltes Wasserstoffgas, während eigentlich bloſs der reine Wasserstoff verbrenne. 4. *Von den Ursachen der Reizbarkeit und Erregbarkeit.* Dieser Aufsatz enthält für deutsche Leser nichts Bemerkenswerthes, und selbst französische Leser möchten dem Verf. die Competenz zur Discussion von dergleichen Fragen wenigstens nach dieser Probe absprechen. 5. *Galvanische Versuche von* Lagrave. (S. das IXte St. der N. Entd. S. 8.) 6. *Brief* Bournons *an* Delametherie *über die vom Himmel gefallenen Steine.* (S. die N. Entd. IXtes St. S. 139.) 7. *Bericht über den Galvanismus von* Antoine-Marie Vassalli-Eandi. (S. IXtes St. d. N. Entd. S. 10.) 8. *Meteorologische Beobachtungen vom Monate Ventose des Jahres XI.*, *von* Bouvard. Höchster Barometerstand 28. 5,00, niedrigster 27. 3,76. Höchste Temperatur + 14,2. Niedrigste Temperatur — 4,8. 9. *Notiz von einem meteorischen Steine, von* B. G. Sage. (S. das IXte St. der N. Entd. S. 140.) 10. *Chemische Analyse einer seltenen Zeolith-Varietät, von* Robert Kennedy. Aus den Edinburger Transactionen gezogen. 11. *Brief von* Fortis *an* Delametherie *über einen zu Udine gefallenen schlammigten Regen* (Pluie vaseuse.) Dieser Regen von Schlamm verbreitete sich vom Ufer der See bis zu dem Fufse der kärnthischen Alpen in einer Strecke von beynahe 10 - 12 Meilen. Der Schlamm verhielt sich wie ein feiner röthlicher Thon, und hatte nichts vulcanisches. Fortis glaubt, dafs dieser Schlamm von überschwemmten Gegenden als Schlammwasser durch heftige Wirbelwinde in die Höhe gerissen worden sey, bis zu Höhen, in denen sie sich desselben bemächtigen konnten. 12. *Auszug aus* Hedwigs *Filicum Genera et Species.* 13. *Literarische Neuigkeiten.*

X.

Journal de Physique. Floreal. Jahr XI. oder des LVIsten Bandes 5tes Stück. S. 325 - 404.

1. *Neue Beobachtungen über die Lenticularia der Perte du Rhone und die Münzenlenticularia, von* G. A. Deluc. Mit 15 Figuren erläutert. Diese ganz ins Detail der Naturbeschreibung eingehende, für die ältere Geschichte der Erde nicht unwichtige Abhandlung verdient ganz gelesen zu werden. 2. *Nachricht von zwey, von den nehmlichen Papageyen, die im Jahre* 1801 *ein Junges in Rom erzeugt hatten, herrührenden Foetus, von* Ch. L. Morozzo. Das Papageyweibchen legte drey Eyer, und fing sie auch an zu brüten. Das eine erhielt aber ein Loch, und ging in Fäulnifs über, die beiden andern eine Eindrückung, und die schon zu einem hohen Grade von Entwicklung gelangten Foetus starben darin ab. (Das nähere Detail von diesen Papageyen haben wir bereits in den Französischen Annalen, IIftes Stück, aus dem Journal de Physique mitgetheilt.) 3. *Brief von* Auguste de Chambrier *an* J. C. Delametherie *über den Asphalt von Val de Travers.* Die Asphaltgrube ist in dem Thale von Travers im Fürstenthume Neufchatel. Sie hat einen graulich weifsen, ziemlich harten Kalkstein zur Unterlage, und zur Decke eine Schicht von grandigter, kalkigter, etwas thonhaltiger Erde. Gerade über, auf der andern Seite des Thals, findet sich auch eine solche Grube. Dieser Asphalt enthält in 12 Theilen 6 Theile kohlensaure Kalkerde, einen Theil Öhl, 4 Theile Kohle, ein wenig Eisenoxyd und ein wenig Thon. Er erweicht sich bey 15° nach R. Durch Destillation gewinnt man ein Öhl daraus. 4. *Von den Ursachen der Reizbar-*

keit und Erregbarkeit der Pflanzen, *von* J. C. Delametherie. 5. *Bemerkungen über das Genus Tillaea*, *von* J. C. Lapierre. 6. *Galvanische Versuche von* Lagrave. (S. oben.) 7. *Auszug aus dem neuen Wörterbuche der Naturgeschichte*, *von* Milon. 8. *Notiz über den Grad der Elasticität verschiedener Luftschichten*, *nebst einigen eudiometrischen Versuchen über die Constitution der Atmosphäre an verschiedenen Orten*, *von* F. Berger. Wir werden auf diese Abhandlung in der Folge noch zurückkommen. 9. *Brief des Fürsten* Alexander Sapieha *an* Delametherie *über die große Kälte des verflossenen Winters* (1802 - 1803) *in Polen*. Die Kälte war in Polen im Januar, und zwar den 18ten so stark, daſs auf dem Landgute des Fürsten Sapieha, das zwischen Lublin und Warschau gelegen ist, das Reaumurische Quecksilberthermometer, das im Zimmer auf + 16 stand, auf den Hof gebracht, wo es N. N. Ostwind ausgesetzt war, bis auf — 20 fiel, und dann plötzlich gefror. Auch in Litthauen zu Vilniévile, 13 Meilen nördlich von Wilna, gefror das Quecksilber, das man in ein Glas gegossen hatte. 10. *Galvanische Versuche von* Aldini *zu London angestellt*. (S. N. Entd. IXtes St. S. 1.) 11. *Untersuchungen über die meteorischen Steinmassen*, *von* de Drée. (S. das XIte St. der N. Entd.) 12. *Meteorologische Beobachtungen vom Monat Germinal*, *von* Bouvard. Höchster Barometerstand 28. 4,65. Niedrigster 27. 9,22. Höchste Temperatur + 19,1. Niedrigste + 2,7. 12. *Brief* Patrins *an* Delametherie *über die meteorischen Steine*. (S. das XIte St. der N. Entd.) 13. *Brief von* A. J. Cavanilles *an* J. C. Delametherie. Enthält eine kurze Inhaltsanzeige von Cavanilles neuestem botanischem Werke: Generos y especies de plantas demonstrades en lecciones publicas de 1801 - 1802. 2 Bände. 14. *Brief* Prousts *an*

Delametherie *über ein Knallpulver.* (S. N. Entd. Xtes St. S. 101.) 15. *Literarische Neuigkeiten.*

XI.

Journal de Physique. Prairial. Jahr XI. oder des LVIsten Bandes 6tes Stück. S. 405 - 480.

1. *Fortsetzung der Untersuchungen über die meteorischen Steinmassen, von* de Drée. (S. das XIte St. der N. Entd.) 2. *Brief von* de Drée *an* Delametherie *über die zu L' Aigle gefallenen Steine.* (S. das XIte St. der N. Entd.) 3. *Untersuchungen über die Ursachen, welche die Elektricität in den galvanischen Apparaten entwickeln, von* Gautherot. (S. oben.) 4. *Versuch über die Zersetzung der Gebirgsmassen, von* Alluau *dem älteren.* Der Verf. hält es für wahrscheinlich, daſs der Feldspath durch Entziehung der Pottasche zu Porzellanerde (*kaolin*) verwittere. 5. *Auszug aus* Izarn's *Werk über die meteorischen Steine.* (S. das IXte St. der N. Entd. S. 142.) 6. *Abhandlung* Lambotin's *über die zu L' Aigle gefallenen Steinmassen.* (S. das XIte St. der N. Entd.) 7. *Meteorologische Beobachtungen vom Floreal des Jahres XI., von* Bouvard. Höchster Barometerstand 28. 4,06. Niedrigster 27. 7,30. Höchste Temperatur + 17,0. Niedrigste + 0,5. 8. *Brief von* Vandier *an* Delametherie *über das neue Metall Palladium.* Giebt Nachricht von Chenevix Entdeckung, daſs dieses vermeintliche Metall ein Gemisch von 2 Theilen Platina und einem Theile

Quecksilber sey. (S. das XIte St. der N. Entd.) 9. *Entdeckung eines neuen Metalls von* Trommsdorf. 10. *Bemerkungen über die Epoche des Falls eines Steines von* Prevost. (S. das XIte St. der N. Entd.) 11. *Auszug aus einer Abhandlung des Ritters* Edelcrantz *über die Telegraphen.* 12. *Bericht vom Central - Comité der Vaccine. Im Auszuge.* (Siehe den ausführlichen Auszug im VII und VIIIten St. der N. Entd. S. 1.) 13. *Versuche über den Galvanismus der ins Wasser getauchten Säule, von* Lagrave. 14. *Literarische Neuigkeiten.*

Pfaff.

XII.

Annales de l'agriculture françoise par le C. Tessier. *Cahier VII. T. XV. Germinal.*

Fortsetzung vom XIten St. der N. Entd.

2. *Ein Aufsatz über die Bereitung des Ciders in dem Departement de l' Orne, und über die Art, wie man ihn bey der Gährung behandelt, von* Louis Dubois.

Die hier sehr umständlich beschriebene Art, den Cider zu bereiten, weicht in vielen Stücken von derjenigen sehr ab, die im Tom. II. der Annales de l'agriculture françoise p. 160 angegeben worden ist. Sie scheint sehr dazu geeignet zu seyn, um aus den Äpfeln, die man nimmt, vielen Cider zu pressen, und demselben, nebst einer guten Farbe, einen angenehmen Geschmack zu ertheilen. Der Hauptvorzug dieser Methode besteht besonders in der Anempfehlung der Vorschrift, den Cider aus einer gleich großen Menge bittrer und süßer Äpfel zu bereiten, die zu gleicher Zeit reif wurden, und hernach denselben in den ersten 8 Wochen seines Lagers auf den Fässern zu wiederholten Mahlen mit Vorsicht abzuziehen, um ihm durch Abscheidung aller groben erdigen Theile die gehörige Klarheit zu ertheilen.

3. *Über den Nutzen der Früchte des Indischen Castanienbaums* (Marron d' Inde) *und der Weinbeertrebern* (marc de raisin) *zur Fütterung für die Schafe, von dem Citoyen* Puymorin.

Der Bürger Puymorin ist Besitzer einer grofsen Schafheerde in dem Departement de la Haute Garonne 8 - 10 Stunden von den Pyrenäen. Im vorigen Jahre hatte es hier vier Monate hindurch nicht geregnet; es fehlte daher sehr an Futter für das Hausvieh. Allein demohngeachtet fand der Verfasser dieses Aufsatzes seine Schafe sehr wohlgenährt. Sie frafsen die Früchte des Indischen Castanienbaums, die sie in den Alleen seiner Besitzungen fanden. Er liefs daher gegen 40 Centner dieser Früchte aufsammeln, sie auf einem der Böden seiner Gebäude ausschütten, von Zeit zu Zeit lüften, um die Gährung und Fäulnifs unter ihnen zu verhüten, und gegen das Ende des Decembers, wo die Schafe keine Fütterung mehr vorfanden, in langen Krippen, die aus Bretern bestanden, unter seine Schafe vertheilen. Als sie etwas dürre geworden waren, liefs er sie wässern, um ihnen die gehörige Feuchtigkeit zu geben. Die Schafe liebten dieses Futter sehr: ihre Milch wurde fett davon, und ihre Lämmer befanden sich vollkommen wohl dabey.

Eben dieselben guten Dienste leisteten ihm die Trebern oder Trestern der Weinbeeren. Er liefs sie trocknen, mit Kleyen und Salz vermischen, und alsdann ihnen zum Futter geben.

(Die übrigen Aufsätze dieses Hefts scheinen blofs Localinteresse darzubieten, daher wir sie übergehen.)

XIII.

Annales de l'agriculture françoise par le C. Tessier. *VIIIme Cahier. T. XV. Floreal. IXme Cahier. Prairial an XI.*

Auch aus diesen und den folgenden Heften der Tessierschen Annalen für französische Agricultur ziehen wir nur dasjenige aus, was für Deutschland am wichtigsten scheint. Das Floreal- und Prairialstück enthält:

1. *Ideen über die Gesetzgebung und über die Verordnungen zur Austrocknung der Moräste in Frankreich, von dem Bürger* Chassiron.

Obgleich Frankreich eines der cultivirtesten Länder von Europa ist, so besitzt es dennoch gegenwärtig eine große Anzahl von Morästen. Es hat also die Hoffnung noch vor sich, durch die Austrocknung derselben seine Nationalreichthümer um ein sehr Beträchtliches vermehren zu können. Der Verf. dieser Ideen behauptet sogar, daſs wenige Mächte Europens in ihren Colonieen solche Reichthümer besäſsen, als Frankreich durch dieses Mittel in sich selbst noch zu finden vermöchte.

Einer Behauptung Sully's zu Folge hegte Heinrich IV. dieselben Ideen. Nach Heinrich's und Sully's Zeiten ging diese glückliche Idee verloren, da Colbert den Staat vorzüglich durch Fabriken und Handel heben wollte. Nur in den neuern Zeiten erstlich ist man zu derselben Idee wieder zurückgekommen.

Da der Staat hier eingreifen und handeln muſs, weil der Privatmann dieser Unternehmung von mehreren Seiten her nicht hinlänglich gewachsen ist, so trägt der Verfasser mehrere Gesetze vor, die eine solche Unternehmung leiten müssen. Diesen Gesetzen hat er drey Hauptabtheilungen gegeben.

Erste Hauptabtheilung.

Gesetze, welche die Handlung und die Rechte regeln, welche die öffentliche Gewalt hat.

Nämlich: über die Austrocknungen, die erstlich zu unternehmen, und über die, welche schon begonnen und zu erhalten sind.

Zweyte Hauptabtheilung.

Gesetze, welche die Rechte und Indemnitäten der Personen regeln, welche die Austrocknung der Moräste unternehmen.

Dritte Hauptabtheilung.

Gesetze, welche die Rechte der Eigenthümer der gemachten Austrocknungen bestimmen, es mögen diese Rechte entweder sie selbst unter einander, oder sie in Verhältnifs zu ihren Ufernachbarn betreffen.

2. *Auszug aus einer Abhandlung über die Austrocknung der Moräste nach der gewöhnlichen Methode, von* Joseph Elkington.

Der Hauptgegenstand dieser Abhandlung besteht in der Anempfehlung der Methode, in den Morästen und in jedem andern feuchten Lande durch die festen Erdlagen, die das Wasser zurückhalten, hindurch zu arbeiten und bis auf den lockern Grund zu graben, in dem sich das Wasser verbirgt.

3. *Berichtserstattung der Jury des Unterrichtes über die Vieharzneyschule zu Alfort im Germinal des Jahres XI.*

Nur 151 Eleven von 163 stellten sich zum Examen.

4. *Bemerkungen über den Gebrauch der wilden Kastanie und der Weintrebern als Fütterung für die Schafe, gelesen in der öconomischen Gesellschaft des Seine-Departements, von* Puymorin.

Herr Puymorin, der eine grofse Schafheerde in dem Departement de la Haute Garonne hat, ist durch den Zufall auf die Bemerkung gestofsen, dafs die wilden Castanien und die Weintrebern ein treffliches Fütterungsmittel für die Schafe abgeben. Die Maronen füttert er nafs, nachdem er sie vorher 6 - 8 Wochen auf dem Boden hat dürre werden lassen, in langen Krippen, und die Weintrebern dürre mit Kleyen und Salz vermischt.

5. *Bemerkungen über das Rösten des Hanfs vom Bürger* Reynier.

Der Verf. macht zuerst einige Anmerkungen zu der Abhandlung des Bürgers Nicolas, die im XIV. Bande der Annales de l'Agriculture erschien, und wo das Rösten des Hanfs in freyer Luft durch den Thau vorgeschlagen wurde. Hierauf schlägt er das Mittel vor, dessen sich Rozet, ein Mitglied der Academie zu Orleans, vor mehr denn 20 Jahren mit vielem Erfolge bediente. Dieses Mittel besteht in einer kleinen Dosis von kaustischem Alkali oder von Aschenlauge, die man in die Wassergruben wirft, in denen der Hanf geröstet werden soll. Freylich müfste man zu verhüten suchen, dafs die Thiere nicht aus diesen Gruben ihr Getränk erhielten.

6. *Abhandlung über den Boden des Arrondissement von Coutances, Departement de la Manche, und über seine vorzüglichsten Erzeugnisse, von* Duhamel.

In diesem Aufsatze ist am merkwürdigsten die Nachricht von einem Düngungsmittel, das Tangue genannt wird, und welches aus einem Pulver besteht, das aus gestofsenen Muschelschaalen gebildet ist. Dieses feine Sandpulver setzt sich an den Mündungen der Flüsse und Bäche in dem Meere an. In thonartigen Boden gebracht, macht dieses Düngungsmittel ihn locker, und bewirkt einen erstaunend reichen Ertrag. Eine sonderbare Bemerkung ist die, dafs die Gerste, die in diesem Departement vor dem Winter ausgesäet wird, reiche Früchte trägt, ein besseres Korn giebt und nicht so viel an Maas zur Aussaat, als wie gewöhnlich ist, verlangt.

7. *Plan zur Errichtung neuer öconomischer Anlagen in den Gebirgen von Auvergne, von* de Pradt.

Da Frankreich noch immer jährlich mehrere Arten von Erzeugnissen des Bodens aus fremden Ländern für die bedeutende Summe von 120 Millionen Livres einführen lassen, da es selbst blofs für Pferde allein, die in Frankreich sehr mangeln, gegen 30 Millionen zahlen mufs; so räth der Verf., die grofse Menge unangebauter Distrikte in den Gebirgen von Auvergne durch eine bessere Cultur bearbeiten zu lassen. Besonders aber schlägt er vor, dafs man diese Gegenden zur Anlegung von Stutereyen, oder überhaupt zur Pferdezucht benutzen möge, da fast keine Gegend in Frankreich sich hierzu besser schicke. Der Verf. dieser Vorschläge ist einer der besten Ökonomen Frankreichs, und unter seinen Landsleuten sehr vortheilhaft durch die Schrift bekannt: De l'état de l'agriculture en France et de l'amélioration dont elle est susceptible.

8. *Bemerkungen über den Gewürzbaum, als ein Colonialproduct der Insel de la Reunion, ehemals Isle de Bourbon, von* Bory de Saint Vincent.

Die Gewürzbäume haben sich auf dieser Insel seit einiger Zeit aufserordentlich vermehrt: noch steht auf derselben in den Pflanzungen eines Einwohners von St.

Benoit, M. Hubert, der erste Gewürzbaum, der in die Insel gebracht wurde, und von dem alle die übrigen abstammen. Vor nicht langer Zeit gab er in einem Jahre gegen 125 Pfund Gewürznägel. Die Einkünfte von 4 ähnlichen Gewürzbäumen in dem Preise, in dem vor einiger Zeit die Gewürze in Frankreich verkauft wurden, würden das Glück von vielen Familien machen können.

9. *Brief an die Subscribenten der neuen Ausgabe des Théâtre d'Agriculture von* Olivier de Serres, *welche von der Gesellschaft des Ackerbaues des Seine-Departement in* 2 *Bänden in* 4° *mit Anmerkungen besorgt wird, von* François de Neufchateau *und* Huzard.

Ein sehr verdienstvolles Unternehmen! Der Text des so alten und so vortrefflichen Werkes soll berichtigt, und mit einem Portrait seines Verfassers versehen herausgegeben werden.

10. *Brief, enthaltend eine Vergleichung des Öhls der Arachis mit dem Nufs-, Lein- und Oliven-Öhle, geschrieben an den Bürger* Vignancourt *von* François Estarac.

In diesem Briefe werden die in der That merkwürdigen Erfahrungen und Versuche des Apothekers Pailhasson mit dem Öhle der Arachis oder der Erdpistazie angeführt. Diesen Versuchen zu Folge brennt eine Unze Erdpistazienöhl mit einem Docht, das aus dem Mark von Scirpus gemacht ist, und eine und eine halbe Linie im Durchmesser hat, 9 Stunden, 26 Minuten; das Nufsöhl 50 Minuten weniger; das Leinöhl einige Minuten weniger als das Nufsöhl, und das Olivenöhl eine Stunde 26 Minuten weniger lang als das Erdpistazienöhl, dessen Licht besser leuchtete und weniger Rauch gab.

Vorzüglich aber scheint dieses Öhl zur Bereitung der Seife geeignet zu seyn. Pailhasson behauptet, dafs man für die Tuchmanufacturen, so wie überhaupt für die Wäscherey, mit jedem andern Ingrediens unmöglich eine so wohlfeile Seife, als wie die aus dem Erdpistazienöhle, bereiten könne. Aus einem Pfund von Erdpistazienkörnern gewinnt man manchmal ein halbes Pfund, gröfstentheils aber 7 Unzen gereinigtes Öhl.

11. *Brief des Bürgers* Duplantier, *Préfèt des Departement des Landes, an* Tessier, *in Hinsicht auf die Untersuchungen, die er über die Resultate des Anbaues der Erdpistazie in seinem Departement gemacht hat.*

In diesem Briefe führt Duplantier das Zeugnifs des Préfêt-Rathes Dubosq, und Secretairs der Gesellschaft des Ackerbaues in seinem Depart. über den grofsen Vortheil des Anbaues der Erdpistazie an. Dubosq gewann auf einem Stücke Acker, auf welchem er nur für 20 Franken Profit erhalten hätte, wenn es mit Mais besäet gewesen wäre, 120 Franken.

12. *Abhandlung über die Bereitung des Käse in den Departements des Jura und des Doubs, gerichtet an die Gesellschaft zur Ermunterung der Nationalindustrie, von* Droz.

Man bereitet im Juradepartement zwey Sorten von Käse. Die eine nennt man Vachelin, und die andere Sept Moncel. Die erstere nur kommt vorzüglich nach Paris und nach Orleans, die zweyte hingegen nach Lyon.

13. *Bericht über die Schaufeln und Grabscheide, die von den Brüdern* Engelvin *zu Pont-Gibaud im Puy-de-Dome-Departement verfertigt werden, von* Molard.

Diese Schaufeln und Grabscheide sind von einer neuen vorzüglich bequemen Form. Herr Thouin der ältere, Professor am Nationalmuseum der Naturgeschichte zu Paris, versichert, dafs alle Arbeiter, die sich dieser Instrumente bedienen, dieselben den älteren und allgemein bekannten Werkzeugen bey weitem vorziehen.

Sickler in Paris.

XIV.

Journal de Medecine, Chirurgie, Pharmacie etc., par Corvisart, Boyer *et* Leroux. *Fructidor an XI.* Enthält:

1. *Ueber eine organische Verletzung des Herzens durch Zerreifsung einer der Fleischfasern der linken Herzkammer. Aufgezeichnet von* Mirat, *in der Clinik für innere Krankheiten der Schule zu Paris.* — Ursprünglich war der Kranke nach einer Anstrengung, um eine grofse Last zu heben, in eine Peripneumonie verfallen. Mehrere Krankheiten folgten lange hernach, als Nierenschmerzen, geschwollene Füfse, Herzklopfen, und nach anscheinender Heilung öftere Recidive. Ohne jedoch den Leser lange bey der Krankheitsgeschichte aufzuhalten, wollen wir nur sagen, dafs der Kranke starb, und dafs Herr Corvisart (etwas gewagt) kurz vor der Leichenöffnung die Vermuthung aufstellte, dafs man nicht nur eine Erweiterung des Herzens, sondern wohl gar Zerreifsung eines Theils finden möchte, welches eintraf. Die Krankheitsgeschichte giebt dieses wenigstens nicht nothwendig und natürlich; allein Herr Corvisart hat den Ruf, sich

auf die Diagnosis der Herzkrankheiten besonders gut zu verstehen, durch Merkmahle, die sich, wie es scheint, nicht entwickeln lassen.

2. *Beobachtungen über die Anwendung kühlender Mittel in 2 Blutflüssen, die durch Unthätigkeit der Matrix nach der Entbindung veranlaſst waren*, *von* Serriere. Der Verf. brachte Eis in die Gebärmutter, exponirte seine Kranke der Kälte, und wusch die äuſsern Theile mit kaltem Wasser, u. s. w. Alles dieses in einzelnen auſserordentlichen Fällen mit gutem Erfolge. Seine übrige Behandlung war die gewöhnliche, solchen Umständen angemessene.

3. *Anmerkung über die Operation der Symphyse, von* Giraud, *Doctor der Chirurgie, Suppleant am Hotel-Dieu zu Paris.* 30jährige Männer- und Frauen-Cedaver, an denen man die Symphysis trennt, gestatten wenig Erweiterung des Beckens. Bey ältern ist dié Ausdehnung vollends unmöglich, aber bey jüngern Frauen, die in den Wochen gestorben sind, geht diese Ausdehnung leicht vor sich. Auch einige Krankheiten, wie die Wassersucht, vermehren die Ausdehnung der Ligamente. Die Ausdehnung betrug 2, auch 3 Zoll. Mehrere merkwürdige Fälle an Cadavern sowohl als an lebendigen bestätigen die schon ehemals von Herrn Thouret nach guten Gründen anempfohlene Operation. —

4. *Medicinische Topographie der Stadt Langres und ihrer Gegenden, von* Robert. Bloſs allgemeine Einleitung. Wahrscheinlich wird die Fortsetzung mehr medicinisch seyn.

5. *Meteorologische Beobachtungen von* Cotte *zu Montmorency.*

6. *Medicinische Constitution von Lille, von* Dourlen.

7. *Auszüge und Literatur.*

XV.

Über die Beschreibung des Celsischen Gartens von Herrn Ventenat.

Zehn Hefte, deren jedes 10 Abbildungen von den seltenen Pflanzen aus dem Garten des Herrn Cels enthält, sind bereits von Herrn Ventenat erschienen, und bilden einen Band in Folio. 20 derselben waren nur unvollkommen gekannt. 18 schlecht benannte sind zu ihren wahren Geschlechtern geordnet worden, und 62 sind ganz neu, und gehören zu 45 Familien, daher sie zu mannigfaltigen Vergleichungen Veranlassung gegeben haben. 6 Pflanzen bilden übrigens neue Geschlechter.

Dieses sind 1. Caldium, welches zur Familie Aroïdes gehört; es unterscheidet sich von Arum durch den Spadix, dessen Spitze sich ganz mit Antheren bedeckt.

2. Lubinia, aus der Familie Lysimachia oder Primulacea, unterscheidet sich von Lysimachia durch eine unregelmäſsige Krone, und eine Frucht, die sich nicht öffnet.

3. Chaptalia mit Perdicium verwandt, gehört zu den Corymbiferis, unterscheidet sich durch zwey Arten halbe Blüthen, und einen minder getheilten Stylum.

4. Oliveria, ein Geschlecht der Umbiliferen, welches sich von Astrantia durch fruchtbare Blüthen, und Saamen, die in 5 erhabenen Orten haarig (velues) sind, und blättrige Involucra haben, die in 3 Lobi getheilt sind, unterscheidet.

5. Redutea, mit Fugosia verwandt, zu den Malven gehörig, aber durch ein Stigma mit 3 Lobis verschieden. Die Stamina sitzen an der Spitze frey, und jede Saamenkapsel-Abtheilung enthält viele Saamen.

6. Bossiaea, mit der Crotalaria zu den Leguminosis gehörig; die zusammengedrückte Hülse unterscheidet sie hinlänglich.

Bekanntlich giebt Herr Ventenat nun eine Fortsetzung unter dem Titel: Choix de plantes, dont la pluspart sont cultivées dans le Jardin de Cels, heraus, wovon das erste Stück erschienen ist; und nächstdem den angezeigten Jardin de Malmaison.

C.

Correspondenz, literarische und technische Nachrichten und Neuigkeiten, gelehrte und andere Gesellschaften, Unterrichtsanstalten u. s. w.

I.

Guytons *neue Beobachtungen über den Nutzen der sauren Räucherungen.*

Wir haben bereits im IIten St. der N. Entd. S. 1. die neuen Zusätze des berühmten Guytons zu seinen Erfahrungen über den Nutzen der sauren Räucherungen zur Verhütung der Ansteckung unsern Lesern mitgetheilt. In dem jetzigen Augenblicke, da eine neue gefährlichere Art von Pest als die gewöhnliche, ich meine das gelbe Fieber, auch diejenigen Gegenden bedroht, die durch ihre Lage zwar gegen die Pest der alten Welt gesichert, aber der Pest der neuen Welt durch ihren Handel nur um so mehr blofs gestellt sind, sind Guytons saure Räucherungen ein doppeltes Geschenk für die Menschheit, und wir halten es für eine wichtige Angelegenheit, alle Erfahrungen von der nützlichen Anwendung derselben so allgemein als möglich bekannt zu machen. Im IXten Stücke des Nordischen Archives, das eben die Presse verlassen hat, sind einige wichtige Erfahrungen von dem Nutzen der Räucherungen mit oxygenirtsalzsauren Dämpfen auf Schiffen und in Hospitälern bekannt gemacht, die mit den neuern Erfahrungen Guytons und seiner Correspondenten, von denen wir hier eine gedrängte Nachricht geben wollen, vollkommen übereinstimmen. Bestätigungen von solcher Art müssen der neuen Methode immer mehr Eingang verschaffen.

In Nro. 137 der Annales de Chimie oder des 46sten Bandes 2tem Stücke S. 115 theilt Guyton einen Brief vom Dr. Mojon, Professor der Chemie zu Genua, mit, der neue Belege zur Bestätigung des großen Nutzens derselben enthält. Eine Kirche, die von fauligten Ausdünstungen aus den unterirdischen Gewölben derselben, an deren Eingang zwey Todtengräber ihren Tod fanden, ganz erfüllt war, wurde durch Räucherungen mit salzsauren Dämpfen innerhalb weniger Stunden wieder ganz gereinigt. In bewohnten und engern Räumen zeigten sich die Räucherungen mit Salpetersäure gleich wirksam. Es existirte kein Beyspiel, daſs jemand von Kranken, um welche herum die Räucherungen habituell gemacht wurden, angesteckt worden wäre. Fleury, Seechirurgus, berichtet (S. 118 - 119.), daſs in dem Seehospitale zu Cherbourg, in welchem viele kranke Franzosen, die eben aus der englischen Gefangenschaft kamen, sich befanden, die Hospitalgeschwüre nicht eher zur Heilung sich anschickten, als nachdem die Räucherungen mit den oxygenirt - salzsauren Dämpfen auf dieselben gerichtet wurden.

Die Ansteckungzerstörenden Fläschchen, zu denen Guyton in seiner Abhandlung ein Recept gegeben hatte, fielen in der Ausführung bald zu stark, so daſs beym Öffnen die Stöpsel mit Gewalt herausgetrieben wurden, bald zu schwach aus. Um dieser Inconvenienz abzuhelfen, theilt Guyton hier eine genauere Vorschrift mit. Die Fläschchen, welche tragbar seyn sollen, dürfen nicht mehr Capacität als von 4 und $\frac{1}{2}$ Centiliters, etwa $2\frac{1}{4}$ Kubikzolle, und müssen eine Kapsel von hartem Holze, z. B. von Buxbaumholz, haben, welche aufgeschraubt wird. In eine solche Flasche bringt man drey Grammen (56 Grane) von pulverisirtem und durch ein Haarsieb durchgeschlagenem Braunsteine, und setzt $\frac{3}{4}$ Centiliter, etwa $\frac{1}{5}$ Kubikzoll, reiner Salpetersäure von 1,40 specifischer Schwere (ohngefähr 39 Grade nach Baumés Areometer), und eben so viel Salzsäure von 1,134 specifischer Schwere (ohngefähr 17 Grade nach Baumés Areometer) hinzu, und damit ist die ganze Operation gemacht. Auf diese Art bleibt ein hinlänglicher Raum für das sich entwickelnde oxygenirt-salzsaure Gas in der Flasche. Diese Flaschen muſs man beym Gebrauche nicht an die Nase bringen. Die Reizung würde zu heftig seyn.

Noch schlägt Guyton hier einen Apparat vor, der zur Räucherung der Hospitäler, groſser Versammlungssäle mit sauren Dämpfen allezeit in Bereitschaft ist. Man nimmt zu diesem Endzweck eine Art von groſsem Zuckerglas, wie man sie in den Glasboutiquen häufig findet, von dickem weiſsem Glase, von ohngefähr 7 Deciliters oder 35 Kubikzoll Raumesinhalt, und versieht dasselbe oben mit einem Deckel von geschliffenem Glase, den man durch eine Schraube nach Willkühr andrücken, oder auch los machen und hin und her schieben kann. In dieses Gefäſs gieſst man nach und nach ein Deciliter (etwa 5 Kubikzolle) Salpetersäure von der angezeigten Concentration, ferner ein Deciliter Salzsäure, und 40 Grammen (eine Unze, 2 Quentchen und 33 Grane) Braunsteinoxyd, und schlieſst die Öffnung, indem man die Glasplatte niederläſst. Diesen Gasbehälter (denn der Raum über der Flüssigkeit füllt sich gleich mit oxygenirt-salzsaurem Gase) öffnet man, so oft man es für nützlich hält, und verschliefst ihn sogleich wieder, so bald die nahe stehenden Personen davon unangenehm afficirt zu werden aufangen. Die Wirkung ist so stark, dafs, wenn das Gefäfs 4 bis 5 Minuten offen gestanden hat, selbst diejenigen, die durch die entfernteste Thüre hereinkommen, augenblicklich die oxygenirte Salzsäure riechen werden.

Pfaff.

II.

Chemische Neuigkeiten.

A. Leichtes Mittel, die Verfälschung ätherischer Öhle mit Weingeist zu erkennen.

In Nro. 139 der Annales de Chimie S. 64. giebt Margueron ein solches sehr einfaches Mittel an, das in der Vermengung derselben mit Wasser und in der Anwendung eines Thermometers besteht. Sind nehmlich die ätherischen Öhle von einer Verfälschung mit Weingeist frey, so werden sie mit Wasser vermengt keine Temperaturerhöhung hervorbringen. Sind sie dagegen mit Weingeiste in dem Verhältnisse, dafs dieser $\frac{1}{3}$ ausmacht, verfälscht, so werden sie mit dem dreyfachen Gewicht von Wasser geschüttelt das Thermometer nur einen bis zwey Grade steigen machen.

B. Eigenthümliches Salz des Opiums.

Wir haben oben in der Anzeige von Nro. 135 der Annales de Chimie einen ausführlichen Auszug

aus

aus der Abhandlung des Apothekers Derosne über das Opium mitgetheilt, und heben hier nochmals das interessanteste Resultat seiner sorgfältigen Versuche über das Opium aus, nehmlich die Darstellung einer eigenthümlichen Substanz aus demselben, welche man das wesentliche Salz des Opiums nennen könnte. Diese Substanz hat in vielen Stücken Ähnlichkeit mit dem Campher. Ihre leichte Auflöslichkeit im Alcohol und den Säuren, ihre schwere Auflöslichkeit im Wasser, ihre grofse Brennbarkeit, leichte Schmelzbarkeit, ihr krystallinisches Gefüge, alle diese Eigenschaften verbunden mit ihrer narcotischen Wirkungsart auf den Körper nähern sie am meisten dem Campher, von welchem sie sich aber allerdings wieder durch andere Karaktere unterscheidet. Es wäre der Mühe werth zu untersuchen, ob sich diese Substanz nicht auch in andern narcotischen Materien, wie in dem Extract der Cicuta, des Hyoscyamus etc. fände. *Pf.*

C. Curaudau's Verfahren Alaun zu machen.

In Nro. 137 der Annales de Chimie S. 218 fg. steht eine kurze Notiz von einem neuen Verfahren Curaudau's, Alaun ohne Hülfe des Abdampfens zu fabriciren, aus dem von Guyton und Vauquelin dem Nationalinstitute darüber abgestatteten Berichte. Curaudau schlägt vor, hundert Theile Thon und fünf Theile Kochsalz in einer hinlänglichen Quantität Wasser, dafs das Ganze die Consistenz eines Teigs hat, zu nehmen, Brodte daraus zu machen, und dieselben in einem Reverberirofen einem starken Feuer, bis das Innere des Ofens rothglühend ist, zu unterwerfen, nach dieser Calcination den Thon in Pulver zu verwandeln, und in einer starken Tonne den vierten Theil seines Gewichts Schwefelsäure in wiederholten Gaben darauf zu gieſsen, und jedesmal stark umzurühren. So wie die Dämpfe von Salzsäure, die sich dann entbinden, sich zerstreut haben, setzt man so viel Wasser hinzu, als man Säure genommen hat, und rührt wieder um. Zwischen der Säure, der Erde und dem Wasser erfolgt eine so schnelle Verbindung, daſs das Gemisch sich erhitzt, sich aufbläht, und sehr häufige Dünste ausstöſst. Hat endlich diese Hitze etwas abgenommen, so fährt man fort Wasser hinzuzusetzen, bis ohngefähr 8 - 10 mal so viel Wasser als Säure zugemischt ist. Hat sich nun die Erde, die zur Bildung des Alauns unnütz ist, abgesetzt, und die Flüssigkeit aufgehellt, so zieht man sie in Bleypfannen ab. Man übergieſst dann den ersten Rückstand mit eben so viel Wasser, als man Flüssigkeit davon abgezogen hat, und vereiniget beide mit einander; endlich setzt man diesen Salzlaugen eine Auflösung von Pottasche zu, in welcher der vierte Theil der angewandten Säure an Laugensalzgehalt enthalten seyn muſs, und rührt um; will man lieber schwefelsaure Pottasche anwenden, so setzt man doppelt so viel als von Laugensalz hinzu. Nach einiger Zeit bildet die Flüssigkeit beym Erkalten Alaunkrystalle, deren Menge nach vollendeter Krystallisation dreymal so viel als die der angewandten Säure beträgt. Man raffinirt diesen Alaun durch Schmelzen in der kleinstmöglichen Quantität kochenden Wassers, und dann wird er so schön wie der beste im Handel vorkommende Alaun. Man kann den Rückstand noch ein drittesmal auswaschen, und das Aussüſsewasser mit Vortheil zur nächsten Alaunfabrication anwenden. Auch räth der Verf. die Mutterlauge, welche noch Alaun und sehr oxydirtes schwefelsaures Eisen enthält, zur Fabrication des Berlinerblaues zu benutzen. Besonders würde diese Fabricationsart für Berlinerblaufabricanten vortheilhaft seyn, da sie die Auflösung von schwefelsaurer Pottasche, welche sie durchs Auswaschen ihres Berlinerblaues erhalten, und welche sie gewöhnlich verlieren, zur Auflösung der Verbindung der Schwefelsäure und Alaunerde anwenden könnten.

Curaudau will durch diese Processe den Alaun mit einem Vortheil von mehr als 25 Procent über den des im Handel vorkommenden Alauns fabricirt haben.

D. Doppelte Art von weifsem Phosphoroxyd.

In Nro. 139 der Annales de Chimie S. 104. karakterisirt der Apotheker Steinacker eine Art von weifsem Phosphoroxyd genauer, als es gewöhnlich in den Lehrbüchern der Chemie geschieht. Erhitzt man Phosphor in einem sehr engen und langen Gefäfse in einem bis zu 80° nach Deluc erhitzten Sandbade, so bedeckt er sich mit einem sanften Lichte, und haucht einen weifsen Dunst aus, welcher sich in dem obern Theile der Röhre verdichtet, während zu gleicher Zeit ein Theil des Phosphors mit Übermafs von Kohle sich, mit seiner rothen Farbe bekleidet, absondert. Dieser weifse Dunst, welcher ein schwaches Verbrennen zu seiner Bildung erfordert hat, ist ein weifses Phosphoroxyd vom Minimum der Oxydation. Es ist flockigt, hat Cohärenz, und erfüllt ein viermal gröfseres Volumen als der zum Versuche angewandte Phosphor. Trocken röthet es nicht das Lakmuspapier. Es enthält gebundenen Wärmestoff, und entzündet sich bey der Berührung verbrennlicher Körper. Es zieht die Feuchtigkeit der Luft begierig an sich, und verwandelt sich schnell in phosphorigte Säure. Es unterscheidet sich sehr von dem weifsen Phosphoroxyde, das durch eine lange Einwirkung von Wasser oder von oxygenirter Kochsalzsäure in der Kälte gebildet worden ist. Dieses scheint zerreiblich und ist in Pulver zu verwandeln. Es hat fast alle seine verborgene Wärme verloren. Es ist wenig entzündlich, und zieht die Feuchtigkeit der Luft nicht an sich. Es verwandelt sich nur durch die Einwirkung eines Sauerstoffs, der den Wärmestoff in sehr verdichtetem Zustande enthält, z. B. denjenigen der Salpetersäure, in eine Säure. Mit einem Worte, es ist Phosphor vom Maximum der Oxydation.

III.

Naturhistorische Neuigkeiten.

A. Cultur der Jalappenwurzel in Europa.

Der Sohn des bekannten Botanikers Michaux hat über die Jalappenwurzel folgende interessante Notiz in die Annales du Museum national d' histoire naturelle eingerückt, die auch in Nro. 54 des Moniteur vom Jahre XII aufgenommen worden ist.

Der Bürger Desfontaines hat in einer in die Annales du Museum d' histoire naturelle eingerückten Abhandlung über die Jalappe (S. den Auszug aus derelben im IXten St. der N. Entd. S. 72 - 73.) die Geschichte und Beschreibung dieser Pflanze, deren Gebrauch sehr ausgebreitet ist, geliefert, und darauf aufmerksam gemacht, wie wichtig es wäre, sie in unsern südlichen Departementern zu kultiviren. Er hat dabey angemerkt, daſs die Individuen, welche man in den Gewächshäusern des Museums kultiviret, von Saamen herrühren, welche man in dem Garten von Charlestown gezogen, den mein verstorbener Vater angelegt, und wo er die verschiedenen Gewächse, welche er in verschiedenen Gegenden des nördlichen America's gesammelt, angepflanzt hatte. Während seiner letzten Reise, die er im Jahre 1788 nach Florida machte, und auf der ich ihn begleitete, fand er die Jalappe zum erstenmal. Seit dieser Zeit hatte er sie auch in Georgien und Carolina beobachtet. Da der Garten zu Charlestown auf Befehl der Regierung eingegangen war, schickte mich der Minister des Innern gegen das Ende des Jahres IX zu diesem Behufe nach Carolina; er ertheilte mir den Befehl, nach Frankreich Saamen und junge Schöſslinge von allen wilden Bäumen zu schicken, welche sich daselbst mit Vortheil naturalisiren lassen würden, und insbesondere den Quercus virens, welcher an den Ufern des Meers im trockenen Sande wächst, und dessen Holz Vorzüge vor dem aller bekannten Gattungen hat. Ich sollte auſserdem meinen Instructionen gemäſs alle Pflanzen überschicken, welche sich noch im Garten von Charlestown erhalten haben könnten, der seit 4 Jahren gänzlich verlassen war. Ich fand daselbst eine Jalappenwurzel von einem sehr groſsen Volumen, aus welcher mehrere Stengel ausliefen, von welchen ich ohngefähr ein Liter Saamen sammelte, die ich an das Bureau des Ackerbaues übermachte.

Den 20sten Brumaire, wo ich nach Charlestown zurückkehrte, waren die Stengel der meisten Kräuter, und besonders auch die der bemeldeten Jalappenpflanze, durch den Frost zu Grunde gegangen. Ich bemerkte, daſs der dritte Theil der Wurzel auſser der Erde sich befand, und ich war ganz verwundert, daſs sie durch die Kälte keinen Schaden gelitten hatte. Man sagte mir, daſs man seit 4 Jahren versäumt habe, sie mit Erde zu bedecken, und daſs sie nicht gelitten habe, ohngeachtet im Winter das Reäumurische Thermometer 4 - 6 Grade unter den Gefrierpunkt hinabgesunken sey. Diese Beobachtung ist nicht gleichgültig, da sie zur Bestätigung meiner und Desfontaines Meinung dient, daſs diese Pflanze in freyer Luft sich im südlichen Frankreich kultiviren lassen würde. Die dicke Wurzel befand sich in einem leichten und sandigten Erdreich, das der Jalappe vorzüglich zu bekommen scheint. Da ich nicht wuſste, ob die nach Frankreich geschickten Saamen fortgekommen waren, so entschloſs ich mich, diese Wurzel ohngeachtet ihres ungeheuren Volumens nach Frankreich mitzunehmen: ich packte sie, nachdem ich sie mit frischem Moose umwickelt, ein, und ohngeachtet sie ohngefähr 4 Monate unterweges blieb, kam sie doch in gutem Zustande im Pflanzengarten von Paris an. Desfontaines und Thouin lieſsen sie wiegen, ehe sie sie pflanzten. Ihr Gewicht betrug $47\frac{3}{4}$ Pfunde, und stieg gewiſs über 50 im Augenblicke, da sie aus der Erde genommen wurde, da ich genöthiget war, mehrere Zweige derselben abzuschneiden, um sie in die für sie bestimmte Kiste einpacken zu können. Diese Wurzel ist gegenwärtig in voller Vegetation, und sie hat viele kräftige Stengel getrieben.

B. Mineralogische Beschreibung der natürlichen kohlensauren Talkerde von Castella-Monte.

In Nro. 139 der Annales de Chimie S. 86 giebt Guyton folgende Beschreibung von der natürlichen kohlensauren Talkerde, deren Analyse daselbst gleichfalls mitgetheilt ist:

Dieser Stein (denn das Mineral ist mehr stein-als erdartig) findet sich zu Castella-Monte in einiger Entfernung von Turin. Herr Paroletti, dem ich das Stück verdanke, das ich untersucht habe, versicherte mich, daſs er eine mächtige Schicht von einer groſsen Ausdehnung bilde; man sah ihn in dem Lande für einen schönen, an Alaunerde sehr reichen Thon an. In der Hoffnung, einen Thon davon zu erhalten, der im höchsten Grade pyrometrische Eigenschaften besäſse, machte ich meine ersten Versuche damit, die mir bald eine Zusammensetzung von ganz anderer Art offenbarten. Dieser Stein kommt derb vor, von einer Bleyweiſsfarbe, widersteht dem Eindrucke des Nagels, kann aber vom Messer, jedoch nur wenig tief, eingeschnitten werden. Er hängt nicht merklich an der Zunge an. Er giebt angehaucht keinen thonartigen Geruch von sich. Das Wasser hat wenig Wirkung auf denselben. Damit gerieben und getrocknet, scheint er sich etwas anzuleimen, und zieht sich selbst etwas zusammen. Im ersten Augenblicke des Eintauchens war sein specifisches Gewicht 2,251, und es entwikkelten sich eine Menge Luftblasen daraus. Zwey Stunden nachher, da diese Blasen ganz verschwunden waren, fand sich das specifische Gewicht von 2,612. Seine Bestandtheile sind, wie schon oben erwähnt, in 100 Theilen 26,3 Talkerde, 14,2 Kieselerde, 46 Kohlensäure, 12 Wasser, eine Spur von Eisen, und 1,5 Verlust.

C. Über die Pennatula Cynomorium (*Alcyonium epipetrum Gm.*) und über die Corallen überhaupt. Von Cuvier.

Es ist ziemlich schwierig, die Verhältnisse zu bestimmen, welche die Polypen der gewöhnlichen Korallen mit einander haben können, weil man beym Mangel aller Ortsbewegung bey diesen Korallen nicht bestimmen kann, ob in ihnen Einheit des Willens Statt findet, und ob jede Koralle ein einziges zusammengesetztes Thier, oder ob es eine Sammlung von eben so vielen besondern unabhängigen Thieren, als Polypen daran zu erkennen sind, ist. Überdiefs ist die fleischigte Haut, welche sie bekleidet, so dünn, und ihre Polypen sind so klein, dafs man Mühe hat, die physischen Connexionen wahrzunehmen, die zwischen ihnen Statt finden, und sich zu vergewissern, ob sie noch durch etwas anderes als die steinigte Substanz, die ihnen zur Grundlage dient, mit einander vereinigt sind. Die erste dieser Schwierigkeiten findet bey den Pennatulis nicht Statt, sie schwimmen frey in dem Meerwasser, und man sieht nicht blofs, dafs alle Polypen derselben Pennatula mit einer bewunderungswürdigen Zusammenstimmung durch ihre besonderen Bewegungen zu diesem Schwimmen beytragen, sondern dafs auch die fleischigte Rinde, welche den Stamm und die Zweige bekleidet, sich nach demselben Willen, welcher diese zahlreichen Polypen regiert, zusammenziehet und ausdehnt. Die zweyte Schwierigkeit, nehmlich die Dunkelheit der Structur, welche noch in den gewöhnlichen Pennatulis Statt findet, hört ganz und gar in dem Cynomorium auf, woraus der Verf. seit langer Zeit ein eigenes Geschlecht unter dem Nahmen Véretille (Veretillum) (S. Tableau élémentaire de l' histoire naturelle des Animaux par Cuvier S. 675) gemacht hat. Sein Stamm ist einfach ohne Zweige, sehr dick, hat nur in einem Theil seiner Axe einen sehr dünnen steinigten Faden, und besteht übrigens aus einem durchsichtigen Fleische, das dem Mark gewisser Früchte gleicht, und mit einer feinen aurorafarbigen Haut überzogen ist. Diese Polypen haben eine gröſsere Länge als von einem Centimeter, eine röhrigte Form, ihr Mund ist mit 8 konischen sägeförmig gezähnten Armen umgeben, und ihr Körper ist mit acht länglichen Furchen gestreift. Diese Polypen sind vollkommen durchscheinend, und man sieht durch ihren Körper hindurch ihren Magen, der eine braune Farbe hat, und von welchem fünf dünne gelbliche und wellenförmige Gedärme herabhängen, die sich nur bis zu zwey Drittel der Länge des Polypenkörpers erstrecken, und sich dann in fünf dünnere Gefäſse fortsetzen, welche in die Substanz des groſsen Stamms dringen, sich daselbst mit den von den andern Polypen herkommenden Gefäſsen vereinigen, und so ein allgemeines Netz bilden, das Nahrung in den ganzen Körper bringt. Der Verfasser schlieſst daraus, daſs Einheit der Ernährung wie des Willens hierin Statt finde, daſs das, was jeder Polyp fresse, auch zum Nutzen aller diene, und daſs mit einem Worte die Pennatula Cynomorium nur ein einziges Thier mit mehreren Mundöffnungen und Mägen, aber mit einem einzigen Ernährungsgefäſsnetze sey. Die innere Structur der Polypen vom Alcyonium exos ist die nehmliche, wie die der Polypen vom Cynomorium, weſswegen der Verf. seine Schluſsfolgerung auch auf die festsitzenden Polypen ausdehnt, ohngeachtet hier ein Grund weniger als bey den Pennatulis, nehmlich der von der Beywegung hergenommene, ist, um auf diese Einheit zu schlieſsen.

IV.

Über Frankreichs Population.

Der Minister des Innern hat den Präfecten der Departementer: Alpes basses, Ardennes, l'Aube, Bouche du Rhone, Charente, Doubs, Dyle, Gard, Herault, Isle de Vilaine, Jura, Liamone, Loire inferieure, Lozere, de la Meuse, de la Meuse inferieure, Montblanc, Monttonnère, du Nord, Puy de Dome, Rhin bas, Sarre, Seine inferieure, Seine et Oise, Sesia, deux Sevres, la Stura, Var, Vienne, aufgetragen, die fähigsten Maires ihres Departements auszusuchen, um genaue Listen über das Verhältniſs der Sterblichkeit, der Geburten, und der Heirathen von wenigstens 50000 Menschen anzustellen, damit über diesen Punkt einmal etwas ausgemacht werde, was zur Richtschnur dienen könne. Folgendes ist das Resultat der Untersuchung nach den genauesten Tabellen, die je verfertigt worden sind. —

Anzahl der Individuen, die in den ausgesuchten Gemeinden im Jahre XI. existirten, 2,037,615.	Geboren in den Jahren VIII. IX. X. Nach dem mittleren Verhältniſs		Gestorben in den Jahren VIII. IX. X. Nach dem mittleren Verhältniſs		Verhältniſs der Geburten zu den Todten 9,45 : 10,83. Mittleres Verhältniſs der Heirathen
	männl.	weibl	männl.	weibl.	
	18,47.	19,35.	19,65.	20,49.	44.26.

Allgemeines Resultat

der Änderung (*Mouvement*) der Bevölkerung in Frankreich. *)

Geboren.

Männliche 560,743. Weibliche 527,414. Total 1,088157.

Gestorben.		Von 6 Monat bis ein Jahr —	41757
Unter einem Monat	91521	Von einem Jahr bis 15 Monat	25273
In den ersten 6 Wochen —	60847		

*) Obgleich das, was von der grofsen Genauigkeit der angestellten Zählungen gesagt ist, nur von den 2,037,615 Individuen der an verschiedenen Punkten der Republik ausgesuchten Gemeinden gilt; so verlieren sich doch zum Theil wenigstens die Irrthümer in diesem allgemeinen Resultate einer so grofsen Bevölkerung; und dieses Detail giebt wahrlich zu manchen unerklärlichen Bemerkungen über die in gewissen Monaten des Lebens so schnell zu- oder abnehmenden Sterblichkeiten die Veranlassung, die sich auf keine physiologisch-kritischen Lebensperioden zurückführen lassen. Von 4 bis 4½ sterben z. E. 12188, von 4½ bis 5 nur 7529. Von 86 bis 86½ Jahren sterben 1528, von 86½ bis 87 nur 756, und dagegen in einem Alter von 87 bis 87½ wiederum 1197. — Noch auffallender ist es, dafs von 90 bis 90½ 1050, und von 90½ bis 91 nur 357 sterben u. s. w. Doch wäre es voreilig, hierüber conjecturiren zu wollen, bevor wir nicht von der Zuverlässigkeit der Listen vollkommener überzeugt

Von 15 bis 18 Monate —	14924
— 18 bis 21 Monate —	12836
— 21 bis 2 Jahr	14637
— 2 J. bis 2½ Jahr	21326
— 2½ J. bis 3 Jahr	14066
— 3 Jahr bis 3½	16188
— 3½ bis 4 Jahr	9802
— 4 bis 4½ —	12188
— 4½ bis 5 —	7529
— 5 bis 5½ —	9353
— 5½ bis 6 —	5530
— 6 bis 6½ —	7421
— 6½ bis 7 —	5220
— 7 bis 7½ —	6426
— 7½ bis 8 —	4218
— 8 bis 8½ —	4979
— 8½ bis 9 —	3441
— 9 bis 9½ —	4231
— 9½ bis 10 —	3312
— 10 bis 11 —	5862
— 11 bis 12 —	5889
— 12 bis 13 —	5880
Von 13 bis 14 —	4555
— 14 bis 15 —	4903
— 15 bis 16 —	4642
— 16 bis 17 —	4595
— 17 bis 18 —	4781
— 18 bis 19 —	5144
— 19 bis 20 —	6120
— 20 bis 25 —	22302
— 25 bis 30 —	21978
— 30 bis 35 —	23787
— 35 bis 40 —	26954
— 40 bis 45 —	29916
— 45 bis 50 —	31543
— 50 bis 55 —	32862
— 55 bis 60 —	35165
— 60 bis 65 —	43250
— 65 bis 70 —	43595
— 70 bis 71 —	17797
— 71 bis 72 —	9607
— 72 bis 73 —	10818
— 73 bis 74 —	7736
— 74 bis 75 —	9395
— 75 bis 76 —	10610
— 76 bis 77 —	7407

sind. Die meisten, die Listen ausfertigen, worunter zum Theil Ärzte sind, haben das Interesse, die Zahl der Todten geringer anzugeben, und wenn dieses auch nicht von den höchsten Instanzen, durch deren Hände die Listen gehen, gilt, so gilt es doch von den niedrigern. — So viel beyläufig. Als die Listen im Institute vorkamen, meinte Lagrange, man müſste einmal zählen, wie viel Lebende von jedem Alter in der Republik sich befänden, da auf diesem Umstand fast alle Berechnungen der Wittwen- und Rentencassen beruhten. Obgleich manches über die noch gröſsere Schwierigkeit solcher Zählungen vorgebracht wurde, so ward doch beschlossen, den Vorschlag dem Minister des Innern ad deliberandum zu übergeben. —

Fdlr.

Von 77 bis 78	—	6852
— 78 bis 79	—	6602
— 79 bis 80	—	6356
— 80 bis 80½	—	7500
— 80½ bis 81	—	2578
— 81 bis 81½	—	2544
— 81½ bis 82	—	1920
— 82 bis 82½	—	3118
— 82½ bis 83	—	1437
— 83 bis 83½	—	2053
— 83½ bis 84	—	1259
— 84 bis 84½	—	2403
— 84½ bis 85	—	1250
— 85 bis 85½	—	1905
— 85½ bis 86	—	1003
— 86 bis 86½	—	1528
— 86½ bis 87	—	756
— 87 bis 87½	—	1197
— 87½ bis 88	—	772
— 88 bis 88½	—	951
— 88½ bis 89	—	572
— 89 bis 89½	—	689
— 89½ bis 90	—	644
— 90 bis 90½	—	1050
— 90½ bis 91	—	357
— 91 bis 91½	—	370
— 91½ bis 92	—	289
— 92 bis 92½	—	487
— 92½ bis 93	—	216
— 93 bis 93½	—	269
— 93½ bis 94	—	161
— 94 bis 94½	—	235
— 94½ bis 95	—	159
— 95 bis 95½	—	306
— 95½ bis 96	—	191
— 96 bis 96½	—	245
Von 96½ bis 97	—	131
— 97 bis 97½	—	118
— 97½ bis 98	—	106
— 98 bis 98½	—	109
— 98½ bis 99	—	58
— 99 bis 99½	—	50
— 99½ bis 100	—	153
Summa der Todten		904,692

Im Jahr X sind gestorben.

80	Individuen	100 J.	alt.
7	—	101 J.	—
12	—	102 J.	—
9	—	103 J.	—
7	—	104 J.	—
5	—	105 J.	—
6	—	106 J.	—
2	—	107 J.	—
2	—	108 J.	—
1	—	116 J.	—
1	—	118 J.	—
132			

Recapitulation.

Geboren	—	1,088,157
Gestorben	—	904,692
Verheirathet		240,143
100jährige gestorben		132

ENTDECKUNGEN

FRANZÖSISCHER GELEHRTEN

IN DEN

GEMEINNÜTZIGEN WISSENSCHAFTEN.

JAHRG. 1803. XII. ST. ANHANG.

ENTWURF
EINER
GESCHICHTE DER ARMEN
UND ARMENANSTALTEN

NEBST EINER NACHRICHT

VON DEM JETZIGEN ZUSTANDE

DER

PARISER ARMENANSTALTEN

UND

HOSPITÄLER INSBESONDERE

IM NOVEMBER 1803.

VON

M. FRIEDLÄNDER.

LEIPZIG, BEY G. J. GÖSCHEN. 1804.

I n h a l t.

Plan und Absicht. Erstes Entstehen und natürliche Ursachen der Armuth in der Gesellschaft. — Ägypten, Griechenland und Rom, Zeiten Constantins bis nach den Kreutzzügen. — Neueres Italien; Portugal und Spanien; Holland und England; Frankreich bis zur Revolution. Comité de Mendicité bis zum Conseil vom Nivose des Jahres IX. Jetziger Zustand der Hausarmen. Bureau der Ammen. Jetziger Zustand der Hospitäler in Bezug auf das, was sie gewesen sind. Maternité. Waisenhäuser. Pitié und Orphelines. Krankenhäuser. Enfans malades, Hotel Dieu, Charité, St. Antoine, Necker, Baujon, Cochin, St. Louis, Veneriens, Maison de Santé. Tollhäuser und Invalidenhäuser. Bicêtre, Salpetrière, Menages, Incurables, Rue de Seves und Rue St. Martin, Retraite de Monrouge. Vaccine und Klinik. Scipion. Pharmacie generale, Bureau d'admission, Einkünfte, Ausgaben, Sterblichkeit, Schluſs, und Blick auf Deutschland.

Vorbericht.

Es ist vor kurzem ein Bericht über die Pariser Armenanstalten von einem Conseil erschienen, das seit dem Nivose des Jahres IX die Verwaltung derselben hat. Es ist der erste, den es bekannt macht, und wenn dieser Bericht sich nicht durch allgemeine Ansichten, durch Wortschmuck und Zierlichkeit der Behandlung bemerkbar macht, die sonst französischen Arbeiten dieser Art eigen zu seyn pflegt; so ist er dagegen reich an Materialen zur Kenntnifs des jetzigen administrativen Zustandes, voll von der edelsten freymüthigsten Offenheit über die jetzigen noch existirenden Mängel, aber auch voll von Beweisen des Guten, das dieses Conseil bereits gestiftet hat. Allein alles dieses hat zu einem Detail Veranlassung gegeben, welches selbst Einheimischen bald überflüssig scheinen könnte; fremden Lesern können aber nur solche Nachrichten von Wichtigkeit seyn, die etwas allgemeines lehren, und aus welchen sich Grundsätze zur Beurtheilung und Behandlung ähnlicher Anstalten ableiten lassen; daher wir etwas anderes geben zu müssen glaubten, als einen bloſsen Auszug, und uns, durch diese Rücksichten verleitet, in Untersuchungen vertieft haben, von denen wir so kurz als möglich Rechenschaft abzulegen uns vornehmen. Denkenden Lesern dienen sie vielleicht zum Leitfaden, um Erfahrungen anzuknüpfen, oder bessere Einsichten darnach zu prüfen. —

Gewöhnlich begnügen sich die Reisenden, die ihre Tagebücher bekannt machen, mit flüchtigem Blicke einige abgerissene Beobachtungen zu erhaschen, die dann zumal die jugendliche Phantasie leicht in ein Ganses verwebt, und herkulisch oder mit Satyre bekämpft, so wie auch schönere Pläne entwirft. Was man so erhält, ist freylich nichts als historischer Roman, und viel Scharfsinn erfordert es, das Wahre von dem Falschen zu unterscheiden; allein die Gegenwart klärt sich oft erst durch die Vergangenheit auf, und was Idealisten suchen, liegt oft tief in der Geschichte, und entartete bey dem Gange, den die Menschheit nimmt. Der eigne Geist und die Grundsätze müssen allerdings die Fackel und der Maſsstab seyn, um die Verhältnisse zu beleuchten und zu messen, allein die Geschichte zeigt uns die gebahnten Wege, und das Versuchte lehrt am sichersten, was man zu meiden hat. Hier, wie bey der Bearbeitung unsrer Skizze über Nationalerziehung, sollten die Grundsätze unter den Begebenheiten sich verbergen, und die Maximen aus der Zusammenstellung derselben hervorgehen, und wenn der Leser sie entdeckt, so befinden wir uns auf richtigem Wege, und die Philosophie ging mit der Erfahrung Hand in Hand. —

Hieraus wird der Leser leicht ersehen, welchen Gang wir befolgen. Von der kurzen Betrachtung des Menschen im Naturzustande gehen wir schnell durchs Alterthum und Mittelalter auf die Resultate, die die neueren Staaten uns über die Geschichte der Armuth und ihre Pflege darbieten. Von da auf die Pläne, die zu Anfange der Revolution aufgestellt und unausgeführt geblieben sind, bis nach vielen Schicksalen man in Paris vieles von dem anzupassen sucht, was noch nicht ganz verloren und für die Gegenwart anwendbar ist, und auch anderwärts noch anwendbar seyn möchte. Erst hier konnte der neueste Bericht uns Stoff liefern, wenn wir auch die Anordnung unserm Plane zufolge abgeändert haben; denn um gleichsam, wie die Schicksale des Menschengeschlechts, die des einzelnen Menschen in seinen Lebensperioden zu durchwandeln, führen wir den Leser aus der Haushaltung des unglücklichen Armen, und mit der Schwangern, oder mit dem verlassenen Säugling auf dem Wege, in das Gebärhaus oder nach den Findel- und Waisenhäusern, von da in die Spitäler für die Kranken, und zuletzt in die Häuser der Invaliden und Schwachen, wo der Arme dem Ende eines trauervollen Lebens entgegen sieht. So ergiebt sich dann das Bedürfniſs und der Plan der Armenpflege eines groſsen Staates aus dem Ideengang von selbst in der natürlichsten Verbindung.

Der gröſsere Theil des Aufsatzes besteht freylich in Localbeschreibung, allein in vieler Hinsicht möchte Paris an und für sich schon wie ein kleiner belehrender Staat anzusehen seyn, der vieles mit dem alten Rom gemein hat; denn wie der Alterthumsforscher unter den Ruinen wandelt, um den Plan jener alten Stadt zu kennen, so wird die Ortbeschreibung dieser neuen Hauptstadt wichtig für den, der der neuern Geschichte folgt, und den Schauplatz derselben kennen will; vorzüglich hofften wir aber reisenden Ärzten dadurch einen kleinen Dienst zu leisten.

Historische Einleitung.

Was ist die entfernte, was die gegenwärtige Ursache der Armuth und Krankheit? Welches sind die Mittel, die man angewendet hat, und die man anzuwenden hat, um sie zu unterdrücken? Dieses sind die natürlichsten und allgemeinsten Fragen, die der Verstand sich macht, und von deren Beantwortung die Grundsätze abhängen, die uns leiten müssen.

Im Zustande der Natur, als Fischer oder Jäger, scheint der Mensch aus sehr natürlichen Gründen nicht sehr arm, und auch kaum krank. Wo nicht Besitz ist, da ist nicht Reichthum, und die gütige Natur streuete allenthalben so viel Nahrung aus, als zum kümmerlichen Unterhalt nöthig ist. Die ganze Wirksamkeit des Menschen bestehet in der Aufsuchung dieser Nahrung, und in kärglicher Fortpflanzung seines Gleichen. Krank braucht und findet der natürlich starke Mensch wenige andere Mittel, als die die in ihm liegende Kraft hervorbringt, und hinscheidend giebt keine Sterbeliste und keine Geschichte seinen Nahmen, denn so wie der Mensch sich selber nicht achtet, so scheint die Natur auch auf seine Erhaltung keinen besondern Werth gelegt zu haben. —

Anders wird er schon als Hirt und Ackerbauer. In dem Maſse, als er für die übrige schöne Schöpfung Sorge zu tragen anfängt, wird er auch Günstling der Natur. Die Heerde giebt ihm Milch und Fleisch und Fell, und der ausgestreute Saamen schafft ihm leicht das

Brot. So nährt er bald in patriarchalischer Fülle eine grofse Familie, und kann, wie jener arabische Bauer im Felde, so oft er ifst, mit lauter Stimme zurufen, ob kein Hungriger sich befindet, der theilen will. — Wenn es ferner erlaubt wäre, in die Schäferwelt zu schwärmen, so möchte man sagen, die Natur habe diesen Ständen Schutzmittel eingeimpft, um sie für Krankheiten wie für Armuth zu bewahren; denn auch in den neuesten Zeiten sind es diese Stände, die am wenigsten von beiden zu leiden haben. —

Anders wird es in etwas gröfserer Gesellschaft: da entwickeln sich die moralischen, wie die physischen innern und äufsern Übel stets mehr und mehr. Der Neid erweckt den Brudermord, die Succesionsstreitigkeit bildet die Vorrechte, und die Horden bekriegen einander und schaffen Sklavenstand. Der Mensch sinnt auf Mittel, sich zu verstärken, er concentrirt sich, und der Platz, den er einnimmt, reicht nicht mehr hin, um seine Bevölkerung zu nähren, oder die Waffen, die er schmiedet, rufen ihn von der Bearbeitung des Landes ab; oder der Mächtige, von müfsigen Sklaven umgeben, schafft sich Bedürfnisse, und erweckt mit Gewalt gewissermafsen die Kunstfertigkeiten und Gewerbe, die der Zufall zerstören kann; und endlich hat das Schicksal jeder einzelnen Ausbildung selbst physische Grenzen in Weg gesetzt, und mit jedem Talent auch anhängende Übel, so wie mit jeder Entdeckung neues Elend zum Gegengewicht des Glücks bereitet. So hat der Zustand der Gesellschaft unumgänglich Armuth und Krankheit zur Begleitung, und die höchste Civilisirung scheint die fruchtbarste Mutter derselben zu seyn. *)

*) Man kann sagen, dafs keine moralische oder physische Kraft vorzüglich geübt werde, ohne dafs es mehr oder weniger auf Kosten der übrigen geschehe. So schadet eine zu grofse Übung des Gedächtnisses der Urtheilskraft, Geistesanstrengung überhaupt dem Körper, Übung der Muskel-

Zu diesen so in der Natur gegründeten Ursachen gesellen sich dem Anscheine nach nur zufällig manche andre, die die Geschichte uns aufstellt.

Ägypten, das älteste Land, das wir am besten kennen, bietet zuerst einen gesellschaftlichen Zustand wohl organisirt uns dar, der Kunst und Wissenschaften kennt. Dort war der Herr nur ein Wesen, an dessen Erhaltung was zu liegen schien, weil er herrscht; der Unterthan ist nur so viel werth, als er seinem Herrn nützt. Amasis, ein ägyptischer König (3400 v. Ch.) verdammte denjenigen zum Tode, der nicht beweisen konnte, wie er sich anständig ernähre, *) und die Grundkraft, wodurch Gesellschaft besteht, ward zuerst bestimmt. Die Armuth war hierdurch mit der Wurzel ausgerottet, weil niemand existiren konnte, der nicht arbeitete. Ägypten bietet auch noch die Denkmähler jenes weisen Gesetzes dar, und wie die Tempel und Pyramiden von seiner ehemahligen Gröfse zeugen, so ist auch das Thal, das der Nil bewässert, durch Menschenfleifs noch heute ein wahrer Garten Gottes. —

Dem für Anstrengung der Kräfte ersprieſslichen Gesetze des Amasis folgte mit mehr Milde Griechenland. Jeder Gesunde muſste Rechenschaft geben, wie er sich ernährte, und als Cleanthes von Morgen bis Abend die Vorlesungen des Zenon besuchte, ohne sich sonst zu beschäftigen, wurde er vor den Magistrat gefordert, damit er anzeige, wie er sich seinen

kraft eines Theiles dem andern. Wer z. E. seine Finger sehr übt, scheint weniger Stärke im Arm zu haben, und so umgekehrt. Von gefräſsigen Menschen sagt man, daſs sie den Geschlechtstrieb nicht so oft befriedigen können, so wie die zu starke Befriedigung des letztern der Verdauung zu schaden scheint. Demselben Axiom zufolge scheint auch jedes Handwerk und jede Kunstfertigkeit ihre Krankheit hervorzubringen. Man sehe Ramazzini und Tissot.

*) Herodot Lib. II.

Unterhalt verschaffe. Er bewies, daſs er Nachts für andre arbeite, und es wurde ihm eine Belohnung zuerkannt, die er, wie natürlich, ausschlug.

Griechenlands Beyspiel folgte Rom bis in späte Zeit. Wer seine Kräfte nicht selbst geltend zu machen vermochte, ward Sklave eines andern; und selbst noch zu den Zeiten des Valens und Theodosius wurde, als die Zahl der fremden Vagabunden zunahm, verordnet, daſs sie als Sklaven verkauft werden sollten. Für die Unglücklichen muſste wohl durch Familienverhältniſs gesorgt worden seyn, und Sklaven kamen, wenn sie nichts mehr nützten, ohne Barmherzigkeit um.

Doch herrschte die Gastfreundlichkeit, wie ursprünglich im Orient, auch in Griechenland und Rom, und war in groſsem Ansehen. Ein jeder bewarb sich, Fremde und Unglückliche (welches in jener Zeit gleichbedeutend war) in seinem Hause zu beherbergen, und schon Plato schuf in seiner geträumten Republik für dieselben eigne Anstalten. *) Als aber Roms ungeheuere Eroberungen die Hauptstadt stets mit mehr Fremden und rückkehrenden Kriegern anfüllte, so daſs es unmöglich ward, daſs sich Privatleute damit befaſsten, theilte der Staat Geld, Lebensmittel, und bis auf Theaterbillets unter denselben aus. **) Faustina stiftete schon eine Art Kloster für liederliche Frauen, und zu Neros Zeiten gab es bereits Archiatri, eine Art von Stadtphysici, die für die armen Kranken zu sorgen hatten. ***)

Mit dem Verfall des römischen Reichs, und mit dem Aufkommen des Christenthums, scheint die Armuth und die Milde, mit der für sie gesorgt wird, ihren

*) Tomasius de tesseris hospitalitatis.

**) Diogenes Laertius B. VII. Die Armen bekamen jedoch eine kleine Unterstützung, um ins Theater zu gehen, schon in Griechenland.

***) Sprengels Geschichte der Medizin B. II.

Anfang zu nehmen, und sich über das cultivirte Europa zu verbreiten. Das Märtyrthum hatte in den ersten Jahrhunderten viele Unglückliche gemacht, die die Kirche, um sich zu verbreiten, beschützte; und als Constantin sich derselben annahm, und Klöster erbaute, worin für Pontifices, Clerici, Diaconi u. s. w. reichlich gesorgt war, bestimmte er auch Plätze und Einkünfte für arme und kranke Pilgrime, die stets mehr und mehr augezogen wurden, und Haus und Heimath verlassen hatten, um nach Gräbern wallfahrten zu können. —

Früh hatte indessen schon ein gewisser reicher Particulier, Nahmens Samson, ein Hospital in Constantinopel errichtet, welches Justinian, als es abbrannte, von neuem gröſser und prächtiger aufbauen lieſs. Im 7ten Jahrhundert entstanden durch Handelsleute aus Amalfi Krankenhäuser für Pilgrime in Jerusalem, und die so berühmt gewordenen Johaniter waren ursprünglich zu nichts anderm als zur Verpflegung der Kranken bestimmt. Die Ritter trugen in der Absicht selbst Mäntel nach dem Schnitte, den die Bildsäulen des Äskulaps uns aufbewahrt haben. Um dieselbe Zeit ungefähr errichtete der Ritter de la Trau (im J. 1070) die Hospitalarii St. Spiritus im südlichen Frankreich. —

Die Kreutzzüge waren, nächst der Pilgrimschaft, die zweyte sehr wesentliche Ursache zur Errichtung der Hospitäler geworden, wie wir sie jetzt zum Theil noch finden. Denn nicht nur im Orient hatten diese auſserordentlichen Wandrer viele Krankheiten zu erleiden, sondern auch die Zurückkommenden brachten, auſser den Folgen der Kriegsbeschwerden, viele Ausschläge mit, die gefährlich waren und sich schnell verbreiteten. Es war darum zu thun, die Züge in Ehren zu halten, und die bösen Folgen vergessen zu machen, daher ihnen nicht nur Klöster, sondern auch selbst Kirchen eingeräumt wurden. Der heilige Ludwig und Hugo Capet mufsten die eiternden Hände der Kranken küssen, und der heilige Bruno schlief durch ein Wunder bey ihnen, ohne angesteckt zu werden. Indessen ward ihre Absonderung vom Volke doch stets nothwendiger, und zu Ende des 13ten Jahrhunderts soll, wie die Geschichtschreiber versichern, Europa in dieser Absicht mehr als 19000 Lazarethe besessen haben. *)

Der päbstliche Stuhl hatte unterdessen seinen weltlichen Einflufs zu vergröfsern gewufst. Die Klöster waren allenthalben verbreitet, und stets setzte sich die Geistlichkeit in ausschliefslichen Besitz der Armenpflege, ohne sie nachher gehörig zu leisten. Sie predigte Mildthätigkeit, um leichter zu betteln, und legte dem Armseyn einen Werth bey, um in Achtung zu gerathen, und sich unter diesem falschen Schein zu bereichern. Zuletzt kleidete sie sich sogar in die Armenkutte, denn 1210 entstanden die Franziskaner, und 1215 die Dominikaner, zwey Orden, die die gröfsten und mächtigsten geworden sind, und den Neid aller ihrer Mitbrüder rege gemacht haben.

Ein grofser Mifsgriff war es, wie auch Fleury **) irgendwo bemerkt, der Betteley eine Ehrenstelle einzuräumen, und sie so zum Beyspiel aufzustellen. Vielleicht war auch eine Religion, die stets bemüht war, die griechische Götterwelt zu vernichten, und dafür nur einen Gedanken, nur ein Ideal des Leidens, der Hingebung, der Aufopferung u. s. w. an die Stelle zu setzen, eine Religion, deren Heroen alle eines Schlages scheinen, die bey der Selbstverläugnung zuweilen etwas Scheinheiliges blicken lassen, eine Religion endlich, die die Gedanken, wie die Leidenschaften, zu beschränken suchte, Glauben vor allem

*) S. Becks Weltgeschichte.

**) in seiner Kirchengeschichte.

zur Seligkeit anempfahl, vielleicht, sage ich, war solche eher gemacht, die natürlichen Kräfte zu fesseln, und ein Mittelalter zu schaffen, als der Einbildungskraft und Thatkraft neuen Schwung zu geben. Wer mag es aber wagen, einer solchen Vermuthung zu viel beymessen zu wollen, oder die Urbegriffe in aller ihrer Reinheit aufgefaſst zu haben wähnen? Was in der ursprünglichen Idee oft schön ist, wie das Bild der Liebe, vernichtet oft die böse Zeit, und ein unendlicher Zusammenfluſs von Umständen war es sicher, der die Armuth vorbereitete, und die Mittel wider dieselbe so unvollkommen machte. —

Der Sklavenstand, der ehemals von seinem Herrn lebte, konnte in dem ersten Augenblick, da er sich die Freyheit schuf, nicht gleich auch sich ernähren. *) Die Kreutzzüge, die in den 2 Jahrhunderten, die sie dauerten, mehr als 7 Millionen Männern das Leben gekostet hatten, hatten ein solches Miſsverhältniſs der Geschlechter hervorgebracht, daſs man 7 Frauen auf einen Mann zählte. Die stets zunehmende Geistlichkeit vermehrte den unthätigen Stand, und konnte, wie natürlich, das Elend anderer nicht mehr in dem Maſse lindern, als er dasselbe geschaffen hatte, und der mit so vieler Schwierigkeit erpreſste Coelibatstand der Geistlichkeit muſste die unverheiratheten Frauenzimmer, wie

*) Die Frage, ob die christliche Religion die Abschaffung der Sklaverey bewirkte, läſst sich, wie die Frage, ob sie der Kultur überhaupt beförderlich gewesen sey, vielleicht dahin entscheiden, daſs sie auf beide keinen unmittelbaren Einfluſs hatte. Denn Freyheit und Sklaverey, und Bildung und Unkultur haben sich auch in neuern Zeiten in einzelnen Menschen, wie in ganzen Nationen, mit dieser Religion vereinigt gefunden, und stehen demnach mit ihr in keinem Verhältniſs von Ursache und Wirkung. Indessen ist es wohl gewiſs, daſs sie im Anfange eher die Abschaffung des Sklavenstandes zu befördern das Interesse hatte, so wie die Jesuitenschulen eine Zeitlang offenbar der Cultur beförderlich gewesen sind.

die Ausschweifung vermehren. So wurden Krankenhäuser, Nonnenklöster, Armenanstalten und Findelhäuser nöthig, welche letztere zuerst in Rom selbst entstanden, und von Innocenz dem 3ten die Sanction erhalten haben. —

Aus dieser entfernten historischen Welt bildete sich die neuere Geschichte, und änderte die Gestalt nach Staatsverfassung. Ein Heer von neuen Kriegern schuf auch neues Unglück, und oft waren die zu seiner Zerstörung angewendeten Mittel neue Quellen desselben.

Neuere Geschichte.

Italien ist vielleicht das Land, das am meisten die bösen Folgen jener alten Zeit erfahren hat. Wäre es möglich eine statistische Tabelle derjenigen zu entwerfen, die in Unthätigkeit von Pfründen oder Betteley leben, so würde sie wahrscheinlich den gröſsern Theil der Bevölkerung verzeichnen. Schon in Venedigs engen Straſsen *) war man genöthigt jeden Augenblick über einen Armen eigentlich hinweg zu schreiten, der seine Wunden entblöſst zur Schau ausstellte, und allenthalben hörte man die Glocken auf den Straſsen, die fürs Messelesen bettelten. **) Die ganze Bauart der Stadt eignet sich wenig zu einer freyen Lage der Krankenanstalten, auch scheinen sie nichts Musterhaftes darzubiethen, wenn sie auch sonst reichlich mit Einkünften versehen waren, und, wie das obere Italien überhaupt, unterrichtetere Ärzte und Chirurgen besaſsen. Je mehr man sich aber dem untern Italien näherte, je prächtiger erschienen die Gebäude, je luxuriöser und schlechter verwaltet waren sie, und je gröſser war der Einfluſs der Geistlichkeit. In Bologna brachte man einen Unglücklichen ins Spital, der von einem 3ten Stock ge-

*) Der Verfasser beschreibt hier, wie in dem, was er über Holland und England sagt, das, was er selbst vor etwa 9 Jahren zu sehen Gelegenheit hatte.

**) Die Ausrufsformel ist per i poveri morti, das heiſst, für die armen Verstorbenen, eigentlicher für die Messelesenden.

fallen war, und sogleich umringte ihn ein Heer von Priestern, die ihn mehr als drey Viertel Stunden mit Gebet und Ceremonie marterten, ehe es einem Chirurgus vergönnt war, sich ihm zu nähern. Wie die Gröſse des Einflusses dieser Nutzlosen, so groſs waren auch die Mittel, die sie den Einkünften der Armen raubten, um ihre Zeit in Unthätigkeit zu verleben. In Rom waren in den bessern Monathen des Frühlings mehrere, zumahl kleinere, Hospitäler leer, und die zahllose Menge Wärter, so wie die Administration, mit Spiel beschäftigt. Fragte man, wo die Kranken wären, so hieſs es, daſs sie mehr ihre Rechnung fänden, bey schöner Witterung auf den Straſsen zu betteln. Denn jeder Kranke sah sein Gebrechen als ein Kapital an, dem das Mitleid der Menschen die Interessen bringt, oder die Buſse, die die vorübergehenden, sonst abgehärteten Sünder für ihre Befreyung spenden. Die Ruchlosigkeit dieser Armen ging so weit, daſs manche ihre Wunden vorsetzlich vernachläſsigten, oder, wie man behauptete, sich venerische Übel zuzogen, um mit mehr Vortheil zu betteln. Roms Arbeitshäuser schienen aber diesem Übel wenig zu steuern. Noch schlechter erschienen Neapels Armenanstalten und Hospitäler, so wie auch der Pöbel dieses Landes. Allein das schöne Italien both den Reisenden überhaupt nichts als Ruinen dar, unter welchen die traurenden Abbates wandelten, und nirgends sah der Arzt ein merkwürdigeres Hospital, als auf den Straſsen seiner Städte. Doch sey Florenz und das obere Italien überhaupt von dem ausgenommen, was hier mit zu schwarzen Farben geschildert zu seyn scheinen möchte. *)

*) Der Leser kennt vielleicht die Beschreibung des Hospitals St. Maria in Florenz, das zugleich medizinische Schule ist, so wie die Hospitäler zu Modena, Mayland und Pavia, die einerseits Josephs und Leopolds, und andrerseits

Durch den Einfluſs weiserer Regenten und trefflicher Ärzte haben sie zum Theil gezeigt, was sich noch machen lieſse, wenn die Wirkung daurend wäre.

Nichts tröstlicheres, als der gröſsere Theil Italiens, scheint **Portugal** und **Spanien** darzubiethen. So groſs die Reichthümer sind, die der Geistlichkeit zu Gebothe stehen, so soll doch kaum der 10te Theil derselben für die unteren eigentlich beschäftigten Priester und für die Armen verwendet werden. Das Übrige wird von hohen Prälaten zum Theil zur Erhaltung ihrer Macht, oder auf andre Weise verprasst. Doch zeigen, wie uns mehrere aus diesen Ländern (von denen wir diese Nachrichten erhielten) versichern, Portugals Hospitäler sowohl als die spanischen den gröſsten Luxus aller Art, und die Zahl der Aufgenommenen ist grenzenlos. Dieses mag zum Theil die anscheinend geringe Sterblichkeit erklären, von der die Almanache dieser Länder die Resultate enthalten.

Ein Bericht eines Hospitals zu Barcellona, worin allerley Verbesserungen vorgenommen werden sollten, zeigt unter andern schon genug, welche Art von Miſsbräuchen in jenen Anstalten herrschten. Die Kinder weiblichen Geschlechts wurden nicht eher aus der Armenanstalt gelassen, als bis sie das Alter erreicht hatten, wo man sie verheirathen und aussteuren konnte; denn man fürchtete die Erwachsenen irgendwo in Dienst zu geben, weil sie der Verführung ausgesetzt seyn könnten. Die nicht verheirathet wurden, blieben Hospitaliten bis ans Ende ihres Lebens. Solche Erziehung muſs demnach sich wohl nicht geeignet haben, gute Bürgerinnen zu bilden. Die Analyse des Zustandes des königlichen Spitals zu Madrid,

Cocchis und Bicchiarais, Moscatis und Franks Einfluſs erfahren haben. — Das Hospital zu Mayland hat jedoch neuerlich sehr gelitten.

welche sich in der französischen Sammlung der Schriften über Wohlthätigkeitsanstalten befindet, *) flöfst nicht gröfsere Achtung für dasselbe ein. Die Dienerschaft und Administration verzehrt den gröfsern Theil des Guts, und unter den aufserordentlichen Ausgaben des seit 1702 gestifteten Maison Royal wurden 1798 auch die 83,398 gelesenen Messen mit 1,094,220 Realen aufgebracht, aufser was andre Anstalten für diesen Gegenstand noch ausgegeben hatten. Im letzten Jahre betrug die Ausgabe für dieselben 18,321 Realen, und die Anstalt della Confreria hatte 561 Messen, 102 Miserere, 73 Profundis, und 481 Reden etc. etc. halten lassen. Mit uneingenommenem Gemüthe mufs man es bedauern, wenn man Thatsachen ähnlicher Art aus den Originalberichten zieht, und besser ist es, mit ernster Schonung auf Übel zu sehen, die das Werk von Jahrhunderten gewesen sind, und die Fülle zu bewundern, mit der jene reichen Climaten ihre grofsen Gaben mit so gutem edlen Willen zu spenden suchen. —

Holland scheint das Land zu seyn, welches zuerst weisere Muster des Wohlthuns darbiethet. Ursprünglich von Freyheitssinn belebt, lernte ein jeder seine Kräfte kennen und übte sie, und die aus dem Innern jedes einzelnen entstehende Betriebsamkeit war die Frucht desselben. Aber auch die Tugenden des Temperaments scheinen in dieser merkwürdigen Nation so besonders günstig mitgewirkt zu haben, um Nüchternheit, Mäfsiggung, Ökonomie bey Betriebsamkeit und ihren Folgen, dem Reichthum,

*) Aus dieser nützlichen Sammlung, von der unter Begünstigung des Ministers Herr Duquesnoy bereits mehr als 35 Stücke geliefert worden, haben wir diese wie manche andre der vorkommenden Data gezogen, aber die Sammlung bietet noch eine weit reichlichere Erndte dar.

daurend zu erhalten. Daher besitzt dieses Land, oder besafs es wenigstens sonst, wenig andre als fremde Arme. Die Anstalten für dieselben waren die Frucht willkührlicher Beyträge. Ein jeder lernte durch Handel, so zu sagen aus sich selbst, dafs es ein Schicksal giebt, welches unverschuldete Unglückliche macht, und die Absicht ging dahin, ihnen das Vermögen, unabhängig von der Wohlthat existiren zu können, wieder zu verschaffen. Daher hatte Holland zuerst die Arbeitshäuser, die bis auf diesen Augenblick noch zu den am besten eingerichteten gehören. Die willkührlichen Beyträge haben nächstdem, aufser der schönen Rückwirkung auf das Gemüth des Gebers, auch das Gute, dafs der, der sie reicht, auch für ihre Verwendung väterlich wacht. Niemand darf in jenem Lande betteln, der nicht ein Certificat gelöst hat, welches seine gerechten Ansprüche auf das Allmosen bezeuget. Auch waren die Waisenhäuser dieses Landes längst Schulen der Arbeit, und selbst die Invalidenhäuser eigentliche Werkstätte. Ordnungsgeist, Strenge der Gesetze, Anhänglichkeit an alte Gewohnheiten, haben nach vielen unermefslichen Unglücksfällen dieser Nation noch jetzt einen unzerstörbaren Wohlstand erhalten, und wenn die Einrichtungen ihrer Krankengebäude nicht stets Muster der Baukunst sind, so weifs die Macht der Reinlichkeit, die über alles selbst mit einer Art von Tyranney herrscht, die Übel zu verbessern, und selbst dem steten Nebel im Winter, der bösen Ausdünstung ihrer Canäle in den Sommermonathen Dämme entgegenzusetzen, wie ihren Meeren, und auch für Mangel guten Wassers Rath zu schaffen. *)

*) Unbegreiflich schien es oft, wie die Kranken in den kalten mit Steinen gepflasterten Sälen, die jeden Morgen im Wasser schwammen, und den feuchtesten Luftzügen ausgesetzt waren, ausdauern konnten. Nur die Gewohnheit an

England, das in so vieler Hinsicht grofse belehrende England, machte sich, wie Holland, zuerst von den päbstlichen Fesseln los, und unterdrückte schon im Jahre 1555 seine Klöster. Nach Ruggles *) war dieses nur von geringem Einflusse auf den Zustand der Armen; denn sie genossen, wie er sagt, nur das, was von den Tischen der Geistlichkeit übrig blieb. Doch mufste es nothwendig die Zahl derselben vermehrt haben, indem der Staat fast ohne Ersatz die Einkünfte der Klöster einzog, von welchen sie lebten. Zuerst wurden die Armen von den milden Beyträgen jedes Kirchsprengels unterhalten; da diese späterhin nicht gehörig eingingen, so bekamen die Bischöfe die Macht, jeden taxiren zu dürfen, wie viel er geben sollte, und die Wohlthaten mit Gewalt einzukassiren. Hieraus ist zu den Zeiten der Elisabeth die so berühmte und berüchtigte Armentaxe entstanden, wodurch jedem Sprengel auferlegt wurde, seine Armen, die er am besten kennen mufs, zu ernähren. So weise diese Einrichtung schien, so viel Unheil hat sie doch erzeugt. Nicht nur machte sie, dafs die ärmern Bezirke und Gutsbesitzer, die mehr als die reichern von ihrer Armuth gedrückt werden, nur in einen so gröfsern Abstand von ihren Nachbaren geriethen, und gröfsere Ungleichheit des Preises des Landes und seiner Produkte entstand, sondern, indem jeder reichere Sprengel sich den Niederlassungen armer Nachbarn entgegensetzte, verhinderte dieses die Verbindungen, und nahm

das Clima vermag dieses zu erklären. Wie tyrannisch die Reinlichkeit selbst die gastfreundlichen Tugenden stört, davon bieten viele zum Theil lächerliche Anekdoten die Beweise dar. In einer Kirche selbst empfahl der Prediger seinen Zuhörern mit Inbrunst zu beten, weil auf eine nächste Woche dieselbe verschlossen werden würde, um rein gemacht zu werden. —

*) Geschichte der Armen und ihrer Gesetze.

dem Armen das Mittel, anderwärts sein Fortkommen zu suchen. Vieles vom Armengute wird in Processen verschwendet, die unter den Kirchsprengeln über solche Armen geführt werden; und in andern ist der Mifsbrauch des Almosens so grofs, dafs selbst Leute, die 30 Pfund jährliche Einkünfte besitzen, noch von demselben Zuschufs geniefsen, und zum Theil geniefsen müssen, um die Last dieser Taxe selbst tragen zu können. Vergebens hat man eine Zeitlang bey so grofser Milde einerseits die fast bis zur Lächerlichkeit strengen Gesetze gegen die Betteley aufzuheben gesucht; sie ist in stetem Zunehmen, und eine ungeheure Menge Mifsbräuche, deren Entwicklung zu gar zu vielen Ausschweifungen über das Localverhältnifs Veranlassung geben würde, haben das Übel nur stets vergröfsert. *) In spätern Zeiten suchte man allenthalben demselben durch Arbeitshäuser abzuhelfen, allein selten brachten sie irgend den Vortheil des Aufwands, den sie veranlafsten, und glückten unternommene Fabriken dieser Art, so störten sie die Privatindustrie, und machten den unmündigen Armen sorgenloser, und besser versorgt als den Mann, der mit eignen Kräften die Last einer Familie kümmerlich trägt. Der Zulauf zu diesen öffentlichen Anstalten wurde stets gröfser, und indem England mehr als 3 Millionen Pfund (über 20 Millionen Thaler) Armentaxe trägt, und mehr als noch einmal so viel in willkührlichen Beyträge spendet,

*) Will man sich über diese Gegenstände näher belehren, so lese man die treffliche Schrift des Macferlan, die aufserordentlichen Arbeiten des Sir Morton Eden, des Ruggles, des Bentham, des Howard, des Crumpe, Good, Davies, Bernard und andrer. Kein Land besitzt mehr Materialien zur Kenntnifs desselben, und was in diesen Theil einschlägt, findet sich in dem Recueil de Memoires sur les Etablissements des Pauvres, dessen wir erwähnten, fast vollständig vereinigt. Man sehe hierüber auch die Schriften des Sinclair und Colqhoon.

befindet sich doch wenigstens der 20ste der Bevölkerung in der Nothwendigkeit, Unterstützungen zu empfangen.

Als im Jahre 1796 von der Revision der Armengesetze im Parlamente die Rede seyn sollte, hielt man es für rathsamer, die Sache in kritischen Zeitpunkten nicht zu rühren, die so nahe an der Staatsmaschine nagt, und sie vielleicht mit untergräbt. Allein nichts ist bis jetzt im Stande gewesen, die grenzenlosen Mittel zu erschöpfen, so wie die politische Gröfse, nach der die Nation ringt. Die Einrichtungen für Arme sind mit einer Liberalität angelegt, die an Verschwendung zu grenzen scheint, und doch auch einen hohen Grad von Zweckmäfsigkeit in sich schliefst. Die Waisenhäuser, die Hospitäler, die Tollhäuser sind Muster der Baukunst; die Reinlichkeit herrscht da ohne Peinlichkeit, der Luxus mit Ordnungsgeist. Die Dispensarys, die freundlichen Gesellschaften, die Anstalten zur Rettung der Ertrunkenen, die wohlthätigen Schulen, die Erziehungsanstalten für Kinder der Missethäter u. s. w. scheinen alle an idealische Humanität zu grenzen, und zeigen, dafs der Nationalgeist unendlich mehr vermag, als alles, was Regierungen nur Grofses für Unterthanen zu träumen vermögen. Schade, ewig Schade für die Menschheit wäre es, wenn diese grofse Nation zu waghälsig und spielsüchtig die hohe Kraft tollkühn verschwenden sollte, die sie beseelt, und die ihr so viel edles Gut verschafft hat.

Frankreichs Geschichte bietet nicht minder Belehrendes dar. Schon im 5ten Jahrhundert ist ein Hospital in Lyon, und im 8ten sind mehrere andre errichtet, die die Geistlichkeit zu Vorstehern hatten. Im 10ten Jahrhundert herrschte das Antonsfeuer (feu St. Antoine, feu sacré, mal ardent) und veranlafste die Errichtung des Hospitals St. Antoine in der Dauphiné, weil dieser Heilige 23 Jahre vorher in dieser Gegend begraben worden war. Am Ende des 11ten Jahrhunderts, also um die Zeit, da die Kreutzzüge am stärksten waren, wurden die Hospitäler für Aussätzige (Leproseries oder Maladereries) nöthig, deren es, wie ein Legat Ludwigs des VIIIten beweist, 2000 in Frankreich allein gegeben hat. Da man die Kranken stets neben den Klöstern und selbst in den Kirchen zu beherbergen genöthigt ward, so haben sie dadurch den Nahmen Hotel-Dieu erhalten, den sie bis in die neuesten Zeiten geführt haben; als aber nachher alle diese zufällig veranlaſsten Krankheiten sich verminderten, so legten die Gebäude zum Theil den Grund zu dem, was sich jetzt noch vorfindet.

Die Geistlichkeit, die in ihrem Entstehen offenbar viel Gutes that, um die Herrschaft zu erhalten, miſsbrauchte sie zuletzt, wie jede andre ehrgeitzige Macht, die ihren Zweck erreicht hat. Waren es nicht die Häupter, so waren es doch die Untergeordneten, Diaconi, Priester, Clerici, die von ihren Bischöfen die Verwaltung erhielten, die das Übel veranlaſsten. Sie verwandelten einen groſsen Theil des Erbguts der Armen in Benefizien für sich, und keine Civilmacht reichte damals hin, sich etwas entgegen zu stellen, was vom päbstlichen Stuhl sanctionirt worden war; bis endlich die Sache vor dem Concil zu Vienne, und nachher zu Trient zur Sprache kam, und Layen zur Administration berufen wurden, indem der Geistlichkeit nur die Oberaufsicht blieb. Mit der Zeit wurde diese Civilmacht stets mächtiger, und im 13ten Jahrhundert bemerkt man die ersten königlichen Patente, die aber eher die Privilegien der Hospitaleinrichtungen vermehrten, als sie zu beschränken suchten. —

Erst in der Mitte des 16ten Jahrhunderts unter Franz dem ersten, Heinrich und Franz dem 3ten war von wirklichen Verbesserungen und neuen Reglements die Rede, und das Parlament, so wie die angesehensten Bürger wurden zur Verwaltung hinzugelassen.

Allein das Gemisch von verschiedenen eifersüchtigen Gliedern, der Geistlichkeit nehmlich, den Tribunälen und dem Municipalkörper, von welchen jedes die Macht an sich zu reifsen suchte, brachte auch das Bizarre in den Reformen und Verordnungen hervor, welches bis in die neuesten Zeiten die Anstalten dieser Art gedrückt hat. Zwar ward um die Epoche des Kanzlers l'Hopital, (1561) wo die ersten Grundzüge der französischen Gesetzgebung gelegt wurden, daran gedacht, der Geistlichkeit und dem Adel die Verwaltung der Armengüter zu entreifsen, und sie den bessern Ökonomen, nehmlich den Bürgern zu übergeben; allein bey den damals herrschenden Kriegen bekamen die gegebenen Gesetze keine Kraft, und erst nach und nach, eigentlich erst unter Ludwig dem XIII. (1612) kam ein Theil zu Stande, und eine Commission de Charité Chretienne, die später den Nahmen Chambre de la generale Reformation des Hospitaux führte, trennte die unnütz gewordenen Anstalten von den nützlichen, und unterdrückte die erstern, indem sie die Einkünfte derselben zu den letztern schlug.

Aus dem 16ten und 17ten Jahrhundert schreiben sich alle Anstalten her, wie sie bis jetzt bestanden haben. Ludwig der XIVte entrifs vollends dem St. Lazarusorden, der seit den Kreutzzügen über die Hospitäler der Aussätzigen herrschte, den Überrest der Macht, und fafste den glänzenden Gedanken, alle Einkünfte zu vereinigen, und jeder Stadt, und jedem grofsen Bourg ein allgemeines Hospital für seine Kranken, Waisen, Invaliden und Bettler zu geben. Eine neue Commission, die von 1693 bis 1705 existirte, entwarf die allgemeinen Reglements, und alle Streitigkeiten wurden Kanzlern, Bischöfen und Intendanten übertragen. So grofs die Anlage war, so viel Schwierigkeiten setzten sich doch ihr entgegen. Die

Geistlichkeit, die noch Einfluſs hatte, suchte stets in den Anstalten noch etwas Geheimes und Klösterliches zu erhalten. Die Comptabilität war nicht öffentlich, und die Administration hatte die Macht, die Armen willkührlich und absolut zu strafen. Nie war man im Stande ins Detail der Administration zu dringen, und stets machten neue Anordnungen den Zugang zu der innern Regierung schwerer. Die Städte allein genossen der Wohlthaten, ohne das Land Theil nehmen zu lassen, und der groſse Zweck war weder in seinem Ursprung noch weniger in seinen Folgen vollkommen erreicht. In allen diesen Einrichtungen ward übrigens weder an bestimmte Arbeit noch an Arbeitslohn gedacht, welches mit dem allgemeinen Arbeitslohn überhaupt in Verbindung stände, und nach diesem sich richtete. —

In den folgenden Regierungen entstanden nur neue Begünstigungen und keine Verbesserungen, nur eine Einschränkung, die der berühmte d' Aguesseau bewirkte, (1749) daſs den Charitéhäusern verboten ward, auf Kosten der Armeneinkünfte Güter zu kaufen, und 1777, besonders 1780 wurde der Verkauf der Immobilien verordnet, und ein eignes Departement zum Bewachen und Verbessern derselben errichtet. —

Merkwürdig, wie die Geschichte der Hospitäler überhaupt, ist auch die Geschichte der Findelhäuser. Schon im 8ten Jahrhundert bemerkt man Anstalten für Waisen, und 1180 wurden sie schon in dem Hospital St. Esprit zu Montpellier erzogen und bewacht, bis ihnen endlich 1533 zuerst ein eignes Hospital zu Lyon errichtet wurde. Anfangs legten die Mütter, die die Kinder verlieſsen, dieselben in Wiegen vor die Kirchenthüren, wo sie aufnahm wer da wollte, und sie als Sklaven behielt. Als dieser Gebrauch sehr zugenommen hatte, erklärte Heinrich der IIte die Mutter, die ihre Schwangerschaft und Niederkunft verbergen würde, für eine Kindermörderin; welches aber dem Übel nicht abgeholfen zu haben scheint. Man übertrug nachher die Sorgfalt für diese Kinder den Städten und grofsen Burgen, wo sie gefunden worden waren, und zuletzt den Gutsbesitzern und hohen Gerichtspersonen. Allein wie wenig alles dieses die Sorgfalt für diese unglücklichen Ausgesetzten vermehrte, ersieht man aus dem, was in Paris zur Errichtung eines eignen Findelhauses Veranlassung gab. Eine wohlthätige Wittwe, ohnweit St. Landry, machte sichs nehmlich zur Pflicht, diese Säuglinge auf den Strafsen zu sammeln, und zu warten. Bald bekam sie aber eine so grofse Menge derselben, dafs ihr Vermögen nicht hinreichte sie zu behalten, und da ihre Mägde des beschwerlichen Dienstes müde waren, so verkauften sie diese Kinder für 20 Sous *) Ammen, die ihre Milch erhalten wollten, oder denen, welchen es daran lag, Kinder aus Erbschaftsgründen unterzuschieben, oder endlich Bettlern, die diesen Kindern die Glieder verrenkten und sie verwahrlosten, um durch sie Mitleid zu erregen, und mehr Almosen zu erlangen; bis endlich St. Vincent de Paul sich ihrer annahm, und Ludwig der XIIIte sie nach Bicetre bringen liefs, von wo sie späterhin nach einem andern Hause (Rue pavée notre Dame) transportirt wurden, das, wie das erste, das Grab so vieler Tausend geworden ist.

Was die Betteley betrifft, so hat man seit 1524, seit der Zeit also, als Autorität in Frankreich überhaupt regelmäfsig ward, sich stets derselben zu widersetzen gesucht. Keine Strafe ist so hart, die man nicht anzuwenden gesucht hätte. Ein Bettler, der zum 3ten Mal getroffen ward, wurde gebrandmarkt,

*) etwa 6 gute Groschen.

und zuletzt verbannt. Allein alles dieses befreyte allenfalls die Städte, und füllte das Land mit Diebsgesindel. Als sie (zwischen 1543 und 1547) sogar zum Tode verdammt wurden, wenn sie nicht Paris verliefsen, und das Gesetz streng ausgeführt ward, so gab dieses zu dem Bettlerkrieg die Veranlassung, der unter dem Nahmen des Gableurs bekannt geworden ist.

Lyon, Orleans, Chartres, Toulouse errichteten hierauf eigne Bureaux für Bettler, wozu diejenigen, die Benefizien genossen, ein Zehntheil ihrer Einkünfte beyzutragen verpflichtet waren; aber wenn man einerseits das Unglück milder behandelte, so hörten die strengen Gesetze doch nicht auf, und das Peitschen, so wie das Verdammen zur Galeerenarbeit, dauerte mehr als ein Jahrhundert hindurch. —

Erst 1683 etablirte man eigne Arbeitshäuser zu Paris, aber das Land blieb wie es war, und das Elend nahm so zu, dafs es nicht nur 1709 neue Auflagen nöthig machte, sondern dafs auch später an Transportation dieser Elenden nach den Colonien gedacht wurde, wenn das Parlament aus einer Privateifersucht sich derselben nicht widersetzt hätte. Man suchte sie daher zum Strafsenbau zu bestimmen; allein kein Sergeant getraute sich aus Lebensgefahr dieses Gesindel zu bewachen, und nach einem Aufwand von mehr als 6 Millionen war der Zweck der Regierung doch ganz verfehlt. Endlich errichtete man (1767) Depots de Mendicité, die weder Hospitäler noch Gefängnisse waren, und dennoch auch Mangel an Arbeit hatten. Sie gaben die Veranlassung, dafs die, die sie bewohnten, bald nach den Hospitälern oder Gefängnissen geschickt werden mufsten, und da die erstern nicht hinlänglichen Fond hatten, die letztern nicht stets Arbeitshäuser waren, so dienten sie nur das Unglück zu vermehren, und das Ganze zu verwirren. Das Elend war stets im Wachsen, die Industrie in Abnahme, und durch unweise zum Theil widersprechende Gesetze gedrückt, die Verschwendung der Machthaber, so wie die Taxen in stetem Zunehmen, und endlich die Mittel zur Linderung des Übels im Wohlthun sowohl als im Strafen schlecht gewählt. Stolz auf den Titel, unumschränkt, wenn auch schlecht zu regieren, suchten die Administrationen sich jeder Autorität entgegen zu setzen, die sich über den wahren Zustand der Dinge zu unterrichten bemühte; und mit der Aufführung zum Theil prächtiger Gebäude, die mit aufgenommenem Gelde und Ähnlichem bestritten wurden, verblendete man sich selbst und das Volk, und zehrte die Einkünfte der Armen in Interessen auf, die man stets zu zahlen hatte. Am Ende schien die eigentliche Armenpflege etwas Accessorisches, dem das wenigste zukam.

Unter solchen Umständen entstand die Revolution, und vermehrte, indem sie den Wohlthaten, wie den Verschwendungen der Grofsen Einhalt that, augenblicklich die Armuth. Das Bedürfnifs wurde bald gefühlt, und die Nationalversammlung errichtete eine Commission unter dem Nahmen Comité de Mendicité, die eine Quelle von Belehrung über diese Gegenstände geworden ist. Indem sie die Archive der Geschichte eröffnete, benutzte sie sie, wie für alle Gegenstände der Staatsverwaltung, mit den lichtvollsten Grundsätzen, und was nicht anwendbar war, trägt doch noch stets, wie alles jener Zeit, den Charakter grofser Gedanken.

Was ist die Ursache, was die Folge, welches die Mittel, die man angewendet hat, um der Armuth und dem Elende abzuhelfen? sind zum zweytenmal die Fragen, die man sich aufwirft. — Die Comité de Mendicité beschäftigte sich mit der Beantwortung derselben in den Jahren 1790 und 1791 in 7 trefflichen Berichten, von welchen der letzte das Resumé aller übrigen ist. *)

Eine große Population, hatte man seit mehr als 20 Jahren unaufhörlich gesagt, ist der größte Reichthum eines Staates. Allein man bedachte nicht, daß, wenn sie es seyn soll, der Staat auch große Mittel besitzen muß, um sie zu ernähren. Der Reichthum eines Staats besteht, wie der Newton der Staatsöconomie bewiesen hat, in der Arbeit, und Frankreich besaß nicht Arbeit genug, um seine Bürger ernähren zu können. Dieses Mißverhältniß der Bedürfnisse mit den Mitteln war die ursprüngliche Ursache der zunehmenden Armuth, und die Quelle dieser Ursache lag in den unendlich vielen Ursachen, die die Revolution herbeygeführt haben.

Der Ackerbau, die erste Quelle des Staatsreichthums, lag danieder. England, das noch lange nicht genug bebaute England, brachte für jede Quadratmeile Flächeninhalts (von etwa 42 bis 43,000 Quadratmeilen) 49,103 L. Frankreich, (das damalige Frankreich, welches etwa 138 bis 139,000 Quadratmeilen umfaßte) gewann für jede Quadratmeile nur 18,265 L. Wäre aber Frankreich auch nur so bebaut gewesen, wie England, so mußte der Ackerbau allein ein Product von 6 800,000,000 seyn, statt daß er nur 2 Billionen 6 Millionen wie England eintrug. Der Vortheil, den England von seinem Landbau zog, verhielt sich zu dem, der Frankreich zu Theil ward, wie 8 zu 3.

Nicht besser stand es um die zweyte Quelle des Reichthums, um den Handel. Für mehr als 136 Mil-

*) Die Mitglieder der Comité waren Liancourt, Massieux, Prieur, de Coulmiers, Decretot, Guillotin, David, Bonnefoy u. s. w., wovon der größere Theil Curés und würdige Geistliche waren. Hierzu kamen Milière, Thouret etc. etc., größtentheils ehemalige Inspectoren der Hospitäler. — Liancourt machte die Berichte.

lionen zog Frankreich rohe Stoffe aus dem Auslande, die es im Lande ziehen konnte; eben so für mehr als 66 Millionen Fabricate, und wenn es den Tabak, den es aus America zog, in seinem Lande baute, so würde es noch 9,000,000 erspart haben. Solche unermeſsliche Reichthümer, gewonnen und erspart, konnten also wohl hinreichen, einer noch gröſsern Population, als es besaſs, Unterhalt zu verschaffen, das abgerechnet, was Handel und Industrie mit seinem Überfluſs hervorbringen muſste. Der Preis der Lebensmittel befand sich nächstdem in keinem Verhältniſs mit dem Arbeitslohn, und war eine nähere Quelle der Armuth. So bald aber, meinte man damals, als eine bessere Staatsverfassung alle Ursachen aus dem Wege geräumt haben würde, so würde niemand mehr ohne Verschulden arm seyn dürfen, und der Staat würde nur die Unschuldigen zu unterstützen haben.

Allein ohne die schönen Träume zu verfolgen, kam es darauf an zu wissen, wie viel Arme der Staat jetzt besaſs? — Nach den vielen Vergleichungen und Approximationsberechnungen glaubte man annehmen zu dürfen, daſs etwa der 20ste im Staate arm sey. Die Listen der Citoyens actifs, der Zählungen in Städten u. s. w. hatten dieses bestätigt. Die Revolution hatte im Anfang die Zahl fast verdoppelt, aber das nur für den Augenblick.

Ganz Frankreich, dessen Bevölkerung damals 20,000,000 geschäzt wurde, hatte demnach etwa 1,000,000 Arme, von diesen 500,000 Valide, die noch im Stande waren, Arbeit zu verrichten, 500,000 also habituelle Arme, von welchen 40,000 Findelkinder waren, und 50,000 Kranke. — Für diese muſste gesorgt werden, und was die existirenden Mittel nicht hergaben, sollte der Nationalschatz hinzufügen, und nicht den Municipalitäten überlassen seyn, um nicht in den Fehler zu

gera-

gerathen, in den England verfallen ist, indem es den Kirchspielen die Versorgung seiner Armen überliefs.

Frankreich besafs mehr als 2185 Hospitäler und Armenanstalten vor der Revolution, die, so viel man erfahren konnte, 29 bis 30 Millionen jährliche Einkünfte hatten. Durch die Revolution hatten sie etwa 10 Millionen verlohren, und diese waren es, die vorläufig ganz zu ersetzen waren. Für die Zukunft entwarf man die Ausgaben für jeden Armen ungefähr nach dem mittleren Preis des Arbeitslohns, jedoch mit der Einschränkung, dafs der Arme sich minder wohl wie der, der durch eigne Kräfte lebte, befinden müsse; es sey denn, dafs er unverschuldet in seine Lage gekommen ist. Damit wollte man verhüten, dafs die Armuth nicht begünstigt werde. Aufser den obigen 20 Millionen sollten alle milde Beyträge in eine allgemeine Casse kommen, und selbst die Privatdotationen nur 50 Jahr gegeben werden können, nach welchen sie nach Bedürfnifs unter der Direction der allgemeinen Armenverwaltung stehen müfsten. Rechnet man die unendlich vielen milden Gaben, die vor der Revolution oft an Unwürdige verschwendet wurden, so litt es keinen Zweifel, dafs ein geringerer Aufwand unter jenen Umständen hingereicht haben müsse, um dem Bedürfnifs abzuhelfen. —

Das mittlere Verhältnifs des Arbeitslohns fand man von 16 bis 20 Sous (4 bis 6 ggl.) täglich, die Kosten eines Kranken etwa 15 Sous, und so nach Berechnungen die Kosten des Übrigen. Dieses gab nach obiger Eintheilung der Hülfsbedürftigen:

Für 50000 beständig Kranke, à 200 bis 250 L. jährlich — — — — L. 12,000,000

Für die beständig Hülfe bedürfenden Kinder, Schwächliche und Greise 500,000 an der Zahl — 27,500,000

Für öffentliche Arbeitshäuser der Validen, 60,000 L. für jedes Departement — — — —	5,000,000 L.
Für Gefängnisse und Correctionshäuser, die ehemals nur 1,500,000 kosteten, und auch zur Verhütung des Bettelns dienen sollten — — — —	3,000,000
Und endlich für außerordentliche Fälle und Administration — — — — — —	4,000,000
	L. 51,000,000

Mit dieser Summe von 51 Millionen, die geringfügig für 24,000,000 Menschen ist, wenn man bedenkt, daſs England für eine Bevölkerung von 10 Millionen Menschen 150 Millionen Livres (etwa 40 Millionen Thlr.) jährlich ausgiebt, glaubte man alles bestreiten zu können, was das Land bedürfe.

Was die Gesetzgebung betrifft, so nahm man als Grundsatz der Gerechtigkeit an, daſs jedermann an den Staat die Forderung habe, Unterstützung zu erlangen, wenn er sie bedürfe, aber auch die Verpflichtung trage, zu arbeiten, wenn er könne. Indem aber diese Unterstützung immer kärglich seyn muſste, so wurde schon ohnehin jedermann angetrieben, sich selbst die Arbeit zu suchen, und sich nicht unter Vormundschaft des Staates zu begeben. Für Kranke sollten auf dem Lande Ärzte, Chirurgen, Apotheker, wie Kreisphysici unterhalten werden. Jede Stadt oder Bezirk von 4000 Seelen sollte ein Krankenhaus haben, jede Stadt von 16000 Einwohnern ein Hospital für 150 Kranke, jedes Arrondissement eine Apotheke. Jedes Departement, wie wir gesehen haben, ein Arbeitshaus. Endlich wollte man für uneheliche Kinder, wie das Alterthum, Gesetze der Adoption festsetzen, und auch Hausväter in ihrem Hause unterstützen, deren Arbeit nicht hinreicht, eine grofse Familie zu nähren. Nur moralisch verderbte Bettler waren für die eigentlichen Arbeitshäuser, Gefängnisse und für Exportation bestimmt, aber stets mehr in der Absicht, sie das bessere zu lehren, als sie zu bestrafen. Ein eigner Fond sorgte für aufserordentliche Unglücksfälle, so wie öffentliche Spaarkassen dazu dienen sollten, um der arbeitenden Klasse die Mittel fürs Alter zu schaffen. Die Kinder und nächsten Verwandten wurden genöthigt, die Alten von 60 bis 70 Jahren in ihren Häusern zu halten, wo sie Unterstützung genossen, bis sie in ein öffentliches Asylum aufgenommen werden konnten. Durch diese und ähnliche strenge Gesetze, die einerseits durch eine auf die Moralität des Volks abzweckende Erziehung, andererseits durch eröffnete Erwerbsquellen unterstützt werden sollten, glaubte man die Armuth und das Elend bis auf das, was natürliche Ursachen hervorbringen können, vermindern, und so viel als möglich völlig ausrotten zu können.

Alle diese Pläne haben mit vielen andern das Schicksal gehabt, ihr Grab gleichsam in der Revolution zu finden, aber ihr Andenken ist geblieben, und Frankreich zieht hier, wie in fast allen Theilen der Staatsverwaltung, grofsen Nutzen von den um jene Zeit angestellten Untersuchungen; denn so frey von allen Fesseln alter Gesetze und Vorurtheile und Gewohnheiten findet kein neuer Plan mehr Schwierigkeiten, und unmöglich ist es, nach so vielen Voraussetzungen, und auf einer so reinen Basis nicht nach einem unsren Zeiten angemessenern Plane zu bauen. —

Im Verfolg der Revolution und auch der constituirenden Versammlung scheint, so viel wir wissen, nichts mehr vorgefallen zu seyn, aus dem sich viel allgemeines ziehen liefse; es wurden Pläne entworfen, die nur den augenblicklichen Charakter einer Zeit angemessen waren, der nicht dauren konnte. Augenblickliche Noth machte augenblickliche Hülfsmittel nöthig, und in dem Maafse, als jede Parthey das Volk zu gewinnen oder aufzuwiegeln oder zu besänftigen nöthig fand, wurden auch die Hülfsmittel reichlich vertheilt. Sogleich wurden 15 Millionen decretirt, um theils den Ausfall der Einkünfte der Armenanstalten zu decken, und theils Werkstätte zu errichten. Andre aufserordentliche Summen mufsten später nachfolgen. 1792 hatte man den Fehler begangen, alle Häuser der Geistlichen zu verkaufen, die nützlich für die angrenzenden Hospitäler hätten verwendet werden können, und nachher vergriff man sich sogar an den Gütern der Armen selbst, mit dem Vorwande, dafs alles von der Nationalkasse ausgehen müsse. Dieses verschuldete die Hospitäler stets mehr und mehr. Späterhin nahm man diese Maafsregel zwar zurück, allein ein Theil des Übels war geschehen. Im Jahr III wurde von neuem eine Commission der öffentlichen Hülfe organisirt, im Jahr IV eine für die Fonds und Einkünfte, und erst im Jahr V beschlofs man, dafs alles unter einen Gesichtspunct gebracht werden sollte, und fixirte die Einkünfte, indem man das Deficit theils auf die Maut (Octroi), theils auf die öffentlichen Vergnügungen anwies; allein die Schwierigkeit, die das Decretiren und noch mehr die Ausführung fand, so wie die Verwirrung so vieler Jahre, konnte dem Übel nicht so leicht aus dem Grunde helfen. Bankrotirend verfiel der Staat nur stets mehr und mehr in Wucherer Hände, und um für den Augenblick sich Geld zu schaffen, bereitete man sich neues Unglück. So entstanden die Verpachtungen an Unternehmer, die Vorschüsse machten auf Kosten der Armuth, und die Besorgung aller Bedürfnisse der Hospitäler wurde auf diese Weise zuletzt noch im Jahre VII, wie man es nannte, par Entreprise vergeben.

Man kann denken, dafs diese Unternehmer ihren Vortheil suchten, und zum Theil suchen mufsten, um bey den unregelmäfsigen Zahlungen zu bestehen. Klagte man, dafs sie ihre Pflicht nicht erfüllten, so fehlte es ihnen an Klagen nicht, dafs man die Verpflichtungen gegen sie nicht erfüllt habe, und von allem diesen hatte die unschuldige Armuth zu leiden. So unglücklich alles dieses war, so verdankt man diesen schlechten, aber augenblicklich nothwendigen Maafsregeln doch die Erhaltung der Anstalten überhaupt, und ohne dieses existirte von ihnen vielleicht keine Spur mehr.

Mit der neuen Consulatregierung, die so vieles schnell organisirte, wurde auch endlich ein Conseil errichtet, welches aus 11, (und was das Glück des jetzigen Frankreichs, so viel es dessen besitzt, ausmacht,) so sehr als möglich gut gewählten Mitgliedern besteht, denen die Verwaltung der Armenanstalten anvertraut ist. Es macht die Verordnungen, die es dem Präfecten übergiebt, der sie dann zur Bestätigung dem Minister des Innern zu überreichen hat. Unter diesem Conseil steht eine Administration von 5 andern Gliedern, welche für die Ausführung dieser Gesetze sorgt. Sowohl die Versorgung der Hausarmen, als die Hospitäler werden jezt nach einem gemeinschaftlichen Plane geführt. Das Conseil hat die Privatwohlthätigkeitsanstalten, so viele deren jetzt noch existiren, so sehr als möglich zu befördern gesucht, als zum Beyspiel eine Gesellschaft, die für verehlichte Wöchnerinnen und deren Waisen sorgt, eine für ökonomische Suppen, eine Societé philantropique u. s. w.; es hat sich bey den Gesellschaften, die ökonomische Suppen vertheilen, abonnirt, es hat die Stiftung der Legate für einzelne Betten in Hospitälern wieder begünstigt, und kurz alle die Mittel, die es in Händen hat, sowohl als das Gute, das Privatgesellschaften thun, unter einen Gesichtspunkt und unter gleiche Grundsätze zu vereinigen gesucht. Für jetzt erstreckt sich alles dieses nur über Paris, und was existirt und geschehen ist, wird sich aus folgenden Abschnitten ergeben.

Zustand und Unterstützung der Hausarmen in Paris vor der Revolution im Jahre 1789. Einrichtung der Bureaux de Bienfaisance im Jahre V. Jetzige Verwaltung und Grundsätze derselben.

Vor der Revolution waren die öffentlichen Unterstützungen unermeſslich in Paris. Es gab viele unentgeltliche Schulen für Kinder, und nicht nur die Kirchengüter trugen für die Armen bey, sondern es vereinigten sich noch besonders Bürger mit den Curés in wohlthätiger Absicht, und vertheilten die reichlichsten Collekten unter die Nothleidenden. Die sogenannten grauen Schwestern (soeurs grises), die in ihrem Dienste waren, muſsten die Armen in ihren Häusern besuchen, ihren Zustand erforschen, und Allmosen, oder nach Bedürfniſs Nahrung, oder einen Arzt und Arzeney besorgen. Alle Klöster vertheilten Brot und Suppe, und alle Ärzte sahen nach ihren Hospitalbesuchen die Hausarmen. Das Gouvernement unterhielt Arbeitshäuser, und wenn der Winter hart war, so entschädigte die Policey die Manufacturisten, damit sie ihren Arbeitern Zulage geben konnten. Alle Gülden hatten Armenbüchsen. Andre edle Gesellschaften schafften Arme aus dem Gefängnisse, die wegen kleiner Schulden saſsen, oder lösten Pfänder aus, oder suchten arme Mädchen auszustatten, oder nützten, wie eine sehr geachtete menschenfreundliche Gesellschaft, ihr Ansehen, um Unglücklichen nützlich zu werden. Unter solchen Umständen, hätte man glauben müssen, durfte es keine Armen in Paris geben, allein die unbesonnene planlose Art, mit der alles dieses geschah, war eher gemacht, neue Bettler anzuziehen, als das eigentliche Unglück zu zerstören. —

Als zwischen den Jahren 1789 und 90 durch die Revolution alle gesellschaftliche Verhältnisse zerrissen wurden, schuf man im August des letztern Jahres eine Commission de Bienfaisance, der man die Einkünfte und Versorgung der Armen übertrug. Die Commission bestand aus eben so wohlthätigen als aufgeklärten Leuten, und hat unendlich viel Gutes gestiftet. Die neueste Verwaltung folgt noch jetzt ihren schönen Plänen. —

Im Thermidor des Jahres V wurden 48 Bureaux de Bienfaisance errichtet, die in verschiedenen Theilen der Stadt der Unterstützung der Hausarmen Regelmäfsigkeit geben sollten. Ihre Einkünfte wurden festgesetzt, und sie wurden für die Art der Vertheilung verantwortlich. —

Jedes dieser Bureaux, welche noch existiren, hat 7 Glieder, und 4 Bureaux schicken einen Deputirten zu einer Central - Comité, die unter dem Vorsitz des Maires mit sehr beschränkter Vollmacht sich vereiniget. Alles dieses vervielfacht die Räder der Maschine und macht sie kostspielig. Die Verwaltung könnte mehr in jedem Arrondissement concentrirt werden, und die Hauptadministration sollte von dem Conseil unmittelbar ausgehen. Die Administration wird also wahrscheinlich den Wünschen gemäfs in der Zukunft noch vereinfacht werden. —

Wie viel Arme vor der Revolution unterstützt worden sind, läfst sich auch nicht einmal durch

Approximationsberechnungen ausmitteln. Man weiſs, daſs ein Curé von einem Kirchsprengel zu Paris, welches nicht das beträchtlichste war, im Jahre 1778 21,000 Arme unterstützt hat. Im Jahre 1791 belief sich die ganze Zahl der Unterstützten in Paris auf 120,000, und wahrscheinlich ist es, daſs die eigentliche Armuth stets im Abnehmen ist, weil der Mittel- und arbeitende Stand mehr als sonst gewinnt, und die Vermögen vertheilter sind. — Für jetzt sind aber noch auf eine angebliche Population von 547,416 Seelen in Paris 116,626 auf die Liste der Armen geschrieben, *) also etwa der 5te Theil der Bevölkerung. Allein diese Zahl ist wahrscheinlich zu groſs, und das Conseil läſst Tabellen nach der Art, wie sie in Hamburg existiren, und wie sie von Bentham in England angegeben sind, verfertigen, um die eigentlichen Armen und ihre Bedürfnisse genauer kennen zu lernen. —

Die Grundsätze, die das Conseil befolgt, zwecken mehr auf die Zukunft, als auf die Gegenwart ab. Kann es das jetzige Unglück nicht heben, so kann es doch solchem für die Nachkommen vorbeugen, wenn es thätigere Bürger schafft. Ein erwachsener Armer ist entweder im Stande ein Handwerk zu treiben, oder er ist es nicht. Ersterem kann man entweder Mittel an die Hände geben, seine eigene Bude zu eröffnen, oder ihn bey einem Manufacturisten anbringen, der ihn für eine Vergütung aufnimmt. Nie muſs die Armenanstalt selber Atteliers errichten wollen, worin sie die Armen gebrauchen will; alle Versuche dieser Art sind, wie die Erfahrung lehrt, miſslungen, und wenn sie gelängen, so würden sie nur der Privatindustrie

*) Von diesen 116,626 sind 43,552 in Haushaltungen, und bestehen aus 29,059 Männern, 38,880 Frauen, 43,687 Kindern. — 4,704 sind Säugende oder Wöchnerinnen, 911 sind 80 Jahr, 1,881 über 75 Jahr alt, und 354 blind u. s. w.

schaden, die das Geld nicht ohne Interesse, und Gebäude nicht ohne Miethe hat. Hat der Arme seine eigne Bude, so kann man ihm einen Theil seiner Arbeit unterzubringen, abzusetzen suchen; muſs er aber in Dienst gehen, so ist ein eignes Bureau errichtet, welches die Listen der Manufacturen führt, die Arbeiter suchen, so wie auch derjenigen, die zu placiren sind, und aus diesen Listen erfährt man, welche Arbeit zu viel, welche zu wenig Hände hat, und mehrere beschäftigen kann. Ist der Arme endlich nicht im Stande, ein Handwerk zu verrichten, so muſs er dem öffentlichen Arbeitshause übergeben werden, das ihm die Policey eröffnet hat. In diesen Arbeitshäusern muſs Lohn und Ehre der Arbeit, und Mangel der Faulheit folgen. — Geht es nicht mit Gutem, so muſs man den Bettler zur Arbeit zwingen, und ihn in dieser Absicht einsperren, doch stets mit der Aussicht, daſs er durch ein arbeitsames Leben sich Freyheit erkaufen kann. Reinlichkeit, Sanftmuth und religiöse Moralität muſs in allen diesen Häusern herrschen, damit der Mensch nicht bösartig werde, und sich achten lerne. —

Besser ist eine Unterstützung im Hause des Armen, als in einer öffentlichen Anstalt. Die Idee eines Hospitals lähmt alle Sorge für die Zukunft; dagegen macht eine nur kurze Zeit zukommende Unterstützung vorsichtig, und die Administrationskosten, die öffentliche Anstalten verursachen, werden erspart. Indessen kann man in einem Orte, wie Paris, diesen Grundsatz auch nicht zu weit ausdehnen, da es viele Fremde giebt, die zurückgestoſsen entarten würden, und da die Wohnungen der Armen oft zu schlecht sind. Im Ganzen gewinnt auch die öffentliche Tugend und Barmherzigkeit, wenn der Reiche den Armen nicht nach den öffentlichen Hospitälern verweisen kann. Hat der Arme Familie, so suche man das Alter, so viel wie möglich, in dem Hause desselben zu unterstützen, da giebts zärtliche Pflege ohne Interesse, und nach Bedürfniſs kann man da partielle oder vollkommne Unterstützung leisten. Hat der Arme Kinder, so müssen sie im Lesen, Schreiben, Rechnen unterrichtet werden, damit sie künftighin nicht betrogen werden; ferner in Religion, als der besten Form, unter welcher man moralische Begriffe erlangt, und endlich in der Arbeit, damit sie in dieselbe künftig ihren Ruhm setzen. Kann der Arme sein Kind selbst ein Handwerk lehren, wenn er unterstützt wird, so giebt man ihm diese Unterstützung, und bewacht die zweckmäſsige Verwendung. Kann er ihm zwar ein Handwerk, nicht aber auch Unterricht im Lesen geben, so muſs das Kind nach der Schule geschickt werden. Können die Eltern weder das eine noch das andre lehren, so muſs man das Kind in die Lehre geben, oder in eine öffentliche Anstalt, von welcher es des Abends nach Hause kehrt. Im Allgemeinen muſs man nur die Arbeiten begünstigen, die allgemeines Bedürfniſs sind; von anderen dagegen zurückzuhalten suchen. — Allenthalben müssen Spaarkassen errichtet werden, damit der Arbeitende seinen künftigen Unterhalt zum voraus sichern kann. Auch muſs man unglückliche kleine Schuldner befreyen, um sie wieder arbeitsfähig zu machen. Im Ganzen hat sich aber das Conseil zum Grundsatz gemacht, so wenig Hülfe als möglich zu leisten, um den Müſsiggang, und mit ihm die Armuth zu vernichten.

Ist aber nach allen diesen Untersuchungen das Alter ohne Freunde, das Kind ohne Eltern, der Verlassene krank, kurz tritt einer der Fälle ein, wo Privat-Hülfe unmöglich geschafft werden kann; dann, nur dann erst gehört der Unglückliche in eins der öffentlichen Hospitäler, die der Staat in dieser Absicht besitzt. —

Die Mittel, die das Conseil besitzet, um diese Grundsätze in Anwendung zu bringen, sind erstlich die Primärschulen. — Zu wünschen wäre es freylich, daſs man die Summen zu ihrer Unterhaltung ebenfalls der Administration anvertraute, damit sie sie ganz für die Armen geziemend einrichten könnte, und einige Bureaux nicht eigne Schulen zu unterhalten genöthigt wären; indessen ist der Präfect jetzt schon mehr bemüht gewesen, sie zu Arbeitshäusern einzurichten. Die Administration hat dabey nicht unterlassen, neuorganisirte Schulen zu unterstützen, und den Personen hülfreiche Hand zu leisten, die Armenschulen errichteten.

Die treffliche Charité maternelle, eine Privatanstalt, die für die verehlichten Wöchnerinnen und Waisen sorgt, hat 6000 Franken erhalten, um mehrere der Kinder in die Lehre zu geben, und mit dieser vereint, hofft man den Haushaltungen noch manchen Nutzen stiften zu können. —

Erwachsene hat der Präfect bey öffentlichen Bauten zu brauchen gesucht, sie nach dem Ourquecanal hinbeordert, sie zum Demoliren der Häuser, zum Strassenbau und Strassenreinigen gebraucht, und bey jeder Gelegenheit sucht er diejenigen anzuwenden, die ihm die Bureaux empfehlen. Alle Maires halten Register für Manufacturen, die über Mangel an Arbeitern klagen, allein bis jetzt haben sich leider nur wenige eingeschrieben, obgleich die Register stets offen erhalten werden. Zur Errichtung einer Deckenfabrik sind Vorschüsse unter der Bedingung gemacht worden, daſs eine Anzahl Arme daselbst beschäftigt werden. Am meisten hat bis jetzt ein Etablissement für Spinnerinnen genützt, welches 2,800 Frauen beschäftiget. —

Diejenigen, denen die Handarbeit nicht zum Lebensunterhalt hinreicht, oder die nicht arbeiten können, hat das Conseil lieber durch Hülfe in Natura, als durch Geld zu unterstützen gesucht. So hat es Mehl, Holz, Lohkuchen, öconomische Suppen vertheilt, und in allen Vierteln der Stadt Öfen zu diesen Suppen errichten lassen. Wenn noch nicht alles das Gute, was es beabsichtigt, vollendet ist, so ist wenigstens ein großer Schritt gethan.

Für die 116,626 Arme sind auf diese Weise im Jahre X 1,304,920 Livres verwendet worden; also etwas über 12 Fr. für jeden, oder etwas weniger als 30 Fr. für jede Haushaltung. Allenthalben erwähnt die Administration mit Bedauren, daſs sie nicht mehr Mittel besitzt. Aber je zweckmäſsiger sie die Gaben vertheilt, je weniger scheint die Zahl der Armen zu seyn. Die Rechnungen jedes Bureau's und jeder angewendeten Anstalt begleiten den Bericht. Wir haben nur die allgemeine Tabelle der Einnahme und Ausgabe hier beygefügt, aus welcher das Ganze sich ungefähr übersehen läſst. Der Bericht hat überdieſs die Tabellen gegeben, wie sie in der Zukunft gehalten werden sollen. Von jedem Arrondissement wird die Zahl und das Alter der Armen von 5 zu 5 Jahr aufgezeichnet; dann zeigt eine Tabelle, wie viel verheirathete, wie viel unverheirathete Männer und Frauen, wie viel Wittwer, wie viel Wittwen sich vorfinden, so wie von welcher Gegend sie her sind; eine 3te lehrte, welche Profession sie treiben. — So sind z. E. im Xten Arrondissement unter 2558 Armen 66 Männer, 242 Frauen im Cölibat-Stande, eben so 941 Wittwen und 115 Wittwer; unter derselben Zahl etwa 20 Deutsche, 252 völlig Unbekannte, 776 ohne Stand, 265 Tagelöhner, 67 Spinnerinnen, 76 Wäscherinnen, 48 Brodierer u. s. w. Man sieht, wie nützlich dieses

Detail für die Statistik ist, und wie fruchtbar, um die Quellen der Armuth zu kennen, und die Mittel zweckmäſsig zu wählen. Eine Tabelle für jedes Arrondissement zeigt von jedem Armen insbesondere den Nahmen, das Geschlecht, Alter, Wohnung, Stand, ehemalige Profession, Fähigkeit täglich zu gewinnen, physische Constitution, die verlangte und erlangte Hülfe u. s. w. an, so daſs an Vollständigkeit der Kenntniſs nichts mehr zu wünschen übrig bleibt. *)

Einnahme im Jahre X.

Liegende Gründe — —	Fr. 28,222	79
Renten und an Particuliers verliehene Gelder — — — —	696	72
Staatsrenten — — —	84,662	—
Intressen der aufs Leihhaus Mont de Pieté gestellten Gelder (à 8 et 9 p. C.) — — —	21,226	97
Taxe auf Schauspiele und öffentliche Feste. (Ein Theaterbillet zahlt $\frac{1}{10}$, ein Ball und Concertbillet $\frac{1}{4}$ den Hausarmen.) — —	435,796	11
Vermächtnisse und milde Gaben (nicht mehr als) — — —	1,213	65
Octroi — — — —	515,000	—
	1,080,818	24

*) Der Bericht über die Hausarmen ist von Herrn Duquesnoy, der über die Hospitäler von Herrn Camus abgefaſst. Wir müssen denjenigen, die ähnliche Anstalten zu verwalten haben, besonders empfehlen, auf die schöne Einrichtung aller Originaltabellen zu achten, die wir hier nicht abdrucken lassen konnten.

Aufserordentliche Unterstützung des Gouvernements (im Winter des Jahres X.) — — —	309,000 . —
Einnahme überhaupt — Fr.	1,395,818 . 24

Ausgabe des Jahres X.

Contribution foncière der liegenden Gründe — — —	4,959 . 85
Reparaturen und Unterhaltung derselben — — —	3,396 . 56
Renten und Pensionen (die die Vermächtnisse auferlegt haben, — —	9,203 . 76
Gehalt der Agenten und Commis der Bureaux und Bureaukosten — —	31,738 . 51
Verschiedene Ausgaben (als Controlleur der Schauspiele, Indemnitäten, u. s. w.) — — —	7,165 . 84
Bureaukosten der 48 Bureaux de Bienfaisance — — —	57,600 . —
Geldvertheilungen in den Bureaux (4 Wintermonathe wurden in den Bureaux 3 Mal monathlich 27,000 Fr. vertheilt, das ganze Jahr hindurch 2 Mal monathlich, wofür Fleisch, Brot, Kleidung, u. s. w. gekauft ward.)	756,000 . —
Mehl für die Armen und Nährenden —	40,819 . 92
Holzvertheilung im Winter — —	24,000 . —
Vertheilung des Stempelpapiers (um Geburthsacten u. s. w. sich zu verschaffen.) — — —	2,225 . 3
Schule der Barmherzigen Passage St. Paul. (Für Arbeiten der Soldatenmädchen.) — — —	11,618 . 41

Etablissement zum Spinnen, (wo Garn vertheilt wird.) Verlust des Jahres X. — — —	62,077 . 76
	1,159,485 . 64
Aufserordentliche Unterstützung	289,940 . 56
	Fr. 1,449,426 . 20

N. B. Das Deficit von 53,607 . 96 ist durch rückständige Summen des vorigen Jahres ersetzt. —

Von dem Bureau der Ammen. *)

Eine 2te Anstalt, die dem Conseil, das den Armenanstalten vorsteht, anvertraut ist, ist das Bureau der Ammen, welches ganz Paris mit Frauen versorgt, um Kinder zu nähren. Schon lange existirte diese Anstalt unter dem Nahmen Bureau de Recommandatrices, und die erste Spur derselben findet sich bereits zu den Zeiten des Königs Jean im Jahre 1350. Seitdem hat es unter verschiedenen Modificationen unter Ludwig dem XIIIten, Ludwig dem XIVten und Ludwig dem XVten stets bestanden, und eine Zeitlang unter der Aufsicht des Polizeylieutenants. Nach vielen Schicksalen und Localveränderungen befindet es sich jetzt in der Rue St. Avoye in dem ehemaligen Hotel de la Tremouille. —

Das Bureau sorgt dafür, dafs man gesunde zuverlässige Ammen bekomme, die man entweder ins Haus nehmen kann, oder denen man die Kinder aufs Land anvertraut. Es sichert zu gleicher Zeit den Ammen ihren

*) Aus einem Berichte des Herrn Thouret vom 19ten Prairial an IX, und aus einem andern von dem Director des Bureau, Herrn Lallemand, gezogen. 1775 erschien Detail de la nouvelle Direction des Nourrices par Gardanne; und 1789 ein Code des Nourrices du Recueil des Ordonnances concernans les Nourrices.

Gehalt, und erreicht mehrere Zwecke: zuvörderst den, dafs Eltern ihre Kinder nicht leicht verlassen; ferner, dafs durch die Concurrenz der Preis der Ammen niedrig gehalten wird, und endlich, dafs man nie Mangel an denselben leidet. —

Alle diese Ammen kommen vom Lande. Eine bestimmte Anzahl reisende Führer (Meneurs) suchen sie auf, und bringen sie zur Stadt. Jede Amme bringt ein Attestat von ihrem Maire, oder einem Municipalagenten, der ihre gute Aufführung und das Alter ihrer Milch bezeugt. Die Amme wird von einem Arzte untersucht, und kann einige Nächte im Bureau eine Schlafstelle finden, bis sie mit einem ihr anvertrauten Säugling zurückkehrt. —

Sobald die Amme nach ihrer Heimath kommt, mufs sie sogleich ihrem Maire das Certificat über das erhaltene Kind überreichen, welches bezeugt, wem es gehört, und dazu dient, es im Sterbefall ins Register tragen zu können, und es mit den im Bureau über Ammen und Zöglinge gehaltenen Registern zu vergleichen. —

Das Bureau erhält übrigens eine Correspondenz über das jedesmalige Befinden der Kinder, und theilt sie den Eltern mit.

Im Jahre X. sind in Paris 21,018 Kinder geboren; von diesen etwa in der Ehe 15,100, aufser der Ehe 4,149, und nächstdem in der Ehe in Hospitälern 417, aufser der Ehe in Hospitälern 1,350.

3,820 wurden von diesen 21,018 von ihren Eltern verlassen, und 1,510 in Hospitälern erzogen, wenn sie nicht starben; 2,310 wurden zur Erziehung aufs Land geschickt.

6,531 wurden durchs Ammenbureau aufs Land geschickt, und zwar gehörten 2,000 derselben bemittelten Leuten.

10,667

10,667 wurden von ihren eigenen Müttern ernährt, und zwar von bemittelten Eltern 5,663, und von armen Müttern, die Unterstützung erhielten, 5,004.

21,018 zusammen.

Man sieht hieraus, daſs noch 2000 Bemittelte sich nicht gescheuet haben, ihre Kinder aufs Land den Ammen anzuvertrauen, *) und daſs nur etwa die Hälfte der Gebornen von ihren Müttern ernährt wurden. Etwa $\frac{1}{3}$ der den Ammen auf dem Lande anvertrauten Kinder stirbt im ersten Jahre.

Da die Mütter nicht stets dem Bureau prompt zahlen, so hat es jährlich Ausfälle in der Casse, die das Gouvernement ersetzen muſs. Das Bureau hat übrigens mehr als 4000 Briefe im Jahr gewechselt, um über den Zustand der Kinder Erkundigung einzuziehen. —

Die Einnahme des Bureaus' belief sich auf 452,138 L.
Die Ausgabe auf 437,606 —

Etwa 155 Kinder sind in schlechtem Zustande von den Ammen zurück gebracht worden, von diesen waren aber die meisten kränklich von Natur.

Nur 4 der dem Bureau zugeführten Ammen durften nach dem Hospital der Venerischen gebracht werden.

Die Reglements in Hinsicht der Führer und der Ammen sind nach einer langen Erfahrung mit vieler Vorsicht und Weisheit verfertigt, um die Ordnung erhalten zu können, aber ihre Bekanntmachung ist mit zu vielen Localumständen verwebt, als daſs sie Fremden von Interesse seyn würden. —

*) Man muſs nicht glauben, daſs dieses stets aus Nachlässigkeit geschieht. Die Frauen in den Buden und Handlungen in Paris werden durch wirkliche häusliche Geschäfte und durch kümmerlichen Erwerb oft genöthigt, ihre Kinder den Ammen auf dem Lande anzuvertrauen.

Jetziger Zustand der Hospitäler in Paris mit Hinsicht auf das, was sie ehemahls gewesen sind.

Der 3te Gegenstand, der dem Conseil, welches die Armenpflege zu besorgen hat, anvertraut ist, sind die Hospitäler für Gebährende, Kinder, Kranke und Invaliden, und ganz natürlich folgt das Gemüth des Lesers der Betrachtung dieser öffentlichen Zufluchtsörter, nachdem die Heimath des Armen keine Mittel wider das Elend mehr darbiethet, und auch keine Linderung mehr möglich macht.

Schon aus der allgemeinen Geschichte der Hospitäler läſst sichs ahnden, was die Folge so vieler Übel und Miſsbräuche seyn muſste. Nichts als Verwirrung in den Ursachen sowohl als in den Mitteln haben die Jahrhunderte hervorgebracht; allein so oft Frankreichs groſse Minister Pläne hegten mit tieferer Einsicht, so muſste Paris, wie natürlich, der erste Ort seyn, in welchem sie sie auszuführen gedachten. —

Schon zu den Zeiten Ludwigs des XIVten ging man mit dem Plane um, das Hotel Dieu zu Paris zu verlegen, und in kleinere für jede Krankheit abgesonderte Hospitäler zu verwandeln, die jedoch in ein allgemeines verbunden waren. Desgosdet, ein berühmter Architect der Zeit, entwarf zu dem Ende den Plan eines Hospitals, welches wie in einen Stern gebaut war. Der Gedanke blieb unausgeführt, und wenn auch seit der Mitte des vorigen Jahrhunderts der schlechte Zustand der Pariser Hospitäler öfter zur Sprache kam; so scheint doch nichts mehr die Aufmerksamkeit in dieser Hinsicht erregt zu haben, als eine Epistel, die Marmontel im Jahre 1773 im Nahmen der Armen schrieb, worin er alle Greuel des Hotel Dieu wo möglich mit Dichter-Farben mahlte. Diese

Epistel war dem Könige zugeeignet und veranlafste viele Gegenschriften, wahrscheinlich auch zuletzt im Jahre 1777 und 81 die Commissionen und eignen Departements zur Verwaltung, deren wir oben erwähnten. Im Jahre 1786, also um die Zeit der Gährung, die der Revolution vorherging, wurde der Academie der Wissenschaften der Auftrag gegeben, den Plan zu einem Hospital zu entwerfen, welches das Hotel Dieu ersetzen sollte, und ein Jahr nachher schickte man Tenon nach England, um die dortigen Muster zu untersuchen. Die Memoires, die er auf Befehl des Königs herausgab, und die sich blofs über die Pariser Hospitäler verbreiten, gehören nächst jenen von der Academie veranlafsten Schriften gewifs zu dem Classischten, das je über Hospitäler geschrieben worden. Schade ist es, dafs nicht auch die Fortsetzung erfolgt ist.

Als Liancourt und seine Gefährten im Jahre 1790 die Berichte über die Armuth abstatteten, gaben sie auch Nachricht über die damaligen Besuche, die sie in den Hospitälern von Paris gemacht hatten; und das sind die Quellen, auf die man stets zurückkommen mufs, wenn man über diesen Gegenstand zu sprechen unternimmt. —

Vor der Revolution gab es in Paris 22 Krankenspitäler, und 6 für Invaliden und Genesende. — Erstere besorgten 6216 Kranke, letztere 14,105 Invaliden. Nächstdem gab es im Findelhause noch 15,000 Kinder, so dafs man in Allem 48 Armenanstalten rechnen konnte, die 35,341 Individuen unterstützten; und da die Bevölkerung von Paris auf etwa 660,000 Seelen angenommen ward, so verhielt sich dieselbe zu den in Hospitälern befindlichen wie $18\frac{2}{3}$ zu eins. Die Einkünfte dieser Hospitäler beliefen sich auf 7,226,000 L. und jeder Kranke kostete täglich im Durchschnitt ungefähr 30 Sous, in manchen Hospitälern sogar 50, und nur im Privathospitale Necker, welches unter allen am besten verwaltet wurde, etwa 18 — 20 Sous. — *)

Die Sterblichkeit war in vielen dieser Häuser ungeheuer; nicht nur das Zusammenhäufen vieler

*) Folgende Liste der Krankenzahl in jedem Hospital und der Einkünfte ist vielleicht Manchen willkommen.

Das Hotel Dieu hatte 25000 Kr. u. 1,300,000 L. Einkünfte.

Jeder Kranke kostete 30 S.

Das Hopital General	10000	— —	3,600,000	—	
Das Findelhaus	15000	— —	1,000,000	—	
Die Incurables	426	— —	400,000	—	Jeder K. 42 S.
Das H. de la Charité	208	— —	200,000	—	— — 50
Das der Convalescens	22	— —	34,000	—	
Das Maison Royal de Santé	16	— —	24,000	—	
Das Hospice de Charenton	12	— —	30,000	—	
Das Hospice de St. Sulpice	128	— —	42,000	—	
Die Hopitaliers de la Place Royale	22	— —	30,000	—	
— — — de la Roquette	20	— —	15,000	—	
— — — de St. Marie	16	— —	16,000	—	
— — — de la Rue Muffetard	43	— —	33,000	—	
Die Petites Maisons	376	— —	550,000	—	
Hospice des Ecoles de Chirurgie	—	— —	24,000	—	
— — de St. Jacque	—	— —	10,000	—	
— — de St. Meres	—	— —	36,000	—	
Bureau des Pauvres	—	— —	52,000	—	

Etwa 28.789 hatten 7,226,000 L. Einkünfte.

Es gab, wie wir glauben, noch einige andre kleine Privathospitäler, als das eben genannte Hospital Necker, und nächstdem ein Hopital militaire de la Garde Nationale u. s. w. wo der Kranke 36 S. täglich kostete. Im Ganzen möchten sich die Einkünfte also auf wenigstens 8,000,000 L. belaufen haben.

Kranken in Einem Bette war hieran Schuld, sondern auch der Umstand, dafs man fast alles aufnahm, was sich meldete, und dafs auch Gesunde durch Protection sich einzuschleichen wufsten, oder, wie Schwangere, ein Recht dazu hatten, wodurch Ansteckung stets unterhalten, und stets verbreitet ward. In vielen Sälen des Hotel Dieu z. E. kamen auf jedes Individuum oft nicht 18 Kubikfufs Luft zum Athmen. Die Administration war dabey äufserst verwickelt und kostspielig, und verzehrte die meisten Einkünfte. Alle diese Mängel hatte die Revolution aufgedeckt, ohne ihnen abzuhelfen, und nach dieser Voraussetzung wird man verstehen, was das jetzige Conseil eigentlich leistete, und noch zu leisten bemüht ist. Stets sucht es nehmlich nur die wahren armen Kranken aufzunehmen, und sie so zu placiren, dafs sie weder Übel verbreiten, noch empfangen können; stets sorgt es auch für einfachere sparsamere Administration, und bedächtig folgt es mit Grundsätzen dem Wege, den ihm die Erfahrung lehrt. Hier folgen wir zum Theil dem Berichte, den es uns liefert.

Hospice de la Maternité (Spital für mütterliche Pflege.)

Das Etablissement besteht jetzt aus 2 Häusern. Einst ist Rue de la Bourbe, in der alten Abtey de Port Royal gelegen; das andre Rue d' Enfer im alten Hause de l' Institution de l' Oratoire. Letzteres empfängt die Niederkommenden und Hebammen. Ersteres empfängt alle Frauen im 8ten Monate der Schwangerschaft, oder die in augenblicklicher Gefahr sind niederzukommen so wie jedes Kind unter 2 Jahren, welches ohne Eltern ist, oder von denselben verlassen wurde. Die Schwangern werden ernährt und bedient, müssen aber die Arbeit verrichten, die sich mit ihrem Zustande verträgt. Die Kinder werden bey ihrer Ankunft durch Wärterinnen (Berceuses) in den Kindersälen (Crèches) versorgt. Von da werden sie mit ankommenden Ammen von Führern (Meneurs) nach ihrer Heimath auf das Land geführt und bewacht. — Wenn nicht Ammen genug vom Lande gekommen sind, so werden sie unterdessen von den stets in Hause befindlichen Ammen (Sedantaires) genährt, bis man sie dahin schicken kann. Das Kind bleibt in den Registern des Hauses La Bourbe eingeschrieben, und daher erhält die Amme auch monatlich ihren Lohn, und die dem Kinde nöthigen Kleidungsstücke.

Sobald eine der obigen schwangeren Frauen Wehen fühlt, so wird sie nach dem (nahe gelegenen) Hause, Rue d' Enfer, gebracht.

Dieses Haus besteht aus einer Hebamme en chef, und einem Zusammenflufs von Hebammen, die aus allen Departements der Republik dahin gesendet werden, um da Wohnung, Nahrung und 6monatlichen Unterricht durch Vorlesungen von einem Accoucheur en chef zu erhalten, und von der ersten Hebamme in der Ausübung der Hebammenkunst geübt zu werden. Jedes Haus hat seinen besondern Krankensaal. —

Ehemals waren die beyden Anstalten getrennt. Die Schwangern befanden sich nehmlich im Hotel Dieu; die Findelkinder hatten ihr eignes Spital. Der Convent liefs letztere im Jahr II nach Val de Grace, und im Jahr IV endlich dahin transportiren, wo sie sich jetzt befinden. Bürger Hombron machte sich während der Revolution um die Erhaltung dieses Hospitals besonders verdient.

D i e G e b ä u d e der Institution de l' Oratoire sind gut eingerichtet. Es fehlt nur noch ein Krankensal, ein Zimmer zum Reinigen der Ankommenden, und ein Hörsal. Porte Royal war nicht so gut eingerichtet, es war eine Zeit lang ein Gefängnifs unter dem Nahmen Port Libre gewesen, allein es hat Platz für 450 Betten aufser den Kinderwiegen, einen schönen Garten, und freye Luft. Nächstdem zieht es sein Wasser von der Wasserleitung zu Arcueil, welches man zum Theil zu einem Waschhause braucht. Allein die Gebäude kosten wegen ihres Alters viel Reparatur. Man wird nach und nach Zimmer anbauen, um die Ammen darin zu placiren, die vom Lande kommen. Denn die jetzigen Säle im untersten Stock sind nicht so gesund.

Die Nahrung kann hier nicht so sparsam seyn, als in andern Häusern für Arme, denn die meisten hineinkommenden Armen sind schwach, und bedürfen vor und nach der Niederkunft Stärkung. Die Verordnungen sind in dieser Hinsicht von einer Art, dafs nichts zu wünschen übrig bleibt.

Die Kleidung erhalten die Ammen, Aufwärterinnen u. s. w. vom Hospital. Dieses macht sie kenntlich, und dient zur Erhaltung der guten Ordnung. Die Wöchnerinnen erhalten die Kleidung nur, wenn sie deren bedürfen. —

Die Unterhaltung der Wäsche ist eine sehr beträchtliche Ausgabe. Schwer ists auch die beste Art, öconomisch zu erwärmen, aufzufinden. So viel Zimmerchen nehmlich die Wöchnerinnen bewohnen, so viele müssen auch erwärmt werden. Kamine erwärmen die Zimmer nicht, und Öfen können die Wöchnerinnen nicht ertragen. — Eben so schwer ist es, die Ammensäle zu erwärmen; Kamine erwärmen nicht, und Öfen sind wiederum nicht geschaffen, um die Linnen zu trocknen, und die Kinder beym Feuer anzuziehen. *) —

*) Der Deutsche Leser merkt leicht, dafs diese Schwierigkeit von der Localgewohnheit herrührt. —

Ein Chirurgus des Hauses besucht die Schwangern täglich, und ein Arzt 2 Mal die Woche. Die Hebamme besucht sie ebenfalls. Ein Eleve der Chirurgie wohnt stets im Hause. Der Arzt, Acccoucheur und Hauschirurgus versammeln sich wöchentlich, um das Register des Letztern zu sehen, und sich über das Vorgefallene zu berathschlagen. Die Pharmacie ist unterdrückt. Die gewöhnlichen Medicamente sind im Hause, und die Composita werden vom nächsten Hospitale geholt.

Seit dem Germinal des Jahres X ist die Maternité im Regime paternel. *)

88 Personen sind im Innern angestellt, und kosten 36,120 Fr. Aufser diesem bekommen die Ammen Vergütung, während dafs sie warten. Auch sind noch 10 Personen zur Direction angestellt, die im Hause ernährt werden.

Die Einrichtung hat ihr besonderes Reglement, welches mit einigen wenigen Veränderungen beybehalten werden wird.

Von denen, die die Niederkunft erwarten.

Sowohl arme Frauen, als die, die ihre Niederkunft zu verbergen Ursache haben, werden in das Spital aufgenommen. Sie brauchen weder Wohnung, noch Nahmen, noch sonst etwas anzugeben, auch können sie ihre Declarationen in einem Geheimbuche verzeichnen lassen. Wenn ihre Niederkunft noch nicht nahe ist, werden sie ins Ammenhaus geschickt, wo sie in 4 Sectionen vertheilt sind. In einer befinden sich die,

*) Das heifst, es besorgt seine Bedürfnisse selbst, nicht durch Entrepreneurs.

deren Nahmen verschwiegen werden muſs, ihre Anzahl ist beträchtlich; in der zweyten arme verheirathete Frauen; in der dritten Mädchen, die Mütter geworden sind, und sich nicht gewöhnlich in Paris aufhalten; in der vierten die, die stets in Paris wohnen. —

Alle müssen zusammen arbeiten, zusammen essen, und jede schläft in einem für sie besonders bestimmten Bette, in einem für jede Section eingerichteten Schlafsale. Sie befinden sich stets unter Aufsicht. Ihre Arbeit besteht in Verfertigung kleiner Kästchen zum Kinderzeug, und der Kleidungsstücke, die theils fürs Haus, theils für auſserhalb befindliche bestimmt sind. Diejenigen, die nicht hierzu gebraucht werden, müssen in der Küche arbeiten. Der Vortheil der Arbeit betrug freylich nur 3,873 Fr. im letzten Jahre; allein die verschaffte Beschäftigung ist das Wesentliche. Auch würden die Arbeiten fürs Haus, auswärts besorgt, theurer gekommen seyn. Im letzten Jahre sind 1727 Frauen aufgenommen worden, die 36,040 Tage verweilten, also jede im Durchschnitt $20\frac{1}{1}\frac{5}{7}$ Tage. Jede kostete etwa 23 Sous täglich, also 25 Fr. überhaupt. —

So bald die Schwangere Wehen spürt, wird sie nach dem Gebärhause gebracht, wo sie, wenn die Geburt nahe ist, nach dem sogenannten warmen Zimmer (Chauffoir) geführt wird, in welchem 2 Betten für die, die in Kindesnöthen sind, sich befinden. Hebammen, die als Lehrlinge sich befinden, stehen ihr unter der Direction der ersten Hebamme (Sage femme en chef) bey. Letztere legt bey schweren Geburten selbst Hand an, und ruft, wenns Noth thut, den Accoucheur. Nach der Geburt kommt sie in die Zimmer, wo sie 14 Tage bleibt, und wo ihr Regime durch die erste Hebamme bestimmt wird; wenn sie krank ist, wird sie nach der Infirmerie, dem Krankensal des Hauses gebracht. Ist die Krankheit mit dem Zustande der Schwangerschaft in keiner Verbindung, so wird sie nach dem Hospital Cochin geschickt.

1608 sind im letzten Jahre niedergekommen, und blieben 18,035 Tage, also blieb jede etwas über 11 Tage, und kostete 13 Fr. im Accouchierhause. Mehr als die Hälfte verliefs das Hospital 10 Tage nach der Niederkunft, $\frac{1}{3}$ 12 Tage, und $\frac{1}{8}$ 15 Tage nach derselben. Fast $\frac{2}{3}$ brauchten weniger als 30 Tage in beiden Hospitälern zu verweilen. —

Seit dem Jahre VI bis zur Hälfte des Jahres XI, also in 5 $\frac{1}{2}$ Jahre, sind 7137 Kinder geboren, worunter 77 Zwillinge. 3622 waren Knaben, 3515 Mädchen. —

1541 Kinder sind im letzten Jahre gewogen worden.

3	wogen	$2\frac{1}{4}$	—	$2\frac{1}{2}$	Pfund
31	—	3	—	$3\frac{3}{4}$	—
97	—	4	—	$4\frac{3}{4}$	—
308	—	5	—	$5\frac{3}{4}$	—
666	—	6	—	$6\frac{3}{4}$	—
380	—	7	—	$7\frac{3}{4}$	—
100	—	8			Pfund und mehrere Unz.
16	—	9	—	$9\frac{1}{2}$	—

Von 7060 Frauen sind 7137 Kinder geboren, von welchen 6859 lebendig zur Welt kamen, 29 während der natürlichen Geburt starben, 249 vor der Geburt todt und meistens faul waren. Im Ganzen ist demnach etwa 1 von 25 $\frac{3}{5}$ gestorben. Fast alle Todten, 8 — 10 ausgenommen, waren völlig ausgewachsen. Das Verhältnifs der doppelten zur einfachen Schwangerschaft war wie 1 : 19 $\frac{2}{3}$. —

Die Sterblichkeit in diesem Spitale ist also, mit der in andern Spitälern gemessen, ziemlich geringe.

Nach Tenon starben von 1713 — 1785 im Hotel Dieu 1 von $13\frac{1}{4}$.

In den letzten 12 Jahren nach den Tabellen der M. Lachapelle in der Maternité 1 von 21. *) Das mittlere Verhältniſs scheint selbst nach den letzten 6 Jahren wie 1 : 23.

In 7137 Geburten kamen mit dem Scheitel zuerst			6985
Mit dem Gesichte	—	1 von	$594\frac{3}{4}$
Mit der Occipitalregion		1 —	7137
Mit der linken Seite des Kopfes		1 —	$1784\frac{1}{4}$
Mit dem Scheitel des Kopfes und der Nabelschnur	—	1 —	$648\frac{9}{11}$
Mit dem Steiſse	—	1 —	$90\frac{2}{3}$
Fuſsgeburten gab es	—	1 —	$223\frac{1}{32}$
Kniegeburten	—	1 —	2379
Rechte Schultergeburten		1 —	$1189\frac{1}{2}$
Linke Schultergeburten		1 —	$1784\frac{1}{4}$
Rechte Seite der Brust stand vor in		1 —	3568
Rechte Hüfte in	—	1 —	7137
Bauch in	—	1 —	2379
Rücken in	—	1 —	3568
Lenden in	—	1 —	2379
Rechte Hand und linker Fuſs in		1 —	7137
In der Tabelle unangezeigte Lagen betragen	—	1 —	$892\frac{1}{8}$
Schwangerschaft auſserhalb dem Uterus gab es	—	1 —	7137

*) In Wien starben von 1790 bis 1792 nach Schweighäuser 1 von $18\frac{1}{183}$.

In London von 1749 bis 1782 eins von 31. u. s. w.

Wir besitzen leider die Hülfsmittel nicht zur Hand, um diese vergleichende Tabelle etwas vollständiger zu machen.

Von diesen 7137 Geburten mufsten 11 mit der Zange, 5 mit dem Haken, 1 durch Gastrotomie geholt werden u. s. w.

Überhaupt konnten 91 derselben nicht ohne Gefahr für Mutter oder Kind anders als durch die Kunst gerettet werden. —

163 von 6974 waren demnach ungünstige Geburten, also etwa 1 : 43 $\frac{4}{5}$. —

174 hätten unter 7137 Geburten der Hülfe benöthigt scheinen können, also etwa 1 in 41 $\frac{1}{58}$ Mal.

In den 6$\frac{1}{3}$ Jahren ungefähr, wo 760 niedergekommen sind, sind 580 krank gewesen, 268 geheilt, 307 gestorben, 5 ungeheilt entlassen worden.

Unter den Kranken hatten 306 Kindbettfieber, 10 Peritonitis, 2 Inflammation der Mutter, 7 Gallenfieber, 56 Faulfieber, 5 Friesel, 25 Brustkrankheit, 5 Inflammation der Brust, 4 Asthma, 3 Brustwassersucht, 6 Bauchwassersucht, 2 Gelbsucht, 1 Volvulus, 3 Indigestion, 2 Scorbut, 3 Apoplexie, 10 Convulsionen, 8 Blutflüsse, 1 Risse in der Mutter, 1 Umkehrung der Mutter, 1 Placenta auf dem Mutterhals festsitzend, 2 waren Geburten extra uterum gewesen.

Das Kindbettfieber raffte die meisten weg. —

Im Jahre VIII waren von 130 im Monath Ventose niedergekommenen 39 an diesem Fieber krank, und 36 starben. Woher mag es wohl überhaupt kommen, dafs die Sterblichkeit in den besten Hospitälern gröfser ist, als gewöhnlich in der Stadt? Dieses ist schwer zu bestimmen. Aus den Tabellen ergiebt sichs auch, dafs die Jahre sehr verschieden sind. Denn im Jahre VIII war die Sterblichkeit so grofs, dafs die 9te Niederkommende starb; im Jahre X starb nicht eine von 115. — Hieraus kann man schliefsen, wie bedächtig man in Beurtheilung der Sterbelisten seyn mufs. Einige Niederkommende werden noch immer im Hotel Dieu aufgenommen. Dieser Mifsbrauch rührt daher, weil sie die Schüler anzuziehen suchen, um sich im Accouchiren zu üben. —

Von dem Unterrichte der Hebammen.

In neuern Zeiten hat man auch, wie bereits erwähnt worden, die Maternité zur Haupthebammenschule gemacht. Indem man nehmlich aus den eben mitgetheilten von Baudeloque verfertigten Tabellen einsieht, wie selten die Hülfe eines eigentlichen Operateurs bey den Geburten nöthig ist, und bedenkt, daſs die geschickten Chirurgen sich nicht auf dem Lande etabliren werden, und daher unentgeltlicher Unterricht nicht für lucrative Stände in groſsen Städten zu errichten sey; so hat man das Institut gänzlich solchen Frauen gewidmet, die der Präfect jedes Departements geneigt findet, sich auf dem Lande zu etabliren. —

Das Vereinigen männlicher und weiblicher Schüler hatte aber seine eigne Schwierigkeit, und das Conseil glaubte zwar, daſs es billig sey, daſs schwangere Frauen, die umsonst aufgenommen werden, den Hebammen zum Unterricht zu dienen sich gefallen lassen dürften; es glaubte aber nicht, daſs sich diese Unglücklichen darum allen unbegrenzt hingeben müſsten, da die Anstalt doch nicht eigentlich eine Schule ist. —

Jede Hebamme, die aufgenommen seyn will, muſs für sich selbst oder auf Kosten des Departements 240 Franken für 6monatliche Wohnung und Kost bezahlen, und nächstdem 30 Fr. für Unterricht. Man giebt 2 Course im Jahre: Herr Baudeloque nehmlich 2 Mal in der Woche, und Madame Lachapelle alle Tage. Der Unterricht besteht in Fragen und Antworten, und die Übung hat man alle Tage im Hause. Herr

Baudeloque und Madame Lachapelle haben die Erlaubnifs, zum theoretischen Unterricht auch Schüler aufser dem Hause hinzuzulassen.

Die von einem Departement sind, oder Freundinnen wohnen gewöhnlich zusammen, sie essen alle an einem gemeinschaftlichen Tische. In 6 Monathen waren 59 zugelassen worden.

(Mit grofser Verwunderung hatte der Verf. öfter zu sehen Gelegenheit, welche treffliche Schülerinnen da gebildet worden sind. Durch den Unterricht in Fragen und Antworten wurde wirklich ihre Urtheilskraft geschärft, und ihnen fast höhere physiologische Begriffe beygebracht.)

Von der Aufnahme der Findelkinder.

Jedes Kind unter 10 Jahren, welches man nach dem Hospital bringt, wird ohne weitere Nachfrage aufgenommen. Ist es an öffentlichen Örtern irgendwo gefunden, so wird es vom Polizeybedienten dahingebracht, und an der Thüre abgegeben. Die Person, die es unmittelbar ins Haus bringt, hat nicht einmal nöthig, mit hineinzugehen. Es wird im Bureau sogleich ein Proces verbal durch einen Geschwornen ausgefertigt, und alles aufgezeichnet, was zum Erkennen des Kindes dienen kann. Dieser Proces verbal wird dem Polizeypräfecten übersendet. —

Jedes so hingebrachte Kind wird als verlassen angesehen, und die Eltern haben kein Recht mehr auf dasselbe; es gehört dem Staate, der es erzieht. Wenn Eltern blofs durch unglückliche Umstände in die Lage gekommen sind, es verlassen zu müssen, so können sie in glücklicherer Zeit Nachricht vom Kinde, wenn sie 30 Fr. für Nachsuchungsgebühren und Administrationskosten erlegen, erhalten. Ist das Kind todt, so erhalten sie 20 Fr. wieder; lebt es, so kann man das, was es dem Hospital gekostet hat, erlegen, und es zurücknehmen. —

Es scheint hart, Eltern die Fähigkeit zu rauben, von ihrem Kinde Nachricht zu erhalten, aber die Erfahrung machte diese Maſsregel nothwendig. Denn die Maternité ward fast eine Pensionsanstalt für alle, denen es beliebte, ihr Kind auf Kosten des Staats, und unter der Sorgfalt einer väterlichen Administration erziehen zu lassen. Es war bequem, ein Kind, wenn es erzogen war, zurückzunehmen. —

Der Ort, wo das Kind aufgenommen wird, heiſst la Crèche, die Krippe. Es sind Säle, worin Wiegen sich befinden, und wo die Kinder aufgepappet, mit Brey gefüttert (nourris à la cuillere), gewickelt und mehrere Mal des Tages umgekleidet werden. Tag und Nacht werden sie da durch eine ehrwürdige Schwester bewacht, die diese Function auch in dem ehemaligen Findelhause hatte. —

Gesunde Kinder werden sogleich der Amme übergeben; kranke in die Krankenstube gebracht, und wenn sie venerisch sind, nach dem Hospital der Venerischen geschickt; in zweifelhaften Fällen wird das Kind eine Weile in der Krippe behalten.

Die Ammen, denen das Kind übergeben wird, sind, wie bereits erwähnt, entweder im Hause wohnende, oder auf dem Lande sich befindende. Erstere sind säugende Mütter, die man unter der Bedingung aufnimmt, daſs sie auch noch ein zweites Kind nähren wollen. Man kleidet und nährt sie, und zahlt ihnen auſserdem noch 7 Fr. 10 Sous monatlich, und 2 Fr., wenn sie ihre Pflicht gut erfüllt haben. Hat die Amme kein Kind, so nährt sie zwey, und erhält doppelten Lohn.

Jedes Kind unter 2 Jahren kostet etwa 5 Sous täglich zu unterhalten; eine im Hause wohnende Amme 23 Sous. In den letzten 6 Monathen gab es 84.055 Kindertage unter 2 Jahren, und 29,974 Ammentage zu unterhalten, woraus sich die Ausgabe leicht zusammenziehen läſst.

Was nun die Geschichte des Findelhauses betrifft, so ist hiervon schon etwas in der allgemeinen historischen Übersicht vorgekommen. Die unablässig zu erwähnenden Memoires des Tenon und die Berichte des Liancourt enthalten hierüber mehreres, woraus folgendes zum Theil geschöpft ist.

Von 1670 bis 1803 also in 133 Jahren sind 327, 429 Findelkinder aufgenommen worden. Seit 1772 hat sich die jährliche Aufnahme verdoppelt, und die Ursachen hiervon sind nicht ganz leicht aufzufinden, ob sie gleich gröſstentheils den allgemeinen schlechtern Sitten zugeschrieben werden können.

Seit dem Jahre 1791 bis den 21ten März 1803 sind 49.264 Kinder aufgenommen worden, von denen jetzt noch 6561 auf dem Lande leben, 140 im Hospital sich befinden, also in allem nur 6701 übrig sind, 44,071 sind demnach nicht mehr am Leben. Da übrigens die Maternité nur bis zum 12ten Jahre auf die aufgenommenen Kinder wacht, so muſs man auch noch davon 1368, die den 30ten März mehr als 12 Jahr erreicht hatten, abziehen, so daſs nur 5193 eigentlich übrig sind, von denen man Rechenschaft ablegen kann. — Über diese ungeheure Sterblichkeit hat man oft genug geschrien. Warum, sagte ein Theil, soll man ein solches Haus errichten, welches eine Gruft für die Bevölkerung ist? Warum, sagten andre, soll man mit so ungeheuren Kosten so wenige Bürger erziehen? —

Diese Klagen sind zum Theil gerecht. Schon die alte Administration suchte vergebens nach Mitteln, die Sterblichkeit zu vermindern. Allein der Grund dieser

dieser Sterblichkeit läfst sich zum Theil auffinden. Die meisten dieser Findelkinder sind äufserst schwach. Ein Kind, das weniger als 6 Pf. wiegt, ist äufserst schwer zu erhalten, und von den 1415 Kindern, die im letzten Jahre im Hospital gestorben sind, hatten 623 nicht 6 Pf an Gewicht. Die meisten werden schon halb tod nach dem Hospital gebracht, nicht um sie zu erhalten, sondern um die Begräbnifskosten zu sparen. 29 der zugeführten starben einen Tag nach der Ankunft. Ein 3tel des Menschengeschlechts stirbt nächstdem vor dem 13ten Monat seines Alters, wie d'Alembert berechnet hat. Übrigens disponiren die Hospitäler zu allerley Ausschlägen und zu Verhärtungen u. s. w., die mehrere Kinder tödten.

Die Administration der Hospitäler gab, vereinigt mit der Societé royale de Medecine, im Jahre 1786 die Frage auf: welches wohl die Ursache des frieselähnlichen Ausschlags (blanchet, muguet, millet) wäre, woran die Kinder in Findelhäusern leiden, und welche Kurmethode wider denselben die beste sey. Man erhielt unzählig viele Abhandlungen, unter welchen 4 gekrönt wurden, und 2 das Accessit erhielten; aber die Gesellschaft erklärte bey der Vertheilung, dafs über diesen Punct noch viel zu wünschen übrig bliebe. Auch die Verhärtung des Zellengewebes war der Gegenstand einer Preisaufgabe im Jahr 1789. Allein, wenn die Medaille auch zuerkannt wurde, so war doch damit die Ursache und die Kur nicht besser aufgeklärt. *)

Im Winter sind die genannten Krankheiten am häufigsten; man suchte im Winter des Jahres X die Kinder, die halb erfroren waren, durch Sandbäder wieder

*) Über die Natur dieser Krankheiten und die in Frankreich darüber existirenden Arbeiten, finden wir den Leser bey anderer Gelegenheit zu unterhalten die Veranlassung.

zu erwärmen; diesen Winter will man die Dampfbäder versuchen.

Im Ganzen scheinen die Krankheiten die Kinder mehr zu ergreifen, die die Muttermilch entbehren.

Die Zahl der im Hause befindlichen sedentairen Ammen hatte sich während der Zeit, da sie mit Papiergeld, oder sonst schlecht bezahlt wurden, sehr vermehrt, weil die Ammen vom Lande nicht kommen wollten: die Zahl der sitzenden belief sich im Jahr IX auf 169, das Conseil hat sie schon vermindert, und giebt den Ammen, die während des Winters oder um die Zeit der Erndte vom Lande kommen, so wie denen, die sie zuführen, besondere Belohnungen. Denn eine gewöhnlich starke Frau in der Stadt, die aus Armuth zu diesem Geschäfte getrieben wird, kann nicht leicht 2 Kinder nähren. Hat sie selber eins, so achtet sie das fremde nicht, das nur 12 Tage an ihrem Busen bleibt, und für welches sie keine Anhänglichkeit bekommt; und da man nur für die Kinder lohnt, die gut erhalten bleiben, so wollen sie sich mit der Ernährung der schwachen, die es am meisten bedürfen, nicht befassen. — Der öftere Nahrungswechsel der Kinder ist ein 2ter Grund der Sterblichkeit; denn 8 Tage verweilt das Kind in der Krippe, 3 Wochen ist es bey der Amme, und alsdann wird es auf das Land geschickt. Die meisten sedentairen in das Haus genommenen Ammen sind äufserst elend, und werden so sehr aus Mitleid, als aus Bedürfnifs anfgenommen. Könnte man demnach eine künstliche Nahrung einführen, so wäre dem Übel vielleicht abzuhelfen. Chamousset *) hat hierüber zuerst Versuche mitgetheilt, und 1788 wurde vom Polizeylieutenant Crosne ein Preis von 2000 Livres auf die beste Abhandlung über diesen Gegenstand ausgesetzt. Die Societé de Medecine warf in dieser Hinsicht 20 Fragen auf, allein man konnte noch kein Hospital zeigen, wo die künstli-

*) Memoires politiques sur les enfans.

che Ernährung mit Erfolg angewendet worden wäre. Die Maternité will hierüber Versuche machen, allein es scheint, dafs es nicht die Milch ist, die solchen armen Kindern abgeht, sondern die mütterliche Zärtlichkeit, das Sorgetragen, und gleichsam das Brüten derselben.

Das Conseil hat vorläufig alle in seiner Macht stehende Mafsregeln genommen, und für 4 Kinder eine Wärterin angestellt, die, nachdem sie viele derselben erhält, besonders belohnt wird. Es ist auch ein eignes Regime vorgeschlagen worden, und einige Ammen müssen stets bey der Krippe seyn, weil man gefunden zu haben glaubt, dafs das gänzliche Entbehren der Brust dem Kinde schädlich sey, dafs es aber die künstliche Nahrung in Verbindung mit der natürlichen besser verträgt. Hiervon ist auch wirklich schon einiger Vortheil verspürt worden, denn im Jahre IX schickte man von 3646 Kindern nur 1589, also 234 weniger als die Hälfte, aufs Land, im Jahre X aber von 4284, 2951, also 827 mehr als die Hälfte. — In den ersten 5 Monaten der letzten 7 Monate war die Sterblichkeit wie 1 zu 5 ¾, aber in den letzten 2 Monaten dafür schrecklich; denn es starben 430 von 924, also 18 mehr als die Hälfte, und hieran war zum Theil der Mangel der Ammen Schuld, die in den Wintermonaten (Pluviose und Ventose) seltener kommen. Auch wogen die meisten nach dem Hospitale gebrachten Kinder nicht 6 Pf. Es ist dafür gesorgt, dafs es im nächsten Jahre nicht mehr an Ammen fehle, und die Wärme der Zimmer gleichmäfsiger erhalten werde. Auch werden die Ammen besser genährt.

Von den Kindern auf dem Lande.

Wie viel eigentlich auf dem Lande sterben, läfst sich aus den jetzigen Tabellen nicht ganz schliefsen; doch ist die Sterblichkeit gewifs geringer, als in der

Stadt, schon darum, weil man blofs stärkere Kinder dahin schickt, und weil sie sich in besserer Luft befinden. Man giebt sie am liebsten auf das Land, weil sie daselbst einfacher, und für die Arbeit erzogen werden. Die Ammen sind oft 30 deutsche Meilen entfernt, und die Normandie und Picardie, so wie Artois und Bourgogne, liefern die meisten. 25 in verschiedene Arrondissements vertheilte Führer bringen die Ammen in einem eignen Wagen, worin 20 Wiegen befindlich sind, nach ihrer Heimath, und führen andre wieder zurück. Auch haben die Führer die Runde auf dem Lande zu machen, um den Ammen Bezahlung zu bringen, und über den Zustand der Kinder Erkundigung einzuziehen. So bald die Amme mit dem Kinde in die Heimath kommt, mufs sie sich mit demselben vor dem Maire des Orts zeigen, und den Zustand desselben bestätigen lassen. Wenn die Amme krank wird, oder ihre Pflicht nicht erfüllt, so nimmt ihr der Führer das Kind weg. In den ersten 12 Monaten erhält die Amme 7 Fr. monatlich, freye Reisekosten, und auch nach den ersten 9 Monaten, die sie das Kind genährt hat, eine Belohnung von 20 Fr. Auch der Führer bekommt Lohn, wenn er viele Ammen zuführt, und durch seine Sorgfalt geringere Sterblichkeit unter den Kindern veranlafst.

Diese, dem Anschein nach wohl eingerichtete Maschine hat ihre grofsen Schwierigkeiten. Die Ammen, die einen Monat voraus bezahlt bekommen, machen oft, dafs das Kind unmittelbar nach ihrer Rückkunft stirbt, um schnell zurück zu kommen und neues Monatsgeld zu gewinnen. Die Ammen sind ferner oft so arm, dafs sie fast mit dem Kinde vor Hunger sterben; und wenn sie auch Certificate vom Hause mitbringen, so hat sie oft nur das Mitleid dictirt. Sobald aber das Kind etwas erwachsen ist, brauchen sie es, um damit zu betteln. Der Führer hat ferner oft 400, ja 800 Kinder zu besorgen, die er oft nicht alle sehen kann, nicht sehen mag, und oft auch nicht, wenn er sie sähe, wieder erkennen würde. Auch vermeidet er oft sie zu sehen, um das Geld, das er ihnen zu bringen hat, lieber einzustecken.

Als das Conseil im Jahre VIII. die Direction der Maternité übernahm, war man auf solche Weise den unglücklichen Ammen auf dem Lande mehr als 736,000 Fr. schuldig geblieben, und diese Schuld ist ganz bezahlt. Und von nun an muſs der Führer alle 3 Monate die Amme, in Gegenwart des Maire ihres Orts, bezahlen, der das Kind sieht und seinen Zustand attestirt. Dieses Blatt dient zugleich als Quittung der Amme. Eben so hat das Conseil Mittel gesucht, um den Führer klagbar zu machen, wenn er die Ammen nicht zur rechten Zeit bezahlt. 1703 reisten 2 barmherzige Schwestern im Lande herum, um die Ammen und Kinder zu besichtigen; als die Zahl derselben aber zunahm, gab es dieser Schwestern nicht genug. Nachher, 1773, schickte man dieselben Inspectoren, die zum Besichtigen der Bürgerammen in das Land reisen, in derselben Absicht. Da dieses aber zu theuer kam, so nahm man wieder zu den Schwestern die Zuflucht. Während der Revolution hörte nun alle Aufsicht auf. Das Directorium gab die Aufsicht eine Zeitlang (im Jahr V) den Commissarien bey den Municipalitäten; da es keine solchen mehr giebt, so wäre es glücklich, wenn die Unterpräfecte aus Barmherzigkeit diese Aufsicht übernehmen wollten. Der wohlthätige Liancourt hat sich erboten, diese Aufsicht im Oise-Departement zu übernehmen, und hat dem Conseil schon manche nützliche Bemerkung mitgetheilt. Vielleicht werden andre seinem Beyspiel folgen. Manche Kinder sind verlassen und betteln, und befinden sich ohne Unterricht; andre sind aber Gottlob! auch von ihren Fürsorgern väterlich behandelt, und werden zur Wirthschaft angehalten. Diese wird das Conseil mit Nutzen ferner brauchenkönnen. — Nachdem das Kind 12 Jahr alt ist, wird es in Pension bey einem Handwerker oder Künstler gegeben. In Paris existirt bereits ein eigenes Bureau d'emplacement in dieser Hinsicht; in den Departementern haben die Präfecte seit dem Jahre VIII den Auftrag, die Kinder in den Werkstätten ihres Arrondissements zu placiren, und bewachen zu lassen, damit man ihnen nicht über ihre Kräfte Arbeit auflade. Dieses alles ist aber noch nicht ganz im Gange; die Kinder bedürfen auch noch besonderer Vormünder, um in manchen Fällen ihre Rechte vertheidigen zu können, wenn sie erwachsner sind. —

Die Maternité enthält:

200	Betten	für Frauen, die die Niederkunft erwarten.
60	—	für Wöchnerinnen.
30	—	für die, die selbst stillen.
200	—	für die im Hause wohnenden Ammen, wird auf 150 reducirt.
400	—	für die von ihnen genährten Kinder.
80	—	für die Krippe.
40	—	für den Krankensal in beyden Häusern.
3	—	für die täglich in der Maternité ankommenden Ammen vom Lande.

In allen 1013. Mit Aufsehern und Dienstbothen kann man 1100 rechnen, die in der Maternité ernährt werden. Dieses Etat wird aber Änderungen erleiden. Die Zahl der Ammen im Hause und die der Niederkunft erwartenden ist zu hoch angesezt, die der Kinder in der Krippe zu geringe, u. s. w.

Die Anstalt kostete im Jahr X etwa 739,384. Fr. (das Accoucheur-Haus und die Hebammen-Schule 114,225 Fr. die Findelkinder 622,205 Fr.)

Man kann rechnen, dafs jede Niederkommende der Anstalt 67½ Fr. kostet, und jedes Kind nach einem Jahre 215 Fr. und nach 12 Jahren 917 Fr. 30 C.

Rechnet man, dafs von 8 Kindern 2 nach 5 Tagen, 1 nach einem Monat, 1 nach einem Jahre, 1 nach 3 Jahren und 1 nach 6, so wie 1 nach 9 Jahren gestorben sind, so kostet das Erhaltene von 12 Jahren 3015 Fr. Dieses ist aber, wie natürlich, nur eine um der Curiosität willen angestellte Berechnung, denn man mufs bey dem Gedanken schaudern, dafs man die Kinder verlassen wolle, weil ihre Erhaltung zu theuer kommt.

Von den Waisenhäusern.

Von der Betrachtung der Säuglinge kommen wir auf die Betrachtung der erwachseneren Kinder. Kein Vorwurf konnte der Neugebornen Unschuld treffen, und indem man ganz nach Willkühr mit ihnen verfahren kann, erfüllen sie das Gemüth mit den schönsten Hoffnungen, sowohl für ihr eignes Wohl, als für das Wohl des Staats. Man hat bereits gesehen, wie viele von ihnen verlohren gegangen sind. Nach Liancourt waren von 1774 — 1790, also in 16 Jahren, 101,000 Findelkinder aufgenommen, wovon noch 15,000 übrig waren, 86,000, also 6 von 7, waren gestorben. Der Leser wird nun zu wissen wünschen, was dieses für Zöglinge gewesen sind; der Bericht enthält aber hierüber nicht viel Tröstliches für's Gemüth. Man sollte auf den Gedanken kommen, einen ganz andern Plan einzuführen; allein wer vermag alte Gewohnheiten zu zerstören? Man setze der Gewalt der Routine eine Administration entgegen, die auf jeden Schritt, wie ein Kind in seinen Windeln, gefesselt ist; man mache, dafs nichts vorgenommen werden könne, was nicht zehnmal deliberirt, controllirt, und zehnmahl bestätigt sey; der Kampf bleibt ungleich, und die Zeit zerstört alle schöne Theorien. Wir wenden uns lieber zu der fernern Untersuchung dessen, was vor und während der Revolution sich vorfand. —

Tenon zählte 11 Hospitäler, die für verlassene Kinder und Waisen bestimmt waren, und 16, 197 derselben versorgten. Als das Conseil errichtet ward, fand es: 1) das Hospice des Eléves de la Patrie, ehemals la Pitié genannt, welches 1350 männliche Kinder, von 4 — 12 Jahren, die Eltern besafsen, enthielt. Es wurden auch krätzige, und mit Kopfgrind behaftete darin behandelt. 2) Das Hospice des Orphelins Fauxbourg St. Antoine, und 3) das des Orphelines, Barriere de Seve, welches für eigentliche Waisen von 4 — 12 Jahren bestimmt war. In dem zweyten waren 500, in dem dritten 300 Kinder enthalten. Alle diese Kinder sind, so viel es möglich war, in die Lehre, oder auf das Land placiret worden. Kinder, die bekannte Eltern haben, sind nun vom Conseil gänzlich ausgeschlossen worden; und da viele Eltern ihre 6jährigen Kinder zurück gefordert haben, wurde die Anstalt Rue de Seve blofs kranken Kindern gewidmet, und die übrigen weiblichen Waisen nach Fauxbourg St. Antoine gebracht, die Pitié aber mit Werkstätten versehen; doch zieht das Conseil es vor, die Kinder in die Lehre zu geben, und hat zum Placiren derselben ein eignes Bureau, durch welches bereits 1036 Kinder angebracht sind. Eine besondere Person ist bestimmt, die Lehrmeister dieser Kinder öfters zu besuchen, und Erkundigungen über sie einzuziehen. Die Unterstützung derselben dauert nur bis zum zwölften Jahre.

Hospice des Eléves de la Patrie, ehemals La Pitié.

Es enthielt im Jahre 1790, 1396 Kinder, und zwar mehr, als es eigentlich enthalten konnte. Die Gebäude sind groſs, und in einigen Theilen im guten Stande, in andern aber auch wiederum sehr in Verfall. Da sie die Reparatur nicht verdienten, so hat sie das Conseil lieber einreiſsen lassen, und dadurch an reiner Luft gewonnen. Alles ist von neuem geweiſst worden, und die Refectorien, so wie die Arbeitssäle eingerichtet; aber es fehlt noch an Holz ersparenden Öfen, auch müſste ein angefangenes Gebäude beendigt werden. Zu allem diesem mangelt es aber an Mitteln. Das Haus ist jetzt für 600 Betten bestimmt, und dieſs wäre auch hinlänglich, da viele Kinder aus dem Hause placiret werden. Allein die Zahl der Kinder, die, ohne Waisen zu seyn, gegen das Gesetz im Hause durch Protection unterhalten werden müssen, ist noch zu groſs. Im Ventose des Jahres XI betrug die Zahl der Kinder sogar 1074, von welchen 75 im Krankenspital, und 6 zum Versuche auſser dem Hause gegeben waren. Diese Menge kam daher, weil der Präfect und die Polizey alle auf der Straſse aufgefangenen Kinder dahin schickten. So bald dieses bekannt war, hatte man täglich einige vor die Thüren der Polizeybedienten gelegt. Jetzt existirt eine strenge Aufsicht in dieser Hinsicht, um die jedesmaligen Eltern zu entdecken. Allen Kindern sind die Kuhpocken eingeimpft worden, und der Krankensal ist unterdrückt, denn alle kranke Kinder werden in ein für sie bestimmtes Haus geschickt. Im Jahre IX starben 37 Kinder von 2348, also eins von $63\frac{8}{9}$; im Jahre X eins von $119\frac{5}{9}$; in den ersten 6 Monaten des Jahres XI eins von $58\frac{7}{9}$.

Die Bedürfniſse des Hauses werden vorläufig noch von Entrepreneurs herbeygeschafft; ehemals überlie-

man ihnen auch die Arbeitssäle; allein sie liefsen die Kinder eher arbeiten, als in der Arbeit unterrichten, daher diese Arbeitssäle jetzt unmittelbar unter der Administration stehen. Diese hat einen Theil der Kinder auf bestimmte Zeit mehrern Fabrikanten überlassen, ein anderer Theil lernt ein Handwerk, und ein dritter Theil wird zu leichten Arbeiten gebraucht, die eben nicht erlernt werden dürfen, und treten in die Stellen der ersten, wenn jene aus der Lehre kommen, und zwar um so viel vorbereiteter, da sie an Arbeit gewöhnt sind. Auch sind Drechsler, Tischler, Schuhmacher unter unmittelbarer Aufsicht des Agenten der Administration im Spital, welches die Vortheile der Arbeit geniefst. Die Kinder bekommen etwas Lohn, welches sie sich ersparen können; sie werden auch im Lesen, Schreiben, Rechnen und in den ersten Grundsätzen der Moral und Religion unterrichtet. Die Lehrer kommen in dieser Absicht zu bestimmten Stunden ins Haus, aber die sogenannten Maitres de quartier sind stets zu ihrer Aufsicht gegenwärtig.

Ehemals schickte man die Kinder zum Leichengefolge, dieses hat seit der Revolution aufgehört; dagegen brauchte man sie zu den Vorstellungen in den Opern, auch dieser Mifsbrauch ist seit dem Jahre IX abgeschafft worden; der Minister hat nämlich dem Theater nur über einen Theil zu disponiren erlaubt. Jedes Kind kostet etwas mehr als 1 L. täglich.

Hospices des Orphelines St. Antoine.

Dieses Gebäude hat mehr als nöthigen Platz, denn aufser den Schlafsälen für 600 Betten, den Arbeitssälen, dem Waschhause, Trockenhause, Küche, Magazine, Wasserleitungen, Reservoir und einem 3 Arpens großsen Garten, hat es auch einen, jetzt unnöthig gewordenen Krankensal; nur die Kirche hat während der Revolution etwas gelitten, und diese ist mit geringen Kosten wieder in Ordnung gebracht. Das Haus hat jetzt nur 300 Betten, denn die Bedingung, daſs nur vollkommne Waisen darin aufgenommen werden sollen, hat die Zahl vermindert; auch lassen sich Mädchen leichter anbringen als Knaben, und viele derselben sind in den Kantenfabriken angestellt. Drey Lehrerinnen unterrichten die Mädchen im Lesen, Schreiben, Rechnen und Religion. Zwey Aufseherinnen bewachen sie ununterbrochen. Man klagt, daſs die Zahl der Lehrerinnen nicht hinlänglich sey.

Im Jahre IX starb ein Kind von $70\frac{1}{4}$, im Jahre X eins von 46, im Jahre XI eins von 38. Die Administration unterhält im Hause 12 Personen, und die Entrepreneurs etwa 17. Jedes Kind kostet täglich 22 Sols.

D. Andry ist Arzt, Auvity Chirurgus der Maternité, der berühmte Baudeloque Chirurgien Accoucheur, und Mad. Lachapelle Sage femme en chef. Der Chirurgus der Eleves de la Patrie heiſst Lafond, der der Orphelines Latour. —

Von den Krankenspitälern überhaupt.

In allen Krankenspitälern werden ohne weitere Nachfrage alle schwere Kranke aufgenommen, die das Bette zu hüten genöthigt sind, oder von einer gefährlichen Wunde plötzlich befallen werden; nur macht der Arzt hiervon sogleich in dem gemeinschaftlichen Aufnahme-Bureau die Anzeige. Alle andere Kranke nämlich müssen sich in diesem Central-Bureau melden, wo sie von 2 Ärzten und 2 Chirurgen untersucht werden, welche ihnen den Platz in einem der Hospitäler anweisen, in welches sie gebracht werden sollen. Der Officier de santé en chef bestätiget die Erlaubniſs zur Aufnahme. Dadurch verhindert man, daſs kein Kranker, wie ehemals, von einem Spitale zum andern laufen kann.

In allen Spitälern haben die Ärzte freye Hand zu thun, was ihnen nützlich scheint. Jeder Arzt muſs ein Jahr in seinem Saale bleiben, und jeder Chirurgus ein halbes Jahr.

In allen Hospitälern werden auch Zöglinge der Medizin und Chirurgie vermöge eines Concurs zu Gehülfen zugelassen, so daſs die Hospitäler auch zugleich zum Unterrichte dienen. Ein Jury von 5 Ärzten entscheidet über die Fähigkeit der Concurrenten.

In allen Hospitälern sind die Männer von den Frauen, und die Erwachsenen von den Kindern abgesondert. In keinem darf dem Kranken von auſsen her Nahrung zugebracht werden, oder der Wärter von einem Kranken etwas annehmen. Jedem Kranken werden nicht mehr als 10 Tage in dem Convalescenten-Sal vergönnt, *) und nur in den 3 letzten Tagen wird es ihm erlaubt, auſser dem Hospitale zu gehen.

Dieses sind ungefähr die Verordnungen, die allen Hospitälern gemein sind, und nun führen wir den Leser zu jedem insbesondere, und bemerken bei jedem, was ihm eigenthümlich ist. Die Hospitäler, die für Kranke bestimmt sind, heiſsen: Hotel-Dieu, la Charité, St. Antoine, Necker, Baujon, Cochin, L'hopital St. Louis, les Veneriens, la Maison de Santé und les Enfans malades.

Da wir zuerst von den Kindern gesprochen haben, so wenden wir uns auch zuerst zu dem Kinderspital.

*) In einem neuern Beschluſs ist auf Veranlassung der Ärzte bestimmt worden, daſs die Reconvalescenztage der Blessirten vermehrt werden, so wie auch, daſs sie reichlichere Nahrung bekommen sollen.

Hopital des Enfans malades.

Dieses ist von einem Curé von St. Sulpice, Namens Languet, im Jahre 1751 unter dem Namen Maison de l'Enfant Jesus gestiftet. Es war für die Erziehung von 28 Mädchen bestimmt; seit kurzem aber hat man die Kinder männlichen und weiblichen Geschlechts zwischen 2 und 15 Jahren dahin zu placiren gesucht, die an acuten Krankheiten leiden; neuerlich auch die chronischkranken Kinder dieses Alters. Im Ganzen werden hier 400 Kinder aufgenommen werden können. Die Geschlechter sind getrennt, und man beschäftiget sich, Bäder und Operationssäle einzurichten. Im Jahre X war die Sterblichkeit wie 1 zu 7, in den ersten 6 Monaten des Jahres XI wie 1 zu $3\frac{7}{8}$; dieses hatten die gefährlichen Epidemien veranlaſst. Im Ventose dieses letzten Jahres befanden sich 201 Knaben und 83 Mädchen im Hospitale. Man hat die Bemerkung gemacht, daſs die Zahl der Knaben stets die der Mädchen fast um ein Drittheil übertrifft. Das Hospital ist unter der Versorgung eines Entrepreneurs, der 53 Personen darin unterhält. Die Administration unterhält, zum Theil zum Controlliren, 17 Personen in demselben. Jedes Kind kostet täglich etwa 24 Sols, und da es im Durchschnitt etwa $29\frac{1}{2}$ Tage im Hospitale bleibt, so kostet es 36 L. 28 Sols. Die Ärzte des Hospitals sind Herr Mongenot und Jadelot, Herr Petibeau ist als Chirurgus angestellt. Man wird den Vortheil bemerken, den es hat, daſs die kranken Kinder von den Erwachsenen gänzlich abgesondert sind. Das Haus scheint übrigens trefflich gehalten zu seyn. *)

*) Über die hier, wie in andern Hospitälern, zum Theil herrschenden Lieblingsmethoden in der Kur werden wir bey Gelegenheit des Medizinalzustandes künftig sprechen.

Hotel Dieu.

Einiges aus der Geschichte dieses berühmten und berüchtigten Hospitals, die sich nicht im Berichte befindet, können wir dem Leser aus unsern Papieren mittheilen.

Der heilige Lamdry, sagt man, habe im achten Jahrhundert dieses Hospital gestiftet. Der heilige Ludwig und Heinrich der IV. waren die Wohlthäter desselben. Zweymal, besonders 1772, litt es vom Feuer, und dieses kostete mehreren Kranken das Leben; denn nicht nur befanden sich ehemals die Krankensäle über Holzkellern und Magazinen, sondern auch selbst die meisten Treppen darin waren von Holz; allein diefs zufällige Unglück war mit dem dauernden noch in keinem Verhältnisse. Die Zahl der jährlich aufgenommenen Kranken belief sich auf 21, 322. 5 bis 6000 befanden sich oft zu gleicher Zeit auf einem engen Platze, in 1219 Betten vertheilt, wovon 733 gröfsere 5 — 6 Kranke beysammen enthielten. Gewöhnlich starb der 6te, oft auch der 4te, fast der 5te bekam im Hospital das Fieber, und dennoch war die Zahl der Wöchnerinnen zu den Kranken wie 1 zu 13. Mehr als 1500 Kinder wurden daselbst jährlich zur Welt gebracht, und die meisten kamen um. Die Commissarien der Academie zeigten, dafs von 1 Million 108, 741 Kranken, die das Hospital in 52 Jahren aufgenommen hatte, 244, 720 gestorben waren, das heifst 1 von $4\frac{1}{2}$, da in der bessern Charité nur einer von $7\frac{1}{2}$ gestorben ist. So hat Frankreich durch das Hotel Dieu in 52 Jahren 99, 040, d. h jährlich 1906 Menschen mehr verloren, als durch andere Hospitäler, die auch nicht vorzüglich gewesen sind.

Man mufs sich vorstellen, dafs dieses Hospital nicht blofs den Bezirk, der eigentlich Hotel Dieu genannt wird, in sich begriff, sondern mehrere Anstalten vereinigte.

Um die Zeit indessen, da es Tenon beschrieb, hatte es in einem Theile, auf einer sehr geringen Fläche, 2627 Kranke, die eben über einem Vorrathe von 6000 Haufen Holz zu 4 in ein Bette gelegt waren. Ein Kranker hatte in manchem Sale nicht 6 Kubikfuſs Luft zum Athmen, da man doch in bessern Hospitälern 36 — 50 Kubikfuſs Luft auf jeden Kranken rechnet. Die Administrationskosten waren dabey sehr beträchtlich.

Auſser dem Memoire des Tenon, enthält der Bericht der Commissarien der Academie des Sciences, den Vorschlag, den Bailly zur Errichtung eines neuen Hotel Dieu gegeben hat, und endlich der Bericht des Liancourt das nähere über diesen Gegenstand. Während der Revolution hieſs das Hotel Dieu Hospice de l'humanité.

Das Gebäude hat unzuverbessernde Fehler. Es liegt auf und zu beyden Seiten des Wassers, in der Mitte der Stadt, und hat weder trockne noch reine Luft. Die Küche und die Wirthschaftsgebäude sind von dem gröſsten Theile der Kranken durch die Brücke getrennt, und selbst der Vortheil, den, wie man vermuthen sollte, das Locale geben müſste, ist nicht ein mal erreicht, denn es fehlt an trinkbarem Wasser. Mehrere Säle droheten im Jahre IX den Einsturz; man bauete einen Theil von neuem wieder, doch sucht man es stets zu verkleinern, und von Gebäuden zu befreyen, die, als es das einzige Hospital war, auf einander gehäuft wurden. Einen Theil der Bisthums-Gebäude, die man während der Revolution zum Hospital geschlagen hatte, hat man im Jahre X den Geistlichen zurück gegeben. Fast alle Tolle und Wöchnerinnen sind aus demselben verlegt worden, und 14 Säle sind jetzt im Stande, die alle nur Betten für Einzelne enthalten. Die Zahl der für Kranke bestimmten Betten überhaupt beläuft sich auf 2000, und 200 sind zur Reserve.

Man hat, wie angemerkt, stets die Absicht, die Zahl derselben noch zu vermindern. Es ergiebt sich aus den Sterbelisten, dafs im Jahre IX einer von 7, im Jahre X einer von 6, und in den ersten 6 Monaten des Jahres XI der 4te der Aufgenommenen gestorben ist. Diese ungeheure Sterblichkeit rührt daher, weil man nur die schwersten Fieberkranken in diesem Hospitale aufnahm, und weil in diesen 6 schlimmsten Monaten die gefährliche Epidemie geherrscht hat. Die meisten brachten, so zu sagen, den Tod im Busen mit; denn im Monat Pluviose starben allein 530, und im Ventose 250. Den ersten Germinal des Jahres XI um Mitternacht enthielt das Hospital 1286 Kranke, und endlich keine Schwangeren, keine Kinder und keine Tollen mehr.

Das Hotel Dieu befindet sich jetzt unter einer Regie, d. h. unter einer Compagnie, die die Versorgung der Bedürfnifse der Kranken zu einem gewissen Preise übernommen hat, und, wie es scheint, aus Männern besteht, die mehr den Vortheil des Hospitals, als ihren eigenen beabsichtigen. Die Regie unterhält wenigstens einen Aufwärter für 12 Kranke, welche meistens ehemalige Dames de charité sind, zu denen sich andere gesellt haben, die sich demselben Dienste widmen. Die Administration unterhält 103 Individuen. *)

*) Nämlich: einen Agenten mit 3000 Fr. Gehalt, 4 Commis mit 6500 Fr. zusammen, einen Salinspector mit 1600, 12 Ärzte, die 20,000 erhalten, 3 Chirurgen mit 6200, einen Pharmaceuten mit 2400, 32 Eleven mit 17,700, 4 Capellane mit 1600 Fr., 1 Küchencontrolleur mit 533, einen Gebäudeinspector mit 1200, einen Portier mit 300, 12 Gardes veterans mit 2200, 5 Hospitaldiener, in Ruhe gesetzt, mit 500, 25 in Activität mit 6000, zusammen 107, welche 69,233 Franken Gehalt erhalten. Der erste Arzt und erste Chirurgus haben noch 600 Fr. für Wohnung. Die Capellane und die Aufwärter werden ernährt.

Bey den übrigen Hospitälern übergehen wir dieses Detail.

Im Jahre

Im Jahre X sind 14,185 Kranke aufgenommen worden. Ein jeder Kranke blieb im Durchschnitt $43\frac{13}{14}$ Tage, und kostete 61 Fr. 15 Sous, also täglich ungefähr 28 Sous. Seitdem die Regie existirt, ist viel Ersparniſs, welches dem Beysammenessen in Refectoir, und der Gewissenhaftigkeit der Dames de charité zuzuschreiben ist. Letztere haben das Vorzügliche, von keinen Verwandten umringt zu seyn, die sie zu ernähren haben.

Die angestellten Ärzte sind: Durié, Mallet, Ducheaume, Bosquillon, Thaureaux, Montaigne, Defresne, Asselm, Petit, Bourdier, Boru, Recamier. Die Chirurgen: Pelletan, Giraud, Dupuytren, Naudin.

Hospital de la Charité, ehemals Hospice de l' Unité.

Es ist 1602 von Maria von Medicis errichtet worden, hatte 208 Betten, die in 6 Säle vertheilt waren, und empfing alle, auſser ansteckende Kranke, besonders die Steinkranken. Diese Anstalt war sehr reich, und fast alle Krankengeräthe waren von Silber. Allein wenn ehemals die Geistlichkeit einen Theil der Einkünfte verzehrte, so hat man dafür während der Revolution das Silber verkauft, und das gelöste Geld verschwendet.

Das Gebäude hat in den neuesten Zeiten durch die hinzugekommenen Wohnungen der Geistlichkeit gewonnen, woraus man einen Operationssal und ein Amphitheater erbaut hat. Mehrere klinische Krankensäle, die man anzulegen angefangen hat, sind unvollendet, und da es an Fond fehlt, so wird man vielleicht genöthigt seyn, sie wieder niederzureiſsen. Auch ein Operationssal für Frauen wird noch gewünscht. — Jetzt befinden sich mehrere Betten in den 6 Abtheilungen des Hospitals, und zwar in der Klinik für Frauen 26, 24 in dem Reconvalescentensal, 136 in den Sälen für innere, und 104 in den Sälen für chirurgische Kranke. Ehemals war die Sterblichkeit wie 1 : $6\frac{4}{7}$. Im Jahre IX wie 1 : $8\frac{3}{12}$. Im Jahre X wie 1 : $8\frac{1}{4}$. In den ersten 6 Monaten des Jahres XI wie 1 : $6\frac{4}{7}$.

27 Personen werden im Hospital von der Administration unterhalten; die Versorgung geschieht aber ebenfalls durch die Regie des Hotel Dieu.

Im Hotel Dieu und in der Charité kommen die gröfsten chirurgischen Operationen vor. In beyden giebt der erste Chirurgus Vorlesungen über dieselben, wie auch über die Anatomie. In der Charité ist die klinische Schule, der Herr Corvisart und Herr Leroux vorstehen. Von allen Kranken werden nicht nur die genauesten Krankengeschichten aufgezeichnet und discutirt, sondern auch fast alle Cadaver werden geöffnet.

Man wünschte, dafs wiederum Kinder im Hospital für die klinische Anstalt zugelassen werden möchten; allein das Conseil hat von seinem Plane einer zweckmäfsigen Distribution der Kranken nicht abgehen zu müssen geglaubt, da der Unterricht doch nur was Accessorisches ist. —

Im Jahre X sind 3460 Kranke aufgenommen, von welchen ein jeder im Durchschnitt $25\frac{1}{2}$ Tage blieb, und 46 Fr. kostete. Das Hospital, das von Tenon genau beschrieben ist, hat mehrere Fehler: es ist zum Theil von Häusern umgeben, die den Luftzug hemmen; die Krankensäle liegen zum Theil in der Nähe der Strafse, welches die Ruhe der Kranken stört; es ist für die Abtritte nicht gut gesorgt; die Fieberkranken sind von chirurgischen nicht ganz abgesondert; die Säle sind von einer Höhe, dafs mehr als 45 Kubikfufs Luft auf jeden Kranken kommt, welches sie im Winter kalt macht u. s. w. Doch ist das Haus vorzüglich gut gehalten. —

Aufser den genannten Ärzten sind Herr Boyer und Deschamps Chirurgen des Hospitals.

Hospital St. Antoine.

Es ist erst seit der Revolution errichtet. Es hiefs Hospice de l'Est, und war ehemals eine Mädchenabtey, die 1198 entstanden ist. Man hatte eben ein neues Klostergebäude nach einem grofsen Plan aufgeführt, welches nun den Kranken eingeräumt ist; die Kirche ist niedergerissen, und die alte Abtey für die Ärzte eingeräumt. Man hat den Fehler begangen, mehrere Theile des ehemals dazu gehörigen Terrains zu veräufsern, wodurch die Communication unterbrochen wird. Man hat auch Flügel anzubauen angefangen, allein es fehlt an Fond sie zu endigen, und die schöne Anlage fällt in Ruinen, ehe sie vollendet ist. —

Eine Etage ist für 80 männliche Kranke bestimmt; eine andre für 80 weibliche. — Man hofft die Anzahl der Betten auf 300 bringen zu können, wenn man es ausbauen kann. —

Es fehlt an hinlänglichem Wasser. — Es fehlt auch an einem Reconvalescentensal, obgleich die Kranken in sehr geräumigen Sälen sich befinden. Die männlichen Kranken sind von den weiblichen nicht genug getrennt. Die Plätze zum Spazierengehen sind nicht abgesondert. Das Hospital hat jedoch den Vortheil, offene oben verdeckte Gallerien zum Spazierengehen zu besitzen. —

Jetzt hat das Hospital 160 Kranke; es soll eigentlich 180 enthalten, und 50 Betten in Reserve haben. Die Sterblichkeit war im Jahre IX wie 1 : 7. Im Jahre X wie 1 : 6½. In den ersten 6 Monaten des Jahres XI wie 1 : 4. Die erwähnte Epidemie hat dieses veranlafst.

Es ist der eignen Verwaltung (Regime paternel) nebst Baujon, Cochin und Necker übergeben. Dadurch ist die Verwaltung besser. Man hat Hospitalkleider eingeführt, wodurch die wohlhabendern, die es bequem fanden, sich in diesem reinlichen Gebäude unter die Armen zu mischen, abgehalten werden, von den Einkünften der Unglücklichen Nutzen zu ziehen. — Die Stunden, wo man die Kranken sehen kann, sind genau bestimmt. Die Aufwärter und Obern müssen in einem Refectoir zusammen essen. Die Zahl des Personals ist 30, sie kosten 11,200 Fr.

Jeder Kranke kostete täglich 1 Fr. 13 Sous. Allein es ist in Anschlag zu bringen, dafs die Erfordernisse, um das Regime paternel einzuführen, und andere Umstände die Ausgabe für dieses Jahr vergröfserten; künftig wird sie viel weniger seyn. Dieses gilt auch von den übrigen Hospitälern, die auf dieses Regime gesetzt sind.

(Diesen Sommer ist wegen der grofsen Sterblichkeit das Haus, wie in anderen viele einzelne Säle, eine Zeit lang gänzlich geleert worden, um es vollkommen zu reinigen. Seine Lage ist, die genannten Mängel ausgenommen, sehr schön.)

Dr. Leclerc ist Arzt, Dr. Brador erster Chirurgus des Hospitals.

Hospital Necker.

Madame Necker stiftete dieses Hospital im Jahre 1778. Es befindet sich in der Rue de Seves, und hatte mehrere Nahmen, unter anderen den des Hospice de l'Ouest. Von 1779 bis 1789 gab man jährlich Tabellen über den Zustand des Hospitals heraus, die musterhaft verfertigt sind. Während der Revolution wurde die Kapelle zu einem Magazin umgeschaffen, jetzt ist sie ihrer gottesdienstlichen Bestimmung wieder gegeben. Das Ganze ist neuerlich geweifst und reparirt worden, und das Bildnifs der Stifterin in den Sal, wo die Kranken aufgenommen werden, so wie ihr Nahme über die Thüre wiederum gesetzt. —

Es fehlt dem Hospital ein offner Spazierplatz, der ihm aber durch das benachbarte Kinderspital leicht abgegeben werden könnte. (Das Gebäude ist in jeder Rücksicht schlecht.) Es war ein schlechtes Kloster, aber die Sorgfalt der gutherzigen Schwestern schafft fast alle Schwierigkeiten aus dem Wege, die dem Reinlichhalten durch das Locale sich entgegensetzen.

Es befinden sich 128 Betten im Spital. Ehemals war nach Tenon die Sterblichkeit wie 1 : 7 unter den Männern, und wie 1 : 5 unter den Frauen. Im Jahre IX war sie wie 1 : 8. Im Jahre X wie 1 : $6\frac{1}{2}$. In den ersten 6 Monaten des Jahres XI wie 1 : $4\frac{7}{11}$.

Mad. Clavelot, die Vorsteherin, hat nie Bezahlung genommen, und in der schweren Zeit der Revolution noch Vorschüsse gemacht. Die Entrepreneurs sowohl als die Administration setzten stets das vollkommenste Zutrauen in diese Schwester. Das Hospital hat einen Arzt, Chirurgus, Capellan und 7 Aufwärter, die 3,560 Fr. kosten. Von den 21 Personen, die überhaupt seit dem Regime paternel da sind, werden 19 ernährt. —

Die Ausgabe des ganzen Jahres belief sich auf 50,369. Fr. Jeder Kranke kostete etwa 1 Fr. 16 Sous des Tages. Von 1116 Kranken blieb jeder im Durchschnitt $30\frac{9}{11}$ Tage, und kostete 35 Fr. 14 Sous. Das Regime paternel ist nehmlich nur seit 6 Monaten eingeführt, aber in diesen 6 Monaten sind auch die Kosten um $\frac{1}{5}$ verringert.

Das Hospital scheint besonders reich an Wäsche, und die barmherzigen Schwestern setzen, wie billig, keine geringe Ehre darein, diese mit besondrer Sorgfalt zu unterhalten. In andern Spitälern fehlt es nicht selten an diesem nothwendigen Gegenstand, und an Mitteln ihn anzuschaffen.

Dr. Mongenot ist Arzt, und Herr Muret Chirurgus des Spitals.

Hospital Baujon.

Das Hospital ist 1784 von einem reichen Financier für 24 Waisen gestiftet, um ihnen Unterhalt und Unterricht zu ertheilen. (Das Gebäude ist von Girardin angegeben, und die Einkünfte beliefen sich auf 25,000 Fr. jährlich.) Während der Revolution ist es unter dem Nahmen Hospice de Roule zum Krankenspitale eingerichtet. —

Das Gebäude ist (zumal zu seiner ersten Bestimmung) prächtig eingerichtet. Es ist ein Viereck. Der vordere Theil dient für die Angestellten. 2 Säle sind für männliche und weibliche Genesende bestimmt, und liegen nach dem Garten hinaus. Unten sind Küche, Waschhaus, Refectoire, Sal zum Aufnehmen u. s. w. Zwey sehr elegante Treppen führen jetzt zur ersten Etage, wo 3 Säle für Frauen bestimmt sind. Die dritte Etage für Mannsleute ist ein wenig niedrig, aber das Ganze ist rein und luftig, mit einem in 2 Theile abgesonderten Garten, und mit hinlänglichem Wasser durch die Feuermaschine von Challiot versehen. Die Magazine und die Todtenkammer liegen abgesondert im Garten. Die schönen Bäder werden, wie das übrige, durch öconomische Öfen geheizt, 2 dienen den Männern, und 2 den Frauen. Jeder Sal hat Schenktische mit Marmorplatten und Waschluken. Das Hospital soll stets 100 Betten und 20 in Reserve enthalten. Letztere haben wegen Mangel an Geld noch nicht angeschafft werden können. Die Betten haben Gardinen, aber der Himmel ist offen. Die Wärme wird durch Röhren in alle Etagen geleitet. Die Männer und Frauen haben auch noch besondere Feuerplätze zum Wärmen; die Convalescenten essen zusammen. 45 Betten sind für Kranke männlichen Geschlechts, eben so viel für weibliche, 12 für Blessirte und 12 für Convalescirende bestimmt. — Am Eingange ist ein Sal für die, die plötzlich von Krankheit befallen werden, und für Consultationen, die man jeden Morgen giebt. —

Im Jahre IX war die Sterblichkeit wie 1 : $7\frac{1}{2}$. Im Jahre X wie 1 : 7. In den ersten Monaten des Jahres XI wie 1 : $5\frac{1}{7}$.

Das Ganze wird von Frauen verwaltet, nur ein Controlleur und zwey Todtengräber sind männlich. Die Zahl der Personen beläuft sich auf 27, die 10,710 Fr. unter sich theilen. Jeder Kranke kostete täglich fast 40 Sous. Die Kranken blieben im Durchschnitt $23\frac{11}{12}$ Tage, jeder kostete 47 Fr. 7 Sous. Die Administrationskosten auf so wenige Kranke, und die starken Contributionen vertheuern die Ausgaben.

Herr Dupont ist Arzt. Herr Lacaze Chirurgus des Spitals.

Hospital Cochin. Während der Revolution Hospice de Sud.

Es ist 1782 von einem Geistlichen gleiches Nahmens errichtet, und war ursprünglich für 18 Männer und 20 Frauen bestimmt. Die obere und untere Etage sollten alten Pensionirten gehören. Jetzt sollen 90 Betten und 10 zur Reserve darin gehalten werden. Die obere Etage ist sehr enge, (so wie überhaupt das Hospital für so viele nicht erbaut), doch ist alles in einem sehr reinlichen Stande. Die Sterblichkeit war im Jahre IX wie 1 : 5$\frac{3}{4}$. Im Jahre X wie 1 : 5$\frac{1}{2}$, und in den ersten 6 Monaten des Jahres XI wie 1 : 4$\frac{7}{10}$. Auch hier ist die Aufsicht nur Frauen anvertraut, und 25 Personen theilen unter sich 9,910 Fr. Jeder Kranke kostet täglich 23 Sous.

(Bemerkungswerth ist die an der mit Fenstern durchbrochnen Mauer der Säle liegende Treppe, die die Aufsicht der aus den Sälen gehenden Wärter sehr erleichtert. Die Säle scheinen keine rechten Luftzüge zu haben.) Dr. Bertin ist Arzt, und Hr. Caron Chirurgus des Spitals.

Hospital St. Louis.

Es wurde unter Heinrich dem IVten von dem Architekten Claude Chatillon neu erbaut, uud war Ausschlagskrankheiten, wie jetzt, bestimmt. Duhamel, Tenon und alle nachfolgende Schriftsteller über dasselbe halten es für ein Meisterstück eines seiner ehemaligen Bestimmung gemäfs eingerichteten Hospitals. Gewöhnlich enthielt es 6 bis 700 Kranke und 158 zu ihrer Bedienung. Das Conseil hat vieles repariren lassen müssen. Die sehr hohen Säle haben oberwärts grofse Öffnungen. Man hat neuerlich auch noch die Fenster bis zum Boden machen lassen, um die untere Zimmerluft ebenfalls reinigen zu können. Nächstdem können nun 120 Bäder täglich gegeben werden. Die Kleider der Krätzigen und anderer werden mit Schwefeldämpfen geräuchert und gereinigt, und so erhält sie der Kranke beym Verlassen des Hospitals wieder. Man hat noch allerley andre Verbesserungen vorgehabt, als ein Arreté der Consuln das Verlegen des

Hospitals nach St. Germain anbefahl, allein man hofft, dafs dieses nicht Statt haben werde. —

Es fehlt vorläufig sehr an Wäsche und an Fond sie anzuschaffen.

Ehemals waren die Säle stets von Besuchenden voll; die Polizey des Hauses ist jetzt strenger, und es ist ein eigenes Sprechzimmer eingerichtet. Um übrigens durch den Müfsiggang nicht Corruption aller Art entstehen zu machen, hat man die Kranken zu den innern Arbeiten des Hospitals zu brauchen angefangen. Man läfst sie spinnen, nähen und stricken, und nächstdem werden sie auch im Schreiben und Lesen unterrichtet. Das Hospital besorgt auch noch Kranke aufserhalb dem Hause, denn die Zahl der Krätzigen z. E. übertrifft bey weitem den Platz, der für sie bestimmt ist. Das Local, das zur Aufnahme dieser aufserhalb dem Hause befindlichen Kranken bestimmt ist, bedarf noch einer Verbesserung. Im Ventose des Jahres XI befanden sich 668 Kranke im Hause, nehmlich 219 Männer, 136 Frauen, 167 Knaben und 152 Mädchen. Das Haus soll 700 Betten, und 100 in Reserve enthalten. Die Sterblichkeit war in den ersten 6 Monaten des Jahres XI wegen der Epidemie wie 1 : $4\frac{1}{3}$.

Das Conseil wünscht nichts, als das Regime paternel einführen zu können; es fehlt, wie gewöhnlich, an Mitteln.

2540 Kranke befanden sich 333,770 Tage im Hospital, so dafs jeder Kranke im Durchschnitt $131\frac{1}{2}$ Tage blieb, und 169 Fr. 63 C. kostete. Etwa 26 Sous täglich. —

Ärzte sind de la Porte und Alibert, Chirurgen Richerand und Rufin.

Hospital der Venerischen.

Vor der Revolution behandelte man die Venerischen in Bicêtre; 600 wurden jährlich da aufgenommen, indem 2000 um Aufnahme baten, und 5 oder 6 Mal so viel, ohne es zu fordern, aufgenommen zu werden bedurften. Oft lagen die Kranken auf der Erde, oft waren 4 in einem Bette, die in der Nacht geweckt wurden, um anderen Platz zu machen; 6 Kranke badeten zusammen in einer Wanne; und bey alle dem mufste man 18 Monate vorher eingeschrieben seyn, um aufgenommen zu werden, so dafs kleine Übel in der Zeit sehr bedeutend wurden. — Herr Lenoir, Generallieutenant der Polizey, wurde endlich, zumal auf den unglücklichen Zustand der angesteckten Schwangern, aufmerksam, und etablirte Rue, Vaugerard, einen eignen Platz für diese Schwangern, und für die Kinder, die bis dahin ohne Ammen fast alle umkamen. Die aufgenommene mufste nach der Niederkunft, aufser ihrem eigenen Kinde, noch ein anderes krankes nähren.

1781 wurden die Güter des St. Jacques l' Hopital mit denen der Findelkinder vereinigt, und ein eignes Gebäude für diese Venerischen eingerichtet. 1785 wurde auch ein Theil der Kranken von Bicêtre dahin vereinigt, und der König versprach der Anstalt Unterstützung. Doch sind sie erst alle seit 1792 in dem Capucinerkloster Fauxbg. St. Jaques vereinigt worden. —

Das Conseil hat alles in reinlichen Zustand setzen lassen, neue öconomische Öfen errichtet, die $\frac{2}{3}$ Holz ersparen, welches bey einer Anstalt, wo so viel gebadet wird, eine Ersparnifs von 2000 Fr. jährlich macht. Es wäre nöthig einen Saal von 60 Betten zu haben, um nach und nach die andern lüften zu können. Auch könnte man vielleicht Zimmer für zahlende Kranke einrichten, welches viele aus den Händen der

Charlatane reifsen würde, und dem Hospital Vortheil brächte, allein es fehlt an Fond zur Anlage. — Ein Operationssal und ein Sal zu Vorlesungen wird ebenfalls gewünscht. Die Kranken sind in den Sälen nach der verschiedenen Complication ihrer Krankheit mit Krätze, Scorbut u. s. w. vertheilt. Nicht nur fürs Hospital werden die Krankengeschichten täglich aufgezeichnet, sondern der Kranke erhält sie selbst, um sich überzeugen zu können, dafs nichts vernachlässigt ist. —

Das Hospital soll 500 Betten haben, und 50 in Reserve.

Die Aufnahme der Venerischen ist auf einen bestimmten Tag der Woche festgesetzt. — Die Sterblichkeit des Hospitals war wie 1 : $20\frac{8}{11}$ im Jahre IX. Im Jahre X wie 1 : 15, und in den ersten Monaten des Jahres XI wie 1 : $10\frac{1}{3}$.

Aufser diesem giebts noch Accouchements im Hause, und eine Anstalt, um Consultationen aufser dem Hause zu geben.

Das Hospital ist seit dem Germinal an X im Regime paternel, und hat 59 Personen zur Verwaltung, die 10,090 Fr. unter sich theilen, und ernährt werden. —

Die Polizey ist hier besonders strenge, die Kranken sprechen ihre Freunde nur in einem mit eisernem Gitter versehenen Sprachzimmer, dürfen nie ausgehen, und haben einen Gang zum Spazieren. Die Geschlechter sind vollkommen getrennt. Man läfst die Leute, so viel als möglich, die Geschäfte forttreiben, die sie erlernt haben: als Stricken, Spinnen, Charpiezupfen u. s. w. Die sich schlecht betragen, werden eingesperrt. Jeder Kranke kostet im Durchschnitt täglich 1 Fr. 6 Sous. Im Durchschnitt bleibt jeder $77\frac{1}{2}$ Tage. Im Jahre werden 231 behandelt.

Ärzte im Hospital sind Herr Cullerier und Bertin.

Die Herrn Leblanc und Gilbert sind als Chirurgen angestellt.

Maison de Santé.

1653 wurde ein Haus im Fauxb. St. Laurent von Vincent St. Paul unter dem Nahmen St. Nom de Jesus errichtet, welches 36 Kranke enthielt; es wurde von den gutherzigen Schwestern bedient. In den letzten Jahren ward es zu einem Inoculationshospital eingerichtet; seit dem Nivose des Jahres X hat es endlich seine Bestimmung zu einem Krankenhause für Zahlende erhalten. Es hatte im Ventose 38 Männer und 25 Frauen, und unterhält sich jetzt selbst. Es sind seit kurzem 3 Preise festgesetzt: 5 Fr. für die, die ein besonderes Zimmer begehren, 2 für die im Rez de Chaussée und in der ersten Etage, 30 Sous für die 2te Etage. — Die Behandlung ist für alle dieselbe. Man zahlt 14 Tage voraus, und wenn der Kranke eher das Haus verläſst, so wird ihm der Überschuſs herausgegeben. Das Haus hat seit seinem Entstehen Regime paternel, und 22 Angestellte theilen 9,730 Fr. unter sich. Noch ist es unmöglich, genaue Tabellen über diese Anstalt zu machen; aber der Zufluſs von Kranken zeigt den Beyfall, den die Anstalt erhält. —

Herr Delaroche ist Arzt, Herr Dubois Chirurgus der Anstalt.

Hospitäler für Tolle und für Invaliden und Greise.

Paris besitzt kein eigentliches Tollhaus. Das Conseil hat vergebens um zwey Klöster (La Croix und Tresnel) angehalten, um die Tollen besonders placiren zu können; es hat sie bis jetzt nicht erlangen können. Indessen hat es diese Unglücklichen aus dem Hotel Dieu zu schaffen gesucht. 40 männliche und 20 weibliche, die zahlen können, werden nehmlich für 30 Sous täglich in Charenton erhalten. Die unheilbaren Männer befinden sich in Bicêtre, die unheilbaren Frauen in der Salpetrière. — Die Zellen in Bicêtre, die vor einem Jahrhundert erbaut sind, sind feucht und elend. Damals hielt man die Tollen wie die Verbrecher. Man hat, so viel als möglich, ihr Schicksal zu lindern gesucht, und ihnen Betten gegeben, und einen Spaziergang verschafft. Jeder liegt übrigens in einem Bette allein. —

Im Ventose des Jahres XI zählte man in Bicêtre 379 Imbecils, Epileptische und Tolle, und 45 Kranke. Von 355 Tollen sind im Jahre IX nur 3 gestorben, eben so viele auch nur im Jahre X von 622, und in den ersten 6 Monathen des Jahres XI von 531 nur 5. —

In der Salpetrière, wo man die Frauen vereinigte, hat man zuerst die Epileptischen von den Tollen zu trennen gesucht, und jeder einen besondern Spaziergang eingeräumt. Ehemals hatten sie im Sommer viel von der brennenden Hitze zu leiden; jetzt ist alles beschattet. Herr Pinel hat grofses Verdienst um dieses Spital. Er war es, der die 5 Divisionen für Fieberkranke, Unheilbare, Tolle, für die, die freye Momente haben, und für Genesende absonderte, und der Bericht über alles dieses wird von ihm noch erwartet. Am Ende des Ventose des Jahres XI waren 469 tolle, und 163 epileptische Frauen im Hospital.

Ehe man Jemand aufnimmt, mufs die Tollheit von einem Tribunale bestätigt werden.

Was die Invalidenspitäler betrifft, so ist die Zahl der Betten in allen bestimmt. Doch hat Protectionssucht, und nicht festes Princip gemacht, dafs man im Jahr X 1,329 über die Regel aufgenommen hatte. In Bicêtre sollte Niemand unter 70 Jahren sich befinden; in den Petites Maisons nichts als Verehlichte, von welchen einer wenigstens 70 Jahr alt ist; in den andern Spitälern niemand unter 60, und nur die Comité de Bienfaisance sollte das Recht haben, die Subjecte zu empfehlen. Allein im Messidor des Jahres X verlangte das Gouvernement mit einem Male 200 Plätze für arme Eltern, deren Kinder in der Armee befindlich oder umgekommen sind; und im Thermidor hatte das Conseil schon 584 solcher Protegirten, also weit mehr als selbst gesetzlich verlangt worden sind. Man kann denken, wie sehr solche willkührliche Maſsregeln die besten Pläne vereiteln.

Diejenigen, die Plätze in den Hospitälern gestiftet, haben, wie natürlich, das Recht erhalten, sie zu besetzen, welches ihnen während der Revolution, wenn auch nicht gesetzlich, geraubt worden war. Alles dieses hat die Zahl der Prätendenten so vermehrt, daſs das Conseil selbst auf sein eignes Recht vorzuschlagen Verzicht thun muſs. Nach neueren Zeitungsberichten beläuft sich die Zahl der Clienten auf 10,000, und 360 befinden sich von diesen in dem Alter von 70 bis 80 Jahren. Es ist zu vermuthen, daſs die Zahl der aus den Departementern kommenden sie so anhäuft, die zum Theil ihre alte Hülfe oder ihre Erwerbsquellen verlohren haben. —

Bicètre.

Ein 1290 erbautes Schloſs, wurde nach verschiedenen Schicksalen 1656 zum Hospital für arme Validen und Invaliden bestimmt. Ludwig der XIVte schenkte es dem Hopital general, und widmete es zum Gefängniſs der Vagabunden der Vorstädte von Paris. Nachher wurde die Bestimmung stets erweitert, und wie Liancourt in seinem Berichte von 1790 es schildert, war es damals Krankenspital oder Hotel Dieu, Armenspital, Pensionsanstalt, Zuchthaus, Spital für Venerische Tollhaus u. s. w. zu gleicher Zeit. Fast alles Elend und Laster der Menschheit war da zusammengehäuft, und verpestete, so zu sagen, die schöne Landluft. Noch, sagt der jetzige Bericht selbst, existirt manches von den fürchterlichen Spuren, die nicht ganz verwischt sind; denn es ist zum Theil noch Zucht- und Armenhaus zugleich, und das Laster schändet, so zu sagen, das Unglück, so wie es dasselbe auch zuweilen corrumpirt. Man hat oft vorgeschlagen, das Hospital nach St. Denis, oder auch das Gefängnifs nach Vincennes zu verlegen; es war fruchtlos. Der Zustand des Hospitals ist übrigens von einer Art, dafs es neu gebaut werden mufs, wenn man es nicht verlegen will; denn die vielen Häuser sind zu ihrer jetzigen Bestimmung nicht eingerichtet, sie haben weder Corridor noch grofse Säle. Mit Noth hat man aus einer alten Kirche und aus einigen alten Mauern 2 Atteliers zum Arbeiten errichtet, welche 200 Arbeiter enthalten können, und ihre Schlafzimmer während der Arbeit zu lüften gestattet, aber das reicht fürs Bedürfnifs nicht hin. —

Während des Jahres X brauchte man die Invaliden selbst zum Weifsen der Wände. Auch hat man kleine Spinde verfertigen lassen, damit sie ihre Lumpen darin verschliefsen können, und so viel wie möglich Reinlichkeit zu verschaffen gesucht. Die untern Zimmer sind alle feucht, und müfsten in Refectorien verwandelt werden. Einige neue im Waschhaus und in der Küche errichtete Öfen haben grofsen Vortheil für die Öconomie geleistet. Aber Bicêtre kann, wie es ist, nie ein gutes Spital werden.

Es existirt indessen kein Bett für zwey mehr, und kein Greis darf des Nachts mehr aufstehen, um einem andern Platz zu machen. Die Armen bekommen nun auch zweymal täglich Suppe, und die 70jährigen etwas Wein. Man hat auch Kranke von Schwächlichen abzusondern gesucht, und die Kranken classificirt. —

Die Zahl der Armen ist auf 2000 festgesetzt; allein es sind 2450 darin, und da das Haus nicht mehr als 2000 fassen kann, so sieht man wohl, dafs es unmöglich ist, die Ordnung zu erhalten.

520 Personen sind zur Administration und Bedienung angestellt; dieses ist für eine Anstalt, wo die meisten gesund sind, offenbar zu viel. Das Ganze ist noch in den Händen eines Entrepreneurs. Man macht jetzt in den Atteliers gute Leinewand von Hanf. Die ehemalige Kirche ist voller Schneider, Schuster, Bandwirker, Knopfformmacher und Spielzeugverfertiger. Neuerdings sind auch Spinner, Wollkratzer und Baumwollrupfer hinzugekommen. Seitdem Reinlichkeit und Arbeit eingeführt ist, sind die Krankheiten seltener; der Scorbut hat unter anderen abgenommen. Im Jahr IX war die Sterblichkeit wie 1 : 7. Im Jahre X, wie es scheint, nur wie 1 : 9. —

Besonders nützliche Polizeyeinrichtungen waren das Ausschliefsen der Besuchenden, das Verbannen aller Buden und Verkäufer, und das Verbiethen aus dem Hause zu gehen. Der Mifsbrauch des Brandweinverkaufens ist nur zum Theil gehemmt, weil die bey den Gefängnissen Angestellten und die Wache den Armen heimlich diese Dinge zuführen. Wider das Nicht aus dem Hause gehen ist besonders geschrien worden, weil mehrere durch Betteln und andre Mittel sich Geld schafften; allein es wurde weislich eingewendet, dafs der Ort nur fürs Elend bestimmt ist, wer Mittel hat, der komme nicht wie in eine Herberge hinein, oder er unterwerfe sich den dem Allgemeinen nützlich erachteten Gesetzen. Bicêtre kostet jährlich 826,710 Fr. Jeder Arme kostet täglich etwa 20 Sous. Dr. Lancfranc ist Arzt, Herr Dumont Chirurgus des Hospitals.

Salpe-

Salpetrière.

Dieses ist fast eine kleine Stadt, denn Tenon zählte 8000 Seelen darin. 1790 enthielt sie nach Liancourt 6704 Seelen. Die Beschreibung, die Liancourt von Bicêtre gab, war fürchterlich; die schreckliche, die er von der Salpetrière giebt, könnte an das Unglaubliche grenzen, wenn die Berichtserstatter nicht noch bey näherer Untersuchung im Jahre IX alles treu gefunden hätten, was nur ein übertriebenes Gemälde darstellen kann. Diesemnach hat man sich mit der Verbesserung dieser Anstalt auch zuerst beschäftigt. Alles, was Paris von Kindern, liederlichen Mädchen und Frauen, oder sonst moralisch und physisch verlornen Seelen hatte, war da vereinigt, um, wie es der Bericht sagt, im Koth und Schmutz zu wühlen. (croupir dans l'ordure et la fange.)

Ludwig der XIVte schenkte das Hauptgebäude und das Terrein dem Hopital general (Hotel Dieu.) Nach und nach baute man mehrere Häuser ohne Plan hinzu, allein die Zahl der Armen füllte sie stets sehr schnell. Die Häuser wurden vernachlässiget, und die Reparationskosten dieser Gebäude sind dadurch sehr angewachsen. Alles war mit Unflath bedeckt, das Ganze sah wie ein Hühnerstall aus, alle Öfen waren zerbrochen. Die Badeanstalten waren ungesund, und dienten dabey einem Arzt zur Küche. So war es noch, als das Conseil es übernahm. —

Man suchte hier zuerst das Regime paternel einzuführen. Das Nöthigste wurde reparirt, an ungesunden Örtern wurden Luftzüge gemacht, mehrere Verschläge wurden weggenommen. In dem grofsen Gebäude la Force genannt, welches aus kleinen Käfigen (cachots) bestand, wurden die Abtheilungen niedergerissen, und ein grofser Sal daraus gemacht. Alle Strafsen und Höfe wurden gereinigt, Barraken niedergerissen, und die Verkäufer daraus verjagt, und dafür Plantagen angelegt. —

$\frac{2}{3}$ der Säle und Treppen sind abgekratzt und angestrichen worden, das Waschhaus sehr verbessert, und mit Öfen, Trögen zum Einäschern, und Hangboden zum Trocknen versehen.

12 Öfen in der Küche sind nach der neuesten Construction in 4 verwandelt worden, und 1200 Pfund Fleisch werden jetzt in einem Kessel gekocht. Der Sal zu den Bädern ist mit Steinpflaster versehen, und die Küche davon getrennt; er enthält 6 Badewannen. Nebenbey befindet sich ein Kämmerchen zu Dampfbädern, und ein Zimmer mit 2 Betten, um die Kranken, die aus dem Bade kommen, darin aufzunehmen. Die Wasserpumpe im Garten ist beendigt, allein es würde zu neuen Fenstern, neuen Dielen, zum Pflastern, und zumal zum Verfertigen einer Wasserleitung, um die Unreinigkeiten abzuführen, eine Auslage von mehr als 250,000 Fr. erforderlich seyn. Der Gossenbau sollte, wie das Conseil meint, von Rechtswegen auf Kosten der Gemeinde gehen.

Eine Darmsaitenfabrike, die aufserhalb dem Hospitale lag und übeln Geruch verbreitete, ist auf Kosten des Präfecten unterdrückt worden. Die Bevölkerung der Salpetrière ist auf 4000 reducirt, nehmlich auf 3040 Gesunde, 600 Tolle, 360 Kranke. Die Kinder sind nach dem Waisenhause, die Verheiratheten nach dem Hause für Verehelichte geschickt (Menages). —

Die Armen sind in 5 grofse Divisionen und 40 kleinere abgetheilt. Jede Division hat eine Aufseherin en chef, und 50 Gesunde haben eine Aufwärterin. Für 25 Schwache (infirmes), für 20 Tolle, für 12 Kranke, die nicht verrückt sind, und für 10 Kranke, die nicht bey Verstand sind, giebt es ebenfalls stets eine Aufwärterin. —

240 sind in völligen Ruhestand gesetzt, 300 sehr schwach, 360 kränklich, 600 toll, 80 krätzig, 120 haben den Krebs, 200 sind epileptisch, und 1900 70 Jahr und noch älter.

Aus den Tabellen ergiebt sich, dafs das Hospital im Ventose an XI 4,553 Personen enthielt. Aus denselben ergiebt sich auch, dafs die jetzige Administration weit vortheilhafter ist. —

Jeder Arme bekommt 2 Suppen täglich (soupes grasses), und 8 Unzen Fleisch; jeder Tolle 10 Unzen Fleisch, und die Aufwärter 16 Unzen Fleisch. Abends giebt man mit der Suppe Pflaumen, Käse oder Sallad. Man sorgt besonders für gutgekochtes Fleisch. Jeder Arme hat auch ein ganzes Kleid von Tuch, und eine Jacke von Leinewand. Hemden wechselt man wöchentlich, und die tuchenen Kleider monatlich. Alles ist gereinigt und ausgeklopft worden. Die Krebskranken und Epileptischen wurden abgesondert; dennoch zeigte sich der Scorbut, welcher aber mit dem Frühling beym Gebrauch des Sauerampfers verging. —

Jetzt ist das Hospital, wie gesagt, unter Regime paternel. 366 Angestellte haben 78,542 Fr. Gehalt. Ehemals gab es 415 Employés, mehrere sind jetzt unter den Armen selbst gewählt. Da die Armen anderwärts essen, als wo sie arbeiten, und die Küchen von den Schlafsälen getrennt sind, werden letztere gelüftet. — Für die Dienerschaft giebt es ein eignes Refectoir.

12 Frauen müssen den ganzen Tag die Strafsen kehren; 12 andre zweymal des Tages die Abtritte waschen. Das Reglement des Hauses ist noch nicht sanctionirt, weil es das Conseil erst versuchen läfst. Ehemals kostete jeder Arme 18 Sous, seit der Einführung des Regime paternel nur 15 täglich, obgleich alles theurer ist, und die Reparaturen viel kosteten.

Doctor Pinel ist Arzt, Herr Lalemant Chirurgus des Spitals.

Maison des Menages.

Es hiefs ehemals Petites Maisons, und war ursprünglich zur Aufnahme von 558 Pariser Armen bestimmt, die 70 Jahr alt sind. Die Stadt Paris stiftete es 1597 für das damals genannte mal de Naples. Ein Theil der Bewohner zahlte Pension; auch waren 32 Betten für Venerische, und ein andrer Theil für Kopfausschläge bestimmt geblieben. —

187 Betten gehörten Kranken, die andern den Armen, die Holz, Salz, Fleisch, Brot, und wöchentlich einen Thaler bekamen. —

Das Haus hat eine eigne Administration, die nach und nach bis zur Revolution die Gebäude repariren liefs. Während der Revolution behielt das Haus bey der Veränderung der Administration dennoch sein inneres Regime, nur wurden die Venerischen und Ausschlagskranken entfernt.

Das Conseil hat nun seit dem Jahre X auch die Tollen herausnehmen lassen. In diesen Petites Maisons sind auch 100 Betten für Wittwer bestimmt; doch müssen sie 20 Jahre verheirathet gewesen seyn. Bey der Aufnahme werden 1600 Fr. bezahlt, und der Hineinkommende mufs auch die nöthigen Mobilien mitbringen, dafür bekommt er ein Zimmer für sich allein. Es werdenk eine Exspectanten zugelassen, sondern das Zimmer wird besetzt nach Mafsgabe als es leer wird. —

Das Haus enthält demnach jetzt Verheirathete, die umsonst zugelassen werden, und Wittwer, die bezahlen. Einige befinden sich in Schlafsälen (dortoirs), weil man sie nicht allein lassen kann. Kranke haben einen besonderen Sal. Diejenigen, die lieber aufser dem Hause seyn wollen, erhalten, wenn sie einmal zugelassen waren, beym Heraustreten 150 Franken. Ein Drittel der Gebäude, die nicht vor der Revolution neu gebaut worden sind, sind in schlechtem Zustande. — Man hat einen neuen Krankensal zu bauen beordert; man wünschte, dafs ein kleines Gärtchen dabey gepflanzt würde; auch sehnen sich die Bewohner nach ihrer alten Kirche. —

Jedes Individuum bekommt alle 10 Tage 3 Fr., täglich $\frac{5}{4}$ Pfund Brot, und alle 10 Tage ein Pfund Fleisch; jährlich auch ein doppeltes Stere Holz. Diejenigen, die bezahlen, erhalten 2 Voies Kohlen dazu. Die Zahl der Betten ist auf 550 bestimmt. Die Mortalität läfst sich noch nicht genau angeben. — Da das Pfund Fleisch, aus verschiedenen Theilen des Ochsen geschnitten, nicht gleich gut ist, so ist die Vertheilung der Regie überlassen, die das minder Gute noch nützlich zu den Suppen brauchen kann. Die Administration unterhält 7 Personen zur Aufsicht, die 7150 Fr. unter sich theilen; die Regie hat 50 Employés. — Jedes Individuum im Hospital kostete etwa täglich 1 L. 3 Sous; jedes Individuum in seiner Haushaltung (preau) 13$\frac{1}{2}$ Sous. — Dr. Bourdier ist Arzt, Herr Maret Chirurgus des Hospitals. —

Incurables. Rue de Seves.

Es ist 1637 durch den Cardinal de la Rochefoucauld gestiftet. Tenon hat es weitläufig beschrieben, und das Gebäude mit Recht ausgezeichnet. Liancourt fand zu viel Nachgiebigkeit für die Protectoren, und wenig Achtung für die Verordnungen. Das Conseil hat einen Theil der Mifsbräuche ausgerottet, und würde vollkommnern Erfolg haben, wenn die aufserordentlichen Befehle,

Leute ins Hospital aufzunehmen, die an dasselbe keine Forderung haben, endlich einmal aufhören wollten. Im Jahre X war es noch genöthigt, 5 solche Befehle zu empfangen. 1793 wurde befohlen, alle Arme, die ihre Glieder verloren haben, in dieses Spital aufzunehmen; dieses hat das Conseil beybehalten zu müssen geglaubt. Es ist jetzt für Weiber bestimmt, die sich in der platten Unmoglichkeit befinden, arbeiten zu können. Die Zahl der Betten ist auf 450 festgesetzt. Diejenigen, die aus dem Hospitale zu ihren Verwandten gehen wollen, erhalten, wenn sie einmal aufgenommen waren, 180 Fr. im Jahre. —

Die Gebäude sind grofs und im Ganzen bequem, allein sie erfordern viel Reparatur, und die Decken sind schlecht. Das Conseil hat so viel zur Verbesserung gethan, als ihm möglich war. Einige liegen neben einander in Schlafsälen, andre haben auch noch kleine Kabinetts neben ihrem Bette. —

Im Jahre IX starben im Hospitale 40 von 541, das heifst 1 : $13\frac{1}{2}$. Im Jahre X 59 von 574, also 1 : $9\frac{2}{3}$. In den ersten 6 Monaten des Jahres XI 63 von 555, also 1 : $8\frac{5}{6}$. —

Die Administration unterhält 10 Personen im Hospitale, die 8000 Fr. unter sich theilen. Die Regie hatte 53 Employés. Ein Polizeyreglement ist jetzt in der Arbeit. —

Das Refectoir ist noch nicht fertig, auch die Arbeitssäle nicht. Jeder Arme kostet im Durchschnitt etwa 1 Fr. 4 Sous.

Dr. Bourdier ist Arzt, Herr Dumas Chirurgus des Hospitals.

Incurables. Fauxbourg St. Martin.

Während der Revolution hat man das Gebäude, welches ein Kloster war, zu einem Hospital umgeschaffen. Es waren auch Schmiede der Republik in demselben, und die Einrichtungen überhaupt scheinen nicht lobenswerth. Man hatte es eigentlich zur Aufnahme von 60jährigen Leuten bestimmt, die 3 bis 500 Fr. bezahlen konnten. $\frac{2}{5}$ sollten umsonst unterhalten werden, allein die unentgeltlichen Stellen wurden bald vermehrt. Das Conseil hat das Haus nur für die männlichen Krüpel bestimmt, die nicht arbeiten können. Künftighin soll das Hospital 400 Betten enthalten. —

Obgleich die Gebäude in nicht ganz schlechtem Stande sind, so erfordern sie doch Reparatur. In einigen Sälen befinden sich zu viel Betten. Die Bäder sind bereits eingerichtet. Man reicht den Armen zweymal des Tages ihre Nahrung, und die, denen es an Kleidung mangelt, werden gekleidet. Es fehlt ganz außerordentlich an Wäsche. —

Im Jahre IX war die Sterblichkeit wie 1 : $8\frac{1}{4}$; im Jahre X wie 1 : 6, und in den ersten 6 Monaten des Jahres XI wie 1 : $7\frac{1}{2}$.

Die Administration enthält 7 Personen, die 6550 Fr. unter sich theilen; die Regie 43. —

Die Armen verkauften ehemals ihre Portion Essen, und versoffen das Geld, oder bettelten. Jetzt müssen sie in einem Refectoir, 350 an der Zahl, zusammen essen, und nur die ganz schwachen sind hiervon ausgeschlossen. Die Refectorien tragen überhaupt viel zur guten Ordnung bey, sie sind öconomisch, und mindern die täglichen Klagen der Armen. Die Arbeitssäle fehlen noch. Jeder Kranke kostet etwa 1 Fr. 4 Sous.

Dr. Lesvignes ist Arzt, Herr Desbayes Chirurgus des Spitals.

Maison de Retraite de Montrouge.

Das Haus ist erst 1781 von den Geistlichen der Charité durch Privatbeyträge und durch den König gestiftet, um Geistlichen und Militärpersonen zur Retraite und zum Krankenhause zu dienen. Man nannte es Maison royale de Santé. Es ist vom Architecten Antoine gebaut, und Tenon hat es beschrieben. Es ist aber bey weitem nicht nach seinem ersten Plan ausgeführt. Auch Liancourt hat dessen erwähnt. Das Conseil hat das Haus für alte Employés des Hospitals, und für die bestimmt, die eigentlich nicht ganz arm sind, aber doch nicht genug haben, um zu subsistiren. Sie müssen 60 Jahr alt, oder Krüpel seyn, oder sonst so unheilbare Übel haben, daſs sie nicht arbeiten können. Doch auch im letztern Falle müssen die aufgenommenen über 20 Jahr alt seyn. Greise erhalten 200 Fr. Unheilbare 250.

Man zahlt von 3,600 bis 700 Fr. Einkaufsgeld, nachdem man alt ist u. s. w. Abgelebte Hospitaldiener werden bey der ersten Vacanz zugelassen; andere nach Maſsgabe, als sie eingeschrieben sind. Will jemand nicht länger bleiben, so werden ihm vom gegebenen Capital für jedes im Spital verlebte Jahr 200 Fr. abgezogen. —

Es sind fast so viele Exspectanten eingeschrieben, als im Hause befindlich sind. Dieses zeigt, daſs es Beyfall findet. Das Conseil denkt es zu verlegen, und die Zahl der Betten auf 300 zu bringen. Jetzt hält es 110, und wird auf 129 kommen. Es fehlt an Wasser, und es bedarf Reparaturen. — Die Mortalität läſst sich nicht bestimmen. Ein Chirurgus wohnt im Hause, ein Arzt besucht es alle Wochen. Es sollen daselbst 2 kleine Krankensäle, auch ein Refectoir eingerichtet werden. Die Kosten jedes Individuums lassen sich vorläufig nicht bestimmen. Dr. Dumangin ist Arzt des Spitals.

Tolle zu Charenton, Vaccine und Klinik.

Außer diesen angeführten Spitälern hat das Conseil noch die Tollen zu Charenton, und die Klinik der Ecole de medecine, so wie die Anstalt für Kuhpockenimpfung zu unterhalten. Letztere kostete etwa 6,558 Franken. Es sind nur 80 Kinder nach und nach in dieser Anstalt vaccinirt worden, sie waren bestimmt, das Kuhpockengift daselbt in seiner Reinheit zu erhalten. Noch hat man nicht alle Kinder der Maternité einimpfen können, es wird aber unablässig in der Zukunft geschehen. Die Tollen zu Charenton kosteten 7,758 Fr., und in der Klinik des Herrn Corvisart sowohl als des Herrn Dubois wird für jeden Kranken täglich 25 Sous bezahlt. *)

In mehrern Hospitälern klagte man, daſs die Kranken beym Hineinkommen nicht genug gereinigt würden. Die Maternité wünschte weniger Wiegen in ihren Sälen. Die Chirurgen erbaten gröſsere Betten

*) Paris besitzt noch einige andere Anstalten, die hierher zu zählen wären, als das Taubstummeninstitut, das für die blinden Arbeiter, und andre, die Privatunternehmungen sind: auch gehörte der Zustand der Gefängnisse hierher, die Arbeitshäuser sind, und sich durch treffliche Einrichtung auszeichnen; allein sie gehören nicht unter das Conseil, dessen Arbeiten allein wir hier mitzutheilen uns beschränkt haben. So oft neue Berichte erscheinen, werden wir sie diesem anzuhängen suchen, denn ihnen vorzugreifen, wäre für einen Privatmann eine ungeheure, und doch nur fruchtlose Bemühung.

für die Blessirten. Im Hotel Dieu beklagte man sich, daſs noch zuweilen der alten Gewohnheit zufolge Morgens den Kranken Suppe gereicht würde. Andere wollten, daſs man die Todtenbesichtigung sorgfältiger anstelle, und so weiter. Die innere Policey und die Reglements wurden sehr gebilligt. *) Man wünscht, daſs den Eleven Strafen und Belohnungen ertheilt werden, nachdem sie es verdienen.

Was die Einkünfte der Hospitäler betrifft, so sind sie offenbar zu sparsam, und zumal schadet die Unregelmäſsigkeit, mit der die meisten derselben eingehen. Ehemals waren die Hospitäler von vielen Abgaben frey, jetzt sind sie allen möglichen Taxen unterworfen, und einige zu luxuriös erbautè auf eine auſserordentliche Weise. Baujon z. E., das 100 Kranke enthält, zahlt 4,479 Fr. Taxe; die Salpetrière 21,270 Fr. und so andre mehr. Auch die Güter, die die Hospitäler besitzen, werden dadurch sehr belastet. Einen Theil der Einkünfte sollen die Hospitäler von den mehr als 731 alten kleinen schlecht gelegenen Häusern ziehn, die zum Theil nur Armen vermiethet werden können, die schlecht bezahlen, und neue Administrations- und Proceſskosten verursachen, und theils mehr, als sie werth sind, Taxe und Reparaturkosten veranlassen; daher man sie lange zu verkaufen wünscht. Da dieses aber ein Gesetz des Corps legislatif erfordert, so ist das leider schon 2 Jahre vernachläſsigt worden. Das Conseil wird durch das unordentliche Einkommen der Octroi u. s. w. abgehalten,

*) Um die Leser nicht mit noch mehr Detail zu ermüden, versparen wir manches aus diesen Reglements, und aus den Cahiers de Charges, oder den Pflichten, die den liefernden Entrepreneurs aufgelegt sind, auf andere Gelegenheit.

Contracte zu schliefsen, weil es nicht weifs, ob es sie halten kann. Es ist daher ganz ohne Credit.

Was die Ausgaben betrifft, so haben wir sie zum Theil aus den Berechnungen abgeschrieben, wäre es auch blofs, um die grofse Ordnung und Gewissenhaftigkeit zu zeigen, mit der das hochachtungswerthe Conseil das Ganze führt. Überhaupt gewähren die Tableaux und Tabellen ein wahres Studium für denjenigen, der die Verwaltungskunst erlernen will.

Was die Sterblichkeit und Population in den Hospitälern betrifft, so giebt folgende kleine Tabelle eine Übersicht der Mortalität derjenigen Krankenspitäler, von denen man sie jetzt am sichersten hat. Die Population ist aber, wie natürlich, stets abwechselnd, und die Zahl der Betten bey jedem Hospital angemerkt. Wir haben zu folgender Tabelle auch die Dauer des Aufenthalts, und die Totalkosten jeder Krankheit hinzugefügt, die beygefügte grofse Ausgabentabelle giebt auch die Zahl der Krankentage überhaupt.

Enfans malades	Veneriens.	St. Louis.	H. Cochin.	H. Baujon.	H. Necker.	St. Antoine	Charité	Hotel Dieu	
	1 : $20\frac{8}{11}$	1 : 8	1 : $5\frac{3}{4}$	1 : $7\frac{1}{2}$	1 : 8	1 : 7	1 : $8\frac{9}{12}$	1 : 7	Jahr IX
1 : 7	1 : 15	1 : 8	1 : $5\frac{1}{2}$	1 : 7	1 : $6\frac{1}{2}$	1 : $6\frac{1}{2}$	1 : $8\frac{1}{4}$	1 : 6	Jahr X
1 : $3\frac{1}{3}$	1 : $10\frac{1}{3}$	1 : $4\frac{1}{3}$	1 : $4\frac{7}{10}$	1 : $5\frac{2}{3}$	1 : $4\frac{7}{11}$	1 : 4	1 : $6\frac{4}{7}$	1 : 4	Erste 6 Monate des Jahres XI
$29\frac{1}{3}$ Tage	$77\frac{1}{2}$ Tage	$131\frac{1}{2}$ Tage	$36\frac{1}{4}$ Tage	$23\frac{11}{12}$ Tage	$30\frac{9}{11}$ Tage	$28\frac{1}{3}$ Tage	$25\frac{1}{2}$ Tage	$43\frac{13}{14}$ Tage	Dauer des Aufenthalts d. Kranken
36 Fr. 28 c.	100 Fr. 75 c.	169 Fr. 63. c.	41 Fr. 50 c.	47 Fr. 56 c.	35 Fr. 70 c.	46 Fr. 47 c.	46 Fr. 16 c.	61 Fr. 75 c.	Kosten der Krankheit überhaupt
1 Fr. 23 c.	1 Fr. 30 c.	1 Fr. 29 c.	1 Fr. 16 c.	1 Fr. 98 c.	1 Fr. 16 c.	1 Fr. 64 c.	1 Fr. 81 c.	1 Fr. 41 c.	Kosten jeden Tages

Hiermit wären demnach wohl alle allgemeine Fragen beantwortet, die man sich aufwerfen möchte, und wer mehr bedarf, den müssen wir auf die angegebenen Quellen selbst verweisen, aus denen wir geschöpft haben.

Dieses waren also alle die Anstalten, die unter der Aufsicht des jetzigen Conseils begriffen sind. Um diese zu verwalten, besitzt es noch ein Bureau, wo die Administration geführt wird, eine Maison Scipion, welche die Hospitäler mit Lebensmitteln versorgt, und eine Pharmacie generale, welche die Besorgung aller Medicamente hat.

Das Bureau d' administration, welches 53 Employés hat, kostet 177,400 Fr. und die Besoldungen jedes einzelnen sind im Berichte des Conseils specificirt. Die Pharmacie generale kostet 155,661 Fr. für Medicamente, die nicht specificirt sind. Es ist kürzlich von den Ärzten über die schlechte China geklagt worden, die aber überhaupt in Paris so schwer gut zu haben ist. Neuerlich ist auch eine Pharmacopöe für Arme von Herrn Parmentier verfertigt worden, die die Zustimmung der Ärzte aller Hospitäler haben mufste, die von so verschiedenem Alter und Meinung sind; sie hat im Ganzen vielen Beyfall gefunden, und übertrifft bey weitem alle ihre Vorgänger. Scipion, wo die Beckerey für alle Hospitäler ist, hat Öfen, worin man jährlich 24 bis 25000 Säcke Mehl bäckt, und leicht bis 30000 backen könnte, wenn man noch einen Ofen erbaute. *) — Mit den Lebensmitteln ist man

*) Will man sich von dem ehemaligen Scipion einen Begriff machen, so ist folgendes Detail vielleicht merkwürdig. Es versorgte 15000 Arme, hatte 75 Personen zur Verwaltung, 24 Bäcker, 10 Brotmühlen. Täglich lieferte es 20,000 Pfund Brote. Jährlich wurden 1800 Ochsen, 1100 Kälber, 6000 Hammel geschlachtet, 6000 Haufen Holz, und 30000 Pfund Licht verbrannt.

neuerdings in den Hospitälern ziemlich zufrieden gewesen; aber der Wein wurde allgemein getadelt, und schwer ist es, diesen Theil unverfälscht zu erhalten. — Scipion verbrauchte 1,229,846 Fr. für Gegenstände, die man in der Tabelle specificirt findet. Nächstdem giebt es noch ein Bureau d'admission, worin alle Kranke, die aufgenommen werden, sich melden müssen. Die Unterhaltung desselben kostet 16,000 Fr. Im letzten Jahre hatten sich 24,120 Kranke zur Aufnahme gemeldet; 16,017 sind von diesen in den Hospitälern aufgenommen worden; 1266 wurden den Bureaux de bienfaisance zugeschickt, 573 wurden außer dem Hause behandelt, 1414 wurden äußerliche Wunden verbunden, und 4760 wurden abgewiesen. — Von den 10,000 Alten und Invaliden, die nach neuern Zeitungsberichten eingeschrieben sind, sollen 360 zwischen 70 und 80 Jahr alt seyn.

Was die Administration betrifft, so hat das Conseil, das aus den würdigen Nahmen Bigot, Preameneau, Richard d' Aubigny, Thouret, Camus, Fieffe, Mourgue, Parmentier, Duquesnoy, d' Aguesseau, Pastoret, Delissert besteht, sich die Pflicht auferlegt, die Hospitäler 3 Mal monatlich selbst zu besuchen, und jedes der Mitglieder hat über eins oder einige derselben die Aufsicht übernommen. Dieses ist eine Epoche in der Verwaltungsgeschichte der Hospitäler, und hat unendlich viel genutzt.

Noch ist die Administration zu complicirt, und das Conseil hat nicht freye Hand genug. Das Conseil hat die letzten 2 Jahre mehr in Versuchen zugebracht, um den besten Weg der Verwaltung zu finden, und arbeitet noch stets an einem Codex. Augenblickliche Übel verhindern aber Einheit in die Verwaltung zu bringen, und die Spuren hiervon finden sich hinlänglich in dem, was bereits mitgetheilt ist. Die Beschlüsse scheinen zu lange in den Bureaux des Präfecten und des Ministers zu verweilen, welche jedoch viel Antheil an der bessern Armenpflege nehmen, und die Anstalten selbst öfter besucht, so wie manchen Rath ertheilt haben.

Alle 6 Monate sollen sich die Ärzte mit dem Conseil vereinigen, um ihre Bemerkungen und Rathschläge mitzutheilen. Dieses ist vor kurzem geschehen, und einige Resultate der Untersuchung ziehen wir aus. Allenthalben fand man, daſs die Einführung des Regime paternel, oder der eignen Herbeyschaffung der Bedürfnisse sparsamer und nützlicher für die Armen ist. Durch die Regie hofft das Conseil viel zu lernen, und nur wo Entrepreneurs sind, hörte man noch Klagen. Es werden in den Hospitälern Säle gewünscht, die bloſs dazu dienen könnten, andre zu wechseln. Ein Brand, der im Hospital der Venerischen fast epidemisch alle Wunden ergriff, lieſs dieses Bedürfniſs am stärksten fühlen. — Allenthalben hat man die Guytonsche Methode zu räuchern eingeführt. — Fast allenthalben vermiſste man die religiösen Schwestern zur Bedienung. In mehrern klagte man über die Nachlässigkeit der Eleven. Man war über die Art, wie die Säle gewaschen werden sollen, uneinig, und schien für das Waschen mit einem feuchten Schwamm zu entscheiden.

Schluſs.

Wenn der Leser das Interesse gefühlt haben sollte, uns in allen diesen Untersuchungen zu folgen, so dürfte er vielleicht die Facta summiren wollen, und einen Rückblick nicht ungern haben, um zu sehen, was an Aufschlüssen gewonnen ist.

Was ist die entfernte, was die nächste Ursache der Armuth und Krankheit? Welches sind die Mittel, die man angewendet hat, sie zu zerstören? fragen wir zum 3ten Mal — und wenn nicht alles beantwortet ist, so läſst sichs doch abnehmen, was zu suchen übrig bleibt.

Vier verschiedene Wege scheinen sich dem Forscher darzubieten, auf die er seine Untersuchungen richten muſs. Welches sind nehmlich die physischen und moralischen Ursachen in der ersten Anlage? welches die entfernten historischen, und welches die in neuern Gesetzen und politischen Verhältnissen liegenden Ursachen der Armuth? Die physischen und moralischen Ursachen in der ersten Anlage haben wir zum Theil im Anfange angedeutet. Die rohe glückliche Harmonie des einzelnen Naturmenschen stöhret sich, so zu sagen, sobald er in Gesellschaft tritt. Da ist er nichts mehr für sich allein, es sey denn, daſs er als Muster oben an sich stellt in idealischer Gröſse, sonst ist er ein unvollkommnes Glied, das bald durch das Gute, bald durch das Böse sich an das Übrige hängt, das ihm widerstrebt, und ihn spornt, und doch auch anzieht, und eine hervorstechende Anlage auf Kosten der übrigen in ihm entwickelt.

Das Kind, früh durch Verschulden der Eltern, oder auch unverschuldet von Eltern verlassen, wird, wie der Greis, der Kranke, der an Geist Zerrüttete, der Krüpel, der Blinde, stets zu Hülfe rufen, welches glückliche Reich man auch träumen mag, und kann nicht zurückgewiesen werden. Allein in der veredelten Menschheit erwacht noch etwas Höheres, und sie denkt an ihre Erziehung, oder die Natur denkt an dieselbe. Der so tief im Menschen liegende Hang zur Trägheit will den Sporn, oder die Trunkenheit, die Lüderlichkeit, und die andern Laster wollen mit

Nach-

Nachsicht von dem edlern Menschen gebessert seyn und veranlassen Milde und Gesetzgebung. Endlich scheint auch noch etwas zufälliges den Gang, und oft die Frucht von Jahren zu zerstören, und die Gesellschaft lauft aus innerem schönem Triebe zur Hülfe, um sich gegen den Hagel, der die Frucht zerstöhrt, und das Feuer, das die volle Scheune verbrennt, und den Krieg, der häusliche Beschäftigung hemmt, zu erhalten. Hier ist es, wo der Kampf anfängt, und die Entscheidung schwer wird, wie weit man zu gehen hat, um die Mittel mit der gehörigen Dosis von Regung, deren wir bedürfen, ins Gleichgewicht zu setzen.

Sehen wir auf die alte historische Weit, so zeigen sich zwey Wege, die die Gesellschaft nimmt. Einmal der Mensch als Herr und Sklave, letzterer zur Anstrengung seiner Kräfte gleichsam gepeitscht, und ersterer sich adelnd durch Herkunft und Erziehung, und höhere Kräfte und Leidenschaften entwickelnd, als Herrschsucht und Ehrgeiz und Erweiterungstrieb. Griechenland, die Blüthe der Menschheit, schickt seine gebildeten Colonisten auch nach Italiens Gestade und wird eine Propaganda für ähnliche Bildung. Eine geheime Vorsehung treibt Römer nach Norden, und wo man heute gräbt und ihr Fuſs berührte, findet man die Spuren verpflanzter Industrie. Es glaubte nur Sklaven zu bilden, und bildete auch Zöglinge, und der besiegte Barbar eroberte ein römisches Reich.

Die historische Welt verändert sich, der Sklavenstand verschwindet, der Herrschsucht soll ein Reich der Liebe und Milde folgen. Nicht durch die Ruthe soll der Mensch zur Gesellschaft gebildet werden, sondern von körperlichen Fesseln frey, werde seine Seele beherrscht. Nicht streben soll der Mensch nach vielseitiger Gröſse und Genuſs, sondern in E n t s a g u n g finde er sein zeitiges Glück. Bezähmung der Gedanken trete in die Stelle der Erhebung durch Vielgötterey, und durch Wohlthat und Barmherzigkeit besänftige und besteche man sein Gemüth. Als Rom aufhörte mit Waffen das übrige Europa zu beherrschen, herrschte es allgewaltig durch diese Opinion. —

Was die Folge gewesen ist, haben wir in der Einleitung gesehen. Ward der Mensch ehemals auch unmündiger Sklave, so war er jetzt auch unmündiger Bettler, und wie Italiens Eroberungs-Geist nicht für seine eigene Unterjochung schützte, so schützte Italiens Fülle und seine Milde nicht für Armuth und Betteley, und es schliefst sich, dafs weder utrirte körperliche Bande, noch Seelenbande etwas taugen, sondern, dafs der freye Mensch arbeite an jeder Bildung aus innerer freyer Willkühr, gezähmt durch sich selbst und das Beyspiel der Gesellschaft, die ihm die gesetzliche Verfassung auflegt. Das ist der Weg, den die neuere Geschichte entwickelt; ein neuer Herrscher setzt stets dem vorangehenden neue Kraft entgegen, das Königthum der Geistlichkeit, das Parlement dem Königthum, und nach und nach vergröfsert sich mit dem Mittelstande das Reich der Freyheit mit gesetzlicher Bildung.

Zwey Wege giebt es aber, auf denen man scheitert, durch Mifsbrauch der Gewalt von oben her, und durch Entartung, die von Volksherrschaft ausgeht. Auf dem Wege, den die Menschheit nimmt, sollte sie durch monarchische Verfassung vorbereitet werden, und wie diese fehl ging, so auch die Volksherrschaft. England, das seinem Erweiterungstriebe keine Zügel setzte, hat sich mit seinem Unternehmungsgeist auf eine schaudernde Höhe geschwungen, und wie seine Industrie, so wird auch seine Milde aufs höchste getrieben, und schwer ist es zu entscheiden, was gröfser ist, seine Armuth oder seine Wohlthat. Was auch das Schicksal künftighin beschliefst, so ist doch seine entwickelte organische Kraft stets Gewinnst; näher betrachtet merkt man, dafs es bey seiner Entartung selbst mit seinen Gaben Handel treibt, und das nicht alles leistet, was man erwarten möchte. *)

Wenn Arbeit nicht Sklaven, Wohlthun nicht Bettler bilden soll, wenn auch mit moralischen Regungen nicht Handel zu treiben ist; so mochte das Wahre in der Mitte liegen, dem das halb republikanische Holland sich genähert zu haben scheint, wo es durch Temperaments - Tugend begünstigt wird. Sieht man mit diesen Voraussetzungen auf die Anstalten, so tragen sie jede treffend ihren Charakter schon im Äussern. Italiens Hospitäler sind Palläste, in welchen die Armuth zu wohnen überdrüssig ist, um lieber im Betteln das Schicksal zu suchen. Englands Hospitäler sind grofse, zu reiche Anlagen für ein wohlberechnetes Bedürfnifs, zu anlockend, um nicht auch die anzuziehen, die nicht dahin gehören sollten. Hollands Spitäler sind bürgerlichen Ansehens, und lassen ahnden, dafs Noth und Oeconomie sie geschaffen hat. **)

Frankreich, das durch monarchische Verfassungen sich bildete, hat schon um die Zeit Heinrichs des IV. und um die, die es seinen goldnen Zeitraum nennt, (Lud-

*) Die milden Gaben der Vornehmern Englands zwecken oft nur dahin ab, ihre Bedienten von denselben geniefsen zu lassen. Man schickt sie, wenn sie krank sind, in das Hospital, um Arztlohn zu ersparen. Andererseits giebts auch, nach dem Beyspiele des Hofes, allenthalben erkauften Anhang.

**) Es müfsten hier auch noch die Folgen der Reformation in Bezug auf Armuth und Industrie entwickelt werden, so wie der Einflufs des Climas. Wenn man von manchen Cantonen der Schweiz in die andern tritt, so ist es, als wenn die Armuth mit den Religionen gleichen Schrittes ginge, und in südlichen Gegenden bedarf man wenig. Allein alles dieses würde uns nur noch weiter abführen.

wigs des XIV.), die gröfsten und weisesten Plane aufgestellt, die nur hätten ausgeführt werden dürfen, um einen andern Zustand vorzubereiten; allein die unbegrenzte Eitelkeit, nur zu strafen und zu begnadigen, statt Gesetze zu bewachen, und die Kriege vereitelten sie in jener Zeit, und machten das Unglück auf den Grad wachsen, dafs es zu der aufserordentlichen Revolution kommen mufste, an deren Folgen es noch zu leiden hat. Die vollkommneren Grundsätze, die von der Comité de Mendicité in dem Jahre 1790 aufgestellt sind, haben, wie der Leser gesehen hat, dazu genutzt, eine Basis zu geben, die man den Ruinen anzupassen sucht; allein da diese sich nicht stets in die Localumstände fügen, so mufs es zu dem Flickwerk die Veranlassung geben, das bey aller Gröfse hin und wieder durchzuschauen ist.

Ein System, das von dem Gedanken ausgeht, dafs jeder Mündige sich seinen Unterhalt schaffen kann und schaffen soll, mufs die Mittel hierzu völlig in den Händen der Individuen lassen. Man sieht aber leicht, dafs in einem Augenblick, wo die Freyheit so schändlich gemifsbraucht worden ist, keine neue Macht, die die Zügel nimmt, auf etwas mit Gleichgültigkeit sehen kann, was nicht von ihr ausgeht und veranlafst wird. Daher steht ein Conseil für Arme selbst unter einem Präfecten, dieser unter einem Minister, u. s. w. Dieses mufs, wie aus dem Bericht erhellt, eine nicht mechanisch zu behandelnde Maschine in ihrem Gange stören. Wie ferner überhaupt durch keine Macht von oben eine Nationalarmuth anders, als durch Industrie gehemmt werden kann; so läfst sich diese nicht mit einem Male schaffen, und macht die strengen Armengesetze für den Augenblick fast zu hart, denn die Schwierigkeit der Aufnahme in den Hospitälern, und der Umstand, dafs man nur in der äufsersten Noth Hülfe leisten kann und Hülfe leisten mag, ist gewifs einer der Gründe der gröfseren Sterblichkeit. Der neu entstandene Krieg mufs aber um so viel mehr gefühlt werden, da man ohne Rücksicht auf das Innere nur daran denken kann, die Industrie des Feindes zu zerstören, und neuer Krieg bildet neue Krüpel, neue Wittwen, neue kinderlose Alte, neue uneheliche Kinder, neue Eifersucht, gröfsern Militärstand über Europa, u. s. w. Man erachtet leicht, was der jetzige Zeitraum sich vorbereitet, wenn er lange währt.

Hierzu gesellt sich ein anderer Umstand. Seitdem man so frevelhaft eine unglückliche Geistlichkeit, nachdem sie desorganisirt war, auch in ihren, jetzt zumal nothwendigen, guten Handlungen störte, und eine völlige Irreligiosität die stillern Regungen des Gemüths verscheuchte, um es mit nichts als Glanz, militärischem Muth, frappanter Grofsmuth, Ehrsucht, Luxus und Geldgier anzufüllen, seitdem endlich jene ruchlosen Hände selbst an Vermächtnissen der Armen sich vergriffen haben, als wären die Denkmäler des Wohlthuns verweslich wie Tempel und Denkmäler der Tyranney, seitdem ist die Quelle der Privatmildthätigkeit fast gänzlich versiegt. Allein wenn das Herz auch bey wehmüthigen Gedanken nicht unnütz verweilt, um sich in dem Antriebe zum Guten zu berauschen; so glauben wir doch den Leser nicht länger bey diesen othembeengenden Empfindungen verweilen lassen zu müssen, damit man sich bey der bessern Seite des Gegenstandes erhohle.

Mit Recht mufs man nehmlich der Weisheit und Gewissenhaftigkeit eines Conseils seine Hochachtung zollen, das zu allen diesen Betrachtungen die Veranlassung gab; denn eine offene Wunde kann wenigstens nicht tiefer fressen, der Grund belebt sich, und ein mildernder Balsam befeuchtet sie nach und nach, und heilt sie. Auch käme es darauf an, die leider kärglich ertheilte Hülfe mit der in andern Örtern zu messen, wenn man die Absicht hätte, die Menschlichkeit herab zu setzen oder zu sehr zu erheben.*) Die Pflege der Hausarmen wird trefflich verwaltet. Die Hebammen-Schule ist in mehr als einer Hinsicht musterhaft. Die Findel- und Waisenhäuser lassen, wenn sie so fortschreiten, grofse Verbesserungen erwarten. Die Krankenhäuser sind reinlich, und wenn Baujon und Cochin viel falschen Luxus in ihrer Anlage darbieten, so giebt das Hospital St. Louis, das der Incurables Rue de Seves, das zu Monrouge, das der Menages u. s. w., und endlich die Klinik manches Belehrende für den Arzt. Die höhere Administration ist bereits musterhaft, und was sonst noch fehlt, (wie eigne Tollhäuser) wird die Zeit herbey führen, wenn der Friede wiederkehrt, und die Waffen in Pflug und Schaufel umwandelt, und die Menschen vom Kriegsgetümmel zu der Entwicklung des innern Selbst zurück führt, wenn der Saame der Cultur endlich allenthalben über der Erde ausgestreut ist. —

Man würde auch unrecht thun, die Armuth in dem Verhältnisse über das ganze Land verbreitet zu glauben, wie sie in der Hauptstadt ist, wo alles zum Glückmachen hinströmt; vielmehr ist durch die gleichmäfsige Vertheilung der Güter, wie gesagt, dieselbe im Ganzen allenthalben minder als sonst, oder mufs es wenigstens werden. Die Provinzialstädte finden aber gute Menschen mit regem Triebe, die ihre Mitbürger

*) Die Frage müfste nehmlich so gestellt werden: Auf das 5tel Arme von 500,000 Menschen in der Hauptstadt werden vom Staate etwa 2 Millionen Thaler verwendet, wie viel käme auf die gefragte Population, und was thut man? —

erwärmen. Strafsburg stellt hiervon ein schönes Beyspiel dar,*) und so noch andre mehr.

Wo übrigens Armuth noch nicht die Kräfte gelähmt hat, wo die grofsen, 300 Jahre bereits gepflegten natürlichen Anlagen die Bildung gleichsam einheimisch, und gegen Stürme und Schicksal gleichsam unzerstörbar gemacht haben, die sie ununterbrochen heimsuchen; da verweilt das Auge stets mit Hoffnung und Zuversicht. England und Frankreich scheinen einmal für diese Jahrhunderte die von der Vorsehung bestimmten Mächte zu seyn, der übrigen Welt zur Belehrung die gefährlichsten Experimente vorzumachen.

Wir haben nicht von dem ruhigern Deutschland gesprochen, für welches wir schreiben, denn mifslich ist es, ein Land zu beurtheilen, das uns so nahe angeht. Ein aufgeklärter Kaiser hat einst in demselben viel grofses und gutes gewollt, und errcihtete in seiner Residenz ein ungeheures Spital. Die Begriffe waren damahls nicht genug geläutert, und recht weitläufige prachtvolle Anstalten gereichten um eine Zeit, wo die Milde über alle andre Thatkraft erhoben ward, zu ganz besondrer Zierde. Ein grofses Spital, sagt aber ein classischer Mann irgendwo, ist eine Stadt voll Unglück, die schwer zu regieren ist, damit es nicht unser Meister werde.**) In neuerer Zeit schenkte ein friedliebender König die Klostergüter seinen Schulen und sorgte für Bildung wie für Industrie seines Volks, und rief mit Weisheit den Mann zu Rathe, der Hamburg zum Muster

*) Man sehe das 11te Stück der Annales de Statistique.

**) Dafür bürgt jetzt jedoch der Mann, der in Wien das grofse Spital verwaltet, und Deutschland über medicinische Polizey belehrt hat. Möchte es ihm und den Hufelanden, Formeys, Marcus und andern doch gefallen, uns so viel Vollständiges über das ihnen anvertraute Armenwesen zu geben, als Frankreich jetzt besitzt! —

der Armenpflege auch fürs Ausland gemacht hat.*) In München wie in Bamberg, in Bern wie in dem erleuchteten Dänemark, in freyen Reichsstädten wie in Monarchien, entwickeln sich glücklich dieselben Begriffe und dieselben Grundsätze. Wer vermag aber im vielseitigen Vaterlande alles zusammen zu fassen, was in jedem Winkel, wie in der Privaterziehung, sorgfältig gewartet wird und weiserer Gesetzgebung entgegen strebt? — Wenn dieses alles einst sich in ein Ganzes vereinen sollte, um dem Zerstückeln zu entgehen, und dem rauhen Norden wie dem ungestümen Süden Muster und Bollwerk entgegen zu stellen, so wird der Keim der Kultur, so tief gewurzelt, so verwebt mit der Bildung jedes einzelnen, so unendlich fest und dauerhaft den Mittelpunkt Europas ausfüllen, daſs kein Rückfall in Sklavenstand und Betteley, kein Einfluſs der Eroberungssucht und der tyrannischen Beherrschung der Industrie in demselben mehr möglich seyn möchte. — Die Phantasie verliert sich himmlisch in dieser Schwärmerey, und wir glauben die Gedanken des Lesers am besten in einem Zeitraume zu verlassen, zu dem er selber hinwirkt.

*) Man weiſs, daſs Herr v. Vogth in Berlin besonders ausgezeichnet, und vom Könige aufgefordert wurde, die Armenanstalten besser einrichten zu helfen, wozu jetzt ein auserwähltes Conseil ernannt ist.

itäler i

Hotel …aujon.		…des …es.	Hotel des Orphelins.		Hotel des Orphelins.		Total.	
r.	c.	c.	fr.	c.	fr.	c.	fr.	c.
500.	93	84	9,607.	82	8,601.	80	151,239.	92
429.	55	05	4,335.	00	2,745.	55	81,524.	85
—	—	—	—	—	—	—	12,654.	16
217.	11	96	18,092.	44	6,137.	80	284,327.	34
973.	10	75	560.	40	198.	63	43,207.	19
522.	69	74	6,008.	36	588.	27	21,417.	16
060.	50	85	165,149.	05	41,84[illegible].	50	2,155,271	08
—	—	80	109,925.	57	31,215.	66	957,664.	33
761.	38	—	—	—	—	—	154,149.	24
906.	34	—	—	—	—	—	75,728.	14
652.	10	—	—	—	—	—	6,918.	19
557.	29	—	621.	78	319.	57	49,229.	73
520.	90	—	—	—	—	—	83,021.	47
740.	79	—	—	—	—	—	20,748.	12
904.	50	00	287.	45	—	—	17,288.	68
164.	00	—	—	—	—	—	6,401.	11
30.	00	00	49.	50	—	—	5,037.	00
—	—	16	450.	00	—	—	25,556.	25
,991.	20	65	315,584.	37	91,649.	80	4,213,048.	86
,389.	69	07	112,044.	48	28,455.	28	1,229,846.	65
,719.	48	50	1,440.	90	312.	20	155,661.	58
976.	10	40	14,025.	95	3,545.	90	163,599.	97
,076.	47	62	443,098.	70	123,963.	18	5,762,157.	04
0,295.			435,318.		100,053.		5,076,816.	
							Mittlerer Preis	
r.	98 c.	c.	1 fr.	0 c.	1 fr.	12 c.	1 fr.	1,320 c.

76,816 K
ten, Kin
te u. s. w

ausgabe
Ausgabe

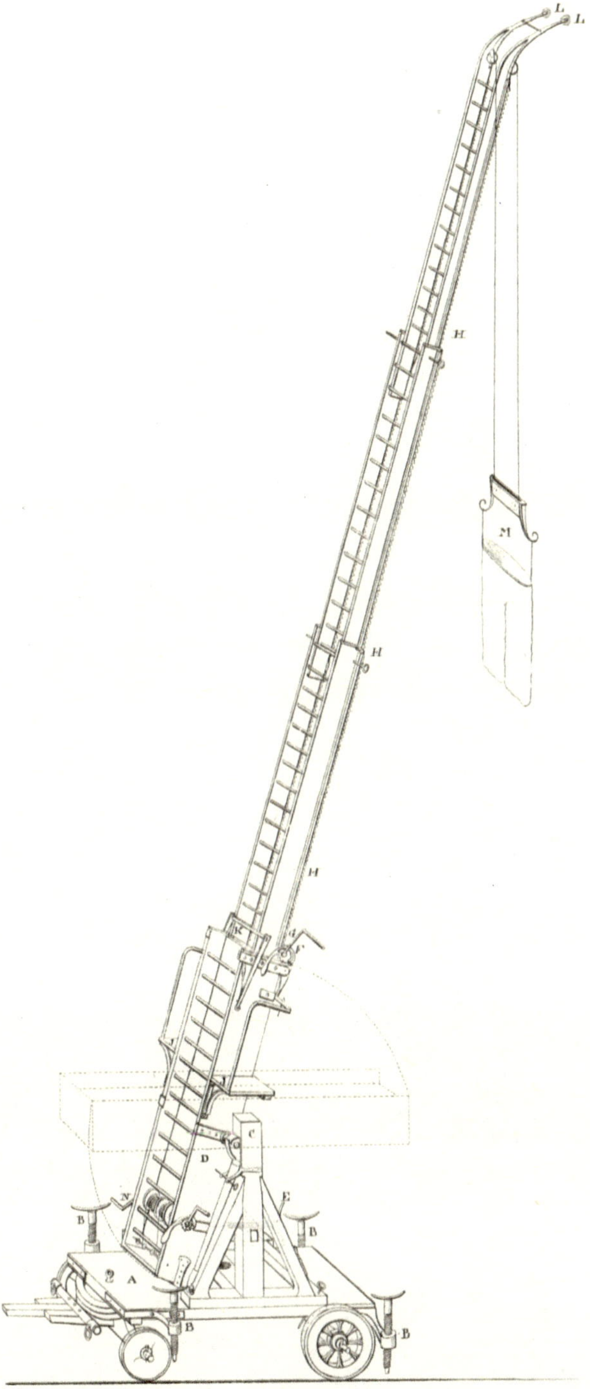

L
L
H
H
M
H
K
F
C
D
E
N
B
B
2
A
B
B

Entd. franz. G. 1803. 12. St.

Gaspieux. fc. 1800

Allgemeine Rechnung der Ausgaben der Burgerspitäler in

Art der Ausgabe.	Hotel Dieu.		Hotel St. Louis.		Hotel der Venerischen		Charité.		H. Faubourg St. Antoine.		Hotel Necker.		Hotel Cochin.		Hotel Baujon.		H…
	fr.	c.	fr.	c.	fr.	c.	fr.	c.	fr.	c.	fr.	c.	fr.	c.	fr.	c.	f…
Bauten und Reparaturen - -	10,690.	77	4,881.	69	7,477.	98	10,200.	37	2,246.	67	2,673.	91	3,323.	61	4,500.	93	3…
Contributionen d. Häuser u. Güter	8,670.	10	1,300.	50	910.	33	7,016.	30	6,051.	17	1,892.	30	549.	10	4,429.	55	1…
Pensionen fur alte Exspectanten	—	—	—	—	—	—	—	—	—	—	—	—	—	—	—	—	…
Lohn und Besoldungen - - -	54,346.	95	18,981.	48	15,461.	96	15,554.	79	8,949.	88	1,859.	90	6,453.	16	7,217.	11	7…
Aufseher und Wächter - - -	531.	19	1,317.	89	1,133.	83	803.	67	1,353.	31	1,172.	65	609.	60	1,973.	10	
Bureaukosten, Wagen, Papier etc.	155.	73	38.	10	1,166.	76	7.	43	113.	06	21.	50	413.	93	522.	69	
Ehemal. Entrepris. f. d. 1sten 6 Mthe	384,519.	20	173,345.	55	88,537.	00	48,725.	55	28,582.	50	22,850.	50	18,988.	10	18,060.	50	26,…
Neue Entreprisen und Regie .	237,132.	71	115,295.	62	—	—	40,632.	48	—	—	—	—	—	—	—	—	19,…
Fleisch . . .	—	—	—	—	14,129.	93	—	—	5,125.	50	3,512.	81	3,182.	16	3,761.	38	…
Wein . . .	—	—	—	—	4,972.	47	—	—	4,319.	88	1,905.	78	3,008.	16	2,906.	34	…
Eſswaare . . .	—	—	—	—	10,574.	34	—	—	1,112.	60	355.	23	1,958.	29	652.	10	…
Brennmaterial . . .	1,833.	17	808.	26	7,049.	63	627.	43	3,908.	56	2,162.	04	1,641.	67	2,557.	29	
Kleider und Betten . .	—	—	81.	35	7,825.	47	—	—	5,241.	13	453.	59	2,349.	24	1,520.	90	…
Waschhäuser . . .	—	—	—	—	6,432.	14	—	—	1,552.	14	414.	72	1,036.	84	740.	79	…
Kessel, kleine Geräthe etc. .	334.	80	1,308.	60	1,805.	66	141.	93	1,182.	92	348.	85	701.	20	2,904.	50	…
Stallung etc. . . .	—	—	—	—	285.	70	—	—	415.	64	88.	00	284.	00	164.	00	…
Chirurgische Instrumente - -	365.	50	55.	00	—	—	72.	00	52.	00	9.	00	—	—	30	00	
Verschiedne Ausgaben - -	782.	53	708.	34	2,274.	10	199.	90	2,973.	33	—	—	—	—	—	—	
Summa	702,064.	54	318,030.	38	169,028.	32	123,990.	44	73,180.	82	39,720.	83	44,499.	06	50,991.	20	62,…
Vertheil. d. Ausgaben von Scipion	118,490.	00	74,086.	64	36,729.	96	12,106.	84	9,506.	73	8,939.	40	8,110.	41	5,389.	69	11,…
- - - - - der Pharmacie	39,540.	85	26,859.	98	20,999.	84	18,431.	02	4,460.	71	312.	53	3,069.	84	2,719.	48	1,…
- - - - der Administration	20,076.	73	10,754.	07	5,775.	24	2,792.	99	1,743.	17	1,396.	83	1,115.	20	976.	10	2,…
Totalausgabe des Jahrs X.	880,172.	12	429,731.	07	232,533.	36	157,321.	26	88,891.	43	50,369.	59	56,794.	51	60,076.	47	77,…
Zahl d. Krankentage od. Population	623,114 Tage		333,770.		179,244.		86,685.		54,102.		43,353.		34,612.		30,295.		6…
Preis jedes Tages in jeder Anstalt	1 fr. 4,13 c.		1 fr. 29 c.		1 fr. 30 c.		1 fr. 81 c.		1 fr. 64 c.		1 fr. 16 c.		1 fr. 64 c.		1 fr. 98 c.		1 fr…

Die Totalausgabe der Hospitäler beträgt nach beygehender Berechnung für 5,076,816 Kran…
Hierzu kommen besondere Ausgaben zu Pensionen, Vaccine, clinischen Anstalten, Kinde…
Andre aufs Allgemeine vertheilte Ausgaben, für Renten, Hebung der Einkünfte u. s. w.
Vorräthe in Scipion etc. etc. unter der Benennung Depenses d'ordre begriffen -

Totalausgabe des…
Die Ausgabe für…

Total der für die Ar…

schiedenen Anstalten und der Art der Ausgaben geordnet.

aternité.	Salpetriere.	Bicetre.	Hotel des Incurables Fg. St. Germain.	Hotel des Incurales R. St. Martin.	Hotel de Monrouge.	Hotel des Menages.	Hotel des Orphelins.	Hotel des Orphelins.	Total.
r. c.	fr. c.	fr. c.	fr. c.	fr. c.	fr. c.	fr. c.	fr. c.	fr. c.	fr. c.
,067. 41	31,513. 78	11,459. 44	3,825. 50	4,461. 32	1,185. 99	2,841. 84	9,607. 82	8,601. 80	151.239. 92
,307. 75	21,674. 50	1,258. 40	5,202. 05	867. 00	1,085. 40	5,202. 05	4,335. 00	2,745. 55	81,524. 85
— —	3,016. 05	5,204. 38	1,732. 50	1,760. 00	941. 23	— —	— —	— —	12,654. 16
,173. 61	50,118. 38	21,697. 24	6,158. 26	5,341. 63	2,536. 88	6,224. 96	18,092. 44	6,137. 80	284,327. 34
,602. 66	26,354. 69	1,864. 61	64. 95	190. 66	439. 80	321. 75	560. 40	198. 63	43,207. 19
,631. 16	4,235. 40	404. 27	41. 91	83. 12	217. 66	99. 74	6,008. 36	588. 27	21,417. 16
,217. 25	539,741. 43	280,279. 85	77,453. 00	63,837. 55	16,843. 90	43,802. 85	165,149. 05	41,844. 50	2,155,271 08
— —	— —	231,405. 21	74,564. 76	54,376. 40	— —	42,629. 80	109,525. 57	31,213. 66	957,664. 33
,877. 48	95,550. 56	— —	— —	— —	4,523. 50	— —	— —	— —	154,149. 24
,615. 18	41,818. 46	— —	— —	— —	4,574. 64	— —	— —	— —	75,728. 14
,215. 67	45,912. 32	— —	— —	— —	659. 04	— —	— —	— —	6,918. 19
425. 48	12,855. 73	760. 54	223. 13	261. 71	1,851. 29	— —	621. 78	319. 57	49,229. 73
478. 14	27,922. 39	3,834. 00	341. 50	— —	259. 69	— —	— —	— —	83,021. 47
022. 92	4,217. 45	— —	— —	— —	1,665. 12	— —	— —	— —	20,748. 12
,746. 17	2,037. 96	102. 00	100. 00	130. 75	345. 40	36. 00	287. 45	— —	17,280. 68
936. 80	4,164. 47	— —	— —	— —	7. 50	— —	— —	— —	6,401. 11
197. 50	197. 50	1,159. 00	212. 60	82. 00	18. 00	10. 00	49. 50	— —	5,037. 00
385. 58	9,965. 92	4,772. 69	55. 50	150. 00	422. 70	466. 16	450. 00	— —	25,556. 25
,713. 21	921,213. 00	564,699. 03	169,975. 62	131,551. 14	39,308. 74	111,635. 65	315,584. 37	91,649. 80	4,213,048. 86
034. 84	406,487. 99	223,946. 54	46,528. 24	36,319. 52	10,272. 38	26,414. 07	112,044. 48	28,155. 28	1,229,846. 65
715. 06	17,021. 77	10,395. 28	1,624. 99	1,271. 00	174. 10	222. 60	1,440. 90	312. 20	155,661. 58
936. 33	48,403. 33	27,669. 89	5,459. 87	4,623. 63	1,197. 49	3,397. 40	14,025. 95	3,545. 90	163,599. 97
402. 44	1,393,126. 09	826,710. 74	224,084. 72	173,771. 29	50,952. 71	131,669. 62	443,098. 70	123,963. 18	5,762,157. 04
6,414.	1,501,501.	858,780.	184,850.	143,688.	37,166.	105,44.	445,318.	100,053.	5,076,816.
	0 fr. 9,222 c.	0 fr. 96 c. 28	1 fr. 21 c.	1 fr. 21 c.	1 fr. 36 c.	1 fr. 23 c.	1 fr. 0 c.	1 fr. 12 c.	Mittlerer Preis 1 fr. 1,320 c.

n fr. 5,762,157. 04
— 511,855. 97 die auf ähnliche Weise speciell aufgebracht sind.
— 529,265. 73
— 550,262. 04

er fr. 7,453,540. 60
— 1,449,426. 20

er fr. 8,902,966. 80

www.ingramcontent.com/pod-product-compliance
Lightning Source LLC
La Vergne TN
LVHW092112300926
849161LV00002B/114
9783112680797